U0894963

科技论文规范写作与编辑

（第4版）

Standard Writing and Editing of Academic Papers (4th ed.)

梁福军 编著

清华大学出版社
北 京

内 容 简 介

本书是《科技论文规范写作与编辑》（第 3 版）的改进版，融进了作者对科技论文的新认识，建立了集价值、结构、语言于一体的科技论文质量综合体系。参考了部分新发布的新闻出版行业标准，增补了部分科技期刊发表的典型论文案例，系统总结了科技论文各组成部分的写作要求、规则。既有工作实践、探索心得，又有相关标准、规范，还有科技期刊发文范例支撑、点评。

本书共有 10 章，涵盖科技论文特点、分类、概念链，科技论文体系（价值、结构、语言、质量），科技论文主体、辅体写作（各组成部分的内容、结构及写作要求、规则），以及蕴含其中的各种要素（量、单位、插图、表格、式子、参考文献、标点符号、数字、字母、术语等）的规范使用和表达，并辅以大量实例分析、点评与处理，还给出较为规范的参考修改方案。

本书适于作高校和科研院所学生学术、学位论文写作教材、学习用书，研究人员、科技工作者、科普工作者科技著作写作参考、指导书，以及科技期刊、学术专著、科普著作、新媒体编辑出版人员编审类工具书或培训资料。

图书在版编目(CIP)数据

科技论文规范写作与编辑/梁福军编著.—4版.—北京：清华大学出版社，2021.1
ISBN 978-7-302-56452-2

Ⅰ. ①科… Ⅱ. ①梁… Ⅲ. ①科学技术–论文–写作 ②科学技术–论文–编辑工作 Ⅳ. ①G301

中国版本图书馆 CIP 数据核字(2020)第 178387 号

责任编辑：冯 昕 赵从棉
封面设计：傅瑞学
责任校对：刘玉霞
责任印制：吴佳雯

出版发行：清华大学出版社
网 址：http://www.tup.com.cn，http://www.wqbook.com
地 址：北京清华大学学研大厦 A 座 邮 编：100084
社 总 机：010-62770175 邮 购：010-62786544
投稿与读者服务：010-62776969，c-service@tup.tsinghua.edu.cn
质量反馈：010-62772015，zhiliang@tup.tsinghua.edu.cn
印 装 者：北京嘉实印刷有限公司
经 销：全国新华书店
开 本：185mm×260mm 印 张：25.75 字 数：656 千字
版 次：2010 年 6 月第 1 版 2014 年 9 月第 2 版 2017 年 6 月第 3 版 2021 年 1 月第 4 版 印 次：2021 年 1 月第 1 次印刷
印 数：20601～22600
定 价：75.00 元

产品编号：088742-01

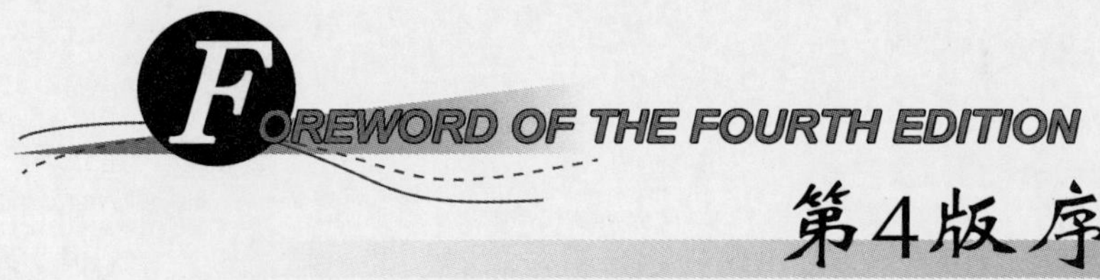

第4版序

科技论文对推动科技进步有重要的作用，但成就一篇高质量的论文并不容易。高质量的论文至少要达到价值高和语言好，价值高就是内容好、结构对，语言好就是语法通、逻辑顺。科技论文在内容上是否有价值、写作上是否有水准、编排上是否达到规范具有重要的现实意义。

作者必须高度重视科技论文的质量问题，培育写作修养，掌握写作方法，提升写作质量，写成、写好论文。编辑应该了解科技前沿，熟悉写作标准、规范，提升编审能力，把好论文质量关，审好、改好论文。

梁福军博士长期从事学术期刊编辑工作，他梳理实践经验，坚持考究探索，撰写出《科技论文规范写作与编辑》《SCI 论文写作与投稿》《科技语体语法与修辞》等系列写作类著作或教材，弥补了国内相关领域的不足，并实时出版新书或更新再版，对广大师生和科技工作者的论文写作起到了较好的宏观指导、细节规范作用。这些著作的价值从其发行销量和读者反馈中可见一斑。

本书对《科技论文规范写作与编辑》（第 3 版）作了适时改进，融进了梁博士对科技论文的最新认识，建立了较为完整的科技论文质量体系，参考了新发布的新闻出版行业标准，尤为重要的是，还增补了较多有代表性的原创论文案例分析和评价，系统总结了论文各个组成部分的写作要求和规则，并对全书结构体例进行调整和布局优化，语句再次进行润色和修辞提高。

本书既有工作实践、探索心得，又有相关标准、规范，还有科技论文范例、评价，内容全面，材料详实，点面结合，层次清楚，特此推荐给广大师生及有科技论文写作或学习需求的读者作为写作参考书，希望大家写出、写好论文，把论文写在祖国大地上，发表在高水平期刊上，把科技成果有效应用在实现祖国现代化和中华民族复兴的伟大事业中。

北京卓众出版有限公司总编辑、编审

《编辑学报》副主编

张品纯

2020 年 3 月 31 日于北京

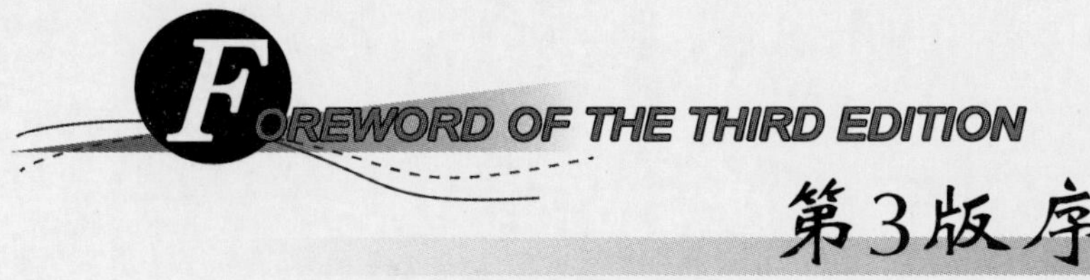

第3版序

本书系统阐述了科技论文规范写作与编辑的规则，包括科技论文的基础知识，结构组成及其规范表达，量、单位、插图、表格、式子、数字、字母、名词、标点符号的规范使用，语法、句式、修辞，以及常见语病等，以科技论文写作为主线，现代汉语、英语语法及相关标准、规范为依据，结合大量实例撰写而成。首先介绍了科技论文的基础知识，从理论层面梳理了科学研究与科技论文的关系，从概念层面明确了科技论文的定义和作用，详细阐释了科技论文与其所承载的科学研究之间的互动关系；然后系统介绍了科技论文的结构组成及其规范表达，把从科学研究，到语句表达，再到论文形成，整个过程梳理得简明清晰。后面章节继续深化和拓展，对论文表达的规范性、准确性进行了深入阐述。全书体现了超前的起点意识、细致的过程行动和明确的结果导向，从论文撰写入手，倒推至科学研究，可以看出，作者的意图是从论文撰写的规范来增强作者科研过程的严谨性，帮助作者在科研过程中少走弯路。

本书内容全面，结构清晰，材料详实，修辞恰当，语句优美，深浅适宜，适于科研、技术、科普等领域的科技工作者参考，也适于科技期刊、图书、网媒、数字出版等的编辑参考，还可作为高等学校教师、学生的论文写作教材和自学用书，以及科技写作、编辑的培训教材和学习材料，对我国科普读物的规范写作、表达也会有较高的参考价值，对科技工作者写好科技论文有很好的指导作用。

中国工程院院士　周守为

周守为

2017年3月3日于北京

FOREWORD ONE OF THE OLD EDITION

第1、2版序一

我很高兴作为第一位读者看到了梁福军博士撰写的这本书。他很早就打算写一本有关科技论文写作与编辑方面的专著，今天他的愿望得以实现，在此我衷心地向他表示祝贺！

在现代科学技术高速发展的今天，科技论文是报道、交流、存储和传播科技成果及科技信息的最重要载体之一。高质量科技论文的出版，不仅取决于科技工作者的创新劳动成果，也取决于对创新劳动成果的规范、有效的表述，而对创新劳动成果的规范、有效的表述又直接依赖于科技论文的写作水平和编辑质量。标准化、规范化写作和编辑不仅能使具有发表价值的创新劳动成果以符合科技论文写作要求及有关国家标准和出版规范的形式发表，更能有效、方便和广泛地宣传创新劳动成果。因此，对科技论文写作、编辑知识的深入掌握以及写作、编辑技能的熟练运用，是科技工作者和科技编辑开展各自工作所需具备的一项基本素质和重要能力。

目前，我国不少科技工作者忽视对劳动成果表述能力的锻炼和提升，他们在科技项目完成后能够写出论文，但所写的论文有的表达晦涩，可读性不强，以致论文的质量受到影响，甚至很难将自己的劳动成果与同行进行有效的交流。还有不少科技编辑，对科技论文写作基础知识、有关国家标准和出版规范，以及语言表达中语法、修辞、逻辑等的理解不够深入，对有关规范写作和编辑的规则、方法、技巧等的掌握不够扎实，以致在论文加工、修改过程中经常忽略表达的规范性问题。因此，为科技工作者和科技编辑提供一部具有系统性的理论知识，并能对实际科技论文写作、编辑具有指导作用的参考书，以提升科技论文质量，规范编辑出版，是非常必要和有意义的。

本书系统地阐述了科技论文规范写作与编辑的基础理论和实用知识，全面分析和展示了科技论文规范写作和编辑的规则、技巧及注意事项，其内容有很强的针对性和实用性。科技论文写作和编辑中大到论文结构布局的合理安排、基本组成部分的规范表达，小到数字、文字、标点符号等的规范使用，在本书中均可找到答案。

本书具有以下特点：①全面系统，实例丰富。采用论述与实例相结合的方式，理论联系实际，书中很多实例及对实例的分析凝聚了作者长期的工作经验及创新研究成果。② 以点带面，层次清晰。将抽象问题具体化，复杂问题简单化，帮助读者带着问题学习，清楚地理解和解决实际写作、编辑中遇到的各种问题。③分散难点，循序渐进。将原本繁多的问题分散开来，帮助读者由浅入深、循序渐进地理解和掌握论文规范表达的原则和技巧。④抛砖引玉，读者之友。既可以使读者从详尽的知识内容和丰富的具体实例中领悟并掌握写作、编辑技巧，又可以推动同行之间的交流探讨。

本书不失为科技工作者撰写论文或科技编辑加工论文的一本实用化参考书。希望本书能够帮助各学科领域的研究人员及学生更好地撰写论文，帮助编辑更好地编辑加工和指导作者修改论文，帮助作者高效地与审稿专家和编辑对论文修改进行沟通，从而最终实现科技论文的规范发表和科研成果的有效传播！

《机械工程学报》编委会副主任，前主编

机械工业信息研究院（机械工业出版社）前副院长（副社长）

石治平

石治平

2009 年 9 月于北京

FOREWORD TWO OF THE OLD EDITION

第1、2版序二

当今世界，科技发展突飞猛进，创新创造日新月异，特别是信息科技的快速提高，对科技成果和科技信息的传播、报道、交流和储存的要求越来越高，对科技论文写作质量和科技编辑素质的要求也越来越高。科技论文作为科技发展的重要载体之一和知识产权的重要记录之一，在体现科技成果对科技发展做出贡献的同时，还要让科技工作者能够对其正确理解、便于查找和有效利用，并从中得到启迪与传承。因此，科技论文的写作和科技书刊的出版必须符合有关国家标准和出版规范的规定和要求。

科技论文的内容决定其价值，而表达和编辑质量则能进一步提升内容，因此要力求科技论文的内容与形式的高度有机统一。这就是说，科技论文在内容上，要达到新颖独特、材料详实、论据充分、详略得当；在文字表达上，要达到用词正确、语言规范、表达严谨、行文流畅；在结构安排上，要达到布局妥当、结构清晰、层次分明、条理清楚；在表达细节上，还要符合有关国家标准和出版规范中规定的对量和单位，数字、符号和数学式，插图和表格，参考文献引用与著录等的要求。

虽然科技写作和编辑方面的文献不少，但内容分散，观点也不够统一，专著虽然也有，但既有系统性又有实用性的好的专著并不多见。在科学技术分工向高度细化深入又高度交叉融合发展的今天，科技工作者期待有更全面和系统的、能为其科技论文写作和编辑提供实际和有效帮助的著作，因此，本书的出版是很有意义的。

梁福军博士撰写的这本书主张将“写作”与“编辑”高度地融合在一起，将“内容”与“形式”有机地结合为一体，全面阐述了科技论文各个组成部分以及蕴涵在其中的各个细节的规范表达和使用的规则与技巧。最难能可贵和颇为有益的是，书中结合大量实例归纳总结了科技论文中常见的语病，对许多疑点或难点语言现象和问题进行了剖析，提出了许多新的见解和观点。

本书是作者长期经验的积累，并且体现了作者广泛的涉猎、系统的研究和精心的思考，做到了在博采众长的基础上开拓创新、独有所长。本书的撰写过程也十分艰辛，梁福军博士抱持“如果能为社会多做一点事情，心中就会感到莫大的欣慰”的坚强信念，在日常十分繁忙的工作和生活夹缝中，以极大的热情和毅力，持之以恒地完成了本书的撰写，最终由量的积累换来了质的飞跃，这是非常可敬可贺的。

我相信，本书能够帮助科技论文作者和书刊编辑加强和提高对科技论文的规范性及其重要性的认识，能够使他们在较短时间内进一步掌握和深刻领会有关科技论文规范写作和编辑的知识、技能和方法，从而提高科技论文的写作水平，提高科技书刊的出版质量，提高科学技术的传播效率，加快科学技术的发展速度。为此，我愿意向广大的科技工作者推荐本书。

中国工程院院士　钟群鹏

2009 年 10 月于北京

PREFACE OF THE FOURTH EDITION

第4版前言

《科技论文规范写作与编辑》(第3版)(下称旧版)问世已近3年。时间虽不长，却发生着这样那样的一些变化，既有笔者主观认识层面的，也有外部客观环境层面的，对旧版进行更新、再版的现实意义是不言而喻的，似乎是一个永恒的主题。

笔者对科技论文写作的求知探索一直在路上，自身的思想认识也在不断地变化着。近年笔者受邀进行专题科技论文写作的讲座、报告、演讲或授课较多，接触了较多的老师、学生，专家、学者，有机会与他们当面交流，倾听他们提出的每个问题；每当笔者的回答与他们的问题相碰撞时，笔者心中埋藏已久的某个疑惑就会瞬间土崩瓦解，认识就会发生变化，对事物的认识水平也就上升一个台阶，写作新灵感就会冒出。

2019年有新的相关标准问世，如2019年5月29日发布的新闻出版行业标准CY/T 171—2019《学术出版规范 插图》和CY/T 170—2019《学术出版规范 表格》，对学术期刊、论文中插图和表格的规范使用有更加明确的规定。因此，非常有必要补充、调整和重写旧版中相应的内容。

旧版中对论文组成部分的写作进行了较为详尽的阐述和总结，但各部分不平衡，有的较为详细，有的过于简略，如“结果与讨论”“材料与方法”两部分就较为简单，其中实例也少，而且对实例的分析、评价较弱，应该更加具体和有针对性。因此，一种强烈的使命感和责任感常萦绕在笔者的心头，只有更新、再版，才能与时俱进，才能对得起广大读者。

为此，2019年年底，笔者开始了再版征程，对旧版体例重新布局，调整、补充、删减相关内容，由旧版的11章调整为新版的10章。

相对于旧版，新版的主要变化有以下几个方面:

(1) 旧版第1章“科技论文基础知识”，侧重于概念，如“科学研究”“科技论文”“科技论文的结构”“标准”“规范”“规范发表”等的阐述。新版不再介绍概念，而直接从科技论文的特点、分类入手，阐明科技论文的概念链，全面论述科技论文的价值、结构和语言三大体系，进而提出科技论文的质量体系。论文的质量是全书的主题，是全书中各个部分以及所有写作规则、要求的依据与目标。

(2) 旧版第2章“结构组成及规范表达”，表述上较为笼统，各部分的差异未作明显区分。新版将论文分为主体和辅体两大部分，各用一章来讲述。主体是按“论”的研究模式来展开，侧重写作的内容与结构；辅体是按“体”的体例模式而形成，虽不属“论”的内容，不在引论、本论、结论的研究模式内，却是科技论文发表不可缺少的组成项目，侧重论文的体例和社会属性。

（3）旧版第 4 章“插图的规范使用”，对插图的设计制作要求或规范分散在对插图分类的介绍中，不易查找。新版依据 CY／T 171—2019《学术出版规范 插图》，对该章内容与结构重新布局，对插图分类与使用规范的表述分开进行，补充了对各个示例插图的解释、说明，对处理细节的描述和点评突出了概念之间、规范之间的差异，将插图的规范使用总结为全局选用、一般设计和具体处理三个层面，同时还用新标准的内容更新或补充了所有相关术语和规范。

（4）旧版第 5 章“表格的规范使用”，对表格的设计制作要求或规范分散在对表格的分类介绍中，不够突出，阅读和参考的有效性差一些。新版依据 CY／T 170—2019《学术出版规范 表格》，对该章内容与结构重新布局，对表格分类和使用规范分开表述，突出了概念之间、规范之间的差异，还将表格的规范使用总结为全局选用一般规则和具体设计制作要求，特别对表格处理实例部分进行了补充、完善，加强了对处理细节的描述和点评，对每个实例给出了处理后较为规范的一个或几个参考修改方案，同时还用新标准更新了所有相关术语和规范。

（5）将旧版第 8 章“语言的规范使用”中的“标点符号正确使用”一节与第 9 章“英文的规范表达”中的“英文标点符号”一节合并，单设一章“标点符号”。

（6）去掉了第 8 章“语言的规范使用”中的汉语语法部分以及第 11 章“常见语病”。这些内容被去掉，不是因为它们不重要，而是受到书的篇幅限制。这些被去掉的内容对应论文的语言体系，属于语法和修辞范畴，相当重要，是科技论文质量的重要方面，暂时忍痛割爱，留其以后再另外成书吧！

（7）对全书语句表达进行了语言润色和修辞提高，进一步增强表达的逻辑性、条理性，最大限度地提升语言表达效果。

总之，本书是旧版的适时改进版，融进了笔者对科技论文的最新认识，建立了集价值、结构、语言于一体的科技论文质量体系，参考了新发布的新闻出版行业标准，增补了部分权威科技期刊发表的典型论文作为案例，较为完整地总结了科技论文（特别是原创论文）各组成部分的写作要求、规则，加强了对案例的分析、评价，并尽可能给出较为规范的参考修改方案。

期待本次改版能对广大读者撰写科技论文给予更好的指导。由于笔者水平有限，书中难免会有不足和错误，敬请大家一如既往地给予批评和指正。

梁福军

2020 年 3 月

PREFACE OF THE THIRD EDITION

第3版前言

2016 年，幸运之秋，激动之年，笔者荣获第五届中国科技期刊编辑银牛奖，荣获中国机械工程学会先进工作者称号，本书第 2 版荣获 2016 年度中国机械工业科学技术奖二等奖！本书第 1 版、第 2 版的发行销售、推广应用、社会与经济效益，以及组织、个人对本书的评价等，都出乎意料地好！本书第 1 版问世于 2010 年，5 次重印，发行量 7600 册。2014 年再版，2016 年再版后又两次重印，发行量 5000 册。两版至今已印刷 8 次，发行量总计 1.26 万册，曾一度成为当当网的畅销书之一。

本书由 200 多家经销商（书商）及清华大学出版社官方旗舰店、京东、当当、亚马逊等众多电商平台推介，被全国数百家大专院校及研究院所、国家重点实验室、图书馆、期刊社、培训机构等使用，成为科技工作者撰写论文的参考书，高等院校学生学习写作知识和技能的教材，也成为科技期刊、图书、新媒体编辑及其他出版从业人员加工文稿、编辑文档、指导写作的工具书。

本书建立了科技写作规范体系，为社会提供了高质量的科技写作资源，为上万人提供了写作与编辑参考，直接为社会培养了大量从事科学研究、工程技术研发以及其他方面的科技人才，间接体现了本书所创造的社会、经济效益，提升了科学技术的传播效率，从源头上加快了科学技术的发展速度。

本书得到了读者的广泛关注，相关领导、知名专家、中青年学者、编辑同行和大众读者等都对本书给予了高度评价。中国工程院周守为院士（中国科协副主席），中国工程院钟群鹏院士（《机械工程学报》编委会主任），《机械工程学报》主编宋天虎教授级高工，机械工业信息研究院（机械工业出版社）王文斌院长（社长），北京理工大学宁汝新、北京航空航天大学刘强、哈尔滨理工大学刘献礼等教授，中国科协学会学术部期刊处李芳处长，中央军委办公室综合局王晋大校等专家、学者和领导，都对本书给予了充分肯定。

面对如此的成绩和赞誉，笔者感受到了一种压力。笔者清醒地认识到，本书第 1、2 版（下称旧版）还存在一些不足，如书的篇章结构布局还需调整和优化，书中不少地方还需要补充、修正和完善。特别是，2016 年国家标准 GB／T 7714—2015《信息与文献　参考文献著录规则》（取代 GB／T 7714—2005《文后参考文献著录规则》）颁布实施，新标准与旧标准相比有较大改进，因此需要用新标准的要求来调整有关参考文献的引用和著录部分的内容。

为此，笔者再次改版（第 3 版，下称新版），对旧版重新布局，补充和调整相关内容，由旧版的 8 章调整为新版的 11 章。

新版的主要变化有以下几个方面:

（1）旧版第 1 章“规范发表的实现过程”一节中的内容与当前数字出版模式下的实际过程略有出入，或表述不够完整、全面，新版进行了修正和补充。

（2）旧版第 2 章“关键词”一节中的内容有欠缺之处，新版修正了一些表述，并补充了一个小节“关键词标引常见问题”。

（3）旧版第 2 章“正文的表达方式”一节中，较为详细地阐述了“议论”一种表达方式，而对另外两种表达方式“记叙”（叙述）和“说明”只是简单交代了概念。新版重新撰写了“议论”，修正和补充了一些表述，而且用较多的篇幅补写了“记叙”和“说明”，并为每种表达方式给出一些示例。

（4）对旧版第 2 章“致谢”“作者简介”“资助项目”“论文日期信息”等小节，补充了一些写作示例或式样，方便读者撰写论文直接套用，并将“资助项目”的文字表达改为“基金项目”。

（5）旧版将参考文献部分放在第 2 章一个小节来讲述，位置不够突出，读者若不仔细查看，容易误以为本书没有这方面的内容。其实参考文献在科技论文的结构中占有非常重要的位置，因此新版将其列为一个独立章节（第 7 章）来讲述。

（6）旧版将插图和表格放在同一章（第 4 章）来表述，整章篇幅冗长，再加上其中一些内容相对较多，又以小标题的形式出现，没有独立成节，这样，在目录中就体现不出来，使得不便于阅读和查找的问题较为突出。因此，在新版中将插图和表格分别成章（第 4 章、第 5 章），独立讲述，这样就重新调整了层次标题，使得重要内容以及对图表的各种分类事项的表述更加醒目、突出。

（7）旧版第 6 章内容非常多，包括较为系统的现代汉语语法概论以及句式、标点符号、常见语病等，内容和体系过于臃肿庞大，篇幅显得过长，不便于阅读和查找。特别是常见语病这部分内容，其本身就是一个较为完整的体系，而且有的语病可能不属于语言范畴，从某种角度上看，放在第 6 章中也不太合适。因此，在新版中将其列为一个独立章节（第 11 章）来讲述。

（8）新版进一步考究用词和句子表述的合适与妥帖性，运用语言要素的多种修辞方式，对旧版较多语句重新表达，涉及语音、语义、词汇、语法、逻辑、语境、标点、辞格等诸多要素，进一步提升了全书语言的表达效果。

（9）新版还增大了开本，使其页码总数不因内容增多而增加更多。

总之，新版在结构、布局，内容、形式，以及自身语句表达、修辞等方面均做了较大的调整和修正，期待能给读者撰写、编辑文章带来更大的帮助。由于笔者水平有限，书中错误仍在所难免，敬请广大读者批评指正。

梁福军

2017 年春节于北京

PREFACE OF THE SECOND EDITION

第2版前言

本书第 1 版自 2010 年出版后较为畅销，已 5 次重印，销量远超过同类书。第 1 版以其独特的内容和鲜明的特色，受到有关专家、学者的一致好评和广大读者的广泛关注，被众多高等院校作为教材或写作参考书使用，其写作体系和内容已被学生和科技工作者广泛使用和借鉴。

第 1 版连同 2014 年出版的《英文科技论文规范写作与编辑》自成一体，笔者完成其撰写，感觉到为科技论文的规范写作、编辑进而实现规范出版做了一件有益之事，甚为高兴，仿佛了却了一件心事，完成了一份心愿。但在欣喜之余，又有新的现实问题出现——第 1 版是在 2010 年出版的，当时写作参照的国家标准均为 2010 年以前的标准；但 2011 年开始又发布了一些新的国家标准（以下称“新标准”）代替旧的国家标准（以下称“旧标准”）。新标准是在旧标准的基础上修订的，删除了一些陈旧的内容，增补了一些以前没有的新内容，修改、完善了一些不太恰当或不合时宜的内容。因此，从内容方面，非常有必要依据新标准对第 1 版进行修订；同时，从写作方面，也非常有必要依据新标准对第 1 版进行修订。

与第 1 版修订最为密切的三个新的标准分别是 GB / T 16159—2012《汉语拼音正词法基本规则》（代替 GB / T 16159—1996）、GB / T 15834—2011《标点符号用法》（代替 GB / T 15834—1995）、GB / T 15835—2011《出版物上数字用法》（代替 GB / T 15835—1995《出版物上数字用法的规定》）。新标准修订了旧标准在使用中发现的问题及未覆盖到的部分，重视标准的实际应用，完善和细化了条款内容，并增补了一些新的规则，规定的规则更具操作性，对语言文字使用能起到重要的引导和规范作用。

在对第 1 版进行全面修订的过程中，笔者与本书的责任编辑冯昕女士进行了沟通，确定了再版思路——保持第 1 版现有的体例和结构，根据新标准对书的内容进行点上重点修订，再结合通读发现的问题进行面上全面修订。按照这一思路，修订顺利展开，并最终得以完成。本次修订内容主要有以下几个方面：

（1）根据 GB / T 16159—2012，重写了“汉语人名规范表达”的有关内容。主要包括：姓和名分写，姓在前，名在后，姓和名的首字母分别大写；复姓连写，双姓中间加连接号，双姓两个首字母都大写；笔名、别名等按姓名写法处理；缩写时，姓全写，首字母大写或每个字母大写，名取每个汉字拼音的首字母，大写，后面加小圆点。

（2）根据 GB／T 15834—2011，重写了“标点符号正确使用”的有关内容。主要包括：更换了大部分示例；对句末点号的功能做了修改，更强调句末点号与句子语气之间的关系；对逗号的基本用法做了补充；省略号的形式统一为六连点“……”（特定情况下允许连用）；取消了连接号中的二字线、半字线，将连接号规范为短横线“-”、一字线“—”和浪纹线“～”；明确了书名号的使用范围；增加了分隔号“/”的用法；突出了标点符号的基本用法，增加了标点符号用法的补充规则，对功能有交叉的标点符号的用法做了区分，并对标点符号误用高发环境下的规范用法做了说明。

（3）根据 GB／T 15835—2011，重写了“数字”的有关内容。主要包括：旧标准在汉字数字和阿拉伯数字选用中，明显倾向于使用阿拉伯数字，新标准不再强调这种倾向性；在继承旧标准中关于数字用法应遵循“得体原则”和“局部体例一致原则”的基础上，通过措辞上的适当调整，以及更为具体的规定和示例，进一步明确了具体操作规范；增补了“计量”“编号”“概数”作为基本术语。

（4）根据新旧标准内容上的变化，对全书中所有不符合新标准的标点符号和表达不规范的数字等进行修改，使之符合新标准的规定。

（5）对全书进行了通读，修正了所有发现的错误，包括错字错句、表达不规范、逻辑不正确、行文不统一等问题，并对较多语句进行了修辞锤炼，以进一步提高语言的表达效果。

再版最终完成了，笔者感觉轻松了不少，但觉得做得还是不够，希望以后还有机会再版，到时再进行更为完善的修正。

由于笔者水平有限，书中错误在所难免，敬请广大读者批评指正。

梁福军

2014 年 5 月

PREFACE OF THE FIRST EDITION

第1版前言

《孟子•离娄上》中有一句话："离娄之明，公输子之巧，不以规矩，不能成方圆"，这句话的意思是，即使有离娄的目力和鲁班的技巧，如果不用圆规或曲尺，也不能正确地画出方形或圆形，凡事都须遵循一定的标准、规范和法则。

作为社会重要产品的科技出版物同样有标准化、规范化的问题，作为科技出版物的一种重要组成部分的科技论文也就有规范发表的问题。当今世界，科技发展突飞猛进，信息网络铺天盖地，科技论文数量猛增，特别是互联网技术的迅猛发展、日益普及以及出版观念的变化向传统出版模式提出挑战，网络出版、数字（优先）出版、在线出版、开放获取（Open Access，OA）出版、按需印制（Print on Demand，POD）出版越来越普及，电子（数码）期刊、网络期刊越来越实用，网上论文早已琳琅满目，层出不穷。但论文在发表的规范性方面参差不齐，很多论文与"规范"还相距甚远，因此讲求论文的规范发表更具现实意义。

论文规范发表首先要求规范写作。规范写作能提升论文水平，反映作者治学态度及写作修养，为论文发表奠定基础。一篇论文能否发表主要取决于是否有发表价值，但表达的规范性也是不容忽视的重要因素，作者不能凭个人爱好、认识及风格随意写作。现实中，不少作者在写作中往往忽略了这方面的要求，提交的论文虽有较高的学术水准，但写作不规范，不仅影响了论文的质量、可读性，而且增加了编辑工作量，延迟了论文发表时间。

论文规范发表还要求规范编辑。规范编辑能提高论文水平，反映编辑工作态度及编辑修养，为标准化、规范化出版提供保障。编辑是指导作者写作，实施有关标准、规范，执行编辑规章、制度，以及实现论文规范发表的核心，编辑不能凭个人爱好、认识及风格随意修改论文。实际中，不少编辑特别是新编辑，在工作中常常忽略表达的规范性问题，论文的质量和可读性就会受到影响。

论文与读者见面所经过的每个环节，包括投稿前的撰写，录用时的加工，定稿后的排校，都包含着对它的不断修改和完善。论文每经过一个环节，每被修改一处，就向规范性前进了一步，整个过程就是一个精益求精、不断提高，逐步达到规范的过程！

目前，写作和编辑方面的著作很多，且不乏颇具影响的专著；科技论文写作和编辑方面的文献也不少，但多为文章，内容较为零散，观点不够一致，内容全面、系统而又实用的好书并不多见。笔者撰写本书的目的是，基于将写作与编辑相统一的思想，系统地阐述科技论文写作和编辑的基础理论和知识，帮助作者和编辑提高对论文规范发表重要性的认识，熟悉有关国家标准和出版规范，掌握科技论文写作、编辑的基础知识及技巧，提高结构安排、遣词造句、语言运用、细节表达等基础写作修养和技能。

本书内容涉及科技论文各个组成部分（如题名、署名、摘要、正文、参考文献等），以及量、单位、图表、语言、标点、数字、名词等的规范使用和表达。现在的语法书虽然很多，但多是以文艺语体为背景写的，科技工作者使用起来不大方便和有效。因此，本书没有采取多数同类书只讲语病不讲语法、只举文艺语体实例不举科技语体实例的做法，而是特意用较多篇幅有针对性地讲述了现代汉语语法，全面阐述分析了汉语书面语在科技论文中规范使用的场合及规则，详细归纳总结了科技论文常见语病，对许多难点或疑点语言现象或问题进行了剖析，并提出一些新的见解、观点。考虑到中文科技论文中有较多的英文表达，本书还对科技论文中的英文规范表达的原则以及英文标点符号使用的场合进行了阐述。

由于写作和编辑所涉及的知识面非常宽泛，而且很多内容没有定型，新问题会经常出现，因此本书中对一章一节的安排，一段一句的编写，一词一词组的选择，一字一标点的使用，一个意思一个疑点的解释，一个规则一个例子的分析，一个观点一个难点的研究等，都非常考究，多数内容是笔者的经验和心血的凝结。限于水平、能力和时间，书中对不少内容只能略涉一下，尽管笔者做了很大努力来考究和写作，但一定仍有不少偏颇、疏漏和不当之处，热切希望广大读者给予批评指正！

书中一些实例引自科技期刊和同行专著，为表达或排版需要，笔者对有的实例做了一定修改，在此向有关作者或前辈们表示衷心的感谢！同时感谢《机械工程学报》前主编石治平先生为本书撰写所提出的宝贵意见！感谢《机械工程学报》编辑部主任王淑芹女士为本书出版所给予的热心帮助！最后，感谢我的家人对撰写本书所付出的辛勤劳动及所给予的大力支持！

梁福军
2010 年 5 月

目　录

第1章 绪论

科技论文对推动科技进步有重要的作用，特别是有创造创新内容、科学分析论证和独到学术见解，表达严谨、层次清楚、用词准确、语句通顺、逻辑正确、修辞恰当的高质量论文，对指导科研和写作有十分重要的参考价值。然而，实际中往往有这样的现象，论文因写作质量问题而未被期刊录用，或因编辑出版质量而未被重要检索系统收录，或因编排格式不规范而未能在网络上有效传播，这种论文内容缺少创新、结构不合理、表达不规范，影响了论文的质量、可读性及录用率。科技论文的质量既影响刊登它的科技期刊的水平，也影响论文自身及刊登它的期刊在人们心目中的形象。因此，科技论文在内容上是否有价值、写作上是否上乘、编排上是否规范具有重要现实意义。

高质量的科技论文有价值大、结构对、语言好和形成难等显著特性，价值来源于内容，内容用语言表达，语言用结构呈现，价值、结构、语言和过程共同铸就论文的质量。作者和编辑必须高度重视论文的质量问题，熟悉科技论文基本知识，懂得科技论文分类，了解科技论文的价值、结构、语言和质量，掌握论文写作方法，培养立意、谋篇、遣词、造句、表达、逻辑、语法、修辞等基础写作修养和技能，提升写作质量。作者更要熟悉写作过程，了解目标期刊对论文规格的要求，全面做好准备，扎实开展研究，认真细致撰写，反复推敲修改，写出、写成、写好论文。编辑更要了解科技前沿、发展动态，更新写作知识，熟悉有关国家出版标准、规范，提升编审能力，有效指导作者写作，严格编辑加工，把好论文质量关，审好、改好、出好论文。

1.1 科技论文基本知识

1.1.1 科技论文相关术语

与科技论文相关的术语有论文、科学论文、学术论文、议论文、评论等，其间有区别。

论文是讨论或研究某种问题的文章。任何领域，如自然、社会和思维等，都可以有要讨论或研究的问题，因此论文相当广泛，可以覆盖各领域、各学科。科技论文是论文在自然科学和工程技术层面上的一个类别，因此不能笼统地将论文视作科技论文。

有时将科技论文称为科学论文，尽管从严格意义上来讲二者还是有区别的，科学论文应只针对科学而不涉及技术，科技论文则是科学与技术并举，不过进行这种区分无多大意义。

科技论文在情报学中称为原始论文或一次文献，是研究者在科学实践的基础上，对自然、工程技术领域的现象或问题进行阐述、分析和综合，做进一步的探讨、讨论和研究，总结、推断和得出新的结果和结论，获得用于认识或改造世界的新的研究成果，并按照科技期刊的要求进行的书面语言表达。它的研究成果，可以推翻某学科领域中的旧观点，提出新见解；也可以把分散的材料系统化，用新观点或新方法加以论证，得出新结论；还可以在某学科领域中，经过作自己的观察、实践，陈述新的见解、主张，有新的发现、发明和创造。它既是探讨问题进行科学研究的一种手段，又是描述科研成果进行学术交流的一种工具。

论文是要讨论或研究某种问题的，必然追求学术性，在这个意义上论文就是学术论文。自然、社会等各领域都可以有学术论文，因此不能将科技论文与学术论文混为一谈，但在一定背景下二者可以同指，比如当事人从事或服务于自然或工程领域，其心目中的论文就是学术论文、科技论文或科学论文，而一般未将社会领域（如政治、法律、历史、宗教、哲学等）或其他领域的论文列入。

论文和议论文都离不开“论”“讨论”“议论”，那么二者是一个概念吗？我们上中学时就开始阅读和撰写诸如记叙文、说明文、议论文和散文等文章了，这些都是文体类别（文章体裁）。其中，议论文又叫说理文，用来对事物、现象或问题进行分析、评论，表明作者自己的观点、立场、态度、看法和主张，一般为评述性、批判性文章，多以短文出现，“论”占据文章的绝大部分。然而，论文更大、更宽泛，多以长文出现，“论”只是文章的组成部分。可见，论文和议论文不是一个概念。

科技论文与议论文也是不同的概念。那么二者又是一种什么关系呢？

科技论文离不开讨论或议论，但整体上属于说明文的范畴。在结构上，它通常由题名、署名、摘要、关键词、引言、材料与方法、结果与讨论、结论、参考文献等部分组成，其中与“论”相关的只有“结果与讨论”中的“讨论”，相对整个论文的结构来说，此“讨论”部分是局部的，通常占整体论文的一个较小部分。在内容上，它以较多的篇幅对研究背景、方案（材料、方法、过程）及成果进行总结说明。在写作上，它侧重描述和说明，但又离不开讨论，通过讨论来达到学术性，通常由科技领域的专业人员来撰写。

议论文的核心是讨论、议论。在结构上，它遵循“提出问题（引论）→分析问题（本论）→解决问题（结论）”或“是什么→为什么→怎么做”的逻辑顺序；在内容上，它包含论点、论据和论证三要素；在写作上，它侧重分析与评论，重在以理服人。它一般没有科学研究的背景（如基金、项目、课题、团队），更多在社会、生活领域，作者对任何感兴趣的事物或关心的问题都可发表议论，发表的观点、见解和认识相对随意，一般不用上升到科学层面，有无学术均可，通常由非专业人士如新闻记者、通讯员、编辑等来撰写。

引论是议论文的开头部分，用来提出问题或论点、论题，提出“是什么”的问题。本论是议论文的主体部分，用来分析、讨论问题，通过论证（例证、引证、比喻、类比、对比、分层等）来证明文章观点，回答“为什么”的问题。结论是议论文的结尾，用来解决问题，在内容上是全文的综合、概括、总结、提高和深化，结构上点题、呼应全篇，使文章首尾圆合，回答“怎么办”（如何解决）的问题。

现实中经常有短文，如评论员文章、卷首语、社论、个案报道、病例讨论、评论、短论、时评，这类文体与议论文、论文有区别吗？

评论员文章、卷首语、社论、个案报道、病例讨论，重在发表见解、提出主张，但无须提供科学依据，不用数据和论据支持，因此多属于议论文。评论、短论、时评，重在评论（批评或议论）而提出观点、主张，需要有科学依据，因此多属于论文，有对自然科学发展观点的评论时可归属于科技论文。

还有一类文体叫评述，也叫评叙，就是评论和叙述，结合史实进行观点解读（如科技人文类文章，通常用来记述、解读、评说某科学家对某科学或技术贡献的历程），在写作上是介绍性的，不属于论文。将评述写颠倒就是述评了。述评是另一类文体，就是叙述和评论，通常是反映社会热点或国内外重大事件或问题的新闻体裁，写作上夹叙夹议、边叙边评，多是一种以事实为基础的新闻评论，也不属于论文。

1.1.2 科技论文的特点

1. 创新性

创新性是科技论文的灵魂和价值的根本所在，是衡量论文学术水平的重要标志。所谓创新，就是做出或突破了前人没有做出或突破的发明或创造，在理论、方法或实践上获得新的进展或突破，体现出与前人不同的新成果（新理论、新方法、新技术、新产品等），而且必须是作者团队研究的结果，其理论水平、实践成果和学术见解达到某区域、某时段的最高水平。一篇论文如果在其研究领域内提出了新观点、新理论或新方法，有独到的见解，或理论上有发展，或方法上有突破，那么就是创新性论文。

创新性要求论文所揭示的事物本质、属性、特点及其运动所遵循的规律或规律的运用是前所未有、首创或部分首创的，是有所发现、发明、创造和前进的，而不是对前人工作的复述、模仿或解释，不同程度的创新，对应于人类对客观对象掌握的相应知识或所具有的认知水平。原创（首创）属于创新程度最高的，对某一点有发展属于一定程度的创新，而重复或基本重复他人工作就不是创新。实际中有很多课题是通过引进、消化、移植国内外已有先进科技、理论来解决本地区、行业、系统的实际问题的，只要对丰富理论、促进生产发展、推动科技进步等有积极效果，报道这类成果的论文也应视为有一定程度的创新。

创新性这一特点使得科技论文与教科书（讲义）、实验报告、工作总结等在写作上有较大差异。教科书的主要任务是介绍和传授已有知识，是否提出新的内容并不重要，其主要读者是外行人、初学者，强调系统性、完整性和连续性，常采用深入浅出、由浅入深和循序渐进的写法。实验报告、工作总结等则要求把实验过程、操作内容和数据，所做工作、所用方法，所得成绩、存在缺点，工作经验、实践体会等较为详细地写出来，也可把与别人重复的工作写进去（这里并不否认实验报告或工作总结在某一点或某些方面可以有新意）。科技论文却不同，要求报道的内容必须有作者自己的最新研究成果，而基础性知识，与他人重复性研究内容，常规具体实验过程、操作或方法，详细的数学推导，浅显的分析等通常不写或略写。

2. 学术性

学术性也称理论性，是科技论文的主要特征，即科技论文具有学术价值。科技论文在总体（中心）研究目标支配下，在科学实验（或试验）的前提下阐述学术见解和学术成果，揭示事物发展、变化的客观规律，探索科技领域的客观真理，推动科学技术的发展。有无学术性以及学术性是否强，是衡量科技论文有无价值和价值大小的标准。

学术不是一般的认识和议论，而是思维反复活动和深化的结果，是系统化、专门化的学问，是具有较为深厚实践基础和一定理论体系的知识。学术性就是有无学术以及学术水准怎样，是一个有层级的概念，至少包括两方面含义：①从一定理论高度分析和总结由实验、观测或其他方式所得到的结果，形成一定的科学见解，提出并解决某一或某些具有科学价值的问题；②用事实和理论对自己所提出的科学见解或问题进行符合逻辑的论证、分析或说明，将实践上升为理论。

学术的本质在于创新，有创新，才能有学术，一篇论文有学术，就是学术论文。这里有一个创新的时间的问题，首发时（如今年）是创新，过后（如几年后）就未必是创新了。一篇论文发表时是学术论文，过后就未必是了；发表时不是学术论文，也许到后来被发现有学术，也是可能出现的极端情况。可见，论文的学术性具有鲜明的时间属性，看一篇论文是否具有学术，不仅看其内容，还要考虑时间要素。

科技论文有自己的理论系统，对较多事实、材料进行分析、研究，由感性认识上升到理性认识。它通常具有论证或论辩色彩，其内容符合历史唯物主义和唯物辩证法，符合“实事求是”“有的放矢”“既分析又综合”的科学研究方法。其写作过程就是作者在认识上的深化和在实践基础上进行科学抽象的过程，所报道的发现或发明不但具有实用价值，而且更具学术价值。一篇论文若只是讲述了某一具体技术和方法，或说明解决了某一实际问题，那么在学术价值上还可能不够。科学研究特别是工程技术研发人员，应善于从理论上总结与提高，写出学术论文。

3. 科学性

科学性是科学技术的重要属性，必然也是科技论文的基本要求。对于科技论文而言，科学性表现为：内容客观、真实、准确，没有弄虚作假，能经得起他人的重复和实践检验；论点鲜明、论据充分、论证严谨，能反映出作者的科学思维过程和所取得的科研成果；以精确可靠的数据资料为论据，经过严密的逻辑推理进行论证，理论、观点清楚明白，有说服力，经得起推敲和验证。作者应尽可能基于实验数据、相关文献和现有知识，以最充分、确凿有力的论据作为立论依据，不带个人偏见，不主观臆造，切实从客观实际出发，得出符合实际的结论。

科技论文无论所涉及的专题大小如何，都应有自己的前提或假说、论证素材和推断结论；通过推理、分析提升到理论（学术）的高度，不要出现无中生有的数据和经不起推敲的结论，而要巧妙、科学地揭示论点和论据之间的内在逻辑关系，达到论据充分，论证有力。

科技论文的科学性可以从内容、形式和过程三个方面来认识：

（1）科技论文的内容是科学研究的基础，既是前提又是结果，其科学性是客观存在的自然现象及其规律的反映，是人们进行生产劳动、科学实验的依据。写作要求：观点、论据和方法能经得起实践检验，作者不能凭主观臆断或个人好恶随意地取舍素材或得出结论，必须将足够、可靠的实验数据或现象观察作为立论基础，论据真实充分，方法准确可靠（整个实验过程能经得起复核和验证），观点正确无误。

（2）科技论文的形式是其内容的结构呈现，其科学性体现在结构清晰、行文严谨，符合思维规律，逻辑通顺严密，格式较为规范等方面。写作要求：①表达概念、判断，必须清楚明白，准确恰当，通常不能像文学创作那样用含蓄、夸张、反语等修辞手法来增强可读性；②修饰、限定，必须使用明确的修饰语；③描述、表意，不用华丽辞藻和感情色彩句，通常不用比拟、双关、反语等修辞手法；④表达语言，使用准确术语、标准量名称及法定计量单位，数据、文字、符号以及插图、表格、式子等的表达应准确、简洁，符合有关标准和规范。

（3）科技论文的过程是其形成的整个过程，其科学性是作者在研究和写作中要有科学态度和科学精神。写作要求：在从选题、收集材料、论证问题，到研究结束、形成正式论文的一系列节点和过程中，都要用实事求是的态度对待任何问题，踏踏实实，精益求精，避免不准备就写文，不经历过程就想要结果，草率马虎、武断轻言，杜绝伪造数据、谎报成果甚至抄袭剽窃。

4. 规范性

规范性是科技写作不同于文学创作或人文写作的一个重要特点，是科技论文的标准化特性和结构特点。科技论文要求脉络清晰、结构严谨、前提完备、演算正确、符号规范、语言通顺、图表清晰、推断合理、前后呼应、自成系统，这些都属规范性，这一特点决定了论文的行文具有简洁平易性，即用准确的专业术语或通俗易懂的语言表述科学道理，做到语句通顺，表达准确、鲜明、协调，语言自然而优美，内容深刻而完备。

科技论文写作是为了交流、传播和储存新的科技信息，最终让他人方便地使用这些信息。因此论文必须按一定的体例格式来撰写，具有较好的可理解性和可读性，在文字表达上，语言准确、简明、通顺，层次分明、条理清楚，论述严谨、推理恰当；在技术表达上，正确使用名词术语、量和单位，正确表达数字、符号和式子，科学设计插图、表格，规范引用（标注和著录）参考文献。论文的不规范会影响其可理解性和可读性，最终将降低发表价值，甚至使读者对其真实性和可靠性产生怀疑，产生厌烦情绪。

5. 法规性

科技论文发表是给别人看的，具有广阔的宣传性、指引性，因此就不能无约束、无纪律地任性写作。它要以遵纪守法、不损害国家和民族利益为前提，这就是其法规性，表现在政治性、法律性和保密性几个方面。

（1）科技论文有时也会涉及政治，若不注意也会出问题。例如：讲述科技发展方向和服务对象时，可能涉及国家经济、科技政策；提到某些国家和地区时，可能涉及国家领土主权和对外关系问题；翻译国外科技论著时，可能遇到其中某些提法与国家法律、方针、政策相抵触甚至不合国情之处，写作时如果在这些方面表述或处理不当，就容易犯政治性错误。

（2）科技论文如同私人财产一样，一经发表就受到国家法律的保护，作者在拥有版权的同时又负有多方面的责任（国家宪法、民法通则、著作权法、专利法、商标法等对知识产权有明确的规定，著作权是知识产权的一种重要类别）。论文的内容要符合国家法律法规，经得起实践检验。

（3）科学研究是为了探索真理，揭示事物存在、发展的客观规律，其成果是对整个人类的贡献，本身没有保密问题。但不同国家有各自的利益，为维护国家安全和利益，科技论文需保守国家机密，遵守有关法律法规（如《中华人民共和国保守国家秘密法》《科学技术保密规定》），有的内容在一定时间和范围内施行保密，有些项目虽不在保密范围，但受专利法保护。

科技论文中不能引用秘密资料和内部文件，不能发表尚未公布的国家和地区计划。引用全国性的统计数字应以国家政府和权威部门正式公布的为准。未经公布的国家特有资源和尚未公开的工艺、秘方，国外还没有的新发明、重大科技成果和关键技术，各项专利，与国防和国家安全有关或涉及国家重大经济利益的项目，以及医疗秘方、疫情、发病率、死亡率等，都属于保密范围，应谨慎对待，妥善处理。

6. 伦理性

科技论文的伦理（道德）问题近年来有增多的趋势，对这个问题的关注也越来越多，在各种相关会议、场合一般不会缺少这方面的报告、讨论，有些期刊的领导或编辑还专门发文讲述或探讨这个问题。一般认为，期刊的编辑是发表高质量论文的关键，与期刊的编委会和同行专家共同来保障期刊发文的质量，但实际发表的论文中还是出现了这样那样的伦理或学术不端问题，如抄袭剽窃、一稿多投等。

期刊出版商一般会强烈要求其期刊成员加入出版伦理委员会（COPE），让编辑了解其工作机制，致力于对各种学术不端行为指控的处理，以保证研究内容的完整性。期刊出版单位为保证期刊出版质量，通常会在其《作者须知》（《投稿须知》《征稿简则》）及相关文档中写上伦理声明，规定作者对其论文研究工作的完整性应承担的伦理责任。

1.1.3 科技论文的分类

不考虑领域差异，笔者基于科技的宏观概念和共性思想，给出一种科技论文简略分类体系，如图1-1所示，并重点阐述按研究性质（方法、内容）进行的分类。

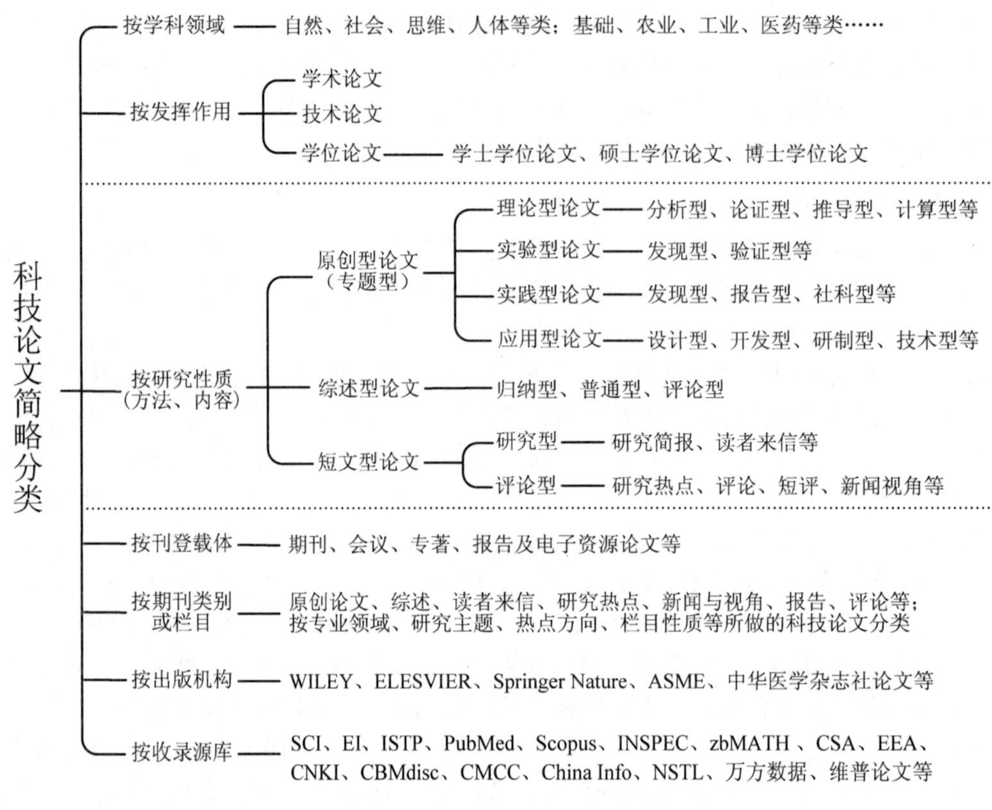

图1-1　科技论文简略分类体系

1.1.3.1　简略分类概述

按学科领域，科技论文分为自然、社会、思维、人体等类，或基础、农业、工业、医药等类，自然类有基础、应用等类，社会类有语言、经济等类，……其中每个子类、子子类还可继续往下细分。

按发挥作用，科技论文分为学术、技术和学位类。学术论文发表学术成果，是某一学术课题在理论、实验或观测性上具有新的科学研究成果或创新见解的科学记录，或某种原理应用于实际中取得新进展的科学总结，起着公布成果、交流信息、丰富科学理论、推动科技发展的作用。技术论文报道工程技术应用成果，是应用已有理论来解决设计、技术、工艺、设备、材料等具体技术问题而获得的先进、实用和科学的手段、工艺或方法，对技术进步和生产力提高起直接推动作用。学位论文用来申请学位而向学位授予单位提交，详细论述，充分表达研究成果，并反映其知识获取和科学研究的能力，分为学士论文、硕士论文和博士论文三类。学术论文篇幅适中，比学位论文精练，比技术论文深厚。

按刊登载体，科技论文分为期刊、会议、专著、报告、电子资源等类。期刊论文最为广泛；其次是会议论文，堪称论文的第二重要园地，发文虽多，但评审把关不那么严格，在质量上往往比期刊论文逊色。专著、报告论文也较为普遍，电子资源论文越来越普及。

按期刊类别或栏目，科技论文分为原创论文、综述、读者来信、研究热点等类。原创类期刊主要登原创论文和适量综述；综述类期刊一般刊登综述；混合类期刊刊登的文体较多，常设几个栏目，将类别相同的文章组织在一起。学术期刊常见栏目有综述、原创论文、研究热点、新闻与视角、读者来信，或是按专业领域、研究主题、热点方向等的分类（如交叉与前沿、机构与机器人、智能材料、运载工程、仪器与测试技术、再生能源与工程热物理）等。

还有按出版机构的分类，如 WILEY、ELESVIER、ASME、中华医学杂志社等论文；或按收录源数据库的分类，如 SCI、EI、ISTP、PubMed、Scopus、CNKI 等论文。

与作者具体写作最直接相关的一种分类是按研究性质（方法、内容）的分类，如原创型、综述型、短文型论文。

1.1.3.2 原创型论文

科学研究有的以具体客观事物为研究对象，探究其本质、特征、机理及存在方式等，进而获得研究的新成果，增补、完善或丰富现有科学理论或技术——原创类成果，对应的论文即是原创型论文（original paper，original article，research paper，paper，article），又叫原创论文、研究型论文、研究论文、专题型论文。

原创型论文对某一领域、学科或某项工作等的具体问题予以完整阐述、发表议论，或进行科学实验（试验），分析、论证，提出新成果（如新发现、新观点、新理论，新实验、新技术、新方法、新方案等）。有的先提出假说，后作理论证明（理论推演，如分析讨论、逻辑推理、数学推导或计算等），或先作理论推演，后提出理论，对应的论文即是理论型论文；有的先提出某种假说，然后做实验（观测、记录），由实验结果（讨论）验证假说，或先做实验，由实验结果收获新发现、新结果、新结论，进而提出新理论，对应的论文即是实验型论文；有的以对工作实践（别人或作者自己）进行分析、讨论来获得新观点、新认识、新主张，进而提出新理论，对应的论文即为实践型论文；有的应用现有理论、方法、技术来改进现有事物或产生新事物，进行发明和创造，对应的论文即为应用型论文。

原创型论文写作要求：完整报道研究成果获得方案，涉及方法、材料及成果具体形态。

1. 理论型论文

理论做名词，指人们由实践概括出来的关于自然界、社会的知识的有系统的结论；做动词，指辩论是非、争论或讲理。理论型论文中的"理论"是动词，就是主要通过辩论是非、争论或讲理的方式来获得研究成果。这类论文一般以某学科范畴中某课题或论题的纯粹抽象理论问题为研究对象（内容），基于对相关成果的严密理论推导和分析，概括和总结已有理论，探讨客观对象内在规律，提出正面思想、主张、观点和见解，建构新理论。

理论型论文写作要求：追溯理论发展过程，提炼理论框架，分析已有理论，比较各种理论优劣；考查一个理论的内部与外部的一致性，理论本身是否自相矛盾，以及理论与实验观察结果是否矛盾；通常需要建立数学模型或给出计算方法。

理论型论文可按具体研究方式分为分析、论证、推导、计算等类。

1）分析型论文

分析型论文主要对新假说（如新设想、新原理、新模型、新机构、新材料、新工艺或新样品等）进行理论分析、探讨或总结，或对已有理论进行补充、完善或修正。假说是一种重要的科学研究方法，既是实验启动的起点，又是实验验证的结果。理论分析、探讨或总结是通过计算方法结合定理、定律等理论依据来分析实际问题，强调原理上可行，但实践上是否可行，还有待实验的进一步验证。

此类论文具有分析讨论严谨、数学运算正确、资料数据可靠、结果结论可信，不强求实验验证（有实验验证或案例更好）等特点。

2）论证型论文

论证型论文主要根据已知的科学事实、原理，对某基础科学命题或新假说进行论述、讨论或证明，或对某自然现象及运行规律进行说明、推理或推测，通常经过详细的分类、归纳与分析，得到一个暂时性但能被接受的新理论（解释、观点、主张），可能涉及基础学科及其他众多应用学科的公理、定理、原理、原则、模型或假设的建立、论证及适用范围、使用条件。任何理论在得到实验确证之前均表现为假说，一种假说即使还未被科学方法证明（当然也未被否定），也可能会产生深远的影响。

此类论文具有议论要素完备、论点鲜明、论据充分、论证合理、结果可信、不强求实验验证（有实验验证或案例更好）等特点。

3）推导型论文

推导型论文主要对新假说由理论推导、假设、证明和逻辑推理来得到新理论（包括定理、定律和法则）。理论推导是运用理论对事物内在规律进行推导并求解，需借助数学工具进行推导和证明。理论假设是剔除理论模型的不必要变量，保留代表本质和研究重点的必要变量，以方便用数学模型来表达和研究事物。理论证明也叫逻辑证明，是用已知的真命题来确定另一命题的真实性或虚假性，包括证明和反驳。

逻辑推理是指由已知判断推导出新判断。推理由前提和结论组成，前提是作为推理依据的已知判断，结论是所推导出的新判断。推理只有一个前提时是直接推理，有几个前提时通常是间接推理。间接推理一般分为演绎、归纳和类比三类。

此类论文具有数学推导科学准确、逻辑推理严谨严密、概念定义准确可靠、所得结论无懈可击等特点。

4）计算型论文

计算型论文主要用来提出和讨论不同类型（包括不同边界和初始条件）的数学或物理方程的数值计算方法，数列或数字运算方法，计算机辅助设计（CAD）方法，计算机在不同领域的应用原理、数据结构、操作方法，或进行收敛性、稳定性、精度分析等。其内容往往能成为计算机软件进一步开发的基础。有的计算型论文可列入推导型论文。

此类论文具有数据结构明确、关系表达严密、适于定量分析等特点。

2. 实验型论文

实验做名词，指实验的工作；做动词，指为了检验某种科学理论或假设（假说）而进行某种操作或从事某种活动。实验型论文中的“实验”是动词，主要是为检验某一科学理论或假说，或为发明创造，或为解决实际问题，有计划、目的地进行科学实验，再辅以调查与考察、文献检阅与分析、模拟与想象等环节，如实记述实验材料与方法、严格记录实验过程，准确呈现实验结果（系统的观测现象、实验数据或效果效能等），并给予分析、讨论、归纳、总结，得出创新性结果、结论。准确齐备的实验结果及其他参考资料往往是成功撰写实验型论文的依据与基础。

科学实验是依据一定研究目的，运用一定物资手段（如仪器、设备、软件等），在人工控制下，有意变革、控制或模拟研究对象，使目标事物或过程发生或再现，进而观察、研究所得客观现象、性质及其规律的社会实践形式。它同科学观察一样，是搜集科学事实、获得感性材料的基本方法，也是检验科学假说、形成科学理论的实践基础。

根据实验手段是否直接作用于被研究对象（原型），实验分为直接、间接和模型等类。直接实验是实验手段直接作用于原型；间接实验是实验手段间接作用于原型；模型实验是根据相似性原理，用模型来代替原型，实验手段直接作用于模型而非原型。模型不限于与原型有相同物理属性的物理模型，还可以有数学、控制等模型。数学模型建立在模型和原型的数学形式相似的基础上，控制模型建立在控制功能相似的基础上。

原型虽是实物，但毕竟是拿来充当真实的客观对象的，因此实验在本质上是一种对真实客观对象的模拟。用实物条件来模拟就是传统意义上的实验，而用计算机、软件等非实物条件来模拟则是仿真实验（严格意义上应称为计算机仿真实验），前者用实物做实验，后者用计算机代替实物做实验，不加区分时，二者均可归为实验范畴。

仿真实验必须依赖仿真模型。仿真模型是给仿真对象所建的相似物或其结构形式，包括用于物理仿真的物理模型（简称模型）、适于计算处理的数学模型和适于计算机处理的计算机仿真模型。物理模型虽然是仿真模型的一种，但并非所有对象都适合建立物理模型。例如，对飞行器地面动力学特性进行研究，不适于物理仿真，而适于用计算机仿真，因此需要先建立对象的数学模型，再转换成计算机仿真模型，这样才能编写计算机程序上机运行。数学模型和计算机仿真模型均是近似模型，前者是一次近似模型，后者则是二次近似模型。

实验型论文写作要求：以科学实验为前提，包括实验的设计、实施、研究（实验是创立理论的基础和先导，是发现和检验真理的依据）；介绍实验目的，说明实验的材料、方法和过程，展现实验的结果（记实性），对结果进行分析、讨论，归纳、总结科学规律；对根据已知和可靠的科学事实进行推导、猜测而提出的新假说（创见性）进行验证，保证其科学性（确证性）。

实验型论文不同于一般的实验报告，写作重点应放在研究上，追求的是可靠的理论依据、先进的实验方案、创新的实验方法、适用的测试手段、准确的数据处理、严密的分析论证及可信的结果与结论，而不是实验材料的罗列叠加和实验过程的流水明细。

实验型论文按具体研究方式还可分为发现、验证等类。

1）发现型论文

发现型论文主要记述和总结通过实验所发现的事物的背景、现象、本质、特性、运动变化规律及新发现对人类的前景、意义，其中主要的结果、结论可上升到科学理论，补充和丰富现有科学认知。发明型论文是发现型论文的特殊形式，阐述所发明、创造的装备、系统、工具、材料、工艺、模型、配方等的功效、性能、特点、原理及使用条件等，突出创新性。

2）验证型论文

验证型论文主要提出（预先设定）假说并进行验证，通过对由某实验方案而获得的实验结果进行分析、解释、推理，得出新的结果、结论来支持该假说。任何一种科学理论在得到实验确证前均表现为假说，而一旦被实验验证后就可以上升到理论。有了假说就能根据其要求有计划地设计和进行实验，假说得到实验支持时就会成为有关科学理论的基础。

3. 实践型论文

实验型论文的核心是实验，但实验不能涵盖人类的所有实践活动（实践是指人们有意识地从事改造自然和社会的活动），这样，实践型论文就产生了。

科学实验很重要，但并非所有科学研究都能通过实验来完成，有的实验永远不能做或永远不具备条件做。比如，如果对活人脑内部结构及其运行机制进行研究，那么恐怕找不到样本，活人谁愿意充当这个角色！退一万步说，即使有人不怕死，甘愿充当这个角色，那么当其脑被进行解剖操作时，他已死亡或接近死亡，这种情况下的“死”人脑的状态不是正常活人脑的状态，那原定的研究目标如何实现呢？有的客观对象，只要对其接近、测量或操作，其状态就会发生偏移，因此其真实的状态不能用传统的实验方法来研究。

实验虽然具有实事求是、客观真实的“观察性”的特点，但需要当事人亲临现场，仔细查看，“事必躬亲”味浓厚，而这种局限可以通过“调查”来弥补，即不到现场，通过向他人了解情况、获取已有材料（资料与数据）等方式，也能获得与做实验相当的结果。况且，现在社会上有一些特殊领域、机构，单位、部门，工作、项目等，已积累了大量的材料，如医疗机构的患者临床医疗记录、处方，历史数据、信息，药物特性、不良反应记录等，而且各种层次的都可能有，上到一个或多个国家，再到各种级别的医疗管理、监测机构和不同的医院，还可追溯到几百、几十年前，也可聚焦于近来数年、数月，下到患者类别（如年龄、性别、学历、职业、爱好等），以及病、药物、医院、科室等的名称。不仅可以到医院取材，也可以到各级医疗管理、监测机构取材，还可到公共数据库、互联网中或向有关机构、个人来取材。这种取材可成为与实验相当甚至超出实验的写作内容、对象，是相当重要的参考资料，是常规参考文献所不能及的，因为常规参考文献通常是已正式发表的文章，由常规的文献检索方式获得，而没有将调查、取证之类的方式包括在内。

可见，实验虽是人类科学实践的一种重要方法，但除了实验还有可以超过实验的别的实践形式。这里为了与实验相区别，将“实验”从“实践活动”分离出来，把除了实验之外的其他实践活动形式称为“实践”，并把以“实践”所得作为写作内容并采取相应写作方式的论文称为实践型论文。实践型论文与实验型论文除了材料来源不同以及对材料的研究方式可能不同外，其他方面的写作内容基本相同。

实践型论文写作要求：提出研究目的；说明材料来源；阐述材料处理、研究方法；分析、讨论材料，归纳、总结规律；提出新的观点、认识、见解、主张或建议；补充、完善现有科学技术认知和实践水平。

实践型论文按具体研究方式可分为发现、报告、社科等类。

1）发现型论文

发现型论文与实验型论文既有相同之处又有所不同，都是通过人的实践活动来收获新发现，再对新发现总结而达到研究目标，但材料来源（途径）不同。前者是调查式实践发现，后者是观察式实践发现。对于前者，撰写论文的作者是向别人取材，所取材料是拿（借）来一用，而对材料提供者来说，所供材料可能来自自己、同事、相关部门、兄弟单位或上下级机构已完成的实验、记录或调查，如医院临床医学研究、记录、病例和患者历史数据等，这些在本质上可看作有关医疗机构或医护人员所做的一种实验；对于后者，撰写论文的作者就要从自己所做（或安排）的实验取材，因此从“实验”意义上说，这两类论文没有什么不同。

论文的读者更关注结果、发现，对材料的来源也许不太关注；但论文的作者必须关注材料的来源，来源不同，研究方式就不同。作者的写作材料来自自己时，需要做科学实验，写实验型论文，或总结自己的工作、经验和体会，写实践型论文；来自别人时，不需要做实验，但需要求助他人，调查、取证，写实践型论文。

2）报告型论文

科技报告（研究报告、报告文献）是科技领域较为多见的一种文体。它通常有两类：一类不带评论，记录（描述、记述）某项科学技术研究（调查、实验、理论）的结果、进展情况或对某项技术研制、实验、评价的结果；另一类是带评论的，不仅记录研究结果和进展情况，还要对整体或局部的研究现状及存在的问题进行评论（正反两方面意见）。前一类是结果的陈述，没有“论”的要素，不属科技论文；后一类不仅有对结果、现状或发展的记录，还有对结果、现状或发展的议论和认识，含有“论”，主观色彩浓厚，属科技论文。

报告型论文就是指以上第二类科技报告，即它是科技报告的一个类别。很多专业技术、工程方案和研究计划的可行性论证文章，亦可列入此类论文，这类文章虽然侧重论证，但一般不能缺少对有关研究项目的充分描述。

3）社科型论文

科学研究的对象属于自然科学或工程技术范畴，但对其撰写的论文采用了类似于社会科学的表述方式，即用调查研究所得的可信事实或数据来论证新观点，这类文章称为社科型论文。在科学和学科越来越交叉和融合的时代，科技的范畴已大大拓展，有时自然和社会的界限较难界定，而且通常也无须进行严格区分，过去那种纯自然的科学观早已成为历史。

4. 应用型论文

应用型论文是将已有研究成果（包括别人或作者自己）应用于研发新事物或解决实际问题，包括对象设计、软件开发、技术研究、系统集成、算法改进、工艺完善、技术改良、产品研制、材料发展、模拟仿真等，多由从事应用型研究（如设计、开发）的科技人员来撰写。

依据具体工作的类别，此类论文至少可分为以下几类。

1）设计型论文

以设计结果为主体内容的论文称为设计型论文，如对某工程、技术及管理问题所做的计算机程序设计，对某系统、工程方案、机构、产品等所做的计算机辅助和优化设计等。

2）开发型论文

以开发结果为主体内容的论文称为开发型论文，如对某产品、系统、技术、配方、材料的某个功能的实现、改进，或为某具体问题的解决而开发出来的功能模块、结构组件、控制系统、算法程序、源代码、系统平台、应用软件、新型配方、改进方法等。

3）研制型论文

以研制出完整或相对完整的独立实体产品为主体内容的论文称为研制型论文，如实现某种用途或用于某场合的实体机器、设备、设施、仪器、仪表、工具、艺术品、材料、药品及其组件、部件或成分等。

4）技术型论文

以使用某种技术而获得新成果为主体内容的论文称为技术型论文，如某种工艺、技术、算法、模型、流程或方案等的应用。

应用型论文写作要求：内容有新意或创意；计算结果准确合理；模型建立和参数选择合理；编制的程序能正常运行；研制的产品经过实验、生产和使用证实；调制、配制的物质或材料经过使用考核；最好有案例支持或实际应用。

设计型论文侧重所设计出的作品、成品的功能、性能或艺术性，适当辅以设计的方法与技巧。开发型论文侧重算法、程序的改进及优势，或所开发的软件、平台的特别功能、性能。研制型论文侧重所研制出的设备、设施或装备的先进性和实用性，有时辅以研制的方案、方法与步骤。技术型论文侧重技术发明、创造，能填补相关领域的空白或现有相关技术的不足。

1.1.3.3　综述型论文

科学研究有的以人类已有知识和现有研究成果为研究对象，分析、讨论某领域或研究点的研究现状、发展规律、存在问题，并做出前景预测和展望，获得科学研究发展的新成果（科学学），用来指导科学技术发展——综述类成果，对应的论文就是综述型论文（review），又叫综述论文，简称综述。

综述是将已发表的文献资料作为原始素材（研究对象）进行回顾研究而撰写的论文。"综"是对所写专题相关的现有大量素材进行归纳整理、综合分析，使材料更加精练、明确，更有层次、逻辑性；"述"是评述，是对"综"的结果作较为全面、深入、系统的论述和评价，提出在特定时期内某领域或某研究点的演变规律和发展趋势；"综"加"述"就是对某一专题、领域的历史背景、前人工作、争论焦点、研究现状与发展前景等，从作者自己的视角或观点作严谨而系统的评论。

综述有几个显著特点：对某领域或某研究点的研究历史、现状、进展及未来趋势（内容）进行综合、可靠的分析和详细、系统的阐述（过程），得出结构性、趋势性、前瞻性、指导性的结果和结论；资料充分详实，总结系统全面；结论或观点明确，指出存在的问题和未来发展的方向；篇幅长，参考文献较多；有高屋建瓴和权威性的观点，多由领域、行业领军人物或权威专家撰写。

综述较为特殊，所做分析和评价是在已有文献的基础上进行的，要求作者博览群书，综合介绍、分析、评述特定学科和专业领域的最新研究成果和发展趋势，表明作者自己的观点，对发展做出科学预测，提出较中肯的意见和建设性建议，在"科学"上不具有而在"科学学"上具有原创性。一篇好的综述通常提出或介绍某些未曾发表过的新资料和新思想，具有权威性和指导性，对所讨论学科的进一步发展能够起到指导与引领作用。

按文献资料范围，综述分为大综述、小综述，前者对整个相关领域的代表性文献资料进行总结，后者对与作者自己研究课题（某研究点）直接相关的文献资料进行总结。根据搜集的原始文献资料数量、提炼加工程度、写作组织形式及学术水平高低，综述分为以下三类。

1）归纳型综述

归纳型综述又叫资料整理型综述，将搜集到的文献资料进行整理归纳，按一定顺序分类排列，使其互相关联、前后连贯，具有一定条理性、系统性和逻辑性。它在一定程度上反映出某一专题、领域的研究现状与进展，但较难有作者自己的见解和观点。

2）普通型综述

普通型综述由具有一定学术水平的作者，在搜集较多文献资料的基础上撰写，系统性和逻辑性比较强，能表达出作者自己的观点或倾向性。它对从事某专题、某领域工作的读者有一定的指导意义和参考价值。写法上以汇集文献资料为主，辅以注释，客观而少评述（如某些发展较活跃的学科的年度综述）。

3）评论型综述

评论型综述又称综合研究型综述，由某领域具有较高学术造诣的作者，搜集大量文献资料，并加以归纳整理、综合分析、讨论议论而撰写，反映当前该领域研究进展和发展前景。它逻辑性强，有较多作者自己的见解和评论，对同行研究工作有普遍指导意义。写法上着重评述，通过回顾、观察、分析、归纳、总结和展望提出合乎逻辑、具有启迪和指导性的看法、结论或建议（通常 10 页以上，插图数量原则上不限）。

综述型论文写作要求：资料全而新，有足够的代表性（时间、内容），作者立足点高、眼光远，问题综合恰当、分析在理，意见建议中肯，题目可能稍大（笼统），引文多，篇幅长。

综述反映出某领域或主题（研究点）在一定时期内的研究工作进展情况，将相关领域及其分支学科的新的进展、发现、趋势、水平、原理和技术等较全面地呈现出来，使读者特别是从事该领域研究的读者受益，因此往往成为教学、科研和生产的重要参考资料。

理论型、综述型论文在结构上相似，但前者主要引用对建构理论有作用的资料，而后者引用的资料就宽泛多了，只要对表述某种研究现状和发展趋势有用的就可以引用。

1.1.3.4　短文型论文

科学研究有的以短文的形式发表，对应的论文相对于原创型和综述型论文来说，篇幅较短，故称为短文型论文。大体上有研究型和评论型两类。

1）研究型短文

研究型短文是将原创成果简化发表，即原创性研究的短篇报道，聚焦突出发现，面向大众读者。通常是某类长文的简化版，基本上由背景、原理和结论三部分组成，没有讨论部分，适于领域内、外的广大读者。可由作者对其未被录用的原创论文进行删减、压缩和修改而成。一般不多于 4 个页码，可有适量插图和引文。研究简报、读者来信等通常可以列入此类。

2）评论型短文

评论型短文快速报道最新科技成果或行业资讯（发布科研信息、共享科研发现、展现技术技巧），同时进行评论，加进个人主观评价和认识，提出能为科研发展提供借鉴和指导的观点、主张、认识和见解。报道内容广，各领域、学科及其中各层面、环节都可用来报道，有研究热点、评论、短评和新闻视角等多个类别。

研究热点（前沿）主要由领域专家、学者或学术权威撰写，内容包括学科进展、研究现状、学术评论等。常由期刊编辑部邀请目标人士，对其期刊已发表的文章进行总体阐述，或对文章中能引起读者兴趣的内容（如某个观点、原理、方法、技术等）进行评论（多为正面评价）。通常 1 至 4 个页码， 1 至 2 个插图，有适量引文。

评论：对有争议、热门和受到广泛关注的话题进行评价，通常为那些对科学感兴趣但其自身又不是科学家的读者开设。

短评：简讯的一类，是对某期刊已发表的综述或原创论文的阐述及能引起读者兴趣的评论，而且只能发表在该期刊。撰写或投稿前，应先提交被评论文章的作者，获得其同意许可才可正式投稿。与研究热点相差不多。

新闻视角：向公众交流科学新闻和发表相关评论，是所有媒体上就科学研究进行评论的仿效最广，最受尊敬、欢迎的论坛，深受读者喜爱。

短文型论文虽然在形式上篇幅短小，行文上简明扼要，但因包含作者个人的认识和评价，对科技发展及科学评价、学术引证方面有重要作用，因而在科技期刊上有增多的趋势。但要注意，这类文章是指加进个人观点的那类，而纯粹新闻资讯的那类就不属科技论文了。

1.1.4　科技论文概念链

科学技术（科技）依靠知识的继承、交流和传播而发展，科技工作者发表论文是实现继承、交流和传播的主要方式。作为科学研究（科研）的结果，科研成果要用科技论文来表述与传播，科技论文则是科研成果的标志，是科技信息传递、存储的重要载体。科学、技术、科研、科研成果和有关概念环环相扣，紧密关联，组成一个概念链体系，如图 1-2 所示。

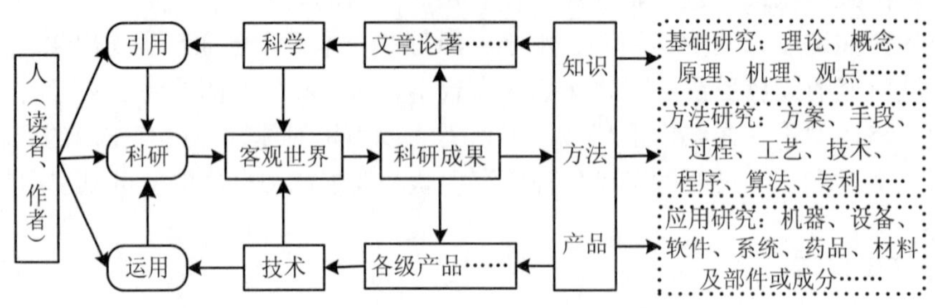

图 1-2　科技论文概念链

人通过科研，认识和改造客观世界，获得科研成果。科研成果主要有两类，分别是思想认识上的文章论著（如论文）和生产实践上的各级产品，前一类补充丰富学问体系成为科学，后一类用来改造客观世界成为技术。人在科研中，引用科学（如写论文时引用别的论文中的理论、知识、见解、观点等），运用技术（如制定方案、做实验、结果记录、讨论、分析、研发），形成对客观世界的新的认识和改造客观世界的新的能力。科技论文的生命力在于发表后对科技进步所产生的促进、推动作用，因此对论文的评价也非常重要。

用来发表的科研成果大体上包括知识、方法和产品三个层面，知识是对客观世界的认识，产品是改造客观世界的工具，方法是认识和改造客观世界的手段。知识包括理论、概念、原理、机理、机制、观点、认识等，大体对应基础研究。方法包括方案、手段、过程、工艺、技术、程序、算法等，大体对应方法研究。产品包括机器、设备、仪器、仪表、软件、系统、药品、材料及部件或成分等，大体对应应用研究。

下面阐述科技论文的价值、结构和语言体系。高水平科技论文有几个显著特征，首先是价值高（内容好），其次是结构好，再次是语言好，结果就是质量高。价值是目标，结构是形式，语言是材料，这每一项都是一个系统（价值体系、结构体系、语言体系），加起来就成就了论文的高水平、高质量。

1.2　科技论文价值体系

科技论文的价值在于其有用性，对提高人们认识、改造世界的水平和能力有较大影响和作用。它引用了最新实验数据、理论资料，对原有材料进行新的整理，提出、解决或创造了前人所没有的普遍性新理论、新技术和新工艺。它能发前人所未发，在科学理论、方法或实践上获得新进展或新突破，富有创造性、科学性，有很大价值；或能在前人基础上有所发现、发明，富有一定创造性，有较大价值；或能为人类知识和技术宝库增加新的库藏，无论创新程度高低，只要有所创新，就有价值。

科技论文的价值有 6 个方面，它们之间相互作用和影响，形成一个以原创性为核心的价值体系，如图 1-3 所示。

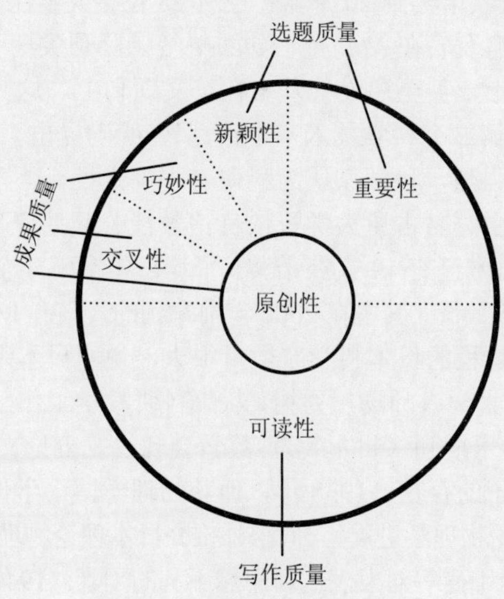

图 1-3 科技论文价值体系

1.2.1 原创性

原创性即原始性、首创性，是创新的最高形态，指论文的研究成果是作者（个人或团队）独立工作的结果，其核心部分的任何内容都未曾发表过（他人和作者都没有发表过），也没有向期刊投稿。原创性强调首次报道，重在首先创作或创造而非抄袭或模仿（原创、首创），是科技论文价值体系的核心要素（第一重要要素），在人类认识和改造世界的征途中发挥着相当重要的作用。

科技论文中的新理论、新方法或新产品，只要判定为是由本论文的作者首次报道的，即别人没有提出过，那么就可确定为具有原创性。如果只是其中部分理论、部分方法或部分产品是首次提出的，也属于原创吗？答案是肯定的，因为创新不在范围大小，而在是否有创新点，范围的大和小是相对的。

从古至今不知有过多少个科学理论创建和技术发明，无不闪耀着辉煌的原创光芒。

1953 年 5 月 25 日，美国科学家 Watson（沃森）和英国科学家 Crick（克里克）在 *Nature* 上发文，报告了重要发现“两条以磷酸为骨架的链相互缠绕形成了双螺旋结构，氢键把它们联结在一起”，首次提出 DNA 双螺旋模型，阐明复杂 DNA 分子的二级结构。

1965 年英国 Mckenzin（麦肯齐）、美国 Morgan（摩根）首次在 *Nature* 发文，提出板块构造说，并讨论其在球面运动的几何学问题，形成一种新的大陆漂移说，认为大陆板块是被动地伏在构造板块之上受地幔对流的影响做难以控制的运动，延伸了海底扩张说。

1997 年 2 月 27 日，英国科学家 Wilmut（威尔穆特）在 *Nature* 发表了利用成年哺乳动物体细胞核移植技术培育出克隆羊多莉的研究论文，在世界生物技术领域引发了强烈的轰动，不亚于晴天霹雳或海啸地震。

在 *Nature* 原创发文的还有，1932 年 Chadwick 的中子发现，1960 年 Maiman 的激光发现，1973 年 Lauterbur 的磁共振成像，1990 年 Burroughes 等的聚合物发光二极管……，这样的例子不胜枚举，加起来汇聚成今天这座伟大的科技大厦。

原创为何如此重要呢？不妨看看日本诺贝尔奖“井喷”现象及其给予的启示。

日本从 1949 年第一次获诺奖到 2019 年，已有 28 位诺奖得主，出现了诺奖井喷现象。日本获诺奖人数虽然较多，但发表在 *Nature*、*Science* 等国际顶尖期刊的论文并不多，有些还未发表在高影响因子的期刊上，甚至还没有发表在英文期刊上。这其中的原因是什么呢？

2001 年，日本出台“第二个科学技术基本计划”，明确提出“50 年要拿 50 个诺奖”的目标。计划一提出，就反响强烈，科学家认为科研有不确定性，不能像生产丰田汽车一样来生产诺奖。诺贝尔化学奖得主、名古屋大学野依良治教授公开批评政府没有头脑。出人意料的是，从 2001 到 2019 年，日本已有 19 人获诺奖，平均每年拿下一个，计划进行时间尚未过半，已经完成了超出目标 1/2 的数量（其中在 2000 年前拿到的，只占 1/3）。按诺奖评选规则，最后有一个调查过程，进入此过程的日本科学家数量很大，说明日本未来获诺奖的前景光明。

1932 年，25 岁的大阪大学讲师汤川秀树，从事科研教学工作，并同时备战攻读博士学位。1935 年，他在日本本土学术期刊《日本物理-数学会刊》发表论文“论基本粒子的作用”，首次提出介子理论，预言介子的存在。1938 年，他获物理学博士学位。1946 年，他在京都大学创办了日本本土刊物《理论物理学进展》，向国外推介日本理论物理学的研究成果，帮助日本科学家克服因国际竞争和语言障碍等对发表创新思想不利的因素。1949 年，他获诺贝尔物理学奖。

1973 年，汤川秀树的两名年轻助教小林诚和益川敏英合作，在《理论物理学进展》发表论文“弱相互作用可重整化理论中的 cp 破坏”，提出著名的小林-益川模型，解释了弱相互作用中的电荷宇称对称性破缺。2008 年，这两位获得了诺贝尔物理学奖。从该刊国际学术界逐渐看到汤川秀树本人的高水平学术论文以及一批日本科学家的原创性研究，可以说是这本期刊最终培养出多个物理学诺奖得主。

有趣的是，益川敏英虽是科学家，但不懂英文，不会用英文交流，不能在英文刊发表文章，不看国外期刊，获诺奖后的第一个要求是领奖讲日语，也就在那时，他才办了人生第一本护照出了一次国。那么这样的科学家也能折下科学桂冠，是否有点怪呢？

诺奖评选有个特别规则：某研究进入诺奖评审程序时，评奖委员会一定要了解其当时的真实情况或原始记录，不管用什么语言记录，是否发表或发表在哪里，只要谁最先提出，当时记录了，就会被认定。其中，尊重“原创”是核心！可见日本出现诺奖“井喷”现象，绝非偶然，也不奇怪，只是原创在起了作用。（参见文献[12]）

1.2.2　新颖性

新颖性即有新意，属于创新，是创新的常规形态，指论文报道的内容是鲜为人知，非公知公用、模仿抄袭的，有别人学习和借鉴之处，但不具有原创性。报道的内容若是模仿，也应仿中有变，若是老问题，也应老中有新，都应从“新”的角度阐明问题（古方今用、老药新用、旧法改进等）。新颖性要求论文的内容至少包含某种新鲜的成分、结果，既可以是对以前人们未知的某种现象的描述，也可以是向以前被人们广为接受的某个假设提出质疑，或是其他什么新的思路、方法、技术等。新颖性是科技论文价值体系的第二重要要素。

科技论文中的新理论、新方法或新产品，只要判定为由本论文的作者所提出，但核心内容不是首次提出，即不具有原创性，那么就可确定为具有新颖性。如果只是其中部分理论、部分方法或部分产品具有新颖性，也属于创新吗？答案当然是肯定的。

新颖性和原创性都强调“新”，但前者在于一般的新鲜和实用，至少能带来一点新意和收获，有一般的学术价值，后者在于特别的创造和发明，能带来学术贡献，有极高的学术价值。

例如一篇发表在 *CJME*（Vol. 28, No. 2, 2015）上题目为 Overall Evaluation of the Effect of Residual Stress Induced by Shot Peening in the Improvement of Fatigue Fracture Resistance for Metallic Materials（全面评价喷丸处理残余应力对金属材料抗疲劳断裂性能的影响）的学术论文（作者为 Wang Renzhi、Ru Jilai），内容上有新颖性。

此文针对汽车上使用的承受扭转疲劳载荷的圆柱悬架簧在使用中出现的疲劳断裂，阐述“交变正应力作用”下的正常现象（正断型疲劳断裂），从“外施交变切应力提高”下的反常现象（切断型疲劳断裂）切入，由受力分析及研究结果，驳斥了传统上仅用“喷丸应力强化机制”来解释正断型疲劳断裂的错误做法，进而不能解释切断型疲劳断裂产生的真正原因。最后得出喷丸强化工艺只有同时具备“应力强化机制”和“组织结构强化机制”，才能提高正断型和切断型的疲劳断裂抗力。这是对传统相关认识和做法的否定，内容上有新意，有实用价值，符合论文对新颖性的要求（该文为分析型论文，无实验）。该文发表后，反响较大，从作者 Wang Renzhi 先生收到的三封读者反馈邮件可见一斑：

第一封邮件是第三届机械与航天工程国际会议与展览（*3rd International Conference and Exhibition on Mechanical & Aerospace Engineering,* the International Association for Hydrogen Energy, USA on Oct 05-07, 2015 San Francisco, USA）邀请王先生作报告，第二封邮件是科学出版集团（Science Publishing Group）邀请他作某专刊（Special Issues）的高级客座编辑，第三封邮件是机械工程研究（*Mechanical Engineering Research*）期刊邀请他撰稿。这充分表明，该文有新颖性，发表价值较高，是一篇不错的实用性论文。

1.2.3　巧妙性

巧妙性指论文所用研究方法的新奇、别致、技巧性，由简单路径、巧妙改进方法等而得到可靠、可信的结果，以及将一个领域的知识巧妙应用于另一领域。巧妙性也包含一个“新”，但不一定创新，更侧重“巧妙”“特别”“艺术”。巧妙性是科技论文价值体系的第三重要要素。

巧妙性多是从方法的局部调整、节点改进来说的，创新性（原创性、新颖性）多是从理论、方法、产品的整体性或局部功能来说的。巧妙性不必一定以创新为前提，创新性既可以有巧妙性，也可以没有巧妙性，即不具有创新性的论文，也可以有巧妙性。

实际中，论文的巧妙性可体现在很多方面，如参数的设置、算法的改进、路线的优化、理论的提炼、结构的设计、技术的应用、场景的模拟，等等。写作中用好巧妙性，可带给读者一种愉悦和创作灵感，也即一种“新”意。巧妙性往往包含新颖性，但新颖性未必有巧妙性。巧妙性用好了，是一种艺术。这样看来，写作也是一门艺术。

英国赫瑞-瓦特大学（Heriot-Watt University）副教授孔宪文博士在 *CJME*（Vol. 30, No.1, 2017）发表了 Standing on the Shoulders of Giants: A Brief Note from the Perspective of Kinematics（站在巨人的肩膀上：运动学视野简述）一文（主编社论），从机构运动学的角度简析了及时掌握研究现状的重要性及挑战。先介绍机构运动学随着人类需求的变化而演变及其与相关学科、技术的相互影响，接着以机构运动学的两个案例强调了掌握研究现状的重要性。

案例一：对心曲柄滑块机构滑块最大速度的位置。该问题早于 19 世纪末为满足内燃机的开发需求而得到很好的解决。若干研究人员没有掌握此研究现状，在此后 100 多年里仍在花费时间与精力寻求该问题的解析解，并在一些权威期刊上发表了数篇论文。

案例二：并联机器人机构的构型综合。K. H. Hunt 于 1973 年发表的等速联轴器设计一文看似与并联机器人机构无关，但连接两平行轴的等速联轴器实质上就是 3 自由度平动并联机构。多名研究者不熟悉等速联轴器，或没有及时认识到等速联轴器与并联机器人机构的关联，在 21 世纪初用不同数学方法重新得到与 Hunt 的论文中相同的 3 自由度移动并联机构。

孔博士的这篇文章在分析了上述两个不同历史时期典型案例的成因后，得出掌握研究现状，既需要不同学科之间的合作，又需要同一学科内不同学科方向之间的合作的结论。

该文将研究者在 19 世纪末后的 100 多年里仍花费气力寻求案例一问题的解析解，在 21 世纪初用不同数学方法寻求案例二问题的解析解这种本不必要付出的劳动，巧妙地归结为由于他们未能掌握这些问题实际上早已解决的研究现状所致，进而得出学科间、学科内不同学科方向之间合作的重要性。孔博士学术功底深厚，了解学科历史及研究现状，勤于思考，发现问题，探求缘由，善于总结，以巧妙的手法找到了问题的症结，这是论文巧妙性的杰作。

笔者曾经发文一篇，用相似性理论来分析 RMS（可重构制造系统）的多工艺路线，巧妙地建立了基于相似性理论的 RMS 多工艺路线模型，并成功开发出相应的软件系统。该文巧妙地将相似性理论运用于 RMS 中，形成了它的巧妙性。

1.2.4 重要性

重要性指论文的内容至少对同一领域的研究人员有重要参考价值。实际中很多投稿未经审稿就被退稿，并非因为学术论点错误，而是因为其关键内容远未到最终应有的研究结果，往往只是一个新概念或新成果形成的中间步骤，果子还未成熟就被摘掉了，即论文发表有些早了，产生不了实际作用，谈不上什么重要性。

重要性与创新性在两个层面，既可相关也可不相关。有重要性不一定有创新性（原创性更难），而有创新性往往就有重要性（原创性有极端重要性，新颖性有常规重要性）。

我们应该首先鼓励论文的原创性，接着是追求论文的新颖性、巧妙性，再者是倡导论文的重要性。也就是说，衡量一篇论文除看原创性外，还要看新颖性、巧妙性、重要性，论文既然要发表，总要有点发表的意义吧（没有原创性可以原谅，但没有新颖性、巧妙性则是不应该的，若没有重要性就更不可取了），重要性是科技论文价值体系的第四重要要素。

以上“原创性”实例中，原创性尽显光芒，而重要性也必相随：

Watson、Crick 提出的 DNA 双螺旋模型，显示出 DNA 分子在细胞分裂时能自我复制，能完善地解释生命体为繁衍后代，物种要保持稳定，细胞内必有遗传属性和复制能力的机制。这是生物学领域的一座里程碑，标志着分子生物学时代的开端，怎样评价其重要性都不过分[①]。

Mckenzin、Morgan 提出的板块构造说，是海底扩张说的具体延伸，是一种新的大陆漂移说。随后于 1968 年，他们和法国的 Lepichen（勒比雄）基于大陆漂移说、地幔对流说和海底扩张说，进一步把陆地和海底统一起来考虑，认为洋底和陆地都是岩石圈的一个组成部分，提出一种全新的大陆板块学说[②]。此学说是 20 世纪地球理论最伟大的发现，可以说是地球科学在 20 世纪 60 年代的一场地球科学革命，其重要性可见一斑。

Wilmut 提出的克隆羊原理和技术，因用于克隆人是完全可能的，故立即在世界范围内包括中国掀起了一场以“克隆人”为中心议题的轩然大波。无论是政府首脑或平民百姓，无论是本领域专家或哲学、社会学家，都纷纷卷入了这场所谓的克隆热潮之中，争论的问题涉及

①当时 Watson、Crick 都是名不见经传的小人物，Crick 只有 37 岁，连博士学位还没有获得。1962 年，这两位获诺贝尔奖。

②大陆漂移说和海底扩张说分别由德国气象学家 Wegener（魏格纳）和美国科学家 Hess（赫斯）提出。

自然、社会、科技、政治、法律、哲学、伦理、道德、价值乃至精神、信念等广泛领域，其重要性不言而喻。

1.2.5　交叉性

交叉性指论文的内容能让本领域和其他领域的读者都感兴趣，都能容易看懂。很多读者会对自己领域外的研究工作有浓厚兴趣。它主要是从学科覆盖面及读者专业背景和层次来说的，是科技论文价值体系的第五重要要素。下面以 *Nature* 为例回顾一下其创刊与学科交叉性。

Nature 报道世界范围内影响最广泛的重大科学进展，应能让非专业人员容易看懂，如物理学进展让生物学家看懂，反之，生物学进展也让物理学家看懂。但对研究领域的重大进展，就有新的问题出现了。例如，对于主要面向物理学家而非生物学家的物理学重大研究进展，主要面向遗传学家而非其他领域科学家的遗传学重大研究进展，该怎么刊登呢？以此类推，还有材料学、免疫学、化学、神经学等，都存在这样一个问题。

这样，*Nature* 的研究子刊就诞生了。研究子刊报道其所覆盖研究领域的重大进展，应该让非专业人员容易看懂，一个领域的进展应能让另一领域的研究人员看懂。然而，*Nature* 及其研究子刊的空间毕竟有限，仅刊登影响最广泛的重大研究进展，对适于一个领域的专业人员，同时又适于其他领域的专业人员的重要进展，该如何刊登呢？结果只能是创办多学科、多领域交叉类期刊，如 *Nature Communications*、*Scientific Data* 和 *Scientific Reports* 等。

交叉类期刊刊登有影响或改变领域内人的思想潜力的重大进展，关注的是新观点、新见解和新技术，广泛的需求并不是发表论文的先决条件，只要有伟大的科学发现就好。

从 *Nature* 创刊需求和结果来看，论文写作和投稿时，作者一定要树立学科观、领域观，想清楚论文内容适合的读者范围、层次，涉及不同学科领域（领域差异）以及同一学科领域不同层次的人员（人员差异）。对于交叉学科领域，论文写作一定要考虑领域差异，对于同一学科领域，论文写作要考虑人员差异（专业还是非专业），不同领域的人员、相同领域的不同人员阅读论文的需求和能力并不相同。这就要求写论文应对症下药，按读者层次来写。

1.2.6　可读性

可读性是从写作质量来讲的，指论文表述条理性强，可理解性强，读者易读、易懂、易消化、易接受。再好的内容最终也是通过语言表达出来的，若所用语言缺乏可读性就不能准确全面地表达内容，进而影响论文的价值。

可读性涉及因素较多，与论文结构和语言要素都有关，但其中最核心的是逻辑要素。逻辑不通时，其他要素用得再好也起不了本质作用，而只有逻辑通了，其他要素才会派上用场。可见，写作中思维的逻辑性胜过写作的语言本身和语言风格。（逻辑要素与其他要素互为依存，其他要素用得不好时当然会影响逻辑要素。）

写作本质上是一个认识过程，包括由客观事物到人的主观认识的“意化”过程，以及从人的主观认识到书面表现的“物化”过程，意化中常出现“意不符物”的情形，即主观认识未能完全、正确地反映客观事物，而物化中又容易言不达意，即不能完整、准确地反映本意，结果是因为这两次偏差，写作结果或多或少地偏离了客观事物。从某种程度上，这种问题可用“逻辑欠缺”来解释，即意化、物化过程中都缺少正确的逻辑。意化中，使用思维语，讲求表达的逻辑性；物化中，使用文字语，也讲求表达的逻辑性。写作中如果能将这两个层面的逻辑性都把握好，就能达到语言对内容的准确、有条理的表述，最终获得理想的可读性。

论文即使有好的内容，但如果可读性不好，那么其价值也会受到影响，严重时内容和价值会被淹没，失去发表价值。可读性是科技论文价值体系的第六重要要素。不过，可读性属写作层面，而其他 5 个要素属内容层面，这是可读性与其他要素的最大不同。

1.3　科技论文结构体系

1.3.1　科技论文总体结构

科技论文是由各个组成部分紧密关联而形成的统一整体。同类论文一般具有相同或相近的结构，但由于研究的领域、内容、方法、过程、成果等的不同，其结构不可能完全相同，甚至差别较大。笔者将科技论文的结构概括为由主体和辅体两部分组成，如图 1-4 所示。

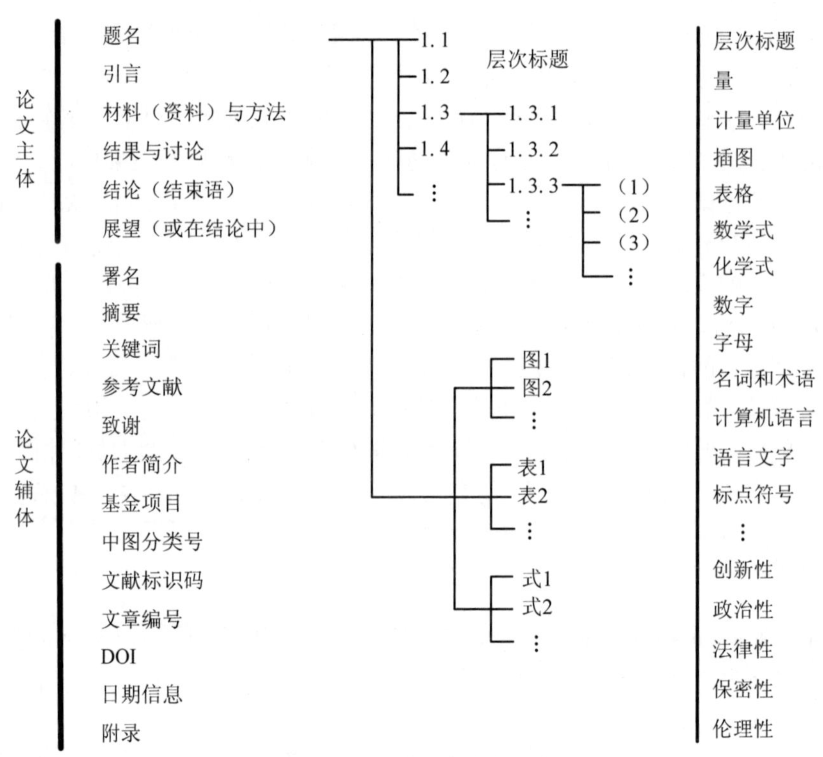

图 1-4　科技论文结构体系

主体是论文的核心内容，结构差异或大或小。辅体是围绕主体的辅助信息，结构基本差不多，虽是辅助性的，但也非常重要。有的论文还有附录部分，用于表述在主体中不便于表述的内容，可看作主体的附件，位于论文的最后。

主体主要有题名、引言、材料（资料）与方法、结果与讨论、结论等，以及内含的层次标题、量、单位、插图、表格、式子等。辅体主要有署名、摘要、关键词、参考文献、致谢、DOI、日期信息等，其中也可含有量、单位等。题名、署名、摘要和关键词等通常还有相应的英文部分。一般将主体中引言后面、结论前面（含结论）的部分称为论文的正文（在不作严格区分的情况下，通常所说的正文也可将引言包括在内）。

不同文体在辅体结构上大同小异，而在主体结构上差别较大。

1.3.2 原创论文主体结构

原创论文是原创研究的详细报告，主要面向领域内读者（科学家或研究人员）较为详细地报道作者研究课题的实质进展及所取得的重要研究成果，注重原创性，有重要学术影响，参考价值较大。它的篇幅较长（8 页以上），图表数量一般不限。其主体结构包括以下几个部分。

1）引言

引言又称前言，主要针对某一研究目标（领域、范围、主题）进行相关文献综述，回顾关于该主题已经进行过的研究，写明研究现状，指出存在的问题或不足，引出本文研究的重要性，清楚交待研究目的和作用，并说明本研究相较于过去研究的不同。为写清某一主题的研究现状，回顾的文献可能较多，引言的篇幅通常较长。也有引文很少甚至不引的情况，这种情况在实践型论文中较为常见。

2）正文

（1）材料与方法。写明用什么做研究（所用的材料，包括材料来源、性质、数量、选取，设备型号、制造商，实验时间、季节等）和怎样做研究（所用的方法，包括仪器设备、实验条件、测试方法、处理事项等）。实验细节应尽可能详写，主要是让其他人有办法按这些信息复制（重复）实验。这主要是针对实验型论文来说的，对于理论型论文，“材料”即为“资料”，指研究所用或所引的各种文献，包括已发表的文献、未发表的资料（如历史数据、统计资料、实践记录、调查取证、调研结果、病历处方等）。

具有可复制性是实验成功的必要条件，因此这部分内容显得特别重要，是作者充分展示研究成果的一个重要环节，也是论文中容易写好的部分。

（2）结果和讨论。结果回答发生或得到了什么，即研究出什么，如由实验、观测、计算、仿真等得到的数据、曲线图等。全文的一切结论由结果得出，一切议论由结果引发，一切推理由结果导出，因此结果构成正文的核心。理论上讲，在论文的各个组成部分中，结果可能是最短的，因为很多数据资料可直接用图表表示。另外，结果毕竟是一种客观结果，列示时不用加进个人主观色彩，不用做评论和说明（有关内容应放在讨论中）。

讨论用来对结果进行分析、论证、总结，给出具体认识、意见和建议，说明研究结果的意义和重要性，阐述与前人研究结果的异同，如果有些结果不理想，未达到预期目标，则对观测到的差异及可能出现的意外情况进行解释。最后还要总结，根据研究结果表明作者自己的见解，指出研究的局限性，提出日后可继续完善、改进的研究工作。

（3）结论。对全文进行总结，篇幅较短，综合说明全文结果的科学意义，反映由实验、观测、调查等得到的结果，以及由推理、判断、归纳等逻辑分析所得到的学术总见解，如提出建议、研究设想、改进意见、尚待解决的问题等。结论是整个论文的最高点，也是决定论文能否录用的重要依据之一。

3）参考文献

论文中凡是引用前人（包括作者自己）已发表的文献中的观点、数据和材料等，都要在文中引用处予以标明，并在文末列出参考文献表。引文通常 20 篇以上（SCI 论文的引文通常多一些），而且近年的文献不应缺少。阅读参考文献是论文撰写的起点，文献引用是否合适（包括内容、数量、时间）往往成为论文能否写成、写好的关键要素。

1.3.3 综述主体结构

综述是对某个问题的历史背景、前人工作、争论焦点、研究现状和发展前景等进行评论，分为大综述（领域文献总结）、小综述（与作者自己研究课题直接相关的文献总结）。

综述主体结构基本与原创论文相同，但侧重不同。原创论文注重方法的科学性和结果的可信性，而综述侧重研究主题（领域、专题）的详细信息，不仅指出发展背景和工作意义，还有作者的评论意见，指出研究成败、得失的原因，不仅写明研究动态与最新进展，还基于评述来预测发展趋势和应用前景。二者的引言、结论侧重不同，写法上差异较大；正文结构也不同，原创论文常有讨论，而综述有展望或前景预测。综述主体结构包括以下几个部分。

1）引言

引言将读者导入综述主题，主要叙述综述的目的和作用，概述主题的有关概念和定义，简述所选主题的历史背景、发展过程、研究现状、争论焦点、应用价值和实践意义，同时还可限定综述的范围，使读者对综述主题形成初步印象。引言可长可短，长一点可能更有效。

2）正文

正文没有必须遵循的固定模式，由作者按综述的内容自行设计创造。一般可根据内容的多少分成几个大的部分，各部分标上简短而醒目的层次标题。各部分的区分标准多种多样，如按目标、按主题、按问题、按原理、按方法、按论点、按年代、按发展阶段等。综述正文主要包括以下几部分内容。

（1）历史发展。按时间顺序简述主题的来龙去脉、发展概况及各阶段的研究水平。

（2）现状评述。重点论述当前国内外的研究现状，着重评述已解决和未解决的问题，提出可能的解决途径；指出存在的争论焦点，比较各种观点的异同并做出理论解释，亮明作者的观点；详细介绍有创造性和发展前景的理论和假说，并引出论据，指出可能的发展趋势。

（3）前景预测。通过纵横对比，肯定主题的研究水平，指出存在的问题，提出可能的发展趋势，指明研究方向，揭示研究捷径，为行业发展或专题研究提供指导。

（4）结论或展望。对全文进行总结，篇幅较短。可根据对正文的论述，提出几条语言简明、含义确切的意见和建议；也可对正文的主要内容做出扼要的概括，提出作者自己的见解，表明作者赞成什么，反对什么。对于篇幅较小的综述，可不单独列出结论，而是在正文各部分内容的后面用简短几句话高度概括。

3）参考文献

参考文献是综述的原始素材和基础，引用足够的、有代表性的、发表时间较为均衡的参考文献是写成、写好综述的前提条件。引文数没有硬性规定，小综述的引文通常在 60 篇以上，大综述的引文通常超过 120 篇。

1.4 科技论文语言体系

科技论文在形式上是一堆密密麻麻的文字，这些文字以词为基本单元，有规律地按各种规则组合起来，构成一个有组织的语言体系（修辞体系），如图 1-5 所示。

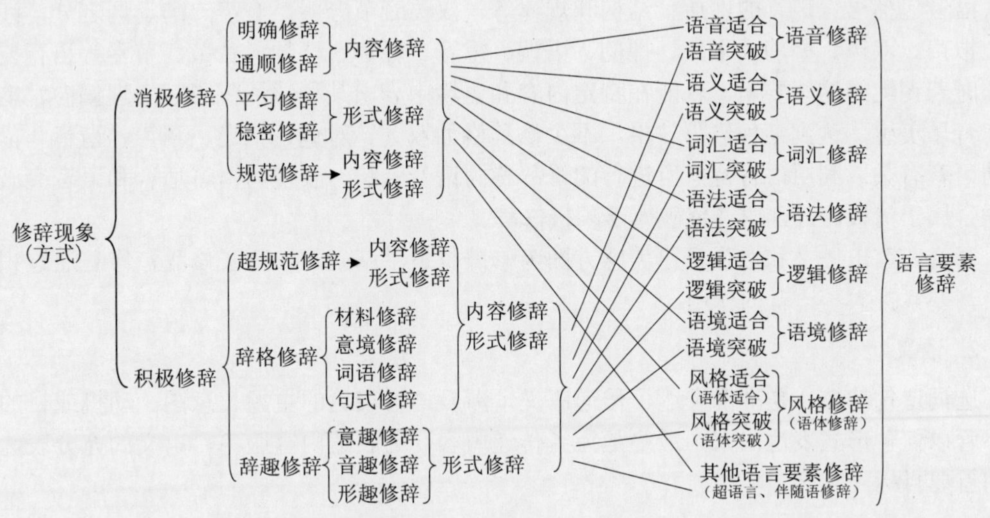

图 1-5 科技论文语言体系（修辞体系）

1.4.1 语言要素

科技论文涉及语音、语义、词汇、语法、逻辑、语境等各种语言要素，写作时应调整这些要素使其“适合”，符合语言基本要求，如语音适合、语义适合、语法适合等，同时还可“突破”，达到语言运用艺术，如语音突破、语义突破、语法突破等。“适合”和“突破”将语言要素关联起来，形成一个有机统一体。

1. 语音

科技论文表面上是语言文字，是语言就有语音的性质，不难想象，几个词语并列时，如果其语法结构相同，读起来就会顺畅；同样，几个句子先后出现时，如果其末尾的词语押韵，读起来就会上口。选词造句如果能做到词语间的这种语音关联，就能使语言表达呈现出带有某种语言色彩的生动性、音乐性及优美性。汉语中按四种声调的变化而形成平仄相间，在上下文或隔句相应位置上用相同（近）的韵字（词）而形成押韵（或双声叠韵），由音质（洪亮、柔和、细微等）不同的元音而形成不同韵式的韵母，使语言节奏鲜明，音调铿锵，音乐感强。

实例【1】

轮式移动机器人具有结构简单、重量轻、高速高效、实用等优点，国内外空间探测机器人的研究以轮式机器人为主。

此句中 4 个并列词语（画线部分）结构不同，“结构简单”“重量轻”为主谓词组，“高速高效”为联合词组，“实用”为形容词或动词，它们并列出现时，其间不具语音和谐美。如果将“结构简单”“重量轻”作为一组，将“高速高效”分开为两个形容词“高速”“高效”，并与“实用”一起作为另一组，而且这两组之间使用连词“以及”（前面加逗号停顿），那么在语音上就顺畅了。此句参考修改方案：

✓轮式移动机器人具有结构简单、重量轻，以及高速、高效、实用等优点，国内外空间探测机器人的研究以轮式机器人为主。

语音包括语言声音的性质、结构和规律等，汉语音节分明，有声、韵、调之分，涉及谐音、拟声、双声、叠韵、平仄、押韵、语调、重音、轻声、停顿、音节、节奏等语音要素。写作时若调配好这些要素，就能在特定内容和语境中表出某种感情色彩、心理偏向、韵律节奏和音乐美感，达到某种修辞效果。不少修辞格如双关、对偶、拈连、摹声、谐音、借代等都同语音有关。利用语音特点所进行的修辞称为语音修辞，表现为语音适合和语音突破，语音适合属于消极修辞，语音突破属于积极修辞。

语音在突出语义和增强音律美感方面为修辞打下了基础，丰富了修辞，修辞通过积极调动语音要素扩大了语音的作用。

2. 语义

选词造句的核心是准确表达、传递语义，涉及语言表达的主题、意图、动机或目的。语义不管以何种形式表达出来，最终是为了传递内容，为表达内容服务，语义的充分表达是写作的首要目标。

实例【2】

超级大堵车，红绿灯<u>不起作用</u>了。

此句中“不起作用”有歧义，可有两种理解即两个语义，一是“堵车使得红绿灯不起作用了（尽管红绿灯还在工作）”，二是“红绿灯不工作（如坏了、出故障了）引起了堵车”。如果将“不起作用”改为“根本就不起作用”或“坏”，就能准确表达语义。此句参考修改方案：

✓超级大堵车，红绿灯<u>根本就不起作用</u>了。

✓超级大堵车，红绿灯<u>坏</u>了。

选词造句首先是表达语义，其次才是尽可能表达得生动有力。如果脱离了特定思想、感情的需要，未准确表达语义，即使用尽了华丽的辞藻及语言的一切可能形式，恐怕也难以收到良好的表达效果。利用语义特点所进行的修辞称为语义修辞，表现为语义适合和语义突破，语义适合属于消极修辞，语义突破属于积极修辞。

语义是修辞的坚实基础和归宿，修辞通过各种手法实现语义的表达和传递。

3. 词汇

任何语言的词汇都相当复杂，包括词语的声音、意义、形体、色彩、用法、构成及词汇系统的形成、发展、变化、规范等。写作时会用到各种各样的词语，需要对词语进行选择和锤炼，从词语的多个方面加以调整、安排。词汇从个体来说，除有理性义外，还可有色彩义；从类别来说，种类繁多（如上位词、下位词，同义词、反义词，单义词、多义词，同音词、同形词、异读词，褒义词、贬义词等），每类都有相应的色彩，恰当区分词汇类别，能使语言表达准确贴切、鲜明生动。

实例【3】

<u>获悉</u>尼克松总统曾表示希望访问中华人民共和国，周恩来总理代表中华人民共和国政府邀请尼克松总统于 1972 年 5 月以前的适当时间访问中国。

此句是 1971 年 7 月 16 日发布的一个震惊世界的公告中的语句（公告是基辛格秘密来中国和周恩来几次会谈的成果）。公告的公布人一位是周恩来总理，另一位是尼克松的特使基辛

格。全文不过二百字，从起草到达成协议也不过只有几十个小时，可为此花费了相当大的气力。为准确表达双方的意思，避免“谁先主动”这个问题，可以说是一字一字地抠，一句一句地磨，不是在咬文嚼字而是在咬撇嚼捺了。负责起草公告的黄华和章文晋，几乎到了把公告嚼碎了还能倒背如流的程度，才算基本定型下来。可是最后定稿时，周总理还在一遍遍地仔细琢磨措辞，考虑尼克松要求来华，我方才邀请，会使美国的面子难看（语境），就用“获悉”替换了修改前的“鉴于”。对这一改动，基辛格喜出望外，拍手称好，当即就爽快地同意在他秘密离开中国的第四天，即 7 月 15 日同时由中美两国向外界宣布这个公告。（顾保孜、杜修贤：《毛泽东最后七年风雨路》）。这是词汇选用极佳的例子，属于词语锤炼。

用好词汇是重要的修辞方式，几乎所有修辞如双关、反语、仿词、婉曲、对偶、借代、夸张、顶真、拈连、反复、比喻、移就等，都同词汇有关。利用词汇特点所进行的修辞称为词汇修辞，表现为词汇适合和词汇突破，词汇适合属于消极修辞，词汇突破属于积极修辞。

词汇为词语的选择和锤炼及其他具体修辞方式提供了条件，修辞使词汇在语用中发挥了重要而广泛的作用。

4. 语法

写作不管用哪种语言，都要遵守这门语言的语法，这是语言表达的前提。语法为语言表达提供了表现形式，没有语法上千姿百态的各级语言单位以及各具特色的句型、句式、句类，就没有千变万化的语言形式，采用何种具体语法取决于语言表达的需要。

实例【4】

在惯性力与摩擦力交替作用下，研制一种显微注射用数字化进退装置。

此句前面部分（逗号前）为句首状语，表出“人”（指作者）在“在惯性力与摩擦力交替作用下”研制出一种装置，含有惯性力与摩擦力交替作用在人体上之意，这显然不合本意。其错误在于，将本应充当宾语“装置”的定语的“在惯性力与摩擦力交替作用下”误作全句的状语，语法出错。此句参考修改方案：

✓研制出一种在惯性力与摩擦力交替作用下的显微注射用数字化进退装置。

实例【5】

Think Different（非同凡想）

这一用语出自 1997 年 8 月乔布斯对其员工的一次主题演讲。用 different 修饰动词 think，常以副词形式出现，即 think differently（想得不同）。但他把 different 当名词用，如同 think victory，think beauty，think big（野心勃勃）。他说，想想表达之意，知其合乎语法。不是想同样的事，而是想不同的事。想一点不同的事，想很多不同的事，非同凡想，而想得不同表达不出此意。他创造了这一用语，专门描述这样的一类人（其员工）：跳出固有模式进行思考的人，想用计算机改变世界的人。他们推动人类向前迈进。或许他们是别人眼里的疯子，却是我们眼中的天才。

语言的意蕴、气势、力量、情感、色彩、跌宕、语体等效果需要依靠语法手段。利用语法特点所进行的修辞称为语法修辞，表现为语法适合和语法突破，语法适合属消极修辞，语法突破属积极修辞。有时看来不适合语法的句子，在修辞上却是佳句，这通常就是语法突破。

修辞扩大了语法的功用，让语法更精彩，语法则让修辞更扎实。

5. 逻辑

写作在于表义，表义若不合事实、事理，或不合人的正常思维规律，或不合特殊语境下应有的事理和思维，即使文辞再美，也难以站住脚。有时为修辞的需要，语言表达也可突破事理、思维规律的某些限制，当然要以不引起歧义、不造成思维混乱为前提。故意让语言表达不合事理、思维规律所造成的逻辑上的某种变异就是逻辑突破，如拟人、比喻、反语等修辞方式。

实例【6】

月球表层的土壤，也叫“月壤”。月壤，一方面是来自流星尘埃，另一方面是月球表面岩石的风化。月壤结构松散，因为没有空气和水，也没有地质运动，所以风化的速度比地球慢得多。因此，踏上去留下深深的脚印，几十年甚至几百年仍然清晰可见。

月球表面和周围没有风，没有空气，何来风化？以上语段中的“风化”一词从逻辑上说不通。《现代汉语词典》对“风化”的解释是：由于长期的风吹日晒、雨水冲刷和生物的影响等，地表岩石受到破坏或发生分解。据此，风化是“风吹日晒、雨水冲刷、生物的影响”的结果，月球表面确实不具备这些条件，因此用“风化”一词不妥。本例中间两句参考修改方案：

✓月壤，一方面是来自流星尘埃，另一方面是月球表面岩石长期受辐射作用而脱落。月壤结构松散，因为没有空气和水，也没有地质运动，所以岩石表面受辐射脱落比地球岩石表面脱落慢得多。

利用逻辑特点所进行的修辞称为逻辑修辞，表现为逻辑适合和逻辑突破，逻辑适合属于消极修辞，逻辑突破属于积极修辞。

修辞从逻辑中得到启迪和依据，而逻辑借助修辞更加客观生动地加以展开。

6. 语境

一个词在词典中的解释可能有多个义项，但进入到具体语境时，其意义就会被固定，与其中的某个义项相对应，而且它由具体语境作用所形成的最终语义也可能会与词典中对应的语义发生偏差，甚至完全相反。语境分内部和外部两类。内部语境是语言自身的环境，如词语是否搭配、上下文是否衔接、语气是否顺畅、情调是否和谐等。外部语境是语言外部的环境，对语言表达的影响也很大，不同的社会、历史、文化背景，不同的时间、地点、场合，不同的身份、学识、心情等都会影响词语、句式、声调等的选用。

实例【7】

大约几百万年以前，当地球还非常年轻的时候，地面上尽是高山和岩石，既没有平地，也没有泥土。大地上是一片寂寞荒凉的景象，毫无生命的气息。

白天，烈日当空，石头被晒得又热又烫；晚上，受着寒气的袭击，骤然变冷。夏天和冬天相差得更厉害。几千万年过去了，这一冷一热，一胀一缩，终于使石头产生了裂缝。

有的时候，阴云密布、大雨滂沱，雨水冲进了石头缝里面，有一部分石头就被溶解。

到了寒冷的季节，水凝结成冰，冰的体积比水的体积大，更容易把石头胀破。

狂风吹起来了，像疯子一样，吹得飞砂走石；连大石头都摇动了。

还有冰川的作用，也给石头施上很大的压力，使它们破碎。

就是这样：风吹、雨打、太阳晒和冰川的作用，几千万年过去了，石头从山上滚落下来，大石块变成小石块，小石块变成石子，石子变成砂子，砂子变成泥土。

这些砂子和泥土，被大水冲刷下来，慢慢地沉积在山谷里，日子久了，山谷就变成平地。从此，漫山遍野都是泥土。这是风化过程。

但是呀！泥土还不是土壤，泥土只是制作土壤的原料。要泥土变成土壤，还得经过生物界的劳动。

此例中出现了词语“飞砂走石”，不少人会以为“砂”写错字了。“飞沙走石”是一个耳熟能详的成语，出自西汉司马迁《史记·项羽本纪》（于是大风从西北而起；折木发屋；扬沙石），用“飞砂走石”不就错了吗？其实，这样的思维逻辑没有考虑语境的约束。

此例首先总体上表述了几百万年以前，地球所呈现出的那种毫无生命气息的荒凉寂寞的景象，接着以丰富的想象力、高超的语言艺术手法，形象生动地描绘了地球在漫长历史长河中因风吹、雨打、太阳晒和冰川作用，最终石头从山上滚落下来、大石块变成小石块、小石块变成石子、石子变成砂子、砂子变成泥土，以及砂子和泥土被大水冲刷下来慢慢在山谷里沉积，进而山谷就变成平地、漫山遍野变成泥土的风化过程。其中所描写的对象之一是由“石头”逐渐演变来的“砂子”，根本就不是“沙子”。因此用“飞砂走石”非常准确、到位。

利用语境特点所进行的修辞称为语境修辞，表现为语境适合和语境突破，语境适合属于消极修辞，语境突破属于积极修辞。

语境是修辞存在的必需空间，是检验修辞效果的依据，而修辞是以适应语境为前提的，是语境的必然产物。

7. 语体

语言表达总是在特定交际领域，为特定目的，向特定对象，传递特定内容，因此必须适合（切合）语体要求，受语体制约，为语体服务，与语体形成密切关系，最终体现出语用的语体差异。例如，口语比较随意、通俗、平实，书面语比较正式、典雅、庄重，科技语体多不用文艺语体的典型性、形象化修辞方式，但如果能恰当使用比喻、拟人等修辞手法，也能大大提高语言表达效果。适合语体是写作的重要原则。

实例【8】

当时在人们的观念里，以太代表一个绝对静止的参考系，而地球穿过以太在空间中运动，就像一艘船在高速行驶，迎面会吹来强烈的“以太风”。

实例【9】

由 6 根导杆组成的机构相当于灵巧的手腕，握着高速旋转的铣刀“雕刻”出所需的曲面来。

实例【10】

砂轮表面分布着的形状峥嵘的磨粒，犹如无数把锋利的微小刀具对工件表面进行微切削加工。

以上三句分别使用明喻，拟人，摹状、明喻将表述对象描绘得形象逼真、栩栩如生，让人充分发挥想象，理解得更深、更透彻。

利用语体特点所进行的修辞称为语体修辞，表现为语体适合和语体突破，语体适合属于消极修辞，语体突破属于积极修辞。

某种语体要求某种修辞方式与之相适应，某种修辞方式多适用于某种语体。

8. 风格

风格是语体的上位概念，指文章所表现出的主要思想和表述特点及气氛、格调，如语体风格、民族风格、时代风格、地域风格、流派风格和个人风格等。一定的风格要求一定的语言表达方式，同一写作中任何修辞方式的运用和创造都必须以风格统一为原则并为其服务。

利用风格特点所进行的修辞称为风格修辞，常规的风格适合（体现）属于消极修辞，称为风格适合；非常规的风格突破（有意利用风格上的不协调来取得某种修辞效果而造成风格上的某种变异，如词语、句式等的风格变异）属于积极修辞，称为风格突破。

不同语体对个人风格的要求很不相同。科技论文对个人风格的制约很大，一般不要求有个人风格，但可以有个人特点；文艺语体对个人风格的制约极小，个人可充分发挥个人特点，创造个人风格。

9. 其他

语言表达同超语言要素（如标点符号、插图、表格、数字、量、单位、式子、引文等）的关系也很密切，运用这些要素能形成超语言修辞。超语言要素也有相应的标准或规范，如GB / T 15834—2011《标点符号用法》、GB / T 15835—2011《出版物上数字用法》、GB 3100～3102—1993《量和单位》、GB / T 7714—2015《信息与文献　参考文献著录规则》、CY / T 171—2019《学术出版规范　插图》、CY / T 170—2019《学术出版规范　表格》，等等。

规范地使用超语言要素，遵守其使用规则，就是超语言修辞，属消极修辞。在特定语境中，超语言规则也可被突破而形成积极修辞，即“超超语言修辞”。

规范地使用语言的各种要素，遵守其使用规则，是常规修辞，也属消极修辞，称为规范修辞。在特定语境中，规范也可被突破而形成积极修辞，是非常规修辞，称为超规范修辞。

实例【11】

目前公开发表的文献对半开式复合叶轮内部流场计算及其与闭式复合叶轮的比较研究进行得较少。本文在前人对低比转速高速离心泵研究的基础上，以具有 4 长 4 中的 8 叶片闭式和半开式复合叶轮为研究对象，对闭式和半开式两种形式叶轮内部的三维流动进行了数值模拟，比较分析了其内部的相对速度场和压力分布。

按常规的科技论文摘要写作规范，“本文”应去掉，属规范修辞；但去掉后，语义模糊，使人搞不清楚复句二（在前人对低比转速高速离心泵研究的基础上，……，比较分析了其内部的相对速度场和压力分布。）所述工作的主语是谁，是“本文”还是“目前公开发表的文献”，因此需要加上，这就是超规范修辞。

1.4.2　消极修辞

修辞是动词“修”加名词“辞”，“修”即修改，操作对象是“辞”，即语句。对“辞”作“修”，是为了“辞”被“修”而达到某种语言表达效果。表达效果有两个层面：一是基本层面，达到语言基本要求，语句没有语病；二是高级层面，对无语病语句重新调整，使表达效果得到提升，达到语用艺术。“一句话，百样说”，但其中至少有一两句是最好的，如果能选出最佳的，那么就达到了高级层面。这两个层面的修辞，前者叫消极修辞，后者叫积极修辞。

语言材料的固有意义（理性义）原本是概念的、抽象的，如果只是表达这种意义，只要平实地运用语言材料即可，在概念上需要区分的，也只要消极地加以限定或说明即可，通常还要辅以语境加以衬托，因此这种语言活动是消极的。但是，要表达感受或体验，只有消极修辞是不够的，还必须积极地利用语言的所有感性要素如语音、字形等，同时还要使语言的意义带有体验性、感受性、具体性，使得每个述及的事物都如同作者亲身经历过似的，在读者心里唤起一定的具体感受和影像，这种语言活动就融入了积极修辞。

这里的消极，是指自觉不自觉地进行，潜移默化地遵守，本能地达到；而积极是没事找事，有意去做，去操作，去完成，达到一个主要目标——上档次，提效果，艺术化。消极修辞关注语义的准确传递，达到明确、通顺、平匀、稳密、规范。其中，明确和通顺只与内容有关，而其他则既与内容又与形式有关。

1. 明确

明确是使用准确、明白的语言把意思分明地表达出来，表意准确而不含混。有内容本身明确和表达方式明确两个方面。

内容本身明确指没有使用含混而使读者费解甚至无从理解的语言。写作前作者必须认真对待内容的每个方面及细节，把想要表达的意思搞明白、理清楚。如果做不到这一点，表达出的语言就可能难以靠谱，似是而非，使人“丈二和尚摸不着头脑”。

表达方式明确大体有用词准确、结构妥当、主次分明三个方面。

用词准确就是词义明确恰当。词是语言的基本构成单元，使用的词的意义若含糊，就自然难分明，如“100 种以上”中的“以上”就有“包括 100 在内”和“不包括 100 在内”两种理解。要尽可能不使用意义不大分明的词，若一定要使用，就应随后加以注解，例如“21 世纪以后（含 21 世纪）”，尤其要注意对同义词（同义异词）或多义词（同词异义）进行区分。

结构妥当就是各级语言单位间的关系分明。词与词构成词组，词、词组聚合成句子、句群、段落、篇章等不同语言单位。任何语言单位都有词和词的结构关系，各词的意义极其明确时，它们组合后所表出的意思未必就是清楚的。因此做到词的本身意义明确还不够，还要做到词与词的关系分明。写作应养成调整语言的良好习惯，多把文字词语调换位置或略加修改来看看表达效果的差异，还要正确使用标点符号。

主次分明就是分清主宾，使主宾所指对象明确，且位置不能随意颠倒。在主宾难以区分或主宾颠倒的情况下，本意就很难表达出来。

实例【12】

近年中国科学技术协会对100多个全国学会主办的期刊进行了分类资助。

此例中“100 多个”是修饰“学会”还是“期刊”？介词“对”关涉的对象是“100 多个全国学会所主办的期刊”还是“全国学会所主办的 100 多个期刊”？此句参考修改方案：

✓近年中国科学技术协会对全国性学会主办的100多个期刊进行了分类资助。

2. 通顺

通顺是指语言表达的条理次序能顺序衔接、关联照应、稳定统一，没有逻辑或语法毛病，达到表意符合客观事理和思维规律。顺序衔接就是按事物出现、发生、消失等的本来次序将其连接起来而行文，而且顺序通常是基于语言习惯的，例如汉语中的组织机构名通常从大往小写，而英语中则正好相反。关联照应就是按事物相互之间发生牵连和影响或基于上下文（内部语境）来行文，下文所说与上文所说一定要衔接、贯串。稳定统一就是对相同事物或现象的表述在整个行文过程中保持一致。

实例【13】

该方法的提出，不仅可以减少运用位移圆周分布调制聚焦技术检测时的计算量，还可以灵活地应对检测过程中管道参数、传感器阵列及检测频率的变化。

此例中的主语“提出”与谓语“减少”“应对”搭配不当，造成不通顺。“该方法的提出”可改为“使用该方法”或“使用所提出的方法”；若用“提出”做主语，则可在两处“可以”后加“实现”。此句参考修改方案：

✓使用该方法不仅可以减少运用位移圆周分布调制聚焦技术检测时的计算量，还可以灵活地应对检测过程中管道参数、传感器阵列及检测频率的变化。

✓该方法的提出，不仅可以实现减少运用位移圆周分布调制聚焦技术检测时的计算量，还可以灵活地实现应对检测过程中管道参数、传感器阵列及检测频率的变化。

3. 平匀

平匀是所用的词语、句子平易而匀称，平易就是浅显易懂，匀称就是均匀协调或比例和谐，一句话应该用一种结构表达，而不混用几种结构。语言表达要从实效出发，有时为了修辞需要，也可使用超常规特殊手法，但总体上应首先以平易为主，在平易实现的前提下再考虑做到匀称。

实例【14】

黏度波动的主要原因是由于空转摩擦力矩的波动所致。

此句混用以下三种结构，而实际上用一种就可以了，没有达到平匀。

✓黏度波动的主要原因是空转摩擦力矩的波动。

✓黏度波动主要是由于空转摩擦力矩的波动。

✓黏度波动主要是由空转摩擦力矩的波动所致。

实例【15】

近年来将相似理论应用于船舶结构模型实验中，以达到预测实船应力的目的越来越引起人们的重视。

此例中后面的句子存在粘连，混用两种结构，一种是“以达到预测实船应力的目的”，另一种是“达到预测实船应力的目的越来越引起人们的重视”，造成不平匀。可在“目的”后面加逗号，将“目的”后面的句子分离，并在分离出的句子前补主语“这”。此句参考修改方案：

✓近年来将……实验中，以达到预测实船应力的目的，这越来越引起人们的重视。

4. 稳密

稳密是准确用词，恰当安排语句结构，稳当组织语言文字，使内容情状同语句贴切。稳指行文稳当，同内容相贴切，密指用语数量恰到好处，不多也不少。表意目的及内容情状是决定语句贴切与否的关键因素。选词造句应明白表意目的（记述事实、分析结果、叙述感想、辨正是非、宣传教育等），表意目的不同，语句安排就应相应变动和调整。例如学术论文中，意在科学事实记述却用了感想、推测语，意在分析却用了教诲语，意在辨正却用了讽刺语，或有了与内容表达需要不相符合的表达，都会造成难以理解本意。同一语句在此处用途大，在别处不一定还大甚至没有用途，因此内容情状同语句贴切与否密切相关。这就需要辨别同义词的语义差别，还要考虑表达的需要。例如，用反复可以突出、强调内容：但若没有突出、强调内容的需要而故意用反复，就会适得其反而造成表达烦赘，拖累他句；若有突出、强调内容的需要而未恰当地用反复，就会造成表达上的欠缺：这两个方面都会走向稳密的反面。

实例【16】

为了便于边界层分离点算法研究，风洞实验采用二维 NACA0012 标准翼型进行实验。

此句中出现两次“实验”，即“实验”重复，而且这种重复完全没有意义，破坏了句子的稳密性，主语（实验）和谓语（采用）还搭配不当。此句参考修改方案：

✓为了便于边界层分离点算法研究，采用二维 NACA0012 标准翼型进行风洞实验。

实例【17】

由于机器人各连杆参数和角度参数存在一定误差，从而导致机器人末端位姿不准确。

此句中连词“由于”引导的分句表原因，连词“从而”后的部分表由此原因产生的结果，动词“导致”纯属多余，破坏了句子的稳密性。也可将“从而导致”改为“致使”（连词或动词）。此句参考修改方案：

✓由于机器人各连杆参数和角度参数存在一定误差，从而机器人末端位姿不准确。

✓由于机器人各连杆参数和角度参数存在一定误差，致使机器人末端位姿不准确。（“致使”为连词）

✓机器人各连杆参数和角度参数存在一定误差，致使机器人末端位姿不准确。（“致使”为动词）

5. 规范

规范是指使语言表达符合、适合或切合语言要素的规范。这样就有由修辞同语言要素的不同关系而形成的各种修辞方式，如语音修辞、语义修辞、词汇修辞、语法修辞、逻辑修辞、语境修辞、语体修辞、辞格修辞及超语言修辞（超语言要素的常规修辞）。

消极修辞既有内容或形式方面的，也有内容和形式并举方面的。内容上，关注怎样能把意思明白、清楚地表达出来，着眼的是各级语言单位的语义，达到意义明确和伦次通顺；形式上，关注怎样能把表意平稳地传达给别人，着眼的是语言文字的平稳使用方法，达到语句平匀和结构稳密；内容和形式并举是以上两种消极修辞的组合。

1.4.3 积极修辞

语言表达中，消极修辞的作用是有限的，人们可能还要有意识地为达到更理想的表达效果而对语言材料进行这样那样的选择、组合和突破，这就是积极修辞。积极修辞追求语言效果的提升，大致有超规范、辞格和辞趣三个层面。辞趣是通过调整字词的音、形、意的外在感观形式而达到某种意境和情趣，只与形式有关，而超规范、辞格既与内容又与形式有关。

1. 超规范

超规范是指基于消极修辞，积极、灵活地运用各种语言要素，有意突破常规限制，使得语言表达不再符合、适合或切合语言要素的常规规范。例如，在特定语境中，采用某种特殊变化、创新，故意突破语言的常规表达方式，如语音、词汇、语法等的一般表达习惯，通常的客观事理及思维规律、形式，以及语言风格（如语体）的要求，用语言的某种变异形式来表达并附加某种修辞色彩，从而产生某种特定的修辞效果。

通过某种语言要素修辞，使语言表达突破（不适合）该语言要素的常规规范，就形成语言要素的非常规修辞，即突破修辞。

2. 辞格

辞格也称修辞格，是在人类漫长语用实践中形成的具有某种稳固结构、一定规律和鲜明生动表意功能的各种修辞方式（见表 1-1）。巧妙使用合适的辞格能够大大提升语言表达效果。

表 1-1　辞格分类及含义

类 别		其他名称	子类别	含 义
材料辞格	比喻	譬喻、打比方	明喻、暗喻、借喻	将一事物用与其具有某种相似点的另一事物来比拟
	借代	换名	严式借代、宽式借代	将一事物用与其具有某种关系的另一事物来代替
	拈连	顺拈	严式拈连、宽式拈连	利用上下文关联，把适用于甲语句的词语巧妙地用在乙语句中
	移就		移人于物、移物于物	把原本用来修饰一事物的词语移来修饰另一事物
	引用		明引、暗引，直引、意引	引述已有的语句、语言材料或故事等来说明事理和表达感情
	对比	对照	两体对比、两面对比	将两种事物或同一事物的两个方面放在一起相互比较
	映衬	衬托、陪衬	正衬、反衬	将主体事物用类似、相异或相反的事物作陪衬来加以突出
	双关		谐音双关、语义双关	有意使语句同时关顾表里两种不同意思，言在此而意在彼
	仿拟	仿化	仿词、仿句、仿篇	故意模仿某种既成语句篇章以达到某种语言表达效果
	释语	释词		对词语在具体语境中的含义临时引申、发挥或作形象化说明
	摹状	摹绘、描摹	摹形、摹声、摹色	用生动形象的语言把事物所呈现的情状如实摹写出来
意境辞格	比拟		拟人、拟物	借助丰富的想象把物拟作人、人拟作物或甲事物拟作乙事物
	讽喻		比方、寓言	本意不便或不易说明时，假造一个故事来寄托讽刺教导意思
	示现		追述、预言、悬想	把实际中未曾见到或听过的事物表述得如同见到或听过一般
	呼告		比拟呼告、示现呼告	语句表述中抛开听读者，突然直呼语句中的人或物来说话
	反语	倒反、反话	以正当反，以反当正	故意用与所要表达的真实意思相反的表面意思来表达本意
	夸张		扩大、缩小、超前	为更加突出地表达事理而以超过客观事实的夸大手法来表述
	婉曲	婉转、委婉	婉言、曲语	不直接表意，借用另外的说法将本意婉转曲折地烘托暗示出来
	设问	明知故问		为提醒下文而故意使用疑问句式，随后必有答案给出
	反问	激问、反诘		为激发本意而故意使用疑问句式，随后不用给出答案
	避讳			不直接提及犯忌讳的事物，用别的语句来回避掩盖或装饰美化
	省略		积极省略、消极省略	将语句中可以不说写出来的部分省去不说写
	警策	警句		使用简练奇特的语句来达到含义确切动人的效果
	象征	托义于物		用某种具体事物的外在特征寄寓某种深邃思想或特殊意义
	折绕			不直截了当表述语义，而故意将语义表述得婉转、曲折
词语辞格	转品	词性活用、转类		将某一词性类别的词转换活用为具有另一词性类别
	析字		谐音、化形、衍义	将所用字析为音、形、义，用与其有某面相合的别的字来代替
	藏词			用包含某本词的熟语中的别的部分来代替这一本词
	镶嵌		镶词（字）、嵌词（字）	故意把无关紧要的字镶进紧要的词语或将特定的字嵌入语句
	复叠		复辞、叠字	将形同但义可以不同的同一个字隔离或紧相连多次使用
	节缩		节短、缩合	使用词语的简称或缩合形式
	回环	回文	词、词组、句子回环	使用顺着、倒着都能说得通的语句
句式辞格	飞白		语音、字形、语义等飞白	明知错误而故意仿效，即将错就错，如实加以记录或援用
	对偶	对联	正对、反对、串对	将字数相等、结构相同或相似的两个语句成双作对地前后排列
	排比		成分排比、句子排比	对同范围、同性质的情况用几个结构相似的句法并列逐一表出
	顶真	顶针、联珠、连环体		用前一句的结尾语做后一句的开头，前后头尾蝉联、上递下接
	反复	叠用	连续反复、隔离反复	有意重复使用同一语句而一再突出表现某种强烈感情
	层递	渐层、递进	递升、递降	将语句按从高（低）到低（高）而层层递进的顺序排列出来
	错综		词语错综、句式错综	为避免语言呆板和单调而故意使用形式参差、结构不同的语句
	倒装		随语倒装、变言倒装	特意颠倒语句中在文法或逻辑上的正常顺序
	跳脱		急收、突接、岔断	考虑某种特殊的语境，使语句在半路途中断了语路

辞格是语言要素的综合运用，既同语言的内容比较贴切，又同语言的形式紧密相关，能将内容和形式完美地结合起来，达到一种特殊的语言表达效果。因此，辞格的魅力很大，是修辞的重要方面，通常说的“语言的华巧”或“华巧的语言”就是针对辞格的。缺少了辞格，修辞就会黯然失色。

使用辞格的修辞称为辞格修辞，属积极修辞。辞格有实用功能，每种辞格就是一种修辞方式；修辞不一定是辞格，但又离不开辞格。

3. 辞趣

辞趣就是辞的情趣（情调、趣味或意韵），是生成形象生动、幽默风趣、含蓄蕴藉等语言特点和格调的极为有效的手段。辞趣最早是由陈望道作为亚辞格的修辞现象首次提出来的一个修辞术语，后来得到丰富和发展。现在一般这样定义：辞趣是富有表现力的亚辞格的语言现象，及有助于增强语言表达效果的词语的音调或字形图符、书写款式所体现出来的情趣。

富有表现力的亚辞格的语言现象是就意趣而言的，即意趣＝语言现象＋亚辞格＋富有表现力。意趣因为富有表现力，因此属于修辞现象；又因为不像辞格那样具有某种规律性，因此不是辞格，只能算是辞格的“后备军”，其中很多如同耀眼夺目的流星，一闪即逝，且出没无定，当然有的会随着漫长的语用实践而从“后备军”队伍出来进入常规阵营。

有助于增强语言表达效果的词语的音调是就音趣而言的，即音趣＝词语的音调＋有助于增强语言表达效果。音趣与音调密切相关，巧用同音字可形成同音异义趣，巧用多音多义字可形成异音同字趣，用好押韵可形成韵趣，用好拗口字能有意地在表达中把声、韵、调极易混同的字交叉重叠而形成拗趣。

字形图符、书写款式或排版格式所体现出来的情趣是就形趣而言的，即形趣＝字形图符、书写款式或排版格式＋体现出来的情趣。形趣分为字形趣和图符趣，前者巧妙利用形近字来吸引读者的眼球并突出表达效果，后者则是巧妙利用图形、符号、公式等来增强表达效果。现代书面语中改变字体、字形、字号，使用图形、符号等增强表达效果的现象均属于形趣。

辞趣是语言形式单方面的运用，是语言文字本身的情趣，本质上是语感的运用，与语言的内容比较疏远，魅力比较浅淡。使用辞趣的修辞称为辞趣修辞，属于积极修辞。

辞趣实用功能较强，几乎每种辞趣都可作为一种修辞方式；修辞不一定是辞趣，虽然依赖辞趣但又可以没有辞趣。

4. 消极、积极修辞的关系

消极修辞只要将内容明白地用语言材料组合成固定的语言形式，使人能够理解领会即可，而积极修辞主要是使人去感受或体验，对语言的表达远远没有消极修辞那样简便容易，还要将对内容的种种感触表达成相应的语言文字。

消极修辞着眼于为避免语言的不当运用而影响表达效果，只求语言表达明白、通畅，而积极修辞着眼于积极主动地运用合适的修辞使语言变得生动、形象，增强表达效果。

不同的意思自然用不同的语句来表达，但大致相同的意思也可用不同的语句来表达，同义语句在基本内容表达上大体相同，但在表达效果上存在差别，因此对消极、积极修辞有时难以绝对地加以区分，而且也没有必要进行区分，实际中还要从语体功能（内容、目的、对象、场合、方式等）来考虑，涉及语言的所有要素及修辞方式。

消极修辞是基础，积极修辞是消极修辞的拓展，只有在实现了消极修辞的前提下，才可以追求积极修辞，不要离开消极修辞来谈积极修辞。

1.4.4 内容和形式

内容是表意的实质，将意思清楚地表达出来；形式是呈现意思的一种外在感观，将意思以某种式样呈现出来。语义就是蕴含在语句形式里面的内容。

语言是为了表达、承载和传递语义，将客观和思维的内容变成语言的内容。修辞为语言的内容服务，为准确表达语言的内容所进行的内容上的修辞称为内容修辞。

语言的内容是以某种语言的形式出现的。同一语言内容得到充分表达的语言形式可能不止一种，有几种是正常的。在具体语境中，同义语言形式的基本意思相仿，但在修辞色彩上存在差异，广义上包括表达该意思可使用的所有语言形式，狭义上只包括一般的同义词语和同义句式。这里的同义是相对的，近义也包含在内。

基本意思相仿使得同义语言形式的选择和运用成为可能，修辞色彩存在差异也使得其选择和运用有了意义。写作必然存在同义语言形式的选择问题，也是一个修辞过程。例如，为避免行文呆板而需要重复某个概念，或为准确充分记述或表现事物的特点和复杂性，或为细致区分不同语句在感情、风格色彩上的差异，往往需要选用不同的同义词语或句式，词语、句式选用的优劣对能否达到理想的表达效果十分重要。为用恰当的语言形式来辅以提升语言内容表达效果所进行的形式上的修辞称为形式修辞。

内容修辞是基础，处于主要地位，形式修辞是构架，处于次要地位。只有在实现了内容修辞的前提下，追求形式修辞才有必要性，不可离开内容修辞而谈形式修辞。内容修辞决定形式修辞，形式修辞服务于内容修辞，二者完美结合便创造出丰富璀璨的语言。

内容修辞富有体验性、具体性，通常基于经验的融合，综合运用各种语言要素，特别要适应语境。形式修辞基于语言材料的意义，充分利用语言的语音和形体，基本上是运用语言文字的一切感性因素。形式上语音、形体的运用同内容上语义的体验性、具体性相结合，就扩大了语用的范围，为收到超出常规语句、文法甚至常规逻辑的新的语言表达效果，为语言呈现出丰富灿烂的动人魅力，提供了更多的可能性。

实例【18】

有一个制造业公认的十倍定律，即概念设计阶段发现错误改正为 1；第二详细设计阶段改正同一错误需要付出 10 倍的代价；第三制造阶段改正同一错误则要付出 100 倍的代价。

有一个制造业公认的十倍定律，即概念设计阶段发现错误改正为 1；改正同一错误出现在第二阶段详细设计中时，需付出 10 倍的代价；当错误出现在第三制造阶段时，则要付出 100 倍的代价。

以上两段是同一内容的两种表达方案（形式）。第一段属于常规表达，分号间句子结构相同或相近，表述匀称、规范，但从整体上看就显得呆板、单调和枯燥。第二段运用错综修辞手法，打破了平衡，分号之间句子结构差别较大，形式上有参差不齐之感，但能避免句式的单调呆板，增加了语用的灵活性。

人们对语言美的追求是多种多样、不拘一格的，均衡美和参差美都是语言美的重要方面。但是，在内容和形式二者之中进行取舍、平衡时，内容一定要优于形式，形式必须让位于内容。因此，在论文写作中，要分清何为内容，何为形式，对于内容的表达，要精益求精，而对于形式上的东西，只是依附于内容的一种呈现形式，换成另一种形式，只要没有影响或不改变内容，那么这个改后的形式就没有错对之分。形式只有个人感观上的美丑、好坏或优劣之分，不同人的认识、审美观自然不同，对同一形式自然有不同的感觉，因此形式没有错对之分。实际中，对内容和形式可能不大好区分，不少人误将形式当作内容，非要在形式上搞个错对之分，结果是自讨苦吃，没有寻出一个好结果。

实例【19】

本文提出一种基于 CART（classification and regression trees）与 SlopeOne 的服务质量预测算法，使用了一些重要的参数，如平均绝对误差（mean absolute error, MAE）、归一化平均绝对误差（normalized mean absolute error, NMAE）等。MAE 用来评估预测准确度，NMAE 用来衡量算法的预测准确度。MAE 的计算公式为

$$MAE=\frac{1}{N}\sum_{(u,s)\in testMatrix}|\boldsymbol{q}_{u,s}-q_{u,s}|$$

NMAE 的计算公式为

$$NMAE=\frac{MAE}{(\sum_{(u,s)\in testMatrix}|q_{u,s})/N}$$

此例中，MAE 和 NMAE 分别出现了三次，前两处为正体，第三处为斜体。这两个字母词分别为术语 mean absolute error（平均绝对误差）和 normalized mean absolute error（归一化平均绝对误差）的缩写。缩写可直接当词用，一般用正体（规则一）。但还出现了二者的计算公式，公式中二者就是量符号了，分别表示“平均绝对误差”和“归一化平均绝对误差”这两个量的符号，按国家标准和编辑出版规范，量符号用斜体（规则二）。编辑出版界有一个重要的“统一”行规，相同符号的正斜体必须一致，因此在编辑以上语句时，就要对三处 MAE 和 NMAE 的正斜体统一，但无法操作，不论统一为正体还是斜体，都不能同时满足两条规则。这样，编辑就郁闷了，耗尽了脑汁，费尽了心思，也没有获得满意的结果，甚至还要征求名家的意见。其实，缩写词用正体还是斜体，只是一个形式问题，不管用哪种形式，均不影响表义。按一个词语包括字符、符号在具体语境中应只有唯一表义的原则来确定其正斜体就好了，该用正体用正体，该用斜体用斜体，干吗非要不分青红皂白地绝对统一而又实现不了呢！

总之，修辞既有内容也有形式上的，既有消极也可有积极的，既可以由一种语言要素形成，也可以由几种语言要素综合作用形成。消极修辞、积极修辞中的内容与形式与语言要素修辞中的内容与形式相映射，组成一个语言修辞体系。只有综合地运用好语言体系的各种要素及其表现方式才能最终获得理想的表达效果。

1.5 科技论文写作与编辑

1.5.1 科技论文质量体系

一篇论文如果在内容（价值）、结构和语言上都好，那么就是一篇好文章。这就存在文章质量高低的问题，衡量的标准就是论文内容、结构和语言体系中各要素是否规范和协调，撰写论文就是要“玩”好、关联好这些要素，这样就形成了一个质量体系。笔者建立的科技论文质量体系如图 1-6 所示。

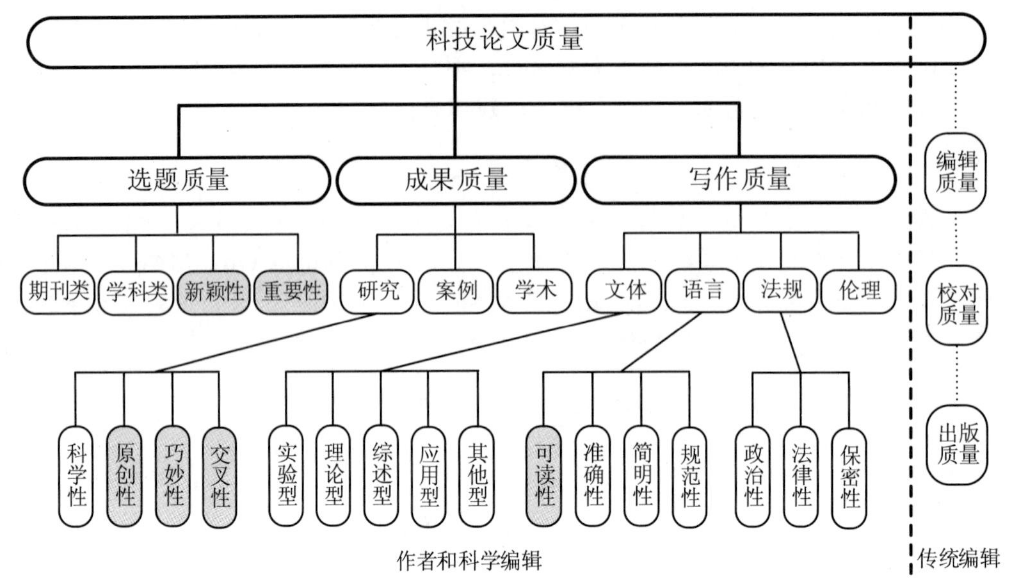

图 1-6　科技论文质量体系

科技论文质量包括选题、成果和写作三个层面。选题质量指课题价值大小，包括期刊类、学科类等：期刊类指与目标期刊的吻合性，即论文选题与目标期刊重点关注方向是否吻合；学科类指论文选题与目标期刊学科方向是否吻合。成果质量指课题的研究水准或成果的先进性，包括研究、案例和学术：研究指研究的水准，包括科学性、原创性等；案例指论文中所举案例的水准；学术指成果的学术贡献。理想情况下，研究和案例质量都要好，难以都好时，研究质量应优于案例质量。写作质量包括文体、语言、法规和伦理四个层面。文体质量包括对论文类型和结构的把握，语言质量包括语言表达的可读性、准确性、简明性和规范性。

一篇论文只有在选题、成果和写作质量上都过关了，才是高质量的论文，其中写作质量是基础。如果一篇论文选题价值大，研究水准也不低，而用来呈现这二者的论文在写作上很糟糕，那么这个选题价值和研究水准就被这质量低的写作给淹没了，呈现给读者的机会就会丧失掉，那么再好的选题质量、再优秀的成果又如何能有效传承呢？广大作者不仅要做好研究，还要做有意义的研究，最终还要用高质量的语言文本记录下来，即使选题、成果质量不好，从为读者、社会负责的角度看，也应该规范表达，将论文写好。

从出版的角度，论文的质量还有一个出版质量（编校质量）。出版质量主要由传统编辑来保障，而写作质量主要由作者和科学编辑共同来保障（作者写作是基础，编辑引领是保障）。

1.5.2　科技论文规范发表

科技期刊是社会产品，其出版要符合有关国家标准和规范，作为科技期刊主体的科技论文当然有标准化、规范化的问题。科技论文的规范发表是指在其有发表价值的前提下，通过写作、编辑和排版等多个环节使其以符合有关国家标准和规范的形式发表。

科技论文的规范发表首先要求规范写作。规范写作能提高论文的水平，并反映出作者具有严谨的治学态度、较高的写作水平和修养，为论文发表提供有利条件。一篇论文能否发表主要取决于它是否具有发表价值，但写作的规范性也是不容忽视的重要因素。

科技论文的规范发表还要求规范编辑。规范编辑能提高论文的水平，并反映出编辑具有严谨的工作态度、较高的业务水平和优良的编辑修养，为出版物的标准化、规范化起着重要的桥梁作用。

科技论文的规范发表还要求规范排版、校对，以便使科技期刊的编排、发表最终实现标准化和规范化。

只有实现了科技论文写作、编辑、排版及其各个组成部分表达的标准化、规范化，才能实现其发表的规范化，从而达到真正体现科学内涵，准确表达科学内容，提升可理解性和可读性，最终提高信息传播、存储、检索和利用的效率。

科技论文规范发表在科技信息的高效收集、存储、处理、加工、检索、利用、交流和传播等方面，以及在作为科学研究手段、体现科研成果标志、用作科技交流工具、成为能力培养途径等方面具有重要作用。科技工作者必须高度重视科技论文的规范发表工作，特别是作者必须重视论文的规范写作，编辑必须重视论文的规范编辑，缩短论文评审和编辑出版周期，使作者的创造性劳动成果得以及时发表，使作者所引用的他人研究成果得以快速体现。

1.5.3 规范写作与编辑

不同期刊发表论文的流程可能有差别，但总体上可以概括为写作、投稿、评审、编辑、修改、排版几大环节，如图 1-7 所示。

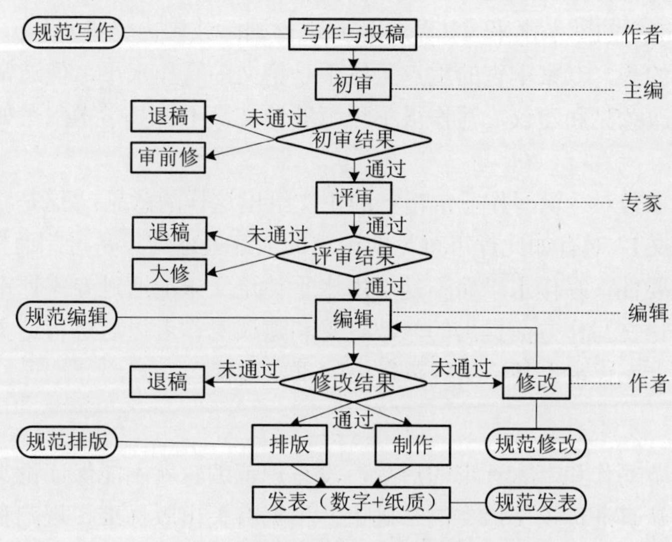

图 1-7 科技论文规范发表过程

1. 规范写作

规范写作是论文规范发表的第一步。作者写作最终完成、定稿后才向期刊投稿。出版部门首先进行编辑初审（主编、执行主编、副主编、编辑部主任或编辑助理来完成），除了对论文主题与期刊刊登方向是否相符、有无政治错误和伦理道德问题、语句重复率（一稿多投、抄袭、剽窃或重复他人工作）是否超过规定比例等进行审查外，还要审查论文的形式、质量是否达到投稿基本要求，如参考文献是否太少太旧、研究背景是否阐述清楚、结论是否有及是否高度概括、创新点是否交代等。每种期刊的办刊宗旨，报道范围、领域及优先报道方向，开设的栏目，论文写作格式要求，稿件受理、审理和返修的规定，以及与作者的其他约定等都体现在刊物公示的《征稿简则》或《投稿须知》中，不符合征稿简则或写作很不规范的论文在编辑初审时就会被淘汰掉（即不安排专家评审就直接退稿），这就是审前退稿，从而失去专家评审机会，即使没有失去专家评审机会，专家评审通过的概率也是很低的；退一步说，写作不规范的论文即使通过了专家评审，也需要返给作者修改，修改的工作量很大，甚至经过多次返修才能修改好，这样，论文的发表周期必然会延长很多。

例如，对于稿源丰富的期刊，当在两篇均有发表价值的论文中只录用一篇时，被录用的肯定是写作上较为规范的那一篇。写作规范的论文的编辑加工和后期作者修改的工作量较小，甚至不用返给作者修改，发表周期短，出版质量高。因此，为使有发表价值的论文能得到及时发表，避免因写作不规范而退稿或推迟发表，作者努力提高写作质量是很有实际意义的。

论文写作不规范，不论对作者还是对编辑均是有害的。作者在投稿前必须认真研读征稿简则或浏览样刊、样式论文，准确领会和掌握目标期刊对论文写作的要求和原则，避免因盲目投稿和写作不规范而影响论文的发表。规范写作是科技论文发表的前提和基础，是论文规范发表的重要过程之一，对作者来说投稿前的规范写作更具现实意义。

2. 专家评审

专家评审（同行评议）主要审查论文的发表价值，没有评审就难以保证论文的学术水平。专家除了对论文内容相符性以及是否存在一稿多投、抄袭、剽窃或重复他人工作等方面进行审查外，主要审查论文的学术水平（如是否达到现行国际或国内先进水平），并提出修改意见和建议。值得注意的是，专家审查的重点虽然不是论文的写作水平，但通常也会对写作方面存在的问题提出修改意见和建议，写作很不规范的论文，不论其学术水平如何，通常是难以通过专家评审的。

笔者记得某专家曾对一篇写作非常糟糕的论文给出这样的意见："这是我审稿以来遇到的写作最差的一篇论文！"对有如此评审意见的论文的最终处理结果是可想而知的！这进一步说明了规范写作的重要性，写作水平而不是学术水平使论文未能通过专家评审，对作者来说是很可惜的。专家在论文写作方面提出的修改意见和建议对作者以后进行论文的规范修改也将起到重要作用，故专家评审也是论文规范发表的重要过程之一。

3. 规范编辑

规范编辑是规范写作和专家评审的后续，没有规范编辑就不能保证论文的规范发表。在此环节，编辑要在认真通读论文原文的基础上，根据有关出版标准、规范和编辑规章、制度等，总结和归纳论文中需要修改、补充和完善的问题的性质、种类，提出具体的修改要求，对论文进行必要的修改、批注并将修改、批注后的论文以及专家评审意见、编辑修改要求等文档（或材料）反馈给作者。作者收到修改通知及有关文档后开始对论文进行修改、补充和完善，然后再将修改后的论文提交给编辑。编辑再检查作者是否按照专家评审意见和编辑修改要求等对论文进行了修改，如果涉及学术、专业问题，必要时编辑将此修改后的论文再次送专家评审（修后再审）。若修改后的论文在规范性方面仍有待提高和完善之处，则可根据实际情况重复以上过程，折腾几个来回，直到论文符合要求。

规范编辑是指导论文规范写作，实施和贯彻有关出版标准、规范和编辑规章、制度的核心环节，也是论文规范发表的核心环节和重要过程之一。

4. 规范修改

没有一篇文章不经修改就能完成，高质量论文的完成需要反反复复的修改。在投稿前按目标期刊修改的准备阶段，投稿后按专家评审、编辑处理意见修改的退修阶段，以及生产时按出版要求修改的校对和制作阶段，无处不存在着对论文继续修改的环节。

作者必须抱着对读者和社会高度负责的精神，根据专家评审意见和编辑修改要求等对论文进行全面、细致的修改、补充、完善或删减；作者也可能因受到启发、认识水平提高或根据后续研究的进展而对论文做一些其他有意义的修改，也可能会纠正专家和编辑提出的一些存在错误或不恰当的建议和意见。实际中，有的作者并未根据专家评审意见和编辑修改要求对论文进行全面修改，或只做了少量修改，甚至未做任何修改（通常就是未看）就将论文返给编辑。这种做法显然是不可取的，因为这样做最终受到影响的是论文的发表。

写作中多一次修改，就多一次认识，就前进一步，就向规范性更接近一步，修改贯穿从投稿到发表的整个过程。编辑将论文返给作者修改，实质上是写作的延续，是规范写作的进一步提高。正如作家老舍所说："论文必须修改，谁也不能一下子就写成一大篇，又快又好。"作者在编辑指导下对论文修改是写作的最后一道工序，是论文的完善和规范阶段，规范修改也是论文规范发表的重要过程之一。

5. 规范排版

规范排版是论文规范发表的生产即实现环节，没有此环节就不能保证编写好的规范论文最终得以规范发表。排版人员要根据版面形式、编排格式、排版要求和编辑在纸稿（或电子论文）上标出（或批注）的具体修改细节等，排出符合排版质量要求的、规范的论文。规范排版是在规范写作、规范编辑和规范修改的基础上进行的，是规范写作、规范编辑和规范修改的后续和终结，是论文规范发表的必要但非本质环节，若没有前期的规范写作、规范编辑和规范修改几个重要环节，则规范排版对论文的规范发表起不了实质作用。

1.6　本书写作安排

作者是对论文进行写作、修辞而保障论文质量的主体，编辑是指导作者对论文修改、完善而继续提升论文质量的主体，将写作与编辑相统一，并与论文从写作到发表过程中各环节的修辞相融合，就能成就一篇高质量的论文。

本书先讲述科技论文的基本知识，并构建其质量体系，再讲述科技论文主体（如题名、引言、材料与方法、结果与讨论、结论）、辅体（如摘要、基金项目）的内容、结构及写作要求，以及蕴含其中的各种要素（如量和单位、插图、表格、式子、标点、数字、字母、术语）的规范使用和表达，并辅以大量实例点评，给出参考修改方案。

限于篇幅，语言及其他方面的内容（如语法、修辞、语病等）将在笔者后续的著作中发表。

第2章 主体部分

论文的价值在于其内容，内容依附于其相应的结构，最终通过语言以一定结构呈现出来。科技论文由多个部分组成，各部分相关联就形成结构，论文的结构有主辅之分。论文首先在于“论”，与议论文的引论、本论和结论一脉相承，按为何研究、怎么研究、研究结果的顺序逐次铺开，在内容上对应其引言、方案、结论部分，形式上对应其层次标题（如引言、材料与方法、结果与讨论、结论）。这类组成部分是按“论”的研究模式展开而形成的，笔者将其连同论文的题名称为论文的主体部分，简称论文主体。同时，论文还有一个“体”，也相对完整，形式上通常就是署名、摘要、关键词、日期信息、基金项目、参考文献、作者介绍等短小或较短的组成部分。这类组成部分不属“论”的内容，不在引论、本论、结论的研究模式内，却是论文这一实体中不可缺少的组成项，笔者将这部分称为论文的辅体部分，简称论文辅体。

相同文体在结构上相同或相近，不同文体在结构上差别较大；论文各组成部分在表达上有相同之处，但由于研究领域、内容、主题、对象、目的、方法及文体特点、出版要求等的不同，表达差异也往往较大。从整体看，论文的结构容易理解和把握，但从局部看，论文各部分的结构可能存在较大差异，应根据实际情况分别对待。

本章主要以原创论文（含少量综述）为背景，阐述论文主体的写作，涉及内容与结构、写作要求和实例点评等。后续章节讲述论文辅体（第 3 章）的写作，以及论文各组成部分内嵌要素（如量和单位、插图、表格、式子、参考文献等，第 4～10 章）的规范表达。只要按科技论文写作要求、方法及有关标准、规范认真撰写和仔细修改，就能成就符合特定文体要求，在主题思想、内容结构、表达手法、写作风格和编辑排版等方面各具特色的高质量论文。

2.1 层次标题

论文主体的结构表现为文章段落层次的划分，即分为几个大的逻辑段落，一个逻辑段落可包含一个或若干自然段，每一逻辑段落可冠以合适的标题，这个标题就是论文的层次标题。

层次标题也称段落标题或小标题，是在论文题名统领下的各级标题，它在内容上对各部分内容高度概括，在结构形式上使整个论文层次分明。层次标题是论文内容的划分、归类和关联，构成连接正文各组成部分的框架，而论文内容是层次标题的展开和细化，形成标题的实质。标题好比“骨”，内容则是“肉”，各级层次标题是连接论文各组成部分的“骨架”。论文主体写作就是按层次标题来布局，分层深入，有序展开，逐层剖析。

层次标题与文体相关，有些文体，如研究热点、新闻视角等，篇幅很短，不用层次标题；有些文体，如读者来信，篇幅长一些，可用层次标题，也可不用，取决于表达的需要；而篇幅较长的文体，如综述和原创论文，必须有层次标题。

层次标题有不编码和编码两种形式，前者在国际上较为流行，而后者常为国内期刊采用。

1）不编码

各级层次标题都不编码，但按顺序出现，如同编码，层级（层次）通过字体、字号、正斜体、是否黑体（加粗）等的一致性来体现。例如：一级标题四号黑体，正体；二级标题小四号黑体，正体；三级标题五号宋体，斜体。

2）编码

各级层次标题一律编码，常用阿拉伯数字分级连续编写，不同层次的两个号码间用下圆点“.”分隔，即一级标题的编码为 1，2，⋯（或从 0 开始），二级标题的为 1.1，1.2，⋯，三级标题的为 1.1.1，1.1.2，⋯，以此类推。通常圆点加在数字的右下角，终止层次的号码之后加不加圆点均可。编码一般左顶格排写，最后一个数字后加空来接排标题文字。

2.2　题名

题名（title）又称题目、标题、文题或篇名，是简明、确切地反映论文最重要特定内容、研究范围和深度的最恰当的多个词语的逻辑组合。有的题名还包括副题名或引题。题名相当于论文的“标签”，通常是别人最先浏览的内容，是检索系统优先收录的部分，也是体现论文水平与范围的第一重要信息，具有画龙点睛、启迪思维、激发兴趣等诸多功能。

审稿人和读者一般是先查看题名和作者信息来了解论文。论文内容实际上是围绕题名展开的，题名能否反映内容是审稿评估的重要标准。审稿人评审论文时，先从题名入手，若感兴趣，再看摘要；若更感兴趣，再看引言、结论和图表；最后才有可能通读全文。一般读者通过上网或查询系统来检索论文，根据查到的题名考虑是否有必要阅读、复制摘要并进一步下载、保存全文，这个决定往往是在快速浏览题名的过程中做出的，题名若不吸引人就会失去其作用，使真正需要的读者错过机会，影响论文的引用和交流。另外，图书馆和研究机构大多使用联机检索系统，通常也是根据题名中的关键词来查找有关信息的，好题名直接带来使用上的方便及查询结果的准确性，而差题名，可理解性差，没有特色，就会失去读者，导致论文“丢失”，不能被潜在的读者查到。可见，题名的好坏直接影响人们对论文的第一印象。

2.2.1　题名写作要求

题名很重要，是吸引人看论文的第一步。它应准确反映内容，用最少的、合适的词语准确明白地概括论文内容，既不空泛，也不烦琐，给人以鲜明的印象。题名写作要求有 4 个方面。

1）准确

准确（accuracy）是指明确、充分地反映或表达论文的主要内容，恰当地反映研究的范围和深度，与正文的内容紧密贴切，即题文相扣（题要扣文＋文要扣题），毫不含糊，不过大或过小，避免题文偏差，做到让别人一看题名就能大概判断论文的研究内容和范围。这是论文写作的基本准则。为达到含义准确，题名不应过于华丽或承诺太多，避免使用非定量、含义不明的词。研究型论文的题名宜包含由关键词描述的结果。

2）简洁

简洁（brevity）是指以最少数量的词语和字符概括尽可能多的内容，即简短明了，在准确反映、清楚表达最主要特定内容的前提下，用词越少越好。用词要精选，不能太长、烦琐，难给人以鲜明的印象，且难记和难引；也不宜太短，使人丈二和尚摸不着头脑，搞不清主题、领域范围。究竟多少词算是合适，无硬性规定，不同期刊要求不同，但总体原则是，在能确切反映论文特定内容的前提下，题名越短越好，达到确切、清晰、简练、醒目即可。

3）清楚

清楚（clarity）是指清晰明白地反映论文的具体内容和特色，明确表明研究工作的独到之处，力求简洁有效、重点突出。为表达直接、清楚，宜将表达核心内容的关键词（主题词）放在题名的开头。但不要因一味追求精选词数而影响题名对论文内容的清楚反映，当遇到矛盾在两者之间取舍时，一定是清楚优于简洁，即宁可多用几个词也要表达明确。若题名过短不足以表示论文内容，或反映系列研究内容，或内容层次较多时，可采用主、副题名相结合的形式，用副题名来对主题名补充说明。

4）吸引人

吸引人（attractive）是指具有吸引力，别人看了题名就爱不释手，产生继续深入的愿望和冲动，自然而然就想阅读全文。虽然题名居于首先映入审稿人（发表前）或读者（发表后）眼帘的醒目位置，但仍然存在是否吸引人的问题。题名用词及表现内容不同，产生的效果就不同，好题名既概括了全文，把论文在同类研究中凸显出来，又能引人注目，将读者的需求在众多相关研究中定格下来。吸引人的题名应该是：用词准确、结构合理、详略得当、语序正确、修辞妥当、逻辑通顺，给人以美感。

2.2.2 内容表达

题名内容表达指题名所述内容准确恰当，与正文内容紧密匹配，具体有以下原则。

1. 题文相扣

题名要准确表达论文的内容和主题，恰当反映研究的范围和深度，与论文内容要互相匹配、扣紧，即题要扣文，文要扣题，这是题名表达的基本规则。实际中常常出现不扣文的过于笼统的题名，多由缺少必要的限定语、题名太短所致。例如：

【1】可重构制造系统的研究

【2】气动系统内部结露研究

【3】汽车主动安全控制液压执行器

以上题名中的研究对象过于笼统，所指研究范围太大而不明确，若针对论文内容或具体研究对象来命名，效果就会好得多。

【1】参考修改方案

✓可重构制造系统基础理论和方法

✓可重构制造系统研究现状与发展趋势

✓可重构制造系统生产路径规划及方法

✓可重构车间的 CAPP 技术

✓可重构车间计算机辅助工艺规程设计

✓车间级可重构制造系统的 CAPP

✓车间级可重构制造系统计算机辅助工艺规程设计

✓可重构机床的 CAPP

✓可重构机床计算机辅助工艺规程设计

✓可重构制造系统：车间生产路径规划及方法

还可有其他修改方案，取决于论文的最重要特定内容或具体研究对象。

【2】参考修改方案

✓气动系统内部结露机理与实验

【3】参考修改方案

✓汽车主动安全控制液压执行器的性能与原理

【4】35Ni-15Cr型铁基高温合金中铝和钛含量对高温长期性能和组织稳定性能的影响研究

此题名长而含混，其中“35Ni-15Cr”中的数字含义不明确，可以有百分含量（质量分数）、质量比、体积比、金属牌号等多种理解。修改的方法是站在读者的角度，清晰地表示出论文的研究内容，若这些数字指的是百分含量，则不必写在题名中（可放在正文中说明），题名中只要反映含Ni和Cr这一事实即可。

【4】参考修改方案

✓Ni、Cr合金中Al、Ti含量对高温性能和组织稳定性的影响

✓Ni，Cr合金中Al，Ti含量对高温性能和组织稳定性的影响

2. 概念准确

题名中会涉及一些概念，要充分注意并恰当运用概念的外延和内涵，避免写出不恰当的题名。外延指一个概念所反映的每一对象，内涵则指对每一概念对象特有属性的反映。为使题名含义准确，应避免使用非定量、含义不明确的词，并力求用词具有专指性。例如：

【5】对偏远农村地区种植作业中机动力、人、畜组合的现状调查

【6】5自由度大工作空间/支链行程比混联机械手的运动学设计与尺度综合

题名【5】存在外延和内涵不匹配的错误。“人”的外延可能包括青壮年、婴幼儿和老人，而婴幼儿和老人并不是具有劳动能力的人，显然不属于题名所指；“畜”可以包括牛、羊和猪，羊和猪显然不能用作动力。若使用“劳力”和“畜力”就不会被误解为那些不具有劳动能力和不能使役的对象。题名【6】将“运动学设计”和“尺度综合”并列不大妥，因为在外延上前者包含后者，“尺度综合”可去掉。

【5】参考修改方案

✓对偏远农村地区种植作业中机动力与劳、畜力组合的现状调查

✓对偏远农村地区种植作业中机动力与劳力、畜力组合的现状调查

✓对偏远农村地区种植作业中机动力、劳力、畜力组合的现状调查

【6】参考修改方案

✓5自由度大工作空间/支链行程比混联机械手的运动学设计

3. 术语使用

题名用词十分重要，直接关系到读者对论文的取舍态度。要尽量使用通用术语来表达有关概念，以加强概念表达的专业性、准确性、简洁性，以及写作的严谨性、细致性、学术性。

表达有关概念时，若能用某术语却用了别的一般词语，或不必要地对其重新给出定义，或给出与其现有公认概念有出入的解释，均是不可取的。例如：

【7】基于计算机的工艺设计技术的智能化发展策略

【8】新冠病毒 COVID-19 的起源探索研究

题名【7】中“基于计算机的工艺设计技术”不准确，应改为标准术语“计算机辅助工艺规程设计”，或其英文名称 Computer Aided Process Planning 的缩写 CAPP。题名【8】中 COVID-19 是新冠肺炎的名称，即“病”的名称，而不是病毒的名称，新冠病毒的名称应为 SARS-CoV-2 或 2019-nCoV。

【7】参考修改方案

✓基于计算机辅助工艺规程设计的智能化发展策略

✓基于 CAPP 的智能化发展策略

【8】参考修改方案

✓新型冠状病毒 SARS-CoV-2 的起源探索研究

✓新型冠状病毒 2019-nCoV 的起源探索研究

2.2.3 语言表达

题名语言表达指题名的用语和组织符合语法、逻辑、修辞等方面的规则及结构要求，尽量给读者以清晰和美感，具体有以下原则。

1. 简短精练

题名应确切、具体反映研究的主要内容或对象，简短精练，但不能因一味追求形式上的简短而影响题名对论文内容的准确、恰当反映，为表达需要而适当增加字数是可以的。题名太短常常起不到帮助读者理解论文的作用，但偏长又不利于读者浏览时快速了解信息。例如：

【1】关于钢水中所含化学成分的快速分析方法的研究

此题名存在一些冗词，语言表达上较为烦琐，很明显其中“关于”“所含”“研究”等词在删掉的情况下并不影响原意的表达。冗词去掉后，该题名的字数可减少为 12 个（原来是 21 个），读起来干净利落、简短明了。

【1】参考修改方案

✓钢水化学成分的快速分析法

值得注意的是，题名末尾的“研究”在多数情况下可以省略；但有时不宜省略，因为省略后可能难以读通，进而会影响原意的表达。例如：

【2】新型内外组合搅拌桨的开发及其流场特性研究

【3】低压燃油雾化喷嘴流动能量损失特性数值研究

题名【2】末尾的“研究”可以删掉，而【3】中的“研究”不能删掉。

若短题名不足以显示论文内容或反映不出属于系列研究的性质，则可以在主题名的后面加副题名，使整个题名既充实准确，而又不流于笼统和一般化。例如：

【4】有源位错群的动力学特性——用电子计算机模拟有源位错群的滑移特性

此题名中破折号的前面部分为主题名，后面部分为副题名，二者之间也可用冒号分隔。

2. 结构合理

题名犹如标签，习惯上多为以名词或名词性词组为中心的偏正结构。但当中心动词前有状语时用动宾结构，“论……”“谈谈……”之类的题名也属动宾结构。陈述句易使题名具有判断式语意，通常不简洁和醒目，重点也不突出，况且题名主要应起标示作用，因此一般不用陈述句做题名；但陈述句可直接表达中心论点，有时用它做题名也是可以的，但忌用冗长的主、谓、宾语结构的完整语句来逐点描述有关内容。有时题名也可用疑问句，尤其在评论、驳斥和综述类文章的题名中，使用疑问句有探讨性语气，征询、探讨意味浓厚，表达也显得较为生动，容易引起读者的兴趣，引发思考、探究。

【5】研究整车物流中的委托代理问题

此题名是动宾结构（研究 + 委托代理问题），应改为常规的偏正结构。

【5】参考修改方案

✓整车物流的委托代理问题

【6】应用信息经济学研究整车物流中的委托代理问题

【7】利用单吸气储液器改善双缸压缩机的声学特性

此两题名为动宾结构，因为中心动词“研究”“改善”之前分别有状语“应用信息经济学”“利用单吸气储液器”，因此不便或不能将这两个动词作为偏正结构中的中心词而将题名改为偏正结构。

【8】论整车物流的委托代理问题

【9】谈谈整车物流的委托代理问题

此两题名为“论＋宾语”“谈谈＋宾语”结构，属于动宾结构，不用改为偏正结构。

【10】在 2020 年初检测到的新型冠状病毒 2019-nCoV 对人类造成越来越大的威胁

【11】新型冠状病毒 2019-nCoV 感染能治愈吗？

题名【10】为陈述句，主、谓、宾齐全，但没有冗余的词语，可直接表达论文的中心论点。题名【11】为疑问句，表达了对新型冠状病毒感染这一公共重大问题既有疑惑、担心而又持关切、期待的疑问语气，容易引起与大众的共鸣。

3. 索引方便

目前多数索引和摘要服务系统采用关键词（keyword）系统，因此题名中宜多用论文的主要关键词，所用词语应符合编制题录、索引和检索的有关原则，有助于选定关键词，容易被理解和检索，能为二次文献提供检索的特定实用信息，尽量不要出现式子、上下标、特殊符号生僻字词、不常用术语、非公知公用缩略语等不方便查询的语言要素。例如：

【12】山地自行车后悬架机构优化设计方法

此题名中的“山地自行车”为论文的主要关键词，若改为“山地车”或“自行车”，题名就变得过于笼统和空泛，不便于索引。

【13】基于关键设备工序紧凑的工序分类分批的 Job-shop 调度算法

Job-shop 引自国外的文献，是“车间”的意思，这里宜使用其中文名称。有时这种外来词表示的是一种新生事物，在中文中可能还没有或难以找到相应的词语，即使这样也应尽量用中文来表达，必要时可在中文后加括注，在括号内给出原来的英文名称。

【13】参考修改方案

✓基于关键设备工序紧凑的工序分类分批的车间调度算法
✓基于关键设备工序紧凑的工序分类分批的车间（Job-shop）调度算法

【14】RMS 中基于相似性理论的 VMC 生成方法
【15】面向 JAUMIN 的并行 AFT 四面体网格生成

题名【14】中，RMS 是 reconfigurable manufacturing system 的缩写，中文名为“可重构制造系统”“可重组制造系统”或“可重配置制造系统”；VMC 是 virtual manufacturing cell 的缩写，中文名为“虚拟制造单元”或“虚拟加工单元”。题名中直接用这两个名称的英文缩写，当读者用正常的中文名称来检索时，就可能查不到，因此应改用中文名称，再考虑到 VMC 属 RMS，可将 RMS 去掉。然而，题名【15】直接用缩写是合适的，因为 JAUMIN、AFT 是计算机领域的算法（或程序）的名称，虽是缩写，却是正式名称，既简短又好记，如果题名中用其全写（JAUMIN: J adaptive unstructured mesh applications infrastructure；AFT: advancing front technique），还得译为中文，不仅中文译名的准确性、通用性难以保证，同时会使题名变长，绕口、难记，而且给检索带来不便，因为算法通常是按其正式或标准名称来检索的。

【14】参考修改方案

✓基于相似性理论的虚拟制造单元生成方法
✓基于相似性理论的虚拟制造单元（VMC）生成方法
✓可重构制造系统中基于相似性理论的虚拟制造单元生成方法（不推荐）
✓可重构制造系统（RMS）中基于相似性理论的虚拟制造单元（VMC）生成方法（不推荐）

4. 语序正确

题名的语序必须正确，语序不当会造成表意混乱，令人费解。另外还要注意题名中“的”字的位置，其位置不同，题名所表达出来的意思就可能不同。例如：

【16】计算机辅助机床几何精度测试

此题名将“计算机辅助测试”这一术语拆分成两部分，一部分“计算机辅助”位于题名的开头，另一部分“测试”位于题名的结尾，是典型的语序不当。

【16】参考修改方案

✓机床几何精度的计算机辅助测试

【17】基于 EDM 能量算子的调解方法及其在机械故障诊断中的应用

按论文表意，此题名中 EDM 应为介词“基于”的对象，“其”字不是指“算子”而是指“调解方法”，因此第一个“的”字放错了位置；另外 EDM 的语序也出错了，应为 EMD。EMD

是 empirical mode decomposition（经验模式分解）的缩写，是故障诊断或检测领域的一个公知公用的术语。

【17】参考修改方案

✓基于经验模式分解的能量算子调解方法及其在机械故障诊断中的应用

✓基于 EMD 的能量算子调解方法及其在机械故障诊断中的应用

2.2.4 英文题名表达

对英文题名来说，其表达除了遵循上述有关要求外，还有以下原则。

1. 词数恰当合适

英文题名词数应为 10～12 个单词，最好不超过 100 个字符(含空格和标点)。不同机构的期刊对题名的要求不同。例如，AMA（美国医学会）规定题名不超过 2 行，每行不超过 42 个字符和空格；AMS（美国数学学会）要求不超过 12 个词，用词质朴、明确、实事求是，避免用广告式、冗赘夸大式字眼；NCI（美国癌症研究所）要求不超过 14 个单词；英国数学会要求不超过 12 个单词；*Nature* 要求不超过 3 行，每行 30 个字符（含空格），一般不应含有数字、首字母缩略语、缩写或标点符号（必要时可用一个冒号）；*Science* 要求采用描述性短语，不用完整的句子，每行最长 30 个字符，报告和研究型论文的题名不超过 3 行，综述的不超过 100 个字符。

【1】Transition Texture Synthesis

【2】Presence of Triploids among Oak Species

这两个题名分别只有 3 个和 6 个单词，词数恰到好处，简洁明确地表达了论文的内容。

【3】Study on <u>Brucella</u>

此题名过短，读者无法知道具体的研究领域，其中的 Brucella 是有关医学、分类学、遗传学、生物化学还是别的什么领域，不得而知。

【4】<u>Preliminary Observations</u> on the Effect of Zn <u>Element</u> on Anticorrosion of Zinc Plating Layer

此题名偏长，有冗词 Preliminary Observation、Element，表意冗余，精简后效果将提升。

【4】参考修改方案

✓Effect of Zn on Anticorrosion of Zinc Plating Layer

简化题名通常可通过删除冠词和说明性冗词来实现。题名中的冠词有简化的趋势，凡可用可不用的均可省去。说明性冗词通常有：Research on、Study of (on)、Investigations on、Analysis of、Development of、Evaluation of、Experimental、On the、Regarding、Report of(on)、Review of、The Nature of、Treatment of、Use of 等，这类词语在题名中通常可以省去，但有时不能，如果省略后造成难读难懂，甚至会影响原意的表达，就不能省略。

例如题名【5】～【9】中画线的词或词语就不宜或不能省去。

【5】<u>A</u> Comparative Study of Germination Ecology of Four *Papaver* Taxa

【6】An Efficient Clustering Algorithm for *k*-Anonymisation

【7】Differential Responses of Lichen Symbionts to Enhanced Nitrogen and Phosphorus Availability：An Experiment with *Cladina stellaris*

【8】Development and Seed Number in Indeterminate Soybean as Affected by Timing and Duration of Exposure to Long Photoperiods after Flowering

【9】Experimental Study of the Effect of Spinning on Elastohydrodynamic Lubrication Films

表达题名时还要避免词意上的重叠，如 Zn Element 中的 Element、Traumatic Injuries 中的 Traumatic、at Temperature 100 ℃中的 Temperature 等，都是可以省去的，另外，Experimental Research、Experimental Study 可直接表达为 Experiment。

在题名难以简化或短题名不足以显示论文内容（语意未尽），或内容层次较多，或系列研究分篇报道时，可以在主题名之后加副题名，补充、说明主题名。例如：

【10】Industrial Engineering and Visualisation—A Product Development Perspective

【11】Nano-bearing：The Design of a New Type of Air Bearing with Flexure Structure

【12】Flow in a Pelton Turbine Bucket：Numerical and Experimental Investigations

题名【10】的破折号及【11】、【12】的冒号的前后部分分别为主、副题名。

2. 表意直接清楚

题名表达应直截了当、清晰明白，以引起读者的注意，因此应尽可能将表达核心内容的主题词放在题名的开头。例如：

【13】The Effectiveness of Vaccination against Influenza in Healthy,Working Adults

【14】Improved Method for Hilbert Instantaneous Frequency Estimation

题名【13】中，如果用 Vaccination 做题名的开头，读者可能会误认为这是一篇方法性论文，而用 Effectiveness 作为题名的第一个主题词，就直接指明了研究的主题（是效果、疗效，而不是方法）。题名【14】中，用 Method 作为题名的第一个主题词，直接指明了这是一篇方法性论文。

模糊不清的题名往往会给读者和索引工作带来麻烦和不便。例如：

【15】Hybrid Wavelet Packet-Teager Energy Operator Analysis and Its Application for Gearbox Fault Diagnosis

【16】A Complication of Translumbar Aortography

【17】New Hydraulic Actuator's Position Servocontrol Strategy

题名【15】的 Its 指代不明，需费力判断；【16】的 Complication，表意不明，需使劲想象。另外，为确保题名含义准确，应尽量避免用非定量、含义不明的词，如 Rapid、New、Good、Important、Advanced 等，如【17】的 New 指作者新提出的，还是别人提出的，表意不大明确。同时还应力求用词的专指性，如 A Vanadium-iron Alloy 明显优于 A Magnetic Alloy。

3. 句法结构正确

题名常由名词性短语构成，基本上由一个或若干名词加上前置和（或）后置修饰语构成，主要动词多以分词或动名词的形式出现。例如：

【18】Particle Distribution in Centrifugal Accelerating Fields

【19】Ambient Temperature and Free Stream Turbulence Effects on the Thermal Transient Anemometer

【21】Improving the Concept of an Asynchronous Cyclotron

【20】Pricing Incentive Strategy of Information Sharing in Supply Chain

题名【18】、【19】画线部分为中心词（名词性短语），后面部分为其后置修饰语；【20】、【21】的中心动词分别是其分词形式 Improving、动名词形式 Pricing。

有时题名可以用陈述句、疑问句。例如以下题名【22】、【23】为陈述句，【24】及【25】的副题名为疑问句：

【22】Sorghum Roots Are Inefficient in Uptake of EDTA-chelated Lead

【23】H7N9 Virulent Mutants Detected in Chickens in China Pose an Increased Threat to Humans

【24】Can Agricultural Mechanization Be Realized without Petroleum?

【25】A Race for Survival：Can *Bromus tectorum* Seeds Escape *Pyrenophora semeniperda*-caused Mortality by Germinating Quickly?

题名比句子简短，且不必主、谓、宾齐全，因此其中词的顺序显得尤为重要，词序不当会导致表达不准甚至错误。一般来说，表达题名时应首先确定好最能够反映论文核心内容的主题词（中心词），再进行前后修饰扩展，修饰语与相应主题词应紧密相邻。例如：

【26】Cars Blamed for Pollution by Scientists

此题名的 for Pollution 和 by Scientists 的顺序颠倒，使想表达的本意“科学家将污染归罪于汽车”变成“科学家造成的污染归罪于汽车”，原因就在于这两个介词短语的顺序不当。

【26】参考修改方案

✓Cars Blamed by Scientists for Pollution。

【27】Nursing of Trans-sphenoid Removal of Pituitary Adenomas

此题名将接受“护理”（Nursing）的对象“病人”（未出现）表达成“手术”（Trans-sphenoid Removal of Pituitary Adenomas），即对“手术”的护理，明显不合逻辑。

【27】参考修改方案

✓Nursing for Patients after Trans-sphenoid Removal of Pituitary Adenomas

修改后，护理对象是病人，即对病人护理（Nursing for Patients），并明确了手术的对象是病人。

【28】Neutrons Caused Chain Reaction of Uranium Nuclei

此题名为陈述句（Neutrons 为主语，Caused 为谓语，Chain Reaction of Uranium Nuclei 为宾语），若改为偏正式结构的短语，表达效果会更自然、恰当。

【28】参考修改方案

✓Chain Reaction of Uranium Nuclei Caused by Neutrons

修改后，Chain Reaction 为中心语，Uranium Nuclei、Caused by Neutrons 为后置修饰语。

【29】Multi-scale and Multi-phase Nanocomposite Ceramic Tools and Cutting Performance

此题名中 Tools 和 Cutting Performance 并列不妥，因为切削性能仅是刀具的一个属性，不在一个层面上，应在 Cutting Performance 的前面补出必要的限定语，如 and it's。如果论文的主题就是 Cutting Performance，则可改为中心词 Cutting Performance 加后置修饰语 Multi-scale and Multi-phase Nanocomposite Ceramic Tools 的偏正结构。

【29】参考修改方案

✓Multi-scale and Multi-phase Nanocomposite Ceramic Tools and and Its Cutting Performance
✓Cutting Performance of Multi-scale and Multi-phase Nanocomposite Ceramic Tools

【30】Numerical Simulation by Computational Fluid Dynamics and Experimental Study on Stirred Bioreactor with Punched Impeller

此题名按论文内容，应先介绍 Experimental Study（实验研究），再介绍 Numerical Simulation（数值模拟），因此连词 and 前后部分的顺序颠倒。

【30】参考修改方案

✓Experiment on Stirred Bioreactor with Punched Impeller and Numerical Simulation by Computational Fluid Dynamics

悬垂分词如 Using、Causing 等在题名中十分常见，因为其潜在的主语是“人”（作者、研究者）而不是“物”（研究对象），使用时容易出错。例如：

【31】Nanoscale Cutting of Monocrystalline Silicon Using Molecular Dynamics Simulation

此题名容易误解为 Monocrystalline Silicon Uses Molecular Dynamics Simulation（单晶硅使用分子动态模拟），因为只能是人使用分子动态模拟（Molecular Dynamics Simulation），而非单晶硅（Monocrystalline Silicon）。

【31】参考修改方案

✓Using Molecular Dynamics Simulation in Nanoscale Cutting of Monocrystalline Silicon

【32】New Scaling Method for Compressor Maps Using Average Infinitesimal Stage

此题名错误地表达为 Compressor Maps Use Average Infinitesimal Stage（压缩机图使用平均无穷小阶），因为是人而不是压缩机图（Compressor Maps）使用平均无穷小阶（Average Infinitesimal Stage）。

【32】参考修改方案

✓Using Average Infinitesimal Stage in Scaling Method for Compressor Maps

【33】Characterization of Bacteria Causing Mastitis by Gas-liquid Chromatography

此题名错误地表示成细菌（Bacteria）使用气液色谱法（Gas-liquid Chromatography）而引起乳腺炎（Mastitis）。

【33】参考修改方案

✓Using Gas-liquid Chromatography in Characterization of Mastitis Caused by Bacteria

4. 介词正确使用

题名中常用名词做修饰语，如 Radioactive Material Transport、Multizone Moving Mesh Algorithm 等，但有时汉语中起修饰作用的名词译成英语时，用对应的名词直接做前置修饰语可能不合适。例如，用名词做修饰语来修饰另一个名词时，如果前者是后者的一部分或所具有的性质、特点，则需要用前置词 with 加名词的“with＋名词”短语放在所修饰的名词之后来修饰。例如：“具有中国特色的新型机器”不能译为 Chinese Characteristics New Types of Machines，而应是 New Types of Machines with Chinese Characteristics；“异形截面工作轮”不能译为 Noncircular Section Rolling Wheel，而应是 Rolling Wheel with Noncircular Section 或 Rolling Wheel with Special Shaped Section。

中文题名中常使用“定语＋的＋中心语”的结构，此处“的”在英文中有两个相应的前置词 of、for，其中 of 主要表示所有关系，for 主要表示目的、用途等。题名中还常使用 in 表示位置、包含关系。例如：

【34】Inhibition Mechanism of Na_2MoO_4 for Carbon Steel in 55% LiBr Solution

【35】Nonlinear Estimation Methods for Autonomous Tracked Vehicle with Slip

题名【34】的 Inhibition Mechanism 与 Na_2MoO_4 为所有关系，其间用 of；Na_2MoO_4 与 Carbon Steel 间的 for 表示目的、用途；Carbon Steel 与 LiBr Solution 为包含关系，其间用 in。题名【35】中所指的方法 Nonlinear Estimation Methods 用于车辆 Autonomous Tracked Vehicle，表示方法的用途或使用场合，所以其间用 for 而不用 of。

5. 字母大小写正确

题名大小写无统一规定，主要有实词首字母大写（虚词首字母小写）、第一个词首字母大写（其余小写，特殊词①除外）和全部字母大写三种情况。例如：

【36】Web Services Based Collaborative Design Model of Graphics CAD Systems on Internet

【37】Web services based collaborative design model of graphics CAD systems on Internet

【38】WEB SERVICES BASED COLLABORATIVE DESIGN MODEL OF GRAPHICS CAD SYSTEMS ON INTERNET

第一种格式较为标准，类似于专有名词，与正文的区分明显，用得最多；第二种格式占用空间小，简洁、实用，可读性好，有增多的趋势，国际不少名刊也采用这种格式；一般不用第三种格式。其实题名的大小写只是个形式问题，作者遵循目标期刊的规定和习惯即可，不必考虑过多而分心于形式。例如：

【39】Cryptochromes Interact Directly with PIFs to Control Plant Growth in Limiting Blue Light（*Cell*）

【40】Schizophrenia risk from complexvariation of complement component 4（*Nature*）

【41】Active sites of nitrogen-doped carbonmaterials for oxygen reductionreaction clarified using model catalysts（*Science*）

---

①专有名词首字母、首字母缩略词、德语名词首字母、句点后单词的首字母等，均应大写，而且第一个词应尽量避免使用首字母以“位次”开始的化学名称（如 α-Toluene，其中的 α 表示位次）或以其他类似前缀开始的单词。

2.2.5　缩略语使用

题名中应正确使用缩略语，尤其对于可有多个解释的缩略语更应小心，要注意其表意的确指，不要造成误解，必要时可在其后括注其全称。对于那些全称较长、已得到科技界或某行业公认的缩略语，可直接使用，不过应受到相应读者群的制约，而且有的缩略语在英文题名中可直接使用，但在中文题名中直接使用可能不妥。

例如：DNA（deoxyribonucleic acid，脱氧核糖核酸），AIDS（acquired immune deficiency syndrome，获得性免疫缺陷综合征，简称艾滋病）已为科技界公认和熟悉，可在各类论文的题名中使用；CT（computerized tomography，计算机体层成像或计算机断层扫描），NMR（nuclear magnetic resonance，核磁共振）已为医学界公认和熟悉，可在医学类论文的题名中使用；BWR（boiling water reactor，沸水反应堆），PWR（pressurized water reactor，压水反应堆）已为核电学界公认和熟悉，可在核电类论文的题名中使用。

以下列举几个使用缩略语的题名例句。

【1】空间曲面电火花线切割 CAD/CAM 系统
CAD/CAM System for Spatial Curved Surface in Wire Cut Electronic Discharge Machining

此题名中直接使用缩略语 CAD/CAM 是可以的，因为 CAD（computer aided design，计算机辅助设计）和 CAM（computer aided manufacturing，计算机辅助制造）已为设计和工程界公认和熟悉，可以在有关领域论文的题名中使用。

【2】基于四元数的台体型 5SPS-1CCS 并联机器人位置正解分析
Forward Displacement Analysis of Generalized 5SPS-1CCS Parallel Robot Mechanism Based on Quaternion

【3】高精度 STM.IPC-205BJ 型原子力显微镜的设计
Design of High Resolving Capability STM.IPC-205BJ Type Atomic Force Microscope

此两题名直接使用缩略语“5SPS-1CCS”“STM.IPC-205BJ”是可以的，因为二者分别是台体型并联机器人、原子力显微镜的一种型号，直接使用显得准确、简洁、清楚、醒目。

【4】基于 STEP-NC 数控系统的译码模块及坐标问题
Interpreting Module and Coordinate Problem for CNC Based on STEP-NC Interface

此题名中直接使用缩略语“STEP-NC”是可以的，因为 STEP-NC 是 CAD/CAM 和 CNC（计算机数字控制）之间进行数据传递的一个接口标准，题名中如果不直接使用此缩略语就不方便进行表达。

【5】6-DOF 水下机器人动力学分析与运动控制
Dynamic Analysis and Motion Control of 6-DOF Underwater Robot

DOF 是 degree of freedom（自由度）的缩写，在设计和机构学领域使用广泛，英文题名中可直接使用，但中文题名中用其中文名称更妥当。类似的缩略语有 MEMS（micro electro-mechanical systems，微机电系统），PDM（product data management，产品数据管理）等。

【6】PDMS 微流控芯片复型模具的新型快速制作方法
New Method for Rapid Fabricating Masters of PDMS-based Microfluidic Devices

此题名中直接使用缩略语 PDMS 不合适，读者看了可能很难明白其意思。这里 PDMS 是一种化学名称“聚二甲基硅氧烷”［Poly(dimethylsiloxane)，PDMS］。对于此例，中文题名中的 PDMS 可改为“聚二甲基硅氧烷”“PDMS(聚二甲基硅氧烷)”或“聚二甲基硅氧烷(PDMS)”，英文题名中直接使用 PDMS 是可以的，或将其改为“Poly (dimethylsiloxane)”。

【7】HFCVD 衬底三维温度场有限元法模拟

【8】Simple Tooling with Internal Pressure Source to Evaluate the THF Formability

此两题名中的 HFCVD 和 THF 使用不当。HFCVD 是 hot filament chemical vapor deposition（热丝化学气相沉积）的缩略语，THF 是 tube hydro-forming（管材液压成形）的缩略语，均不是科技界或本行业公认和熟悉的缩略语，故不宜在题名中直接使用。HFCVD 可改为“热丝化学气相沉积”或“热丝化学气相沉积（HFCVD）”，THF 可改为 Tube Hydro-forming。

2.2.6　页眉

为方便读者阅读，不少期刊发表的论文还提供页眉（眉题）。页眉通常由主要作者姓名和论文题名构成，或只由论文题名构成，排在论文部分页面（单页码，或双页码，或除首页外的单、双页码）的最上方。例如：“余锋杰　等：飞机自动化对接中装配准确度的小样本分析”“常用营养风险筛查工具的评价与比较”。

中文论文的页眉一般排为中文，其中的论文题名部分一般与论文题名相同，如果排为英文，又受版面限制，则可考虑缩减英文题名。例如：

【1】Constructing Maximum Entropy Language Models for Movie Review Subjectivity Analysis

【2】Differential Responses of Lichen Symbionts to Enhanced Nitrogen and Phosphorus Availability：An Experiment with *Cladina stellaris*

此两例可分别缩减为：Max Ent Models for Subjectivity Analysis；Effect of Nutrients on the Growth of Lichen Symbionts。

2.2.7　系列题名

系列题名是主题名相同但论文系列序号、副题名不同的系列论文的题名。这种题名也无固定格式，主题名与副题名之间通常加论文系列序号，并用破折号或冒号来分隔，破折号或冒号既可位于论文系列序号前，也可位于系列序号后。例如：

【1】可重构制造系统——Ⅰ基础理论

【2】可重构制造系统——Ⅱ实验和仿真

【3】可重构制造系统——Ⅲ车间生产路径规划及方法

【4】可重构制造系统——Ⅳ可重构机床的研制

这 4 个题名为系列题名，其主、副题名之间用破折号（用冒号也可以）分隔，副题名的前面分别冠以罗马数字Ⅰ~Ⅳ（用阿拉伯数字或其他字符也可以）。

系列题名有不足之处，例如系列论文因主题名重复而使论文内容重复部分（如引言）较多，仅阅读系列论文的部分论文难以了解内容全貌，系列论文不能被同一期刊发表时有失连贯性等，因此除非必要，一般不提倡用系列题名的形式来发表系列论文。对读者来说，每篇论文都应能展示其相对独立的内容，这样对作者来说，应尽可能将系列内容分别独立成文，独立发表，如果整体内容不是很多或篇幅较短，可考虑将系列论文合并成一篇论文，单独发表。

2.2.8 中英文题名一致性

同一论文的中、英文题名在内容上应该一致，不要出现中文题名指这回事，而英文题名指另一回事的情况。这里只是说内容上的一致，并不强求中、英文词语一一对应（英文应为中文的意译，而非直译）。通常，个别非实质性的字词是可以省略或变动的。例如：

【1】工业湿蒸汽的直接热量计算
The Direct Measurement of Heat Transmitted Wet Steam

此英文题名的直译中文是“由湿蒸汽所传热量的直接计量”，与中文题名“工业湿蒸汽的直接热量计算”相比较，二者用词虽有差别，但在内容上是一致的。

【2】基于金字塔模型的粒子群优化算法及其在卫星舱布局设计中的应用
Particle Swarm Optimization Based on Pyramid Model for Satellite Module Layout

此中文题名是一个并列结构（算法 + 应用），而英文题名是一个加有后置修饰语（Based on…）的名词短语（…Optimization），内容上不一致。若将中文题名改为“求解卫星舱布局的基于金字塔模型的粒子群优化算法”，则此例的中英文题名在内容上就一致了。

【3】5 自由度大工作空间 / 支链行程比混联机械手的概念设计与尺度综合
Kinematic Design of 5-DOF Hybrid Robot with Large Workspace/Limb-stroke Ratio

此中文题名的主题词是“概念设计与尺度综合”，而英文题名的主题词是 Kinematic Design（运动学设计），内容上不一致。可修改主题词，使二者在内容上一致。

2.3 引言

引言（introduction）又称前言、序言、概述或绪论，属论文的引论部分（开始、开场白），涉及研究领域、目前研究热点及存在的问题，本论文的研究目的、要解决的问题、主要研究成果及价值意义等，目的是引导读者有序地进入论文主题，对论文的内容有心理和知识准备，进而更加方便、有效、能动地阅读和理解全文。引言有总揽论文全局的重要性，也是论文中较难写的部分之一，不少论文的缺陷主要在于引言过于简单，没有体现出前人基础和自我创新，没有交待研究的意义和目的。然而，一篇好论文对引言的要求非常高，只要引言写好了，论文就差不多成功了一半。因此对引言写作必须高度重视，付诸行动，下足工夫去完成。

2.3.1 引言内容及结构

引言的内容有较大的伸缩性，但基本差不多，如研究领域（范围、主题）、文献回顾、存在的问题，本文的研究目的、研究内容（目标）、价值意义（创新点）和写作安排等，并基本上按这一顺序来形成引言的结构。

（1）研究领域位于引言的开头，陈述领域相关知识（普遍事实、一般认识）或最新研究成果（如某种观点、认识等），涉及面较为宽泛，旨在限定研究领域，说明研究范围，描述研究主题（重要性），整个论文的写作都将围绕此主题在此领域展开。还应有指出相关研究甚少或虽有却不足的表述，凸显本文研究的重要性。

（2）文献回顾是对有足够代表性的已有研究成果进行综述（文献全面，新旧结合，最新文献不缺少，时间跨度合适，引文数量适当），阐明前人相关研究的历史、现状，并对同类研究作横向比较，总结前人工作的优势和局限（不足、空白），说明本文研究与过去研究的关系。

文献回顾不是为回顾而回顾，而是为找出现有研究存在的问题，进而确立研究目的。因此文献回顾时，要有意地将重点逐渐转移到与研究主题相关的内容，指出有某个问题或现象值得进一步研究，进而将焦点转到本文所要解决的问题上。

（3）存在的问题就是发现的问题，即通过现状描述和文献回顾而发现的有待解决的问题，如理论空白需要填补、科学机理解释不清、工程应用有待推广、疗效有待搞清、运算效率和计算精度需要提高、技术难点应该突破，等等。

（4）研究目的是基于存在的问题而确定的本文将要解决的问题（本文的研究点），阐述问题解决的价值或现实意义，突出本文研究的重要性，即为什么要研究。

（5）研究内容是研究目的具体化，是为了实现研究目的而确立的本文的实现目标，可能涉及所用的理论、方法、模型、技术、数据和材料等诸多方面。

（6）研究内容的结尾最好还要交待一下本文的价值意义，即学术贡献或创新点。研究目标及具体的执行方法常会给研究的工程应用带来意义。

（7）写作安排通常在结尾，简要交待论文各部分主要内容出现的先后顺序，涉及内容布局及层次标题安排。这部分并非每篇论文都需要，但对篇幅较长、结构复杂的论文通常是需要的，旨在通过对论文整体构架的介绍来达到对引言的完好收尾，指导、方便读者阅读。

引言在形式上是若干段落，通常不设下级层次标题，各个段落都代表引言基本内容的一类，并按引言结构要求来行文。一般来讲，引言若按内容类别来撰写，并按逻辑顺序来布局，那么从内容的角度看就是合格的，同时若再能遵循引言写作原则，大力提升文字效能，那么就是高质量的。

2.3.2　引言写作要求

引言写作总体要求：内容全面，逐次展开；开门见山，不绕圈子；言简意赅，突出重点；尊重科学，实事求是。引言写作的具体要求大体有以下 10 个方面。

1）把握总体要求

规划引言写作大纲，周密计划，合理安排，认真写作，按内容、结构要求逐次展开，不偏离主题、题目，不注释、重复摘要，不涉及、分析和讨论结果（数据），不给出、评价结论，不铺垫太多、绕大弯子而后进入主题。

2）考虑读者层次

考虑领域知识适用的读者层次。对研究型论文，读者往往是领域研究者、专家、学者，专业层次较高，一般具备较为广泛的专业基础知识，因此引言中通常不用写一般知识，如果有必要写，则用相当简短、概括和明了的语言（叙述性语言，非描述性语言）直接陈述。

3）写清研究背景

较为全面而简练地陈述研究背景，清楚讲述所探讨问题的本质和范围，避免内容过于分散、琐碎，使主题不集中，但重要内容的陈述也不宜过于简略，使人感觉突兀。陈述作者已有相关工作时，重在交待本文写作的基础和动机，不要写成总结，不必强调过去工作的成就。

4）充分回顾文献

对相关文献进行充分综述，把领域研究现状概括总结出来，需要引用充足、有代表性的经典和最新文献，优先引用重要和说服力强的文献，不要刻意回避对一些相关文献甚至是对本文具有某种重要启示性意义的相关文献的引用，也不要引用一些不相关的文献或过多引用作者本人的文献。这部分往往是编辑审稿、同行评议的重要依据，应高度重视。如果确实没有查到或没有可引的文献，也应如实交待一下。

5）正确引用文献

正确引用文献中的有关内容，包括结果（如数据）和语句。引用的结果必须正确，引用的数据必须准确，不能与原文有出入，避免片面摘录部分结果而不反映总体结果（以偏概全），对间接引用的数据（二次引用的数据，即不是从原文献中直接查到而是从原文献引用的别的文献的数据）更应小心。引用文献中的语句不要完全照搬，而应尽量换用自己的语言来表述。

6）善于发现问题

在文献回顾中努力发现已有研究的局限性，总结出存在的问题，阐明本文的创新点，进而达到整个引言的高潮。阐述局限性时，要客观公正，不要把抬高作者自己的研究价值建立在贬低别人工作之上。阐述创新点时，要紧密围绕过去研究的不足，完整清晰地表述本文的解决方法。涉及面不宜太大，只要解决一两个问题，有创新，就非常不错了。

对存在的问题要合理分类，类别不同，采用的表述方法就不同。存在的问题至少可分为：

（1）以前的学者尚未研究或处理不够完善的重要课题或研究点；

（2）过去的研究衍生出的有待深入、探讨、优化的新问题；

（3）以前的学者提出的互不相容且需进一步研究才能解决的问题；

（4）可扩充到新的研究课题或领域中的过去的研究成果；

（5）可以扩展到新的应用范围的以前提出的方法、技术。

7）合理表述创新

慎重而有保留地叙述前人工作的欠缺及自己工作的创新之处。可以使用“限于条件”“目前研究甚少”等谦虚用语，但不必对自己的研究或能力过谦。不宜用“才疏学浅”“水平有限”“恳求指教”“抛砖引玉”等客套用语；也不要自吹自擂，抬高自己，贬低别人，除非是事实的情况下，一般不用“首次发现”“首次提出”“有最高的学术价值”“填补了国内外空白”“达到国际先进水平”等评价式用语。另外，还要适当地使用“本文”“我们”“作者”“笔者”之类的词语，明确指出作者自己所做的工作，以避免难以区分别人和作者所做工作而引起误解。

8）正确使用名词

使用规范的名词（名称、术语和缩略语），不要随意、泛滥地使用非公知公用的术语和缩略语。非公知公用的术语、缩略语及作者自定义字母词，首次出现时应对其给予解释、定义或给出全称，以方便有效阅读和理解。

9）取舍适宜篇幅

按内容表述的需要来确定引言的合适篇幅（通常 1000 字以内）和段落数量（通常 2~4 个自然段）①，但不必为篇幅问题过分纠结。引言篇幅可长可短，与文体类别、研究领域性质、存在的问题的类型、研究主题是否热点、目标期刊办刊模式等多个方面的因素有关：若研究

①学位论文的引言通常单独写成一章，并用足够的文字详细阐述，以反映作者掌握了坚实的基础理论和系统的专门知识，具有开阔的科研视野，对研究方案做了充分论证，有必要详细回顾有关历史、综述前人工作以及进行理论分析等。

主题为许多学者探讨过或还在探讨的问题，则需要引用、讨论较多的文献；相反，若只属近来才兴起的研究方向或只讨论别人最近才提出的问题，研究的人可能很少或较少，则引用、讨论少量的文献就可以了。忌表述空泛，主题不集中，篇幅过长；忌脱离前人，引文太少，篇幅过短。

10）提升文字效能

最后提升文字效能，对引言写作进行完好定稿收尾。引言初稿完成后，虽然写作暂获一个小成功，但从语言表达效果看，往往还会有较多的提升空间。因此初稿写完之后，还要慎之又慎地认真琢磨、仔细修改，检查每一语句表意是否准确、句间关联是否顺畅、语言要素修辞是否妥当，再针对问题进行修改和完善，全面提升文字效能，为引言写作质量提供保障。

2.3.3　引言实例点评

下面列举几个引言实例，对其内容与结构进行分析和点评，有的还附上了参考文献。

2.3.3.1　实例 1

【1】

立体车库是近些年来国内普及率快速上升的一种产品，在以用户为中心的现阶段，立体车库人机界面（human machine interface, HMI）的可用性质量会影响用户对产品的主观满意度[1]。

目前，很多学者在各种产品人机界面的可用性方面展开了研究[2-3]。在 HMI 的可用性评价中常用到模糊评价法，模糊评价法中各项因子权重的合理化是影响评价结果客观性的重要因素[4]。权重计算中的一般方法如专家直接给出法、模糊数学法等都难以保证客观性。而层次分析法（analytic hierarchy process, AHP）的一致性检验步骤解决了由于专家逻辑错误和认识局限导致的判断不一致问题，有学者提出了产品人机界面的模糊层次分析法（fuzz analytic hierarchy process, FAHP）[5-7]，但评价的方法并不统一，步骤也较烦琐，且缺乏结合 HMI 具体设计因素方面的深入, 并没有充分发挥 AHP 的特点。

针对这一点，在对立体车库 HMI 的交互特性进行分析后，结合模糊评价和 AHP 的优点提出了一种易于操作的可用性评价方法，除客观性外，该方法的另一个特点在于评价完成后，结合 AHP 模型可发现影响可用性的一些主要设计问题。

此例为“基于 FAHP 的立体车库人机界面可用性评价方法”一文的引言，有 3 个自然段。

第 1 段以“立体车库”开头，点出了研究领域，接着用“立体车库人机界面”（HMI）对领域进行限定，确定研究范围，再对范围进行限定，形成偏正词组“立体车库人机界面的可用性质量”，便是研究主题。这部分按领域、范围、主题的思路展开，交待了研究目的或意义。

第 2 段开头一句总体描述针对主题的研究情况。接着列举了所用的研究方法，如模糊评价法、专家直接给出法、模糊数学法、层次分析法（AHP）、模糊层次分析法（FAHP）等，还夹有对方法的点评。最后进行总结，指出这些方法的一些共性问题，如方法不统一、步骤烦琐、结合 HMI 设计因素不够、没有充分发挥 AHP 的特点。这部分对现有方法进行评述（文献回顾），指出存在的问题。

最后一段以“针对这一点”开头，与以上存在的问题相呼应，引出本文所做工作，即提出一种新方法，并阐述它的优点（如易于操作、评价结果客观、能发现一些设计问题），同时还交待了所用的方法（分析立体车库 HMI 的交互特性，利用模糊评价和 AHP 的优点）。这部分交待了为解决存在的问题而进行研究，并提出新的研究成果。

此引言在内容上包括背景描述、问题总结和成果提出，并按这一顺序的常规结构来展开，内容与结构均合理。

2.3.3.2 实例 2

【2】

大黄素-8-O-β-D-葡萄糖（emodin-8-O-β-D-glucopyranoside，EG）是常见的蒽醌类化合物，能够从何首乌、大黄、虎杖等蓼科植物中提取获得[1]，已证实 EG 具有多种药理活性[2]，如神经保护[3]、促智[4]和改善睡眠[5]等。本课题组前期研究发现 EG 能够明显抑制多种肿瘤细胞的生长[6]，相同浓度下对正常的永生化人肝实质细胞 L02[7-8]和大鼠正常心肌细胞 H9c2 生长无明显影响[9]，同时 EG 作用于斑马鱼未见明显的肝毒性表现[10]。刘素华等[11]研究发现 EG 能抑制人卵巢癌细胞系 SKOV3 增殖并诱导其凋亡。EG 急性毒性研究表明，每天灌胃给予小鼠 EG 4 g·kg^{-1}，连续 14 d 后无小鼠死亡，解剖病理检查无异常[12]。笔者前期研究发现 EG 能够抑制荷 H22 移植瘤小鼠肿瘤的生长[13]。

目前 EG 对肿瘤细胞的迁移和转移的影响尚未见报道。本研究选择小鼠乳腺癌细胞 4Tl-Luc、人结肠癌细胞 HCTl16、人神经母细胞瘤细胞 SH-SY5Y，考察 EG 在体外对肿瘤细胞系细胞活力、迁移能力和转移能力的影响；并以原位荷乳腺癌细胞 4Tl-Luc 小鼠为研究对象，考察 EG 体内抑制肿瘤细胞转移的能力；为进一步认识和利用这一中药来源的新型抗肿瘤活性成分奠定基础。

此例为论文“大黄素-8-O-β-D-葡萄糖苷抑制肿瘤细胞迁移和转移的体内外实验研究”（《中国药物警戒》2019 年 12 期）的引言，有两段，第 1 段有 5 句，第 2 段有两句。

第 1 段中，第 1 句点明研究领域（大黄素-8-O-β-D-葡萄糖，简称 EG）及范围（EG 的药理活性）。第 2～5 句回顾相关研究成果（文献回顾），表述 EG 药理活性的研究现状，包括作者团队和他人，EG 作用对象涉及人肝实质细胞、大鼠正常心肌细胞、斑马鱼肝细胞、人卵巢癌细胞系和移植瘤小鼠肿瘤细胞。

第 2 段中，第 1 句总结现有研究的不足（对肿瘤细胞的迁移和转移的影响尚未见报道），引出本文的主题（对肿瘤细胞的迁移和转移的影响）。接着两个分句叙述本文的研究对象和目的（以 4Tl-Luc、HCTl16、SH-SY5Y 三类癌细胞为研究对象考察 EG 在体外对肿瘤细胞系细胞活力、迁移能力和转移能力的影响；以 4Tl-Luc 原位乳腺癌细胞考察 EG 体内抑制肿瘤细胞转移的能力）。第 3 个分句总结本文研究的意义或价值。

此引言的内容包括领域知识陈述、研究现状描述（文献回顾）、问题总结、研究对象和目的交待、研究价值，结构上大体属于常规结构，内容与结构均合理。

2.3.3.3 实例 3

【3】

景天科红景天俗称“黄金根”，属多年生草本或亚灌木植物，生长于欧亚大陆高寒地带的沙质土壤中。研究表明，红景天具有抗疲劳、抗应激、抗缺氧、抗氧化、增强免疫能等作用[1]。红景天苷（salidroside, SDS）是红景天主要活性成分之一，具有多种生物学效应。笔者前期研究证实 SDS 具有抗疲劳作用[2]，但其机制尚不清楚。已知肌肉的有氧代谢能力和产生 ATP 能力是决定肌肉耐疲劳的关键，本研究评估了 SDS 对小鼠能量代谢的影响，以期进一步了解 SDS 抗疲劳的机制。

此例为论文“红景天苷对不同状态下小鼠能量代谢的影响”（《中国临床营养杂志》2008 年 6 期）的引言，只有较短的一段，由 5 个复句组成，大约 200 字。

第 1 句介绍红景天的别名、所属类别及生长环境，第 2 句引用文献说明红景天具有的作用，加起来交待了研究领域（红景天）。第 3 句介绍红景天苷（SDS）是红景天的一种活性成分并有多种生物学效应，点明了领域范围（SDS）。这三句为领域知识陈述。

第 4 句简单交待作者前期相关研究的结果：成果（证实 SDS 有抗疲劳作用）；不足（SDS 抗疲机制尚不清楚）。这个不足就是存在的问题，暗示就是本文要进一步研究的问题。

第 5 句基于现有科学认知（肌肉的有氧代谢能力和产生 ATP 能力是决定肌肉耐疲劳的关键），提出本文研究对象（评估 SDS 对小鼠能量代谢的影响）和目的（进一步了解 SDS 抗疲劳的机制）。

此引言的内容包括领域知识、研究现状、存在的问题、研究对象和目的，内容合理，结构大体规范。但是，研究现状描述（文献回顾）不足，仅指出本文研究是作者前期工作的延续，并没有交待与别人相关工作进行对比的内容，如果目前确实还没有相关研究，则也应明确提一句，不宜丝毫不提及。

2.3.3.4　实例 4

【4】

本文的研究目的在于预估某圆断面扭杆在给定扭角下储存给定年限后的剩余转矩值。由于给定时间很长，应采用理论与实验相结合的方法解决这一问题。但目前没有相关文献。为此，本文引入损伤力学研究这一问题。

首先，以损伤力学作为理论基础，建立以扭角与材料常数为参量的转矩与时间函数关系，即转矩与时间的理论曲线以及转矩门槛值与扭转切应力门槛值的关系式。此函数关系表明：对一定材料，所给定的扭角越大，则转矩随时间的衰减速度也越快。

然后，为了缩短实验与研究的周期，在以上理论分析基础上，提出加速实验方案。为此，在大扭角（远大于储存扭角）情况下进行扭转实验，得到转矩的门槛值，并根据损伤力学理论确定扭转切应变门槛值。

最后，利用大扭角情况下得到的切应变门槛值，根据损伤力学理论公式间接推断小扭角情况下转矩门槛值。

应当指出：在小扭角情况下，初始最大切应力已经接近材料屈服切应力。因此，在大扭角情况下，杆件必然处于弹塑性状态。从而我们需要进行弹塑性实验以及弹塑性常规固体力学与弹塑性损伤力学理论研究。

[1] 张行，赵军. 金属构件应用疲劳损伤力学[M]. 北京：国防工业出版社，1998.

[2] ZHANG Xing，ZHAO Jun，HUANG Kezhi. A method of damage mechanics for the prediction of fatigue life[J]. Key Engineering Materials，1998，145-149：433-442.

[3] ZHANG Xing，ZHAO Jun，ZHENG Xudong. Method of damage mechanics for prediction of structure member fatigue lives [C /CD]//Handbook of Fatigue Crack Propagation in Metallic Structures. CARPINTERI Andrea，editor，Vol. I，Elsevier Science B. V.，Amsterdam，the Netherlands，1994.

[4] LEMAITRE J. A course on damage mechanics [M]. New York：Springer-Verlag，1992.

此例为“扭杆刚度衰减加速试验的损伤力学分析”一文（某刊 2007 年某期）的引言，共有 5 个自然段。

第 1 段有 4 句，分别交待目的、问题、现状、方法。第 1 句直接指出研究目的，但引言开头直接说目的，让人有“丈二和尚摸不着头脑”之感，是什么领域和领域的哪个方面，得猜想或通过别的办法来搞明白。第 2 句指出当前研究存在的问题，但问题不是很明确。第 3 句极简单地描述研究现状，但“目前没有相关文献”的表述可能有夸大之嫌疑，写作时应慎重。第 4 句极简单地交待本文研究所用的方法。

第 2～4 段，较为详细地叙述研究的方法、步骤，是工作过程的描述（很像指示性摘要，也许与摘要重复较多）。引言主要介绍研究目标、背景，一般不写研究方法，若写则提一下即可，因为在第 1 段已提过了方法，因此这里就不必再提方法，而且更不要详写方法，有关方法和过程的详细内容应在正文的“材料与方法”中撰写。因此，这三段均应删除。

最后一段好像描述了研究结果，但表述随意，逻辑性较差，而且出现了诸如“应当指出”“因此”“从而”之类的不恰当词语，使得这部分不知是表述结果、结论，还是表述作者的观点、认识，还是通过论证而推出新的结论。

此引言在内容上，研究背景表述不充分，缺文献回顾；未标引文献，参考文献不具代表性（数量、种类少，发表时间早，缺相对于投稿年的近年文献），不足以反映研究现状；未明确指出本文的创新点或独到之处。下面给出一个基于以上实例文本的参考修改方案（引文略）。

引言【4】参考修改方案

在材料力学领域，当需要预估某圆断面扭杆在给定扭角下、储存给定年限后的剩余转矩值时，这个给定年限跨度太长，不便于进行实验研究。因此，有必要采用理论与实验相结合的方法来解决这一问题，但目前相关研究报道还未曾见到。

本文引入损伤力学，进行弹塑性常规固体力学、损伤力学理论及实验研究，对扭杆刚度衰减加速试验的损伤力学进行分析，研究成果对实际问题的解决具有重要参考价值。

2.3.3.5　实例 5

【5】

虚拟制造单元（VMC）首次由 C. R. McLean 等在对传统制造单元扩展的基础上于 1982 年提出，思路是当生产任务变化时从共享资源库中选择合适的资源生成制造单元[1-2]。它是从已有物理资源中抽取出的某个整体或片段，并未改变原有资源物理布局，而仅是在逻辑上进行重构。本文基于设备模式和集合论给出一种在以下假设成立时的 VMC 生成方法：①重构对象为由有固定物理位置的设备构成的制造资源集合。②生产任务是动态变化的。③某一生产任务（如工件种类、工艺路线及加工量）是确定的。④同一工件可在不同时段内多次“访问”同一设备。⑤工件运送由 AGV 来实现。⑥不考虑重构内因。

此例为“可重构制造系统（RMS）中基于设备模式的虚拟制造单元（VMC）生成方法”一文的引言，只有一段。

此引言的内容和结构是：介绍 VMC 首次由何人在何时提出；阐述 VMC 的含义；指出本文提出一种基于 6 个假设的 VMC 生成方法。很明显，该引言缺少研究背景、意义，而且引文不足，不具说服力。再看具体内容，也存在一些问题，例如：

（1）缺少对 VMC 的上位概念 RMS 的介绍。VMC 仅是 RMS 的一个解决方案，因此在介绍 VMC 前，应先介绍 RMS，总体上简略地阐述一下 RMS 的概念及研究的意义、现状。

（2）缺少对 VMC 研究现状的文献回顾。应从 RMS 的概念与研究现状引出 RMS 的解决方案，VMC 便是其中一个很有优势的方案，再介绍 VMC 的概念、特点及研究现状，通过文献回顾指出现有 VMC 方法的不足。

（3）对 VMC 生成方法的 6 点假设多余。假设属方法范畴，详细内容应放在正文“材料与方法”中撰写，放在引言中不协调，不过可以提一句或点出“给出 6 点假设”，但不列出具体内容。

（4）缺少对本文主要工作的概述。应概括交待一下本文的主要工作、方法及创新之处。

下面给出一个针对以上问题的参考修改方案。

引言【5】参考修改方案

现有制造系统的共同特点是基本不具有可重构性，当市场需求发生变化时会导致大量设备闲置、报废，造成资源、能源浪费。可重构制造系统（reconfigurable manufacturing system，RMS）的实施是解决这一问题的根本途径，可重构的本质是在制造系统全生命周期内通过逻辑或物理构形变化而获得最大生产柔性[1-2]。发达国家从 20 世纪 90 年代中期开展了有关研究，但目前还没有成熟完善的 RMS 实现方法，研究 RMS 的实现方法有重要意义。

RMS 的实现可通过改变可重构机床的模块化构件，或通过移动、更换或添加可移动设备，或以逻辑重构方式生成虚拟制造单元（virtual manufacturing cell，VMC）来进行。目前可重构机床的研制正处于初级阶段，而且现有制造系统的设备一般为普通设备，设备物理位置大部分被永久固定，因此用改变物理构形的方式实现RMS还有困难；然而以生成VMC的方式实现RMS的逻辑重构，最终能起到物理重构的效果。这是因为VMC的设备在物理位置上可以不相邻而且不可移动，在逻辑和概念上却可以相互关联构成虚拟动态实体，这种关联可通过物流系统如自动导引小车（automated guided vehicle，AGV）的路径网络来实现，而无须改变现有系统物理布局来完成。

制造单元生成方法多是基于成组技术，VMC生成方法多是没有考虑多工件族间单元共享和单元间设备共享的问题，而且在单元生成前还需预先设置一些参数。例如，BABU等[3]基于不同秩聚类（rank order clustering，ROC）提出可生成多种单元构形的单元生成算法，但没有考虑系统的单元共享，而且还需主观设置一些参数；SARKER等[4]开发出基于工艺路线和调度而不是单元共享的VMC生成方法，用以在多工件和多机床调度系统中寻找最短生产路线；RATCHEV[5]提出基于“资源元”的类能力模式的制造单元生成方法，将工艺需求动态地与制造系统加工能力相匹配；KO等[6-7]基于“机床模式”的概念给出可实现机床共享的VMC生成算法。目前对制造单元的研究主要集中在单元生成及计划上，很少有人将其应用到RMS中。

本文应用相似性理论提出“设备集合模式”的概念，并给出在某些假设成立时的VMC生成方法，以实现RMS的逻辑重构。

修改后有4段，主要内容和结构如下：

第1段交待研究RMS的意义。指出现有制造系统具有不能适应市场需求的缺点，原因在于它没有可重构性，而RMS正好能解决这一问题，但目前没有成熟的实现方法，因此研究RMS的意义重大。

第2段阐述VMC的原理及优势。指出VMC是RMS众多实现方法中的一种具有现实可行性的方法，描述其工作原理和优势——逻辑重构，并点出逻辑重构的实现方法（AGV）。

第3段描述VMC的研究现状。指出现有VMC生成方法多是没有考虑设备共享、单元共享，而且在单元生成前还需预先设置一些参数。接着对相关VMC生成方法进行评述（文献回顾），指出这些方法各有特点，但存在共性问题——主要集中在单元生成及计划上，不适合RMS。

第4段指出本文的工作（提出一种VMC生成方法）及所用的方法（应用相似性理论、以某些假设为前提），写作上只提及用什么做了什么，但不交待具体内容（留下悬念，让读者去正文中找答案）。

修改后解决了上述问题，增加了文献引用和综述，阐明了研究的背景、理由及存在的空白，写明了前人与作者研究工作的关联与区别，内容完整，结构合理，写作规范。

2.3.3.6 实例6

【6】

舰载电子设备服役于恶劣的海洋气候环境，高温、高湿以及空气中的腐蚀性物质、盐雾和各种霉菌对设备具有极大的破坏性，直接影响了设备的电感、电容、电导、磁导、电子发射量和电磁屏蔽效能等参量的改变。同时高科技电子设备向系统化、综合化、智能化的发展，要求设备能全天候高可靠、抗干扰地适应各种恶劣环境的使用，因此防潮湿、防霉菌、防盐雾的三防设计是研制舰载电子设备的重要任务。

三防设计涉及材料、元器件、电路、结构、工艺和综合性技术管理等多方面的工作，在设备研制时应该同步进行。

[1] 电子科学研究院. 电子设备三防技术手册[M]. 北京：兵器工业出版社，2000.
[2] 邱成悌. 电子设备结构设计原理[M]. 南京：东南大学出版社，2001.
[3] 华静，姜荫棠. 浅谈舰载电子设备的三防设计[J]. 雷达与对抗，2003，3：58-60.
[4] 马骖. 三防设计技术[J]. 电讯技术，1996，36(4)：5-12.

此例为某论文（某刊 2007 年某期）的引言。前一段以领域常识为论据来论证三防设计的重要性，不属于引言的内容，没有必要写。后一段点出三防设计的内容或特点，也属于领域常识，如果不是为了交待研究领域，也没有必要写。

此引言缺少研究背景、文献回顾和问题指出，也未交待研究目的、意义和价值，参考文献不具代表性（缺少国际文献，文献数量、种类少，发表时间早，缺相对于投稿年的近年文献），写作不及格。

2.4 材料与方法

材料与方法（materials and methods）是原创论文的方案部分，描述研究是在什么物质条件下展开以及怎样展开。材料是基础，没有充足的材料，研究无从谈起；没有合适的方法，研究无法实现。这部分是快速判定研究能否被复用的重要途径，也是为别人对结果检测、引用提供的便利条件，构成论文科学性、先进性的基础性依据。综述在形式上好像没有材料与方法，其实在内容上是有的，不过不是针对实验，而是针对写此综述所参考的文献资料，以及对这些资料的处理、研究方法，如统计、分析、评述、推理等。

按常规逻辑，材料与方法通常位于结果与讨论之前，但也有例外，也可位于结果与讨论后（或讨论后，讨论在结果后），或作为附加材料，或只在在线论文中出现。

2.4.1 材料与方法内容及结构

材料与方法讲述在某目标下，使用何材料、何方法，经过何过程（步骤）进行实验（研究），交待做了什么，用什么做，怎么做的（where and how）。科学实验往往较为复杂，具体目标多样，涉及因素较多，所用方案、方法较广，所走流程、过程各异，因此材料与方法在内容与结构上不可能有固定模式，它与研究领域、范围、主题及对象复杂程度、表述侧重、出版要求等多种要素相关，这里仅从共性的角度概略地讲述。

1. 材料与方法的内容

材料与方法的内容大体包括材料及方法、方法及过程、结果统计处理三部分。

1）材料及方法

材料及方法是指实验所用的材料（实物条件）以及对材料的处置、使用方法，涉及操作对象和非操作对象两个层面。

操作对象即实验对象，包括人、动物、植物、产品及其组织、结构、机体、成分等某种实体，具有结构、成分、特性、功能、来源（出处）等多种属性。操作对象为人或动物时，首先要交待有关伦理和研究安全方面的伦理、规范与法律、法规。对于临床研究，操作对象是患者，实验必须获得患者的知情同意，由相关单位（如伦理委员会）批准；对动物研究，操作对象是动物，实验必须符合有关动物管理、章程及目标期刊投稿的规定，而且动物名称必须写准确（英文名宜用完整的双名拉丁名），还要写明种系、来源。

非操作对象是实验中对操作对象进行某种操作所用的各种物资，包括实验材料与实验设备。

实验材料包括通用、特殊材料，化学药品、试剂，软件，资料，以及对材料的处置、使用方法，不同材料的使用方法往往不同。描述实验材料应详细、清楚：对通用材料和方法，应简单提及；对特殊材料和方法，要详细说明；对化学药品、试剂，需交待来源，对商业来源，可不写厂家地址，但对非商业来源，必须详写来源地址。

实验设备主要描述所用的设施、设备，仪器、仪表，系统、软件，具体、特定的物质资料，选用的理由或不足等，涉及功能、参数、特性、数量、环境、来源等要素。实验设备描述也要详细、清楚：详写型号、厂家、实验用途、测量范围及精度；描述设备使用或校正步骤；交待对实验结果可能造成特定影响的操作（讨论中应有对应的分析）。

这里的方法是指对某材料的通用处置、使用方法，而不是指整体实验的方法。这部分内容除非需要一般不放在材料部分写作，而应放在方法部分写作。

2）方法及过程

方法指实验方法，属于实验方案的解决层面，是指为实现某一目标而对各种所需材料的综合操作方案，涉及所有相关的具体技术、方法、操作、步骤，以及具体的条件（如环境、密封、通风、辐射、隔离措施、特殊光线）、参数（如浓度、温度、湿度、压强、电压）等。内容总体上包括：有关实验仪器、设备及实验条件、测试方法等的注意事项，描述主要的实验过程，涉及实验目的、实验对象、实验材料、实验设备、操作流程、测定方法，出现的问题及采取的措施等。这部分内容可分为研究对象和非研究对象两个层面。

研究对象层面，主要描述操作对象的取样、选择、制备的方法及优势，如样本选取方法（样本的类型、数量、组成及分组方法等），明确交待是否随机化分组和盲法实验，明确估计抽样误差，明确实验范围；非研究对象层面，主要描述研究的具体方案、方法及相应的过程，如某工艺、技术、疗程、算法、程序、统计分析方法等，并交待方法选用的理由或不足。

实验方法主要内容：实验设计方案，如随机对照试验、非随机对照试验、交叉对照试验、前后对照试验；研究场所，实验室设施；干预措施、盲法；测量指标，结果判断标准等。

实验过程主要内容：详略得当、重点突出的实验过程（选取主要、关键、特别的过程，避免罗列全过程）；实验过程涉及具体方法时，还应有对具体方法的描述（对未发表过的新方法，需要详细表述，提供所有细节信息，而对已发表过的旧方法，不需要详写，一带而过就好，即提一下方法名或引用相关文献即可）。

实验方法及过程的结构应按实验的逻辑而非时间顺序来展开，写作的详略程度取决于研究内容的复杂或重要程度。

3）结果统计处理

结果统计处理属于对实验结果进行处理的层面，是指对通过实验所得各类数据应用合适的统计学方法，分析和解释其数量上的变化，以正确地辅助制订实验计划，科学地对实验结果进行分析，从而做出符合科学实际的推断。

结果统计处理时，要提供充足的信息，至少包括以下参数或方法：实验重复次数（一般至少重复 3 次）；均值；标准误（SEM）或标准差（SD）；统计方法（统计分析方法、统计检验方法）；P 值（P value）。

论文中如果不交待统计方法，或虽然交待了，但交待不清，容易使读者对论文结论的错对无法判断而产生怀疑。有的作者只提一句“经统计学处理”，就写出结论；有的甚至直接用 P 值说问题，笼统地以 $P>0.05$ 或 $P<0.05$、$P>0.01$ 来说明结果差异有无显著性，均是不妥的，因为 P 值的多少不仅与差值的大小有关，还与抽样误差大小有关。因此，在写明所用的具体统计方法时，如果还有特殊情况，还要说明是否采用了校正，写出描述性统计量的置信区间，注明精确的统计量值（如 t、F、u 值）和 P 值，再根据 P 值大小做出统计推断，并得出相应的专业结论。

统计分析的方法需按照具体情况来选用合适的统计检验方法。例如：对配对设计的计量资料，宜选用 t 检验；对正态分布的数据，须用 t 检验和方差检验；对方差不齐的情况，应选用近似 t 检验；对大样本（>50）情况，可用 u 检验；对多组间均数进行比较且资料呈正态分布、方差呈齐性的情况，应该用方差分析（ANOVA 分析或 F 检验）；对研究两个或几个总体数是否相等的情况，应采用基于方差分析进一步作两两比较的 q 检验（Student-Newman-Keuls 检验）；对多个观察组与一个对照组进行均数间比较时，应该用 Dunnett t 检验。

2. 材料与方法的结构

材料与方法的结构没有固定模式，与学科领域特点、内容复杂程度、文章布局安排及写作个人风格等多种因素相关。材料、方法既可分写也可合写。分写就是将这二者分开单独写，即各写各的，分别用不同句组（句群）或段落来表述。合写就是将二者混在一起写，用同一句组或段落来表述，即同一语言片段既表述材料也表述方法。

对于简单实验，材料与方法可考虑用相同标题（指正文一级标题）下的分写结构，先写材料，后写方法。以表 2-1 所示的分写结构一为例：一级标题“材料和方法”统领。二级标题 1.1 交待材料，将材料分为动物、试剂和仪器 3 类来分别表述；1.2～1.4 表述方法，按 3 个实验主题分别展开；1.5 交待统计学处理。

表 2-1　材料与方法结构示例

分写结构一（相同一级标题）	分写结构二（不同一级标题）	合写结构（相同二级标题）
1 材料和方法	**1 实验材料**	**1 材料和方法**
1.1 动物、试剂和仪器	1.1 试剂与材料	1.1 伦理声明
1.2 动物分组和标本采集	1.2 仪器	1.2 生物研究安全性声明和设施
1.3 骨骼肌组织匀浆 MDH、SDH、PK 及 LD 检测	1.3 实验动物	1.3 样本收集和病毒隔离
	1.4 细胞系	1.4 遗传和系统发育分析
1.4 肝组织匀浆 LDH 检测		1.5 动物研究
1.5 统计学处理	**2 实验方法**	1.6 鸡研究
	2.1 MTT 法检测细胞活力	1.7 老鼠研究
	2.2 细胞划痕试验	1.8 雪貂研究
	2.3 Transwell 细胞侵袭试验	1.9 受体结合分析
	2.4 小鼠移植瘤实验	1.10 热稳定性试验
	2.5 统计学处理	1.11 聚合酶活性分析
		1.12 统计分析

对于稍复杂的实验，特别当材料的内容较多时，可考虑将材料部分独立出来，单独用一个标题，即不同标题下的分写结构，如“1 材料”“1 资料”或“1 实验材料”，“2 方法”或“2 实验方法”。以表 2-1 所示的分写结构二为例：一级标题“实验材料”“实验方法”分别统领材料和方法两个部分。二级标题 1.1～1.4 将材料分为试剂与材料、仪器、实验动物、细胞系 4 类来分别表述；2.1～2.4 表述方法，按 4 个实验主题分别展开；2.5 交待统计学处理。

对于特别复杂的实验，实验主题（目标）较多，不同主题的实验方案不同，需要的方法不同，相应所用材料的差别也较大。因此不宜在方法部分之前统一交待材料，而宜将材料和方法按主题分类，再将相同主题下的材料和方法合写，在一级标题统领下共用一个子标题（对应相应的主题）。以表 2-1 所示的合写结构为例：一级标题“材料和方法”统领材料和方法部分；二级标题 1.1、1.2 进行实验伦理和安全声明，1.3～1.11 按各主题分别表述其材料和方法（材料和方法放在一起写），1.12 交待统计学处理。

高端学术论文往往针对复杂的科学实验，总体研究目标可能只有一个，但具体研究目标（子目标）往往较多，各目标的方案、方法、材料和流程自然不同。因此，材料与方法的具体分类、事宜需要按具体目标分别撰写，不只是写材料和方法，还要先交待具体研究目标，材料、方法与具体研究目标是紧密相关的。

材料、方法的顺序多是先材料后方法，或反过来，先方法后材料。还可将材料限定为狭义材料，即不包括实验设备，如变为“材料设备”。这种名称的变化及结构的调整均为按表达、体例和风格等要求对形式所做的一个适应性改变，而材料与方法的内容在本质上没有变化。

2.4.2 材料与方法写作要求

材料与方法的内容通常较多，具体内容也因研究领域、范围、主题等的不同而呈现较大差别，不同期刊的要求也不相同。因此这部分难有统一的规范，下面给出一些通用写作要求。

1）把握内容结构

规划这部分的总体内容及其各个组成部分，既要保证内容的完整，还要做到结构上各组成部分之间的连贯，即研究中的每一个环节、步骤都要注意到，而且有序展开，为别人快速判定研究能否被复用、对论文结果的可信度提升提供科学依据。

2）确定标题类型

标题因研究类型的不同而略有差别，如一般的实验研究常用“材料与方法”，调查研究常为“对象与方法”，基础与临床研究有“病例与方法”“数据来源与方法”或“材料”“实验方法”等多种形式，写作上也不完全一样，要确定与研究类型相匹配的标题及相应写作方法。

3）划分确定主题

实验是在某一主题（目标）支配下进行的，复杂的实验有多个不同的子主题（子目标）较为常见，自然需要不同的研究方案，进而需要不同的材料与方法。因此在表述材料与方法时，对于复杂的实验需要先划分确定主题，这就需要与“结果”中的主题确定一起配套考虑，撰写不同子主题下的材料与方法，其自然段落或层次标题的安排与“结果”中的应一致。

4）保证内容真实

所述内容必须实事求是，真实可靠，对核心内容，还要全面而具体地描述，达到所有数据、资料的准确性和研究的可靠性。如有不愿写或不方便写的内容，就尽量少写或不写，但只要写出来，就要保证真实可信，不能含混，不能缺乏依据。

5）清楚描述材料

准确、明白地描述各主要材料的有关参数，涉及技术要求、性质（如试剂的有关物理、化学性质）、数量、来源，以及材料的选取、处理、制备方法等。通常应使用通用、标准的名称和术语，少用商业化或口语化的名称。

6）有序描述方法

按研究步骤的先后顺序来描述方法（避免机械地按年、月、日的次序来描述），包括实验环境或条件，研究对象选择方法，选用特定材料、设备或方法的理由，实验流程、算法与程序，所用统计、分析方法，等等。无须按时间顺序来描述时，可考虑按重要性程度来描述。有序描述方法有助于研究成果的推广，让有能力的科技工作者按相关内容来复用研究。

7）恰当表述创新

采用已有方法时，对普遍的方法，可直接交待名称，对较新的方法，应注明出处（引文）；

改进前人的方法时，应交代改进之处及依据；提出自己创新的方法时，应详细说明，必要时辅以图表式来配合表述，尽可能写明各个所需细节。不要将报道新方法（新方法不存在，本文提出）与使用新方法（方法已存在，但非本文提出）混为一谈（若本文既有新方法提出，又有应用别的新方法而产生的新成果，则不宜在同一论文中发表，应分开独立发表）：对于前者，重在详写方法自身的内容及实现步骤；对于后者，重在方法使用情况及相应的操作步骤。

8）描述详略得当

不宜将所用材料全盘搬入而写成材料清单，也不宜将自己所做工作一一罗列而写成实验报告，而忽略了对主要、关键和非一般常用内容的描述。不论对材料还是方法进行描述，都应主次分明、重点突出、详略得当，侧重描述“使用了哪些关键材料”“研究是如何开展的”，而非大杂烩、记流水账，使那些需要让人知道的重要内容湮没在一大堆冗长、无序的文字中。

9）了解目标期刊

写作前应先了解目标期刊，考察其已刊登的与自己所写文章体裁相同的那类文章的休式，知道其论文写作规范，特别是材料与方法的具体写作要求。例如，有的临床医学类期刊要求作者提供研究对象（志愿者或病人）“授权同意”的声明和作者所在单位的同意函，有的生物学类期刊要求将有关伦理声明、生物研究安全性声明和设施方面的内容写进材料与方法。

10）重视语言效能

材料与方法需要描述的内容往往多而杂，对语言表达质量要求甚高，语言表达准确、清楚、简洁且合乎逻辑事理与思维规律是基本要求，目标是读者看得明白，容易理解，减少出错概率，为将来的研究“复用”创造条件。

缺乏写作经验的人，总希望将所做工作写全，将实验过程一一罗列而写成实验报告，而忽略了对主要、关键和非一般常用内容的阐述，效果就会适得其反。

2.4.3 材料与方法实例点评

下面列举两篇论文的材料与方法写作实例，对其内容与结构进行分析和点评。

2.4.3.1 实例1

【1】

材料和方法

动物、试剂和仪器 昆明种雄性小白鼠32只，体重（18±3）g，由第二军医大学实验动物中心提供。SDS（SDS的英文名为salidroside，中文名为红景天苷。——笔者注）由华东理工大学生物反应器工程国家重点实验室提供，高效液相色谱（high performance liquid chromatogram，HPLC）检测纯度在95%以上；苹果酸脱氢酶（malate dehydrogenase，MDH）试剂盒、琥珀酸脱氢酶（succinate dehydrogenase，SDH）试剂盒、丙酮酸激酶（pyruvate phosphokinase，PK）试剂盒、乳酸脱氢酶（lactate dehydrogenase，LDH）试剂盒、乳酸（lactic acid，LD）检测试剂盒均购自南京建成生物制品研究所；Bradford蛋白质定量试剂盒购自北京天根公司。UV754分光光度计购自上海第三分析仪器厂，DK-8D型电热恒温水槽购自上海森信实验仪器有限公司，高速台式离心机购自上海医用分析仪器厂。

动物分组和标本采集 将32只小鼠适应性喂养1周后随机分为对照组、SDS组、运动组及SDS＋运动组4组，每组8只，组间体重无差异。将900 mg SDS溶于100 mL蒸馏水中配制成无色透明的SDS溶液，SDS组及SDS＋运动组以180 mg /（kg·d）的SDS灌胃给药；对照组及运动组以同样体积[20 mL /（kg·d）]蒸馏水灌胃，连续给药15 d。15 d后，末次灌胃30 min后，对照组及SDS组不做任何运动，摘眼球取血后，脱白处死取材；运动组及SDS＋运动组进行无负重游泳，120 min后将小鼠捞出擦干，摘眼球放血后脱白处死。迅速取小鼠肝及腓肠肌，液氮冻存，待测。

骨骼肌组织匀浆 MDH、SDH、PK 及 LD 检测　取骨骼肌组织，用生理盐水洗去残留血液，滤纸拭干，准确称取组织重量，加 9 倍生理盐水制成 10%组织匀浆，2500 r / min 离心 10 min，取上清加生理盐水稀释成 0.5%匀浆。采用考马斯亮蓝法进行骨骼肌蛋白定量，并按照试剂盒说明书检测骨骼肌组织匀浆中 MDH、SDH、PK 及 LD 水平。

肝组织匀浆 LDH 检测　取肝组织，用生理盐水洗去残留血液，滤纸拭干，准确称取组织重量，加 9 倍生理盐水制成 10%组织匀浆待测。采用考马斯亮蓝法进行肝脏蛋白定量，按照试剂盒说明书检测肝组织匀浆中 LDH 水平。

统计学处理　采用 SPSS10.0 统计软件，组间差异比较采用方差分析，$P<0.05$ 为差异有显著性。

此例为论文“红景天苷对不同状态下小鼠能量代谢的影响”（《中国临床营养杂志》2008 年 6 期）的材料与方法。这部分的标题为“材料和方法”，由 5 部分（5 段）组成。

第 1 段分列出了所用材料，分为动物、试剂和仪器三大类。动物类为 32 只昆明种雄性小白鼠，试剂类为红景天苷（SDS）和 6 种试剂盒[苹果酸脱氢酶（MDH）、琥珀酸脱氢酶（SDH）、丙酮酸激酶（PK）、乳酸脱氢酶（LDH）、乳酸（LD）检测、Bradford 蛋白质定量]，仪器类为 UV754 分光光度计、DK-8D 型电热恒温水槽、高速台式离心机。材料详细信息见表 2-2。

表 2-2　材料与方法实例【1】材料详细信息

<table>
<tr><th>材料类</th><th>材料名称</th><th>参数</th><th>来源</th></tr>
<tr><td>动物</td><td>昆明种雄性小白鼠（32 只）</td><td>体重（18±3）g</td><td>第二军医大学实验动物中心</td></tr>
<tr><td rowspan="7">试剂</td><td>红景天苷（SDS）</td><td>液相色谱纯度>95%</td><td>华东理工大学生物反应器工程国家重点实验室</td></tr>
<tr><td>苹果酸脱氢酶（MDH）试剂盒</td><td></td><td rowspan="5">南京建成生物制品研究所</td></tr>
<tr><td>琥珀酸脱氢酶（SDH）试剂盒</td><td></td></tr>
<tr><td>丙酮酸激酶（PK）试剂盒</td><td></td></tr>
<tr><td>乳酸脱氢酶（LDH）试剂盒</td><td></td></tr>
<tr><td>乳酸（LD）检测试剂盒</td><td></td></tr>
<tr><td>Bradford 蛋白质定量试剂盒</td><td></td><td>北京天根公司</td></tr>
<tr><td rowspan="3">仪器</td><td>UV754 分光光度计</td><td></td><td>上海第三分析仪器厂</td></tr>
<tr><td>DK-8D 型电热恒温水槽</td><td></td><td>上海森信实验仪器有限公司</td></tr>
<tr><td>高速台式离心机</td><td></td><td>上海医用分析仪器厂</td></tr>
</table>

每种材料均给出名称和来源（因为是商业来源，仅给出机构名称，无须给出地址）。小白鼠是实验对象，给出了数量（32 只）和体重[（18±3）g]；红景天苷（SDS）是研究主题的核心要素，给出了属性参数[高效液相色谱（HPLC）检测纯度在 95%以上]；试剂盒属于标准医疗器械，6 种，给出了名称；仪器是标准设备或设施，3 种，也给出了名称。

第 2～5 段开头的黑体部分是标题，分别是动物分组和标本采集，骨骼肌组织匀浆 MDH、SDH、PK 及 LD 检测，肝组织匀浆 LDH 检测及统计学处理，相当于 4 个主题（目标），相对于论文的总主题（目标）来说，这些就是子主题（目标）。这部分就是分别给出在这些主题下所用的方法，每个主题下的方法又由不同的子内容组成，不同的子内容前后出现就形成了过程（步骤），从这个意义上说，方法就是过程。方法详细信息见表 2-3。

主题 1 主要是标本采集。使用的方法可概括为：小鼠分组；配制 SDS 溶液；灌胃；连续给药；灌胃后处置；取材。表述各方法时，一般用省略施事（动作发出者，即本文作者）的句子（主动语态时即为省略施事的无主语句），表述做了什么事，谓语和受事（宾语）需体现出来。方法常较为具体，对应具体的操作，表述上严谨、细致，细节、数量等均需清楚表达出来。比如：对小鼠分组，需交待小鼠总数（32 只）、分组数（4）、每组名称及对小鼠的预处置（适应性喂养1周）；配制SDS溶液，需交待将多少SDS（900 mg）溶于多少蒸馏水（100 mL）；灌胃，需交待给哪些组灌药（SDS、SDS＋运动）及数量［180 mg /（kg・d）］，哪些组（对照、运动）只灌水及数量［20 mL /（kg・d）］，以及灌药持续时间（15 d）；灌胃后处置，需交待处置开始时间（末次灌胃30 min后）及具体处置方式（对照组、SDS组不做运动，摘眼球取血，脱臼处死；运动组、SDS＋运动组无负重游泳，120 min后捞出小鼠擦干，摘眼球放血，脱臼处死）；取材，需交待提取对象名（小鼠肝及腓肠肌）及处置方式（液氮冻存）。

表2-3　材料与方法实例【1】方法详细信息

主题（目标）	方法
动物分组和标本采集	（1）32只小鼠适应性喂养1周随机分为对照、SDS、运动、SDS＋运动4组，每组8只，组间体重无差异 （2）将900 mg SDS溶于100 mL蒸馏水中配制成无色透明的SDS溶液 （3）SDS、SDS＋运动组以180 mg /（kg•d）的SDS灌胃给药；对照组、运动组以同样体积［20 mL /（kg•d）］蒸馏水灌胃 （4）连续给药15 d （5）15 d后，末次灌胃30 min后，对照组、SDS组不做任何运动，摘眼球取血后，脱臼处死取材；运动组、SDS＋运动组进行无负重游泳，120 min后将小鼠捞出擦干，摘眼球放血后脱臼处死 （6）迅速取小鼠肝及腓肠肌，液氮冻存，待测
骨骼肌组织匀浆MDH、SDH、PK及LD检测	（1）取骨骼肌组织，用生理盐水洗去残留血液，滤纸拭干，准确称取组织重量，加9倍生理盐水制成10%组织匀浆，2500 r / min离心10 min，取上清加生理盐水稀释成0.5%匀浆 （2）用考马斯亮蓝法做骨骼肌蛋白定量，按试剂盒说明书检测骨骼肌组织匀浆MDH、SDH、PK、LD水平
肝组织匀浆LDH检测	（1）取肝组织，用生理盐水洗去残留血液，滤纸拭干，称取组织重量，加9倍生理盐水制成10%组织匀浆 （2）采用考马斯亮蓝法进行肝脏蛋白定量，试剂盒说明书检测肝组织匀浆LDH水平
统计学处理	采用SPSS10.0统计软件，组间差异比较采用方差分析，$P<0.05$为差异有显著性

主题2是骨骼肌组织匀浆MDH、SDH、PK及LD检测。使用的方法可概括为：取材；清洗；称重；制备匀浆；蛋白定量；检测。取材就是取骨骼肌组织；清洗就是用生理盐水洗去骨骼肌组织的残留血液，并用滤纸拭干；称重就是准确称取清洗后的骨骼肌组织的重量；制备匀浆就是对骨骼肌组织加9倍生理盐水制成10%组织匀浆，再以2500 r /min的转速离心10 min，取上清加生理盐水稀释成0.5%匀浆；蛋白定量就是确定骨骼肌的蛋白定量；检测就是检测骨骼肌组织匀浆中的MDH、SDH、PK、LD 水平。注意，蛋白定量时，使用了考马斯亮蓝法，因为这是一个通用方法，因此没有给出此方法的具体内容，只交待一下名称即可。另外，对蛋白定量是按试剂盒说明书的要求进行的，这也是一个通用方法，在说明书上有明确的说明，因此也没有给出该方法的具体内容。

主题3是肝组织匀浆LDH检测。使用的方法基本同主题2，语句基本重复主题2，只是操作即取材对象、测试目标不同而已（这里取材对象为肝组织匀浆，测试目标为LDH水平；主题2的取材是骨骼肌组织匀浆，测试目标MDH、SDH、PK、LD水平）。主题3的方法中没有对组织匀浆进行“2500 r /min离心10 min，取上清加生理盐水稀释成0.5%匀浆”操作。

主题4是统计学处理。方法是对组间差异进行比较，使用了方差分析和SPSS10.0软件，并明确交待P值（$P<0.05$为差异有显著性）。方差分析是一种常用的统计方法，SPSS10.0软件也是一种广泛使用的统计软件和工具，因此没有交待其具体内容。

此例在结构上，材料与方法共用一个标题，先总体上交待材料，后按不同主题分别表述相应的方法；在内容上，材料的数量、来源，方法的操作、步骤，详略适当，主次分明。总体上，目标明确，内容全面，表述具体，结构清晰，层次分明。

2.4.3.2 实例2

【2】

1 实验材料

1.1 试剂与材料

大黄素-8-O-β-D-葡萄糖苷（四川省维克奇生物科技有限公司，批号：wkq18082803，纯度>98%）；RPMI-1640培养基、胰蛋白酶（Gibco公司）；青霉素、链霉素溶液（Amresco公司）；MTT（北京拜尔迪生物技术有限公司）；胎牛血清（浙江天杭生物科技有限公司）；异氟烷（瑞沃德生命科技有限公司）；D-luciferin（Goldbio公司）；Matrigel基质胶（Corning公司）。

1.2 仪器

MCO-18AIC（UV）细胞培养箱（Sanyo公司）；Nikon ECLIPSE TE2000-S倒置相差显微镜（Nikon公司）；IVIS Lumina Ⅲ小动物活体光学二维成像系统（PerkinElmer公司）；小动物麻醉机装置（北京众实迪创科技发展有限责任公司）。

1.3 实验动物

4~6周龄的雌性BALB/C小鼠，体重20~22 g，购自北京斯贝福生物技术有限公司，合格证号：SCXK（京）2019-0010，小鼠适应环境1周，保持房间12 h昼夜节律，自由进食水。实验中所有操作均遵守北京市动物管理委员会的实验动物使用条例。

1.4 细胞系

人结肠癌HCT116细胞、人神经母细胞瘤SH-SY5Y细胞购自中国医学科学院基础医学研究所细胞库，北京中医药大学生命科学学院孙震晓课题组冻存。小鼠乳腺癌细胞4Tl-Luc中国中医科学院医学实验中心刘长振课题组冻存。

2 实验方法

2.1 MTT法检测细胞活力

取对数生长期肿瘤细胞，以1600个细胞每孔接种于96孔板中，每孔加入100 μL培养基，在5% CO_2、37℃培养箱中培养24 h。显微镜下观察细胞贴壁并且生长良好，加入1640完全培养基（溶剂对照）或1640完全培养基配制好的不同浓度EG 150 μL，5% CO_2、37℃培养箱培养，作用时间点分别设置为0、24、48、72 h。到达待测时相，吸去培养基，每孔加入0.5 mg·mL^{-1} MTT 100 μL，培养箱中孵育4 h，倒去MTT，加入DMSO 150 μL震荡溶解蓝紫色结晶，酶标仪570 nm检测溶液的吸光度（A）。按下列公式计算细胞活力[14-15]：

$$细胞活力(\%)=\frac{药物组测定的平均吸光度值}{对照组的平均吸光度值}\times 100\%$$

2.2 细胞划痕实验

取对数生长期的肿瘤细胞，胰蛋白酶消化成单细胞后磷酸盐缓冲溶液（PBS）洗涤，离心收集细胞沉淀，重悬细胞并计数，取适量细胞悬液均匀接种于6孔板中，加入1640完全培养基至每孔3 mL。于37℃、5%的CO_2培养箱中进行培养，待细胞长成单层细胞时，弃去培养基并使用10 μL枪头沿着无菌直尺划线；用1 mL预冷的无菌PBS轻轻洗涤处理孔3次，尽可能洗去划下的细胞，并进行拍照（0 h），EG处理组分别加入EG 50、100 mg·mL^{-1}，溶剂对照组只加1640完全培养基，24 h后拍照，参考文献方法[16-17]分析实验结果，按下列公式计算迁移率：

$$迁移率(\%)=\frac{初始划痕面积-24\ \text{h}后划痕面积}{初始划痕面积}\times 100\%$$

2.3 Transwell细胞侵袭实验

用无血清培养基将基质胶按照说明书比例稀释至蛋白浓度为300 μg·mL^{-1}，取100 μL稀释液充分包被Transwell小室聚碳酸酯膜，置于37℃、5%的CO_2细胞培养箱内过夜。取对数生长期无血清饥饿处理12 h后的肿瘤细胞，消化重悬后计数。用含不同浓度EG（50、100 mg·mL^{-1}）的RPMI1640培养基（无血清）重悬，调整细胞密度至5×10^5·mL^{-1}，每个小室上层加入100 μL含细胞的无血清培养基，即每孔内含有5×10^4个细胞。小室下层加入0.5 mL含10%血清培养基，37℃、5% CO_2培养箱中培养24 h。用棉签擦去未转移的细胞，使用PBS洗涤并用4%的多聚甲醛溶液固定，加入1%结晶紫染液对细胞染色约30 min，洗涤、空气中自然干燥，显微镜下观察拍照，记录实验结果。参照文献方法[18–19]分析实验结果，按下列公式计算抑制率：

$$抑制率(\%)=\frac{对照组穿膜细胞数-加药组痕面积穿膜细胞数}{对照组穿膜细胞数}\times 100\%$$

2.4　小鼠移植瘤实验

取对数生长期的 4Tl-Luc 细胞，经胰蛋白酶酶消化、PBS 洗涤，离心收集细胞沉淀，加 PBS 缓冲液调整肿瘤细胞悬液密度至 $5\times10^4\cdot mL^{-1}$。取雌性 BALB/C 小鼠 12 只，均于右侧第四对乳垫接种肿瘤细胞悬液 0.1 mL[20]。随机分为 3 组，即对照组（PBS），EG 低、高剂量组。接种后随即给药，对照组腹腔注射 PBS 缓冲液，EG 低、高剂量组分别按 2、4 $mg\cdot kg^{-1}$ 腹腔注射 EG 药液。对照组，EG 低、高剂量组均连续给药 13 d。小鼠于末次给药后禁食不禁水过夜，异氟烷麻醉后脱脊柱处死小鼠，取肿瘤组织、肝脏、肺、肾脏，4%多聚甲醛固定液固定。

小鼠肿瘤细胞造模后，每两天每只小鼠腹腔注射荧光素酶底物 0.1 mL（150 $mg\cdot mL^{-1}$），自由活动 5 min 后放人吸入式麻醉机麻醉后进行活体荧光成像[21]，记录每只小鼠光强平台期信号最大值并对肿瘤转移进行定量评价。具体原理为 4Tl-Luc 是荧光素酶标记的细胞株，其能够稳定表达荧光素酶，当底物 D-luciferin 进入体内，被 ATP 和荧光素酶催化发生氧化反应，即可在体内产生发光现象，发光强度用小动物成像仪器检测。按下列公式计算肿瘤相对转移率：

$$肿瘤相对转移率=\frac{肿瘤原位光子量}{肿瘤转移灶光子量}$$

2.5　统计学处理

实验数据采用 SAS 8.2 统计软件进行分析，所有测定数值以 $\bar{\chi}\pm s$ 表示，多样本均数的比较采用单因素方差分析，两样本均数的比较采用 t 检验，以 $P<0.05$ 为有显著性差异，$P<0.01$ 为有极显著性差异。

此例为论文“大黄素-8-O-β-D-葡萄糖苷抑制肿瘤细胞迁移和转移的体内外实验研究”（《中国药物警戒》2019 年 12 期）的材料与方法部分。不同于常规的单独标题“材料与方法”，这里分开写，用了两个标题“实验材料”“实验方法”，分别交待本实验的材料和方法。

“实验材料”标题下有 4 个子标题：试剂与材料、仪器、实验动物、细胞系，这是按材料的大类来安排的（其中实验动物和细胞系均为操作对象），每个子标题下交待具体材料的名称和来源，详细信息见表 2-4。“大黄素-8-O-β-D-葡萄糖”与研究主题直接相关，因此对其还交待了批号（wkq18082803）和参数（纯度＞98%）；“雌性 BALB/C 小鼠”是主要的操作对象，而且又是动物，不仅需在实验操作前对其做某种处置（小鼠适应环境 1 周，保持房间 12 h 昼夜节律，自由进食水），还须遵守有关法律法规（北京市动物管理委员会实验动物使用条例）；“细胞系”包含三种细胞，故得名“细胞系”而非“细胞”。细胞在实验中用来接种到小鼠，是一种特殊的操作对象，其存活状态至关重要，因此对其保存情况做了交待（冻存；孙震晓课题组、刘长振课题组）。

“实验方法”标题下有 MTT 法检测细胞活力（细胞活力检测）、细胞划痕实验、Transwell 细胞侵袭实验、小鼠移植瘤实验、统计学处理 5 个子标题（子主题、分目标）。前 4 个为专题实验，详细表述了各实验的方案及具体操作方法；最后一个为实验统计处理，明确交待了进行统计处理所用的软件及统计检验方法。有关内容详见表 2-5。

对每一具体方法及其每一步骤的表述，往往需要用某一（些）定量即含数字的表达来对所用的某一（些）材料加以限定（做定语）或对谓语动词进行修饰（做状语），涉及材料的规格、品种，计量（如尺寸、重量、质量、容量、浓度、密度、纯度、参数），使用情况（如数量、时间、效率、精度、处理次数）、使用条件（如环境温度、湿度）等，凡涉及定量表达时，所用词语（术语）必须清楚、规范，所提数字（数据）必须真实、准确，所用单位必须正确，还要辅以恰当的表程度的用语，如“约”“大约”“适量”“少许”“少量”“不少”“微微”“较多”“大量”“轻轻”“尽可能”等，表达实事求是，科学严谨，不能马虎，不能含混。

表 2-4　材料与方法实例【2】材料详细信息

材料类	材料名称（批号或合格证号、参数）	来源
试剂与材料	大黄素 -8-O-β-D- 葡萄糖苷（wkq18082803；纯度＞98%）	四川省维克奇生物科技有限公司
	RPMI-1640 培养基 胰蛋白酶	Gibco 公司
	青霉素溶液 链霉素溶液	Amresco 公司
	MTT	北京拜尔迪生物技术有限公司
	胎牛血清	浙江天杭生物科技有限公司
	异氟烷	瑞沃德生命科技有限公司
	D-luciferin	Goldbio 公司
	Matrigel 基质胶	Corning 公司
仪器	MCO-18AIC（UV）细胞培养箱	Sanyo 公司
	Nikon ECLIPSE TE2000-S 倒置相差显微镜	Nikon 公司
	IVIS Lumina Ⅲ小动物活体光学二维成像系统	PerkinElmer 公司
	小动物麻醉机装置	北京众实迪创科技发展有限责任公司
动物	雌性 BALB/C 小鼠［SCXK（京）2019-0010；4~6 周龄，体重 20~22 g］	北京斯贝福生物技术有限公司
细胞系	人结肠癌 HCT116 细胞 人神经母细胞瘤 SH-SY5Y 细胞	中国医学科学院基础医学研究所细胞库
	小鼠乳腺癌细胞 4Tl-Luc	文中未交待，但交待了冻存单位

一个句子表述某一具体的方法或步骤时，还可能引用另外的方法。如果引用通用、常规的方法，引用其名称就好（如“利用有限元分析与优化方法设计了航天器发动机推力支架桁架结构”“用电穿孔法和基因枪法对细胞进行转染”）。对于引自参考文献中的方法，标注引文序号即好。以上述实例的方法为例，“酶标仪检测溶液的吸光度”“重悬细胞并计数”“取稀释液包被 Transwell 小室聚碳酸酯膜”“肿瘤转移定量评价”“参考文献×的方法分析实验结果”等，都是直接说方法，而没有交待所引方法的具体内容和操作步骤。

另外，在表述方法时，必要时还可对方法进行某种必要的解释，以方便理解。例如在以上“小鼠移植瘤实验”主题下，就有这样的语句：*具体原理为 4Tl-Luc 是荧光素酶标记的细胞株，其能够稳定表达荧光素酶，当底物 D-luciferin 进入体内，被 ATP 和荧光素酶催化发生氧化反应，即可在体内产生发光现象，发光强度用小动物成像仪器检测。*这个长复句是对“肿瘤转移定量评价”这一方法的原理的解释，严格意义上不属方法，因此这里可以不写，但写了更好，起着补充方法的作用。对此原理知者可能不多，因此这种补充通常是需要的。

由子子方法、子方法以某种关系（如逻辑、时间）或步骤关联，便形成整个主题实验的方法，各主题实验的方法汇总起来便形成全文整个实验的方法。

此例在结构上，材料和方法分设标题，在各标题下按类别单设子标题（子主题），分别表述子主题的内容；在内容上，材料的数量、来源，方法的操作、步骤，详略适当，主次分明。

2.5　结果与讨论

结果与讨论（results and discussion）是原创型论文的核心部分（结论也可包括在内），描述由科学研究（实验）获得的客观结果，以及对结果的评价性认识，旨在交待做出了什么，据此又能得到什么，使有待实践证明的假说、经过科学思维形成的理论认识或观点得到证实，证明作者所提出的假说是合理的、科学的，理论认识、观点是正确的。结果是研究的直接目标，没有结果，研究就失去依据；讨论是研究的最终目标，没有讨论，结果就停留在表象，研究也就失去意义。结果讲求数据、资料的真实性，能否被复用是研究的基本要求；讨论讲求分析、论证的逻辑性，是否合理是研究的价值保障。

表 2-5　材料与方法实例【2】方法详细信息

主题	方法
细胞活力检测	（1）将 1600 个对数生长期肿瘤细胞接种到 96 孔板，每孔加 100 μL 培养基，在 5% CO_2、37℃培养箱培养 24 h （2）显微镜下观察细胞贴壁，生长良好时加入 1640 完全培养基（溶剂对照）或用其配制的不同浓度 EG 150 μL，在 5% CO_2、37℃培养箱培养，设置作用时间 0、24、48、72 h （3）到达待测时相，吸去培养基，每孔加入 100 μL 0.5 mg · mL^{-1} MTT，培养箱孵育 4 h，倒去 MTT，加入 150 μL DMSO，震荡溶解蓝紫色结晶，570 nm 酶标仪检测溶液的吸光度（A） （4）按公式计算细胞活力
细胞划痕实验	（1）取对数生长期肿瘤细胞，待胰蛋白酶消化成单细胞后，用 PBS 洗涤，离心收集细胞沉淀，重悬、计数细胞，取适量细胞悬液均匀接种于 6 孔板中，每孔加入 3 mL 1640 完全培养基 （2）在 37℃、5%的 CO_2 培养箱培养，待细胞长成单层细胞时，弃去培养基，使用 10 μL 枪头沿着无菌直尺划线 （3）用 1 mL 预冷的无菌 PBS 轻轻洗涤处理孔 3 次，尽可能洗去划下的细胞，拍照（0 h），EG 处理组分别加入 50、100 mg · mL^{-1} EG，溶剂对照组只加 1640 完全培养基，24 h 后拍照 （4）参考文献[16-17]的方法分析实验结果 （5）按公式计算迁移率
Transwell 细胞侵袭实验	（1）用无血清培养基将基质胶按说明书要求的比例稀释至蛋白浓度为 300 μg · mL^{-1} （2）取 100 μL 稀释液充分包被 Transwell 小室聚碳酸酯膜，置于 37℃、5%的 CO_2 细胞培养箱过夜 （3）取对数生长期无血清饥饿处理 12 h 后的肿瘤细胞，消化重悬后计数 （4）用含不同浓度 EG（50、100 mg · mL^{-1}）的 RPMI1640 培养基（无血清）重悬，调整细胞密度至 5×10^5 · mL^{-1} （5）各小室上层加入 100 μL 含细胞的无血清培养基，每孔含有 5×10^4 个细胞 （6）各小室下层加入 0.5 mL 含 10%血清的培养基，37℃、5% CO_2 培养箱培养 24 h （7）用棉签擦去未转移的细胞，用 PBS 洗涤，4%多聚甲醛溶液固定，加 1%结晶紫染液对细胞染色约 30 min，洗涤，空气中自然干燥 （8）显微镜下观察拍照，记录实验结果 （9）参照文献[18-19]的方法分析实验结果 （10）按公式计算抑制率
小鼠移植瘤实验	（1）取对数生长期 4Tl-Luc 细胞，用胰蛋白酶酶消化、PBS 洗涤，离心收集细胞沉淀，加 PBS 缓冲液调整肿瘤细胞悬液密度至 5×10^4 · mL^{-1} （2）取雌性 BALB/C 小鼠 12 只，在右侧第四对乳垫接种肿瘤细胞悬液 0.1 mL，随机分为对照和 EG 低、高剂量组 （3）接种后随即给药，对照组腹腔注射 PBS 缓冲液，EG 低、高剂量组分别按 2、4 mg · kg^{-1} 腹腔注射 EG 药液 （4）对照组和 EG 低、高剂量组均连续给药 13 d （5）小鼠在末次给药后禁食不禁水过夜，异氟烷麻醉后脱脊柱处死小鼠，取肿瘤组织、肝脏、肺、肾脏，用 4%多聚甲醛固定液固定 （6）小鼠肿瘤细胞造模后，每两天每只小鼠腹腔注射荧光素酶底物 0.1 mL（150 mg · mL^{-1}），自由活动 5 min 后放人吸入式麻醉机麻醉后进行活体荧光成像 （7）记录每只小鼠光强平台期信号最大值，并对肿瘤转移进行定量评价 （8）按公式计算肿瘤相对转移率
统计学处理	用 SAS 8.2 统计软件分析实验数据，以 $\overline{\chi} \pm s$ 表示所有测定数值，采用单因素方差分析进行多样本均数比较，采用 t 检验进行两样本均数比较。以 $P<0.05$ 为有显著性差异，$P<0.01$ 为有极显著性差异

结果与讨论可分开写，有各自独立的标题“结果”“讨论”，也可放在一起写，冠以一个总标题“结果与讨论”。还可将“讨论”写成“讨论与结论”或“结论”，或“讨论”中包含“结论”的内容。这些都是形式问题，写作时根据内容及表达需要作相应的内容顺序和格式调

整是很正常的，不可能千篇一律。撰写初稿宜将“结果”“讨论”分开写，差不多时再合并。

2.5.1　结果的内容及结构

结果就是研究（实验）结果，是科学研究探索的答案，直接决定了研究工作能否成功、研究目标能否实现。结果是论文的依据部分，其质量标志着论文的学术水平或技术创新的程度，是整个论文的立足点及价值之所在。全文的一切分析、讨论由结果引发，一切推理、判断由结果导出，一切结论、结语由结果得出。

结果的内容是指研究的直接发现（what did you find？），大体包括实验简述和结果报告。实验简述是用一两句话对某实验方法作不带细节的简洁描述，通常引用方法名称或简要交待方法就行，不必涉及方法的具体内容；结果报告就是从科学研究中所记录的较为零散的实验数据或资料，选取与论文写作主题密切相关的部分，重新记录或描述由某方案（或方法）所得到的紧密围绕主题的主要实验结果和重要发现。从论文写作的角度看，这个主要实验结果是论文结果写作的起点，进而可称为原始结果，而这个重要发现是通过对原始结果作某种处理、处置（如对比、说明、分析等）而得出的基于原始结果的新结果，笔者称之为处理结果（如对比结果、说明结果、分析结果等）。原始结果一般是直接的、突出的、具体的、肤浅的、无序的、感性的，而处理结果通常是间接的、隐含的、抽象的、深奥的、有序的、理性的。原始结果多用图表来显示，而处理结果通常以文字表述（定性和定量相结合）居多，其中还隐含着对原始数据的某种处理（如比较、运算、推导），但过程（步骤）一般不用写出，有时可将主要的、特别的或关键的过程写出。

结果是针对某一目标的，而目标又往往是在一定前提条件下的，那么在一定前提条件下实现某一目标所需要的结果称为预期结果。预期结果需要与常规结果进行对照才能说明问题，这种对照即为阴性对照，被拿来对照的常规结果即为阴性结果。肯定不会出现预期结果的组称为阴性对照组，能否做到这种“肯定”，取决于精密的实验设计、高度可靠的预实验以及实验者的操作水准。

如果结果中有典型实例或最佳案例的结果支撑，那么文章的说服力会大大提升。

结果的结构是对结果内容进行表述所用语句、段落的结构组成，大体按以下顺序展开：

（1）目标点出——指出将要概述的实验或方法所依附或针对的某目标。（多为状语）

（2）方法概述——指出将要描述的结果所依附或针对的某实验或方法。（一两句）

（3）结果描述——描述对原始结果作某种处理、处置所得的处理结果。（较详细）

（4）结果展现——描述或使用图表显示由实验、观察所得的原始结果。（较详细）

（5）结果评论——如有必要可以说明、解释结果，与前人结果作比较。（简单）

其中（3）和（4）的顺序可以调换，取决于写作的思路或风格。

2.5.2　结果写作要求

结果通常包含多个层次、种类的数据，数据的层次和类别不同，其性质也就不同，而性质往往决定了它在讨论中的重要、详略程度，以及描述细节、表述手段（对重要的需要作详细讨论），写作前要全面规划结果和讨论。结果的写作要求大体上有以下几个方面。

1）划分确定主题

实验是在某一主题（目标）支配下进行的，对于复杂的实验，有多个不同的子主题（子目标）很常见，自然需要不同的研究方案、方法，得到不同的结果，即结果是针对子主题的，各子主题的结果汇总起来就是整个实验的结果。在表述结果时，需要先划分、确定实验的主题，表述不同子主题下的具体结果。

2）确定层次标题

结果常分成若干层次，有的分成若干段，一段常表达一个中心意思（对应一个子主题），也可分成若干小标题分层表述，各小标题下有一段或几段，表达一个中心意思。中心意思或小标题根据子主题来确定，子主题可成为小标题。按主题的重要、复杂程度及类别等要素来合理排列结果，基本原则是，从最重要到最不重要、由简单到复杂、按研究问题逻辑关系（非实验时间顺序）、按类别相同或差异性来排列。（与材料与方法中的相应层次标题应一致）

3）表述言简意赅

实验中记录的结果通常较为全面、详细，主题或目的可能不集中，表述上也可能较为随意，而论文中的研究结果是直接针对论文的研究目的的，内容虽然取自实验结果的记录，但表述上有收敛，写作上有限制，内容上有凝练，表达上简洁、概括。不能简单堆积实验记录、数据或观察事实，而要突出有代表性和科学价值的数据，重要数据要详细表述，一般数据则简略表述，可有可无的数据应一律去掉。

4）避免重复表述

论文各组成部分对全文内容有恰当、明确的分工，但有些内容可能有交叉，既可写到这部分，也可写到那部分，最终写到哪部分，取决于论文的内容布局和结构安排，布局和安排不当容易造成对一些内容的重复表述。特别在结果和讨论部分，更容易出现重复。要明确确定哪些内容纳入结果，哪些内容迁移到讨论，前者通常只描述结果而不解释，但后者还要解释，并与已有的成果比较，但在解释、比较时不要重复结果中已详写过的内容。

5）客观描述结果

一个结果对应一个实验，对应一个方法，对结果进行客观描述就是对方法及观察到或发现的事物、现象客观真实地记述、评价。对每个实验或方法的结果均要按（或基本上按）“结果的内容与结构”的要求来客观描述，主要包括：简述实验（用×××方法，发现了×××）；报告主要结果（预期结果和阴性结果）；典型实例（最常见的例证），最佳案例（最理想的例证）。

6）科学整理数据

对实验结果按轻重、主次作科学分类、整理，提炼、取舍，避免将所有数据和盘托出，或只选取符合自己预期的数据。对异常的数据应给予说明，除非有确凿证据表明其错误方可舍去。对过多出现的数据，可考虑以补充部分的形式来呈现。同时要考察数据的准确、详实、一致、相关性。准确指真实，不伪造和篡改数据；详实指完整，不隐瞒或遗漏数据；一致指同一，不出现前后矛盾的数据；相关指相扣，不出现与主题无关的数据。

7）取舍文字图表

采用文字与图表相结合的形式来表达数据，文字优于图表，而图的使用优先于表。数据较少时，若只有一个或很少的测定结果，则用文字描述；数据较多时，宜采用图表来描述或记录，通常较为完整、详尽，同时再用文字来指出图表中的信息所蕴含的重要特性或趋势。但要避免赘述，相同的数据不宜在图、表、文重复表述，而且在文字中不要忽略对图表中数据的趋势、意义及相关推论的叙述。还要避免用冗长语句来介绍或解释图表，而且图表序宜放括号中，不宜做主题语句（句子成分，如主语、宾语），重在指出图表揭示的结论。例如：

【1】2019 新型冠状病毒疫情死亡 / 治愈明显呈现下降 / 上升趋势见图 2。(不提倡)

【2】2019 新型冠状病毒疫情死亡 / 治愈明显呈现下降 / 上升趋势（如图 2 所示)。(提倡)

【3】表 1 说明，NL63 通常引起轻度上呼吸道疾病，在人群中流行，而 SARS-CoV 可诱发严重下呼吸道疾病，病死率约为 11%。(不提倡)

【4】NL63 通常引起轻度上呼吸道疾病，在人群中流行，而 SARS-CoV 可诱发严重下呼吸道疾病，病死率约为 11%（见表 1)。(提倡)

8）解释原始结果

原始结果（数据）是由实验获得的第一手材料，原汁原味，一般不对其进行解释（必要的说明是可以的)，否则就加进了个人主观认识，容易破坏其原始性。必要时可以适当解释，描述结果间的差异，帮助读者先清楚地了解、理解研究结果的意义。但这种解释不宜过多，对结果的分析、研究和认识要更多地留在讨论部分。但结果和讨论合写时，结果中可以详细解释结果。例如：

【1】阿比朵尔在 10 ~ 30 μmol 浓度下，抑制冠状病毒的效率是药物未处理的对照组的 60 倍，并且显著抑制病毒对细胞的病变效应；达芦那韦在 300 μmol 浓度下，能显著抑制病毒复制，抑制效率是未用药物处理组的 280 倍。(结果不带解释)

【2】根据初步测试，在体外细胞实验中显示：阿比朵尔在 10 ~ 30 μmol 浓度下，与药物未处理的对照组比较，能有效抑制冠状病毒达到 60 倍，并且显著抑制病毒对细胞的病变效应；达芦那韦在 300 μmol 浓度下，能显著抑制病毒复制，与未用药物处理组比较，抑制效率达 280 倍。(结果带解释，画线部分为解释性语句)

9）选用数据类型

按需选用不同类型的数据来表达结果。对于特别重要的结果，应采用“原始数据”（实际实验、观测数据）的形式来表达；对于一般数据，可采用“总结数据”（如平均值和正负标准偏差）或“转换数据”（如百分数）的形式来表达。这是对繁杂实验数据处理的必要方法。

10）正确使用单位

实验结果往往是量值的呈现，离不开数值（数据、数字）和计量单位，无量纲的量（量纲一的量）形式上没有单位，实际上有单位，不过其单位为 1 罢了。报告数据或统计资料时，凡涉及有量纲的量时，注意不要遗漏单位，而且还要用对单位。

2.5.3　结果写作常见问题

以下为论文投稿中“结果”部分的一些常见问题，也是审稿意见中的常见负面意见：

(1）对原始结果和处理结果的区别认识不够，处理结果缺少或分量不足；

(2）对结果解释说明太多，加进了过多的作者个人认识，主观色彩浓厚；

(3）出现了不充分、不准确或不一致的数据，降低了研究结果的可信度；

(4）图表问题多，质量差，甚至看不清，文种错或混用，文章形象不好；

(5）图表中的信息不能支撑论题、论点，出现了无关或可有可无的数据。

2.5.4　结果实例点评

下面列举两篇论文的结果写作实例，对其内容与结构进行分析和点评。

2.5.4.1　实例 1

【1】

结　果

SDS 对运动前后小鼠骨骼肌能量代谢相关酶活性的影响　SDS＋运动组小鼠骨骼肌内 MDH 活性明显高于对照组($P<0.05$)；SDS 组、运动组和 SDS＋运动组骨骼肌内 SDH 活性分别较对照组升高 13%($P>0.05$)、16%（$P<0.05$）和 27%（$P<0.01$），且 SDS＋运动组骨骼肌内 SDH 活性也明显高于运动组（$P<0.05$）；运动组和 SDS＋运动组骨骼肌内 PK 活性较对照组分别升高 14%和 39%（P 均<0.05），且 SDS＋运动组骨骼肌内 PK 活性也明显高于运动组（$P<0.05$）（表 1）。

表 1　各组小鼠骨骼肌能量代谢相关酶活性($\bar{x}\pm s$，n=8，U/mgprot)

分组	MDH	SDH	PK
对照组	9.37±1.53	131.27±27.32	3.88±0.16
SDS 组	9.94±1.46	148.28±27.66	3.91±0.36
运动组	9.57±0.31	152.80±23.22*	4.42±0.59*
SDS＋运动组	10.32±1.02*	167.79±22.39**#	5.43±0.35*#

MDH：苹果酸脱氢酶；SDH：琥珀酸脱氢酶；PK：丙酮酸激酶；SDS：红景天苷。
与对照组相比，* $P<0.05$，** $P<0.01$；与运动组相比，# $P<0.05$

SDS 对运动前后小鼠乳酸代谢的影响　SDS 组、运动组和 SDS＋运动组小鼠肝脏 LDH 活性较对照组分别升高 17%（$P<0.05$）、16%（$P<0.05$）和 28%（$P<0.01$），且 SDS＋运动组的肝脏 LDH 活性也明显高于运动组（$P<0.05$）；运动组骨骼肌内 LD 含量明显高于对照组（$P<0.05$）（表 2）。

表 2　各组小鼠乳酸代谢情况($\bar{x}\pm s$，n=8)

分组	肝脏 LDH（U/mgprot）	骨骼肌 LD（mmol/gprot）
对照组	682.04±51.35	1.38±0.11
SDS 组	801.00±147.07*	1.36±0.12
运动组	790.41±91.81*	1.47±0.16*
SDS＋运动组	871.30±54.07**#	1.42±0.22

LDH：乳酸脱氢酶；LD：乳酸。与对照组相比，* $P<0.05$，** $P<0.01$；
与运动组相比，# $P<0.05$

此例为论文“红景天苷对不同状态下小鼠能量代谢的影响”（《中国临床营养杂志》2008 年 6 期）的结果。总标题为“结果”，正文由两段（每段后有一个表格）组成，每段开头的黑体部分是标题，即子主题。这部分给出针这两个主题的实验结果，其中的对照结果见表 2-6。

表 2-6　结果实例【1】对比（对照）结果

主题（目标）	对比（对照）结果
SDS 对运动前后小鼠骨骼肌能量代谢相关酶活性的影响	（1）SDS＋运动组小鼠骨骼肌内 MDH 活性明显高于对照组（$P<0.05$） （2）SDS 组、运动组和 SDS＋运动组骨骼肌内 SDH 活性分别较对照组升高 13%（$P>0.05$）、16%（$P<0.05$）和 27%（$P<0.01$） （3）SDS＋运动组骨骼肌内 SDH 活性明显高于运动组（$P<0.05$） （4）运动组和 SDS＋运动组骨骼肌内 PK 活性较对照组分别升高 14%和 39%（P 均<0.05） （5）SDS＋运动组骨骼肌内 PK 活性明显高于运动组（$P<0.05$）
SDS 对运动前后小鼠乳酸代谢的影响	（1）SDS 组、运动组和 SDS＋运动组小鼠肝脏 LDH 活性较对照组分别升高 17%（$P<0.05$）、16%（$P<0.05$）和 28%（$P<0.01$） （2）SDS＋运动组的肝脏 LDH 活性明显高于运动组（$P<0.05$） （3）运动组骨骼肌内 LD 含量明显高于对照组（$P<0.05$）

主题 1“SDS 对运动前后小鼠骨骼肌能量代谢相关酶活性的影响”，与该文“材料与方法”的主题“骨骼肌组织匀浆 MDH、SDH、PK 及 LD 检测”相对应，运动前后小鼠指所有 4 个组，相关酶指 MDH、SDH、PK。这部分由文字段和表格两部分组成。

1）文字段

文字段描述了非对照组与对照组骨骼肌内 MDH、SDH、PK 的活性对比，以及部分非对照组间骨骼肌内 SDH、PK 活性的对比（对照）结果，见表 2-6 上面部分。该结果是依据对原始结果中不同组的某类数据的大小比较或增长率计算，对组间某种差异进行的定性定量表达。

大小对比是直接比较两个数的大小（谁大于谁或谁小于谁）。例如：

（1）SDS＋运动组、对照组的 MDH 数据分别为 10.32±1.02（P＜0.05）、9.37±1.53，前者明显大于后者，所以得出对比结果“SDS＋运动组＞对照组（P＜0.05）”。虽然 SDS 组（9.94±1.46）、运动组（9.57±0.31）的 MDH 数据也高于对照组，但差别不大，升高趋势不明显，所以没有得出“SDS 组＞对照组”“运动组＞对照组”。

（2）SDS＋运动组、运动组的 SDH 数据分别为 167.79±22.39（P＜0.05）、152.80±23.22，前者大于后者，所以有“SDS＋运动组＞运动组（P＜0.05）”。

增长率计算是计算一个数据相对另一数据的增长率（谁比谁升高或降低多少）。例如：

（1）SDS 组、对照组的 SDH 数据分别为 148.28±27.66、131.27±27.32，因为（148.28－131.27）/ 131.27=13%，故得出对比结果“相比对照组，SDS 组升高 13%（P＞0.05）”。

（2）SDS＋运动组、对照组的 PK 数据分别为 5.43±0.35（P＜0.05）、3.88±0.16，因为（5.43－3.88）/ 3.88=39%，因此有“相比对照组，SDS＋运动组升高 39%（P＜0.05）”。

2）表格

表格（见原文表 1）展示了各组骨骼肌内 MDH、SDH、PK 的原始数据，数据格式为 $x \pm s$，n=8，U/mgprot（平均数±样本标准差，样本数为 8，单位为“活力单位/mg 蛋白”）。这种结果是通过对各类样本内所有个体的实验、观测结果进行统计学处理所得到的原始数据，成为对比结果的前提、基础数据。论文中对原始数据展示时要注意正确描述数据类型、格式，可能涉及样本数、平均数、标准差等统计参数；因为对小于一定概率值的数据进行对比才有统计学意义，因此必须明确交待概率值（P 值）；数据还要有单位。

主题 2“SDS 对运动前后小鼠乳酸代谢的影响”，与该文“材料与方法”的主题“肝组织匀浆 LDH 检测”相对应，“乳酸”指 LDH、LD。这部分也由文字段和表格两部分组成，文字段给出对比结果（对非对照组与对照组肝脏 LDH 活性、骨骼肌内 LD 含量，以及部分非对照组间肝脏 LDH 活性的对比结果，见表 2-6 下面部分），表格展示原始结果（见原文表 2）。

此例在内容上，主题（目标）分明，与“材料与方法”的主题相对应，更加具体和有针对性，准确简洁地给出针对两个主题（SDS 对运动前后小鼠的骨骼肌能量代谢相关酶活性、乳酸代谢的影响）的对比（对照）结果、原始结果，每类结果又分为不同的对比组别，对比的对象、参数明确，给出的数据真实、可靠，组间差异分明，并明确给出相应的统计概率值。结构上，直接以两个二级标题点出目标，再逐一按顺序描述对比结果，用表格展现这两个主题的原始结果（未提及方法，有关方法在“材料与方法”中讲过了）。

2.5.4.2　实例 2

【2】

3　实验结果

3.1　EG 对 4T1-Luc、HCT116、SH-SY5Y 细胞活力的影响

实验结果显示，EG 明显抑制 4T1-Luc、HCT116、SH-SY5Y 细胞活力，作用呈时间和剂量依赖性，EG

作用 4Tl-Luc 和 HCT116 细胞 72 h 的 IC50 分别为 174.7、398.9 mg・mL^{-1}，EG 400 mg・mL^{-1} 作用 72 h 对 SH-SY5Y 的最大抑制率为 46.5%±2.67%（$P<0.01$）（图 1）。

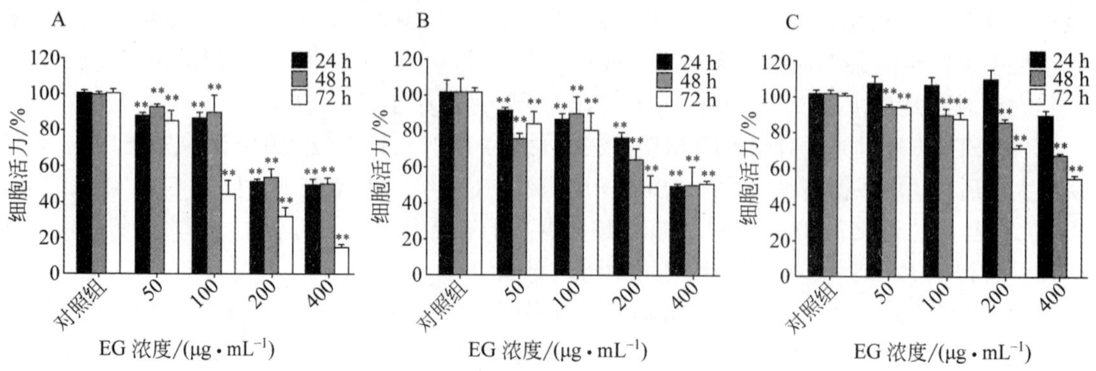

图 1　EG 对肿瘤细胞活力的影响

注：A. EG 对 4Tl-Luc 细胞活力的影响；B. EG 对 HCT116 细胞活力的影响；C. EG 对 SH-SY5Y 细胞活力的影响。与溶剂对照组相比，**$P<0.01$。

3.2　EG 对 4T1-Luc、SH-SY5Y 细胞迁移能力的影响

实验结果显示，用不同浓度 EG (50 和 100 mg・mL^{-1}）处理 4Tl-Luc、SH-SY5Y 细胞 24 h, 4T1-Luc 细胞划痕的宽度明显高于对照组，细胞汇合度显著低于对照组，50 mg・mL^{-1} EG 处理 4Tl-Luc 细胞组与对照组相比，细胞迁移率为 71.45%±1.89%（$P<0.01$），100 mg・mL^{-1} EG 处理 4Tl-Luc 细胞组与对照组相比，细胞迁移率为 33.63%±2.14%（$P<0.01$）；而 50 mg・mL^{-1} EG 处理 SH-SY5Y 细胞组与对照组相比，细胞汇合度无明显变化，但 100 mg・mL^{-1} EG 处理显著抑制了 SH-SY5Y 细胞的迁移，与对照组相比，细胞迁移率为 44.68%±3.64%（$P<0.01$）（图 2）。

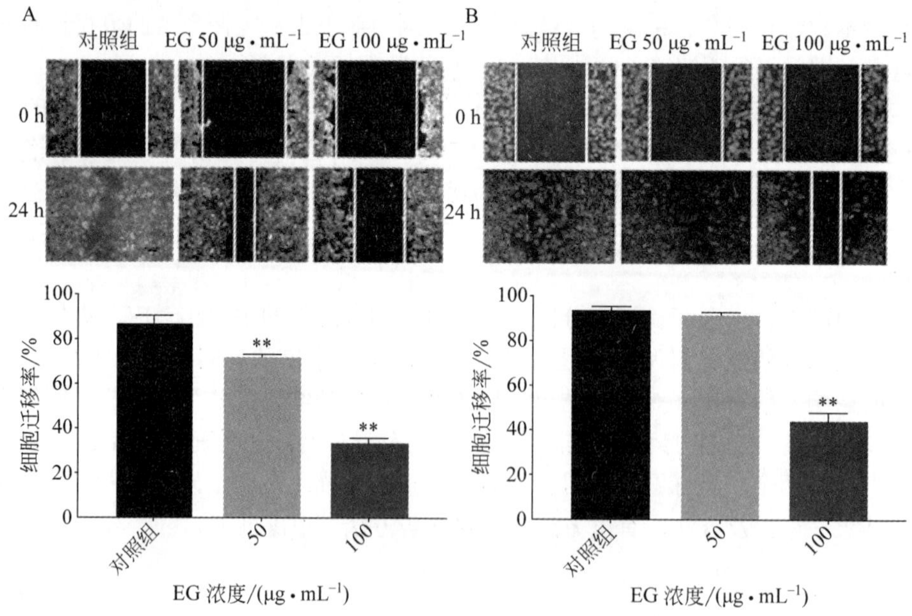

图 2　划痕实验检测细胞迁移能力

注：A. EG 对 4Tl-Luc 细胞迁移能力的影响；B. EG 对 SH-SY5Y 细胞迁移能力的影响。与溶剂对照组相比，**$P<0.01$。

3.3 EG对HCT116细胞转移能力的影响

不同浓度EG处理HCT116细胞后，单视野下转移细胞数目明显减少；统计结果显示EG处理HCT116细胞后，发生转移的细胞数目显著降低，100 mg·mL^{-1} EG对HCT116细胞转移抑制率为40.65%±4.01%（$P<0.01$）（图3）。

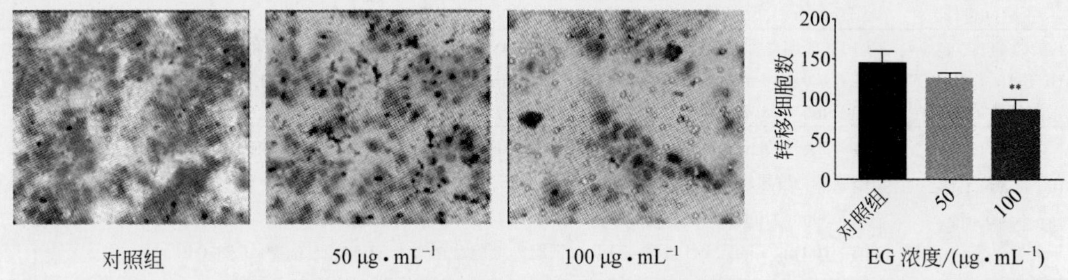

图3 EG对HCT116细胞转移的影响（结晶紫染色，×200）

注：与溶剂对照组相比，$^{**}P<0.01$。

3.4 EG对荷乳腺癌4T1-Luc小鼠肿瘤转移灶光子量的影响

小动物活体成像技术实验结果（图4）表明，连续给药13 d后，根据每只小鼠肿瘤相对转移率绘制原位光子数与转移灶光子数比值柱状图，相对转移率数值越大表明肿瘤转移量越少，药物作用效果越好。与对照组相比，2 mg·kg^{-1} EG对乳垫和肺转移灶的光子数影响较小，无统计学差异，而4 mg·kg^{-1} EG对转移灶的光子数影响明显，差异有统计学意义。结果证明4 mg·kg^{-1} EG对4Tl-Luc荷瘤小鼠的肿瘤转移有抑制作用。

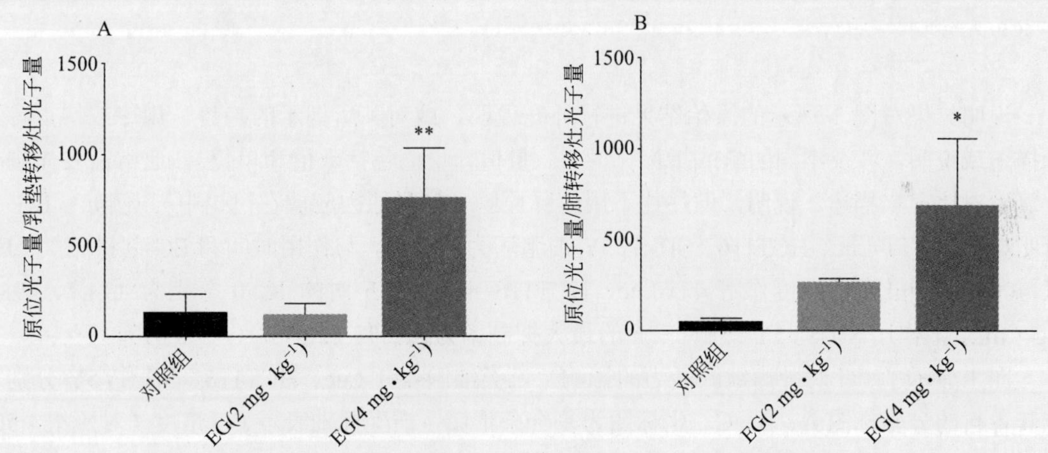

图4 EG对荷乳腺癌4T1-Luc小鼠转移灶光子量的影响

注：A. EG对小鼠乳垫转移灶光子量的影响；B. EG对小鼠肺转移灶光子量的影响。与溶剂对照组相比，$^{*}P<0.05$, $^{**}P<0.01$。

此例为论文“大黄素-8-O-β-D-葡萄糖苷抑制肿瘤细胞迁移和转移的体内外实验研究”（《中国药物警戒》2019年12期）的结果。其总标题为“实验结果”，正文由4部分（子标题）组成，对应4个子主题（子目标）。这部分给出这些主题的实验结果，见表2-7和原文图1～4。

1）主题1结果

主题1“EG对4T1-Luc、HCT116、SH-SY5Y细胞活力的影响”，与该文“实验方法”的主题“MTT法检测细胞活力”相对应，给出不同浓度EG作用不同细胞的实验结果，分为说明结果和原始结果。前一种结果对原始结果进行说明，用文字来表述；后一种是对实验、观测结果（指统计处理后）直观或形象地显示，用插图（原文图 1）来显示。

表 2-7　结果实例【2】说明结果

主题（目标）	说明结果
EG 对 4T1-Luc、HCT116、SH-SY5Y 细胞活力的影响	（1）EG 明显抑制 4T1-Luc、HCT116、SH-SY5Y 细胞活力，作用呈时间和剂量依赖性 （2）400 mg・mL^{-1} EG 作用 4Tl-Luc、HCT116 细胞 72 h，IC50 分别为 174.7、398.9 mg・mL^{-1}（$P<0.01$） （3）400 mg・mL^{-1} EG 作用 SH-SY5Y 细胞 72 h，最大抑制率为 46.5%±2.67%（$P<0.01$）
EG 对 4T1-Luc、SH-SY5Y 细胞迁移能力的影响	（1）50、100 mg・mL^{-1} EG 处理 4Tl-Luc、SH-SY5Y 细胞 24 h, 4T1-Luc 细胞划痕宽度明显高于对照组，细胞汇合度显著低于对照组 （2）50 mg・mL^{-1} EG 处理 4Tl-Luc 细胞，细胞迁移率为 71.45%±1.89%（$P<0.01$） （3）100 mg・mL^{-1} EG 处理 4Tl-Luc 细胞，细胞迁移率为 33.63%±2.14%（$P<0.01$） （4）50 mg・mL^{-1} EG 处理 SH-SY5Y 细胞，细胞汇合度无明显变化 （5）100 mg・mL^{-1} EG 处理 SH-SY5Y 细胞，细胞迁移率为 44.68%±3.64%（$P<0.01$）（抑制效果显著）
EG 对 HCT116 细胞转移能力的影响	（1）不同浓度 EG 处理 HCT116 细胞，单视野下转移细胞数目明显减少（观察） （2）EG 处理 HCT116 细胞，转移细胞数目显著降低（统计） （3）100 mg・mL^{-1} EG 处理 HCT116 细胞，转移抑制率为 40.65%±4.01%（$P<0.01$）
EG 对荷乳腺癌 4T1-Luc 小鼠肿瘤转移灶光子量的影响	（1）连续给药 13 d，根据每只小鼠肿瘤相对转移率绘制原位光子数与转移灶光子数比值柱状图，相对转移率数值越大表明肿瘤转移量越少，药物作用效果越好（小动物活体成像技术实验结果，图 4） （2）2 mg・kg^{-1} EG 对乳垫和肺转移灶的光子数影响较小，无统计学差异 （3）4 mg・kg^{-1} EG 对乳垫和肺转移灶的光子数影响明显，有统计学差异，对肿瘤转移有抑制作用

IC50 为半抑制率——笔者注。

说明结果对图 1 所示的原始结果进行补充说明，或对其所揭示的趋势、规律或特点等给予描述或说明，涉及不同的量或指标（量名、量值，量值包括数值和单位），通常需要先进行计算、对比再来描述、说明，但往往不用解释原因（解释原因应放在讨论中）。例如：EG 具有明显抑制 4T1-Luc、HCT116、SH-SY5Y 细胞活力的作用，与作用时间和 EG 剂量相关；EG 以 400 mg・mL^{-1} 的浓度作用 4Tl-Luc、HCT116 细胞 72 h 时的 IC50 分别为 174.7、398.9 mg・mL^{-1}，作用 SH-SY5Y 细胞 72 h 的最大抑制率为 46.5%±2.67%（$P<0.01$）。

图 1 显示了 EG 对肿瘤细胞活力的影响。三类细胞 4T1-Luc、HCT116、SH-SY5Y 分别对应其各自的分坐标图 A、B、C。坐标图为复合条形图，横坐标轴表示 EG 浓度（对照组，50、100、200、400 mg・mL^{-1}）；纵坐标轴表示细胞活力；条形有 3 类，每一类代表一个细胞作用时间档，分别为 24 h、48 h、72 h。在图题下方的图注中，给出分图的名称和与对照组相比的概率值（$P<0.01$）。

2）主题 2 结果

主题 2“EG 对 4T1-Luc、SH-SY5Y 细胞迁移能力的影响”，与该文“实验方法”的主题“细胞划痕实验”相对应，给出 EG 在 50、100 mg・mL^{-1} 浓度下处理 4Tl-Luc、SH-SY5Y 细胞 24 h 的细胞迁移能力实验结果，分为说明、对比（对照）结果和原始结果，说明、对比结果用文字来表述，原始结果用插图（原文图 2）来显示。

说明、对比结果：

（1）处理 4Tl-Luc、SH-SY5Y 细胞 24 h，前者的划痕宽度明显偏高，细胞汇合度显著偏低。

（2）处理 4Tl-Luc 细胞，细胞迁移率分别为 71.45%±1.89%、33.63%±2.14%（$P<0.01$）；处理 SH-SY5Y，细胞汇合度无明显变化、细胞迁移率为 44.68%±3.64%（$P<0.01$）（抑制效果显著）。

图 2 显示了 EG 对肿瘤细胞迁移能力的影响。两类细胞 4T1-Luc、SH-SY5Y 对应分图 A、B。分图有上下两个子图，上图为效果对照图，下图为坐标图。效果对照图横向设置 3 组（对照组，50、100 mg · mL^{-1} 组），纵向设置两个时间档（0 h、24 h），6 类显示、观察区域。坐标图为单式条形图，横坐标轴表示 EG 浓度（对照组，50、100 mg · mL^{-1}），纵坐标轴表示细胞迁移率。由图注给出分图的名称和与对照组相比的概率值（$P<0.01$）。

3）主题 3 结果

主题 3“EG 对 HCT116 细胞转移能力的影响”，与该文“实验方法”的主题“Transwell 细胞侵袭实验”相对应，给出 EG 在不同浓度下处理 HCT116 细胞的细胞转移能力实验结果，分为观察结果、统计结果和原始结果，观察结果、统计结果用文字来表述，原始结果用插图（原文图 3）来显示。

观察结果：单视野下 HCT116 转移细胞数目明显减少。

统计结果：HCT116 转移细胞数目显著降低，100 mg · mL^{-1} EG 处理时，细胞转移抑制率为 40.65%±4.01%（$P<0.01$）。

图 3 显示了 EG 对肿瘤细胞转移能力的影响。只有一类细胞 HCT116，因此没有分图序（如 A、B、C）之分。前 3 个分图为效果对照图，最后一个为坐标图。效果对照图包括对照组及 50、100 mg · mL^{-1} 组；坐标图中，横坐标轴表示 EG 浓度，与效果对照图逐一对应，纵坐标轴表示转移细胞数。由图注给出与对照组相比的概率值（$P<0.01$）。

4）主题 4 结果

主题 4“EG 对荷乳腺癌 4T1-Luc 小鼠肿瘤转移灶光子量的影响”，与该文“实验方法”的主题“小鼠移植瘤实验”相对应，给出 EG 在 2、4 mg · kg^{-1} 剂量下对荷乳腺癌 4T1-Luc 小鼠肿瘤转移灶光子量影响实验结果，分为原始结果和说明、对比结果，原始结果用插图（原文图 4）来显示，说明结果、对比结果用文字来表述。

图 4 显示了 EG 对荷乳腺癌 4T1-Luc 小鼠转移灶光子量的影响，按研究对象（小鼠的乳垫、肺）用分图 A、B 来显示。分图为坐标图，横坐标轴表示 EG 剂量（对照组及 2、4 mg · kg^{-1} 组），纵坐标轴表示转移灶光子量（A 图为“原位光子量 / 乳垫转移灶光子量”；B 图为“原位光子量 / 肺转移灶光子量”）。由图注给出与对照组相比的相应概率值（$P<0.05$，$P<0.01$）。

说明、对比结果：

（1）相对转移率数值越大表明肿瘤转移量越少，药物作用效果越好。

（2）2 mg · kg^{-1} 的 EG 剂量对乳垫和肺转移灶的光子数影响较小，无统计学差异；4 mg · kg^{-1} 的剂量影响明显，对 4T1-Luc 荷瘤小鼠的肿瘤转移有抑制作用，有统计学差异。

结果表述中还有对重要方法的提及或简单描述（如小动物活体成像技术；连续给药 13 d 后按各小鼠肿瘤相对转移率绘制原位与转移灶光子数比值柱状图）。

此例在内容上，主题（目标）分明，并与“材料与方法”中的主题相对应，且更加直接和具体，较为完整地给出针对 4 个主题的说明、对比（对照）结果和原始结果。结果表述形式多样，定量和定性表述相结合，还用插图形象直观地展示原始结果，有时还交待一下其中的关键方法，符合“结果”对内容的写作要求。在结构上，直接以 4 个二级标题点出目标，并逐一按顺序描述结果，符合“结果”对结构的基本写作要求。

2.5.5 讨论的内容及结构

讨论是论文的精华部分，对结果进行思考和辩论，给出意见，解释意义，阐述见解，说明作者自己的结果与前人不同的原因，是否支持某种认识、观点，是否提出新的问题、观点，帮助读者更好地理解、消化和吸收结果，助推研究成果的交流和传播。

1. 讨论的内容

讨论的内容是对结果的解释、推断，揭示结果蕴含的本质和规律（what do all these results mean？）。这部分应主要包括以下几个方面的内容。

1）研究背景（主题知识表述或研究现状介绍）

表述或介绍与接下来将要讨论的主题有关的人们对客观事物的知识（包括认识、观点、主张、理论或现有研究成果等），或概括地交待将要讨论的主题的研究背景（研究目的），为接下来本文主要结果的陈述进行引领、指示。

2）主要结果（主要结果概述）

直接概述一些主要或重要的结果（主要发现），并进行说明、解释，但不要简单重复前文结果中已给出的数据和资料，不要包含对研究设计的引用，也不要只关注那些符合自己预期（可能是偏见）的解释。主要结果较多时，在概述某具体结果时可先提一下（点出）它的目标。

3）结果对比（结果优劣比较）

将主要结果与假设或前人结果进行比较，指出是否达到预期（是否支持假设或与前人不一致）或获得超预期的新发现。支持假设或与前人不一致时，合理评价，突出创新；近似支持或与前人相似时，讨论差别，交待新意；不支持或与前人一致时，说明原因，并确定是否需要修正一下假设或目标。与前人不一致时，不要轻易或断然否定别人，应对自己的实验设计、论证、推理等进行检查，看看有无什么缺陷或不足。

4）结果规律（结果规律总结）

对主要结果内在联系和规律进行总结、阐释，论证其趋势、规律，得出结论、推论。论证、推理时，可将知识、常识、认识、观点，科学公理、原理、定理、理论，文献、资料，实验、观测、研究结果等作为论据，用合适的论证方式，围绕讨论的主题全面论证、推理，阐明、提出新发现，从深度和广度达到对结果的进一步认识。

（总结结果必要时可借助想象甚至推测，但前提是必须有现实基础、量的积累，必须合理、可信，说得通，起码能自圆其说。）

5）价值意义（价值意义挖掘）

研究结果的价值不在于做了多少工作，获得多少数据，拥有多少漂亮图片，而在于结果的价值意义（科学价值、创新点）。因此不仅要提出新发现，还要挖掘新发现中所蕴含的优势（长处），提炼出理论意义或应用价值，要么证明当前的假设（旧假设）或提出新假设，要么支持、反驳或修正现有理论，要么解决实际问题（工程应用），要么扩展到其他领域。

6）研究局限（研究局限说明）

挖掘价值意义只是对自己研究结果的优势给予交待，但任何事物都有正反两面，结果有优势，同时也有不足。因此还要对其局限（短处）给予说明和合理解释，提出遗留未解决的重要问题及今后进一步研究的方向，或给出相关设想和建议，结果模糊时，指出需要补充何实验才能使结果更明确。对研究局限说明也是一种客观、诚实的科学态度和科学精神。

（审稿人对研究的局限可能更加关注，如果作者能如实指出并合理解释局限，则容易获得审稿人的理解；反之，如果刻意掩盖缺陷，则审稿人容易心生疑惑，甚至怀疑是否还有其他未发现的缺陷，进而助于对论文给出否定的意见。）

2. 讨论的结构

以上各部分内容按编号从小到大的顺序出现，便形成讨论的大体结构：研究背景、主要结果、结果对比、结果规律、价值意义、研究局限。实际中因领域差异、主题大小、文体特点、讨论侧重等的不同，不同论文的讨论的结构可能不同甚至差别较大。

讨论的完整式结构可概括为：开头整体开场、中间主题讨论、末尾全局总结。

开头：整体开场（研究背景：整体主题知识或研究现状）

中间：主题讨论

　　主题 1：主题知识、主要结果、结果对比、结果规律、价值意义、研究局限；

　　主题 2：主题知识、主要结果、结果对比、结果规律、价值意义、研究局限；

　　……

　　主题 *N*：主题知识、主要结果、结果对比、结果规律、价值意义、研究局限。

末尾：全局总结（主要成果、价值意义、研究局限）

开头整体开场是从全部要讨论主题的角度来陈述有关领域、背景知识，或高度简洁、概括地介绍研究现状，引出本文研究的总目的。这部分可能与引言、结果的相关内容重复，但没有关系，重复一些也是可以的，但这里在写作上应更加提炼和概括，更有针对性和全局性。

中间主题讨论是讨论的核心部分，按主题分别进行讨论，可写成一个或几个段落，段落数取决于结果或主题数，通常一个段落对应一个主题，段落间呈并列或递进关系。各主题下的内容项（主题知识、主要结果、结果对比、结果规律、价值意义、研究局限）也不一定非得写全，有的项不写（表义很明确时，更不需要写）、几个项合写、项之间顺序颠倒写等都是容许的，只要根据表达或修辞需要来行文就没有什么问题。

末尾进行全局总结（全文总结），总结本文的全局成果（全文核心成果，最重要的成果），通常是对前面主要结果即主要发现的再总结，提出一个更重要的全局性成果，交待其优势和不足，总结其科学价值，并对其研究局限进行说明，如果再次提及（重复）前面已表述过的内容，也属正常。这部分内容实际上就是论文的“总结论”，如果论文正文中安排有“结论”这一标题，那么这部分内容就应该从“讨论”移到“结论”。

根据表述需要或考虑其他要素，“讨论”中也可不写“开头整体开场”“末尾全局总结”（其实不是不写，而是要放在单独的“结论”中写），这时就只剩“主题讨论”了，讨论的结构即为传统式讨论结构。当讨论的主题只有一个时，“主题讨论”中的“主题知识”就是“开头整体开场”，“研究局限”就是“末尾全局总结”。

以上只是讨论的大体内容和结构，但不可能千篇一律，既不要无故缺项，也不要无端增项，因研究领域和内容千差万别，“讨论”写作不可能有绝对固定的内容和结构，但一定要以论证作者的个人学术观点为主，再引用知识、文献进行比较或辅助说明。避免喧宾夺主，将讨论变成综述而冲淡了作者对结果的深度剖析，而应该有目标、有重点地针对结果的内容有序、有条理、分层次地展开。

2.5.6 讨论的写作要求

讨论是论文中最难写的部分，因为其内容往往较难确定，对同样的内容，不同的人会有不同的认识。但不管怎样，都应围绕讨论的内容展开，并注重突出自己成果的科学价值。下面给出讨论的一些通用写作要求。

1）围绕结果展开讨论，主次分明、层次清楚

将讨论对应的结果按一定层次从多个角度进行讨论，对于长篇讨论，还要区分和确定子主题。不要在次要问题上大费笔墨，也不要对新结果（前面结果中未出现过）进行讨论。论据要有说服力和逻辑性，除了将本研究的结果作为论据外，还可把从其他层面（如实验设计、理论原理、借鉴别人的方法等）获得的结果作为论据来阐述，增强对论题的支撑。

2）对结果的解释要重点突出，简洁而清楚

把对结果解释的重点集中于作者的主要论点，尽量给出研究结果所能反映的原理、关系和普遍意义。如有意外的重要发现，则应给出适当的解释或建议，但不必对其过于关注。对实验型论文，讨论的内容应基于实验结果，不宜出现超出实验结果的有关数据或发现。为有效回答所研究的问题，可适当简要地回顾研究目的，并概括主要结果，但不宜简单罗列结果。

3）推理要符合逻辑，避免数据不支持结论

根据结果进行推理论证，注意推理的逻辑性，避免实验数据不足以支持的观点和结论。在探讨实验结果或观测事实的相互关系和科学意义时，不要得出试图解释一切的结论。把数据外推到一个更大、不恰当的结论，无益于突出科学贡献，甚至现有数据所支持的结论也会受到质疑。要如实指出实验数据的欠缺或相关推论、结论中的任何例外，不编造或修改数据。

4）观点或结论的表达要清楚明确，不含混

尽可能清楚地亮出作者的观点或结论，并解释观点或结论是支持还是反对假设或已有的认识，还要大胆地讨论工作的理论意义和可能的实际应用效果或价值，清楚地指出研究的重要性和新颖性。观点或结论的表述要清楚、准确，不能简单地重复实验结果，特别要保持和结果的一致性，即讨论与结果要一一对应，前呼后应，相互衬托。要正确评价分析自己研究的局限性，提出本结果可能推广的假设、今后的研究方向，对读者的思路有所启发。

5）科学意义和实际应用效果的表述要可信

对结果科学意义和实际应用效果的表述要留有余地，不得无端夸大，脱离事实，应让人觉得真实可信，除非必要不宜使用“首次提出”“首次发现”等词语。应选择适当的词汇来区分推测与事实，如用“证明、论证”等表示作者坚信观点的真实性，用“显示、表明、发现”等只是陈述事实但并不表明作者对问题的答案有确定的回答，用“暗示、认为、觉得”等表示推测，用情态动词“能、可能、可以、也许、应该、将会”表示论点的确定性程度。

2.5.7 讨论的写作常见问题

以下为论文投稿中“讨论”部分的一些常见问题，也是审稿意见中的常见负面意见。

（1）未对自己的研究结果突出强调，未按其显著差异性、独特性、优越性及创新性来确定每个需要深入讨论的问题，进而来选择所有必要、重要的结果进行讨论。

（2）未对问题按一定层次从多个角度（如实验设计、理论原理、创新方法、借鉴别人）进行讨论或与已有类似结果进行对比，从而系统、深入地阐释异同产生的原因。

（3）未围绕主题并切中要害、突出精华地分析问题，未压缩或删除对一般性知识、道理的叙述或说明，省略不必要的中间步骤或推导过程，进而造成空泛的议论、说理。

（4）未获得与原始结果相统一（具有一致性）的讨论的结果（推论、结果的结果、结论），由讨论的结果获得或推出与实验结果相反的结论。

（5）未引用与自己研究结果密切相关的重要文献（已有成果），要么看了文献没有意识去引用，要么未看过文献不可能引用，要么参考、重复甚至抄袭文献却故意不引以凸显自己。

（6）未将自己研究结果与所引参考文献（重要、相关的已有成果）放在一起进行对比，尽管在形式上引用了文献，但实质上与没有引用并无两样。

（7）未对引言中布下的问题或假设在讨论中进行展开，而是拿来直接用，造成简单、低级重复，尽管前后内容相同、相关，但其间在表述侧重上的不同并未体现出来。

（8）未准确理解讨论与结果的概念及其关系，再次描述结果，造成重复（按需可少量重复或适当提及图表），甚至还出现了新数据、新资料，也未用恰当的过渡句来提醒讨论的结果。

（9）未准确把握解释的"度"，脱离或缺少数据支持而大谈特谈结果，造成对结果过度解释甚至莫须有夸大，以突出自己，引起别人重视，结果适得其反。

（10）未对论证的理论依据、假设及其合理性、分析方法等给予说明，可能涉及假说（假设）、前提条件、分析对象、适用理论、分析方法和计算过程等诸多方面。

（11）未对实验中发现的实验设计、方案或执行方法方面的不足或错误等作必要的说明。

（12）未正确区分推测与结论，即推测与结论分不清，将推测当结论，二者混为一谈。

（13）未围绕或集中主题进行论述而出现跑题现象，在讨论中加进离题的内容，与研究中的真实信息相混杂，稀释了真实性和可信度，造成鱼龙混杂、真假难辨，使读者分心、困惑。

（14）未用专业、适度的方式来解决自己与他人研究之间的矛盾，不恰当地指责他人研究，攻击别人，表现出应有学术道德、修养的欠缺，对个人形象造成负面影响。

2.5.8　讨论的实例点评

下面列举两篇论文的讨论写作实例，对其内容与结构进行分析和点评。

2.5.8.1　实例 1

【1】

讨　论

人体进行体育运动时具有能量代谢强度大、消耗率高和伴有不同程度氧债等特点。增加运动强度可提高能量代谢率，表现为化学反应率、氧耗量和底物消耗增加。若以相对代谢率来比较，运动时能量消耗可达安静时 2～3 倍甚至 100 倍以上。因此运动被认为是一种代谢应激因子[3]。

运动中最直接和最迅速的能量来源是 ATP，骨骼肌 ATP 的储备量很小，需要不断再合成才能满足持续运动需要。1 分子葡萄糖无氧酵解可产生 2 分子 ATP，有氧氧化则可生成 36～38 个 ATP。因此，提高肌肉内的有氧代谢能力是提高人体肌肉耐疲劳的关键，而肌肉的有氧代谢能力则有赖于细胞内线粒体浓度和功能的增加。研究表明，线粒体含量高、氧化代谢活跃的慢肌纤维的耐疲劳能力要优于快肌纤维[4]。曹立莉等[5]在探讨 SDS 防治神经退行性疾病机制的研究中观察到 SDS 可增强线粒体代谢功能，对呼吸链复合体Ⅵ抑制剂叠氮钠诱导的线粒体损伤有保护作用，提示 SDS 可能具有提高机体有氧代谢能力的作用。

机体有氧代谢能力可通过检测肌肉中有氧代谢相关酶活力来反映。MDH 和 SDH 是有氧代谢三羧酸循环中的重要代谢酶，其活性增高标志着细胞内能量即 ATP 生成增强。此外，SDH 是三羧酸循环中唯一与内膜结合的酶，主要分布在线粒体内膜，由于 SDH 活性变化常与线粒体损伤并行出现，与线粒体数目平行升降，因此还常被作为线粒体标志酶[6]。糖酵解是有氧呼吸和无氧呼吸途径的共同部分，而 PK 是糖酵解中关键酶。本研究因此选择检测这 3 个酶活性来观察 SDS 对能量代谢过程的影响。结果显示，长时间运动后运动组小鼠骨骼肌内 SDH、PK 活性明显升高，与运动能提高能量代谢率相一致。静止状态下与对照组相比，SDS 组小鼠骨骼肌内 MDH、SDH 活性酶活性有增高趋势，运动后 SDS＋运动组骨骼肌内 MDH、SDH 及 PK 活性均显著增高，而 SDH、PK 活性高于运动组，提示 SDS 可促进小鼠骨骼肌内能量代谢酶活性（尤其以运动状态明显），其机制尚不清楚，推测可能与 SDS 增加小鼠骨骼肌线粒体数量和功能有关。庄剑青等[7]给小鼠灌胃红景天粗提物 4 周后对力竭小鼠骨骼肌内 SDH 检测结果也表明，红景天可提高骨骼肌内 SDH 活性。

已知长时间剧烈运动可导致机体相对缺氧，糖酵解加快，产生大量 LD。而乳酸堆积会使体液偏酸，pH 值下降，进而抑制磷酸果糖激酶活性，同时可使基质网结合更多钙离子，影响肌力。肌纤维中 LD 堆积还会抑制肌肉收缩，使肌肉输出功率下降。因此，肌肉 LD 水平也是反映机体有氧代谢能力和疲劳程度的重要指标[8]。LDH 是机体能量代谢中的一种催化丙酮酸接受 NADH 中的氢生成 LD 和 LD 反向转化为丙酮酸的酶，其质与量的改变可直接影响肌体能量代谢。本研究结果显示，SDS 可提高肝脏内 LDH 活性（尤其以运动状态明显），加速骨骼肌内 LD 清除。长时间游泳后，SDS＋运动组和运动组肌肉内 LD 含量增高幅度均不大，推测可能与运动强度有关。

综上所述，提高肌肉的有氧代谢能力和产生 ATP 的能力是提高肌肉耐疲劳关键，通过升高运动小鼠骨骼肌及肝脏中能量代谢相关酶的活性，促进有氧代谢和加速骨骼肌内 LD 清除，可能是 SDS 抗运动性疲劳的机制之一。

此例为论文“红景天苷对不同状态下小鼠能量代谢的影响”（《中国临床营养杂志》2008 年 6 期）的讨论。其总标题为“讨论”，正文由 5 段组成，前两段属于整体开场，中间两段为主题讨论，最后一段为全局总结。

第 1 段以有关对人体体育运动代谢领域的认知（知识）为论据，以因果论证得出结论“运动被认为是一种代谢应激因子”，并引用文献[3]来佐证。第 2 段进一步以对人体运动中 ATP 能量消耗的认知为论据，得出结论“提高肌肉内的有氧代谢能力是提高人体肌肉耐疲劳的关键，而肌肉的有氧代谢能力则有赖于细胞内线粒体浓度和功能的增加”。接着回顾相关研究，给出文献[4]、[5]的主要成果（线粒体含量高、氧化代谢活跃的慢肌纤维的耐疲劳能力要优于快肌纤维；观察到 SDS 可增强线粒体代谢功能，对呼吸链复合体 Ⅵ 抑制剂叠氮钠诱导的线粒体损伤有保护作用，提示 SDS 可能具有提高机体有氧代谢能力的作用），引出讨论的主题（SDS 能量代谢作用）。这两段整体上属背景知识，为下文对具体主题的讨论提供了铺垫。

第 3 段是针对子主题（SDS 对运动前后小鼠骨骼肌能量代谢相关酶活性的影响，与结果中的子主题 1 相对应）的讨论。首先，介绍主题知识（如 MDH 和 SDH 的活性增高标志着细胞内能量即 ATP 生成增强，SDH 常被作为线粒体标志酶，PK 是糖酵解的关键酶，引用文献[6]）。接着，交待本文所做的一项重要工作（检测 MDH、SDH、PK 这 3 个酶的活性来观察 SDS 对能量代谢过程的影响），属于主要结果对应的主要工作（可以不写，写了使对下面结果的表述更加清楚、自然），并对结果进行对比或对照（长时间运动后，运动组骨骼肌 SDH、PK 活性明显升高，与运动能提高能量代谢率相一致；静止下，SDS 组 MDH、SDH 活性有增高趋势；运动后，SDS＋运动组 MDH、SDH、PK 活性均显著增高，且 SDH、PK 活性高于运动组）。再接着，对对比结果进行总结（归纳论证），提出规律或新认识（SDS 可促进小鼠骨骼肌内能量代谢酶活性，尤其以运动状态明显）；同时用“机制尚不清楚”说明研究的局限，但给出一种推测（可能与 SDS 增加小鼠骨骼肌线粒体数量和功能有关）。最后还引用了文献[7]中类似的相关研究成果，进一步说明红景天具有提高骨骼肌 SDH 活性的作用。

第 4 段写作思路基本同第 3 段，是另一主题（SDS 对运动前后小鼠乳酸代谢的影响，与结果中的子主题 2 相对应）的讨论。首先，以运动产生 LD 的机理认知（知识）和文献[8]为论据，由因果论证得出结论“肌肉 LD 水平也是反映机体有氧代谢能力和疲劳程度的重要指标”，并直接陈述 LDH 的功能，指出其质与量的改变可直接影响肌体能量代谢，暗示 LDH 也是有关机体能量代谢的重要指标。接着，概述并对比本文另一个主要结果（SDS 可提高肝脏内 LDH 活性，尤其以运动状态明显，加速骨骼肌内 LD 清除；长时间游泳后，SDS＋运动组和运动组肌肉内 LD 含量增高幅度均不大）；再用“推测可能与运动强度有关”说明研究的局限，暗含没有总结出结果规律，但给出一种推测，作为对规律的补充。

第 5 段给予全局总结，提出本文的主要发现，也即总结论：①提高肌肉的有氧代谢能力和产生 ATP 的能力是提高肌肉耐疲劳能力的关键；②通过升高运动小鼠骨骼肌及肝脏中能量代谢相关酶的活性，促进有氧代谢和加速骨骼肌内 LD 清除，可能是 SDS 抗运动性疲劳的机制之一。结论②属于推测，但可信、合理，也是未来进一步的研究方向。

以上讨论实例涵盖主题知识、主要结果、结果对比、结果规律等内容，既有领域知识支撑，又有实验、观测结果证明，还有别人成果映衬，并基本上按开头整体开场、中间主题讨论、末尾全局总结的结构展开。

2.5.8.2　实例 2

【2】

4　讨论

①EG 是一种新发现具有抗肿瘤活性的中药来源的单体成分，在体外对多种肿瘤细胞具有抑制作用，同时 EG 能够抑制荷肝癌 H22 移植瘤小鼠肿瘤的生长且对小鼠脾脏指数和胸腺指数均没有明显影响，作用温和且安全性好[10]。②然而 EG 对肿瘤细胞的迁移和转移影响未见报道，本研究选用了具有迁移和转移能力的小鼠及人的肿瘤细胞作为研究对象，通过划痕实验、Tranwell 小室实验、活体生物发光成像技术，观察 EG 对肿瘤迁移和转移的影响。③划痕实验结果表明，100 mg・mL^{-1} 的 EG 能够影响 4Tl-Luc、SH-SY5Y 细胞的迁移能力；Tranwell 小室实验结果显示，100 mg・mL^{-1} EG 作用 HCT116 细胞 24 h 能明显抑制 HCT116 细胞的转移能力。④在这些结果的基础上，笔者进一步采用荷瘤动物活体成像技术研究 EG 在体内抑制肿瘤转移的能力，与荷瘤对照组相比，2 mg・mL^{-1} EG 对肿瘤的转移无明显影响（$P>0.05$），4 mg・mL^{-1} EG 能够明显抑制荷瘤 4Tl-Luc 乳腺癌小鼠乳垫（$P<0.01$）及肺（$P<0.05$）的转移光子量，其差异具有统计学意义。⑤但 EG 通过何种机制调控肿瘤细胞的迁移和转移能力仍需要进一步研究和探索。

此例为论文“大黄素 -8-O-β-D- 葡萄糖苷抑制肿瘤细胞迁移和转移的体内外实验研究”（《中国药物警戒》2019 年 12 期）的讨论。其总标题为“讨论”，正文只有一段，为了表述方便，笔者在其中每句前面加了数字编号（①～⑤）。

句①介绍研究对象 EG 及其效能，并引用文献［10］来佐证。句②话锋一转，先指出研究主题（EG 对肿瘤细胞的迁移和转移影响）及对它的研究现状（未见报道），接着引出本文的研究工作，包括研究对象（具有迁移和转移能力的小鼠及人的肿瘤细胞）、研究方法（划痕实验、Tranwell 小室实验、活体生物发光成像技术）、研究目的（观察 EG 对肿瘤迁移和转移的影响）。这两句便是讨论的整体开场，包括主题知识、研究背景，为下文的具体讨论做好了准备。但是，研究背景已在本文的引言中写过了，在讨论中再写，不宜简单重复，要注意这两个地方写作侧重的不同：引言中的表述属于全文的开场，通常较为详细，而讨论中的是针对讨论主题的开场，高度概括即可。研究背景前面的主题知识也是同样情况，在引言中表述具体细致（详细的文献回顾通常不可少），而在讨论中就变得简洁概括（文献回顾是完全不需要的，但可以引用少量参考文献来标明主题知识出处；这部分若不简洁概括，则可能重复引言）。

下面不妨给出本文引言中关于研究背景的完整语句，读者不妨对比一下：

目前EG对肿瘤细胞的迁移和转移的影响尚未见报道。本研究选择小鼠乳腺癌细胞4Tl-Luc、人结肠癌细胞HCT116、人神经母细胞瘤细胞SH-SY5Y，考察EG对体外肿瘤细胞系细胞活力、迁移能力和转移能力的影响；并以原位荷乳腺癌细胞4Tl-Luc小鼠为研究对象，考察EG体内抑制肿瘤细胞转移的能力；为进一步认识和利用这一中药来源的新型抗肿瘤活性成分奠定基础。

句③概述主要结果（100 mg • mL^{-1} EG能影响4Tl-Luc、SH-SY5Y细胞的迁移能力，能明显抑制HCT116细胞的转移能力），概述时先提及具体方法（划痕实验、Tranwell小室实验）。句④对以上结果与荷瘤对照组进行对比，再概述对比结果[4 mg • mL^{-1} EG能明显抑制荷瘤4Tl-Luc乳腺癌小鼠乳垫（$P<0.01$）及肺（$P<0.05$）的转移光子量]，概述时先提及具体方法（荷瘤动物活体成像技术），并总结该结果的价值（差异具有统计学意义）。

句⑤直截了当指出下一步的研究方向（EG对肿瘤细胞迁移和转移能力的调控机制），暗示本文虽然针对EG对肿瘤迁移和转移的影响进行了一些探索，做了实践性研究工作，但其调控机制仍然不清，需要进一步的研究，也衬托出本文研究的局限。

以上讨论实例，内容上涵盖主题知识、研究背景、主要结果、结果对比、价值意义、研究局限，结构上是针对一个主题进行讨论的传统式讨论结构（主题知识和研究背景就是开头整体开场，研究局限就是末尾全局总结）。

2.6 结论

结论（conclusions）又称结束语或结语，位于论文正文的结尾部分，是体现更深层次认识的整篇论文的全局性总结（归结）。它是论文中讨论结果的再总结，结果的结果，全文最高层次的结果，其核心在于回答“获得了什么”，是对研究对象本质和规律的总认识、总见解，是对研究成果的总体性评价，具有严密的客观性、全局性和科学性，反映研究价值，指导未来研究。结论是评判文章质量高低的重要依据：结论是引起读者阅读兴趣的重要内容，其好坏直接影响读者是否去阅读全文；专家一般习惯于按题名→摘要→结论的顺序来阅读论文，结论的优劣直接决定专家对论文价值的判断。

2.6.1 结论内容及结构

结论可设独立标题写为一段或几段（单写），也可不设标题写在讨论中（混写）。讨论中的开头整体开场和末尾全局总结其实就是结论。结论不管单写还是混写，其内容相同，包括研究背景、研究成果（成果提出、优势描述）、价值意义、研究局限。

1）研究背景

高度概括陈述相关主题知识、研究现状，可提及研究目的。这部分本质上不属结论，有无均可，有则构造氛围，让不熟悉论文内容的读者不至于先看结论有突兀或生疏感；无则直奔结论，提升阅读效率，有人如果看不懂，回头看看正文就行。但背景不可写多，写多会淹没研究工作，越短越好，甚至完全没有。这部分重在预备。

2）成果提出

提出论文的核心成果，陈述所提出的理论（如原理、规律及其普遍性），交待所提出的方法或产品的名称，并用简短的词语对方法或产品名称给予某重要层面或角度的修饰限定，如说明方法的主要用途、使用场合，说明产品的重要特点、功能。不论成果是理论、方法、产品等的哪一种，在陈述或交待时均可用状语来提及所用的方法（如“基于……原理”“通过……方法”“利用……技术”“运用……软件”等）。这部分重在亮剑。

3）优势描述

成果提出是高度概括的，重在动作行为“提出”（类似的还有“研究”“论述”“给出”“设计”“开发”“研制”等），不在对成果的描述，通常不涉及成果优劣或好坏。而成果优势描述用来对所提出的成果作进一步的描述，但重在通过总结成果的规律、特点、性能、功能、效能、精度、适用范围等来说明其理论或实用价值，突出其优势。这部分重在说好。

4）价值意义（创新点）

优势描述虽然总结出成果的先进性，但通常缺少对比，创新点还显示不出来。因此，还要交待通过将研究成果与已有相关成果进行比较而表明其贡献或价值的结果，例如能填补什么理论不足或空白，能解决什么问题或难点，能研制出什么适应需求的创新产品，明确与已有研究的关系，如检验、证实、修正、补充、完善、发展、突破和否定等，最好定量说明。这部分重在好上加好。

5）研究局限

研究成果不可能完美无缺，出现例外或难解释、解决的问题是正常的。因此还要指出本文研究的局限，明确遗留或尚待解决的问题，指出下一步研究的方向、思路、建议或意见，并对成果应用前景进行展望。这部分重在找错或安慰。

以上各部分内容按编号从小到大的顺序出现，便形成结论的大体结构：

（研究背景）→成果提出→优势描述→价值意义→研究局限

这是原创型论文的常规结构。实际中因学科领域、研究内容、学术成果、表达侧重和写作风格等的不同而有所取舍，只写几项或将几项合写，简略写或稍详细写，都是可以的。例如：研究背景包括主题知识和研究现状，二者可都写或只写其一或完全不写；成果提出、优势描述既可分写也可合写；研究局限或其中的下一步研究方向、成果前景展望有时可不写。

有时可以将研究背景作为结论的整体开场，中间部分列举一些重要的结论（从前文讨论中选取），最后进行全局总结，将研究成果（成果提出、优势描述）、价值意义、研究局限混写（写为一段）。结论的这种结构其实就是讨论的结构，不过结论用这种结构写时，讨论中就不要有整体开场和全局总结了。这种结论的结构如下：

开头：整体开场（研究背景：整体主题知识或研究现状）
中间：重要结论列示（含必要说明）
　　　主题结论 1，可加必要说明
　　　主题结论 2，可加必要说明
　　　……
　　　主题结论 N，可加必要说明
末尾：全局总结（研究成果、价值意义、研究局限）

2.6.2　结论写作要求

论文特别是原创型论文应有一个精心构建的结论，精彩闪光地收尾。实际中有的论文未写结论，很不正常，有的虽有结论，但内容上不规范。下面总结结论的通用写作要求。

1）结构体例规划

结论既可写在讨论中，也可独立成标题单写，在写作前要规划其结构体例，涉及文体、内容、出版要求及写作风格等要素，避免缺少结论，就是不论在内容还是形式上，在文中任何地方均找不到结论。如果讨论部分中已写结论，那么就没有必要再单列标题重写结论，否则就会造成重复或跑题。所谓跑题，就是写了结论以外的内容，貌似结论，其实不是。

2）与目的相呼应

结论针对论文的全局来写，与研究目的（目标）直接相扣，目的定下任务（承诺），结论是完成任务（兑现）。引言、题名通常定下了目的，那么结论自然就要告知目的是否实现，做得如何，水平怎样，有何问题，怎么解决。因此结论应点题（题名），与题名、引言遥相呼应。

3）内容有序展开

依据结论的应有内容，按研究背景→成果提出→优势描述→价值意义→研究局限的常规结构有序展开。其中研究背景一项可以不写，如果写，也一定紧密围绕主题，不偏不倚，简洁短小，高度概括。其他项也应按研究领域范围和内容复杂程度等要素而有所侧重取舍。

4）科学判断推理

结论是结果的结果，甚至是结论的结果，由上层到下层结果，再到下下层结果，每一结果、结论的得出均离不开判断、推理。其科学性要以基于实验、观察结果和正常逻辑思维的判断、推理来保证，措辞严谨，逻辑严密，行文规范。不作无根据和不合逻辑的推理，进而得出理由不足、可信度不够的结论。

5）准确简洁表述

结论各部分内容的定性、定量表述都要将由实验、观察所得现象、数据及对它们的阐述、分析作为依据来准确表述，语句要精减提炼，每一句的表达都要准确明白、精练完整、直截了当、高度概括，不含糊其辞、模棱两可，避免具体、详细的表达，特别在表述方法时，要引用方法的名称或关键步骤，不涉及方法的具体内容、细节和步骤，更不要写研究过程。

6）避免重复前文

把握论文各组成部分的内容，严格区分其间差异及侧重，从论文整体出发，综合考虑，将结论写成相对独立且别具特色的部分，不要简单地重复前文（如题名、摘要、引言），避免将结论写成摘要。不要将讨论中层次较低的结果搬来当结论，不要将结论写成实验、观察结果的小结，不要将常识、知识写进结论，更不要将材料、结果、分析、过程等当作结论。

7）恰当表达创新

对研究成果给予恰如其分的评价，以科学的态度、精神和专业的方式来恰当表达成果的价值和创新，既不夸大其词、自鸣得意，也不过度谦虚、谨小慎微，证据、理由不足时不要妄下结论。对尚不能完全肯定的结果、结论的表述，注意留有余地，不轻率地否定或批评别人的成果，更不能借故贬低别人，甚至攻击人身。

8）篇幅合理确定

根据研究成果的内容、特点、复杂程度及表达需要来确定结论应有的、合适的篇幅。结论应是针对作者自己的研究成果来写的，除了研究背景和用来对比的他人成果，一般不要涉及论文中未曾指出的事实、数据，不简单重复论文中其他部分的相关语句，更不涉及不怎么重要甚至无关的内容，篇幅通常较短，总体原则是宜短不宜长，能短则短。

9）形式灵活把握

结论是站在论文的角度来高度概括的，没有冗余的词语或句子，较短时写为一段是正常的。但有时出于层次、条理的清楚表达，或为了适合出版体例格式要求，或因作者个人写作风格，结论也可以按内容项分段来写，每一内容项一段（每段可编号，也可不编号），每段包括一句或几句话。结论内容较多时分段更好，内容较少时一段可能更好。

10）合理建议提出

结论结尾可以提出一些开放的、建设性的问题，为进一步的研究工作预设场景。这也是记录作者对未来可能研究工作的想法的一个好机会，但注意不要提出任何新的论点。

2.6.3 结论实例点评

下面列举几篇论文的结论写作实例，对其内容与结构进行分析和点评。

2.6.3.1 实例1

此例为某理论型论文的结论。

【1】

①类型学中的原型具有遗传性、可变性和过渡性特点，为产品在风格继承的基础上实现意象造型的多样化提供了有效设计方法。②运用类型学方法对产品风格进行分类更具有针对性和目的性。③类型学方法中的原型提取和转换对产品风格的继承与创新设计具有重要的理论支持和实践指导作用。④原型可能形态的提取是以产品的目标意象为依据的，后续研究可结合其他影响因素从多方面展开。

此例只有一段，4句（为表述方便，笔者在其中每句前加了编号）。句①为成果提出，直接描述研究发现的原理（类型学中的原型具有遗传性、可变性和过渡性特点）及其普遍性（类型学中的原型为产品在风格继承的基础上实现意象造型的多样化提供了有效设计方法）。句②为成果优势描述，暗示一种新的发现（运用该成果对产品风格分类更有针对性和目的性）。句③总结价值意义，指出成果的理论和实际意义（有重要的理论支持和实践指导作用）。句④指明研究局限（仅以产品目标意象一种因素为依据对原型形态进行提取），并给出下一步研究建议（可结合其他影响因素从多方面展开研究）。此例内容和结构符合结论写作要求，较为规范。

2.6.3.2 实例2

此例为应用型论文“摩擦噪声有限元预测”的结论。

【2】

〈写法一〉

(1) 发展一种利用商业有限元软件进行摩擦系统全模型摩擦噪声预测的方法，可以对包括摩擦力和真实边界条件下的摩擦系统的复特征值进行分析，并提出进行摩擦噪声预测的主要步骤。

(2) 该方法能够大大提高摩擦噪声预测分析的精度和效率。用该方法分析往复滑动摩擦系统的噪声发生趋势，获得系统特征方程的特征根及其变化特性，据此可判断摩擦系统自然频率和可能发生摩擦噪声的频率。

(3) 计算结果表明，摩擦因数和滑动方向对系统摩擦噪声的形成有重要影响，摩擦噪声发生时摩擦系统具有振动模态重合的特点。

(4) 将计算得到的系统可能发生摩擦噪声的频率与系统的试验噪声频率进行比较，发现有较好的一致性。

此例在形式上有4段，每段前面有编号，是较为常见的结论形式。

第 1 段有 3 个单句。第 1 句为成果提出（提出一种摩擦噪声预测方法），第 2 句对成果进行限定即功能描述（可以对……复特征值进行分析），第 3 句也为成果提出（提出进行摩擦噪声预测的主要步骤）。其中，功能描述不用单写一句，应放到第 1 句的主题词语前面做限定语；第 3 句多余，因为“步骤”是包含在“方法”中的，成果就是一个，不必在形式上写成两个。

第 2 段总结成果优势，但用了 1 个单句和 1 个复句，其中复句又由 3 个单句组成，整体上语句冗余，表达啰唆，优势不突出，应抽取重点，改用一个句子来表达。

第 3 段描述计算结果，属于“结果”范畴，应在论文的“结果与讨论”部分描述，不必写到结论。因此这段可以删除。

第 4 段描述本文的方法得到实验验证，前面一句指出验证的方法（计算结果与实验结果进行比较），后面一句指出验证的结果（计算、实验结果具有一致性）。为突出方法，结论中应有对方法验证结果的描述，对方法的质量或实用性提供保证，有无验证和可信度是非常关键的要素。因此这部分内容是必要的，但语句表达可以再简洁一些。

另外，价值意义和研究局限未见交待，这是本结论的另一不足之处。

下面给出一个基于以上结论实例文本的参考修改方案。

结论【2】写法一参考修改方案

（1）提出一种利用商业有限元软件对摩擦系统复特征值进行分析的全模型摩擦噪声预测的新方法。

（2）用该方法能分析往复滑动摩擦系统的噪声发生趋势，获得系统特征方程的特征根及其变化特性，进而判断摩擦系统自然频率和可能发生摩擦噪声的频率。

（3）与传统方法相比，该方法能显著提高摩擦噪声预测分析的精度和效率。（最好补充定量说明）

（4）该方法的计算结果与实验结果有比较好的一致性。

修改后内容和结构为：成果提出→优势描述→价值意义→实验验证（成果保障）。

〈写法二〉

（1）摩擦因数对摩擦噪声的产生有决定性的影响，摩擦因数大于一定值后产生摩擦噪声。

（2）发生摩擦噪声时，摩擦系统有两个自然振动频率重合的特点，即系统发生模态耦合。

（3）摩擦滑动方向对摩擦噪声产生有重要影响，沿摩擦力使振动部件的当量弹簧受压时的方向滑动容易产生噪声。

此例有 3 段，每段有编号，形式上似结论，但在内容上不是论文的结论。这 3 段的主题意思分别是：摩擦因数与摩擦噪声的关系；摩擦系统发生摩擦噪声时具有的特点（系统发生模态耦合）；摩擦噪声产生与摩擦滑动方向直接相关（沿摩擦力使振动部件的当量弹簧受压时的方向滑动容易产生噪声）。显然，这些内容相当于“结果与讨论”结构中的中间主题讨论部分，属于具体的结果或结论，处于局部层面，放到全局层面的“论文的结论”中不合适。

此例的内容纯属具体的结果或层次不高的结论，不符合论文结论写作要求，完全不合格。

〈写法三〉

（1）研究出利用 NASTRAN 软件直接进行摩擦噪声有限元复特征值分析预测的新方法。

（2）该方法弥补了现有商业有限元软件不能直接进行摩擦滑动系统噪声预测的缺陷，能较为准确地预测摩擦滑动系统发生噪声的频率。

（3）该方法将摩擦噪声预测分析时间降至数天内完成，解决了用传统方法一般需要几月甚至更长时间的问题。

（4）摩擦噪声对应的振动总是有界的，用摩擦系统的有限元稳定性分析回答不了振动无限增大的限制因素，摩擦噪声的产生机理还需要做进一步的研究。

此例有 4 段，每段分别编号，不论在形式还是内容上，均符合结论的写作要求。

第 1 段用一句话直截了当地提出成果：研究出一种摩擦噪声分析预测新方法。同时还对该方法进行描述限定："利用 NASTRAN 软件"指明研究该方法所用的方法，"有限元复特征值"进一步明确该方法的功能对象（测量指标），即对"摩擦噪声"的"有限元复特征值"进行"分析预测"。

第 2 段为两个分句的复句，总结成果优势：①功能优势——能准确预测摩擦滑动系统的噪声及噪声发生的频率；②商业优势——能弥补现有商业有限元软件不能直接预测的缺陷。

第 3 段也为两个分句的复句，通过对比"预测分析时间"这一指标来总结成果的价值意义即创新点——本文方法为数天内，而传统方法为几个月甚至更长时间。

第 4 段指出本文方法的局限（回答不了振动无限增大的限制因素）及下一步工作（摩擦噪声的产生机理）。

2.6.3.3　实例 3

此例为应用型论文"一种多模式的氛围灯控制模块"的结论。

【3】

〈写法一〉

设计了一种可多种模式控制的氛围灯控制模块，采用了 CAN_LIN 控制和按键控制两种模式，用户既可以模拟整车环境控制灯氛围，避免了整车控制调试的麻烦，又能便捷地调试氛围灯颜色和白平衡算法[14]，方便后期调试。设计的控制装置已用于汽车的氛围灯进行了相应的测试，实际应用结果表明：该控制装置具有控制便捷、测试准确、稳定可靠、人机界面友好[15]等特点，达到了设计要求。

此结论描述了以下三方面的内容，基本符合结论的内容要求。

（1）设计了氛围灯控制装置（或模块），用它所具有的特点或功用"可多种模式控制"作限定，属成果提出。

（2）该装置可用来模拟整车环境控制灯氛围，无须整车调试，还可便捷地调试氛围灯颜色和白平衡算法，方便后期调试，属功能介绍和优势描述。

（3）该装置在汽车上进行测试，表现出很多优点，属实车验证，相当于价值意义。

然而，此结论语言效能较差，主要有以下不足。

（1）术语不统一："模块""装置"这两个词混用，造成对成果形态表达不严谨，是"控制模块"还是"控制装置"？

（2）语义不连贯："实际应用结果表明"与"进行了相应的测试"不大承接或搭配。"实际应用"范围大，而"测试"多指案例，范围较小。既然进行测试，那么接着应说"测试结果表明……"，或将"测试"去掉而将所在句改为"该装置已成功应用于汽车氛围灯控制中"。

此结论还引用了参考文献，这更是不足。结论用来写"本文"研究的结论，绝大多数情况下无须引用参考文献，如果引用了，就掺杂了别人研究的成分，结论是谁的就说不清了，除非当表达本文结论是对别人成果的否定或补充、修正之类的意思，并需要指出这一别人的成果时，引用文献才是恰当的。

结论【3】写法一参考修改方案

（1）设计了一种具有 CAN_LIN 和按键两种控制模式的汽车氛围灯控制装置。

（2）用该装置可以模拟整车环境控制灯氛围，而且无须整车调试，还可以便捷地调试氛围灯颜色和白平衡算法，方便后期调试。

（3）该装置用在汽车上测试，效果良好，表现出控制便捷、测试准确、稳定可靠、人机界面友好等特点，符合设计要求，具有良好的推广应用前景。（或改为：该装置已成功应用于汽车氛围灯控制中，表现出控制便捷、测试准确、稳定可靠、人机界面友好等特点，效果良好，应用前景看好。）

〈写法二〉

随着汽车行业的不断发展，车内装饰灯越来越得到用户的青睐，汽车氛围灯是一种创建和装饰各种室内灯光场景功能的汽车室内照明系统。提出一种可多种方式控制的氛围灯控制模块，第一种方式为 CAN 与 LIN 联合通信的控制方式，用户控制上位机通过 CAN 与 LIN 通信控制子节点上的 RGB 三色灯，这种方式可以模拟整车控制方式；第二种方式为键盘与 LIN 通信的控制方式，用户控制键盘即可通过 LIN 通信控制子节点上的 RGB 三色灯，这种方式可更便捷直观地控制 RGB 三色灯。

此结论由两部分组成。第 1 部分即开头一句属于研究背景，交待了汽车领域大众常识，但没有引出问题或研究目标，纯属多余。第 2 部分即为第 1 部分后面的所有语句，开头一句提出成果（氛围灯控制模块），后面接着分别对成果的两种模式的功能进行了描述，但表达啰唆，重点不突出，写成了功能介绍，没有将成果的优势显现出来，更谈不上价值意义、研究局限了。另外，语言效能较差。比如：出现了不必要的状语“随着汽车行业的不断发展”；提出成果用词不当，谓语“提出”与宾语“控制模块”不能搭配；“多种方式”与其后“第一种方式”“第二种方式”的描述不对应（多种应对应三种及以上）。总之，此结论写作不合格。

〈写法三〉

（1）开发出一种具有 CAN_LIN、按键控制的两模式氛围灯控制模块。

（2）用模式一可模拟整车环境控制灯氛围，避免整车控制调试的麻烦；用模式二可便捷地调试氛围灯颜色和白平衡算法，方便后期调试。

（3）对该控制模块进行实车测试，表现出控制便捷、测试准确、稳定可靠、人机界面友好等特点。

（4）用该模块可更便捷直观地控制 RGB 三色灯，实用价值较大，具有良好的应用前景。

此结论有 4 句。句 1 直接提出研究成果（开发出具有两模式的氛围灯控制模块）；句 2 描述成果、总结优势；句 3、4 交待成果实车测试结果及其实用价值，虽没有对比描述，但在一定程度上表达出了成果的价值意义，最后还对成果应用前景给予展望。此结论写作还算规范。

2.6.3.4　实例 4

此例为某实验型论文的结论。

【4】

汽车零部件中有大量的薄壁构件，一般均由金属薄板焊接而成。作为车身制造的一个重要装配方式，点焊在汽车发生碰撞时还会影响车辆的缓冲吸能特性，焊接点的失效与否影响着车身各部件的动力学关系。因而在汽车碰撞仿真或结构分析中，正确模拟点焊连接关系及其失效，对计算结果有着重要影响。

这里所提出的在点焊间引入刚性梁单元的方法，避免了有限元网格的局部细化，能较好地反映焊点力学特性，与实际情况更为接近，是一种行之有效的方法。

此结论中，前面一段论证得出“汽车碰撞仿真或结构分析中，正确模拟点焊连接关系及其失效，对计算结果有着重要影响”，交待了相关知识，属于研究背景，应不写，若写就简写，将论证式表达方式改为描述式、叙述式，直接突出问题或研究的重要性就行。后面一段按表意应有 4 层意思，一是提出成果（提出模拟点焊连接关系及其失效的新方法），二是优势描述（可避免有限元网格的局部细化，较好地反映焊点力学特性），三是案例实证（模拟结果与实际情况接近），四是价值意义（行之有效），语言表达较为简短、隐含。下面给出一个参考修改方案。

结论【4】参考修改方案

（1）在汽车碰撞有限元模拟计算中，如何对点焊进行正确模拟是非常重要的，对计算结果有着重要影响。

（2）本文提出一种在点焊间引入刚性梁单元来模拟点焊连接关系及其失效的新的有限元方法。

（3）该方法在有限元节点与单元之间引入一短梁单元来模拟焊接关系，不仅能避免有限元网格的局部细化，还能较好地反映焊点力学特性。

（4）仿真实例表明，新方法的模拟结果与实际情况较为接近，结果可靠、实用。

（5）该方法克服了传统模拟方法采用刚性元直接连接节点、单元网格划分技术的限制，减轻了计算工作量，提升了模拟效率，又能保证焊点位置，有较好的应用前景。

修改后内容和结构为：研究背景→成果提出→优势描述→实验（仿真）验证→价值意义。

2.6.3.5 实例5

此例为理论型论文“CL-20 及其共晶炸药热力学稳定性与爆轰性能的理论研究”的结论（《含能材料》2018 年 26 卷 6 期）。

【5】

基于自主研发的第一性原理软件 HASEM 研究了 CL-20 炸药五种晶相、BTF 炸药晶体及 CL-20/BTF 共晶炸药结构的热力学稳定性、力学性能和爆轰性能。结果如下：

（1）CL-20/BTF 共晶及纯 CL-20 晶体的分子间相互作用包含 33.9%~38.7%的弱氢键，使其分子间结合能相对于无氢 BTF 晶体增加 39%~124%，增强了晶体结构的热力学稳定性。

（2）共晶体系中的 BTF…CL-20 分子间相互作用调节了体系能量随应变的变化关系，使得 CL-20/BTF 的体弹模量和声速等力学性能相对纯 BTF 和纯 CL-20 晶体均有较大改变。

（3）通过第一性原理方法和类 CHEQ 方法对爆轰性能的预测结果表明，CL-20/BTF 共晶虽与 BTF 有相似的体密度，但由于其氧平衡系数得到优化，因此其爆压、爆速分别提高约 11%、5%；与 β-CL-20 相比，密度与氧平衡均有所下降，因而其爆压、爆速分别下降约 15%和 6%，爆温下降约 2%。

综上所述，设计新型钝感共晶炸药应避免共价键强度极弱的分子和具有高密度振动谱特征峰的结构，有效利用氢键对分子空间堆积的热力学稳定效应，兼顾炸药的高能量密度则需要适量控制氢元素的含量。

此结论有 5 段，明显为开头整体开场、中间结果列示和末尾全局总结的结构，较为规范。

第 1 段整体开场，属于研究背景，先交待研究目的（研究 CL-20 炸药五种晶相、BTF 炸药晶体及 CL-20/BTF 共晶炸药结构的热力学稳定性、力学性能和爆轰性能）和方法（使用自主研发的第一性原理软件 HASEM），最后用“结果如下”提示接着将交待主要研究结果。

第 2～4 段列示主要结果，按主题（热力学稳定性、力学性能、爆轰性能）逐条叙述研究结果（对结果进行讨论所得的结果——结果的结果，即结论），与该文“结果与讨论”部分的主题完全对应，结论中的结果是从讨论中抽取出来的主要结果的重新表述，可能与讨论中的重复，不过这种重复是合理的。但结论中的更追求对主题结论的再概括，主题的重要性、全局性，以及主题结论语言表述的凝练、概括性，即使重复，也不要重复太多；同时尽量不要出现提示语（如“……结果表明”“……结果显示”“……实验显示”等），也不必再进行讨论或解释，因为结论侧重写讨论所得的直接“结果”，而不是讨论本身或“结果”以外的东西。

第 5 段进行全局总结，描述本文的总体成果——新型钝感共晶炸药设计原理：①避免共价键强度极弱的分子和具有高密度振动谱特征峰的结构；②有效利用氢键对分子空间堆积的热力学稳定效应；③兼顾炸药的高能量密度需要适量控制氢元素的含量。

以上主题 3 的表述出现了结果提示语（预测结果表明），论证、讨论式语句（因此、因而），以及解释语（由于其），这类语句应去掉。以下给出去掉这类语句的参考修改方案。

结论【5】参考修改方案一

基于自主研发的第一性原理软件 HASEM 研究了 CL-20 炸药五种晶相、BTF 炸药晶体及 CL-20/BTF 共晶炸药结构的热力学稳定性、力学性能和爆轰性能，得到以下主要结果：

（1）CL-20/BTF 共晶及纯 CL-20 晶体的分子间相互作用包含 33.9%~38.7%的弱氢键，使其分子间结合能相对于无氢 BTF 晶体增加 39%~124%，增强了晶体结构的热力学稳定性。

（2）共晶体系中的 BTF…CL-20 分子间相互作用调节了体系能量随应变的变化关系，使得 CL-20/BTF 的体弹模量和声速等力学性能相对纯 BTF 和纯 CL-20 晶体均有较大改变。

（3）CL-20/BTF 共晶虽与 BTF 有相似的体密度，但其氧平衡系数得到优化，爆压、爆速分别提高约 11%、5%；与 β-CL-20 相比，密度与氧平衡均有所下降，其爆压、爆速分别下降约 15%和 6%，爆温下降约 2%。

综上所述，设计新型钝感共晶炸药应避免共价键强度极弱的分子和具有高密度振动谱特征峰的结构，有效利用氢键对分子空间堆积的热力学稳定效应，兼顾炸药的高能量密度则需要适量控制氢元素的含量。

修改后内容和结构没有变化，但变论证、讨论式语句为叙述、说明式，表述上更加简洁。

在没有对主题结论再概括，或没有特别需要突出某些主题的情况下，既然各主题的讨论结果、结论在“结果与讨论”部分已有完整的表述，那么在“结论”部分也可以不写这部分内容。出于这种考虑，以上结论也可以有以下修改方案。

结论【5】参考修改方案二

用自主研发的第一性原理软件 HASEM 对 CL-20 炸药五种晶相、BTF 炸药晶体及 CL-20/BTF 共晶炸药结构的热力学稳定性、力学性能和爆轰性能进行了理论研究，得出新型钝感共晶炸药设计的有关理论。设计新型钝感共晶炸药应避免共价键强度极弱的分子和具有高密度振动谱特征峰的结构，有效利用氢键对分子空间堆积的热力学稳定效应，兼顾炸药的高能量密度则需要适量控制氢元素的含量。研究成果为新型高能、钝感共晶炸药的设计提供了理论依据。

修改后内容和结构为：成果提出（含提及方法）→优势描述→价值意义。

2.6.3.6　实例 6

此例为理论型论文“修正的布龙-戴维斯森林火险气象指数模型在中国的适用性”的结论（《科技导报》2019 年 37 卷 20 期）。

【6】

建立了基于布龙-戴维斯方案的修正森林火险气象指数模型，删除了考虑可燃物湿度的原始布龙-戴维斯方案；引进了干旱指数，在连续无降水日的判定前先考虑干旱情况，且延长了连续无降水日日数；C_s 由地表状况修正系数改为积雪修正系数。通过与森林火灾多发季节对比以及实例的实用性分析，得到如下结论。

1）修正后的森林火险气象指数在 5 大区域的春、秋季均为高值期，这与国家林业和草原局制定的重点防火服务季节大体一致，指示性较好。

2）中国三大森林防火气象服务重点区（东北、华南、西南地区），森林火险气象指数与实际森林火灾次数相关度较高，2017 年内蒙古林火的实例分析表明适用性较高。

3）采用修正后的布龙-戴维斯方案计算森林火险气象指数，更便于操作、结果更可靠、更具实用及普适性，有利于全国范围推广。

从以上分析可以看出，虽然没有考虑植被类型、可燃物含水率、林内可燃物含量等林学因子对森林火灾发生危险性的贡献，基于气象因子的森林火险气象指数已经能较好地指出森林火灾高发期。未来则可以适度引入林学因子的影响，综合气象学和林学的森林火险预报对森林火灾发生危险性和可能性的表征度会更高。

此结论也为开头整体开场、中间结论列示和末尾全局总结的结构，但开场写成了成果提出而不是研究背景，中间为模型验证的结论，最后说明局限并指出未来工作。

第 1 段整体开场，交待主要成果（建立了森林火险气象指数修正模型）及方法（基于布龙-戴维斯方案），指出模型变化（不考虑原始布龙-戴维斯方案、引进干旱指数、延长连续无降水日日数、积雪修正系数取代地表状况修正系数），最后用"得到如下结论"提示以下结论。

第 2～4 段对修正后的森林火险气象指数的适用性进行总结，前面两段通过实例验证（5 大区、三大森林防火气象服务重点区、内蒙古林火）指出其优势（指示性好、适用性高），后面一段指出价值意义（更便于操作、结果更可靠、更具实用及普适性，有利于全国范围推广）。

第 5 段进行全局总结，先客观指出新模型的局限（没有考虑植被类型、可燃物含水率、林内可燃物含量等林学因子对森林火灾发生危险性的贡献），但没有影响其先进性（森林火险气象指数能较好地指出森林火灾高发期）。最后对下一步工作提出设想或建议（可以适度引入林学因子，综合气象学和林学的森林火险预报对森林火灾发生危险性和可能性的表征度会更高）。但开头的"从以上分析可以看出"属于冗余语句，删除为好。

2.6.3.7　实例 7

此例为综述"氧化还原介体催化强化污染物厌氧降解研究进展"的结论（《科技导报》2019 年 37 卷 21 期）。

【7】

①氧化还原介体的应用克服了污染物厌氧降解速率低的问题，为加速污染物的厌氧降解提供了新思路。②目前的研究，主要集中在将氧化还原介体用于偶氮染料、多氯联苯、反硝化等的厌氧生物处理过程中。③然而，难降解污染物的厌氧转化速率相对于好氧降解通常也比较低。④因此，未来将其推广，有助于高效解决环境污染问题。⑤另外，目前常使用的氧化还原介体成本较高，探索发现廉价的氧化还原介体是未来的研究方向之一。⑥尽管介体固定化可以有效解决溶解性氧化还原介体的二次污染问题，然而固定化介体的稳定性、制备成本仍然需要进一步研究，同时需要寻找天然高效的固态氧化还原介体。⑦最后，将氧化还原介体有效地应用于实际污染物处理系统中是研究的目标。

此例为综述的结论，为表述方便，笔者在每个句子的开头加了编号，共 7 句。

第 1、2 句现状评述（氧化还原介体的应用为加速污染物的厌氧降解提供了新思路，相关研究主要集中在将氧化还原介体用于偶氮染料、多氯联苯、反硝化等厌氧生物处理过程中）。第 3、4 句指出问题及解决办法（难降解污染物的厌氧转化速率通常比好氧降解低得多；将氧化还原介体推广应用于难降解污染物过程中有助于高效解决环境污染问题）。第 5 句指出问题及研究方向（氧化还原介体成本较高；探索发现廉价的氧化还原介体）。第 6 句现状评述并指出研究方向（介体固定化可有效解决溶解性氧化还原介体的二次污染问题；固定化介体的稳定性、制备成本，寻找天然高效的固态氧化还原介体）。第 7 句总结未来总研究目标（将氧化还原介体有效地应用于实际污染物处理系统中）。

综述重在科学发展方向、道路探索，着眼于未来，与原创论文重在科学发现、着眼于现在有较大不同，二者的结论写作侧重不同。综述的结论通常是现状评述、指出问题（局限说明）、前景预测（解决办法、发展趋势、未来研究方向或目标），为专题研究或行业发展提供指导。原创论文的局限说明、未来研究方向通常简单提一句则可，而综述的可以长一些，可分层次逐点、配合说明，先指出局限说明后给出相应的研究方向。

第3章

辅体部分

论文不是为作者自存、自赏的，而是为走向社会让别人来阅读而达到学习、交流和传承的，因此具有明显的社会属性，是一种实实在在的产品。论文既然是一种产品，那么除具有记录科研成果的内容属性（论文主体）外，还要有其他属性，如著作权人（署名）、内容介绍（摘要）、基金项目（致谢）、研究基础（参考文献）、出版信息（日期信息）等，这些方面虽然不属科研成果和论文主体，却是成果和主体的重要附加或辅助部分（论文辅体）。主体和辅体相对独立，功能分明，侧重不同，但又相互补充、依存，共同组成论文的有机统一体。缺少主体不能成为论文，而缺少辅体就不能成为用来发表的论文，作者自己保存和查看的未发表论文没有产品属性，可以没有辅体，而要成为产品就需要有辅体加进来。

辅体不属论文主体的科学研究（科研成果）范畴，却是科学研究和学术交流需要依赖的部分。辅体各个部分篇幅通常较为短小，内容单一，结构简单，写作虽不像主体那样复杂而有规律，但也有其内容、结构及写作要求。第 2 章讲述了论文主体部分的写作，本章讲述论文辅体部分的写作。

3.1 署名

署名是有关作者姓名、单位、联系方式等方面的信息，主要包括作者姓名、单位，通常涉及通信作者，具有记录作者劳动成果、表明文责自负、辅助文献检索和科技评价系统统计分析，以及便于读者与作者联系等功能。全面、准确地刊登署名信息是对作者著作权及其所属单位权益的保护和尊重。因此，必须高度重视作者信息的真实、准确，避免引起著作权纠纷，给作者及其单位造成不必要的损失。

3.1.1 署名格式

署名分为单作者和多作者两种情形，多作者按署名顺序列为第一作者、第二作者……。对于多作者情形，需要把对研究工作与论文撰写实际贡献最大的列为第一作者，贡献次之的列为第二作者，以此类推，所有作者的姓名均应依次列出，并置于题名下方。作者的姓名列出后，还要列出其单位。因不同作者的单位不一定相同，有的作者还可能有几个单位，因此署名会有不同的格式。

（1）只有一位作者时，在题名下方列出作者姓名，再另起行或在姓名后列出单位。例如：

【1】

电子信息化技术在临床试验研究管理中的应用研究

范乙 （国家药品监督管理局药品审评中心，北京 100022）

（2）作者单位相同时，在题名下方依次列出作者的姓名（通信作者的右上角还要加上标识如星号“*”），然后另起行或在姓名后列出单位。作者姓名间是否加标点、加什么标点，以及其他有关表达细节，取决于具体期刊的要求。例如：

【2】

〈题名略〉

陈坚强，陈琦，袁先旭*，谢昱飞

中国空气动力研究与发展中心 计算空气动力研究所，绵阳 621000

（3）作者单位不同时，所有作者依次并列书写，并在各作者姓名的右上角加上序号（若是通信作者，右上角还要加上标识如星号“*”）；各单位在题名下方或姓名后依次并列书写，并在各单位的前面加上与作者序号相对应的序号，序号后面是否加小圆点，取决于具体期刊的要求。一位作者有几个单位时，在其姓名的右上角标注多个序号，序号间用逗号分隔。（序号用数字或字母均可，可与单位名称平排，也可为上标形式。）例如：

【3】

〈题名略〉

李思远 [1] 陈 晓 [1,2] 王新涛 [1] 陈彦惠 [1,*]

（[1] 河南农业大学农学院，河南郑州 450002；[2] 河南省农业科学院园艺研究所，河南郑州 450002）

【4】

异补骨脂重复给药 3 个月在大鼠体内的毒代动力学研究

门伟婕 [1] 霍香香 [1] 毕亚男 [1] 袁晓美 [1] 张玥 [1,2*] 周昆 [1,2] （[1] 天津中医药大学中医药研究院，天津 300193；[2] 天津市中药药理学重点实验室，天津 300193）

注意：有的期刊对论文署名要求把作者单位放在论文首页的脚注处或其他位置。

3.1.2 人名表达

汉语人名一般有汉语拼音和韦氏拼音（Wade-Giles System）两种表达方式（后一方式在我国港澳台地区使用较为普遍）。用汉语人名（中国作者）的英文译名时，应首先确认该译名所采用的表达方式，对用韦氏拼音书写的人名不得强行改用汉语拼音方式。

（1）按国家标准 GB / T 16159—2012《汉语拼音正词法基本规则》，汉语人名拼写有以下规则：①姓和名分写，姓在前，名在后，姓和名的首字母分别大写。例如：Ning Ruxin（宁汝新）；Li Hua（李华）；Xi Bojifu（西伯吉父）。②复姓①连写，双姓中间加连接号，双姓两个首字母都大写。例如：Dongfang Shuo（东方朔）；Zhuge Kongming（诸葛孔明）；Liang-Meng Yutian（梁孟誉天）；Fan-Xu Litai（范徐丽泰）。③笔名、别名等按姓名写法处理。例如：Lu Xun（鲁迅）；Mei Lanfang（梅兰芳）；Zhang San（张三）；Wang Mazi（王麻子）。④缩写时，姓全写，首字母大写或每个字母大写，名取每个汉字拼音的首字母，大写，后面加小圆点（对于科技论文，这种小圆点可以省去——笔者注）。例如：Wang J.（或 Wang J）、WANG J.（或 WANG J）（王晋）；Zhuge K. M.（或 Zhuge K M）、ZHUGE K. M.（或 ZHUGE K M）（诸葛孔明）；Dongfang S.（或 Dongfang S）、DONGFANG S.（或 DONGFANG S）（东方朔）。国外期刊一

①汉语姓氏分单姓、复姓和双姓：单姓是一个字的姓，如梁、李、刘、王等；复姓是有两个字的姓，如欧阳、太史、端木、上官、司马、东方、诸葛、尉迟等；双姓由两个不同的单姓组合而成，如梁孟誉天、范徐丽泰中的梁孟、范徐等。

般会尊重作者对自己姓名的表达方式，但多倾向于大写字母只限于姓氏的全部字母（或首字母）及名字的首字母。

（2）按韦氏拼音，姓的首字母大写，双名间用连字符。例如：Huang Tso-lin（Huang Zuolin，黄佐林），Tsung-Dao Lee（李政道），Chen Ning Yang（杨振宁），Chiapyng Lee（李嘉平）等。在引用汉语人名时，注意区分韦氏拼音与汉语拼音。如果对 1950 年以前去世的或姓名以旧式注音而著称的人采用以汉语拼音书写的姓名，则需以括注的形式附上以韦氏拼音书写的姓名。

（3）英语国家作者姓名的通用形式为“首名（first name）中间名首字母（middle initial）姓（last name）”。中间名不用全拼的形式是为了便于计算机检索和文献引用时对作者姓和名的识别，如 Robert Smith Jones 的形式可能会导致难以区分其中的姓是 Jones 还是 Smith Jones，但若用 Robert S. Jones，则使姓和名的区分简单明了。

为减少因作者姓名相同而导致文献识别方面的混乱，部分科技期刊（如医学类期刊）要求作者将其学位放在其姓名的前面或后面，甚至还可将作者职衔列于其姓名和学位之后（或在论文首页的脚注中说明），如 Dr. Joseph Kipnis–Psychiatrist，Dr. Eli Lowitz–Proctologist 等。

（4）作者本人应尽量采用相对固定的英文姓名表达形式，编辑也应尊重作者姓名的习惯拼写形式，以减少在文献检索和论文引用中被他人误解的可能性。

韦氏、汉语拼音人名采用中国式“姓在前，名在后”的形式，与“名在前，姓在后”的国际惯用形式正好相反。那么拼音姓名究竟该用哪种形式呢？对这个问题其实没有必要纠结太多。不同期刊对人名写法有差异，国外期刊多是“名在前，姓在后”，而中国期刊五花八门，各种形式的都有，而且不少期刊的编辑非常认真，常为这一问题烦恼，但一般不会有什么理想的结果。有人认为，中国人名“姓在前，名在后”天经地义，没有任何理由去变更；而也有人认为，英文期刊是面向国际的，是给老外看的，而且中国英文期刊也刊登老外的论文，人名的写法当然应当纳入到国际背景和体系中来。

每一期刊都有其相对统一的人名形式，不同期刊的人名形式有差异，若以“梁福军”的拼音姓名为例，在各期刊的写法示例见表 3-1。作者应根据目标期刊的要求署名；一本期刊应有其统一的论文署名形式。笔者认为，这个署名规则就由期刊的领导如主编、社长来定，选用一种形式即可，编辑们就不要再争了，形式只有优劣，没有错对之分！

3.1.3 单位名称表达

单位名称必须准确、正确，尽量写全名，不随意省略，除非必要一般不用简称，更不用英文缩写。例如：不宜将“哈尔滨工业大学机电工程学院”写为“哈工大机电学院”，不宜将“西安电子科技大学”写为“西电科技大学”，不宜将“中国科学院”写为 CAS（全称为 Chinese Academy of Sciences）；不宜将 Nanjing University of Aeronautics and Astronautics 写为 NUAA 或 Nanhang University（南京航空航天大学）；“北京航空航天大学”的官方英文名称为 Beihang University，如果写为全写（Beijing University of Aeronautics and Astronautics）反而就不好了。使用单位名称的简称，有时会使读者不知所云，造成阅读上的困难。

作者和编辑必须熟悉单位的官方名称，必要时可查证，不可另起炉灶随意自行给出或翻译单位名称。例如：“机械工业出版社”的英文名称是 China Machine Press，不是 Mechanical Industrial Publishing House；“科学出版社”的英文名称是 Science Press，不是 Beijing Scientific Publishing House。如果某单位还没有公布其英文名称，作者和编辑必须正确翻译，尽可能给出准确、通用的英文名称。还有一些单位的英文名称容易写错，如“清华大学（Tsinghua University），北京大学（Peking University），河海大学（Hohai University），苏州大学（Soochow University），上海交通大学（Shanghai Jiao Tong University），香港大学（University of Hong Kong），香港中文大学（Chinese University of Hong Kong），台湾大学（National Taiwan University，Taipei，China）”等，使用时应多加注意。

表 3-1 不同期刊的论文人名（作者姓名）写法示例①

期 刊		人名（作者姓名）形式
国际期刊	*Science*（科学）	Fujun Liang；Fu-Jun Liang；Fu Jun Liang
	Nature（自然）	Fujun Liang；Fu-Jun Liang
	Cell（细胞）	Fujun Liang
	*PNAS*②（美国科学院院刊）	FujunLiang
	Annals of Botany（植物学报）	FUJUNLIANG
	The Archive of Mechanical Engineering（机械工程档案）	FUJUNLIANG；Fujun LIANG；Fujun Liang
	Learned Publishing（学术出版）	Fujun LIANG
	Journal of Fluids Engineering (ASME)（流体工程学报）	F. J. Liang；Fujun Liang
	Measurement Science and Technology（测量科学与技术）	F J Liang；Fujun Liang
国内期刊	*Cell Research*（细胞研究）	Fujun Liang
	Light: Science & Application（光：科学与应用）	Fujun Liang
	Chinese Medical Journal（中华医学杂志）	LIANG Fu-jun
	Acta GeologicaSinica（地质学报）	LIANG Fujun
	Chinese Journal of Mechanical Engineering（中国机械工程学报）	LIANG Fujun；Fujun Liang
	Chinese Medical Sciences Journal（中国医学科学杂志）	Fu-jun Liang
	Journal of Computer Science & Tecnology（计算机科学技术学报）	Fu-Jun Liang
	Acta Mathematica Sinica（数学学报）	Fu Jun LIANG
	Acta Metallurgica Sinica（金属学报）	Fujun LIANG
	Journal of Integrative Plant Biology（植物学报）	Fu-Jun Liang
	SCIENCE CHINA Technological sciences（中国科学：技术科学）	LIANG FuJun
	Chinese Journal of Aeronautics（中国航空学报）	Fujun LIANG；F. LIANG
	Insect Science（昆虫科学）	FU-JUN LIANG
	科技导报（*SCIENCE & TECHNOLOGY REVIEW*）	LIANG Fujun
	中国药物警戒（*CHINESE JOURNAL OF PHARMACOVIGILANCE*）	LIANG Fujun
	中国临床营养杂志（*Chinese Journal of Clinical Nutrition*）	LIANG Fu-jun
	化学学报（*Acta Chimica Sinica*）	Liang, Fujun

另外，单位中文名称通常应该“由大至小”来写，而英文名称通常应该“由小至大”来写。例如：“天津工业大学机械电子工程学院”不写成“机械电子工程学院天津工业大学”，其英文名称应写为“School of Mechanical and Electric Engineering，Tianjin Polytechnic University”，而不是“Tianjin Polytechnic University，School of Mechanical and Electric Engineering”。但在书写“……大学……教育部重点实验室”之类的英文名称时，不宜将“教育部”置于“大学”的后面，这是因为“教育部重点实验室”是一个整体，不应分开写，如“大连理工大学精密与特种加工教育部重点实验室”的英文名称应是“Key Laboratory of Precision & Non-traditional Machining of Ministry of Education, Dalian University of Technology”，而不是“Key Laboratory of Precision & Non-traditional Machining，Dalian University of Technology，Ministry of Education”。

①此表所列的人名形式是阶段性的，不排除某期刊后期可能发生某种变化，因此仅供参考。
②PNAS 的全称是 Proceedings of the National Academy of Sciences of the United States of America。

3.1.4 署名其他注意事项

（1）署名应尽可能给出作者单位所在城市的名称及邮政编码。对第一作者或通信作者还应给出较详细的通信地址。对国外作者的中、英文署名还应给出所在城市的国家名称。例如："华威大学工学院　考文垂　CV47AL　英国"（School of Engineering，University of Warwick，Coventry CV47AL，UK）；"密歇根大学机械工程系　安阿伯　MI48109　美国"（Department of Mechanical Engineering，University of Michigan，Ann Arbor MI48109，USA）等。

（2）如果论文正式发表前某作者已调到一个新单位而又准备变更投稿时的署名单位，则应在来得及修改的情况下及时进行变更，或在论文首页的脚注中给出这个新单位。这对读者了解作者的工作单位变化以及检索系统统计研究出版机构的论文产出十分有用。

（3）如果第一作者不是通信作者，应按期刊的相关规定来表达，必要时可提前告诉编辑。一般多以星号（*）、脚注或致谢的形式标注通信作者或联系人，如相应的英文表达形式有"* Corresponding author""To whom correspondence should be addressed"，或"* The person to whom inquiries regarding the paper should be addressed"等。

（4）如果一位作者同时为其他单位的兼职或客座研究人员，而且需要体现兼职或客座单位的研究成果归属，则可以在论文中同时标注其实际所在单位和兼职单位。

（5）中文署名时，除确实难以译为中文姓名的作者姓名外，均宜以中文姓名的形式署名，并尽可能不要混用中、英文姓名，如"刘海涛[1]　黄 田[1]　CHETWYND D G[2]　李 曚[3]　HU S J[3]"就属于中、英文姓名混用，不大规范。

（6）对同一论文，中、英文署名在内容上必须一致，不要出现中、英文作者数量不一致、姓名不对应，中、英文单位数量不一致、单位名称不对应等严重问题。例如：同一作者的中文姓名是"张三"，而其英文姓名是"LI Si"；同一作者的中文单位名称是"内蒙古艺术学院"，而其英文名称是"National Space Science Center, CAS"。这类问题驴唇不对马嘴，已超出了规范的范畴。

3.2 摘要

摘要（abstract, summary）又称文摘、概要或内容提要，是以提供文献内容梗概为目的，不加评论和补充解释，简明、确切地记述文献重要内容的短文。它是论文主体的浓缩，能充分反映研究的主要内容及创新点，通过它不阅读全文就能够获得必要的信息，判断论文的价值取向。它往往也是论文中继题名之后最先呈现的部分（读者对论文的第一印象），是否具有吸引力通常成为读者是否愿意下载进而阅读全文的重要依据。论文的学科专业、研究背景只有作者最了解，也只有作者才能将相关内容讲好写好，因此作者是写好摘要的关键。

摘要具有以下基本特点：

（1）内容上，充分总结全文，有与论文同等的主要信息，不能超出论文范围；

（2）逻辑上，行文连贯、顺畅和自然，按顺序体现论文各个主要部分的内容；

（3）形式上，有独立性，通常为一段（也可多段），位于题名下方引言上方；

（4）篇幅上，无固定字数限制，随论文内容和文体而定，但不宜过长或过短；

（5）语言上，有自明性，不宜有图表、引文、式子及不常用的术语、缩略语；

（6）写作上，格式体例规范，语言简洁精练，蕴含主要内容，突出研究成果。

3.2.1 摘要的作用

摘要是论文的精华部分，某种意义上比论文还要重要，因为它有可能在一定程度上决定了研究成果能否为同行及更广泛的群体所承认。摘要的作用大体上有以下几个方面。

（1）作为整篇论文的前序，为读者提供研究所要解决的问题，采用的方法，得到的结果、结论，以及创新点等的简短介绍，让读者尽可能快速地了解论文的主要内容。读者通常先阅读摘要，再判断是否值得花费时间阅读全文，以弥补只阅读题名的不足。现代科技文献信息浩如烟海，摘要担负着介绍论文主要内容和吸引读者的重要任务。

（2）作为检索期刊、系统中几乎独立的短文，是检索的重点内容，在论文全文还没有被查阅的情况下就可以被参考，可为科技文献检索数据库的建设、运营提供方便。网上查询、检索和下载专业文档和数据已成为当前科技信息搜索、查询的重要方式，网上各类全文、摘要数据库不断丰富，越来越显示出现代社会信息交流的水平和发展趋势。

（3）作为文献检索的重要工具，发表后就可为检索期刊或各类数据库直接（或稍加修改）使用，减轻二次出版物的编辑工作，避免他人编写摘要可能产生误解、欠缺或错误的不足。摘要质量的高低直接影响论文的检索率和被引频次，质量高会对期刊和论文增加检索和引用机会、吸引读者、扩大影响起到不可忽视的作用。

（4）作为国际检索系统收录论文的基本标准，是国际学术交流与合作、科学知识和成果传播的桥梁和媒介。目前国际上各主要检索系统（如 SCI、EI 等）的数据库对摘要写作质量的要求很高，摘要的特殊意义和作用更加显现。

（5）作为投稿后被首次审查的未发表论文的介绍，是一次出版物的编辑初审、同行评议快速做出决策的重要依据，编辑和专家先看摘要就能大体估计出该文的深度和创造性，进而缩短审稿选稿流程，提高工作效率。

（6）摘要还有其他作用，如图书馆、情报部门采购人员通过摘要对期刊或系列出版物的内容形成一个订购意向判断，一些组织或会议的网站、报纸等为其会员提供有关文章的摘要。

摘要的这些作用，均要求它对论文所报道的科研成果有准确而可靠的描述、归纳、提炼和总结。论文发表的最终目的是要被别人参考，如果摘要写得不好，论文被收录、阅读、引用的机会就会减少甚至丧失，可见摘要的作用是多么的重要！

3.2.2 摘要内容与结构

摘要本质上是由一篇“大”论文高度浓缩后所形成的“小”短文，其内容与论文主体内容大体相同，应主要包括研究的目的、方法、过程、结果、结论、创新点或其他信息（如局限）。

（1）目的是研究工作的前提、目标、任务、意义（重要、必要性）、领域（范围、主题）。

（2）方法是研究使用的方法，如理论、技术、工具、手段、材料、设备、算法、程序等。

（3）过程是研究的过程、步骤，如实验、模拟（仿真）等的具体过程、步骤。

（4）结果是实验和理论研究的结果、得到的数据、看到的现象、收获的发现，如观测、实验、模拟、计算、公式推导等的数据和结果，以及得到的效果、性能和结论等。

（5）结论是通过对结果的分析、比较、评价和应用而提出的问题、观点和理论等，是结果的价值、用途和意义。假设、启发、建议、预测及今后的课题等也可列入此部分。

（6）创新点是本研究解决了什么别人没有解决的问题，既可指提出新的观点、理论、学说，也可指发明新的工艺、技术、方法，还可指实现新的产品、设施、装备，等等。

（7）其他信息是有某种重要信息价值的内容，如研究的局限、下一步工作的方向或建议。

摘要类型不同，对以上要素侧重不同，如报道性摘要可少写、简写甚至不写要素（1）、（2），根本不写要素（3），而指示性摘要侧重要素（3），其他要素相对少、简单或没有。

摘要的各项内容是按一定的逻辑顺序来组织排列的。一般来讲，摘要由开头的问题陈述、中间的研究内容和结尾的创新点组成，而中间的研究内容包括研究的方法、过程，结果、结论。这样较为完整的摘要大体上是这样的结构：

（1）开头问题陈述，简明扼要地指出当前相关研究的不足，引出问题，交待研究的目的（原因）和范围，有时还可指出或暗示研究的特点、结果、意义，还可简单提及所用的方法。

（2）然后描述方法、过程，对实验型论文，侧重叙述用什么方法经过什么过程来进行研究，涉及方案、方法、技术、原理、程序、操作、步骤及数据、计算精度等，而对非实验型论文，侧重描述写作所参考的文献资料的来源及对文献资料的处理方法。

（3）接着给出结果、结论，展现或陈述获得的研究结果以及通过对结果进行分析、讨论和综合而得到的结论，明确指出所提问题是否得到解决或改进，或研究目标是否实现。注意区分事实和推测，有多个发现时，应首先考虑新的和经过验证的事件、与以前理论不相符或与实际问题相关的发现。

（4）结尾交待创新点，从论文或作者的角度（口吻）用一句话点明本文的最高价值。

因学科特点及对摘要各部分凸显程度的不同，以上内容要素在摘要里的权重或详略程度会有所不同。例如：问题陈述时，为突显问题解决的紧迫性或重要性，可适当多描述问题陈述部分；若所提问题较为普遍，就应一笔带过简单交待，甚至不交待。描述研究方法时，若旨在突显方法的创新性，就应着重笔墨，稍加详写方法及有关过程；若方法（如某种技术、工艺、算法）较为成熟，就提及或简写方法而不写过程。

下面对两个摘要实例的内容进行分析、归类，以加深对摘要内容和结构的理解。为表述方便，笔者在摘要每组句子（复句或成完整句的单句）前面加了编号，原文无此编号。

【1】

①基于自主研发的第一性原理软件研究了六硝基六氮杂异伍兹烷(CL-20)炸药五种晶相、苯并三氧化呋咱(BTF)炸药晶体及 CL-20/BTF 共晶炸药结构的热力学稳定性、力学性能和爆轰性能。②研究表明，弱氢键的静电吸引作用使 CL-20/BTF 共晶的分子间结合能相对于无氢 BTF 晶体增加 39%，提升了共晶结构的热力学稳定性并较大地改变了其体弹模量和声速等力学性能。③CL-20/BTF 共晶虽与纯 BTF 晶体有相近的密度，但由于共晶的氧平衡系数得到优化，因此其爆压、爆速分别相对提高约 11%、5%；与 β-CL-20 晶体相比，共晶的密度与氧平衡均有所下降，因而其爆压、爆速分别相对下降约 15%、6%。④设计新型钝感共晶炸药应避免共价键强度极弱的分子和具有高密度振动谱特征峰的结构，应有效利用氢键对分子空间堆积的热力学稳定效应，同时适量控制氢元素含量以保障炸药的高能量密度。

例【1】是一篇题名为“CL-20 及其共晶炸药热力学稳定性与爆轰性能的理论研究”的论文的摘要，共 4 组句子。

句①交待研究目的，提出主题，先提及方法。目的（主题）：CL-20 炸药五种晶相、BTF 炸药晶体、CL-20/BTF 共晶炸药结构的热力学稳定性、力学性能和爆轰性能。方法：使用自主研发的第一性原理软件。

句②提出结果：弱氢键的静电吸引作用，使 CL-20/BTF 共晶的分子间结合能比无氢 BTF

晶体增加 39%，提升了共晶结构的热力学稳定性，大大改变了体弹模量和声速等力学性能。

句③进行讨论，将 CL-20/BTF 共晶与纯 BTF 晶体、β-CL-20 晶体进行对比：与纯 BTF 晶体的密度相近，但因共晶的氧平衡系数得到优化，故其爆压、爆速分别相对提高约 11%、5%；与 β-CL-20 晶体相比，共晶的密度与氧平衡下降，故其爆压、爆速分别相对下降约 15%、6%。

句④全局总结，提出设计新型钝感共晶炸药的新理论。暗含以下创新：应避免共价键强度极弱的分子和具有高密度振动谱特征峰的结构；应有效利用氢键对分子空间堆积的热力学稳定效应；适量控制氢元素含量以保障炸药的高能量密度。

【2】

①Three years ago, scientists reported that CRISPR technology can enable precise and efficient genome editing in living eukaryotic cells. ②Since then, the method has taken the scientific community by storm, with thousands of labs using it for applications from biomedicine to agriculture. ③Yet, the preceding 20-year journey—the discovery of a strange microbial repeat sequence; its recognition as an adaptive immune system; its biological characterization; and its repurposing for genome engineering—remains little known. ④This Perspective aims to fill in this backstory—the history of ideas and the stories of pioneers—and draw lessons about the remarkable ecosystem underlying scientific discovery.

（3 年前科学家报道了 CRISPR 技术能对真核细胞实现精确而有效的基因组编辑。从那时起，这个方法就席卷了科学界，成千上万的实验室用它来进行从生物医学到农业的应用。然而，前 20 年的探索——一种奇特微生物重复序列的发现，对它作为一种适应性免疫系统的认知，其生物学特性，其基因组工程的重新定位——这些仍然鲜为人知。本文目的是填补这个故事背后的思想的历史和先人们的故事，并从科学发现背后的显著生态系统中汲取教训。）

例【2】是一篇题名为 The Heroes of CRISPR（CRISPR 的英雄们）的论文的摘要，共有 4 句。

前三句陈述研究领域、主题及现状（生物，CRISPR 技术的超前性带来了广泛应用，但一些相关科学现象为人们所不知），未明确交待进行相关综述研究的必要性，但现状描述已暗含了这一意思（既然一些科学现象为人们所不知，那么进行相关综述研究就有意义）。最后一句交待研究目的［填补空白，吸取教训，暗含着对发现 CRISPR 的前辈们（pioneers）的赞美，与题名 CRISPR 的英雄们（heroes）相呼应］，但未给出结果及指导性结论，未进行展望。

3.2.3 摘要的类型

按论文内容侧重和写作要求的不同，摘要大体分为报道性、指示性和复合性三类。

3.2.3.1 报道性摘要

报道性摘要（informative abstract）也称信息性摘要、资料性摘要，较为全面而又简要地反映论文较多的主要内容，提供较多的定性定量信息，充分反映创新点。它相当于简介，不但包含研究目的和（或）方法，还提供研究结果、结论甚至建议，不但包括论文的基本思想和主要论点，还应包括基本事实和主要论据，通常可部分取代阅读全文。这种摘要包括论文的实质内容，能独立存在，只要注明出处，就可直接使用，实用价值高。原创型论文若缺少创新内容以及经得起检验的独特方法或结论，是不大可能引起读者的兴趣的，因此宜使用这种摘要，各种专题研究报告也常优先使用这种摘要，其篇幅相对长一些。

报道性摘要包含以下基本内容要素：①主题（main topic）；②目的（purpose）；③方法（methods）；④材料（materials）；⑤结果（results）；⑥结论（conclusions）。它分为传统型（或非结构式）和结构式两类。

1）传统型摘要（非结构式摘要）

传统型摘要中，上述要素以一定逻辑关系连续写出，不分段落或以明显标识相区分。比较而言，这种摘要的层次不够分明，给审稿、编辑、阅读带来一些不便。结构式摘要中，上述要素分段或以相关标识词加以区分，段落清晰、明了，便于审稿、编辑、阅读。下面列举几个实例进行分析、点评。

【1】

①通过调研交互问答平台知识贡献者，对其可持续知识贡献意愿及行为的影响因素进行探讨。②对国内 44 个主流交互问答平台的高积分用户通过邮件地址分发问卷，使用偏最小二乘法对所搜集的 220 份调查问卷进行研究模型评估。③发现外部奖励、声誉、感知实现的自我价值、感知有用性与持续知识贡献意愿之间存在不同程度的影响关系，而帮助他人所带来的快乐对知识自我效能没有明显作用。④有利于问答平台的管理者制订或改进激励机制，从而吸引更多的人在问答平台持续贡献知识，促进交互问答平台更好。⑤影响知识贡献者持续知识贡献意愿和行为的因素未能全面涉及；没有包括规模稍小的问答平台。

例【1】是某论文的摘要，整体上为 1 段，由 5 句组成。为表述方便，笔者在每句开头加了数字编号。

句①交待目的及方法：探讨交互问答平台知识贡献者可持续知识贡献意愿及行为的影响因素（目的），调研交互问答平台知识贡献者（方法）。

句②描述方法：分发调查问卷（向国内 44 个主流平台的高积分用户发送邮件）；评估研究模型（对 220 份反馈回的调查问卷使用偏最小二乘法进行评估）。

句③陈述发现（结果）：外部奖励、声誉、感知实现的自我价值、感知有用性对持续知识贡献意愿有影响关系，帮助他人所带来的快乐对知识自我效能没有明显作用。

句④提出结论，暗含价值意义：有利于制订或改进激励机制，吸引更多人贡献知识，促进交互问答平台更好。

句⑤说明局限：影响持续知识贡献意愿及行为的因素考虑得不全面，小问答平台未涉及。

此摘要没有叙述研究过程，开头、结尾分别高度概括地交待目的、局限，中间部分详略得当、重点突出地报道研究成果（方法、结果、结论），属于报道性摘要。

【2】

①In December 2019, a cluster of patients with pneumonia of unknown cause was linked to a seafood wholesale market in Wuhan, China. ②A previously unknown betacoronanvirus was discovered through the use of unbiased sequencing in samples from patients with pneumonia. ③Human airway epithelial cells were used to isolate a novel coronavirus, named 2019-nCoV, which formed a clade within the subgenus sarbecovirus, Orthocoronavirinae subfamily. ④Different from both MERS-CoV and SARS-CoV, 2019-nCoV is the seventh member of the family of coronaviruses that infect humans. ⑤Enhanced surveillance and further investigation are ongoing.

[2019 年 12 月，中国武汉出现与海鲜批发市场相关的不明原因肺炎的聚集性病例。对肺炎患者样本进行全基因组测序后发现了一种从未见过的乙型冠状病毒属（betacoronavirus）病毒。该病毒从感染者呼吸道上皮细胞中分离出，随后被命名为 2019-nCoV，它属于正冠状病毒亚科（Orthocoronavirinae subfamily）的 Sarbe 冠状病毒亚属（subgenus sarbecovirus），但形成了另外一簇的进化分支。2019-nCoV 与 MERS-CoV 和 SARS-CoV 都不同，它成为可以感染人类的冠状病毒科中的第 7 个成员。对该病毒的加强监控和进一步的研究正在进行中。]

例【2】是 A Novel Coronavirus from Patients with Pneumonia in China, 2019（2019 年从中国肺炎患者分离出的新型冠状病毒）一文的摘要，整体上为 1 段，由 5 句组成。为表述方便，笔者在每句开头加了数字编号。

句①描述背景，暗示样本来源（中国武汉不明原因肺炎患者，可能与一家海鲜批发市场有关）。

句②至④报道研究成果：提出成果（发现一种新冠状病毒）及方法（全基因组测序）；描述成果对象（分离位置、命名、类属及在人感染冠状病毒家族中的定位）。

句⑤全局总结，暗示成果的阶段性或局限性，新病毒需要给予进一步的研究。

此摘要直接报道研究的重要发现，除简单的背景介绍外，不涉及目的与具体方法，属典型的报道性摘要。

2）结构式摘要

按包含内容要素的多少，结构式摘要可分为全结构式和半结构式两类。

全结构式摘要包含全部应有的要素。1974 年，加拿大 McMaster 大学医学中心的 R. Brian Haynes 博士首先提出建立临床研究论文的结构式摘要，在 Edward J. Huth 博士的倡导下，美国 *Annuals of Internal Medicine*（《内科学记事》）率先采用了这种摘要。Haynes 提出的全结构式摘要包含以下 8 个要素：①目的（objective）——说明要解决的问题；②设计（design）——说明研究的基本设计，包括的研究性质；③地点（setting）——说明研究的地点和研究机构的等级；④对象（patients，participants，subjects）——说明参加并完成研究的患者或受试者的性质、数量及挑选方法；⑤处理（interventions）——说明确切的治疗或处理方法；⑥主要测定项目（main outcome measures）——说明为评定研究结果而进行的主要测定项目；⑦结果（results）——说明主要的客观结果；⑧结论（conclusions）——说明主要的结论，包括直接临床应用意义。

全结构式摘要的观点更明确，信息更多，差错更少，同时也更符合计算机数据库的建设和使用要求，但缺点也是明显的，即烦琐、重复、篇幅过长，而且并非所有研究内容都能按以上 8 个要素来分类。于是，更多的科技期刊扬长避短，采用半结构式摘要。

半结构式摘要也称 4 要素摘要，包括目的（objective、purpose、aims），方法（methods），结果（results）和结论（conclusions）。下面列举几个实例进行分析、点评。

【3】

目的　调查北京大医院住院患者营养风险、营养不足、超重和肥胖发生率及营养支持应用情况。**方法**　对 2005 年 3 月—2006 年 3 月北京 3 家大医院 6 个科室的住院患者进行调查，营养风险筛查 2002（NRS2002）≥3 为有营养风险，体重指数（BMI）＜18.5 kg / m^2（或白蛋白＜30 g / L）为营养不足。在患者入院次日早晨进行 NRS2002 筛查，并调查 2 周内（或至出院时）的营养支持状况，分析营养风险和营养支持之间的关系。**结果**　共有 1127 例住院患者入选，其中 971 例（86.2%）完成 NRS2002 筛查。营养不足和营养风险的发生率分别为 8.5%和 22.9%。如果将不能获得 BMI 值的患者排除，则两者的发生率分别为 7.6%和 20.1%。在 258 例有营养风险的患者中，有 93 例（36.0%）接受了营养支持；在无营养风险的 869 例患者中，有 122 例（14.0%）接受了营养支持。所有患者肠外和肠内营养的应用比例为 5.6∶1。**结论**　北京大医院中有相当量的住院患者存在营养风险或营养不足，肠外和肠内营养应用存在不合理性，应推广和应用基于证据的肠外肠内营养指南以改善此状况。

【4】

Background and aims　Mycorrhizal fungi play a vital role in providing a carbon subsidy to support the germination and establishment of orchids from tiny seeds, but their roles in adult orchids have not been adequately characterized. Recent evidence that carbon is supplied by *Goodyera repens* to its fungal partner in return for nitrogen has established the mutualistic nature of the symbiosis in this orchid. In this paper the role of the fungus in the capture and transfer of inorganic phosphorus (P) to the orchid is unequivocally demonstrated for thr first time.

Methods　Mycorrhiza-mediated uptake of phosphorus in *G. repens* was investigated using spatially separated，two-dimensional agar-based microcosms.

Results　External mycelium growing from this green orchid is shown to be effective in assimilating and transporting the radiotracer ^{33}P orthophosphate into the plant. After 7 d of exposure, over 10% of the P supplied was transported over a diffusion barrier by the fungus and to the plants，more than half of this to the shoots.

Conclusions　*Goodyera repens* can obtain significant amounts of P from its mycorrhizal partner. These results provide further support for the view that mycorrhizal associations in some adult green orchids are mutualistic.

摘要【3】、【4】均包含 4 个要素，分别是目的（Background and aims）、方法（Methods）、结果（Result）、结论（Conclusions），未达到包含全要素，属于半结构式摘要。

目前不少科技期刊已从原来的非结构式摘要转为半结构式摘要，写文章采用何种摘要形式需要根据文体和目标期刊的要求而定，不可强行统一。

3.2.3.2　指示性摘要

指示性摘要（indicative abstract）也称说明性摘要、描述性摘要或论点摘要，一般用较短的语句如两三句话概括论文的领域和（或）主题、对象，而不涉及论据和结论，多用于综述、观点（视角）、研究简报和图书介绍等。此类摘要不要求包含研究目的和方法，研究结果、结论和建议也可以不写，篇幅通常较短。它重在罗列作者研究工作的过程，即做了什么，而无具体的实质信息，即没有交待做出了什么，因此仅起指导阅读的作用，读者不能从中直接获取所需事实，而只有阅读全文才能了解论文的主要内容，得知具体的方法、结果和结论。它可用于帮助潜在的读者来决定是否有必要阅读全文，适用于重在讲述工作过程、无创新或创新少的论文。下面列举几个指示性摘要的实例进行分析与点评。

【5】

给出了可重构制造系统（RMS）的定义，**分析**了 RMS 与刚性制造系统（DMS）、柔性制造系统（FMS）的区别。**建立**了 RMS 的组成、分类和理论体系框图，将 RMS 基础理论**概括为**系统随机建模、布局规划与优化、构件集成整合、构形原理、可诊断性测度和经济可承受性评估 6 个方面，并**提出**了 RMS 的使能技术。

例【5】是某论文的摘要，由 5 个单句组成，每句一个谓语动词［给出、分析、建立、概括（为）、提出］，连续出现，一气呵成，表述作者做了 5 件事（做了什么），但做的结果（做出了什么，做得怎样）未提出，也未交待背景、创新。因此，本摘要属于典型的指示性摘要。

【6】

本文**建立**了基于 Reissner-Mindlin 板壳假设的大变形几何非线性有限元模型，还**考虑**了薄板结构法向发生大转角的情形。随后，用本文模型**计算**文献中的例子，并**进行比较验证**；其次，对 CNT 功能梯度增强复合板**进行**几何大变形非线性**计算**和**分析**，并与 ABAQUS 结果**进行对比**；最后，利用该模型对 CNT 功能梯度增强复合板的振动特性**进行仿真分析**。

例【6】是某论文的摘要，篇幅也不短，但仔细看，由 4 个复句组成，共 7 个单句。这些单句分别是：①**建立**大变形几何非线性有限元模型；②**考虑**薄板结构法向发生大转角；③**计算**文献中的例子；④**进行比较验证**；⑤对 CNT 功能梯度增强复合板**进行**几何大变形非线性**计算**和**分析**；⑥与 ABAQUS 结果**进行对比**；⑦对 CNT 功能梯度增强复合板的振动特性**进行仿真分析**。可以看出，一大堆谓语动词或动词词组连续出现，仅叙述做了什么，但没有交待结果、结论，也没有背景、创新部分。因此，本摘要也属于典型的指示性摘要。

【7】

Recent developments in the methodology of large-eddy simulation applied to turbulent, reacting flows <u>are reviewed</u>, with specific emphasis on mixture-fraction-based approaches to nonpremixed reactions. Some typical results <u>are presented</u>, and the potential use of the methodology in application and the future outlook <u>are discussed</u>.

摘要【7】的 3 个被动句子的谓语（画线部分）分别指出作者做了什么工作，一是综述

(reviewed)，二是提出（presented)，三是讨论（discussed)。但综述、提出、讨论出了什么，即做出了什么成果，具体结果、结论是什么，丝毫没有交待，因此本摘要也是典型的指示性摘要。

指示性摘要的篇幅可以短到只有几句话甚至一句话（相当于论文的题名)，只要点出作者所做工作就可以了，但原创型论文不宜用指示性摘要，更不要用太短的指示性摘要。下面列举较短或只有一句的指示性摘要的例子。

【8】

营养风险筛查是识别患者营养问题，判断其是否需要营养干预的重要手段。目前临床上使用的方法有多种，但尚缺乏公认的营养风险筛查工具。本文评价和比较了常用的复合指标营养风险筛查工具。

摘要【8】是一篇综述的摘要，由较短的 3 句组成：前面两句是背景介绍；最后一句指示性地点出本文做了何工作，与论文题名内容完全重复，只是语句结构不同而已（原文题名是“常用营养风险筛查工具的评价和比较”，属于偏正（定中）结构，而摘要中的表述为主谓宾结构式句子，谓、宾交换一下位置，再去掉主语，就成为偏正结构了)。

其实，此例的背景介绍是从原创论文的角度来写的，与综述不是特别切题：原创论文应突出“缺少对……的研究”（缺少对公认营养风险筛查工具的研究)，而综述则应突出“缺少对……的综述研究”（缺少对公认营养风险筛查工具的综述研究)。综述中的指示性语句通常较短，几句甚至一句都是可以的。

【9】

介绍了物理学家路易·德布罗意（Louis de Broglie, 1892—1987）的生平和科学贡献，特别是他的导航波理论的前世今生。

摘要【9】是科技人文类文章“德布罗意及其导航波理论”的摘要，只有一句，高度概括地指出本文的工作是介绍了物理学家路易·德布罗意的生平和科学贡献（特别是他的导航波理论)，与题名内容完全一致，只不过语句结构上不同（摘要是句子，语言有所扩展，而题名是一个非常简短的并列词组)。一句话（指单句）指示性摘要在短文或科技人文类文章中较为常见。对于综述，在一句指示性语句前加上必要的背景介绍，就能避免一句话指示性摘要。

3.2.3.3 复合性摘要

复合性摘要就是指报道-指示性摘要（informative-indicative abstract)，以报道性摘要的形式表述论文有关成果中价值较高的那部分内容，以指示性摘要的形式表述有关过程中价值较高的其余内容，篇幅通常介于报道性摘要和指示性摘要之间。下面给出复合性摘要的两个实例，为表述方便，笔者在每句开头加了数字编号。

【10】

①二次调节液压混合动力车辆通过保证发动机工作于高效区以及回收和再利用制动能来提高车辆的燃油经济性。②相对于电动技术，二次调节静液传动技术具有功率密度大和全充全放能力强的优点。③但是，较低的能量密度需要功率匹配和特殊控制策略来实现动力元件的最优工作方式。④提出多目标优化方法识别液压混合动力车辆关键元件参数的最优解位置，设计液压再生制动策略和能量利用策略来回收和再利用车辆的制动动能。⑤研究结果表明，关键元件的参数匹配和提出的控制策略能有效地提高车辆在城市工况下的系统效率和燃油经济性。

摘要【10】共有 5 句。前两句交待混合动力汽车采用二次调节静液压传动技术的原理及特点（常识)，第 3 句话锋一转，指出该技术的不足（问题）——需要功率匹配和特殊控制策略来实现动力元件的最优工作方式。这些均属背景内容。第 4 句使用“提出”和“设计”两个关键谓语动词，陈述本文做了什么工作（成果），但没有交待其具体内容，属指示性摘要的写法。最后一句给出价值较高的结论，点出本文的创新之处（意义），属报道性摘要的写法。总体上，本例属于复合性摘要。

【11】

①The aim of the paper is to present the results of investigations conducted on the free surface flow in a Pelton turbine model bucket. ②Unsteady numerical simulations, based on the two-phase homogeneous model，are performed together with wall pressure measurements and flow visualizations. ③The results obtained allow defining five distinct zones in the bucket from the flow patterns and the pressure signal shapes. ④The flow patterns in the buckets are analyzed from the results. ⑤An investigation of the momentum transfer between the water particles and the bucket is performed, showing the regions of the bucket surface that contribute the most to the torque. ⑥The study is also conducted for the backside of the bucket, evidencing a probable Coanda interaction between the bucket cutout area and the water jet.

摘要【11】共有 6 句。首句开门见山，交待研究目的（提出调查结果）。句②陈述第一项工作（数值模拟），句③紧接着给出工作结果（模拟结果，定义 5 个不同区域），属报道性摘要的写法。句④陈述第二项工作（分析桶中的流型），但没有给出分析结果，属指示性摘要的写法。句⑤陈述第三项工作（研究水粒与桶之间的动量转移），句⑥陈述第四项工作（研究桶的背面），都给出研究结果（显示出桶表面对扭矩贡献最大的区域；在桶切割区域和水射流之间可能存在一种 Coanda 交互作用），属报道性摘要的写法。总体上，本例属于复合性摘要。

三种摘要大体可这样区别：仅交待研究成果（做出了什么），或不仅交待做了什么，而且相应地交待做出了什么，属于报道性摘要；仅交待做了什么，而没有丝毫交待做出了什么，属于指示性摘要；既交待做了什么，又对其中部分交待做出了什么，属于复合性摘要。一般地，原创论文、大综述、研究报告应选用报道性或复合性摘要，小综述、研究简报以及创新少或缺少创新的论文宜选用指示性摘要。一篇论文价值很高，创新内容多，如果其摘要写成指示性摘要，就可能会减少展现其学术价值的机会，进而失去较多的读者。

3.2.4　摘要写作要求

摘要写作涉及较多方面，只有在各个方面都规范了，整个摘要才是质量高的：内容适合、结构恰当、信息准确、文字精练、连贯流畅、逻辑性强、通俗易懂、引人入胜。下面总结摘要的通用写作要求。

1）确定摘要类型

撰写摘要应先确定摘要的类型，类型不同，其写作侧重就不同，比如报道性摘要侧重研究的结果，指示性摘要侧重研究的过程。通常应优先用报道性摘要，其次是复合性摘要，最后是指示性摘要。

2）简短概括背景

摘要是讲本文的工作的，本身又短小，容不下过多的背景介绍。背景可以不写，若写就要高度概括简短，排除本学科领域常识，避免简单重复前言，甚至将前言中已写或应在前言中写而未写的篇幅较长的内容写入，也不要补充、修改、解释、评论正文。

3）提炼概括正文

摘要是论文的简介，所有内容来自论文主体，与正文、题名必须相扣，但需要提炼、概括，不能大幅照搬正文或直接重复题名。例如，论文题名是“颠覆性技术的特征与预见方法”，其摘要就不宜出现如“对颠覆性技术的特征与预见方法进行研究”之类的语句。

4）行文有序展开

摘要的结构在某种程度上也与论文主体的结构相关、相似，其行文有规律，服从一定的逻辑关系。其各部分要按事物关联、研究过程等的内在时间、空间、逻辑等关系有序安排、展开，语句成分搭配，表达简明，语义确切，上下连贯，互相呼应，结构严谨，层次清晰。

5）把握人称省略

摘要可从第三人称（如“本文”“本研究”“本文章”“本课题”）或第一人称（如“我”“我们”“笔者”“作者”“本团队”“本项目组”）的角度来写，但这类词语做主语时，其出现与否的效果若相同就可省去。这只是在形式上省略了，表意却未变，语言还得到简化（汉语语法中的省略主语句）。含这类词语的状语如“本文中”“文章中”“文中”等也可省略。

6）使用术语符号

规范使用术语和符号。对公知公用的术语或领域使用较广的新术语，可直接使用；对出现不久还未被领域认可或尚无合适叫法的新术语、新词语，使用时应括注甚至直接用原词语。对使用不太广泛的一般缩略语（简称）、代号，首次出现时宜先写出全称，再括注其简称。

7）不出现图表式

摘要的功能是论文主体内容介绍，有正常的文字表达就足够了，在绝大多数情况下是文本（文字）式的，除特别情况外，不应（必）出现插图、表格。式子也尽量不要出现，有时按表达需要也可以出现，但总的原则是不宜出现繁杂或庞大的数学式、化学结构式。

8）不要轻易引文

摘要中除背景介绍外其他都是本文工作的干货，一般无须引文，因为引文会有抄袭之嫌。是否引文要看表意，如果本文的成果就是要突出对他人成果（已发表文献）的否定或修正，或直接干涉他人的研究成果，那么引用文献（列出他人）就是合理的。

9）规范量和单位

科技论文的摘要也是科技文体的一种，而且本身又是其论文主体的简介版，因此也必须正确、规范地使用量和单位，严格而科学地执行《量和单位》国家标准及其他相关出版标准、规范，做到量名称、量符号、单位名称、单位符号、单位词头等表达的标准化、规范化。

10）提升语言文字

摘要作为小短文，要简明、确切，通顺、明快，易读、易懂，这就需要正确使用语言文字、标点符号，慎用或少写长句、难懂句，句子成分搭配，语言表达规范，表意明白清晰，无空泛、笼统、含混之词，没有语病，还可使用修辞手法提升语言表达效果。

11）避免过度自夸

摘要是论文的简述，表述应实事求是，通常不作自我评价，避免表达不严谨或言过其实，除非是事实或表达需要，不用“本文研究是对过去……研究的补充（改进、发展、验证）”“本文首次提出（实现）了……”“经检索尚未发现与本文类似（相同）的研究”之类的语句。

3.2.5　英文摘要语法

3.2.5.1　摘要的时态

摘要的语句常用一般现在时、一般过去时，少用现在完成时、过去完成时，基本不用进行时。描述作者的工作一般用过去时（因为工作是在过去做的），但在陈述由这些工作所得出的结论时宜用现在时（因为工作的结果通常有普遍意义）。

一般现在时用于说明研究目的、叙述研究方法、描述研究结果、得出研究结论、提出建议或进行讨论等。涉及公认事实、自然规律和永恒真理等时，用一般现在时。例如：In order to study…, …is concluded；As a result，all of paramters satisfy…；The result shows (reveals)…；It is found that…；The conclusions are…；It is suggested that…；The experimental results confirm that…。

一般过去时用于叙述过去某一时刻或时段的发现、某一研究过程，如实验、观测、调查、医疗等的过程。例如：

- The algorithms were developed with Visual C++，and the correctness of these algorithms was verified through examples test.
- The heat pulse technique was applied to study the stemstaflow (树干液流) of two main deciduous broadleaved tree species in July and August，1996.

注意，用一般过去时描述的一定范围内的发现、现象往往是尚不能确认为自然规律、永恒真理的，而只是当时的现象、结果等，所描述的研究过程也明显带有过去时间的痕迹。

完成时应尽量少用或不用，但不是不可以用。现在完成时把过去发生的或已发生、已完成的事情与现在联系起来，表示过程的延续性，强调过去发生的某事件（或过程）对现实所产生的影响；而过去完成时表示过去某一时间以前已经完成的事情，或在一个过去的事情完成之前就已完成的另一过去的事情。例如：

- Man has not yet learned to store the solar energy.
- However, subsequent research reports have not been presented.
- The fact is that after the experiments had been repeated like Table 3 for different values of d，we obtained the same conclusion, that the deviation of the value of k is very small.

摘要的语句究竟采用何种时态应视情况而定，应力求表达自然、妥当，大致有以下原则。

（1）介绍背景信息时，句子的内容若为不受时间影响的普遍事实，宜用现在时；若是对某种研究趋势的概述，则宜用现在完成时。

（2）叙述研究目的或主要研究活动时，若采用“论文导向”，则多用现在时。例如：This paper presents…，This paper investigates…，This paper is to analyzed…。

若采用“研究导向”，则多用过去时。例如：This study presented…，This study investigated…，This study was to analyze…。

（3）概述实验程序、方法和主要结果时常用现在时。例如：The result shows…，Our results indicate…，We describe…，Extensive experiments show…。

（4）叙述结论或建议时可用现在时，也可用 think、believe、imagine 等臆测动词或 may、should、could 等助动词。

3.2.5.2　摘要的语态

摘要的语句采用何种语态，既要考虑摘要的特点，又要满足表达的需要。摘要较短时，尽量不要随意混用语态，更不宜在一个复句的几个分句里混用不同语态。

科技论文中被动语态的使用在 20 世纪 20—70 年代曾经比较流行。现在仍有不少科技期刊强调或要求摘要中的谓语采用被动语态，以减少主观因素，增强客观性。理由是科技论文主要用来说明事实经过，至于事情是谁所为，无须一一证明。例如：

● Energy balance concepts were used to determine the amount of energy lost due to damping in a run-arrest fracture event. Possible sources of damping were identified and experiments were conducted to determine their relative contribution to the overall damping.

现在不少科技期刊的编辑和语言学家，越来越多地主张科技写作（包括摘要）的表达多用主动语态，如 A exceeds B 的表达比 B is exceeded by A 的表达更好。理由是主动语态的表达更为准确、自然，更易阅读、理解，国际名刊如 *Nature*、*Cell* 等尤其如此。例如：

● In this Review, we discuss recent advances in understanding the diverse mechanisms by which Cas proteins respond to foreign nucleic acids and how these systems have been harnessed for precision genome manipulation in a wide array of organisms.

事实上，指示性摘要中，为强调动作承受者，采用被动语态为好；报道性摘要中，即使有些情况下动作承受者是无关紧要的，也需要用强调的事物做主语，采用被动语态。例如：

● In this case, a greater accuracy in measuring distance might be obtained.

3.2.5.3　摘要的人称

摘要的语句用被动语态时，主语用第三人称；用主动语态时，主语多用第三人称或第一人称。例如：

● CRISPR–Cas9 nucleases are widely used for genome editing but can induce unwanted off-target mutations.

● This Perspective aims to fill in this backstory—the history of ideas and the stories of pioneers—and draw lessons about the remarkable ecosystem underlying scientific discovery.

● We present models for the analysis of existing star network protocols. We also propose a new access protocol for star networks.

第三人称主语常见的有 This paper、This article、This study、This research、This review、This project、The author(s)、The writer(s)、This project team 等；第一人称主语有 We、Our team（即使论文作者只有一人，也用 We 而不用 I）。

摘要的语句有时可以不用任何人称而直接以动词不定式开头，使表意直截了当。例如：To solve…，To study…，To develop…，To resolve…，To introduce…，To describe…，To investigate…，To assess…，To determine…。

在语义明确时最好不要出现 In this paper、In this research、Here 等状语，这类词是冗词，即使出现，也没有语法错误，但去掉后不影响语义。例如下句中的 In this paper 完全可以去掉：

● In this paper，we have first designed and implemented wide-use algebra on the presentation level.

3.2.5.4　摘要的句式

摘要更追求准确简洁、层次清楚，掌握一些常用句式或特定的表达方式很有必要。

1）引言部分

（1）回顾研究背景的常用句式：

- We review…
- We summarize…
- We present…
- We describe…
- This paper outlines…

（2）阐明研究目的的常用句式：

- We attempt to…
- For comparison purposes we present…
- With the aim to…,we…
- In addition to…, this paper aims to…
- To…,we…
- This paper develops a theoretical framework to…
- This paper presents an approach to…
- This paper has two main objectives…
- This research project is devoted to…
- This paper describes recent…, aimed at…
- Our goal has been to develop…
- The objective (purpose, motivation, etc.) of this paper (report, program, etc.) is…
- Recent research on… show that…. A methodology for…is presented in this paper.
- There are some…methods for…at present. However, the effects are unsatisfied.
- This paper (report, thesis, work, presentation, document, account, etc.) describes (reports, explains, outlines, summarizes, documents, evaluates, surveys, develops, investigates, discusses, focuses on, analyzes, etc.) the results (approach, role, framework, etc.) of…

（3）介绍重点内容或研究范围的常用句式：

- Here we study…
- This paper includes…
- This paper presents…
- This paper focuses on…
- This paper synthesizes…
- The paper lays particular emphasis on…
- This paper (article, report, etc.) addresses (is concerned with, argues, specifies, covers, etc.) the following questions…
- The focus of this paper is…
- The main emphasis of this paper is…
- We emphasize…
- We draw attention to the problem…

2）方法部分

（1）说明研究或实验方法的常用句式：

- We have developed…to estimate…
- This study presents estimates of…
- We…to measure…
- …to be calculated as…
- The method of preparation is based on …

（2）介绍研究或实验过程的常用句式：

- We use… to investigate…
- We present an analysis of…
- We tested…
- We study…
- This paper examines how…
- Numerical experiments indicate also…
- This paper discusses…
- This paper considers…
- …have been investigated in …

（3）介绍应用、用途的常用句式：

- Our program uses…
- As an application，we…
- We uesd…
- Using…,we show…
- We apply…

3）结果部分

（1）展示研究结果的常用句式：

- We show…
- Our results suggest…
- Recent research has shown…
- Our results show…
- The results we obtained demonstrate…
- We present the results of…
- We present…
- It was found that both molecular weight and its distribution affected tensile strength…
- It has been observed (shown, proved, etc.) that…
- These experiments indicate (reveal, show, demonstrate, etc.) that…
- The approach (method, framework, etc.) promises to be very useful for…
- The (experimental) results show (indicate, suggest, etc.) that…
- It is shown (concluded, proposed, etc.) that…

（2）介绍结论的常用句式：

- We introduce…
- By means of…we conclude…
- We give a summary of…
- This could imply that….
- These studies are of significance to…
- These results have direct application to…
- This strategy appeared to be effective in…

4）讨论部分

（1）陈述论点和作者认识、观点的常用句式：

- The results suggest…
- In this study,we describe…
- We report here that…
- We present…
- …important findings that explain mechanisms involved in…
- We expect…

（2）阐明论证的常用句式：

- We showed…
- These results demonstrate…
- Our conclusions are supported by…
- Here we provide evidence from…
- Our studies indicate…
- We find…
- Finally,we demonstrate…
- Here we present records of…
- We clarify how…

（3）推荐和建议的常用句式：

- The authors suggest…
- We suggest…
- The paper suggests…
- We recommend…
- We propose…
- In this paper, …is proposed which…
- I expect that…

表示目的和范围也常用名词短语前置句式，把重点内容放在显著的位置加以强调。例如：

- <u>Procedures for testing atmospheric transport and dispersion models for distances of several hundred to 1000 km from sources of pollutants</u> are reviewed.

● The first known measurement of the differential cross section for electron capture to the continuum (ECC) from atomic hydrogen is presented.

为使句子平衡而不至于过分头重脚轻，也可将长名词短语中的一部分量于谓语动词后面，如使用下列句式：

● New results are presented of studies of the applicafion of inorganic exchangers in the following fields…

● Detailed information is presented about…

● An account is provided of…

3.2.6 英文摘要效能

实际中，有的摘要虽然很长，但冗余语句较多，效能较低；有的摘要虽然较短，但缺少关键内容，而且冗余语句也不少，效能也不高。因此，提升摘要的效能很具现实意义。所谓效能，就是表达效果，涉及语言的各个要素。摘要效能提升的总原则是精写内容、语句简洁，大体上有以下几个方面。

1）内容精篇幅短

内容精指摘要内容切题而概括，以有限篇幅表述较多内容。这样，就得区分内容类别，哪些必须写，哪些无须写，哪些可写可不写，对后两类，应毫不吝啬地加以舍弃。精减摘要的方法主要有：

（1）背景信息应只包含新情况、新内容且与主题密切相关；

（2）研究成果中应多提炼观点，突出创新内容和技术要点；

（3）摘要内容不能无中生有，在正文中必须出现过，定量、定性信息均要与正文相符；

（4）不引文，但对证实或否定了他人成果的特别文献除外，涉及他人成果时应明确指出；

（5）不对论文作补充和修改，也不作诠释和评论，尤其不作自我评价；

（6）排除领域知识、常识，少写研究或工作过程，不列举例证；

（7）除非必要，不简单重复题名、前言甚至结论中的语句；

（8）除非需要，不用插图、表格，以及式子特别是复杂数学式、化学式。

还要注意，除非事实，摘要中不宜出现言过其实的表达。例如：

● This paper presents…for the first time.

● This work realizes…for the first time.

● The research similar to this paper has not been found by literature search.

● The similar researches like this paper have not been found by literature search.

篇幅短指摘要用词少而形式短。摘要变短的方法主要有：①多用短句；②不写或少写背景信息；③取消过去研究细节；④不写未来计划；⑤删除多余语句；⑥简化通用词；⑦简化措辞和重复单元；⑧不重复题名，特别是首句不重复题名；⑨不出现图表及对图表、文献的引用。

内容精决定篇幅短，篇幅短呈现内容精，内容精与篇幅短互为因果关系。

2）表意通俗易懂

摘要表意应通俗易懂，完整清楚，尽量不用标号、记号、代号、特殊字符、图符等难懂的超语言要素以及太专业化的术语，不用文学描述手法，文辞要纯朴无华。

一般缩略语（简称）、代号等在首次出现时应写出其全称。例如：若用缩略语 GERT 代替其全称 graphical evaluation and review technique，则在其首次出现时应表达为 graphical evaluation and review technique(GERT)，或 GERT(graphical evaluation and review technique)，再次出现时才可直接用 GERT。

还要正确使用量和单位，注意量名称、量符号及单位（包括单位词头）的准确性、大小写、正斜体及字符种类，使表达严谨、易懂。

3）语句简洁至上

摘要语句不宜将整个题名或题名的大部分拿来直接充当关键动词（如 research、study、present、analyze、outline 等）的主语或宾语，避免表达笼统。例如：若题名是 Step-stress Accelerated Degradation Test Modeling and Statistical Analysis Methods（步进应力加速退化试验建模与统计分析方法），则摘要中就不宜用 Step-stress accelerated degradation test modeling and statistical analysis methods are researched 或 This paper researches step-stress accelerated degradation test modeling and statistical analysis methods 这样的语句，画线部分为整个题名。

一些不必要出现的词语有时可以直接省略或通过改变句式来省略。例如：In this paper, it is reported；The author discusses；This paper concerned with；Extensive investigations show 等。在摘要中，这类词语表意非常明显，在不出现的情况下，也不影响其后语句的语义表达，因此摘要中出现这类词语通常是不必要的。

尽量简化一些措辞和表意重复的词语。例如：at a temperature of 250℃ to 300℃应改为 at 250–300℃（temperature 与℃重复）；at a high pressure of 200 kPa 应改为 at 200 kPa（pressure 与 kPa 重复）；discussed and studied in detail 应直接表示为 discussed 或 studied（discuss、study、in detail 三者都有仔细、详尽的语义）。

用动词时尽量避免用其名词形式。例如：Thickness of plastic sheets was measured 不写为 Measurement of thickness of plastic sheet was made（measurement 是动词 measure 的名词形式）。

4）语言妥帖恰当

摘要语句必须正确使用语言文字和标点符号，句子表达应力求简单，成分搭配，避免用长句（长句容易造成表意不清）；避免单调和重复；避免用长系列形容词或名词来修饰名词，即不要连续使用多个形容词，名词，或形容词＋名词来修饰名词，可用连字符连接名词词组中的名词，或使用介词短语，形成修饰单元，而将修饰单元置于中心语之后。例如：

- The chlorine containing high melt index propylene based polymer

此句画线部分连续使用多个词（形容词 high，名词 index 和 propylene 等）一起作 polymer 的修饰语，太中国化，应改为 The chlorine containing propylene-based polymer of high melt index（含氯高熔融指数丙烯基聚合物）。

严密组织句子，谓语尽量靠近主语，多用重要的事实开头，少用辅助从句开头。例如：

- The decolorization in solutions of the pigment in dioxane, which were exposed to 10h of irradiation, was no longer irreversible.

此句的主语 The decolorization 与谓语 was...irreversible 之间被定语从句 which were...irradiation 分隔，使语义紧密的二者在形式上相距较远，造成表意松散。若改为 When the pigment was dissolved in dioxane, decolorization was irreversible after 10h of irradiation，主语与谓语在形式上紧密相邻，问题就解决了。

此外，还要注意状语位置。状语（表时间、方式、条件、原因等）通常置于句末，比置于句首或句中更为妥当。不少作者习惯将状语置于句首，应注意改变这种习惯。例如：

● From data obtained experimentally, power consumption of telephone switching system was determined.

● After CIK transfusion, 6 cases' liver function (ALT and/or BIL) got much better, and the other 6 cases continued normal.

此两句重在表达后面主句的意思，前面画线部分仅为陪衬性的状语成分，不如放在主句后的表达效果好。如前一句改为 Power consumption of telephone switching system was determined from data obtained experimentally, 后一句改为 Six cases' liver function (ALT and/or BIL) got much better, and the other 6 cases continued normal after CIK transfusion.

通常，能用名词做定语的就不用动名词，能用形容词做定语的不用名词做，即做定语的优先顺序为：形容词→名词→动名词。例如：experimental accuracy 胜过 experiment results，measurement accuracy 胜过 measuring accuracy。

5）冠词不宜丢失

不要随便省略冠词，尤其是定冠词 the。当定冠词用于表示独一无二的事物、形容词最高级等情况时较为容易掌握，但用于特指时，不小心就易“丢失”。用定冠词时，应做到其确指性，这是定冠词使用的基本原则。例如：

● The author designed a new machine. The machine is operated with solar energy.

● Molar mass *M* has long been considered one of the most important factors among various relevant parameters. The parameter Molar mass *M* was calculated with the following equation.

此两例中的定冠词均不能省略。前一例有两个定冠词，分别加在 author 和 machine 之前，特指“本论文的作者”和“前面提到的那台新设计的机器”。后一例有三个定冠词，第一个用来构成形容词最高级，第二个加在 parameter 前特指“前面提到的参数”，第三个用来构成固定短语 the following equation。

现在固定短语或缩略语使用越来越多，要注意区分其前面的不定冠词是 a 还是 an。例如：an X-ray、an SFC 中的 an 不能写成 a。

6）单复数不混淆

避免单复数不分。一些名词的单复数形式不易辨别，不小心就易造成谓语出错。例如：

● The data are shown in Table 2.

此句的 are 不能写为 is（这里 data 是复数形式，其单数形式是 datum，但很少用）。

● Literature does not support the need for removal of all bone and metal fragments.

此句的 Literature does 不能写成 Literatures do（Literature 指文献时是不可数名词，是单数的形式，其复数形式不多用）。

7）首词数字区分

避免用阿拉伯数字做首词，如果用数字做首词，则用其相应的英文数词。例如：

● Ten algorithmsare developed with Visual C++，and the correctness of them is verified through examples test.

- More than 20 mathematical models are built in this test.
- Over 20 mathematical models are built in this test.

前一句的首词 Ten 不写成数字 10，后两句的 More than 20 和 Over 20 不写成 20 more。

8）使用好关键词

摘要中要多用论文的关键词（主题词），用好了，能增加论文被搜索出来的概率，从而有助于增加论文的可见度和被引频次。例如，题为 The Heroes of CRISPR 的文章（*Cell* 164, January 14, 2016），其中一个主题词 CRISPR（clustered regularly interspaced short palindromic repeats 的缩略语）在标题和摘要中各使用一次，而在引言和正文中出现了 110 多次。

一个小故事也许能说明关键词的作用：作者×在×年发表了一篇论文 A。发表该文的期刊编辑被告知，有人抱怨论文 A 未引用 B。编辑仔细查看后发现，B 的摘要不完整，用词不贴近，该用的关键词没有用。作者×在研究和写作中，根本就没有检索到 B，因此就不太可能引用 B。这说明，摘要中不用、少用合适的关键词，发表后被“淹没”的可能性就会增大。

9）区分英语种类

尽可能使用标准英语，英式、美式均可，但每篇论文应保持一致，不宜两种英语混用。

3.2.7 中、英文摘要一致

一篇论文的摘要不论用中文还是英文写，其内容是相同的，这就是中、英文摘要在内容上的一致性，即阅读中、英文摘要获得的内容信息应是等同的。不少作者撰写摘要时，通常先写中文摘要，然后译成英文摘要，如果中文摘要写得不好，翻译成的英文摘要当然也不会好。再加上作者英文写作水平差异，在英文摘要中出现的问题就相对多一些。另外，中、英文摘要的读者对象不同，前者一般为母语为中文的国内科技工作者（中文读者），后者一般为母语不为中文的国外科技工作者和国际检索系统的编辑（英文读者）。中文读者看了中文摘要后，不清楚或不详之处还可从论文全文中获得有关信息，但英文读者往往较难看懂或根本看不懂中文，英文摘要就成了其获得论文信息的唯一渠道。

有的期刊强调中、英文摘要内容的一致性，出发点是好的，但编辑让作者按本来就写得不好的中文摘要来修改英文摘要以保证二者在内容上的一致性，则不可取。笔者认为，在摘要质量较差的情况下强调中、英文摘要内容的一致性是无意义的，而先实现中、英文摘要内容的完整和表达的规范，再实现其一致才是合理的。

写出完整和规范的中、英文摘要并使其内容一致，作者的正确做法有以下三种。

（1）先中文后英文。写出规范的中文摘要，译成英文摘要，对英文摘要做适当的修改、补充、完善，并进行语言润色，然后如有必要，再对中文摘要进行相应适量的调整性修改。

（2）先英文后中文。先写出规范的英文摘要，译成中文摘要，对中文摘要做适当的修改、补充和完善，必要时再对英文摘要进行修改和润色。

（3）中、英文同时。写中文摘要时考虑其英文表达，写英文摘要时考虑其中文表达，二者都写好后再分别给予语言润色，写出规范的中、英文摘要，但不强调在内容上完全一致。

编辑的做法应该是，检查中、英文摘要的内容是否一致，一致时，检查二者表达是否规范，提出修改意见，通知作者修改，或直接修改；不一致时，选出二者中较规范的摘要，提出修改意见，通知作者对此较规范的摘要进行修改，修改后再作为参照来修改另一语种摘要。

3.2.8　摘要写作方法

3.2.8.1　摘要写作步骤

摘要写作一般有两种方法，一是从正文中提取主题（关键、核心）内容，二是对题名扩展丰富，按逻辑顺序将各部分表述出来。前一种较常用。因研究领域、文体、内容侧重、个人风格等的不同，再加上语言间的差异，摘要写作既要呈现共性要素，也要灵活对待个性要素。作者应懂得摘要写作基本思路、步骤，掌握一定方法、技巧。摘要写作一般有以下步骤。

1）写前准备

摘要是论文主体的浓缩，主体是摘要的母材。摘要写作应在主体写好之后。所谓写好，就是已定稿或基本定稿。主体写好后，论文的内容就固定了，摘要的内容再从中选取而定。如果主体未写好就写摘要，就可能出现日后因主体内容变化而导致重写摘要的情况。

接着再确定论文的文体，文体不同，所需摘要的类别就会不同，进而写法存在差异，如原创论文、研究报告等的摘要常为报道性摘要，观点（视角）、研究简报等的摘要常为指示性摘要，综述的摘要既可为报道性摘要，也可为指示性摘要，而各种文体的摘要都可写成复合性摘要。摘要类型确定好后，其内容就会进一步明确，但因内容侧重、目标期刊要求及写作风格等要素的不同，同类摘要的内容也会存在差异。

2）内容规划

（1）首先树立文体内容类别主线意识，再顺着这条主线从正文筛选内容，如有出入，例如若主线内容类别不能涵盖论文主题内容，则增加主线内容类别以外的内容，否则若主线内容类别多于论文主题内容，则按论文主题内容类别的范围来写。原创论文的内容类别主线通常是：①目的与问题→②方法与过程→③结果与结论→④总结语或创新点。综述的这个主线通常是：①目的与问题→②结果与结论。

（2）通读论文全文，按照主线内容类别在正文中筛选可用作摘要的内容，但不宜将正文所有部分的内容都作为摘要的内容，并做出适当的标记。

目的与问题主要交待作者写文的目的或主要解决的问题，定位读者的视野和注意力。

方法与过程重在简述所用的理论、技术、工具、手段、材料、设备、算法或程序等具体方法，重要、特殊的处理方法，以及实现方法的相关过程、步骤，增加趣味性和可阅读性。

结果与结论呈现客观的研究结果及对结果进行分析所得出的认识性结果、结论。实验、观测、计算等结果是论文最核心、最重要的内容，也是读者最关心、最需了解的资料，筛选时，须认真细心地分析比较，选择出最主要、最恰当的，选择得当与否直接影响读者对原文的正确理解，是决定摘要优劣的关键一环。结果太多不能全部选入时，要首先选择那些可信度、价值高的部分，重要或重大的发现、发明，与现有理论相矛盾的结果、结论，或与实际问题密切相关的其他部分。

展现结果与陈述结论要客观真实、有据有理，尽可能显现论文的学术价值和科学意义，体现论文的新颖性和特殊性。不宜表现太多或留过多悬念而有迂腐感，让作者产生反感，当然更不要误导读者。

总结语或创新点通常通过对正文的结果和结论部分进行再总结，拔高而得出，通常是总结研究的学术价值和科研意义，点出创新点，还可以提出展望。

以上各部分内容产生后，接着就要考虑其相关性，规划其写作顺序。摘要是一篇完整的短文，其各部分要按逻辑顺序来安排，每句话都要表意明白，句子间前后连贯、互相呼应。

3）语言表述

重新阅读筛选出的已在原文中做过标记的内容，再对这些内容进行适当的压缩，然后选词造句，用语言叙述出来。

摘要写作应使用恰当的句式、句型，采用一些连接或过渡手法，借助词汇、语法和逻辑等修辞手法，不用空泛、笼统、含混之词，达到语义简明确切，结构严谨严密，过渡顺畅自然，易于阅读理解。谓语动词不宜太多，避免动作行为叠加、主次轻重不分、语句冗长乏味。

通常，作者在写作前、写作中已阅读了相关文献，写作时也可适当模仿部分相似语句。

4）最后定稿

完成上述步骤后，就得到摘要的初稿，接着进行审核性阅读和质量检查，找出错误、不足或不规范的表达，进行修改而提高。这种检查通常包括：①内容的完整性；②结构的连贯性；③类型的合适性；④语法的正确性；⑤效能的提升性；⑥全局的点题性。

一般来说，原创论文的摘要应包括能回答其题名所做出许诺的主要结果，以及使读者能正确理解此结果的基本要素，这就是摘要的点题性。

3.2.8.2　摘要各部分写作

1）目的与问题（开头）

摘要开头应明确交代论文的目的或需要解决的问题，简要介绍前人工作：不谈或少谈背景信息；避免在第一句话重复题目或题目的一部分。开头写法多样，较为普遍的有以下两种：

（1）用陈述目的和问题的主题句开始，定位研究主题［如“为了……，对……进行了（谓语动词）……”“为了……，（谓语动词）了……”］。

（2）在回顾历史或总结现状的基础上提出问题，引出研究主题（如“目前已有一些关于……的研究，但存在……问题”“目前已有一些关于……的方法，但效果不明显”）。

这两种方法较为常见，前一种开门见山，直接切入主题；后一种逻辑性强，使读者产生一种要一口气读完来找到问题解决方案的冲动或愿望。

2）方法与过程（中间前）

方法与过程的阐述起着承前启后的作用。开头交代了要解决的问题，接着自然就要回答如何解决问题，而且后面的结果、结论也往往同方法、过程密切相关。阐述方法与过程，避免泛泛而谈、空洞无物，只作定性描述，而使读者很难清楚了解具体内容。因此，在说明方法与过程时，应结合实验流程、系统框图、边界条件、设备仪器、公式推导以及图表呈现的曲线、数据等内容来进行阐述，给读者一个清晰的思路和一种可信的感觉。

有的摘要没有方法和过程，或将其与目的和问题写在了一起，即合写成一句。

3）结果与结论（中间后）

结果与结论代表论文的主要成就和贡献，直接决定着论文的价值以及是否值得被阅读。写作时，应尽量结合实验、仿真或其他结果的图、表和曲线等内容来加以说明，使结果部分客观真实，简洁明了，可信可靠，使结论部分言之有物，有理有据，说服力强；同时，对读者来说，通过图表并结合摘要的介绍，就能比较清楚地了解论文的结果与结论。

4）总结语或创新点（结尾）

结尾应给人留下深刻印象，重在点出创新和独到之处，必要时还可与他人最新相关研究进行比较，进一步突出主要贡献及创新、独到之处。结尾的写作方法常用的有以下几种：

（1）指出研究结果表明了什么（如“结果显示……”“结果表明……”），或指出发现或发明的新方法、新工艺、新装置等的用途或价值（如“所提出的方法在……得到实证，具有很大的实用价值”“所提出的工艺已成功用于……，具有广阔的应用前景”)。

(2) 指出论文中的其他内容(如“还考虑了……的结果”“还与……的结果进行了比较”)。

(3) 指出创新与独到之处(如“研究结果解决了长期困扰人们……的难题”“新方法为……走向工程应用提供了新机会”)。

3.2.9　摘要实例点评

摘要中的问题主要有：摘要类型不明显；结构和内容不完整（如缺少必要的研究背景、目的，缺少方法、结果）；篇幅偏短；过多重复前言；照搬正文语句；过多重复结论；内容不浓缩、不概括，表达冗余，篇幅过长；出现了不必要的引文或式子；中、英文摘要内容很不一致；无独立性与自明性。

下面列举一些摘要实例进行分析和点评。为表述方便，在部分摘要各组句子前加了编号。

3.2.9.1　实例 1

【1】

①各调度规则的性能依赖于特定的系统配置、任务特征、运行状态及选取的性能指标，因此在制造过程的不同时刻、不同地点动态选择不同的分派规则，可以使调度性能得以改善。②文中提出一种将遗传算法（genetic algorithm，GA）和过程仿真相结合的调度规则求解方式，它以过程仿真所得的各单项指标为基础数据，进而以一种集成层次分析法和方案模糊评判的决策优化方法求取适应度函数值，并以遗传算法进行整体优化，从而完成特定生产环境下的调度规则选择问题。③另外，为了减少串行遗传算法不切实际的解答时间，以主从式并行遗传算法（PGA）代替传统遗传算法，从而保证了最终解在时间上和质量上的可行性。

此摘要有 3 组句子，总体结构为背景、结果及优势。

句①介绍领域常识，属于研究背景，但没有明确地指出问题或研究目的，与论文主题关联不够紧密，因此可以去掉。

句②提出结果（一种调度规则求解方式）及方法（将遗传算法和过程仿真相结合），接着描述其步骤、原理（以过程仿真结果的各单项指标为基础数据）、方法（过程仿真；集成层次分析；方案模糊评判决策优化；遗传算法优化），但表达重点不明，层次杂乱。

句③旨在交待优势，但因为开头用了目的从句（为了减少串行遗传算法不切实际的解答时间），并且延用句②的写法，继续对结果进行描述，优势虽然涉及但不明显。

此摘要还存在语言烦琐、不够简练等问题。针对以上问题，下面给出一种参考修改方案。

摘要【1】参考修改方案

为完成特定生产环境下的调度规则选择问题，提出一种将遗传算法（GA）与过程仿真相结合的调度规则求解方法。在该方法中，遗传算法采用分段整数编码，每个染色体代表一组可用于描述具体调度方案的规则组合；遗传操作包括选择、交叉、变异三种类型；利用基于某扩展 Petri 网的生产过程模型进行仿真，在每一代种群中得到与每个染色体相对应的各项性能指标值；使用集成层次分析法（AHP）和方案模糊评判的决策优化方法，来求取相应的适应度函数值。该求解方法用主从式并行遗传算法（PGA）代替传统遗传算法，能减少串行遗传算法（SGA）不切实际的解答时间，保证最终解在时间、质量上的可行性。

修改后的内容和结构为目的、结果（成果，含方法）、优势和创新。

3.2.9.2　实例 2

【2】

众所周知，半导体器件的各种特性参数都是温度的灵敏函数［诸如 ls(T)、B(T)、C1(T)、Cp(T)……］。

集成电路将大量元件集成在一块芯片上，电路工作时，元件功耗将产生热量，沿晶片向四周扩散。但是由于半导体片及基座材料具有热阻，因此芯片上各点温度不可能相同。特别对于功率集成电路，大功率元件区域将有较高温度，所以在芯片上存在着不均匀的温度分布。

但是为了简化计算，一般在分析集成电路性能时，常常忽略这种温度差别，假定所有元件都处于同一温度下。例如通用的电路模拟程序——SPICE 就是这样处理的。显然这一假定对集成电路带来计算误差。对于功率集成电路误差将更大。因此，如何计算集成电路芯片上的温度分布，如何计算元件温度不同时的电路特性，以及如何考虑芯片上热、电相互作用，这就是本文的目的。

本文介绍集成电路的热模拟模型，并将热路问题模拟成电路问题，然后用电路模拟程序求解芯片温度分布。这样做可以利用成熟的电路分析程序，使计算的速度和精度大为提高。作者根据这一模型和算法，编制了一个 YM-LiN-3 的 FORTRAN 程序，它可以确定芯片温度分布，也可发现计算元件处于不同温度时的电路特性，该程序在微机 IBM-PC 上通过，得到满意结果。

此摘要有 3 段，前两段为冗余的背景，最后一段为本文工作。

第 1 段通过论证得出主题观点“芯片上存在着不均匀的温度分布”（存在温度差别），很不妥当，应改为直接陈述。第 2 段也由论证得出研究目的“如何计算……，如何计算……，以及如何考虑……”，更加不妥，目的应针对研究主题存在的问题来提出，或不针对问题直接提出，无须论证提出。这两段的最大错误是将论文引言或正文中的长篇大论搬到摘要中了。

第 3 段有 3 组句子。第 1 组介绍本文工作（介绍……模型，将……模拟……，用……求解……），但写法上是指示性的，只有过程没有结果，且用词不当（模型是作者还是别人提出的不明确，若是作者，则“介绍”一词使用不当，淹没了成果归属，改为“建立”，就明确了）。第 2 组描述成果优势（计算速度和精度大为提高）。第 3 组是成果应用和实例验证，但表达啰唆。

此摘要篇幅过长，前面两段中只要将问题和目的提取出来就行，别的语句皆应去掉。另外还有表达啰唆、语病较多、标点不当等问题。针对以上问题，下面给出一种参考修改方案。

摘要【2】参考修改方案

为了计算集成电路芯片上的温度分布及元件温度不同时的电路特性，提出一种可考虑芯片上热、电相互作用的集成电路热模拟模型，并编制了相应的算法。用此模型能够将热路问题模拟成电路问题，并用电路模拟程序求解芯片温度分布。其优势是可以利用成熟的电路分析程序，大大提高计算速度和精度。针对该模型和算法编制了相应的 FORTRAN 程序，并在微机 IBM-PC 上进行了验证，得到了较为满意的结果，不仅可以确定芯片的温度分布，而且能发现计算元件处于不同温度时的电路特性。

修改后的内容和结构为目的、结果（成果）、优势、验证和创新。

3.2.9.3 实例 3

【3】

①虽然当前已有一些技术用于齿轮的故障诊断中，但效果并不太好。②目前的主要研究目标是寻找一种在精度，灵敏度，抗干扰性和计算的简洁性等综合性能上更优的新方法。③能量算子解调法（EOSA）是在研究语音信号产生机理时受到某些现象的启发而构造出来的一种新的解调算法。④这种技术使用的非线性差分算子，通过优化它的差分方程：选择滤波器的单位脉冲响应长度以及固定重要点的加权系数，就得到了一种新的解调方法——能量算子优化解调算法。⑤最后该方法被成功地将应用于齿轮的断齿和疲劳裂纹的诊断中。⑥从而为机械信号的解调分析提供了新的途径。

此摘要有 6 句。前两句为研究现状、目的，中间两句分别为研究结果提出、描述，最后两句为实证与创新点。

句①指出现有方法用于齿轮故障诊断的不足（效果不太好），暗示问题，属于研究现状。

句②本意是针对问题来交待本文的研究目的，但因为用“目前的主要研究目标”做主语，与上句相承接，就将本文的目标上升至有关领域的共同目标，这样句②就成为研究现状描述了。主要问题是，没有把握好句子的主语，将研究主体“本文”给弄丢了。

句③的问题同句②，也将研究主体“本文”给弄丢了，错将本是研究结果的“构造出一种能量算子解调法”表达成对它的概念或功能的描述，造成缺少对本文结果、成果提出的明确表述，即本文究竟研究或提出了什么，令人苦思而不得其解。

句④描述结果的优势，可以对上述结果的差分方程进行优化而得到能量算子优化解调法，突出了优化后的方法，内容上没有问题，只是语言表达上有提升之处（如冒号使用不当）。

句⑤、⑥通过实例验证（成功应用于齿轮断齿和疲劳裂纹诊断）来表述研究的创新点（为机械信号的解调分析提供了新途径），本来使用一个复句就好，可莫名其妙地在句⑤、⑥之间用了句号，造成句⑥不完整，缺少必要的主语。

此摘要除研究成果和创新性不突出外，还有概念混乱（如技术、方法和算法不分）、语言松散、语法错误及标点不当等问题。针对以上所列出的问题，下面给出一种参考修改方案。

摘要【3】参考修改方案

针对当前一些方法用于齿轮故障诊断中效果并不理想的现状，对在精度、灵敏度、抗干扰性和计算简洁性等综合性能上更优的新方法进行了研究。在研究语音信号产生机理时受到某些现象的启发而构造出来一种新的解调方法，即能量算子解调法（EOSA）。该方法使用非线性差分算子，通过优化其差分方程（选择滤波器的单位脉冲响应长度和固定重要点的加权系数）就可得到一种新的解调方法，即能量算子优化解调法。所提出的方法已成功应用于齿轮断齿和疲劳裂纹诊断中，验证了它对齿轮故障诊断的有效性，从而为机械信号的解调分析提供了新的途径。

修改后的内容和结构为问题、目的、结果（成果）、优势、验证和创新。

3.2.9.4　实例 4

【4】

①为了改善粒子群算法的全局搜索能力，本文给出一种基于金字塔模型的粒子群算法（PPSO），并应用于求解以国际商业通信卫星（INTELSAT-Ⅲ）舱为背景的布局优化问题。②给出如下三种改进方法：基于金字塔模型的多种群搜索，粒子的自适应避碰和退化粒子的变异。③在简化的该卫星舱的布局算例数值实验中，通过本文算法与全局版 PSO 和局部版的环形、超立方体 PSO 对比，结果表明本文方法具有较高的计算精度、计算效率和成功率。

此摘要在内容和结构上没有什么问题。句①先交待研究目的（改善粒子群算法的全局搜索能力），接着提出研究成果（一种 PPSO 算法，成功应用于 INTELSAT-Ⅲ布局优化）。句②补充研究成果，提出 3 种改进方法（基于金字塔模型的多种群搜索、粒子的自适应避碰和退化粒子的变异）。句③交待实验验证（卫星舱布局算例数值实验）及结果（较高的计算精度、效率和成功率）。

但是，从语言效能来看，问题并不少，大体上有以下几个方面：

（1）“粒子群算法”首次出现时没有注明其缩写，而后面多次直接引用其缩写 PSO，使得 PSO 出现得很突然，容易让人搞不清 PSO 是何物，还可能以为 PSO 和粒子群算法不是同指。

（2）“基于金字塔模型的粒子群算法”是对“粒子群算法”的改进，二者密切相关，其表达形式应一致，不要一个首次出现不注明缩写，而另一个首次出现注明缩写。

（3）两个句首介词短语做状语（在简化……数值实验中，通过本文算法与……PSO 对比），其逻辑主语（本文或作者）与句子主语（结果）不一致，有严重的语法错误；另外，这两个介词短语状语蕴含做了两件重要的事，不如用句子表达更直截了当。

（4）表达不够准确、简洁，如“本文”多余（按摘要写作要求）；“本文算法”“本文方法”有指代不明之嫌；前两种改进方法之间的停顿较短，其间的逗号不如用顿号更合适。

针对以上分析所列出的问题，下面给出一种参考修改方案。

摘要【4】参考修改方案

为了改善粒子群算法（PSO）的全局搜索能力，提出一种基于金字塔模型的粒子群算法（PPSO），并将该算法应用于求解国际商业通信卫星（INTELSAT-Ⅲ）舱的布局优化问题。该算法使用了三种改进方法，分别是基于金字塔模型的多种群搜索、粒子的自适应避碰和退化粒子的变异。进行了简化卫星舱布局算例数值实验，将所提出的 PPSO 算法与全局版 PSO 和局部版的环形、超立方体 PSO 进行对比，结果表明所提出的算法具有较高的计算精度、效率和成功率，优势非常明显。

修改后的内容和结构为目的、结果（成果）、优势、验证和创新。

3.2.9.5　实例 5

【5】

①PSO is emerging evolutionary computation technology based on swarm intelligence, which has been applied successfully in many fields. ②To further improve the global search ability of PSO, a particle swarm optimization based on pyramid model(PPSO for short) is presented to solve optimization problems such as the layout design of an international commercial communication satellite (INTELSAT-Ⅲ) cabin. ③3 methods are developed here, 1) Population diversity is maintained by searching synchronously solution space of multi-swarms based on pyramid model; 2) Particles'velocities are adjusted dynamically according to their deformation of collision; 3) Mutation operation is applied to the particles which lost search ability. ④The performance of PPSO is compared to global version PSO, ring and Neumann PSO of local version in the numerical examples of the layout design of this satellite cabin, demonstrating its feasibility and availability.

这是摘要【4】的英文摘要。开头一句是常识，可不写。句②前后均有表示目的的不定式短语（To further improve…；to solve…），目的不太明确。其实，前一个是目的，后一个是成果，为不引起混淆可考虑合写（前后并列或写在一起），或分开写（不在同一句）。句③用三句话较为详细地陈述所提出的三个方法，有些啰唆（摘要应侧重成果引导，非具体过程介绍），可将这 3 个句子概括为 3 个短语（每个方法有一个名称）。最后对所提出的 PPSO 与全局版、局部版 PSO 进行对比，后面以分词短语（demonstrating…）的状语形式指出对比结果（PPSO 有较高的可行性和适用性）；从句式看，表意轻重倒置，将主体内容（对比结果）用分词状语的形式不够突出，应改用一个句子表达。此摘要还存在核心缩略语 PSO 首次出现时没有写出全称，阿拉伯数字置于句首，用词不准确、不到位，语言不简洁、不精练等问题。

针对以上分析的问题，并考虑与其中文摘要一致，以下给出一种参考修改方案。

摘要【5】参考修改方案

To improve the global search ability of particle swarm optimization (PSO), a multi-population PSO based on pyramid model (PPSO) is presented. Then, it is applied to solve the layout optimization problems against the background of an international commercial communication satellite (INTELSAT-Ⅲ) module. Three improvement methods are developed, including multi-population search based on pyramid model, adaptive collision avoidance among particles, and mutation of degraded particles. In the numerical examples of the layout design of this simplified satellite module, the performance of PPSO is compared to global version PSO and local version PSO (ring and Neumann PSO algorithms). The results show that PPSO has a significant advantage, such as higher computational accuracy, efficiency and success ratio.

修改说明：

（1）去掉了背景知识，明确了目的，以不定式短语开头直接表述（To improve…）。

（2）将另一目的（to solve…）单写为一句（Then, it is applied to solve…），属成果应用。

（3）去掉过程，将 3 种方法概括为 3 个名称（multi-population search based on pyramid model; adaptive collision avoidance among particles; mutation of degraded particles）。

（4）将原来的最后一句分成两句，前一句交待对 PPSO 与 PSO 作对比（the performance of PPSO is compared to…），后一句交待对比结果（The results show that…）。

修改后为复合性摘要，目的明确，内容精致，篇幅简短，逻辑顺畅，写作质量提升。

3.2.9.6　实例 6

【6】

①网络管理中，路由器技术可以将不同的网络环境进行连接，实现网络的整体发展，为网络技术的进步提供必要的条件，并作为互联网整体发展的脉络，提供必要的支持。②路由交换技术可以将网络进行更加有质量的处理，使得网络使用的方式便捷多样，并且在使用稳定性方面得到保证。③在进行计算机网络范围下的路由交换技术的应用分析中，需要关注主流路由器与非主流路由器协议技术相应理论，并具体分析路由器的网络应用。

摘要【6】引自论文“基于计算机网络下路由交换技术的应用探讨”。句①介绍了路由器技术在网络中的功能和作用，句②介绍了路由器技术在网络中的优势和重要性，句③陈述一种观点（认识），或提出一个论题（论点）。但问题是，不管路由器技术有多么重要，无论观点或论题错对，也无论句子关系怎样，都不属于作者所做工作。此摘要在内容上丝毫不体现作者工作，因此完全不合格。

再考察一下这 3 句间的语义关联。句①、②表述的是大众普通常识，写进摘要不合适（摘要的背景不是常识叙述，而是通过对与主题相关的研究现状的描述，来指出问题，进而引出研究目的）。句③是陈述观点，还是提出论题？若是前者，那与前面的常识并无两样，写进摘要不合适；若是后者，那就是论证了，形式上以①、②作为论据而得出③，但语义上①、②与③没有内在因果关系。况且，论题也不必用那么多语句，用一句表述是最好的。另外，摘要主要是交待结果非论证的，论证应放在论文的正文中。

笔者基于该文全文的主要内容，给出一种指示性摘要参考修改方案（只有背景和过程）。

摘要【6】参考修改方案

路由器技术在网络的发展、管理和高质量处理中发挥着非常重要的作用。介绍了目前路由器技术的几种主流协议的功能和特点，指出对路由器技术进行分析需要重视路由表。阐述了路由器交换技术的特点（提升信息完整性、网络环境灵活性和网络服务质量）及其在计算机网络环境下的功能（完善流量应用信息、实现网络安全应用和提升数据质量）。最后总结计算机网络环境下路由器交换技术发展所需要的技术，包括路由器与交换机的配置、与 IP 子网通信的结合及对其协议管理的提升。

3.2.9.7　实例 7

【7】

①随着市场经济的不断发展和国际竞争形势的日益复杂化，我国制造企业之间的竞争亦越来越激烈，越来越突出。②传统的成本管理方法虽然在推动成本管理理论的发展方面做出一定的贡献，并起到了积极的作用，但是，传统的成本管理只是一种单纯地、片面地追求生产成本降低的模式，这对企业的长久发展和保持长期的竞争优势不利。③再加之我国制造企业的成本管理理念落后、成本信息不切实际，传统的成本管理方式已经无法适应新常态下企业发展的需要。④因此，探析制造企业成本管理中存在的问题并找到解决的对策，

实现制造企业战略成本管理的长期性、开放性、全面性、竞争性特点，更是保证我国制造企业战略发展规划的需要。⑤本文将就我国制造企业的成本管理体系的构建进行研究。

此摘要引自论文“制造企业成本管理体系研究”。句①是无关的背景介绍，偏离主题，应删去。句②、③描述传统成本管理方法的不足（指出问题），与主题相关，但篇幅过长，与摘要的短小篇幅要求不相适应。句④以句②、③为论据，推出论点，不大切题，本文对问题的解决不明显，这里应针对问题来提出本文的研究目的，而非长篇大论，写成背景介绍或背景式论述、论证。句⑤交待本文的研究目的，开始切题，进入正道。整个摘要只有这最后短短一句体现了作者所做工作，但过于简短，笼统重复题名，而且刚进正道还未展开就匆匆结束，造成遗憾。这里应该接着研究目的继续交待研究的结果、结论及价值意义，如果有实证、应用效果之类的表述就更好。

笔者仔细阅读了该文的全文，基于其主要内容给出一种复合性摘要参考修改方案。

摘要【7】参考修改方案

我国制造企业传统成本管理方法在推动成本管理理论发展方面起到了积极作用，但其片面地追求生产成本降低的模式对企业长远发展和保持竞争优势不利，无法适应新常态下企业发展的需要，因此探析其中的问题并找到解决对策很有意义。分析了电子制造企业成本管理存在的问题，主要有单纯压缩成本严重，成本管理信息缺乏完善和准确性，成本控制力度不够，人力资源控制与管理不足，技术创新缺乏。对完善电子制造企业成本管理体系的构建进行了阐述，提出制造企业提升成本管理水平的对策：以成本效益为目标进行技术创新，通过网络平台完善加强成本控制，通过人员激励机制来提高工作效率和节约意识。研究结果可为制造企业成本管理建设提供借鉴。

修改后的内容和结构为背景、问题、过程、结果和创新。

3.2.10　摘要与结论比较

摘要是全文的简介，结论是研究结果的总结，二者不在一个层面，但都有方法、结果、结论和创新，甚至都可以有背景、目的或问题交待，内容上有交集，既相关联，又有差别。

3.2.10.1　理论对比

摘要是约会、初见，由浅显介绍和描述引导读者看正文，而结论是相识、相知，由高度总结和升华给读者一个最终交待，二者差异很明显。

1）功能

摘要是脸，用来获得好印象。结论是精神，价值更在精神，前提是看脸有好感。

摘要构成论文准入条件，体现写作水准。投稿后，送审后，发表后，编辑、专家、读者都是先看摘要，有妥当内容、合理结构、优秀文字、通畅逻辑的摘要总能在同等条件下获得更多的肯定。结论强调发现，从前文的长篇大论中发掘蕴含的价值，让读者在最后快要结束论文阅读的时刻加强记忆，记得从论文中收获了什么。

摘要是论文的开始，简洁明快，通俗性强，商业味浓，功利性明显，旨在吸引读者。结论是论文的结束，短小精悍，专业性强，学术味浓，功利性下降，旨在安慰读者。

2）内容

摘要的内容体现悬念、疑问，结论的内容则体现结局、趋势。

摘要的背景有启动、过渡和接口性，是为看摘要铺垫知识，做好准备；结论中不必再谈背景，而应直接点出结果、成果。

摘要的总结体现从未知到已知的引诱，表面成分多，引发读者的阅读好奇、情绪；结论的总结体现从已知到熟知的逐渐深入，升华读者的科学认识和收获。

摘要的外延体现可能、潜能、未来，多可列入科研转化为应用的分母；结论的外延多体现更加切实的操作，多成为科研转化为应用的分子，还可进行评价，提出改进，指出不足。

3）结构

摘要的结构包括昨天（背景）、今天（结果）和明天（外延）；结论的结构包括今天（发现、问题与改进）、明天（展望未来、下一步工作）。

摘要交待背景，在于搭建舞台，为全文建立存在空间；描述结果，在于事实，提供基础，构建依据；规划外延，在于预备，描绘远景，给出希望。

结论陈述发现，自暴问题，提出改进，高效传承，发展科学；展望未来，寥寥数语给出答案，不涉及细碎的数据、知识点及具体节点、环节，尽显学术体系前景价值。

3.2.10.2 实例对比

下面以 The origins of high hardening and low ductility in magnesium（镁高硬化和低塑性的起因）（*Nature*，2015）一文为例，对摘要和结论的内容与结构进行对比（原文为英文，这里译为中文，为表述方便，笔者在其中每句开头加了数字编号①～⑥和❶～❹）。

【摘要】

①镁是一种轻量化结构金属，但有一些说不清的基本问题导致其塑性差，使得它在节能轻量化结构中很难形成和使用。②使用能验证原子间相互作用的密度泛函理论来实现长时分子动力学模拟，揭示了那些说不清的现象。③展示了键< ***c+a*** >的位错（<***c+a***>表示滑移的大小和方向）在易滑锥体Ⅱ平面上是亚稳态的；发现它经历了一个热激活，依赖压力变异成三个能量低、基底分裂而不动的位错结构之一，这不能导致塑性应变，对所有其他混乱的运动都形成一个巨大障碍。④这种变异是镁金属的固有特性，受位错能量减少的驱使，预测在室温下发生的频率高，从而消除所有主要位错滑移系统对 ***c*** 轴应变的贡献，并导致镁的高硬化和低塑性。⑤可通过增加从易滑的亚稳态变异到基底分裂而不动的位错结构的时间和温度来达到增强的塑性。⑥研究结果为指导高塑性镁合金的设计提供了基本洞见。

【结论】

❶在长时分子动力学模拟中使用新的密度泛函理论来验证原子间的相互作用，揭示镁金属中键<***c+a***>位错的一组丰富的内在结构变异，解释了长期存在的难题，也是镁低塑性产生的原因。❷易滑锥体Ⅱ<***c+a***>承受了热激活、依赖压力而向基底平面上各种低能量产品的变异。❸位错结构与实验观测结果吻合较好，解释了实验间的不同，变异形成的温度范围与实验一致，而产品的位错是不动的，并引起阻挡所有其他变异的高硬化，进而导致低塑性。❹这种全新的理解为镁合金的设计提供了机会，这是建立在充分稳定锥体Ⅱ平面上的易滑<***c+a***>位错的一种机械概念基础之上的。

1）摘要

句①直接切入背景，提出表观问题，“塑性差”“很难形成和使用”“节能轻量化”都是相关研究的问题与目标，也是材料和工业界的常识。用词通俗易懂，读者群体宽泛。

句②进入方法、发现，涉及难懂的专业知识。核心方法是“长时分子动力学模拟＋密度泛函理论”，而“揭示了那些说不清的现象”是重要发现（即成果，但未交待具体结果），“揭示”是学术质量的定性之词。开始涉及难懂的术语，只有部分人能看懂了。

句③表述研究结果中较为细致的理论部分，阐明镁金属微观世界发生的现象，如位错、滑移，试图从微观机理说明宏观现象。这部分能顺畅理解的人就所剩无几了。

句④接着上句继续表述，由微观升到宏观，由机理外化到现象，从正文回到标题。例如

“室温”“高硬化”“低塑性”就是宏观概念，也是问题表象层。这部分能理解的人也不会多。

句⑤给出研究结果所揭示问题的宏观层次解决方案（可通过增加……达到增强的塑性）。能理解的人有所回升，明白宏观概念的人总是多于潜心研究问题的人。

句⑥离开专业知识框架，回到最初的表观问题，指出本文的贡献、价值，即创新点（指导、提供）。这时能理解的人又回到了大多数。

以上对可理解人数变化所做的描述虽是概略的，却能表征知识深度的变化，折射出深入浅出之理。摘要应按浅入、深入、浅出的思路来行文，而要做到浅入浅出，就需要剔除深奥的概念和难懂的术语。

此摘要的撰写思路是提出问题和解决问题。内容和结构为：①背景、问题（宏观问题）；②方法、发现（总括式发现）；③微观讨论；④宏观讨论；⑤问题解决方案；⑥创新点（价值）。

2）结论

句❶横贯和概括全文，直接点明使用一种方法（长时分子动力学模拟＋密度泛函理论）而获得重要发现（揭示镁金属微观世界的某种变异，解释了其宏观性能的那个低塑性疑团）。注意这里的总结和摘要句②的总结不同：

摘要告诉做了什么，但不告诉具体结果，广告、商业性强；结论不仅告诉做了什么，还将具体结果一起放送，研究、学术味浓。结论中还有<c+a>这种小圈子专业术语，以及“长期存在的难题”这种让人在谜底揭开时豁然感油然而生的字眼儿，总结得相当完美。

句❷重述了镁金属的微观行为，虽与摘要的有关表述重复，却是必要的。

读者通常先看摘要，看摘要时一般不知道未来会发生什么，接下来在对较长正文的阅读过程中，还会遇到不少似懂非懂的语句和难搞清楚的问题，会有较多的内容、观点甚至这样那样的疑惑涌进脑海，有的原本清晰的可能变得模糊起来，清晰与模糊交织、转化，到后面，读者可能疲惫不堪。这样，如果在结论中能看到贴切的总结语句来结束阅读，那么对读者来说就是一种莫大的关怀。因此结论中重述摘要中的一些意思是必要的，但从写作来看，结论中语句的表达应更加直截了当、简洁明快，任何冗余语句都不宜出现。

句❸表述有关实验验证，由 6 个分句组成。前 3 句用实验结果来支撑本文的模拟结果，说明模拟结果的可靠性。后 3 句重述金属镁的宏观行为（位错、高硬化和低塑性），与摘要中的有关表述重复，但这种重复也是必要的，因为宏观行为容易得到更多人的关注和理解。

摘要在于点出科学发现，有无创新和吸引力是关键，而结论还要考虑对科学发现的质量提供保证，对创新有无验证和可信度是关键。

句❹鲜明地点出创新点，解决了什么问题（新发现的意义），与摘要相比，还补充交待了创新所依据的原理或途径（建立在……概念基础之上），为镁合金设计提供了机会。

结论的创新点侧重新发现，还应指出新发现的依据，使结论不至于太简短、武断或笼统，而摘要对创新点的表述较为直接，多侧重结果。发现是结果的结果，结果是发现的前提。

此结论的撰写思路是问题解决及解决得如何。内容和结构为：❶方法和发现（详说式发现）；❷微观讨论；❸实验验证、宏观讨论；❹创新点（价值、依据）。

3.3　关键词

关键词（keywords）是为了满足文献标引、检索及国际联机检索的需要，从论文中选出来的能反映论文主题概念的一组主题词。形式上，常位于论文的摘要之后，若干词或词组依次排列；内容上，从论文主体（题名、层次标题、引言、正文）和摘要中选出。论文中标注关键词有重要意义，有助于论文在发表后被文献检索系统收录以及读者对论文有效查询（查全、查准）。标注关键词还要保证质量，与论文主题概念密切相关，关键词选用恰当与否直接影响论文检索结果的好坏及成果利用率的高低，对期刊被引频次和影响因子的提高也有正面意义。

目前是互联网和大数据时代，文献检索系统已非常强大，读者查询文献可以不受时间、空间、地理位置和距离等因素的限制，非常方便自如地通过电脑、手机（文字甚至语音方式）任意查询一个目标词，因此论文中有无关键词或关键词具体是什么词已越来越显得不如在过去传统时代下那么重要了。由于读者在查找论文前看不到论文，无从知道论文所标注的关键词，谁还能规规矩矩地严格按“关键词”来查询文献呢？目前一些名刊如 *Nature*、*Science*、*Cell* 和 *Cell Research* 的论文中已没有关键词这一项了。

3.3.1 关键词使用依据

早在 1963 年，美国《化学文摘》（Chemical Abstracts，CA）从第 58 卷起就开始采用计算机编制关键词索引，实现了快速检索文献资料的主题。现在学术界早已约定俗成，利用主题词来检索已发表的论文。

我国对关键词也有明文规定，如国家标准 GB 7713—87《科学技术报告、学位论文和学术论文的编写格式》第 5 条 8 款（5.8）是这样规定的：

关键词是为了文献标引工作从报告、论文中选取出来用以表示全文主题内容信息款目的单词或术语。

每篇报告、论文选取 3～8 个词作为关键词，以显著的字符另起一行，排在摘要的左下方。如有可能，尽量用《汉语主题词表》等词表提供的规范词。

为了国际交流，应标注与中文对应的英文关键词。

这是目前我国科技期刊特别是中文期刊论文中标注关键词的核心依据，也是最高级别的标准，多数科技期刊刊发的论文中都有关键词这一项。

3.3.2 关键词选用要求

1）避免用通用词

尽量不用或少用无独立检索意义的通用词即泛指词（如“方法、研究、探讨、分析、报告、思路、措施、发展、理论、途径、策划、建议、创新”等）做关键词。这类词不具有对论文主题的专指性，不能准确概括主题内容。用这类词检索，结果必然是多个学科领域众多文献的汇集，信息杂而乱，文献查询效率低，查准率不高，错检现象也存在。

2）准确全面选取

应准确、全面地选取关键词，准确就是与主题相扣，全面就是标引深度恰当，避免错选（主题不合适）、漏选（深度不够）、重复（意义相近）、叠加（几个词叠加成词组）。不要以应付的态度随便写几个词作为关键词，或仅局限于从标题或摘要中草率选取关键词。对有多个同级主题概念并存的情况，不要只针对部分概念选取关键词，或用主题概念的上位概念代替主题概念，或将几个主题概念叠加。

3）严格把握词性

应尽量用名词、名词性词组（有时也可用动词、动词性词组）做关键词，避免用形容词、代词或虚词做关键词，进而导致检索信息的混乱，最终失去关键词应有的作用。关键词应该是自行独立的，一般不宜为其加修饰词或用来修饰别的词，或用由“和、与、而”之类的连词将几个词连接在一起所形成的词组做关键词。另外，通常不宜用人名做关键词，但名人或重要人物除外，而且人名做关键词不宜带官职。

4）合理有序排列

按一定规则、顺序排列关键词，最好将词与词之间的内在逻辑关系反映出来，清楚明晰、层层深入地反映论文主题，达到层次清晰、逻辑通顺，准确揭示、反映论文主题。对关键词的罗列顺序要仔细考虑后再安排，不得任性、随意、简单地以其在题名、层次标题、引言或正文中出现的顺序而定，或凌乱堆砌，使得关键词的逻辑组合不能有效地表现论文的主题。

5）确定标引深度

确定关键词的合适数量即标引深度。标引深度较高时，可向用户提供较多的检索点，有助于提高查全率，但过高时会增加"噪声"进而增加误检率；较低时，标引深度浅，不能全面概括论文主题，导致漏检。作者应懂得标引深度对文献检索的影响，避免在关键词选取上不加斟酌而选取过多或过少，造成多检或少检，最终难以准确全面地反映主题内容。

6）正确使用简称

熟悉或了解缩略语（缩语、缩写、简写、简称）、字母词的使用广度或人群范围，广度或范围大的可直接作为一个关键词，而广度不够或圈子小的就不宜直接用作关键词。关键词多为名词术语，新术语应写完整，非公知公用的简称尽量少用，作者自定义简称应坚决不用。使用一个词的全称做关键词时，为突出其简称，可在全称后括注其简称。

7）慎用自由新词

对新出现但还未正式化的自由词要严格、小心使用。新名词、新术语不断出现，通常不大可能被及时收录、更新到词典或有关词表中，但选用一些使用频度高、为大众或专业人士广泛使用的做关键词是必要的，但需要考察、甄别而选出。考察要素包括：具有独立的检索意义；促进新的学科、技术发展；被国内外文献检索系统接纳；与国际名刊、知名检索系统对关键词的选用接轨。

3.3.3 关键词选用方法

（1）在完成论文主体写作后，作者应纵观和通读全文，对论文进行主题分析，弄清论文的主题概念和中心内容。

（2）尽可能从论文各个重要组成部分（如题名、层次标题、摘要、引言、正文）的重要段落或语句中选出与主题概念一致的词、词组。

（3）自由词应尽可能选自其他词或较权威的参考书和工具书，所选用的自由词必须概念明确、简洁精练、实用性强。

（4）对选出的词、词组按内容重要程度、层次高低深浅、思维逻辑顺序等大体排序。

3.3.4 关键词实例点评

3.3.4.1 实例 1

【1】

大黄素-8-O-β-D-葡萄糖苷抑制肿瘤细胞迁移和转移的体内外实验研究

摘要：目的 研究大黄素-8-O-β-D-葡萄糖苷（emodin-8-O-β-D-glucopyranoside，EG）对肿瘤细胞迁移以及荷瘤小鼠肿瘤转移的影响。**方法** EG 0、50、100、200、400 mg·mL^{-1} 作用于小鼠乳腺癌 4Tl-Luc 细胞、人

结肠癌 HCTl16 细胞、人神经母细胞瘤 SH-SY5Y 细胞 24～72 h；MTT 法检测其对细胞增殖活力的影响，划痕试验观察细胞迁移能力，Transwell 小室试验检测细胞转移能力。将磷酸盐缓冲溶液（PBS）、EG 低（2 mg • kg^{-1}）、高（4 mg • kg^{-1}）剂量作用于荷乳腺癌 4Tl-Luc 原位移植瘤小鼠，给药 13 d，每 2 d 通过小动物成像系统观察肿瘤转移情况。**结果** 体外细胞实验表明，EG 呈浓度和时间依赖性地抑制肿瘤细胞迁移，呈浓度依赖性抑制肿瘤细胞转移；动物体内实验结果表明，EG 对乳腺癌小鼠原位移植瘤转移具有抑制作用。**结论** EG 在体内外均表现出抑制肿瘤细胞迁移和转移的能力。
关键词：大黄素-8-O-β-D-葡萄糖苷；肿瘤；迁移；转移

该文主题是“大黄素-8-O-β-D-葡萄糖苷对肿瘤细胞迁移和转移的影响”，涉及两类核心对象：直接对象“肿瘤细胞”和间接对象“大黄素-8-O-β-D-葡萄糖苷”，且后者作用于前者，因此用这两个词语做关键词，其中“肿瘤细胞”用“肿瘤”更简短、突出。另外，本文仅在肿瘤细胞迁移和转移方面进行研究，“迁移”和“转移”限定了主题范围，因此再选用这两个动词做关键词。这些词语语义上相互关联，“大黄素-8-O-β-D-葡萄糖苷”抑制“肿瘤”“迁移”“转移”（主语+谓语+宾语），因此按“大黄索-8-O-β-D-葡萄糖苷；肿瘤；迁移；转移”的顺序排列，符合事物内在运行机制、规律。其实这一顺序在题名中就安排好了。

3.3.4.2 实例 2

【2】

国际基于立方星平台的空间科学发展态势及启示

摘要：空间科学主要是基于航天器平台获取实验数据、实现科学发现的重大前沿基础研究。中国实施了“悟空”“慧眼”等一批较大的科学星任务。阐述了国际上重要科学发现和成果，提出当前国际上已认识到立方星在空间探索与发现中的重要作用；总结了美欧等航天强国和机构已实施和论证的若干立方星科学探测计划及取得的有影响力的原创科学成果，以及中国立方星技术演示验证和商业航天已取得的进展；提出了中国空间科学界应进一步关注立方星的发展，利用立方星平台开展研究，与传统大中型空间科学卫星形成互补，增强并拓展相关领域的探测能力，有效降低任务难度并缩短研制周期，促进中国空间科学取得更多重大发现和突破。
关键词：空间科学；立方星；科学卫星

该文是关于空间科学中立方星平台发展态势的综述文章。“空间科学”是总体研究领域，“立方星”是其中一个类别，本文主题的对象就是“空间科学”中的“立方星”，因此选用这两个词语做关键词。“空间科学”是“立方星”的上位词，二者紧密关联，都选为关键词，缺一就不好，如缺了“空间科学”，“立方星”便失去存在空间，而缺了“立方星”，“空间科学”就会与论文主题不相扣。另外，“立方星”的优势在于与传统“科学卫星”对比、互补来显现，因此文章中必然有“科学卫星”方面的内容，因此再选“科学卫星”做第三个关键词。科学卫星、立方星是并列关系，都是空间科学的下位词。

3.4 致谢

致谢（acknowledgements）不是论文的必要组成部分，一般位于论文的后面，参考文献表的前面或后面。通常单独成段，冠以独立的标题“致谢”。

致谢用来对致谢对象表达道义上的感谢，也是尊重致谢对象贡献的标志。致谢对象主要有：研究工作得到资助的基金项目（基金项目也可以单写）；对研究工作有直接和实质帮助的组织或个人；协助完成研究工作、提供某种帮助和便利条件的组织或个人；对论文写作付出较多工夫或对论文写作质量提升做出较多贡献的作者或作者团队以外的个人；给予转载和引用权的资料、图片、文献、思想和设想等的所有者；其他应感谢的组织和个人。

3.4.1　致谢的内容

（1）全部或部分研究工作得到资助的基金项目，可附上项目、合同书编号等予以证明。

（2）个人或组织在研究工作或论文写作中给予的帮助或所做的贡献，包括提供仪器、设备或相关实验材料，给予技术、信息、物质或经费等帮助，协助实验方案制定、实验流程执行和实验结果处理，提供有益的启发、建议、指导、审阅，承担某些辅助性工作等。

3.4.2　致谢写作要求

（1）具体而恰当地表达致谢的内容，明确是对何致谢对象所做的何工作表达感谢，是基金项目、奖学金，合同单位、企业、组织，或对论文选题、构思、撰写或修改等给予指导的人员，或对考察、实验、观测、分析等做出的某种贡献，还是别的什么方面，均应表达清楚。

（2）使用恰当的词语和句式表达谢意，避免因疏忽而冒犯本可接受感谢的个人或组织。

（3）表达谢意的主体应该明确，缺省或通常情况下应为本文、本研究、本项目、本团队、我们或全体作者等，具有集合或集体属性，但实际中也可为这些集合或集体中的个体、子集成员，具有个体或部分属性，如全部作者中的某位或某几位作者等。

（4）参照目标期刊对致谢的习惯和规定的表达形式，如有的期刊要求将基金项目信息单独放在论文首页的脚注中或其他位置，这样在致谢中就可以不用重复相关内容了。

（5）在投稿前应与致谢对象联络、沟通，必要时请其审阅论文。在没有特别指出的情况下，致谢某人就意味着此人赞同论文的观点或结论，但如果只是感谢其一个具体的思想、建议、解释或别的具体方面，则应特别指出，明确交待。

（6）准确、完整地书写基金项目的名称及编号，不要用非公知公用的缩写作项目名称。

3.4.3　致谢实例

【1】

致 谢

感谢清华大学信息科学与技术国家重点实验室提供计算资源。感谢中航工业产学研工程项目“航空 CFD 共用软件体系中的若干关键技术研究”的资助。

【2】

致 谢

本论文是在导师宁汝新教授的悉心指导和热情关怀下完成的，从选题、技术路线确定到论文撰写、修改，她都花费了大量的心血，付出了辛勤的劳动。在此谨向她表示衷心的感谢，并致以深深的敬意！

3.5　作者简介

作者简介是有关作者个人信息的简单介绍，不是论文的必要组成部分，位于参考文献表后面或前面，或论文首页脚注处，或论文题名正上方，或署名信息中，或论文中其他位置。

3.5.1　作者简介的内容

作者简介包括个人情况和联系方式两类信息。

（1）个人情况有姓名、性别、出生时间、工作单位、学历或学位、职称、职务（主要指技术职务或项目职务）、荣誉和奖励、技术特长、研究方向、发表论著和发明专利等。

（2）联系方式主要是通信地址和邮箱（电子信箱、E-mail、Email）。

姓名、学历或学位（如硕士、博士研究生，硕士、博士）、职称（如教授、研究员、编审、教授级高级工程师）、职务（如博士生导师）、研究方向、邮箱构成作者简介的基本信息。通信作者和第一作者通常给出电子信箱，而其他作者可以不给出。

3.5.2　作者简介写作要求

（1）参照目标期刊的要求来确定作者简介的格式体例及篇幅大小，不拘泥于固定的模式。

（2）按容许的篇幅来确定合适的个人信息包括的项目数及具体项目信息的写作详略程度。

（3）篇幅不受限制时，选取个人重点项目简练概括地介绍，避免项目数和项目信息过多。

（4）篇幅受限制时，侧重表述基本信息，避免主要项目不完整、语言表述过于简短笼统。

（5）对不是第一作者的通信作者，要在其姓名后注明通信作者，基本信息不应缺少邮箱。

（6）提倡但不强求对所有作者都给出简介，但通常至少给出第一作者和通信作者的简介。

（7）具体撰写还应考虑文体、正文篇幅、版面限制和个人风格等因素，切不可一概而论。

3.5.3　作者简介实例

【1】

作者简介：盖敏强，博士研究生，研究方向为知识产权，电子信箱：gaimq@ms.xjb.ac.cn

【2】

作者简介：李增勇，教授，研究方向为康复工程，电子信箱：lizengyong@nrcrta.cn；樊瑜波（通信作者），教授，研究方向为生物力学与康复工程，电子信箱：fanyubo@nrcrta.cn

【3】

作者简介：李铁群，男，在读硕士，中药抗肿瘤活性成分筛选与分子机制研究。

*__通信作者__：孙震晓，女，博士，教授・博导，中药分子细胞药理学与毒理学。E-mail: sunzxcn@hotmail.com

【4】

作者简介：秦红玲，女，1978 年出生，博士，教授，主要研究方向为摩擦学及表面工程。

徐翔（通信作者），男，1981 年出生，博士，副教授，主要研究方向为摩擦学及表面工程。E-mail: xu_xiang@ctgu.edu.cn

【5】

作者简介：陶春静，教授级高级工程师，研究方向为康复工程，电子信箱：taochunjing@nrcrta.cn；晏箐阳（共同第一作者），博士研究生，研究方向为智能控制和康复机器人控制，电子信箱：yanqingyang@mail.hust.edu.cn；黄剑（通信作者），教授，研究方向为康复机器人、网络控制系统和生物信息处理，电子信箱：huang_jan@ mail.hust.edu.cn

【6】

作者简介：

张宏博（1987—）男，山西太原人，博士研究生，研究方向：可重构柔性智能工装技术、数字化设计与制造，E-mail: zhanghongbo@buaa.edu.cn；

†郑联语（1967—）男，江西南昌人，教授，博士，博士生导师，研究方向：数字化与智能制造、可重构柔性制造、先进测量与质量控制，通信作者，E-mail: lyzheng@buaa.edu.cn；

刘新玉（1989—）男，山东潍坊人，博士研究生，研究方向：可重构柔性智能工装技术、智能工装及制造系统可靠性；

秦兆君（1993—）男，山东青岛人，硕士研究生，研究方向：可重构柔性智能工装技术；

李树飞（1994—）男，山东聊城人，硕士研究生，研究方向：可重构柔性智能工装技术。

3.6　基金项目

基金项目（资助项目、科学基金）表明论文研究工作的课题资助背景。其表达形式一般为“基金项目：项目名（项目编号）”或“项目名（项目编号）”，有的期刊还要求给出基金项目的英文名称。一篇论文有多个基金项目时，各个项目应依次列出，其间用标点符号分隔。

3.6.1　基金项目名称

基金项目写作中常出现项目名称（包括中、英文名称）不准确（与官方或公认名称不符）、表达不严谨、字母词随意使用、项目编号遗漏等问题。例如：将“国家自然科学基金”写成“自然基金”“自然科学基金”“国家科学基金”“国家科学项目”“国家自然基金”“国家自然项目”“我国自然科学基金”“中国自然科学基金”等，甚至直接写为可读性较差的字母词 NSFC 或 SFC，有时还出现中英文混用的问题，如“国家 SFC 基金项目”“国家 SFC 资助项目”。

表 3-2 列出了我国部分基金项目的名称。

表 3-2　我国部分基金项目的名称

中文名称	英文名称（供参考）
国家高技术研究发展计划（863 计划）	National Hi-tech Research and Development Program of China（863 Program）
国家重点基础研究发展计划（973计划）	National Basic Research Program of China（973 Program）
国家基础性研究重大关键项目（攀登计划）	National Plan for Key and Major Programs in State Basic Research of China（Climbing Plan）
国家科技攻关计划	National Key Technologies R & D Program of China
“十四五”国家科技支撑计划重大项目	National Key Technology R & D Program of China during the 14th Five-Year Plan Period
国家自然科学基金（面上项目；重点项目；重大项目）	National Natural Science Foundation of China（General Program；Key Program；Major Program）
国家杰出青年科学基金	National Science Fund for Distinguished Young Scholars of China
海外及香港、澳门青年学者合作研究基金	Joint Research Fund for Overseas Chinese，Hong Kong and Macao Young Scholars of China
中国科学院知识创新项目	Knowledge Innovation Programs of Chinese Academy of Sciences
中国科学院“十四五”重大项目	Major Programs of Chinese Academy of Sciences during the 14th Five-Year Plan Period
中国科学院重点资助项目	Key Program of Chinese Academy of Sciences
中国科学院上海分院择优资助项目	Advanced Programs of Shanghai Branch，Chinese Academy of Sciences
中国博士后科学基金	China Postdoctoral Science Foundation
教育部博士点基金资助项目	Ph. D. Programs Foundation of Ministry of Education of China
高等学校博士点专项科研基金	Specialized Research Fund for the Doctoral Program of Higher Education of China
“十四五”国家医学科技攻关基金资助项目	National Medical Science and Technique Foundation of China during the 14th Five-Year Plan Period
×市自然科学基金	× Municipal Natural Science Foundation of China
×省自然科学基金	× Provincial Natural Science Foundation of China
国家航空科学基金	National Aerospace Science Foundation of China
科技部科技型中小企业创新基金	Science & Technology Innovation Foundation of Ministry of Science & Technology for Small-Medium Enterprises，China
国家 863 / CIMS 主题计划	National Hi-tech Research and Development Program for CIMS，China

3.6.2　基金项目实例

【1】

基金项目：国家自然科学基金（30471120，30671246）；国家高技术研究发展计划（863 计划）（2006AA10Z1A5，2006AA100101）；国家科技支撑计划（2006BAD13B01）；高等学校学科创新引智计划（B08025）

【2】

基金项目：国家自然科学基金项目（51207169，51276197，61503302）；中国博士后科学基金项目（2014M562446）；陕西省自然科学基金项目（2015JM1001）。**Foundation items：**National Natural Science Foundation of China（51207169，51276197，61503302）；China Postdoctoral Science Foundation（2014M562446）；Shaanxi Provincial Natural Science Foundation of China（2015JM1001）。

【3】

基金项目：中国科学院档案管理工作模式与规章制度探索项目（2015-02-001）；青海省科技计划企业研究转化与产业化专项（2018-GXC22）

【4】

基金项目：国家自然科学基金（81473418）：肝细胞色素 P450 酶表达低下致何首乌特异质肝毒性机制研究；北京市自然科学基金（7172150）：异源 RANKL 主动免疫制剂对骨质疏松防治作用的研究

3.7　中图分类号

中图分类号是为了由论文的学科属性来实现族性检索，并为论文的分类统计创造条件，而按照《中国图书馆分类法》（Chinese Library Classification，曾称《中国图书馆图书分类法》，简称《中图法》）在论文中标注的一种分类代号，其功能与关键词相同，主要是为了便于文献的检索、存储和编制索引。《中图法》是我国图书馆和情报部门普遍使用的一部综合性分类法。

《中图法》共分 5 个基本部类和 22 个基本大类，见表 3-3。

表 3-3　中图分类号基本部类与基本大类

5 个基本部类	代码	22 个基本大类
马克思主义、列宁主义、毛泽东思想、邓小平理论	A	马克思主义、列宁主义、毛泽东思想、邓小平理论
哲学	B	哲学、宗教
社会科学	C	社会科学总论
	D	政治、法律
	E	军事
	F	经济
	G	文化、科学、教育、体育
	H	语言、文字
	I	文学
	J	艺术
	K	历史、地理
自然科学	N	自然科学总论
	O	数理科学和化学
	P	天文学、地球科学
	Q	生物科学
	R	医药、卫生
	S	农业科学
	T	工业技术
	U	交通运输
	V	航空、航天
	X	环境科学、安全科学
综合性图书	Z	综合性图书

中图分类号不是科技论文的必要组成部分。撰写论文有标注中图分类号的需求时，应按照《中图法》对论文进行主题分析，依照论文内容的学科属性和特征分门别类地组织论文来获取、标注中图分类号。它采用英文字母与阿拉伯数字相结合的混合号码，用一个字母代表一个大类，以字母顺序反映大类的次序，在字母后用数字作标记。一篇论文一般标注一个分类号，有多个主题时可标注几个分类号；主分类号排在第一位，几个分类号间以分号分隔；分类号前应以“**中图分类号：**”或“**【中图分类号】**”作为标识，如“**【中图分类号】**R370. 264”“**中图分类号：**TH165；TP391.78”。中图分类号常放在论文“关键词”的下面。

作者常常不重视或忽略了中图分类号的标注工作，所提交的论文常常没有标注中图分类号或所标注中图分类号与论文主题不符。中图分类号标注工作具有重要意义，作者撰写、修改论文以及编辑加工文稿都应重视此项工作。

3.8　文献标识码

文献标识码是由《中国学术期刊（光盘版）检索与评价数据规范》提出的一种用于文献大类检索的期刊文献标识代码，使用此代码有助于文献统计和期刊评价、确定文献检索范围和提高检索结果适用性。

文献标识码不是科技论文的必要组成部分，撰写论文有标注它的需求时，可以进行标注。一般来说，一种科技期刊的主题是固定的，刊登的论文的文献标识码应该是相同的。文献标识码共分为 5 种，如表 3-4 所示。凡具有文献标识码的文章均可标注一个数字化的文章编号，其中 A、B、C 三类文章必须编号。不属于此表所列各类的文章以及文摘、零讯、补白、广告、启事等无须标注文献标识码。

表 3-4　文献标识码类型

标识码	文献类型
A	理论与应用研究学术论文（包括综述报告）
B	实用性技术成果报告（科技）、理论学习与社会实践总结（社科）
C	业务指导与技术管理性文章（包括领导讲话、特约评论等）
D	一般动态性信息（通讯、报道、会议活动、专访等）
E	文件、资料（包括历史资料、统计资料、机构、人物、书刊、知识介绍等）

文献标识码应以“**文献标识码：**”或“**【文献标识码】**”作为标识，如“**文献标识码：**A”。文献标识码一般不需作者标注，而多由编辑（或专职人员）根据文章内容来划分和标注。

3.9　论文编号

论文编号是为便于论文的检索查询、全文索取、远程传送、文献互联及著作权保护、管理等而为论文设置的一种标识符（相当于论文的身份证号）。目前科技论文中通常有文章编号和 DOI 两种论文编号。

3.9.1　文章编号

文章编号属《中国学术期刊（光盘版）检索与评价数据规范》的内容。由期刊的国际标准连续出版物号（ISSN）、出版年、期次号及文章的篇首页码和页数 5 段共 20 位数字组成，结构为 XXXX-XXXX（YYYY）NN-PPPP-CC，其中 XXXX-XXXX 为文章所在期刊的 ISSN，YYYY 为期刊的出版年，NN 为期刊的期次号，PPPP 为文章首页所在期刊页码，CC 为文章页数，“-”为连接号，期次号为两位数字。当实际期次号为一位数字时需在其前面加 0 补齐，如第 1 期为 01；仅 1 期增刊用 S0，多于 1 期用 S1、S2 等。文章首页所在期刊页码为 4 位数字，实际页码不足 4 位时应在其前面补 0，如第 268 页为 0268。文章页数为两位数字，实际页数不足两位数时，应在其前面补 0，如 7 页为 07，转页不计。

文章编号的标识为“**文章编号：**”或“**【文章编号】**”。例如“**文章编号：**1672-4992-(2016)18-2835-04”，该文章发表在《现代肿瘤医学》2016 年第 18 期，首页所在页码为 2835，共有 4 页，该期刊的 ISSN 为 1672-4992。

3.9.2　DOI

DOI 就是数字对象标识符（digital object indentifier）的缩写，是一种包括字母和数字组合的针对数字内容或对象（如一本书、一篇文章、一个章节内容、一项专利、一幅插图、一个社论、一个启示、一个更正等）的唯一标识符，其主要作用是实现全球引文互联。引文互联指通过 DOI 技术实现所引文献与被引文献在互联网上互相链接，即一篇文章所引用的文献与这些文献的原文的链接，以及与引用了此篇文章的别的文献的原文的链接。目前美国 CrossRef 公司是国际 DOI 基金会指定的唯一官方 DOI 注册机构。在 DOI 中心目录中，DOI 与内容或对象的解析地址（OpenURL）关联，此目录容易更新、升级。

DOI 发表在 OpenURL 的位置上，可避免因内容或对象移动而导致的链接失败，这就意味着内容或对象的存储地点发生变化时，内容或对象照常能被链接上（DOI 始终不变）。DOI 的最大优势是，在互联网的任何一个节点，只要用鼠标单击一个 DOI 就可到达用户所需内容或对象的地址并与其全文链接上，使传统模式下的大量内容或对象不再成为“信息孤岛”。

DOI 由前缀和后缀两部分构成，前缀与后缀之间以斜线分隔。前缀由识别码管理机构指定（由 CrossRef 注册中心分配的 DOI 前缀通常以“10”开始）；后缀由出版机构或版权所有者等自行命名或分配。例如：

DOI:10.1086/301055

DOI:10.3901/CJME.2016.01.001

DOI:10.3724/SP.J.1006.2008.00619

DOI:10.19803/j.1672-8629.2019.12.01

DOI:10.3881/j.issn.1008-5882.2008.06.015

DOI:10.1126/science.286.5445.1679e

论文中通常将 DOI、中图分类号、文献标识码和文章编号排在一起，放在较为显著的位置，如论文开头（书眉线下方、题名上方）。例如：

DOI:10.19803/j.1672-8629.2019.12.01　中图分类号：R965　文献标识码：A　文章编号：672-8629(2019)12-0705-06

3.10　日期信息

日期信息指有关论文提交（投稿、受理）、修改回、接受（录用）、上线等的时间信息。它常位于论文首页脚注处，或论文结尾，或其他较为显著的位置，一般以“收稿日期：×××；

修回日期：×××；录用日期：×××”（Received…; Revised 或 revised…; Accepted 或 accepted…）作为标识。不同期刊对这一信息的具体标识项目与格式可能有所不同。例如：

20200228 收到初稿；20200618 收到修改稿

收稿日期：2020-04-03；修回日期：2020-09-18

收稿日期：2016-10-17；修订日期：2017-02-26。Received 17 Oct. 2016；accepted 26 Feb. 2017

收稿日期：2016-09-14；接受日期：2016-11-30

收稿日期：2016-01-11；退修日期：2016-02-15；录用日期：2016-03-07；上线时间：2016-04-25　17:04

收稿日期：2018-10-18；退修日期：2018-11-02；录用日期：2018-11-14；网络出版时间：2018-11-16　10:01
Received：2018-10-18；**Revised**：2018-11-02；**Accepted**：2018-11-14；**Published online**：2018-11-16　10:01

日期信息是统计有关期刊指标（如出版周期）的重要依据，也是反映编辑工作效率的重要依据。发表的论文中有时会出现日期不准确、不对应，格式不规范、不统一等问题，这应引起编辑们的注意。

3.11　附录

附录是论文的附件，多数论文没有附录。它是在不增加论文篇幅和不影响论文内容连贯性叙述的前提下，提供文中有关内容的详尽描述或显示，如推导、演算、证明、解释、说明、步骤、图表、式子，有关数据、曲线、照片，或其他辅助资料，如计算机框图、算法或程序等，与论文主体统一编入连续页码。

附录写作要求主要有以下几个方面。

1）按需布局内容

按需合理布局用附录表达的内容，不要把应放在正文中表述的内容放在附录中。附录会占用较多版面，对文章被引也没什么贡献，不少期刊不提倡用附录，能不用就尽量不用。

2）恰当确定篇幅

恰当安排内容，确定合适的附录篇幅。既不冗长，占用过多版面，增加出版成本，甚至影响别人论文的发表周期（期刊容量一般是固定的），也不简短，过于简短的应放在正文中。

3）规范表达语言

按与论文正文同等的要求或标准来撰写附录，消除语病，提升语言效能，使语句表述严谨、结构合理、层次清晰、标点正确和逻辑通顺，成为正文重要、和谐的补充部分。

第4章 量和单位

科技论文通常涉及量和单位，量和单位的表达是科技论文写作的重要方面。量和单位有严格的定义和专门的名称、符号，而名称又涉及科学概念、术语，符号又涉及字符类别、大小写、正斜体、上下标，单位涉及各种词头，而且量还有计量、定量表达，量与量之间有各种或复杂或简单的数学关系。在这些方面，我国已有一套非常重要的标准在执行，这就是GB 3100～3102—1993《量和单位》(下称国家标准《量和单位》，有时称国家标准)。

该标准是由原国家技术监督局(国家质量监督检验检疫总局)于1993年12月27日批准、发布，1994年7月1日起实施的15项国家标准。它是1986年第2版的修订本和代替本，在量和单位的体系、名称和符号上更为系统化，更好地反映了现代科学概念，还适当增加了一些重要的量。它涉及自然科学的各个领域，是各行各业必须执行的基础性标准，也是国家法定计量单位的具体应用形式。国家四部委[①]于1994年11月14日发布了《关于在全国开展“量和单位”系列国家标准宣传贯彻工作的通知》，明确指出：“根据《中华人民共和国计量法》和《中华人民共和国标准化法》，要求所有1995年7月1日以后出版的科技书刊、报纸、新闻稿件、教材、产品铭牌、产品说明书等，在使用量和单位的名称、符号、书写规则时都应符合新标准的规定；所有出版物再版时，都要按新标准规定进行修订。”

国家标准及有关通知精神为科技论文中量和单位的规范使用提供了科学依据和制度准绳。本章基于标准及有关规范阐述量和单位的概念、规则及其在科技论文中的规范使用。

4.1 物理量

4.1.1 量的概念

“量”(quantity) 分为用于定量地描述物理现象的“物理量”和日常生活中使用的“非物理量”，前者的度量衡使用法定计量单位，而后者使用一般量词。为叙述方便，以下行文中的“量”一般指“物理量”。

量可以定义为：量是现象、物体或物质的可以定性区别和定量确定的一种属性。量有抽象的量和具体的量。抽象的量是未规定条件的量类，只是量的种类，是不可测量的，称为广义量；具体的量是规定了一定条件的量类，是可以测量的，称为特定量，又称可测量的量，很多情况下简称为量。像长度、质量、时间、电流、热力学温度、物质的量和发光强度之类的量就是抽象的量，而像一根轴的长度、某个工件的质量、某化学反应所需的时间、某电解水电解池所用的电流、水的临界热力学温度、某物质的量和某光源在给定方向的发光强度之类的量就是具体的量。量具有以下特点。

(1) 量都用于表达现象、物体或物质的定性区别即物理属性。按照物理属性的差别和共性，可将物理量分为几何量、力学量、电学量、化学量、热学量等不同类量，以及诸如长度、

---

①四部委当时叫国家技术监督局、国家教育委员会、广播电影电视部、国家新闻出版总署。广播电影电视部就是后来的国家广播电影电视总局（广电总局），2013年国务院对国家新闻出版总署、广电总局职责整合，组建为国家新闻出版广播电影电视总局。

宽度、高度、厚度、直径、距离、波长等同类量。不同类量具有不同量纲，其间不能相互比较；而同类量具有相同量纲，其间可以相互比较。

（2）量在规定条件下都是可测的，并可用单位定量地表达为量值。量虽然可用单位定量地表达为量值，但又独立于计量单位，即量值与单位的选择无关。任何由测量得到的量值都只是一个近似值，但近似值也属于定量表达。虽然量都是可测的，但可测的量不一定是物理量，有少数可测的量就不是物理量。例如：表面粗糙度、固体表面硬度、胶片感光度等类量均是约定可测的量，但不是物理量，因为它们的定义和量值均与测量方法有关，相互间不存在确定的换算关系。

（3）量都存在于给定的量制中。量通过描述自然规律的方程式或定义新量的方程式而相互联系，为制定单位制和引入量纲的概念，通常把某些量作为相互独立量即基本量，而其他量即导出量则根据这些基本量来定义，或用方程式来表示。在任何量制中，导出量均导自其基本量，基本量之间虽然彼此独立，但可通过导出量建立某种数学联系。例如：长度（l）、时间（t）、质量（m）和物质的量（n）都是基本量，它们之间彼此相互独立，没有直接的数学联系，但通过导出量速度（v）和摩尔质量（M）就可以分别建立起以下数学关系：$v = l / t$，$l = t \cdot v$；$M = m / n$，$m = n \cdot M$。

要准确理解量的概念，还有以下几点值得注意。

（1）物理量与物理学中的量（物理学量）在概念上不同。不要将物理量理解为物理学量，不要认为像化学、生物和医药等其他学科定义的量就不是物理量，有关量和单位的国际标准、国家标准中所列出的量一般指物理量。

（2）量所表达的是确定的物理性质，而与非物理量的计数量、对数量有着本质的区别。日常生活中的计数量一般为非物理量，使用的单位是一般量词，如“岁、人、元、台、件、册、名、根、页”等，像“发行量”（如 20 600 册）、“生产量”（如 1 万台）和“奖金”（如 8000 元）等均不是物理量，而是计数量。

（3）某些计数量按物理测量的量值给出时就是物理量。例如：“旋转运动周数”可通过物理测量用量值“2π rad”表达，因此是物理量；国家标准中的“量纲一的量”，如质子数、光子数、绕组的匝数和相数等，有专门的单位名称“一”和单位符号“1”，因此均是物理量。

4.1.2 量制

量制（system of quantities）是一组量的集合，这些量之间存在给定的关系，这种关系的核心是基本量。不同的基本量构成了不同的量制，适用于不同的学科领域。例如：力学量制是以长度、质量和时间为基本量，电学量制是以长度、质量、时间和电流为基本量，热学量制则是以长度、质量、时间和热力学温度为基本量。

量制可以定义为：量制是在科学技术领域中，约定选取的基本量和与之存在确定关系的导出量的一种特定组合。SI 采用的是七量制，约定选取了适用于所有学科领域的 7 个基本量——长度、质量、时间、电流、热力学温度、物质的量和发光强度。

4.1.3 量的单位和数值

在同类量中，如选出某一特定的量作为一个称为单位的参考量，则这一类量中的任何其他量都可用这个单位与一个数的乘积表示，这个数就称为该量的数值。例如：钠的一条谱线

的波长为 $\lambda = 5.896 \times 10^{-7}$ m，其中 λ 是“波长”这一量的符号，m 是“长度”单位“米”的符号，而 5.896×10^{-7} 则是以 m（米）为单位时这一波长的数值。

按量和单位的正规表达方式，二者之间的关系可以表示为

$$A = \{A\} \cdot [A]。$$

式中，A 为某一量的符号，$\{A\}$ 是以单位 $[A]$ 表示量 A 的数值，$[A]$ 为某一单位的符号。对于矢量和张量，其分量亦可按上述方式表示。

当选取不同的单位时，数值会发生变化，而量的符号不发生变化。例如：将某一量用另一单位表示，而此单位等于原来单位的 k 倍，则新的数值等于原来数值的 $1 / k$ 倍。这就表明作为数值和单位乘积的量与单位的选择无关，即当选取不同的单位表达量时，量的大小（即量值）本身不变，也即选择不同的单位时，只会改变与之相关的数值，而不会影响量值的大小。例如：把波长的单位由 m 改成 nm，即为原单位 m 的 10^{-9} 倍，使量的数值等于用 m 表示时的 10^9 倍，于是表示为 $\lambda = 5.896 \times 10^{-7}\ \text{m} = 5.896 \times 10^{-7} \times 10^9\ \text{nm} = 589.6\ \text{nm}$。

4.1.4 量的方程式

量与量之间可建立某种数学关系（如加、减、乘或除）而形成方程式。几个量只要都属于可以相比较的同类量，就可相加或相减，一个量可按代数法则与另外的量相乘或相除。科学技术中所用的方程式分为两类：一类是量方程式，其中用量符号代表量值（即数值 × 单位）；另一类是数值方程式。数值方程式与所选用的单位有关，而量方程式的优点是与所选用的单位无关，因此应该优先采用量方程式。例如：式 $v = l / t$（v 表示速度，l 表示长度，t 表示时间）为量方程式，此方程式与所选用的单位无关；如果分别用“km / h”“m”和“s”作为速度、长度和时间的单位，则可导出数值方程式 $\{v\}_{\text{km/h}} = 3.6\{l\}_{\text{m}} / \{t\}_{\text{s}}$，在此方程式中出现的数字“3.6”是由所选择的特定单位造成的，如果做另外的选择，此数字即随之改变。如果在此方程式中删去表明单位符号的下标，则得 $\{v\} = 3.6\{l\} / \{t\}$，这是一个不再与所选单位无关的方程式，故不宜使用。如果采用数值方程式，则在文中相应位置必须注明单位。

4.1.5 量的量纲

任一量 Q 可用其他量以方程式的形式表示，此形式可以是若干项的和，而每一项又可表示为所选定的一组基本量 $A, B, C, \cdots$ 的乘方之积，有时还乘以数字因数 ζ，即 $\zeta A^\alpha B^\beta C^\gamma \cdots$，而各项的基本量组的指数（$\alpha, \beta, \gamma, \cdots$）则相同。于是量 Q 的量纲可表示为量纲积：

$$\dim Q = \mathrm{A}^\alpha \mathrm{B}^\beta \mathrm{C}^\gamma \cdots$$

式中，A, B, C, … 表示基本量 $A, B, C, \cdots$ 的量纲，而 $\alpha, \beta, \gamma, \cdots$ 则称为量纲指数。

在以 7 个基本量（长度、质量、时间、电流、热力学温度、物质的量和发光强度）为基础的量制中，其基本量的量纲可分别用 L，M，T，I，Θ，N，J 表示，则量 Q 的量纲一般为

$$\dim Q = \mathrm{L}^\alpha \mathrm{M}^\beta \mathrm{T}^\gamma \mathrm{I}^\delta \Theta^\varepsilon \mathrm{N}^\zeta \mathrm{J}^\eta。$$

例如：功的量纲可表示为 $\dim W = \mathrm{L}^2\,\mathrm{M}\,\mathrm{T}^{-2}$，其量纲指数为 2，1，－2。

4.1.6 量纲一的量

量纲一的量（quantity of dimension one）曾称无量纲量（dimensionless quantity）[①]，是指在导出量的量纲表达式中所有量纲指数都等于 0 的量（见表 4-1）。这种量表示为一个数，其量纲积或量纲为 $A^0 B^0 C^0 \cdots = 1$，即

$$\dim Q = \mathrm{L}^0 \mathrm{M}^0 \mathrm{T}^0 \mathrm{I}^0 \Theta^0 \mathrm{N}^0 \mathrm{J}^0 = 1。$$

表 4-1 量纲一的量示例

量 名 称	量方程式	量纲表达式
平面角	$\alpha = l / r$	$\dim \alpha = \mathrm{L} / \mathrm{L} = \mathrm{L}^{(1-1)} = \mathrm{L}^0 = 1$
立体角	$\Omega = A / r^2$	$\dim \Omega = \mathrm{L}^2 / \mathrm{L}^2 = \mathrm{L}^{(2-2)} = \mathrm{L}^0 = 1$
相对密度	$d = \rho_1 / \rho_2$	$\dim d = \mathrm{ML}^{-3} / \mathrm{ML}^{-3} = \mathrm{M}^0\mathrm{L}^0 = 1$

量纲一的量有以下特点：①是物理量，具有一切物理量所具有的特性，因此是可测的；②可用特定的参考量作为单位；③同类时可进行加减运算。

4.1.7 量名称和符号

每个量都有其严格的定义及相应的名称和符号。量的绝大部分名称是从历史上沿用下来的，但都已标准化，其定义或含义应按国家标准给出的科学定义去理解。国家标准中共列出 13 个领域中常用的 614 个量，按科学的命名规则并同时遵循我国广泛使用的习惯给出了它们的标准名称和符号，即我国法定量名称和符号。表 4-2 列出了部分量的名称和符号。

由国家标准可以总结出量名称使用的基本规则：

（1）一个量一般有一个名称，但有的量有几个名称。例如："自由落体加速度""重力加速度"，"动量矩""角动量"，"体积电荷""电荷密度"，"时间""时间间隔""持续时间"为同一量的不同名称。

（2）有的量名称有全称和简称两种叫法，简称一般为常用称法，其使用一般优先于全称。例如："黏度""动力黏度"，"相对密度""相对质量密度"，"电通""电通量"，"磁通""磁通量"分别为量名称的简称和全称。

（3）对于有多个名称的量，这些名称未加区别时处于同等的地位，否则应存在优先使用关系。例如："压力""压强"为同一量的两个名称，具有同等的地位，可根据情况进行选择；"线应变""相对变形"，"介电常数""电容率"，"透射因数""透射系数"为同一量的两个名称，但不具有同等的地位，可优先选择前者。

（4）在国家标准中增加了一些新的量名称，相应地也废弃了一些旧名称。例如："重力"改为"重量"（以地球为参考系时仍可用"重力"），"比重"改为"密度"，"摩擦系数"改为"摩擦因数"，"绝对温度""开氏温度"改为"热力学温度"，"比热"改为"质量热容""比热容"，"内能"改为"热力学能"，"电流强度"改为"电流"，"重量百分数"改为"质量分数"，"体积百分数"改为"体积分数"，"原子量"改为"相对原子质量"，"分子量"改为"相对分子质量"。

①国家标准《量和单位》将国际单位制（Le Système International d'Unités，SI）中的辅助单位明确地归入 SI 导出单位一类，将"无量纲量"改称"量纲一的量"，并明确规定其 SI 单位为一，符号为 1（一般不明确写出）。

表 4-2　部分量的名称和符号（摘自 GB 3102.1～8—1993）

量名称	量符号	量名称	量符号
空间和时间		重量	W，(P，G)
[平面] 角	α，β，γ，θ，φ	冲量	I
立体角	Ω	动量矩，角动量	L
长度	l，L	力矩	M
宽度	b	力偶矩	M
高度	h	转矩	M，T
厚度	d，δ	角冲量	H
半径	r，R	引力常量	G，(f)
直径	d，D	压力，压强	p
程长	s	正应力	σ
距离	d，r	切应力	τ
笛卡儿坐标	x，y，z	线应变，(相对变形)	ε，e
曲率半径	ρ	切应变	γ
曲率	κ	体应变	θ
面积	A，(S)	泊松比，泊松数	μ，ν
体积	V	弹性模量	E
时间，时间间隔，持续时间	t	切变模量，刚量模量	G
角速度	ω	体积模量，压缩模量	K
角加速度	α	[体积] 压缩率	κ
速度	v，c	截面二次矩，截面二次轴矩，(惯性矩)	I_a，(I)
加速度	a	截面二次极矩，(极惯性矩)	I_p
自由落体加速度，重力加速度	g	截面系数	W，Z
周期及其有关现象		动摩擦因数	μ，(f)
周期	T	静摩擦因数	μ_s，(f_s)
时间常数	τ	[动力] 黏度	η，(μ)
频率	f，ν	运动黏度	ν
旋转频率，转速	n	表面张力	γ，σ
角频率，圆频率	ω	能 [量]	E
波长	λ	功	W，(A)
波数	σ	势能，位能	E_p，(V)
角波数	k	动能	E_k，(T)
相速度	c，v，c_φ，v_φ	功率	P
群速度	c_g，v_g	效率	η
场 [量] 级	L_F	质量流量	q_m
功率 [量] 级	L_P	体积流量	q_V
阻尼系数	δ	**热学**	
对数减缩	Λ	热力学温度	T，(Θ)
衰减系数	α	摄氏温度	t，θ
相位系数	β	线 [膨] 胀系数	α_l
传播系数	γ	体 [膨] 胀系数	α_V，(α，γ)
力学		相对压力系数	α_p
质量	m	等熵压缩率	κ_S
体积质量，[质量] 密度	ρ	热，热量	Q
相对体积质量，相对 [质量] 密度	d	热流量	Φ
质量体积，比体积	v	面积热流量，热流 [量] 密度	q，φ
面质量，面密度	ρ_A，(ρ_S)	热导率，(导热系数)	λ，(κ)
转动惯量，(惯性矩)	J，(I)	传热系数	K，(k)
动量	p	表面传热系数	h，(α)
力	F	热绝缘系数	M

续表

量 名 称	量 符 号	量 名 称	量 符 号
热阻	R	绕组的匝数	N
热导	G	相数	m
热扩散率	a	相［位］差，相［位］移	φ
热容	C	阻抗，（复［数］阻抗）	Z
质量热容，比热容	c	［交流］电阻	R
质量定压热容，比定压热容	c_p	电抗	X
质量定容热容，比定容热容	c_V	［交流］电导	G
质量热容比，比热［容］比	γ	品质因数	Q
等熵指数	κ	损耗因数	d
熵	S	损耗角	δ
质量熵，比熵	s	［有功］功率	P
能［量］	E	视在功率，（表观功率）	S，P_S
热力学能	U	无功功率	Q，P_Q
焓	H	功率因数	λ
质量能，比能	e	［有功］电能［量］	W
质量焓，比焓	h	**光及有关电磁辐射**	
电学和磁学		发光强度	I，（I_v）
电流	I	光通量	Φ，（Φ_v）
电荷［量］	Q，q	光量	Q，（Q_v）
体积电荷，电荷［体］密度	ρ，（η）	［光］亮度	L，（L_v）
面积电荷，电荷面密度	σ	光出射度	M，（M_v）
电场强度	E	［光］照度	E，（E_v）
电位，（电势）	V，φ	曝光量	H
电位差，（电势差），电压	U，（V）	光视效率	V
电动势	E	物距	p，l
电通［量］密度	D	**声学**	
电通［量］	Ψ	声速，（相速）	c
电容	C	声能密度	w，（e），（D）
介电常数，（电容率）	ε	声功率	W，P
真空介电常数，（真空电容率）	ε_0	声强［度］	I，J
相对介电常数，（相对电容率）	ε_r	声阻抗	Z_a
面积电流，电流密度	J，（S）	声阻	R_a
线电流，电流线密度	A，（α）	声质量	M_a
磁场强度	H	声导纳	Y_a
磁位差，（磁势差）	U_m	声导	G_a
磁通势，磁动势	F，F_m	声纳	B_a
磁通［量］	Φ	［力］质量	M
互感	M，L_{12}	声压级	L_p
磁导率	μ	声强级	L_I
真空磁导率	μ_0	损耗因数，（损耗系数）	δ，ψ
相对磁导率	μ_r	反射因数，（反射系数）	γ，（ρ）
磁化强度	M，（H_i）	透射因数，（透射系数）	τ
［直流］电阻	R	吸收因数，（吸声系数）	α
［直流］电导	G	隔声量	R
［直流］功率	P	吸声量	A
电阻率	ρ	响度级	L_N
电导率	γ，σ	响度	N
磁阻	R_m	**物理化学和分子物理学**	
磁导	Λ，（P）	相对原子质量	A_r

续表

量名称	量符号	量名称	量符号
相对分子质量	M_r	B 的分子浓度	C_B
分子或其他基本单元数	N	B 的质量分数	w_B
物质的量	n，(ν)	B 的浓度，B 的物质的量浓度	c_B（或 [B]）
摩尔质量	M	B 的摩尔分数	x_B，(y_B)
摩尔体积	V_m	溶质 B 的摩尔比	r_B
摩尔热容	C_m	B 的体积分数	φ_B
摩尔定压热容	$C_{p,m}$	标准平衡常数	$K^{\ominus}$
摩尔定容热容	$C_{V,m}$	分子质量	m
摩尔熵	S_m	摩尔气体常数	R

说明：1. 当一个量有多个名称或符号而未加区别时，则这些名称或符号处于同等的地位。

2. “量名称”栏中方括号去掉时的名称为量的全称。在不致引起混淆、误解的情况下可以省略方括号及其中的字。去掉方括号及其中的字时的名称为量的简称。

3. “量名称”栏中圆括号内的名称是其前面名称的同义词。

4. “量符号”栏中圆括号内的符号为“备用符号”，供在特定情况下主符号以不同意义使用时使用。

5. 日常生活和贸易中，“质量”习惯称为“重量”，但国家标准不赞成这种习惯。

由国家标准可以总结出量符号使用的基本规则：

（1）量符号一般用单个字母，或者含有上下标（包括字母、数字、符号）或其他说明性标记的字母（包括拉丁字母或希腊字母）表示，但有的量符号用两个字母或多个符号组合来表示，有的用加有某种符号或记号的单个字母来表示。例如：“慢化面积”的符号（L_s^2，L_{s1}^2）用含有上下标的字母表示；“雷诺数”（Re）、“马赫数”（Ma）等 25 个特征数用两个字母表示；“质能吸收系数”（μ_{en}/ρ）、“定向剂量当量”[H'（d，Ω）] 用多个符号组合表示；“吸收剂量率”（$\dot{D}$）用加有上圆点（微分符号）的单个字母表示。

（2）一个量一般有一个符号，但有的量有两个或两个以上符号。一个量同时有多个符号而未加区别时，这些符号处于同等地位，可根据情况进行选择。当量的主符号与其他量的符号发生冲突或按习惯需要使用时可使用备用符号。例如：“摄氏温度”有两个符号 t，θ，它们具有同等地位；“重量”有三个符号 W，P，G，其中 P，G 为备用符号。

（3）不同的量的符号一般是不相同的，但有的量的符号与另外不同的量的符号是相同的，即同一符号可作不同的量的符号。例如：W 可作为“重量”“功”这两个量的符号，T 可作为“周期”“热力学温度”的符号，p 可作为“压力”“动量”“物距”的符号。

（4）名称相近但概念不同的量的符号可能是截然不同的。例如：“力”的符号为 F，“表面张力”的却为 γ 或 σ；作为 7 个基本量之一的“质量”，其符号为 m，在声学中“[力] 质量”表示惯性力抗除以角频率，其符号为 M；“长度”“波长”和“程长”具有相近的量名称，但其符号是不同的，分别为 l（或 L），λ 和 s，而在数学中可用小写的拉丁字母（如 a，b 等）或两个连写的字母（如 $|AB|$，AB 等）表示线段的长度。

（5）量符号用斜体字符表示，但表示“酸碱度”的符号 pH 和表示材料硬度的符号 HRC 等可以“当作”量的符号使用，并用正体字符表示。量符号有下标时，下标的正斜体要根据具体情况而定（参见 4.3.1 节中有关内容），也有的下标是由正、斜体字符复合而成的。例如：表示数的字母 n、坐标轴的字母 x 等作下标时用斜体表示；“质量定容热容”的符号为 c_V，其下标 V 用斜体表示（根据“体积”的量符号 V 而来）；“群速度”的符号为 c_{g}，v_{g}，其下标 g 用正体表示（根据英文单词 group 的首字母 g 而来）。

（6）量符号是严格区分字母类别、大小写及字体的。例如：表示“传热系数”“角波数”的符号 k 的字母类别为拉丁字母，“曲率”“压缩率”“热导率”“等熵指数”的符号 κ 的字母类别为希腊字母；表示“功率”“粒子辐射度”等的符号要用大写字母 P，“压力”“物距”“动量”等的符号用小写字母 p；表示矩阵、矢量（向量）和张量的符号用黑（加粗）斜体字母。

4.1.8 量名称中所用术语的规则

如同为量选择适当的符号一样，量的命名也需要某种规则。当一个量无专门名称时，其名称一般是一个与系数（coefficient）、因数或因子（factor）、参数或参量（parameter）、比或比率（ratio）、常量或常数（constant）等术语组合的名称。与此类似，比（specific）、密度（density）、摩尔［的］（molar）等术语也加于量名称中，以表示其他相关量或导出量。

1. 系数，因数或因子

在一定条件下，如果量 A 正比于量 B，则可以用乘积关系式 $A=kB$ 表示，式中作为乘数出现的量 k 常称为系数、因数或因子。

如果量 A 和量 B 具有不同量纲，则 k 用“系数”这一术语。例如：霍尔系数 A_{H}，线［膨］胀系数 α_l，扩散系数 D。注意：有时用术语“模量”（modulus）代替术语“系数”。例如：弹性模量 E。

如果量 A 和量 B 具有相同量纲，则 k 用“因数”或“因子”（为一量纲一的乘数）这一术语。例如：耦合因数 k，品质因数 Q，摩擦因数 μ。

2. 参数或参量，数，比或比率

量的组合，例如在方程式中出现的那种，常被视为构成新的量。这种量有时称为参数或参量。例如：格林爱森参数 γ。

某些量的量纲一的组合，例如在描述传输现象中出现的那种，称为特征数，并在名称中带有“数”这一字。例如：雷诺数 Re，普朗特数 Pr。

由两个量所得的量纲一的商常称为比［率］。例如：热容比 γ，热扩散比 k_T，迁移率比 b。注意：① 小于 1 的比［率］有时用“分数”这一术语。例如：质量分数 w_{B}，敛积分数 f。② 有时用“率”（index）代替“比［率］”，但不推荐扩大此用法。例如：折射率 n。

3. 级

量 F 和该量的参考值 F_0 之比的对数称为级（level）。例如：场量级 $L_F=\ln(F/F_0)$。

4. 常量或常数

一个量如果在任何情况下均有同一量值，则称为普适常量或普适常数（universal constant）。除非有专用名称，否则，此名称均含有术语“常量”或“常数”。例如：引力常量 G，普朗克常量 h。

一特定物质的量如果在任何情况下均有同一量值，则称为物质常量（constant of matter）。除非有专用名称，否则，此名称也含有术语“常量”。例如：某特定核素的衰变常量 λ。

仅在特定条件下保持量值不变，或由数学计算得出量值的其他量，有时在名称中也含有术语“常量”或“常数”，但不推荐扩大此用法。例如：化学反应的标准平衡常数（它随温度而变）$K^{\ominus}$，某特种晶格的马德隆常量 α。

5. 常用术语

（1）形容词“质量［的］”或“比”加在量的名称之前，以表示该量被质量除所得之商。例如：质量热容，比热容 c；质量体积，比体积 v；质量熵，比熵 s；质量［放射性］活度，比［放射性］活度 a。

（2）形容词“体积［的］”或术语“密度”加在量的名称上，以表示该量被体积除所得之商。例如：体积质量，［质量］密度 ρ；体积电荷，电荷密度 ρ；体积能［量］，能［量］密度 w；体积数，数密度 n。

（3）形容词“线”或术语“线密度”加在量的名称上，以表示该量被长度除所得之商。例如：线质量，［质量］线密度 ρ_l；线电流，电流线密度 A。注意：术语“线”常单独加在量的名称上，以区别类似的量。例如：平均［直］线范围 R，线膨胀系数 a_l，线衰减系数 μ。

（4）形容词“面积”或术语“面密度”加在量的名称上，以表示该量被面积除所得之商。例如：面质量，［质量］面密度 ρ_A；面电荷，电荷面密度 σ。

术语“密度”加在表示通量（或流量）的名称上，以表示该量被面积除所得之商。例如：热流［量］密度 q，电流密度 J，磁通［量］密度 B。

（5）术语“摩尔［的］”加在量的名称之前，以表示该量被物质的量除所得之商。例如：摩尔体积 V_{m}，摩尔热力学能 U_{m}，摩尔质量 M。

（6）术语“浓度”常加在量的名称上（特别是对混合物中的某种物质），用以表示该量被总体积除所得之商。例如：B 的［物质的量］浓度 c_{B}，B 的分子浓度 C_{B}，B 的质量浓度 ρ_{B}。

术语“光谱密集度”用以表示光谱分布函数。

这部分内容参见 GB 3101—1993《量和单位》的附录 A《物理量名称中所用术语的规则》（参考件）。

4.2 计量单位

在经济、科技、文教等领域以及人们日常生活中，都离不开计量单位，世界各国对统一计量制度历来都十分重视，并把其作为基本国策，有的甚至还写入了国家宪法。我国也很重视这项工作，国务院于 1984 年 2 月 27 日发布了《关于在我国统一实行法定计量单位的命令》，确定了以先进的 SI 为基础的我国法定单位，这是进一步统一我国计量制度的一项重要决策；全国人大常委会于 1985 年 9 月 6 日通过了《中华人民共和国计量法》，明确规定我国采用 SI 单位和我国选定的其他计量单位为国家法定计量单位，非法定单位应当废除，这就以法律的形式确保了国家计量制度的统一。

4.2.1 单位的概念

单位（unit）是计量单位（也称测量单位）的简称，可定义为：单位是约定定义和采用的用以比较并表示同类量中不同量大小的某一种特定量（即物理常量）。这种约定的范围是不受限制的，包括国际约定、一国约定或更小范围的约定，SI 单位就属于国际约定。单位恒为特定量，当然属于物理量，因此也有量纲。单位并不要求数值为 1，因此不能把单位理解为数值为 1 的量，例如把 100 N 作为单位使用也是可以的。

任何单位的定义只能来自特定量或其他单位。例如：“米（m）”定义为光在真空中

1 / 299 792 458 s 时间间隔内所经路径的长度，即 1 m＝（1 / 299 792 458）s • c；“开［尔文］(K)”定义为水三相点热力学温度的 1 / 273.16，即 1 K＝（1 / 273.16）• T_{tr}（H_2O）。绝对不可以用广义量来定义单位。例如：把 B 的浓度的单位“摩［尔］每立方米（mol / m^3）”定义为“每立方米溶液中所含溶质的物质的量”是错误的，因为“物质的量”属于广义量，应将其中的“物质的量”改为“B 的物质的量”；如果将“物质的量”改为“摩尔数”就更加错误，因为“摩尔数”是已废弃的量名称。

在未作具体指明时，量的单位通常可用加方括号的形式表示，这是一种标化的具体方式。例如，［l］，［m］，［t］，［I］可分别表示长度、质量、时间、电流的单位。

4.2.2 单位制

单位制（system of units）从属于量制，是为给定量制按给定规则确定的一组基本单位和导出单位。同一量制中，由于基本单位选择的不同，可以有不同的单位制。例如，以长度、质量和时间为基本量的力学领域的量制，其单位制包括以下几种：①米、千克、秒制；②厘米、克、秒制（即 CGS 单位制）；③米、吨、秒制；④码、磅、秒制。

SI 约定选取了 7 个基本单位，用这些单位可以定义全部导出单位，而且导出单位定义方程中的因数都是 1。这种导出单位称为一贯导出计量单位（coherent derived unit of measurement），简称一贯单位（coherent unit）。一贯单位可以定义为：由比例因数为 1 的基本单位幂之乘积表示的导出单位。

单位可以任意选择，但如果对每一个量都独立地选择一个单位，则将导致在数值方程中出现附加的数字因数。不过可以选择一种单位制，使包含数字因数的数值方程式与相应的量方程式有完全相同的形式，这样在使用中就比较方便。对有关量制及其方程式而言，按此原则构成的单位制称为一贯单位制（coherent system of units），简称一贯制。一贯制可以定义为：全部导出单位均为一贯单位的单位制。在一贯单位制中，虽然基本单位的选定具有任意性，但一旦选定了基本单位，则其导出单位都不再是任意的了。在一贯制的单位方程中，数字因数只能是 1。SI 就是这种单位制，其单位就是一贯单位，这也是 SI 的优点之一。

对于特定的量制和方程系，为获得一贯制，应首先为基本量定义基本单位，然后根据基本单位通过代数表示式为每一个导出量定义相应的导出单位，该代数式由量的量纲积以基本单位的符号替换基本量纲的符号得到（如基本单位按以下方式进行符号替换：L→m，M→kg，T→s，I→A，Θ→K，N→mol，J→cd）。特别是，量纲一的量得到单位 1；用基本单位表示的导出单位的表示式中不会出现非 1 的数字因数，示例见表 4-3。

表 4-3　用一贯制导出单位示例

量	方程式	量纲	导出单位符号
速度	$v = \mathrm{d}l / \mathrm{d}t$	$\mathrm{LT^{-1}}$	m / s
力	$F = m\mathrm{d}^2 l / \mathrm{d}t^2$	$\mathrm{LMT^{-2}}$	kg • m / s^2
动能	$E_k = mv^2 / 2$	$\mathrm{L^2MT^{-2}}$	kg • m^2 / s^2
势能	$E_p = mgh$	$\mathrm{L^2MT^{-2}}$	kg • m^2 / s^2
能	$E = (mv^2 / 2) + mgh$	$\mathrm{L^2MT^{-2}}$	kg • m^2 / s^2
相对密度	$D = \rho / \rho_0$	1	1

4.2.3　国际单位制

国际单位制（SI）是由国际计量大会（Conférence Générale des Poids et Mesures，CGPM）所采用和推荐的一贯单位制。SI 是全世界几千年生产和科学技术发展的综合结果，是在米制基础上发展和形成的，继承了米制的合理部分并采纳了其他单位制的精华，同时也发展了米制。SI 从 1960 年正式命名至今已在全世界得到广泛应用，现在几乎所有国家已采用 SI 为本国的计量制度，绝大多数国际组织也宣布采用 SI。SI 能够在世界范围内得到如此广泛的重视和欢迎，主要是因为它具有突出的优点：①单位统一，选用广泛；②结构合理，方便实用；③科学严谨，精密准确。

SI 是一个完整的单位体系，如图 4-1 所示。在实际使用中，SI 基本单位、导出单位及其倍数单位是单独、交叉、组合或混合使用的，因此就构成了可以覆盖整个科学技术领域的计量单位体系。

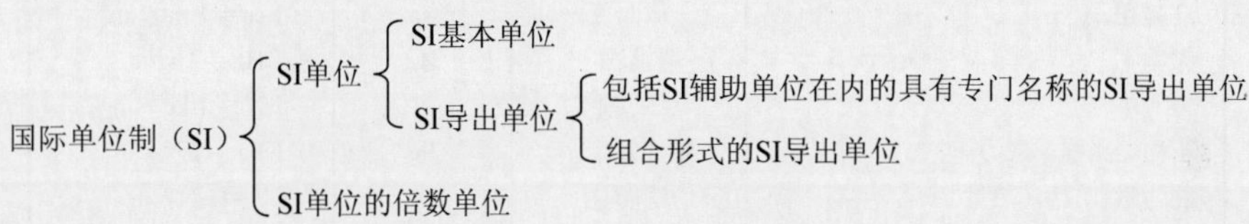

图 4-1　SI 构成示意图

4.2.4　我国法定计量单位

法定计量单位（legal unit of measurement）简称法定单位，是指国家或政权机关以法令形式规定，在全国强制或允许使用的计量单位。世界上多数主权国家有各自的法定单位，我国的法定单位是国务院以命令形式发布的。我国任何地区、部门、机构和个人都应该严格地遵照、正确地采用我国法定单位，科技论文当然也不例外。

我国法定单位是以 SI 单位为基础，根据国情加选 16 个非 SI 单位构成的，包括以下部分（如图 4-2 所示）：①SI 基本单位；②具有专门名称的 SI 导出单位；③我国选定的非 SI 单位；④由以上单位组合而成的单位（简称组合单位）；⑤由 SI 词头和以上单位构成的倍数单位。

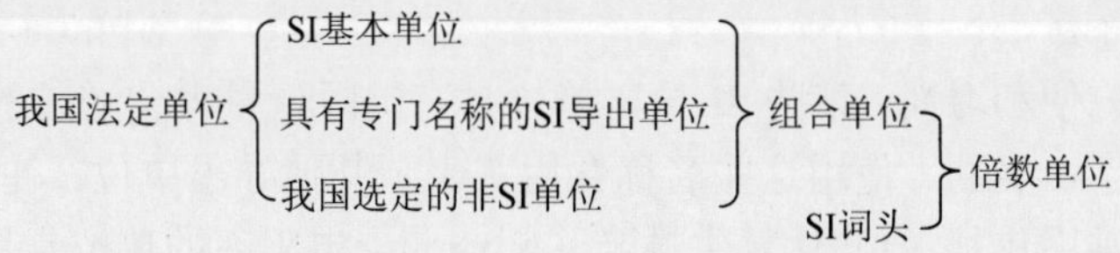

图 4-2　我国法定单位构成示意图

1. SI 基本单位

SI 基本单位是相互独立的 7 个基本量的单位，是 SI 单位的基础，如表 4-4 所示。

2. 具有专门名称的 SI 导出单位

这是一种由基本单位以代数形式表示的单位，单位符号中的乘和除采用数学符号“·”“/”，如速度的 SI 导出单位为用基本单位“米”（m）与“秒”（s）相除的形式“米每秒”（m / s 或 m · s^{-1}）。这种单位共 21 个（包括 SI 辅助单位在内，如表 4-5 所示）。

表 4-4　SI 基本单位

量 名 称	单位名称	单位符号
长度	米	m
质量	千克（公斤）	kg
时间	秒	s
电流	安［培］	A
热力学温度	开［尔文］	K
物质的量	摩［尔］	mol
发光强度	坎［德拉］	cd

表 4-5　具有专门名称的 SI 导出单位

量 名 称	SI 导出单位		
	单位名称	单位符号	导出关系
[平面] 角	弧度	rad	1 rad = m / m = 1
立体角	球面度	sr	1 sr = 1 m^2 / m^2 = 1
频率	赫［兹］	Hz	1 Hz = 1 s^{-1}
力	牛［顿］	N	1 N = 1 kg・m / s^2
压力，压强，应力	帕［斯卡］	Pa	1 Pa = 1 N / m^2
能［量］，功，热量	焦［耳］	J	1 J = 1 N・m
功率，辐［射能］通量	瓦［特］	W	1 W = 1 J / s
电荷［量］	库［仑］	C	1 C = 1 A・s
电压，电动势，电位，（电势）	伏［特］	V	1 V = 1 W / A
电容	法［拉］	F	1 F = 1 C / V
电阻	欧［姆］	Ω	1 Ω = 1 V / A
电导	西［门子］	S	1 S = 1 $Ω^{-1}$
磁通［量］	韦［伯］	Wb	1 Wb = 1 V・s
磁通［量］密度，磁感应强度	特［斯拉］	T	1 T = 1 Wb / m^2
电感	享［利］	H	1 H = 1 Wb / A
摄氏温度	摄氏度	℃	1 ℃ = 1 K
光通量	流［明］	lm	1 lm = 1 cd・sr
[光] 照度	勒［克斯］	lx	1 lx = 1 lm / m^2
[放射性] 活度	贝可［勒尔］	Bq	1 Bq = 1 s^{-1}
吸收剂量，比授［予］能，比释动能	戈［瑞］	Gy	1 Gy = 1 J / kg
剂量当量	希［沃特］	Sv	1 Sv = 1 J / kg

为了使用上的方便和习惯，某些 SI 导出单位具有国际计量大会通过的专门名称，其中 18 个是用科学家的名字命名的。使用这些名称并用其表示其他导出单位，往往更为准确、方便，如热、能量的单位常用焦耳（J）代替牛顿米（N・m），电阻率的单位常用欧姆米（Ω・m）代替伏特米每安培（V・m / A）。

1960 年，国际计量大会将弧度和球面度两个 SI 单位划为“辅助单位”；1980 年，国际计量委员会决定将 SI 辅助单位归类为无量纲量（现称量纲一的量）的导出单位。平面角和立体角的一贯制单位是数字 1。在许多实际情况中，用专门名称弧度（rad）和球面度（sr）分别代替数字 1 是方便的（1 rad = 1 m / m = 1；1 sr = 1 m^2 / m^2 = 1），如角速度的 SI 单位可写成弧度每秒（rad / s）。

用 SI 基本单位和具有专门名称的 SI 导出单位或（和）SI 辅助单位以代数形式表示的单位称为组合形式的 SI 导出单位。

3. 我国选定的非 SI 单位

这类单位共 16 个（见表 4-6），都是可与 SI 单位并用的我国法定计量单位。

表 4-6　我国选定的非 SI 单位

量 名 称	单位名称	单位符号	与 SI 单位的关系
时间	分	min	1 min＝60 s
	［小］时	h	1 h＝60 min＝3600 s
	日，（天）	d	1 d＝24 h＝86 400 s
［平面］角	度	°	1°＝60′＝（π / 180）rad（π 为圆周率）
	［角］分	′	1′＝（1 / 60）°＝（π / 10 800）rad
	［角］秒	″	1″＝（1 / 60）′＝（π / 648 000）rad
体积	升	L，（l）	1 L＝1 dm^3＝10^{-3} m^3
质量	吨	t	1 t＝10^3 kg
	原子质量单位	u	1 u≈1.660 540×10^{-27} kg
旋转速度	转每分	r / min	1 r / min＝（1 / 60）s^{-1}
长度	海里	n mile	1 n mile＝1852 m（只用于航行）
速度	节	kn	1 kn＝1 n mile / h＝（1852 / 3600）m / s（只用于航行）
能	电子伏	eV	1 eV≈1.602 177×10^{-19} J
级差	分贝	dB	
线密度	特［克斯］	tex	1 tex＝10^{-6} kg / m
面积	公顷	hm^2	1 hm^2＝10^4 m^2

使用非 SI 单位有以下规则：

（1）长度单位海里（n mile）和速度单位节（kn）只用于航行。

（2）其他时间单位，例如星期、月、年（a）也是通常使用的单位。

（3）平面角的单位度、分、秒的符号，在组合单位中应采用（°）、（′）、（″）的形式，例如用“（°）/ s”而不用“° / s”。

（4）升的符号原先为 l（小写英文字母，下同），因其易与阿拉伯数字 1 混淆，1979 年第 16 届国际计量大会通过了用 L 作其符号。国际标准中升的符号为 L 和 l（l 为备用符号），科技界倾向于用 L，我国和美国等国家的国家标准中都推荐采用 L。

（5）我国法定公顷的符号为 hm^2，而不是公顷的国际通用符号 ha。

（6）“转”的符号为 r，包含此符号的一些单位，如“转每分”（r / min 或 r·min^{-1}）和“转每秒”（r / s 或 r·s^{-1}），广泛用作旋转机械转速的单位。［1 r / min＝（π / 30）rad·s^{-1}，1 r / s＝2π rad·s^{-1}。］

4. 由以上单位组合而成的单位

这类单位（简称组合单位）是指由 4.2.4 节中 1.～3.列出的 44 个法定单位通过乘或除组合而成的且具有物理意义的单位，这些单位都是我国法定单位（示例见表 4-7）。在组合单位中，用专门名称和符号往往是有益的。

5. 由 SI 词头与以上单位构成的倍数单位

这是一种为了避免过大或过小的数值而利用 SI 词头加在 SI 单位之前构成的十进倍数和分数单位。SI 词头使用的目的是使量值中的数值处于 0.1～1000 的范围内。每个词头都代表一个因数，有特定的名称和符号（见表 4-8）。凡是由 SI 词头与以上法定单位构成的十进倍数或分数单位都是我国法定单位，如 hm（百米），μmol（微摩），kW • h（千瓦时），mol / mL（摩每毫升），MeV • m^2 / kg（兆电子伏二次方米每千克）等。

表 4-7　组合单位示例

量 名 称	单位名称	单位符号
摩尔熵	焦［耳］每摩［尔］开［尔文］	J /（mol • K）或 J • mol^{-1} • K^{-1}
引力常量	牛［顿］二次方米每二次方千克	N • m^2 / kg^2 或 N • m^2 • kg^{-2}
电阻率	欧［姆］米	Ω • m
光子亮度	每秒球面度平方米	s^{-1} /（sr • m^2）或 s^{-1} • sr^{-1} • m^{-2}
总质量阻止本领	电子伏二次方米每千克	eV • m^2 / kg 或 eV • m^2 • kg^{-1}
磁旋系数，（磁旋比）	安［培］平方米每焦［耳］秒	A • m^2 /（J • s）或 A • m^2 • J^{-1} • s^{-1}
声导	立方米每帕［斯卡］秒	m^3 /（Pa • s）或 m^3 • Pa^{-1} • s^{-1}

表 4-8　SI 词头

因 数	词头名称		词头符号
	英 文	中 文	
10^{24}	yotta	尧［它］	Y
10^{21}	zetta	泽［它］	Z
10^{18}	exa	艾［可萨］	E
10^{15}	peta	拍［它］	P
10^{12}	tera	太［拉］	T
10^{9}	giga	吉［咖］	G
10^{6}	mega	兆	M
10^{3}	kilo	千	k
10^{2}	hecto	百	h
10^{1}	deca	十	da
10^{-1}	deci	分	d
10^{-2}	centi	厘	c
10^{-3}	milli	毫	m
10^{-6}	micro	微	μ
10^{-9}	nano	纳［诺］	n
10^{-12}	pico	皮［可］	p
10^{-15}	femto	飞［母托］	f
10^{-18}	atto	阿［托］	a
10^{-21}	zepto	仄［普托］	z
10^{-24}	yocto	幺［科托］	y

使用词头要注意我国的一些习惯用法，如 10^4 称为万，10^8 称为亿，10^{12} 称为万亿，这类汉字数词不是词头，其使用不受词头名称的影响，注意不要将其与词头混淆。

4.2.5　单位一

量纲一的量是有单位的。任何量纲一的量的 SI 一贯单位都是一，符号是 1，在表示量值时，一般不明确写出。例如：折射率 $n = 1.53 \times 1 = 1.53$。然而，对于某些量而言，单位一被给予专门名称（例如：平面角 $\alpha = 1.5 = 1.5$ rad；立体角 $\Omega = 3.3 = 3.3$ sr；场量级 $L_F = 20 = 20$ Np），表示量值时单位 1 是否用专门名称取决于具体情况。

表示量纲一的量值时，单位一不能用符号 1 与词头结合以构成其十进倍数或分数单位，但可用 10 的幂（乘方）代替，有时也可用百分号%代替数字 0.01，即把%作为单位 1 的分数单位使用。例如：反射系数 $r = 0.085\ [\times 1] = 8.5 \times 10^{-2} = 8.5\%$。

4.2.6　单位名称和符号

单位名称用于口语和叙述性文字中，有的单位有全称、简称两种叫法。单位符号分中文符号和国际符号两种。在国家标准的单位的“符号”一栏中列出的单位就是单位的国际符号（如果栏中有虚线，则虚线上方的单位是单位的国际符号）。小学、初中教科书，普通书刊或科普类文章中可以使用单位的中文符号，而科普类文章以外的科技文章中一般使用单位的国际符号。

由国家标准可以总结出单位名称使用的基本规则：

（1）单位名称中绝对不能出现任何多余的字或符号，组合单位中“每”字不能出现两次。

（2）对乘方形式的单位名称，其顺序是指数名称在前，单位名称在后。

（3）除“[平面] 角”“立体角”这两个“量纲一的量”的单位名称规定为“弧度”“球面度”外，其他“量纲一的量”的单位名称均为“一”。

由国家标准可以总结出单位符号使用的基本规则：

（1）单位符号（简称单位）在国际上是通用的，一般指单位的国际符号（也称单位标准化符号），用于一切需要使用单位的场合。

（2）单位符号多用于数学式、数据表、曲线图、刻度盘和产品铭牌等需要明了的地方，也用于叙述性文字中。

（3）单位的中文符号指非组合单位名称的简称，或简称与“ • ”或（和）“ / ”及（或）指数的组合。例如：“弹性模量”的单位中文符号为“帕”；“动力黏度”为“帕 • 秒”；“表面张力”为“牛 / 米”或“牛 • 米$^{-1}$”；“传热系数”为“瓦 / (米^{2} • 开)”。

（4）单位的国际符号是以一个或若干拉丁字母或希腊字母表示的标准化符号，或是由几个字母（包括词头符号）和“ • ”或（和）“ / ”及（或）指数组合而成的组合单位。组合单位中的“ / ”不能多于一条，对于分子为 1 的组合单位符号，一律用负数幂的形式。例如：“传热系数”的单位符号为“$\mathrm{W / (m^2 \cdot K)}$”，不是“$\mathrm{W / m^2 / K}$”；“宏观截面”为“$\mathrm{m^{-1}}$”，一般不能为 $\mathrm{1 / m}$。

（5）单位符号一律用正体字符表示，除来源于人名的单位符号第一个字母大写外，其余一般为小写。例如：W（瓦）、V（伏）、N（牛）、Pa（帕）、mol（摩 [尔]）、cd（坎 [德拉]）、rad（弧度）等。表示因数大于或等于 10^6 的词头符号用大写体，否则用小写体。例如：大写字母“P”表示 10^{15}，小写字母“p”表示 10^{-12}；大写字母“M”表示 10^6，小写“m”表示 10^{-3} 等。除“[平面] 角”“立体角”这两个量的单位外，其他“量纲一的量”的单位均为数字“1”，在实际中并不写出。

（6）词头可以加在单位的国际符号前来构成一个新的（十进倍数或分数）单位符号，以避免单位前的数值过大或过小。词头与单位符号之间不留空隙，即作为一个整体不可分割。例如：$1\ \mathrm{cm^3} = (10^{-2}\ \mathrm{m})^3 = 10^{-6}\ \mathrm{m^3}$；$1\ \mathrm{\mu s^{-1}} = (10^{-6}\ \mathrm{s})^{-1} = 10^{6}\ \mathrm{s^{-1}}$；$1\ \mathrm{kA / m} = (10^3\ \mathrm{A}) / \mathrm{m} = 10^3\ \mathrm{A / m}$。

4.3 量和单位使用

4.3.1 量及其符号

1. 量名称使用

正确使用国家标准中规定的量名称，有以下规则：

（1）使用新增的标准量名称，除非必要不要使用已废弃的量名称（见表 4-9）。例如：用“比重”“比热”“分子量”“电流强度”“体积百分比浓度”分别作“密度”“比热容”“相对分子质量”“电流”“体积分数”的量名称，是错误的。

表 4-9　常见废弃的量名称与标准量名称

废弃的量名称	标准量名称
比重	体积质量，[质量] 密度
比容	质量体积，比体积
纤度	线质量，线密度
绝对温度，开氏温度	热力学温度
比热	质量热容，比热容
定容比热容	质量定容热容，比定容热容
定压比热容	质量定压热容，比定压热容
给热系数，换热系数	传热系数
绝热指数	等熵指数
电流强度	电流
电量	电荷 [量]
对流放热系数，放热系数	表面传热系数
克当量数，摩尔数，克分子数，克原子数，克离子数	物质的量
克分子比，摩尔百分数，克分子百分数	摩尔分数或摩尔比
克分子量，克原子量，克离子量	摩尔质量
克分子浓度，体积克分子浓度，摩尔浓度，当量浓度	物质的量浓度，浓度
重量克分子浓度，重量摩尔浓度	质量摩尔浓度
分子量	相对分子质量，分子质量
原子量	相对原子质量
浓度，重量百分数，质量百分比浓度	质量分数
浓度，体积百分含量，体积百分比浓度	体积分数
浓度	质量浓度
克分子热容	摩尔热容
克分子气体常数	摩尔气体常数
光强度	发光强度
发光率	[光] 亮度
粒子剂量	粒子注量
放射性强度，放射性	[放射性] 活度
折射系数	折射率

（2）使用含义确切的词或词组作量名称。例如：“浓度”“分数”“含量”是有区别的，不得随意混用。“浓度”既可指“B 的质量浓度”，也可指“B 的浓度”（或“B 的物质的量浓度”），还可指“溶质 B 的质量摩尔浓度”，单位分别为 kg / L，mol / m^3（或 mol / L），mol / kg。“分数”既可指“B 的质量分数”，也可指“B 的体积分数”，单位均为 1，但前者是某物质的质量

与混合物的质量之比，后者可理解为某物质的体积与混合物的体积之比[①]。“含量”不是物理量，商品中的含量指质量或体积，科技中的含量包括有关混合物组成的各个量，如“质量分数”“体积分数”“质量浓度”等。含量用于定性描述时可直接用其名称，如“谷物的淀粉含量高，蛋白质含量低”，但定量阐述时，宜改用标准名称，如“空气中 O_2 的含量为 21%”改为“空气中 O_2 的体积分数为 21%”更恰当。

（3）使用准确的量名称，避免自造量名称。例如：用“摩尔数”表示“物质的量”，“吨数”“千克数”表示“质量”，“小时数”“秒数”表示“时间”，“米数”表示“长度”“宽度”“高度”，“瓦数”表示“功率”之类的“单位＋数”的量名称形式，是错误的。

（4）书写正确的量名称，避免量名称中写进与标准量名称有出入的字。例如：将“阿伏加德罗常数”写为“阿伏伽德罗常数”“阿佛加德罗常数”，“傅里叶数”写为“傅立叶数”“付立叶数”“付里叶数”，“摩擦因数”写为“磨擦因数”，“费密能”写为“费米能”，“吉布斯自由能”写为“吉卜斯自由能”，是错误的。

（5）优先使用国家标准中推荐优先使用的量名称。例如：优先使用“摩擦系数”“活度系数”“内能”“杨氏模量”“电位移”等量名称是不妥的，其优先使用的量名称分别是“摩擦因数”“活度因子”“热力学能”“弹性模量”“电通［量］密度”。

2. 量符号使用

正确使用国家标准中为每个量规定的量符号即标准量符号，所用量符号与标准量符号一致，有以下规则：

（1）尽量使用标准量符号，不宜使用非标准量符号，常见非标准与标准量符号见表 4-10。例如“质量”的标准量符号是 m，若选其他字母（如 M，W，P，μ 等）作其量符号，则这些符号就是它的非标准量符号。

表 4-10 常见非标准与标准量符号

量 名 称	非标准量符号	标准量符号
质量	M，W，P，μ	m
力	f，N，T	F
压力，压强	P	p
功率	p	P
摄氏温度	T	t，θ
电荷［量］	q	Q
磁感应强度	H，F	B
B 的浓度	C_B	c_B
B 的质量分数	ω_B	w_B
B 的体积分数	ψ_B	φ_B

正确理解量的概念是准确使用量符号的基础，否则就可能会混淆不同量之间的区别，进而就会使用错误的量符号；加强贯彻执行国家标准的观念和意识是最终使用标准量符号的关键。当为一个有几个符号的量选用符号时，可根据具体情况选择一个恰当的符号。当量的符号与其他量的符号发生冲突或应按习惯使用时，可考虑使用备用符号。例如：行文中若已用 t 作“时间”的符号，就不宜再用 t 作“摄氏温度”的符号，而应该用 θ 作其符号。

①有关“B 的体积分数”的定义详见国家标准 GB 3100～3102—1993《量和单位》第 222 页。

（2）提倡多用单字母量符号（必要时加下标、上标），不宜使用字符串作量符号。字符串通常来自英文量名称的缩写，有时为整个英文量名称，常见字符串与标准量符号见表 4-11。例如：用 *WEIGHT* 作“重量”的符号，*CRP* 作“临界压力”的符号，是不规范的。

表 4-11　常见字符串与标准量符号

量 名 称	字符串量符号	标准量符号
质量	MASS，*MASS*	m
重量	WEIGHT，*WEIGHT*	W，（P，G）
运动速度	MV，*MV*	v_{m}
体质量（体重）	BW，*BW*	M，（m_{b}）
临界高温	CHT，*CHT*	$T_{\mathrm{c,h}}$
临界低温	CLT，*CLT*	$T_{\mathrm{c,l}}$
干质量（干重）	DW，*DW*	m_{d}
鲜质量（鲜重）	FW，*FW*	m_{f}
临界压力	CRP，*CRP*	p_{cr}
动脉血压	AP，*AP*	p_{a}
静脉血压	VP，*VP*	p_{v}
氧分压	$\mathrm{PO_2}$，PO_2	$p(\mathrm{O_2})$
声压级	SPL，*SPL*	L_p
信噪比	SNR，*SNR*	R_{SN}，γ_{SN}

（3）科学、严谨表达量符号，不宜直接使用化学名称、元素符号（包括原子式或分子式）作量符号。例如：“氟化钡∶氯化钠＝4∶6”不规范，因为使用了化学名称作量符号；“CO_2∶O_2＝1∶5”也不规范，因为使用了分子式作量符号。这两种均没有表达清楚相除的究竟是哪两个量。对后一种，若指体积比，可改为 $V(\mathrm{CO_2})$∶$V(\mathrm{O_2})$＝1∶5；若指浓度比，则改为 $c(\mathrm{CO_2})$∶$c(\mathrm{O_2})$ ＝1∶5。又如：Ca＝20 mg，MnO_2%＝30%，wt%，vol%，mol%之类的表达不规范，应分别改为 $m(\mathrm{Ca})$＝20 mg，$w(\mathrm{MnO_2})$＝30%，w，φ，x（或 y）[①]。

（4）注意量符号所表示的量的量纲，不要把量纲不是一的量符号作为纯数看待而作错误的处理或表达。例如：对速度的量符号 v 取对数的表达 $\lg v(\mathrm{m \cdot s^{-1}})$ 不妥，因为 v 的量纲不是一，不可取对数；速度与其单位之比 $v/(\mathrm{m \cdot s^{-1}})$ 是一个数，可以取对数，$\lg(v/(\mathrm{m \cdot s^{-1}}))$ 是正确的。又如：“氖分子数为 $0.5L$，L 是阿伏加德罗常数”表意虽正确，但逻辑上不通（分子数的单位是 1，阿伏加德罗常数的单位是 $\mathrm{mol^{-1}}$，二者不可能相等），可改为“氖分子数为 $0.5L$，L 是阿伏加德罗常数以 $\mathrm{mol^{-1}}$ 为单位时的数值”。

（5）量符号的主符号用斜体字母表示，一般不用正体字母。除表示酸碱度的符号 pH 和表示材料硬度的符号 HRC 等必须用正体字母表示外，其他量符号一律采用斜体字符表示。

（6）对矩阵、矢量和张量应采用黑（加粗）体、斜体字母作其量符号。例如：将矩阵 $\boldsymbol{A}$ 表示成 A，或字符加方括号的形式 $[A]$，或字符上方加箭头的形式 $\vec{A}$ 或 $\overline{A}$，或字符串（如 MA，matrixA）等任一形式均不妥当。

（7）严格区分两字母量符号与两个量符号相乘。为避免把两个量相乘误解为由两个字母组成的量符号，相乘的量符号间应有乘号（“·”或“×”），或加空（1 / 2 或 1 个阿拉伯数字，即 1 / 4 或 1 / 2 个汉字宽）。例如：表示半径 R 与偏心距 e 相乘的 Re 与表示雷诺数的 Re 同时

①m，w，φ，x（或 y）分别表示质量、质量分数、体积分数、摩尔分数；对于 $m(\mathrm{Ca})$＝20 mg，$w(\mathrm{MnO_2})$＝30%，也可将括号去掉而把 Ca 和 MnO_2 改为下标的形式，即 m_{Ca}＝20 mg，$w_{\mathrm{MnO_2}}$＝30%。

出现时，很容易造成混淆，最好加以区分，可将表示相乘的 Re 表示为 $R \cdot e$ 或 $R \times e$ 或 $R\ e$。

3. 下标使用

当不同的量使用同一字母作量符号，或同一个量有不同的使用特点，或有不同的量值要表示时，为了相互区别，可以使用主符号附加下标的形式（必要时还可使用上标及其他标记）作量符号。表示下标时，应注意区分下标符号的字母类别、正斜体、大小写等。下标规范与不规范表示对照示例见表 4-12。

表 4-12　下标规范与不规范表示对照示例

量 名 称	规范表示	不规范表示	备 注
质量定压热容	c_p	c_{P}，c_P，c_{p}	压力的符号 p 用小写斜体
质量定容热容	c_V	c_{V}，c_v，c_{v}	体积的符号 V 用大写斜体
电流	I_i（i=1，2，…）	I_{i}（i=1，2，…）	变量 i 用斜体
y 轴上的力分量	F_y	F_{y}	坐标轴 y 用斜体
	$\Sigma a_x b_x$	$\Sigma a_{\mathrm{x}} b_{\mathrm{x}}$	连续数 x 用斜体
△ABC 面积	$S_{\triangle ABC}$	$S_{\triangle \mathrm{ABC}}$	点 A，B，C 用斜体
势能	E_{p}	E_p，E_{P}	potential 的首字母 p 用小写正体
静摩擦因数	μ_{s}，f_{s}	μ_s，f_s	static 的首字母 s 用小写正体
费密温度	T_{F}	T_{f}，T_F	源于人名的缩写 F 用大写正体
10 h 的能量	$E_{10\mathrm{h}}$	$E_{10\mathrm{H}}$，$E_{10\mathrm{hr}}$	时间的单位 h 用小写正体
最大电阻	$R_{\max}$	R_{max}，R_{MAX}，R_{MAX}	缩写词 max 用小写正体
半厚度	$d_{1/2}$	$d_{\mathit{1/2}}$	纯数字用正体
CO_2 的质量分数	$w_{\mathrm{CO_2}}$，$w(\mathrm{CO_2})$	w_{CO_2}，$w(CO_2)$	化学元素符号用正体
粒子线电离	N_{il}	N_{il}，N_{il}	ionization 的首字母 i 用正体，长度的符号 l 用斜体
能谱角截面	$\sigma_{\Omega,E}$	$\sigma_{\Omega,\mathrm{E}}$	立体角、能量的符号 Ω，E 用斜体

下标使用有以下规则：

（1）数字、数学符号、记号（标记）、代表变动性数字的字母（连续性字母）、量符号、单位符号、来源于人名的缩写、关键英文词首字母、英文词缩写均可作下标。

（2）下标为量符号，表示变动性数字的字母，坐标轴符号和表示几何图形中的点、线、面、体的字母时用斜体，其余则用正体。

（3）下标为量符号、单位符号时，大小写同原符号；英文缩写作下标时，来源于人名的缩写用大写，一般情况下的缩写用小写。

（4）优先使用国际上和行业中规定或通用的下标写法。

（5）可用同一字母的大小写两种不同写法或在量符号上方加某种记号，来表示下标不足以表示不同量之间区别时的量符号。

（6）当一个量符号中出现几个下标或下标所代表的符号比较复杂时，可把这些下标符号加在“()”中以平排的形式（即与主符号平齐）共同置于量符号之后。

（7）少用复合下标，即下标的下标（二级下标）、二级下标的下标（三级下标）。

（8）根据需要可以使用上标或其他标记符号。

4.3.2　单位名称及其中文符号

1. 单位名称使用

按单位的标准名称以正确的顺序来读写单位的名称，有以下规则：

（1）相除组合单位的名称与其符号的顺序一致。符号中的乘号没有对应的名称，除号对应“每”字，无论分母中有几个单位，“每”字只能出现一次。例如：质量热容单位“J /(kg·K)”的名称不是“焦每千克每开”“焦耳每千克每开”“焦每千克每开尔文”或“焦耳每千克每开尔文”，而是“焦每千克开”“焦耳每千克开”“焦每千克开尔文”或“焦耳每千克开尔文”；速度单位“m / s”不是“秒米”“米秒”或“每秒米”，而是“米每秒”；剂量单位“mg /(kg·d)”不是“毫克每千克每天”，而是“毫克每千克天”。

（2）注意区分乘方形式的单位名称。乘方形式的单位名称，其顺序应是指数名称在前，单位名称在后，指数名称由数字加“次方”二字而成。例如：截面二次矩单位“m^4”的名称为“四次方米”。但当长度的2、3次幂分别表示面积、体积时，其指数名称应分别为“平方”“立方”，否则应称为“二次方”“三次方”。例如：体积单位“dm^3”的名称是“立方分米”，不是“三次方分米”；截面系数单位“m^3”是“三次方米”，不是“立方米”；“平方米”不读写为“平米”“平方”；“立方米”不读写为“立方”“立米”“方”。

（3）组合单位名称中不要加多余的符号（如表示乘、除的数学符号“·”“/”或其他符号），即单位名称中不得加任何符号。例如：压力单位“N / m^2”的名称是“牛顿每平方米”，简称是“牛每平方米”，而不是“牛顿 / 每平方米”“牛顿 / 平方米”“牛顿 / 米^2”或“牛米$^{-2}$”；电阻率单位“Ω·m”的名称是“欧姆米”，而不是“欧姆·米”。

（4）读写量值时不必在单位名称前加“个”字。例如：将“14小时”读写为“14个小时”，“12牛”读写为“12个牛”，是错误的。

（5）不宜使用非法定单位名称（包括单位名称的旧称）。例如：达因、尔格（卡）、马力、公尺、公分或糎、英尺或呎、英寸或吋、浬、公升或立升、钟头等均为非法定单位名称，除非必要不要使用，而应使用其相应的法定单位名称，如牛、焦、瓦、米（或其他法定长度单位）、海里、升、小时等。

2. 单位中文符号使用

以单位名称的简称或其与“·”“/”及指数的组合形式作为单位中文符号，有以下规则：

（1）将法定单位名称的简称（法定单位名称全称中方括号及其里面的字省略后的名称）作为单位中文符号，不要把单位名称全称作为单位中文符号使用。例如：力单位N的中文符号是“牛”，不是“牛顿”；体积单位km^3的中文符号是“千米^3”，不是“立方千米”。

（2）使用规范的形式表示组合单位。由两个或两个以上单位相乘构成的组合单位，其中文符号只用一种形式，即用居中圆点代表乘号；由两个或两个以上单位相除构成的组合单位，其中文符号可采用用居中圆点代表乘号（使用负幂形式）和用“/”代表除号两种形式之一。例如：动力黏度单位“Pa·s”的中文符号是“帕·秒”；电能单位“W·h”的中文符号是“瓦·时”，不是“瓦特小时”“瓦时”或“瓦·小时”；体积质量单位“kg / m^3”或“kg·m^{-3}”的中文符号是“千克 / 米^3”或“千克·米$^{-3}$”。

（3）不用既不是单位中文符号也不是单位中文名称的符号作单位中文符号。例如，面质量单位“kg / m^2”的中文符号是“千克 / 米^2”或“千克·米$^{-2}$”，而不是“千克 / 平方米”或“千克 / 二次方米”。类似的不规范表达有“立方米 / 秒”“元 / 平方米”“摩尔 / 升”等。

（4）一般不在组合单位中混用单位的国际符号和中文符号。例如：不要将“km / h”“千米 / 时”写为“km / 时”或“千米 / h”，“t / a”“吨 / 年”写为“t / 年”或“吨 / a”，“mg /(kg·d)”

“毫克 /（千克·天）”写为“mg /（kg·天）”“mg /（千克·天）”“毫克 /（千克·d）”或“毫克 /（kg·d）”。但单位无国际符号时可并用两种符号，如“元 / m^2”，“m^2 / 人”，“kg /（月·人）”。

（5）摄氏温度单位“摄氏度”的符号“℃”可作为其单位中文符号使用，“℃”可与其他单位中文符号构成组合形式的单位。

（6）除特殊情况或表达需要外，科技论文中不宜使用单位中文符号和中文名称。

4.3.3 单位国际符号

1. 字体使用

书写单位符号要严格区分字母的类别、大小写及正斜体。单位符号一般用小写字母表示，但来源于人名首字母时应该用大写字母；无例外均采用正体字母表示。在字母类别上容易混淆的字母有 k 与 κ，v 与 ν，u 与 μ 等（前者为拉丁字母，后者为希腊字母）；在大小写上容易混淆的字母有 c 与 C，k 与 K，v 与 V，u 与 U，o 与 O，p 与 P，w 与 W，s 与 S 等。正确与错误单位符号示例见表 4-13。

表 4-13 正确与错误单位符号示例

量 名 称	正确单位符号	错误单位符号	
长度，曲率半径，波长	m	*m*	M，*M*
时间，周期，时间常数	s	*s*	S，*S*
质量	kg，t	*Kg*，*t*	Kg，T，*Kg*，*T*
热力学温度	K	*K*	k，*k*
压力，正应力，弹性模量	Pa	*Pa*	pa，*pa*
频率	Hz	*Hz*	HZ，$\mathrm{H_Z}$，$\mathrm{H_z}$；*HZ*，H_Z，H_z
功率，热流量	W	*W*	w，*w*
电荷，电通，元电荷	C	*C*	c，*c*
电导，导纳，电纳	S	*S*	s，*s*
电位，电位差，电动势	V	*V*	v，*v*
中子分离能，核的结合能，能级宽度	eV	*eV*	ev，*ev*
磁通密度，磁极化强度	T	*T*	t，*t*
磁导	H	*H*	h，*h*
照度	lx	*lx*	Lx，*Lx*
光通量	lm	*lm*	Lm，*Lm*
发光强度	cd	*cd*	CD，*CD*
声压级，声强级，声功率级	B	*B*	b，*b*

2. 法定单位符号使用

使用法定单位符号作单位符号。一些符号在形式上似单位符号，其实不属于法定单位符号，如下列几类符号就是非法定单位符号：

（1）表示时间的非标准单位符号，如旧符号 sec（秒），m（分），hr（时），y 或 yr（年）（其法定单位分别是 s，min，h，a），以及为没有国际单位符号的量给出了自定义单位符号 wk（星期或周）、mo（月）。

（2）表示单位符号的缩写，如 rpm，bps 或 Bps，其法定单位应分别是 r / min（转每分）、bit / s（位每秒）或 B / s（字节每秒）。

（3）表示数量份额的缩写，如 ppm（parts per million，10^{-6}），pphm（parts per hundred million，10^{-8}），ppb（parts per billion，在我国及美、法等国表示 10^{-9}，英、德等国表示 10^{-12}），ppt（parts per trillion，在我国及美、法等国表示 10^{-12}，英、德等国表示 10^{-18}）。一般不宜用这种缩写符号作法定单位符号。例如："质量分数 w / ppm"不妥，因为"质量分数"的量纲是一，单位为 1，不是 ppm。再如："化学位移 δ＝5.5 ppm"不妥，这里是将 ppm 作为单位处理了，5.5 ppm＝5.5×10^{-6}。也不能表示为"chemical shift $\delta = 5.5\times10^{-6}$"，按国际纯粹与应用化学联合会（International Union of Pure and Applied Chemistry，IUPAC）为化学位移给出的新定义①，定义中已含有 10^{-6}之意，因此正确的表达应该是"化学位移 $\delta = 5.5$"。

3. 组合单位符号使用

按组合单位的标准形式规范书写组合单位符号，有以下规则：

（1）当组合单位符号由若干单位符号相乘构成时，用单位符号间加圆点或留空隙的形式。例如：由 N 和 m 相乘构成的单位应表示为"N • m"和"N m"两种形式之一。"N m"也可写成中间不留空隙的形式"Nm"，但当组合单位符号中某单位的符号又与词头符号相同并有可能发生混淆时，则应将其置于右侧。例如：力矩单位符号应写成"N • m""N m"或"Nm"，其中 Nm（m 在右侧）不写成 mN（m 在左侧），因为 mN 表示"毫牛顿"而不是"牛顿米"。

（2）当组合单位符号由两个单位符号相除构成时，用单位符号分别作分子、分母的分数或单位符号间加斜线或圆点的形式表示（情况复杂时加括号）。例如：由 m 和 s 相除构成的单位可表示为"$\frac{\mathrm{m}}{\mathrm{s}}$""m / s""m • s^{-1}"三种形式之一。用斜线"/"表示相除时，单位符号的分子和分母都要与"/"处于同一行内。当分母中包含两个以上单位符号时，整个分母应加圆括号。在一个组合单位符号中，除了加括号避免混淆外，在同一行内的"/"不得多于一条，且其后不得有乘号或除号。在复杂情况下应当用负数幂或括号。例如：传热系数的单位是"W /(m^2 • K)""W • m^{-2} • K^{-1}"，而不能写成"W / m^2 / K""W / m^2 • K""W / m^2 • K^{-1}"。

（3）当表示分子为 1 的单位时，应采用负数幂的形式。例如：阿伏加德罗常数的单位是 mol^{-1}，一般不写成"1 / mol"；粒子数密度的单位是 m^{-3}，一般不写成"1 / m^3"；波数的单位是 m^{-1}，一般不写成"1 / m"。

（4）当用"°""′""″"构成组合单位时，要给其加圆括号"()"。例如："25′ / min"应表示为"25（′）/ min"；"β / ° "应表示为"β /（ ° ）"。

（5）非物理量的单位（如元、次、件、台、人、斗、圈等）可以与单位国际符号构成组合形式的单位，但不宜写成负数幂的形式。例如"元 / d""次 / s""件 /（h • 人）"（提倡）；"L • 斗$^{-1}$""L • 圈$^{-1}$"（不提倡）应表示为"L / 斗""L / 圈"。

4. 无须修饰单位符号

在单位符号上不要附加任何其他标记或符号。单位符号使用具有独立性，没有复数形式，其后不能加 s，在其上也不能附加表示量的特性和测量过程信息等的标志，有以下规则：

（1）不要在单位符号后加 s 表示其复数形式。例如："最大长度是 600 cm"的表达是"$l_{\max}$＝600 cm"，不写为"$l_{\max}$＝600 cms"，在长度单位 cm 后加 s 是错误的；"点 A 受的力等于 500 N"的表达是"F_A＝500 N"，不写为"F_A＝500 Ns"，在力的单位 N 后加 s 是错误的。

（2）不要给单位符号附加上、下标。例如："最大电压等于 220 V"的表达是"$U_{\max}$＝220 V"，

①化学位移的计算公式为 $\delta = 10^6(\nu - \nu_0) / \nu_0$。

不能写为“$U=220\ V_{max}$”，给电压的单位 V 加下标 max 是错误的；“点 A 受的力等于 100 N”的表达是“$F_A=100$ N”，不能写为“$F=100\ N_A$”，给力的单位 N 加下标 A 是错误的。

（3）不要在单位符号间插入修饰性字符。例如：“$\rho=1000$ kg（H_2O）/ m^3”应改为“ρ（H_2O）= 1000 kg / m^3”；“200 kg（氮肥）/ hm^2”应改为“氮肥量 200 kg / hm^2”。此两例的共同错误是，在单位符号间插入了修饰性字符。

（4）不宜为单位 1 进行修饰。例如：用“85%（m / m）”的形式表示质量分数，“68%（V / V）”表示体积分数不规范，应分别改为“质量分数 85%”“体积分数 68%”。

（5）不要为单位增加习惯性修饰符号。例如：用 Nm^3 或 m^3_n 表示标准立方米，NL 或 L_n 表示标准升是错误的，应分别改为 m^3，L 或 l。

5. 量值表示

基于量和单位的关系 $A=\{A\}\cdot[A]$ 及有关规定表示量值，有以下规则：

（1）数值与单位符号间留适当空隙（通常 1 / 4 个汉字或 1 / 2 个阿拉伯数字宽）。表示量值时，单位符号应置于数值之后，数值与单位符号间留一空隙。必须指出，摄氏温度的单位符号“℃”与其前面的数值间也应留空隙，唯一例外的是，平面角的单位符号“°”“′”“″”与其前面数值间不留空隙。例如：“$t=100$℃”不规范，应为“$t=100$ ℃”；“$\alpha=68$ ° 17 ′20 ″”不规范，应为“$\alpha=68$° 17′ 20″”。

（2）不得把单位插在数值中间或把单位符号（或名称）拆开使用。例如：“1m73”“10s09”“20″15”表达错误（把单位插在了数值中间），应分别为“1.73 m”“10.09 s”“20.15″”；“34 ℃”不表示为“34° C”，“0 ℃～100 ℃”不表示为“0° ～100 ℃”（“℃”是一个整体单位符号，不可拆开使用，拆开后相当于用“角”的单位“°”与拉丁字母 C 以并列的形式表示摄氏温度的单位）；“100 摄氏度”不读写为“摄氏 100 度”（“摄氏度”是“℃”的中文名称，是一个整体，不宜拆开）。

（3）正确、规范地表示量值的和或差。所表示的量为量的和或差时，应当加圆括号将数值组合，且把共同的单位符号置于全部数值之后，或者写成各个量的和或差的形式，见表 4-14。

表 4-14　量值和或差规范与不规范表示对照示例

量值和或差规范表示	量值和或差不规范表示
l = 20 m − 15 m =（20 − 15）m=5 m	l = 20 − 15 m = 5 m 或 l = 20 − 15 = 5 m
t = 28.4 ℃ ± 0.2 ℃ =（28.4 ± 0.2）℃	t = 28.4 ± 0.2 ℃
λ = 220 ×（1 ± 0.02）W /（m · K）	λ = 220 ×（1 ± 0.02 W /（m · K））

（4）统一量值范围的表示形式。表量值范围用浪纹线连接号“～”或一字线连接号“—”。例如：1.2～2.4 kg · m / s（或 1.2 kg · m / s～2.4 kg · m / s），1.2—2.4 kg · m / s（或 1.2 kg · m / s—2.4 kg · m / s）。有时使用以上括号中的表示形式是为了避免引起误解。例如：对 0.2～30%，可理解为 0.2 到 0.3，或 0.2%到 30%。因此，实际中要根据具体情况来选用恰当的表示形式。“～”和“—”没有多少区别，但在英文表达中通常不用“～”。

（5）在图表中用特定单位表示量值宜采用标准化方式。为区别量本身和用特定单位表示的量的数值，尤其在图表中用特定单位表示的量的数值，可用以下两种标准化方式：①量符号与单位符号之比 A / $[A]$，如 λ / nm = 589.6；②量符号加花括号“{ }”、单位符号作下标的形式 $\{A\}_{[A]}$，如 $\{\lambda\}_{nm}=589.6$。第一种方式较好，使用较为普遍，示例见表 4-15。实际中，量符号可用量名称替代，如“v /（km · h^{-1}）”可表示为“速度 /（km · h^{-1}）”，“w / 10^{-6}”

可表示为“质量分数 / 10^{-6}”。

表 4-15　特定单位量值规范与不规范表示对照示例

量值规范表示	量值不规范表示
λ / nm	λ（nm）或“λ，nm”
v /（km / h）或 v /（km • h^{-1}）	v（km / h）或“v，km • h^{-1}”
ln（p / MPa）	ln p（MPa）
w /10^{-6} 或 $w\times10^{6}$	w / ppm 或 w / $\times10^{-6}$

4.3.4　词头

1. 使用正确字体

书写词头要严格区分其字母的类别、正斜体及大小写。词头所用字母除“微（10^{-6}）”用希腊字母 μ 表示外，其他均用拉丁字母表示；词头一律用正体字母表示，大小写要按其所表示的因数大小来区分。区分词头大小写的规则主要有以下两条：

（1）表示的因数等于或大于 10^{6} 时用大写。这类词头共 7 个：M（10^{6}），G（10^{9}），T（10^{12}），P（10^{15}），E（10^{18}），Z（10^{21}），Y（10^{24}）。

（2）表示的因数等于或小于 10^{3} 时用小写。这类词头共 13 个：k（10^{3}），h（10^{2}），da（10^{1}），d（10^{-1}），c（10^{-2}），m（10^{-3}），μ（10^{-6}），n（10^{-9}），p（10^{-12}），f（10^{-15}），a（10^{-18}），z（10^{-21}），y（10^{-24}）。

2. 词头与单位连用

词头只有置于单位符号之前与单位符号同时使用才有效，即词头与单位连用时具有因数意义。词头不得独立或重叠使用，与单位符号之间不得留间隙。例如：“5 km”不写成“5 k”，“128 Gb”不写成“128 G”；nm 不写成 mμm，pF 不写成 μμF，GW 不写成 kMW。

通过相乘构成的组合单位一般也只用一个词头，通常用在组合单位的第一个单位前。例如：力矩单位“kN • m”不写成“N • km”。为只通过相除构成的组合单位或通过乘和除构成的组合单位加词头时，词头一般加在分子中的第一个单位之前，分母中一般不用词头，但质量单位 kg 不作为有词头的单位对待。例如：摩尔内能单位“kJ / mol”不写成“J / mmol”，而比能单位可以是“J / kg”。当组合单位的分母是长度、面积或体积的单位时，按习惯与方便，分母中可选用词头构成倍数单位或分数单位。例如：密度单位可选用“g / cm^{3}”。一般不在组合单位的分子、分母中同时采用词头。例如：电场强度单位用“MV / m”而非“kV / mm”。

3. 选用合适的词头

使用词头是为了使量值中的数值处于 0.1～1000 范围内，为此要按量值大小来确定词头因数的大小，选用合适的词头符号。例如：“5000×10^{6} Pa • s / m”应表示为“5 GPa • s / m”，而不是“5000 MPa • s / m”；“0.000 05 m”宜表示为“50 μm”，而不是“0.05 mm”。

4. 考虑词头使用的限制性

考虑哪些单位不允许加词头，避免对不允许加词头的单位加词头。例如：“°”“′”“″”“min”“h”“d”“n mile”“kn”“kg”等单位不得加词头构成倍数单位或分数单位。由于历史原因，“质量”的基本单位名称“千克”中含有词头“千”，其十进倍数和分数单位由词头加在“克”字前构成，如“毫克”的单位是mg，而不是μkg（微千克）。还要注意，1998年 SI 第 7 版新规定“℃”（摄氏度）可以用词头，按此规定“k℃”“m℃”等均是正确的单位符号。

5. 正确处理词头与单位的幂次关系

将词头符号与其所紧接的单位符号作为一个整体对待有相同的幂次，即倍数或分数单位的指数是包括词头在内的整个单位的幂。例如：$1\ \mathrm{cm}^2 = 1(10^{-2}\ \mathrm{m})^2 = 1\times10^{-4}\ \mathrm{m}^2$，而 $1\ \mathrm{cm}^2 \neq 10^{-2}\ \mathrm{m}^2$；$8500\ \mathrm{m}^3 = 8.5\times10^3\ \mathrm{m}^3 = 8.5\times(10\ \mathrm{m})^3 \neq 8.5\ \mathrm{km}^3$；$10\ 000\ 000\ \mathrm{m}^2$ 应表示为 $10\ \mathrm{km}^2$，而不是 $10\ \mathrm{Mm}^2$；$1\ 000\ 000\ 000\ \mathrm{m}^{-3}$ 应表示为 $1\ \mathrm{mm}^{-3}$，而不是 $1\ \mathrm{Gm}^{-3}$ [$1\ 000\ 000\ 000\ \mathrm{m}^{-3} = 1\times10^9\times\mathrm{m}^{-3} = 1\times(10^{-3}\ \mathrm{m})^{-3} = 1\ \mathrm{mm}^{-3}$]。

6. 考虑词头的习惯用法

尊重和兼顾我国对一些数词的习惯用法。例如：万（10^4）、亿（10^8）、万亿（10^{12}）等是我国习惯用的数词，可以用在单位前，但不是词头，习惯使用的统计单位，如“万公里”可记为“万 km”或“10^4 km”，“万吨公里”可记为“万 t • km”或“10^4 t • km”。

4.3.5 法定单位

使用法定单位，停止使用非法定单位。非法定与法定单位对照示例见表 4-16。

4.3.6 量纲匹配

量纲匹配指数学式中等号或不等号两边的量纲相同，若不相同，两边就不可能相等或进行大小比较。例如：式 $t = \lg(1-Q)$（t 为释药时间，Q 为药物释放量），等号左边的 t 是一个有量纲的量，而右边是对“$1-Q$”这个数取对数，取对数的结果只能是一个纯数，因此等号两边的量纲不同，就不可能相等，说明此式有误；式 $c(\mathrm{O_2}) = 0.034\,7 + 0.067\,4I$，等号左边的 $c(\mathrm{O_2})$ 为氧气的浓度（单位为 $\mathrm{mol \cdot L^{-1}}$），而右边的 I（单位为 A）为电流值，因此等号两边的量纲不相同，等号两边不可能相等，说明此式有误。

4.3.7 行文统一

行文统一指在同一论文中对含义确切的同一量应始终保持用同一名称、符号来表示。同一符号不宜用来表示不同的量，即同一符号应只表示同一量，同一量也应只用同一符号表示；若表示不同条件或特定状态下的同一量，则应采用在量符号加上下标的形式加以区别。例如：文中若使用“摩擦因数”这一量名称，就应在整篇论文中统一用该名称，而不要再混用其另一名称“摩擦系数”；文中若已用 t 表示时间，就不宜再用 t 表示摄氏温度，而应选用 θ 表示摄氏温度；若已用 θ 表示摄氏温度，就不宜再用 t 加下标的形式表示此温度在不同时刻的值，而要用 θ 加下标的形式，如 θ_0，θ_1，θ_2，…或 θ_c（临界温度）表示。

4.4 量和单位使用常见问题

科技论文中量和单位使用存在的问题较多，包括没有准确合理区分和选用量和单位的名称、符号，没有规范地书写并表达它们及其之间的关系，涉及名称是否准确，符号类别、大小写、正斜体、字体、字号、上下标以及关系表达是否规范等诸多方面。

表 4-16　非法定与法定单位对照示例

非法定单位		法定单位	备 注
名 称	符 号		
英里	mile	m	1 mile＝1 609.344 m
码	yd	m	1 yd＝0.914 4 m
[市] 里			1 里 ＝500 m
英尺	ft	m	1 ft＝0.304 8 m
英寸	in	m	1 in＝0.025 4 m
亩		m^2，hm^2	1 亩 ＝（10^4 / 15）m^2＝666.6 m^2，1 hm^2＝15 亩
公母	a	m^2	1 a＝100 m^2
英尺每秒	ft / s	m / s	1 ft / s＝0.304 8 m / s
英里每 [小] 时	mile / h	m / s	1 mile / h＝0.447 04 m / s
磅	lb	kg	1 lb＝0.453 592 37 kg
千克力	kgf	N	1 kgf＝9.806 65 N
磅力	lbf	N	1 lbf＝4.448 22 N
达因	dyn	N	1 dyn＝10^{-5} N
千克每平方米	kg / m^2	N / m^2 或 Pa	1 kg / m^2＝9.8 N / m^2＝9.8 Pa
千克力每平方厘米	kgf / cm^2	N / m^2 或 Pa	1 kgf / cm^2＝0.098 066 5 MPa
毫米汞柱	mmHg	Pa	1 mmHg＝133.322 Pa（医学中可用 mmHg）
托	Torr	Pa	1 Torr＝133.322 Pa
工程大气压	at	Pa	1 at＝98.066 5 kPa
标准大气压	atm	Pa	1 atm＝101.325 kPa
卡，千卡	cal，kcal	J	1 cal＝4.186 8 J
尔格	erg	J	1 erg＝10^{-7} J
	M	mol / L	1 M＝1 mol / L
	N	（mol / L）/ 离子价	1 N＝（1 mol / L）/ 离子价
	cc	cm^3 或 mL	1 cc＝1 cm^3＝1 mL
道尔顿	D，Da	u	1 D＝1 u，1 u≈（1.660 540 2±0.000 001 0）×10^{-27} kg
乏	var	V·A	1 var＝1 V·A
度		kW·h	1 度＝1 kW·h
马力		W	1 马力＝735.499 W
英马力	hp	W	1 hp＝745.700 W
卡每秒	cal / s	W	1 cal / s＝4.186 8 W
华氏度	℉	K 或℃	表示温度差和温度间隔时：1℉ ＝（5 / 9）K，1℃＝1 K；表示温度数值时：$T=5(\theta+459.67)/9$，$t=5(\theta-32)/9$，$t=T-273.15$
兰氏度	°R	K 或℃	表示温度差和温度间隔时：1 °R ＝（5 / 9）K，1℃ ＝ 1 K；表示温度数值时：$T=5\Theta/9$，$t=5(\Theta-491.67)/9$，$t=T-273.15$
高斯	Gs，G	T	1 Gs＝10^{-4} T

说明：hm^2 的名称是公顷，其国际通用符号为 ha；u 的名称是原子质量单位；T，t，θ，Θ 分别表示热力学温度、摄氏温度、华氏温度、兰氏温度。

（1）对易混淆量没有严格区分，随意使用量和单位的名称和符号，概念混用。例如：笼统使用“浓度”，混淆了一些名称里含有该词的量；用“热力学温度”的符号 T 作“摄氏温度”的符号；用“质量”的单位 kg（千克）、t（吨）作“重量”和“力”的单位。

（2）将自造的或国家标准中已经废弃的量名称当作标准量名称来使用。例如：用“比重”“比热”“分子量”“含量”作“密度”“比热容”“相对分子质量”“质量分数”的量名称。

（3）没有使用国家标准中规定的量符号，用由多个字母构成的字符串或英文单词甚至词组表示一个物理量。例如：用 T，N，P 而未用 F 作“力”的符号，*WEIGHT* 作“重量”的符号，*CT* 甚至 critical temperature 作“临界温度”的符号。

（4）使用国家标准已经废弃的非法定单位。例如：kgf（千克力），dyn（达因），$\mathrm{kgf/cm^2}$（千克力每平方厘米），kgf · m（千克力米），kcal（千卡、大卡），kcal / h（千卡每小时）。

（5）使用不是单位符号的符号作单位符号，包括表示时间的非标准单位符号、单位符号的缩写、数量份额的缩写以及其他错误单位符号。例如： hr（时），sec（秒），rpm（转每分），ppm（百万分率），bps（位每秒）和 Joule（焦）。

（6）对有专门名称的 SI 导出单位，仍用原来的旧名称而未用专门名称。例如：用“$\mathrm{N/m^2}$”而不是 Pa（帕）作压力（压强）、应力的单位，“N · m”而不是 J（焦）作能（能量）、功、热（热量）的单位。

（7）用单位的名称或中文符号，或既不是单位的名称也不是单位的中文符号的符号，作单位的符号。例如：“压力 200 Pa”写成“压力 200 帕”“压力 200 帕斯卡”；“$\mathrm{A \cdot m^2}$”写成“安 · 米 ^{2}”“安 · 平方米”，甚至“安培平方米”“安平方米”“安培 · 米 ^{2}”“安培 · 平方米”。

（8）使用单位中文符号和国际符号的组合形式表示单位的符号。例如：“速度”用“m / 秒”，“面密度”用“千克 / $\mathrm{m^2}$”，“磁矩”用“安 · $\mathrm{m^2}$”。

（9）没有正确区分量符号（含上下标）和单位符号（含词头）的字母类别、大小写、正斜体、字体。例如：用 P 而不是 p 作压力（压强）和应力的符号，T 而不是 T 作矩阵转置的上标（如 $\boldsymbol{A}^{\mathrm{T}}$ 表示成 $\mathbf{A}^{T}$），M 而不是 m 作长度的单位，KW 而不是 kW 作功率的单位，CM 而不是 cm 作长度的单位，k 或 K 而不是 κ 作曲率的符号。

（10）没有正确使用词头。例如：将“$1.53\times10^6\ \mathrm{m^3}$”写成“$1.53\ \mathrm{Mm^3}$”，“kN · m”表示成“N · km”，“kJ / mol”写成“J / mmol”。

（11）没有用标准化格式表示图表中的标目。例如：将“转速 n /（$\mathrm{r \cdot min^{-1}}$）”表示成“转速 n，$\mathrm{r \cdot min^{-1}}$”“转速 n（$\mathrm{r \cdot min^{-1}}$）”，甚至“转速 n / $\mathrm{r \cdot min^{-1}}$”“转速 n / r / min”。

（12）没有用单个黑（加粗）体和斜体字符表示矩阵、矢量和张量的符号。例如：将矩阵 $\boldsymbol{K}$ 表示成非黑（未加粗）体字母 K 或正体字母 $\mathbf{K}$，或字符加方括号的形式 [$\boldsymbol{K}$]，或字符上方加箭头的形式 $\vec{K}$ 或 $\bar{K}$，或字符串（如缩写 *MK* 或全称 *matrixK*），或其他形式。

（13）没有用标准符号作单位矩阵（$\boldsymbol{E}$ 或 $\boldsymbol{I}$）或单位矢量（$\boldsymbol{e}$）的符号。例如：用 n 而不是 $\boldsymbol{e}_{\mathrm{n}}$ 表示单位法向矢量，用 t 而不是 $\boldsymbol{e}_{\mathrm{t}}$ 表示单位切向矢量。

（14）对量纲一的量列出了单位。例如：质子数 / 个、绕组的匝数 / 个和相数 / 个。

（15）在单位名称后面附以“数”代替量名称。例如：将“时间”表示为“年数”“天数”“秒数”“小时数”，“力”表示为“牛顿数”，“电流”表示成“安培数”。

（16）行文中对同一量的表达不统一。例如：在同一论文中混用多个符号 U，V，u 或 v 来表示同一量“电位差”或“电压”。

4.5　常用领域量和单位使用注意事项

4.5.1　空间和时间

（1）暂时还允许使用容积这一量名称，其量符号和单位与体积的相同。

（2）笛卡儿坐标一般用英文小写斜体字母 *xyz* 表示，原点用英文大写斜体字母 *O* 表示；当坐标轴都标注数值且都从数字 0 开始时，原点应该用数字 0 表示。数控机床标准中用大写斜体字母 *XYZ*，计算机编程语言中用大写正体字母 XYZ 都是允许的。

4.5.2 力学

（1）质量的量符号为 m，氧的质量应表示为 $m(O_2)$。质量的单位为 kg。表示物体的质量时不允许使用重量，如有困难不改者，应加注说明是指物体的质量（重量按照习惯仍可用于表示质量，但不赞成这种习惯）。重量是指物体在特定参考系中获得其加速度等于当地自由落体加速度时的力，单位为 N。在地球参考系中，重量常称为物体所在地的重力。

（2）过去使用的比重 γ 一般应以密度 ρ 替代，比重（N/m^3）与密度（kg/m^3）的换算关系是 $\gamma=\rho g$（γ 表示比重，ρ 表示密度，g 表示重力加速度）。工程中使用的重度 γ 表示单位体积的重力，为密度 ρ 与重力加速度 g 的乘积，即 $\gamma=\rho g$。工程中还有堆密度、松散密度、假密度等，这类量在生产中仍有实用意义，可以继续使用。

（3）要注意区分转动惯量（惯性矩）与截面二次轴矩（惯性矩）的区别，前者的单位是“$kg \cdot m^2$”，后者的单位是“m^4”。

（4）在电机和电力拖动专业暂时还允许使用飞轮力矩 GD^2，其单位是“$N \cdot m^2$”而不是“$kg \cdot m^2$”。

4.5.3 热学

（1）热力学温度的量符号为 T，单位为 K；摄氏温度的量符号为 t，单位为℃。这两个量不可混用。当表示温度间隔或温差时，单位 K 和℃均可使用。摄氏温度的定义是 $t=T-T_0$，$T_0=273.15$ K，不应再使用“水的冰点为 0 ℃，沸点为 100 ℃”这样的陈旧定义。

（2）过去使用的比热应改为质量热容或比热容 c [单位为 $J/(kg \cdot K)$]。与比热容有关的摩尔热容 C_m[单位为 $J/(mol \cdot K)$]列于 GB 3102.8 中，体积热容 C_V[单位为 $J/(m^3 \cdot K)$]在国家标准中虽未列出，但可以使用。

（3）常见的换热系数、给热系数应改为传热系数；[对流]放热系数应改为表面传热系数。在建筑技术中允许使用热传递系数 U。

（4）因各种形式的功和能的单位都用 SI 单位 J，故以前的工程制所列公式中的热功当量、功热当量均不再使用。

（5）过去行业中多以 h 作焓的量符号，这容易与质量焓相混淆，应改用 H。

（6）等熵指数的量符号是希腊字母 κ。过去使用的绝热指数应改用等熵指数。

4.5.4 电学和磁学

（1）不可以使用电流强度这种已淘汰的量名称。

（2）电荷 [量] 的简称是电荷而不是电量。

（3）电位（电势）V, φ 用于静电场。电位差 U,（V）用于静电场，电压 U,（V）可用于各种场合。强电多用符号 U，弱电多用符号 V。电动势 E 用于电源上，电动势不可简称为电势。

（4）不要将绕组的匝数 N 与电气图形符号中绕组的文字符号 W 混淆。

（5）在电工技术中，有功功率单位用瓦特（W），视在功率单位用伏安（V·A），无功功率单位用乏（var）。

4.5.5 物理化学和分子物理学

（1）代表抽象物质的符号表示成右下标的形式，如 B 的浓度可写成 c_B。代表具体物质的符号及其状态应置于与主符号齐线的括号中，如 $c(H_2SO_4)$（括号中的表达较为简单时，也可排为下标的形式）。量符号右上角加“*”表示“纯”，加“⊖”表示“标准”。

（2）原子量应改为相对原子质量 A_r，分子量应改为相对分子质量 M_r。

（3）使用物质的量（包括其导出量）时必须指明基本单元。基本单元包括原子、分子、离子、电子及其他粒子或这些粒子的特定组合。例如：$n(H_2SO_4)=1$ mol，式中的基本单元是 H_2SO_4，表示 H_2SO_4 的单元数与 0.012 kg 碳 12 的原子数目相同，称 H_2SO_4 的物质的量为 1 mol。H_2SO_4 的物质的量不表示 H_2SO_4 的粒子数、质量。

过去使用的克分子数、克原子数、摩尔数都应改为物质的量，单位为 mol。例如：“1 克分子 H_2SO_4”应改为“H_2SO_4 的物质的量为 1 mol”。

过去使用的克当量应改为该物质当量粒子的物质的量。例如：“10 克当量的 H_2SO_4”应改为“$n\left(\frac{1}{2}H_2SO_4\right)=10$ mol”，分母 2 表示 H_2SO_4 在化学反应中失去 H^+ 的个数，$\frac{1}{2}H_2SO_4$ 表示当量粒子。

（4）使用摩尔质量 M 时须指明基本单元，对给定的基本单元，其 M 是一个常量：$M=M_r$ g / mol。例如：$M(Cl)=35.5$ g / mol，$M(O_2)=16$ g / mol。过去使用的克分子量、克原子量都应改为摩尔质量。例如：“氯的克分子量为 35.5”现应改为“氯的摩尔质量为 35.5 g / mol”。

（5）应将克分子体积改为摩尔体积（V_m），并指明基本单元。

（6）应将克分子热容改为摩尔热容（C_m），并指明基本单元。

（7）表示含量与成分的量和单位分为以下三类 8 项。

第一类：

①B 的分子浓度 $C_B=N_B/V$（B 的分子数 / 混合物的体积），单位为 m^{-3}。

②B 的质量浓度 $\rho_B=m_B/V$（B 的质量 / 混合物的体积），单位为 kg / m^3 或 kg / L。

③B 的浓度、B 的物质的量浓度 $c_B=n_B/V$（B 的物质的量 / 混合物的体积），单位为 mol / m^3 或 mol / L，应该替代体积克分子浓度、摩尔浓度、体积摩尔浓度、克分子浓度、当量浓度。

第二类：

④B 的质量分数 $w_B=m_B/m$（B 的质量 / 混合物的质量）替代重量百分浓度、浓度（wt）。“质量分数为 15%”不写作“15%（m/m）”。还可用 5 μg / g 的形式表示。

⑤B 的体积分数 $\varphi_B=V_B/V$（B 的体积 / 混合物的体积）替代体积百分浓度、浓度（vt）。“体积分数为 10%”不宜写作 10%（V/V）。还可用 5.3 mL / m^3 的形式表示。

⑥B 的摩尔分数 $x_B=n_B/n$（B 的物质的量 / 混合物的物质的量）替代克分子百分浓度、摩尔百分浓度、浓度（at）。

第三类：

⑦溶质 B 的摩尔比 $r_B = n_B / n$（溶质 B 的物质的量 / 溶剂的物质的量，单位为 1）。

⑧溶质 B 的质量摩尔浓度 $b_B = n_B / m$（溶质 B 的物质的量 / 溶剂的质量，单位为 mol / kg）替代重量克分子浓度、重量摩尔浓度。

（8）不要随意使用浓度这个名词。只有在 B 的分子浓度、B 的质量浓度、B 的物质的量浓度、溶质 B 的质量摩尔浓度等名称中可以用加定语的浓度，其中只有 B 物质的量浓度可简称为 B 的浓度。

（9）混合物组成比例的表示方法应改为以质量分数、体积分数或摩尔分数表示。例如："C 0.10%"应改为"w(C) = 0.10%"，也可以叙述为"碳的质量分数为 0.1%"；"Cu% = 40%"应改为"w(Cu) = 40%"。

（10）摩尔气体常数 R 应替代克分子气体常数。

（11）不应使用"ppm，pphm，ppb"之类的缩略语。例如："质量分数为 4.2 μg / g"或"质量分数为 4.2×10^{-6}"，不表示为"质量分数为 4.2 ppm"。

4.6 贯彻执行国家标准

国家标准 GB 3100～3102—1993《量和单位》（下称国家标准）是等效采用了国际标准 ISO 1000：1992 和 ISO 31—0～13：1992，参考了其他国家和地区的标准，并结合我国情况制定而成的系列标准（白皮书，共 368 页），完全贯彻了中华人民共和国法定计量单位。本套标准包含以下 15 个系列标准：

（1）GB 3100 国际单位制及其应用；

（2）GB 3101 有关量、单位和符号的一般原则；

（3）GB 3102.1 空间和时间的量和单位；

（4）GB 3102.2 周期及其有关现象的量和单位；

（5）GB 3102.3 力学的量和单位；

（6）GB 3102.4 热学的量和单位；

（7）GB 3102.5 电学和磁学的量和单位；

（8）GB 3102.6 光及有关电磁辐射的量和单位；

（9）GB 3102.7 声学的量和单位；

（10）GB 3102.8 物理化学和分子物理学的量和单位；

（11）GB 3102.9 原子物理学和核物理学的量和单位；

（12）GB 3102.10 核反应和电离辐射的量和单位；

（13）GB 3102.11 物理科学和技术中使用的数学符号；

（14）GB 3102.12 特征数；

（15）GB 3102.13 固体物理学的量和单位。

GB 3100 与 GB 3101 属于基础、通用性标准，其余 13 项标准分别规定了各相应学科的量和单位的名称与符号。这些标准适用于所有科学技术领域，凡科学技术领域在使用量和单位时，不管是名称还是符号，应一律以国家标准为准，不得自行改动或变更，对国家标准中未列出的名称和符号，可根据实际情况选用合理的名称、符号规范地使用。

目前我国科技出版物刊登的论文在量和单位使用方面已较为规范，但存在的问题依然不少，与国家标准的规定还有差距。贯彻执行国家标准就是要求广大科技工作者不断学习、提高和实践，纠正原有那些对量和单位不科学、不合理的使用习惯。

贯彻执行国家标准，作者和编辑特别是有关领导必须树立正确的认识观并付诸实践：

（1）从执法的高度认识贯彻执行国家标准的重要性，严格落实对国家标准的贯彻执行。

（2）我国选定的 16 个非 SI 单位是我国法定单位的重要组成部分，与 SI 单位地位等同。

（3）尽可能不要使用非法定单位，有特殊需要时可以遵照有关规定使用某些非法定单位。

（4）在量和单位规范使用方面与国际接轨是我国科技期刊走向世界的需要，这种接轨是与国际标准、国际学科组织的推荐标准或规范接轨。

贯彻执行国家标准，作者和编辑还必须正确使用国家标准，注意以下规则：

（1）标准中的内容是以表格的形式列出的，有关量的各栏列于左面各页（双页码页面），有关单位的各栏列于对应的右面各页（单页码页面），并一一对齐。单位页中两条实行线间的全部单位都是左面各页相应实行线间的量的单位。

（2）标准中在多数情况下为列出的量给出了定义，这些定义只是从概念上进行描述，简要说明量的性质，并非都是完全的定义，使用时可以补充说明或按具体条件进行变化。

（3）标准中当为一个量同时给出几个名称和符号时，若它们仅用逗号隔开加以区别，则处于同等的地位；若将符号置于圆括号中，则它作为备用符号。量名称中若有字置于方括号中，不致混淆时可省略括号及其中的字，余下的字即为量的简称，简称可作单位的中文符号。

（4）标准中属于我国法定单位的非 SI 单位列于 SI 单位之下，并用虚线与 SI 单位分隔；属于专门领域中使用的非我国法定单位列于“换算因数和备注”栏中；非我国法定但又在文献中经常遇到的单位列于附录（参考件）中。

（5）标准中“换算因数和备注栏”内，若在数值后用圆括号加注“准确值”，则表示数值是准确的。此方式也适用于标准的附录。

（6）标准中列出的单位包括与 SI 并用或暂时保留与 SI 单位并用的非 SI 单位、限制使用的非 SI 单位等多种类型，不要认为凡标准中列出的单位就一定是我国法定单位。

第5章 插图

文字是科技论文的主要表达手段，但在数据、结果表达方面有时不如插图。插图是一种形象化的表达方式，能替代冗长的文字叙述，直观、简明地展现研究结果；能以较小的空间承载较多的信息，清晰、高效地表达复杂数据；尤其在展现事物形态、变化规律以及描述变量间作用、非线性关系方面更加有效，把用文字难以说清的清楚地表达出来，使论文表述更加合理和完善。真所谓“一图胜千言”，有人将插图誉为“形象语言”“视觉文学”。

插图的科学性、准确性和规范性直接影响论文和期刊的质量。作者应充分了解和掌握插图的分类、构成、使用规则及设计制作要求，在论文写作中规范地选择、设计和安排插图，加强对插图的审查和核对；编辑在论文处理中要注意仔细审查、加工和核对插图，在自身了解和掌握插图的结构、特点及设计制作要求的基础上，有效指导作者用好插图。规范使用插图，探索其处理方法和技巧对成就高质量论文具有重要的现实意义。

2019年5月29日发布的新闻出版行业标准CY／T 171—2019《学术出版规范 插图》对学术出版物插图的分类、构成及其要求、内容要求和编排要求给出了明确规定。本标准适于学术期刊，科技论文插图的使用可以遵照执行。

5.1 插图的作用和特点

5.1.1 插图的作用

插图突出的特点是形象、直观，具有简化、方便地表达用文字难以表达的作用，在论文中能代替、辅助、补充文字叙述，集中、概括，简洁、明了地表达客观事物，成为科技论文中不可缺少的重要表达手段。

插图可配合论文内容，补充文字或式子等不能表达清楚的问题，还利于节约、活跃和美化版面，使读者阅读论文有赏心悦目之感，提高其阅读兴趣和效率。插图和文字只能相互补充而不能相互取代。插图的作用大体有以下几个方面。

1）适应和满足文字表达的需要

插图与文字一样是表达内容的必需手段。科学概念、事实或数据关系等有时单纯依靠文字来表达难尽如人意，而用插图或图文相结合的方式效果就会很好。例如，对于产品研发、设计和加工流程的表达，因为有关内容可能涉及调查、研发、设计、原料供应与采购、加工、装配、测试等多个环节和子过程，加工过程又涉及多种不同的设备、工艺、参数及系列工艺步骤，所以内容较为繁杂，用文字表达可能不大轻松，也难获得理想的效果，若改用合适的插图来表达，则能达到既直观简洁、形象生动，又节省篇幅、美化版面的效果。

2）表征和佐证材料的真实性

遇到需要表述真实性、客观性、原发性、初始态的情况时，用相应的插图来表述就能起到表征和佐证材料真实性的效果，用插图表征生物组织、细胞结构、功能原理、仪器仪表、设备组成、产品外貌、原始记录、现场照片、软件界面、运行结果输出、测试结果分析等，就能给人以感性认识，不仅起到表征作用，而且有记载和佐证作用，最终增强表述的说服力和表征力度。

3）美化版面和提高语言的可读性

插图既是表达内容的需要，又是提高论文可读性、增强阅读美感的需要。从美学角度看，插图与文字被安排在同一视面上进行编排，既能方便读者阅读、思考，又能使版面错落有致、起伏多变，再加以表格和数学式等的有序穿插、标题的层次列示、字体字号的恰当变换，最终使版面醒目、活跃、清新、美观，语言的可读性被大大提升了。插图在调节表述氛围、美化语言环境、加深阅读印象、增强表达力度等方面有着毋庸置疑的作用，是促进语言内容与形式的完美结合、和谐统一以及美化版面的重要方面。

5.1.2 插图的特点

科技论文的插图与其他图画和照片一样都追求艺术美，但作为辅助表达手段又不同于一般的美术绘画。相对于论文所提供的主要信息来说，插图对艺术性的要求毕竟是第二位的，它着重要求能够完整清晰地表达事物的组成、形态及其相对位置、关系，提供科学、准确的辅助信息。科技论文的插图具有以下特点。

1）图形的示意性

插图重在示意性，不可能单纯依靠插图就能获得所有相关信息，也不可能完全用来指导完成任务或达到目标。例如，实际生产中所用的图样往往是成套的，一套设计图样可能包括总装配图、零件图、部件图、子装配图、局部图等，论文只是为服从正文表述需要而使用这些图中的一种或几种，不可能原封不动、不做任何修改地使用原图。

2）内容的写实性

不能运用夸张、虚构的手段，而应以严格忠实于科学实践并能真实反映科学事实的方式进行表达。插图要求真实地反映事物的本质和特性，注重科学性、严谨性，不能臆造和虚构，不能未经实验或实践而“创造”“虚构”出来，引用材料要有根据，有可靠出处，同时又要严格遵守知识产权法律法规。

3）取舍的灵活性

按内容表达需要选用插图类型，或对插图进行适当修改，或使用局部图。插图既可以是原始记录图、实物照片图和显微相片图，也可以是数据处理后的综合分析图，其取舍范围较广。凡用文字能方便地表达清楚的，就不用插图表达；为了突出主题、节约版面和减少制图时间，凡能用局部图或轮廓符号表达的就不用整图表达。

4）制作的规范性

根据图形绘制和写作要求而规范地设计和制作插图。有关国家标准或行业规范对图的制作已有明确的规定，图的制作也已有约定俗成的表达要求。例如，生物领域的细胞组织图、电气领域的线路图、机械领域的产品设计图以及各种设备设施的结构图等都有相应的表示方法，经常使用的坐标图也有约定俗成的制作规范。

5）表达的局限性

有时因某种原因（比例不妥、像素不够、制作成本较高、设计水平有限、制作方法不当、获得来源所限），插图在表达上有局限性。例如：限于开本或版心尺寸，对较大尺寸的设备图进行截取，破坏了图的完整性；限于制作方法和版面，对图的细微部分进行去除、简化，降低了图的清晰度；限于出版要求或成本，对有最佳效果的彩色图改用黑白图，表达效果下降。

5.2 插图的简单分类

科技论文的插图多种多样，可从多个角度来分类。比如，按是否包含子图，插图分为单图和组合图；按制作方式，插图分为线条图和连续色调图；按表现手法，插图分为构思图、模拟图和实物图；按表达内容，插图分为坐标图、结构图、功能图、线路图、流程图、地图等；按图面颜色，插图分为单色图（黑白图）、双色图和多色图（彩色图）；按所属领域，插图分为细胞图、分子图、建筑图、机械图、电路图等。按与正文文字的相对位置，插图分为串文图和通栏图（含单栏图）；按所占版面，插图分为页内图、跨页图和插页图。

5.2.1 单图和组合图

单图指一个图序（总图号）下仅有一个图。组合图指一个图序下含有两个或两个以上图（分图、子图），各分图相对完整，通常还有相应的分图序。这些分图是整个总图的分图，其类别通常相同，但也可以不同。组合图能更加完整系统地表达科学概念、现象和特性及事物运行状态、过程和关联等。

分图是从一个具体图的类别来说的，只要一个图具有相对完整的表意，且大体属于某个图类，那么该图就可作为一个成员而成为一个总图的分图。从形式上看，分图通常标以分图序和分图题，分图题通常是可长可短的说明性语句，但也有不标分图序和分图题的情况。一个分图序和分图题下也可以包括多个子分图。

组合图中的分图有几个结构相同的坐标图时，可以将这几个坐标图连在一起而构成一个完整的图，这些分图形式上是一个单图，实质上是一个组合图，只不过各分图共用某些共同要素而分图间不留多余的空隙罢了。组合图中有时也可以用表格作分图。

5.2.2 坐标图

5.2.2.1 线形图

线形图（函数曲线图、坐标曲线图）是用于表示某（几）种因素在一定时间内变化趋势或两（几）个变量（可变因素）之间关系的一种坐标图。仅表示一种因素随时间变化趋势或两个变量之间定量关系的坐标图为二维线形图，而表示多种因素随时间变化趋势或多个变量之间关系的坐标图为多维线形图。

二维线形图一般用横纵两个坐标表示两个可变因素，自变量标在横轴（如 x 轴）上，因变量标在纵轴（如 y 轴）上。计算用线形图通常应给出较密集的横纵坐标标值线，以便准确查找变量数值，如图 5-1（a）所示。这种图通常可简化为简易线形图（简易函数曲线图），即省略了长的、密集的横纵坐标标值线，只在坐标轴上留下部分很短的线段，如图 5-1（b）所示。简易线形图具有说明性强、图面简洁、幅面较小、制作方便和使用灵活等优点，较为实用。

线形图坐标轴上的刻度是测量的尺度，可以是线性的（以相同数量增加或减少，如 50，100，150，…或 150，100，50，…），也可以是对数形式（以相同比例递增或递减，如 1，10，100，…或 100，10，1，…）。图 5-1 所示为二维线形图，当表示多个变量间的关系时需要用多维线形图，图 5-2 中的两个分图均为三维线形图。

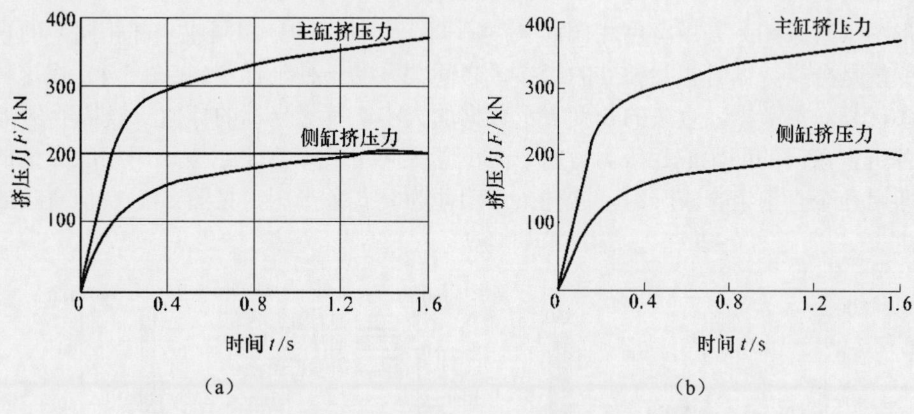

图 5-1　线形图和简易线形图示例

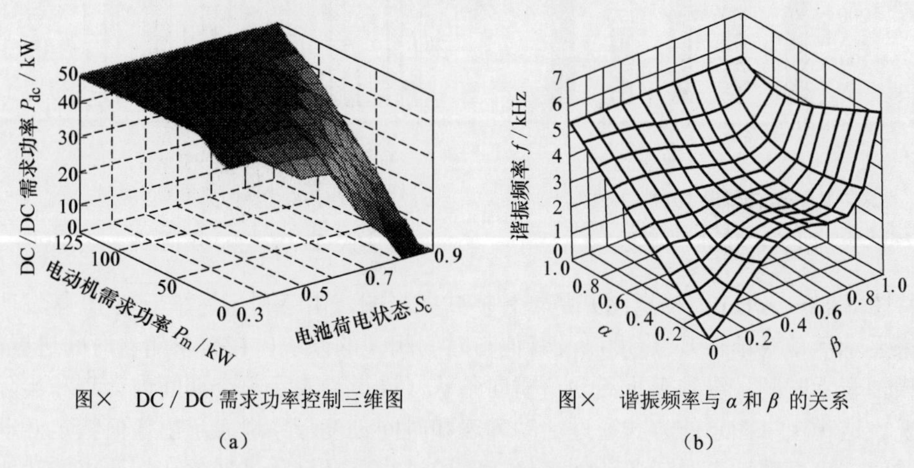

图 5-2　三维线形图示例

直方图是函数关系为阶跃形的函数曲线图的一种变种，是用矩形面积来表示某个连续型变量的频率分布的一种图形，如图 5-3 所示。

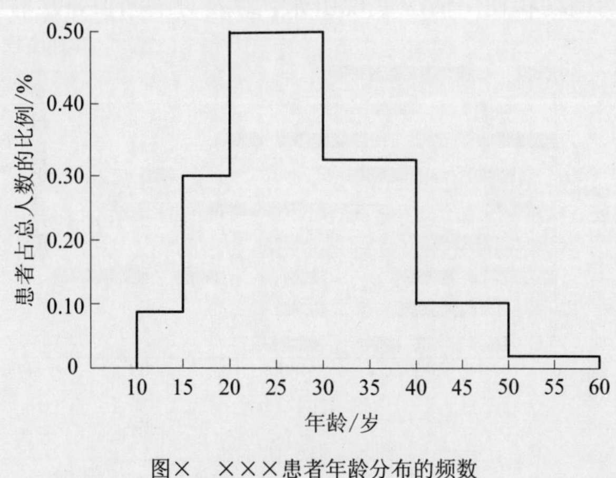

图×　×××患者年龄分布的频数

图 5-3　直方图示例

5.2.2.2 条形图

条形图（直条图）是用宽度相同而长度不同（有时可部分相同或全部相同）的直条，表示当自变量是分类数据时相互独立的诸参量之间关系的一种坐标图（见图 5-4）。在这种图中，每个直条代表一类数据，直条的长度表示数据的大小，其纵坐标的标值一般从 0 开始，各个直条或各组直条间的间距应相等。有时一类变量又可分几个水平，应该用相应数量的直条来表示，即用几个直条组合成一组，这种条形图即为复式条形图（见图 5-5），但直条的数量不宜过多。

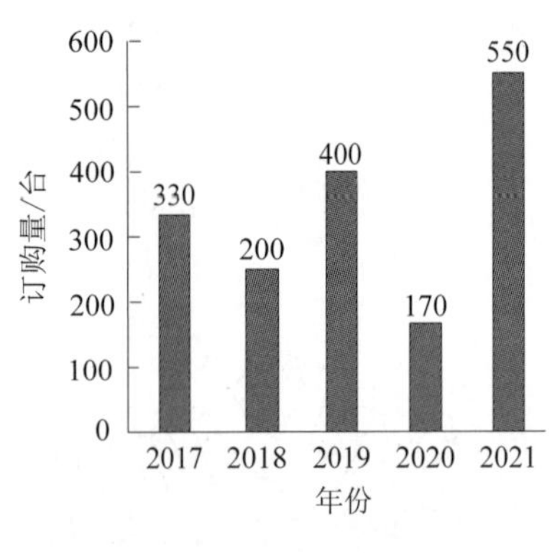

图× 某产品订购量（2017—2021 年）

图 5-4 条形图示例

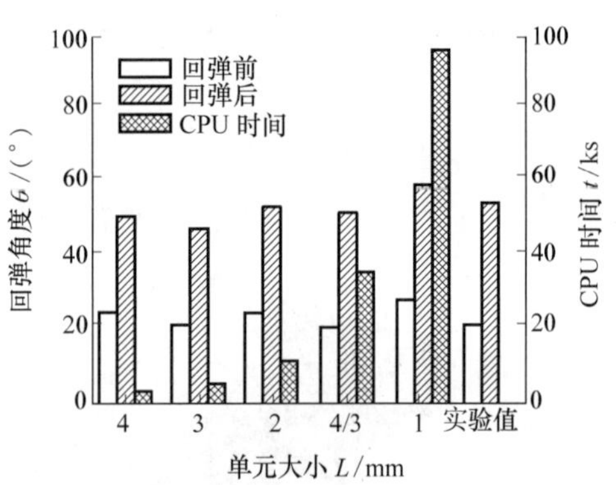

图× 单元大小对回弹角度的影响

图 5-5 复式条形图示例

甘特图（Gantt chart，横道图）是一种横式条形图，由亨利 • 甘特于 1910 年发明，通过条状图来显示活动（项目）、进度以及其他与时间相关的系统内在关系随着时间进展的情况。其中，横轴表示时间，纵轴表示活动，横向条状（横道）表示整个期间内计划和实际活动的完成情况。这种图以图示的方式通过活动列表和时间刻度形象地表示出任何特定活动的顺序与持续时间，可直观地表明任务计划在什么时段进行以及实际进展与计划要求的对比，具有简单、醒目和便于编制等优点。管理者由此可非常便利地弄清每一项任务还剩下哪些工作要做，并可评估工作是提前、滞后，还是正常进行。例如图 5-6 就属于甘特图，显示了某车间的生产调度情况，横坐标表示以 h 为单位的“时间”，纵坐标表示“设备序号”，形象、直观地将车间内不同设备的调动和使用情况展现出来，给人对车间设备运行情况以一目了然之感。

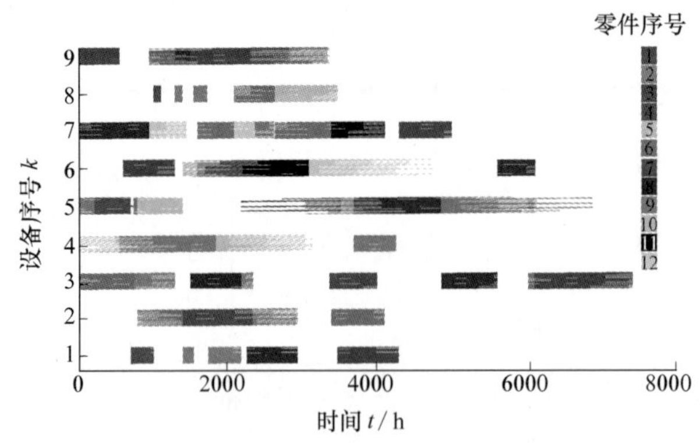

图× 调度甘特图

图 5-6 甘特图示例

当自变量是分类数据时，多采用条形图，但也可采用线形图；当自变量是连续数据时，多采用线形图，但也可采用条形图。最终选用哪种图需要根据呈现数据的目的来确定，若强调某一变量随另一变量而连续变化，采用线形图较好；若强调不同类型之间相互比较，则采用条形图比较合适。

5.2.2.3　点图

点图分为一般点图和散点图。一般点图是用点的疏密程度来表示某项指标或参量在特定不同条件下所呈现的频度分布，常用于作对比观察或分析。图 5-7 显示了流量系数相对偏差随阀前压力的分布规律，图 5-8 显示了标定前 y 向偏差与 z 向垂直度的关系，两图坐标点为离散的点，故属于一般点图。

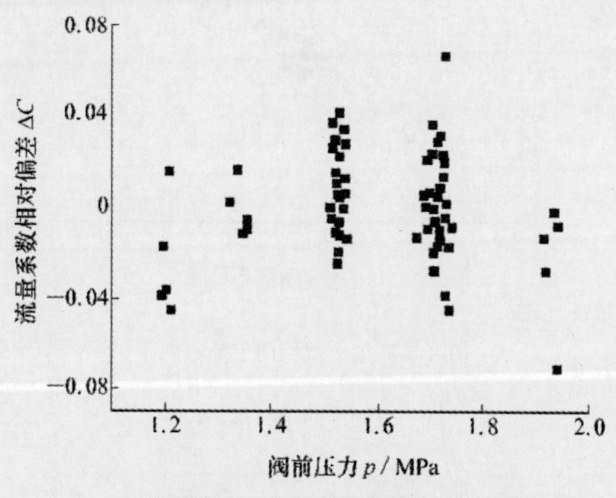

图×　流量系数相对偏差随阀前压力分布规律

图 5-7　一般点图示例 1

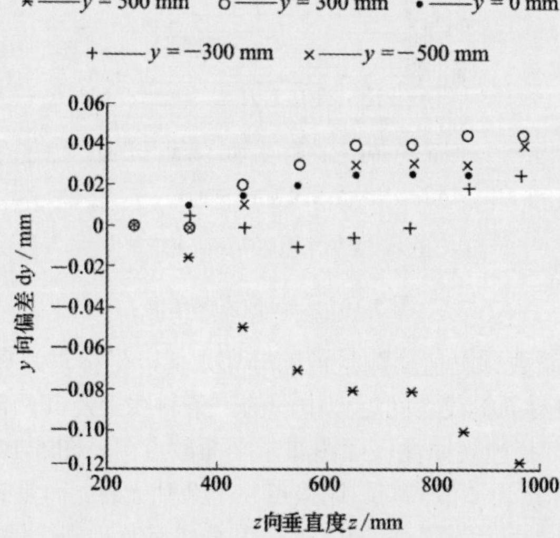

图×　标定前 y 向偏差与 z 向垂直度的关系

图 5-8　一般点图示例 2

散点图是用坐标图上离散数据点来表述事物中关联参数间的变化规律(见图 5-9、图 5-10)。用于表示比较模糊的函数关系，把由若干个点组成的实验、观测结果表示在图中，这些点对应于坐标系中各坐标轴的若干变量，表某个事件的数值，由其分布可以看出事物运动、变化的趋势和一般规律，若所有的点构成一个条形，则说明存在相关关系。例如：沿着斜线的一组点意味着线性相关，一组点离斜线越近越密，说明其相关性越强，即越近越密越相关(反之，越疏远，其相关性越差，即越远越疏越不相关)，若都落在一条斜线上，则其相关系数为 1.0。

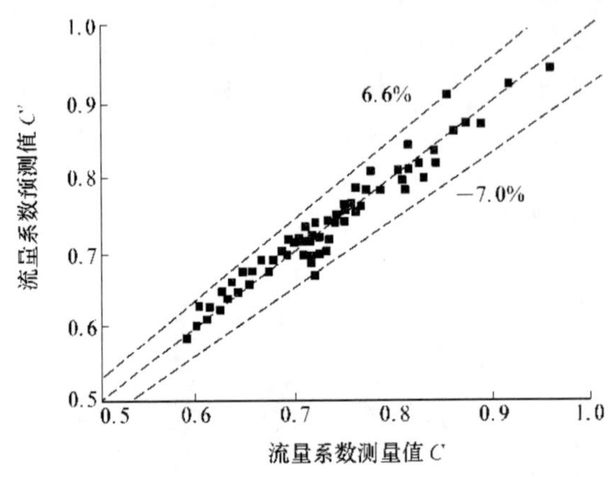

图×　流量系数预测值分布规律

图 5-9　平面散点图示例

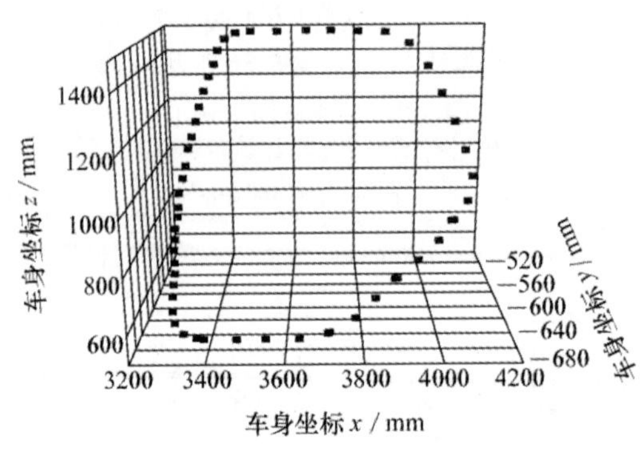

图×　某轿车左后门外曲面轮廓

图 5-10　三维散点图示例

图 5-9 显示了流量系数预测值随测量值的分布规律，坐标点为离散点，较为密集地分布于斜率为−7.0%、6.6%的两条斜线之间近似中间的一条斜线上及其两侧旁边，说明它们之间有很强的相关性，其分布有某种规律性，此图属于平面散点图。图 5-10 为三维坐标图，显示了车身坐标间的关系，坐标点为离散的点。这些点并不杂乱无章，而是有序地组成一个“近似”圆的漂亮图形，说明它们之间具有很强的相关性，其分布有某种规律性，此图属于三维散点图。

5.2.3　构成比图

构成比图是用来表示事物构成或物质所含成分比例的一种图形。它多用于对有关数据的统计比较，比较项目不宜过多，分为直条图（见图 5-11）和圆形图（见图 5-12）两种。

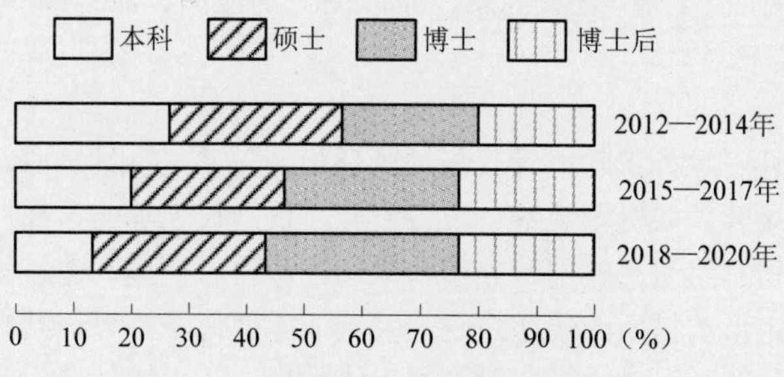

图× 某单位工作人员学历的百分比构成

图 5-11 构成比直条图示例

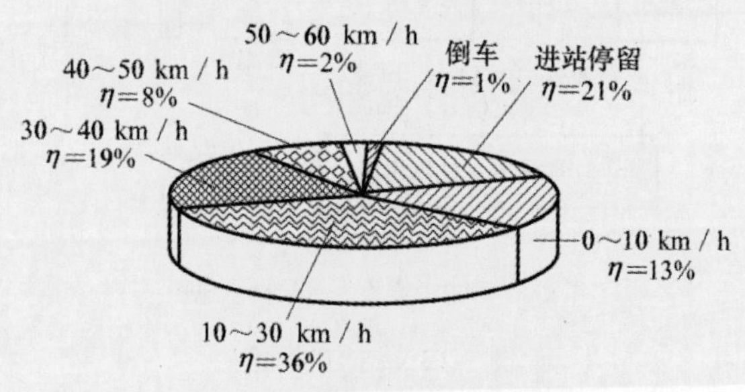

图× 速度区间所占比例

图 5-12 构成比圆形图示例

构成比直条图用直条表示全体中各部分的构成比例。直条多于一条时有较好的对比效果，一般横置，其全长作为 100%，用不同的线段或图案按各部分所占比例把直条区分为若干段，在整个直条组的附近给出比例标尺，并在适当位置示出图例。直条长度、宽度要匹配匀称，直条间距大小要适度，线形和图案要规矩、大方、美观。例如图 5-11 中，中部的三个横向直条，分别表示某单位员工在三个年段（2012—2014 年，2015—2017 年，2018—2020 年）的教育背景百分比构成，各条均由 4 种图案组成；在整个图的上方用图例对各个图案进行注释，这 4 个图例分别表示本科、硕士、博士和博士后；在整个图的最下方给出比例标尺。

构成比圆形图（圆形图、圆图或饼图）用圆表示全体中各部分的构成比例。整圆面积为 100%，不同线型或图案按各部分占比把圆分割成若干扇形面，各部分标注的字符或说明性词语可直接置于扇面内或用引线拉出圆外，说明性词语可用图注方式放在图面的合适位置。为准确、美观，对圆心角的分度要仔细，径向分割线应汇聚于圆心。这种图比较直观，图示整体性很强。例如图 5-12 中，用整圆表示速度，将圆用不同图案分割成 7 个速度区间，不同区间有不同的速度范围及占整圆的百分比（10～30 km/h，η=36%；30～40 km/h，η=19%；……；0～10 km/h，η=13%）。

5.2.4 示意图

示意图主要用来对事物进行定性描述，若想突出某个方面或想法，可按时间先后、空间顺序或逻辑关系等来安排图的各个部分。这类图具有图形简洁、形式多样、灵活性高、表现力强、制作方便等特点，但有的制作要求较高，当表意明确时通常宜用较少的线条来表达，即线条宜少不宜多。示意图大体有结构图、原理图、功能图、流程图和网络图等类别。

5.2.4.1　结构图

结构图用线条描述对象外形轮廓及其与周围环境的关系，如图 5-13、图 5-14 所示。在表达文字难以表述清楚的场合，如机器装备、设备设施、仪器仪表等的零部件或整体结构，地质地貌、山川流域、生物器官组织及解剖、分子和原子、流程、模型、建筑物等的结构，声、热、电、力等不可视或无定形的物质的传递系统、装置或零部件结构等，结构图在表达形态变化的细节方面甚至优于照片图。组成元素一般可用引线引出，在引线外端标明其名称或其他说明性词语；也可用阿拉伯数字按顺序编号，并把与编号对应的名称或说明性词语以图注的形式表示。

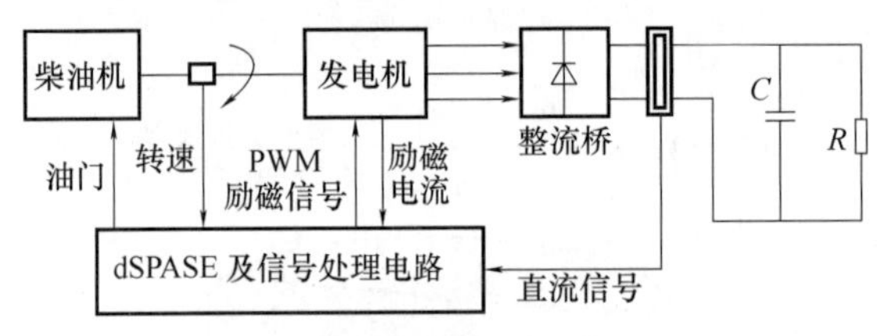

图×　APU 实验系统结构示意图

图 5-13　结构图示例 1

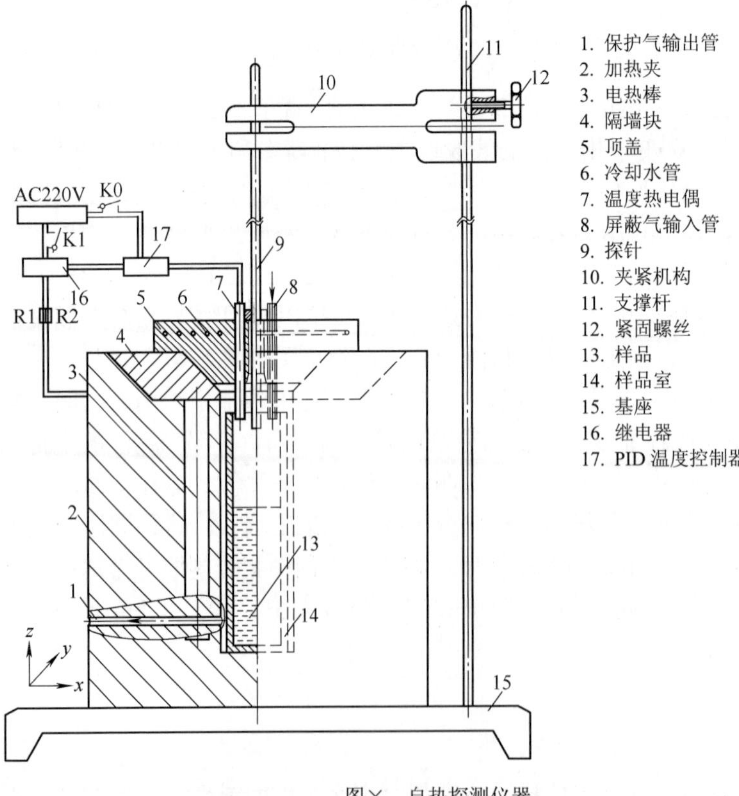

图×　自热探测仪器

图 5-14　结构图示例 2

图 5-13 显示了一种 APU 实验系统的结构组成，如柴油机、发电机、整流桥等，并用箭头线和一般线段连接各个组成部分，表明其间的空间顺序或某种逻辑关系。这样，就较为完整、清晰地以示意图的形式示出了 APU 实验系统的结构组成。

图 5-14 显示了一种自热探测仪器的结构组成，以对各组成部件编号、图注的形式展现了该仪器的结构，共由 17 个部件构成（1. 保护气输出管……17. PID 温度控制器）。它就是按仪器实际结构中各组成部分的先后顺序和连接关系来绘制的，真实地再现了该仪器的内部结构。

5.2.4.2　原理图

原理图用于描述事物或事物组成部分（如生物机体、组织器官、设备装置、机器部件等的静态或动态系统）的工作原理、过程、状态和运行机制等，如图 5-15 所示。原理图其实也是一种结构图，只不过原理图侧重阐释机制、模式，而结构图侧重构造、组成，在结构图中加进一些表原理的要素（如运算、逻辑、流向、参数、符号、数学式等）就形成了原理图。

5.2.4.3　功能图

功能图（系统框图、模型图）是可不涉及事物具体形态和内部结构而将事物抽象为一系列附有文字、符号或算式说明的方框（或其他框），再由这些框相互关联（由直线、箭头线连接）而组成的示意图（见图 5-16）。这类图也适于对复杂生物、工程、管理和监控等系统的运行机制、工作过程和特点的动态描述，或用于对事物进行全局或某个层面的建模。

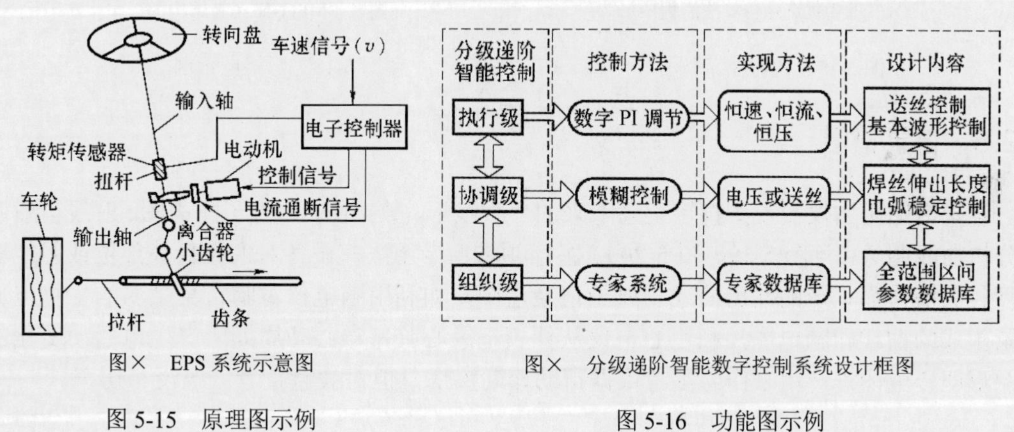

图 5-15　原理图示例　　图 5-16　功能图示例

5.2.4.4　流程图

流程图是对某一问题的定义、分析或解法的图形表示，用来记述事物状态关联、运行过程和走向流向，是系统框图的一种特殊类型（见图 5-17）。图中用各种符号表示操作、数据、流向及装置等。按被记述事物的类别是人还是计算机，分为工作流程图和计算机流程图：前者记述工作事项的活动流向顺序，涉及工作过程中的工作环节、步骤和程序；后者表述计算机系统或软件所反映的运算、监控、管理等的逻辑思维、步骤及操作运行的程序。实际中流程图多种多样，如工作流程图、算法流程图、数据流程图、程序流程图、系统流程图、程序网络图和系统资源图等，不同类型的流程图可使用的流程图符号及约定存在差异。

5.2.4.5　网络图

网络图是把事物进行简化，将其分割成若干单元（环节），变分布参数为集中参数，再按单元的性质与顺序组成逻辑网络，以供进一步分析或数值计算用的一种示意图。常用于表述互联网节点分布、电工学电路网络、力学有限元网络和自动控制网络系统等。图 5-18 显示了一种多层前馈神经网络（multilayer feedforward neural networks，MFNN）的拓扑结构，它由表节点的小圆圈及连接各节点的箭头线组成，形式上是一个“千丝”交错的网状图形。

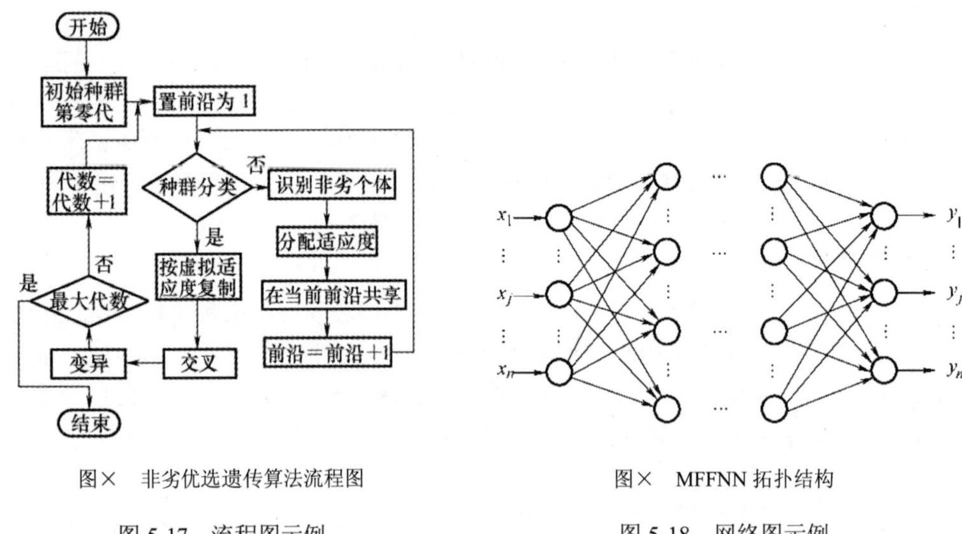

图×　非劣优选遗传算法流程图

图 5-17　流程图示例

图×　MFFNN 拓扑结构

图 5-18　网络图示例

5.2.5　记录谱图

记录谱图是由仪器设备直接记录下来的一种线形、数据图，如电子能谱图、射线衍射图、热分析曲线图等（见图 5-19、图 5-20）。医疗领域由专用医疗设备对人某身体部位或组织器官进行相关操作而记录的输出曲线均属于记录谱图，如利用脑电仪对脑自身微弱的生物电放大记录生成的曲线即脑电图，利用心电仪从体表记录心脏每一心动周期所产生电活动变化的曲线图形即心电图等，用来作为参考依据帮助诊断疾病，但对被检查者一般没有伤害。

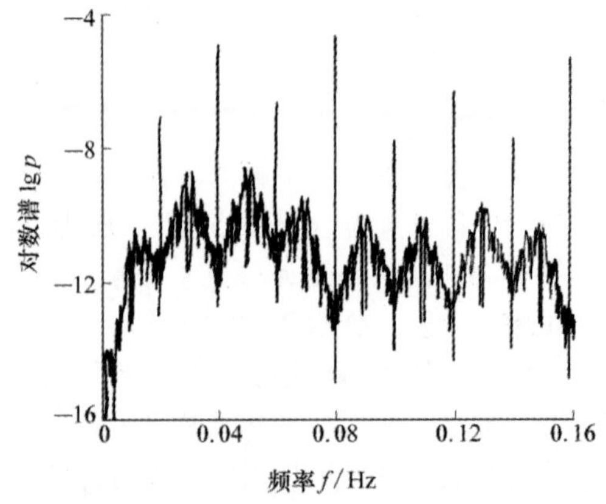

图×　8I 的谱结构（f_0＝0.159 2 Hz）

图 5-19　记录谱图示例 1

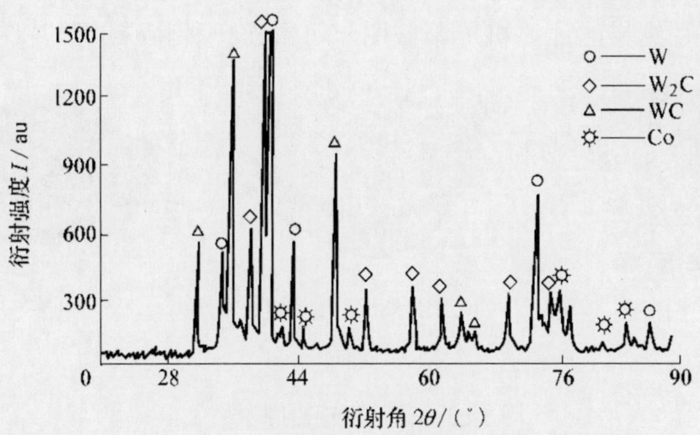

图×　合金磨损表面的 XRD 物相分析结构

图 5-20　记录谱图示例 2

图 5-19、图 5-20 形式上为二维坐标图，横、纵坐标均有标目，但其中的曲线不是一般曲线，而是记录谱图，分别表示 8I 的谱结构和合金磨损表面的 XRD（X 射线衍射，X-ray diffraction）物相分析结构，二者分别是对数谱随频率、衍射强度随衍射角的输出曲线。注意图 5-20 中的曲线有 4 组，对应 4 组材料（W，W_2C，WC，Co），分别用不同的图例来表示。

5.2.6　等值线图

等值线图用线条来反映某种物理量在被研究对象（如平面、曲面或切割面等）上的分布（见图 5-21、图 5-22）。其中，每一条等值线代表某一级（值）物理量的点的集合，用这样一组等值线即可描述出整个面域内该量的分布情况。常见的有等高线图、等势线图、等电位线图、等压力线图、等浓度线图、等雨量线图。例如，图 5-21 为根据原始数据绘制的等势线图；图 5-22 为护环热成形后内部温度分布与变形分布，分为切向应变、等效应变和温度场三个分图。

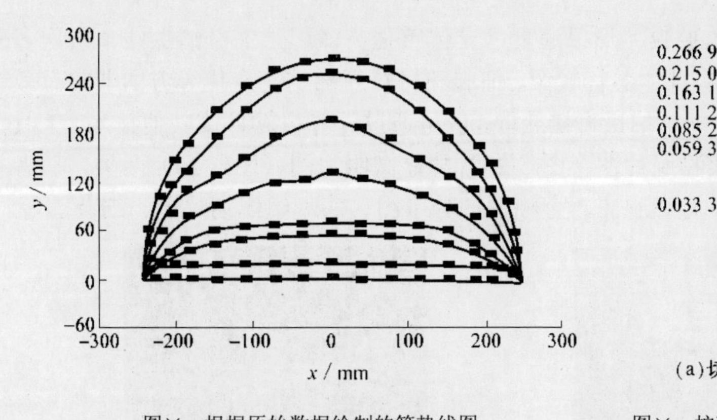

图×　根据原始数据绘制的等势线图

图 5-21　等值线图示例 1

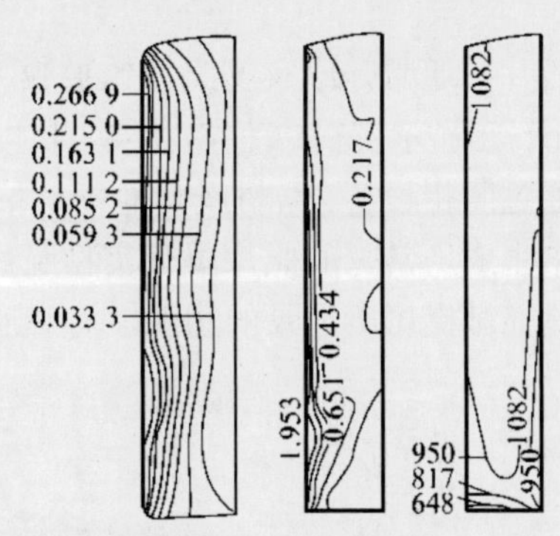

图×　护环热成形后内部温度分布与变形分布

图 5-22　等值线图示例 2

5.2.7　计算机输出图

计算机输出图是由计算机按某软件和程序经过运行、处理后输出的一种结果图，包括数值计算结果输出图、模拟（仿真）结果图、屏幕图（界面图）等，如图 5-23、图 5-24 所示。

图 5-23 为曲面计算图，按曲面形状有半球面、车身外形三边域曲面及五边域曲面三种。图 5-24 为某电力领域软件运行结果的计算机屏幕截图，可看作一种特殊的照片图。

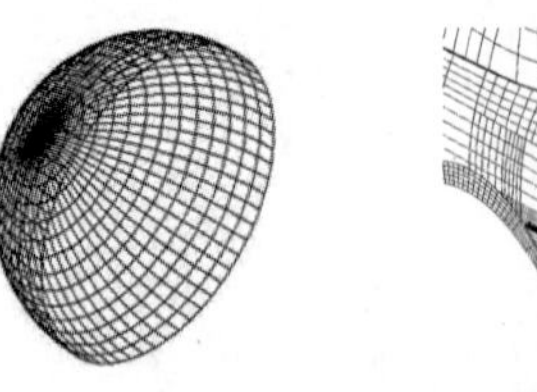

（a）半球面

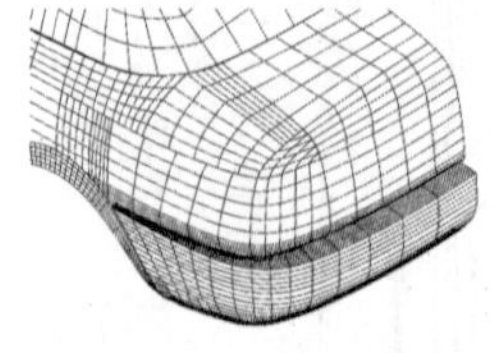

（b）车身外形三边域曲面

（c）五边域曲面

图×　曲面计算图

图 5-23　计算机输出图示例 1

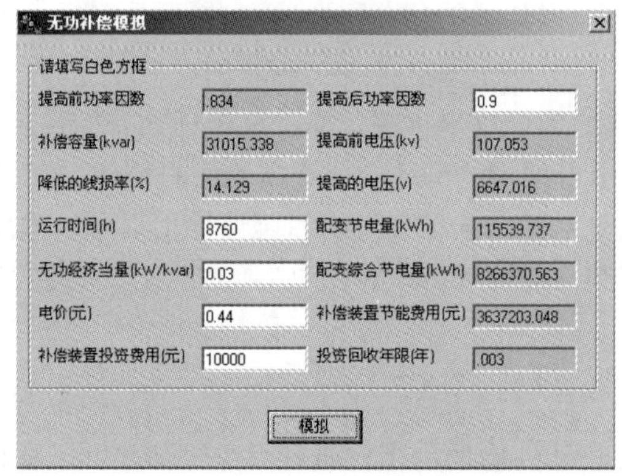

图×　无功补偿模拟

图 5-24　计算机输出图示例 2

5.2.8　照片图

照片图通常是原实物照片的翻版，形象逼真，立体感强，多用于需分清深浅、层次多变的图形，在显示实物、动作，反映身体器官成像、细胞和材料内部结构变化等方面非常有效。它可通过照相设备、器材或其他工具拍摄直接获取，也可通过计算机软件或其他技术、工具、方法来生成。常见的照片图有实物照片图（图 5-25）和显微照片图（图 5-26）两类，后者是指通过显微摄影所记录的物像，有细胞图、金相图、分子图、病理组织切片图、细菌图等。

图×　行星轮式月球车外观图

图 5-25　实物照片图示例

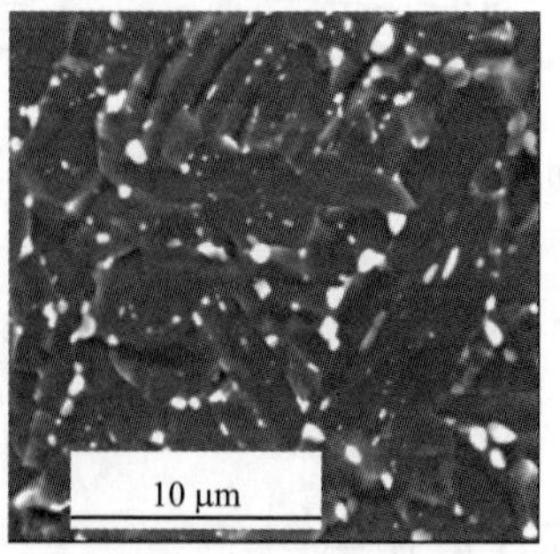

图×　实验材料的显微结构

图 5-26　显微照片图示例

5.2.9　地图

地图是按一定比例运用线条、符号、颜色、文字注记等描绘显示地球表面的自然地理、行政区域、社会状况等的图形，分为地理地图、统计地图或普通地图、专题地图。科技不断进步，地图的概念也在不断发展变化，例如可将地图看作“反映自然和社会现象的形象、符号模型”“空间信息的载体”“空间信息的传递通道”，等等。地图多用于反映地理位置和疆域地界，凡涉及国界、国名、地区名、城市名等均应以国家权威地图出版社的最新版本地图为准，并随时注意情况变化而采用最新、最准确的官方、正式资料。

5.3　插图的构成及表达

插图一般由图、图序、图题、图注 4 部分组成。其中图就是插图的主体部分，简称主图，主图类别不同，其构成也不同，主图为坐标图时通常包括坐标轴、标目、标值线、标值等，如图 5-27、图 5-28 所示。图 5-27 中，横纵坐标的标目分别为“时间 t / min”和“电压 U / V”，结构为“量名称 量符号 / 单位符号”，这是科技论文图表中的标目结构，其中量名称和量符号可以不同时出现，即只出现二者之一。

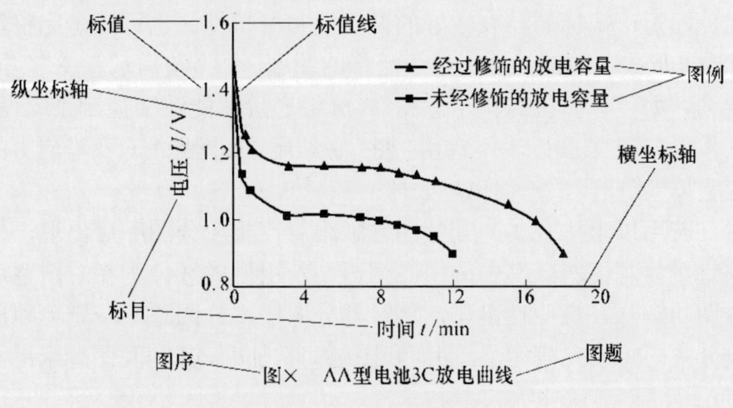

图 5-27　插图的构成示意图 1

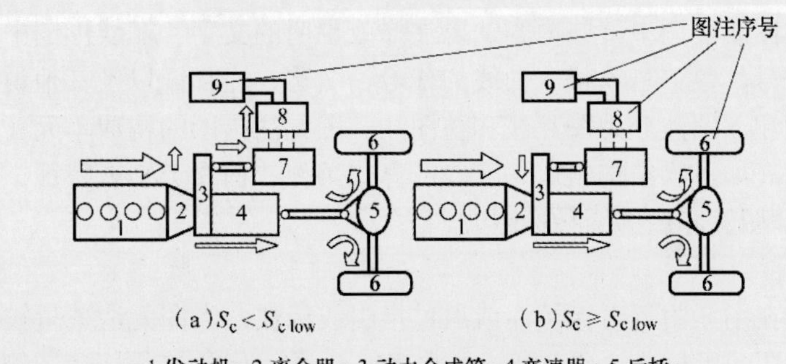

图 5-28　插图的构成示意图 2

5.3.1　图序

图序是插图的编号即图号。根据插图在论文中被提及的顺序，用阿拉伯数字对插图排序，如图 1、图 2 等，并把插图安排在合适位置（按中国习惯，通常是第一次提及该插图的段落的后面，但按国外习惯，较为随意，没有什么特别限制，多在页面下部或上部）。另外，一篇论文只有一个插图时，也应有图序，不宜省略数字而用“图”。提及插图时，除非表意清楚，不宜写成“见上图”“见下图”，因为当插图较多时容易造成误解，这类表达有时并不容易确指；也不写成“见第×页的图”，这种表达也易造成错误，因为论文重新排版时某图所在页码（或位置）可能发生变化，而文中相应的引用表达未跟随发生变化，即被忽略而未作适时修改。

一个插图有几个分图时，可按需加分图序。常有两种排式：①分图序（a），（b），…，a），b），…，或 a，b，…位于相应分图下方。②分图序 **a**，**b**…或 **A**，**B**…位于相应分图左上方。正文中提及分图时，应提及分图序而非总图序，例如提及图 3 的 d 图时，应写成“图 3（d）”“图 3d）”或“图 3d”，而不是“图 3”。总图序后通常有总图题，但分图序后可以没有分图题。

5.3.2　图题

图题是插图的名称或说明，确切反映插图的特定内容，通常是以名词或名词性词组为中心词的偏正词组，即短语式标题，有较好的说明性和专指性，也可以是完整句子形式的说明性文字。不要为追求形式上的简洁而用过于泛指的图题，如“结构示意图”“框图”“原理图”等，而应加限定词，如“计算机结构示意图”“分级递阶智能数字控制系统设计框图”“产品数据管理平台工作原理图”；图题也不宜用“图”字结尾，如图题“应变与应力的关系曲线图”结尾的“图”应去掉（“曲线”一词也可去掉）。

有分图题时，若用以上排式①，则分图题紧跟着在相应分图序后出现，位于分图下方，通常较简短，不宜重复总图题或其中的中心词语；若用排式②，则在总图题后依次给出分图序、分图题或分图的解释、说明性语句，这时各分图序、分图题不一定单独出现，而是各自充当某种句法成分共同组成完整句子。图序和图题间常加空，其间及图题末尾不加标点符号。

5.3.3　图注

图注是对插图或插图中某些内容加以注释或说明的文字，在线形图中常用它注出实验条件，参变量的符号、数值、单位，曲线的代号、名称、注释，以及其他说明语句，但并非所有的插图都有图注。图注分为图元注和整图注。图元注指图的构成单元（或元素）的名称或对其所做的说明（如事物结构组成、实验或算式条件、曲线类别或特征、全称或缩略语、引文出处等），有非图例和图例两种标注方式。

1） 非图例

非图例是指在图元附近直接标注或通过指引线标注，当图元注数量较多或文字较长时，可通过指引线在图元上标注注码（阿拉伯数字或拉丁字母），在图下、图侧或其他位置集中放置注码和说明文字（通常较为简短）。注码应按顺时针或逆时针顺序排列。指引线应间隔均匀、排列整齐，不得相交，可画成折线，但只可折一次。注码与说明文字之间可用一字线或下圆点隔开，各条注之间宜用分号隔开，最后一条注末应加句号，注码不应排在行尾。

图注常放置于插图下方或上方，左侧或右侧，自然成为插图的一部分（图注在图中，见

图 5-28～图 5-30），也可置于图外（图题下方，见图 5-31），成为图的补充部分（这种情况就是图注在图外）。

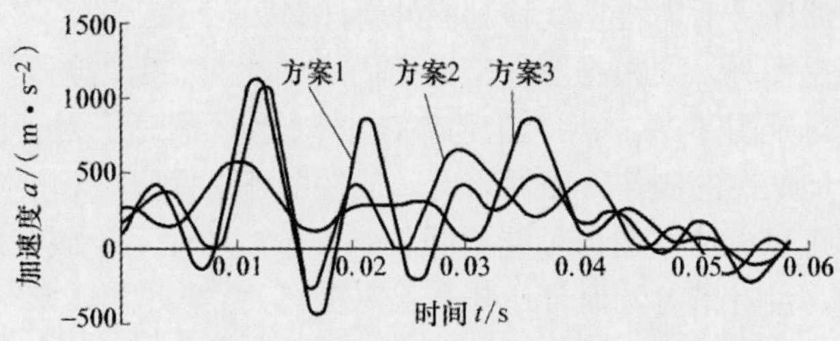

图×　三种方案下整车防火墙处的碰撞加速度时间历程曲线

图 5-29　图注处于图中示例 1

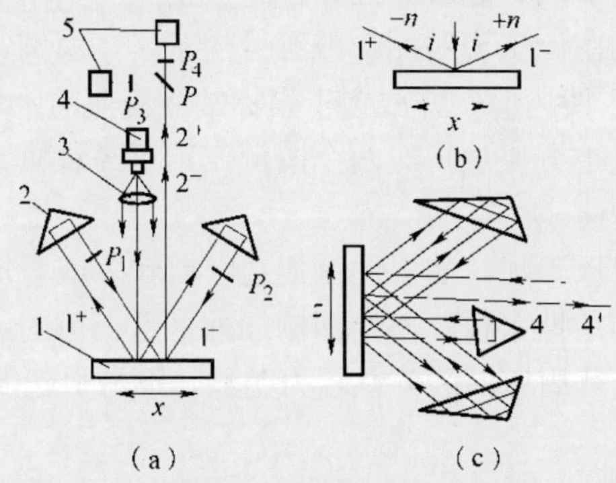

1. 全息光栅；2. 棱镜；3. 准直透镜；

4. 半导体激光器；5. 光电探测器。

图×　全息光栅位移测量检测光路

图 5-30　图注处于图中示例 2

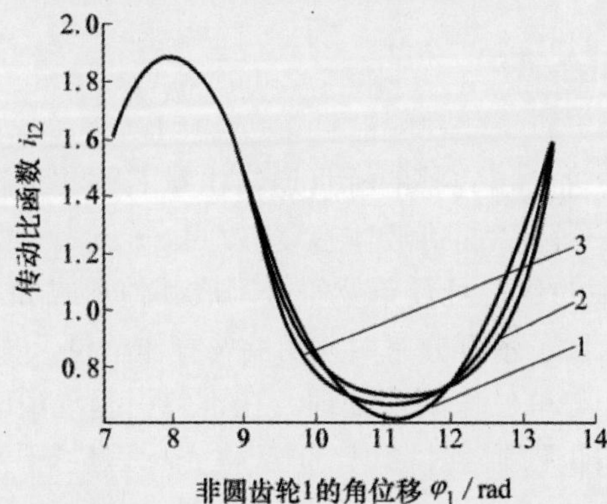

图×　某一周期时传动比函数图像比较

1. $i_{12} = 0.188\,022\,8\varphi_1^2 - 1.826\,475\,9\varphi_1 + 5.047\,006\,0$

2. $i_{12} = 1/(-0.173\,039\,2\varphi_1^2 + 1.714\,333\,4\varphi_1 - 2.783\,759\,6)$

3. $i_{12} = 1/(0.002\,521\,0\varphi_1^4 + 0.030\,403\,7\varphi_1^3 - 0.112\,147\,1\varphi_1^2 + 2.306\,547\,9\varphi_1 - 3.670\,726\,0)$

图 5-31　图注处于图外示例

图注在图中时，图面集中，读起来方便，不必看了图注序号再将视线移到图外看注释。图注在图外时，图面简洁，图注可直接随正文录排，即不随插图同时制作，修改方便，但读起来不方便，看了图注序号后需将视线移到图外看注释。

图注放在图中还是图外，要根据图面空余空间、图注文字所占幅面及实际的简洁、美观效果来确定。例如：对于图 5-29，若将图注放在图外显然不合适；对于图 5-31，若将图注放在图内也是可以的，但从图的制作方便性来看，放在图外更好些；对于图 5-28、图 5-30，图注放在图内、图外都可以，放在图内可能更好些。注意，图注不论放在图的什么位置，都属形式问题，只有优劣，没有错对，而且还与个人审美有关。

2）图例

图例是给出图中符号、图形、色块、比例尺寸等的名称和说明的图元注。图中需要用不同图形或符号来代表不同变量、曲线或其他类别时，例如如果对结果处理前后、辐射方式、发光颜色、实验方法、学历级别、速度区间、样本类别、药剂组成或道路类型等进行分类区别或作特别说明，就应使用图例来说明图形或符号的意义。图例常放置于图内（不提倡放图题下方）。坐标图的图例位于图内时，宜放置于坐标轴所覆盖的区域之内，例如图 5-27，分别用黑色小三角加短线、黑色小方块加短线两个图例表示“经过修饰的放电容量”和“未经修饰的放电容量”两条不同的曲线。

图例可以加外框，也可以不加，如果图例周边空白较多或与周边的图中其他要素区别非常明显，那么从图的表达简洁性来说，不给图例加外框是合适的。给图例加外框的最大优势是形成图例的独特标志，与其周边的区分性较为明显，不易引起混淆。

3）整图注

整图注是对插图整体（包括图的来源）所做的说明，可用“注：”引出或用括注的形式[如“（资料来源：××××××××）”]表示。

4）编排要求

集中放置的图元注应置于图序、图题上方。图例可置于图中的适当位置。整图注应置于图题后或图题下。

5.3.4　标目

标目用来说明坐标轴的含义，完整的标目通常由量名称、量符号及单位符号组成，量符号与单位符号之间用“ / ”分隔，如“液体密度 ρ / (kg • m^{-3})”“临界压力 p_c / MPa”“最大电流 I_{max} / A”等。将标目中的量符号及单位符号写成其他形式如“p_c(MPa)”或“p_c，MPa”也是可以的，但不标准。标目表示百分率时，可将%看作单位，如“生产效率 η / %”中的%虽不是单位符号，但可将其与单位作同等处理。在不致引起混淆时，标目中除单位符号外可以只标识量名称或量符号，即无须同时标识，但应优先标识量符号，如“密度 ρ / (kg • m^{-3})”可标识为“密度 / (kg • m^{-3})”或“ρ / (kg • m^{-3})”。

标目应与被标注的坐标轴平行，以坐标轴为准居中排在坐标轴和标值的外侧。标目居中排有以下情况：①标注下横坐标时，标目排在标值下方；②标注上横坐标时，标目排在标值上方；③标注左纵坐标时，标目排在标值左方，且逆时针转 90°，标目顶部朝左，底部朝右，即顶左底右；④标注右纵坐标时，标目排在标值右方，也是逆时针转 90° 和顶左底右。对于非定量的、只有量符号的简单标目如 x，y，z 等，可排在坐标轴尾部的外侧。

5.3.5　标值线和标值

标值线就是与坐标轴平行的刻度线，可简化为小短横留在坐标轴上，即长的标值线的残余线段（刻度或刻度线）。标值为标值线对应的数字，是坐标轴定量表达的尺度，排在坐标轴外侧紧靠标值线的地方。

设计坐标图时应避免标值线和标值过度密集而出现数码前后重叠连接、辨识不清的现象。标值的数字的位数宜少不宜多，通常为“0.1*n*，0.2*n*，…”“1*n*，2*n*，…”“10*n*，20*n*，…”（*n*=1，2，…）等，同时还要认真选取标目中的单位，如用“3 kg”代替“3000 g”，用“5 μg”代替“0.005 mg”等。为避免选用不规则的标值，实际中可将不规则的标值改成较为规则的标值，如可将“0.385，0.770，1.115，…”改为“0.4，0.8，1.2，…”，“62.5，78.3，101.4，…”改为“60，80，100，…”，并相应平移标值线，但不要变动图面内的数据点或曲线。

根据国家标准《量和单位》，标目和标值间的关系是：量符号 / 量单位 = 标值（量纲不为一），如 F / kN = 2.0；量符号 = 标值（量纲为一），如 R = 0.015。标值的数字一般宜处在 0.1～1000 之间，这可通过将标目中的单位改用词头形式或在量符号前增加非 1 的因数来实现。例如：某坐标轴的标值是“1000，1200，…，2000”，标目为“正向压力 / N”，则宜将标目改为“正向压力 / kN”，相应地标值就改为“1.0，1.2，…，2.0”；标值是“0.015，0.020，…，0.050”，标目为 R，则可将标目改为“10^3R”，相应地标值就改为“15，20，…，50”。

5.3.6　坐标轴

平面直角坐标图的横、纵坐标轴是相互垂直的直线，并交于坐标原点。如果坐标轴表达的是定性的变量，即未给出标值线和标值，则在坐标轴的尾端按变量增大的方向画出箭头，并标注变量如 x，y 及原点如 O，如图 5-32 所示；如果坐标轴上已给出标值线和标值，即坐标轴上变量增大的方向已清楚表明，则不必再画箭头，如图 5-29、图 5-31 所示。

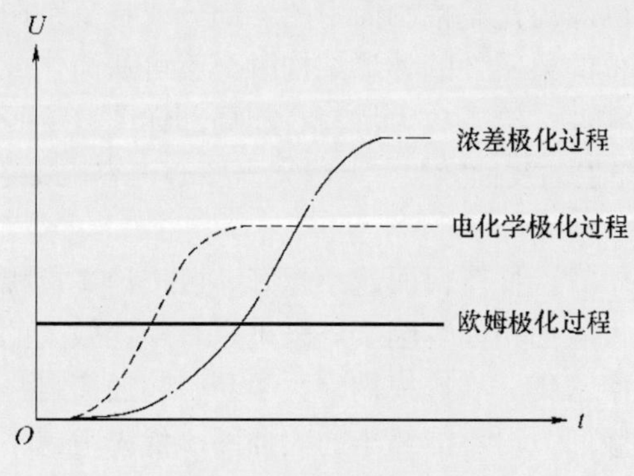

图×　电池极化过程示意图

图 5-32　坐标轴带箭头的坐标图示例

5.4　插图使用一般规则

以下总结科技论文中使用插图的一般规则。

1）通盘总体规划

立足全局，通盘考虑，梳理内容，厘清论文主题及内容、结构，再决定哪些内容、段落和小节需要配图，进而对插图如何定类、布局、设计等一一做出缜密考虑与安排。首先根据表达对象的内容与特点，思考哪类插图的功能与其相适应，对各类插图的优势和不足进行比较，选取合适的插图类型，考虑可否对同类插图进行删减或合并。坚持精选用图原则，用插图表达的效果明显不如文字表达的就不用插图，用简单插图能清楚表达的就不用复杂插图。

2）精选插图类型

根据表达对象的性质和表述的目的精选插图，插图类型不同，其功能和特点就不同，表达效果就不同。①线条图含义清晰、线条简明，适于表达说理、假设性强的内容及表达事物间的多种关系。②平面图简洁明快，三维投影图、立体图立体感强。用写真方式来反映一种实验系统或描述一组动态过程，应优先使用某种框图或单线条示意图，形式多样，图形简单，使用灵活，幅面较小。对一组参数的函数曲线，用一组离散平面图还是立体曲面图表达，对某事物的组成或成分，用条形图还是圆形图表达，都要仔细斟酌。③彩色图色彩丰富，形象逼真，适于用色彩更显优势的场合，但受限于黑白印刷时，还要区分黑白与屏幕彩色效果之间的差别。④照片图层次变化分明，适于反映物体外形或内部显微结构要求较高的原始资料。

3）简化提炼插图

插图毕竟是对内容的浓缩表达，需要有简化的表现形式，自然就需要通过简化、提炼和抽象的方式，将一般图（如原始图或实际图）设计制作成有高度表达效果的图。当插图用来说明原理、结构、流程或表达抽象的概念时，就不宜把未经简化、提炼的一般图（如显微组织图、电路图、施工图、装配图、创意构想图等）原封不动地搬来就用，而应基于原图进行简化、提炼、提高和抽象，突出表达、说明的主题，最终提高表达效果。

4）有效表达插图

插图服务于内容表达目的，追求表达的有效性，用最合适的幅面、最恰当的布局和最适合的文字达到理想的表达效果。表达效果侧重表达的目的性，而不是图面的完整性，因此要按表述要求决定采用整幅画面还是整幅画面中的一部分或将复杂图处理为简化图或示意图。例如：在表达设备中某部位的某零件的外形结构时，就可从简化或虚拟的整体设备图上给定部位通过标引编号拉出该零件，给予放大特写（加局部详图），而不必给出整台设备的全图，以免造成图面复杂、喧宾夺主的反面效果，无法突出核心内容，最终削弱或失去插图的功能。

5）确定插图幅面

在清楚表达且效果理想时，插图幅面越小越好。可按论文篇幅、版式，插图文字多少、字体字号，以及允许的最大版面空间等因素，来确定有最佳效果的插图幅面。应大小协调、比例恰当，小了易引起文字密集、字迹模糊，大了易引起插图自身不美观、与周围文字和别的插图安排不协调及多占版面。对不能缩小的大插图，优先考虑不用，必要时以画出局部图的方式来解决。另外，除特殊要求外，插图幅面必须限定在版心之内；同类或同等重要的插图幅面尽可能一致；为方便比较可把结构类似的图合并；图例不宜超出图形所覆盖的区域。

6）图内合理布局

按照插图幅面及其内容来合理安排和布置图中各组成部分和要素的位置、大小及其之间的关系而达到最佳表达效果，这就是图内合理布局。除考虑插图内容表达外，还要注意插图布置匀称、疏密适中、不留大空白、高宽比协调，既增强表达效果，又美化版面、节省篇幅，特别对于流程图、功能图、电路图之类的插图更要注重其布局的合理性。

7）统一插图文种

插图的文字与正文的文字应属于同一语言，即插图中不要混用不同语言或使用与正文语言不同的另外一种语言，当然照片图或其他特殊情况除外。避免直接照搬英文参考文献的原图或将其稍加修改就用到中文论文中，或将很多未加翻译的英文词句直接用在中文论文的插图中，结果使得中文论文的插图中出现了部分甚至全部英文语句。

8）规范设计制作

按照插图设计制作要求及目标期刊对插图的要求来设计制作插图，达到插图的全方位规范表达。插图的规范性体现在多个方面：内容切题；构成要素全面，不缺项；图面布置合理、清晰美观；图序、图题，幅面，文字，量和单位，线型、线距，标目、标值线、标值等均应符合有关标准、规定和惯例；照片图真实、清晰，主题鲜明，重点突出，反差适中；同一论文中所有或同类插图的风格和体例应当一致；……

9）图文紧密结合

插图有自明性，一个完整的插图能准确显示所有必要信息，读者看了插图而不看正文就能获得必要的信息。这就要图文结合，按文字来配图，再按图来调整文字，图文相辅相成，互为补充。插图已清楚表达的，就不用文字重复叙述，而插图表达有欠缺的，则用文字适当补充。这就需要插图位置安排合理且图文表达一致：对于前者，插图随文排、先见文后见图；对于后者，插图与正文对同一内容的表达一致且相互配合，文中对图的叙述在图中能够对应上。

10）合理安排版式

合理安排插图的位置，既能方便阅读，也能达到版面美观。插图宜随文编排，排在第一次提及该图序的正文之后（插图放在引用它的那个段落的后面，当该段后面的空间不足时，再将插图后移到能够排得下的与此段最近的某个段落的后面），插图应尽量靠近相应的正文，不宜截断正文自然段或跨节编排。但在特殊情况下版面不容许时，可以灵活处理。国际期刊对插图放置较为随意，常放在页面上下端，与是否先被提及或引用无关。

5.5　插图设计制作要求

以下总结插图设计制作的要求，是对上节规则中“规范设计制作”的稍详细展开。

5.5.1　内容要求

1. 科学性

插图的内容是论文内容的有机组成部分，与论文主题、观点紧密相关，符合客观实际，涉及的材料、数据、结果必须真实、可信和可靠；图形绘制严密、得体，字符准确、合适，主次分明、重点突出，项目齐全、准确，大小、比例合适。

2. 规范性

每类插图都有其自身的内容、结构、功能和特点，有相对固定的设计制作规范。

1）坐标曲线图（线性图）

坐标轴、标值线的画法应规范，标目、标值、坐标原点标注完整、规范、统一。坐标轴表达定性的变量时，不用给出标值线和标值，坐标原点优先用字母 O 标注，在坐标轴末端按增量方向画出箭头，标目可排在轴末端外侧。坐标轴上给出标值线和标值时，坐标原点宜用阿拉伯数字 0 或实际数值标注，不宜画出表增量方向的箭头，标目与被标注的坐标轴平行，居中排在坐标轴和标值外侧，标目用量与单位比的标准形式“量名称 量符号 / 单位符号”，其中量名称和量符号可以择其一。

线条应清晰、简洁；文字、标值易于辨认；坐标轴刻度线朝里朝外均可；标目中的单位不宜省略（量纲一的量除外）；特殊情况下可用缩写或词语代替单位；图例置于合适位置；不同变量的符号易于区分。

直方图常以横轴表示连续型变量的组段（通常要求等距），纵轴表示频数、频率或比例，尺度常从 0 开始，各直条间不留空隙。

2）条形图

不同的条有明显的区分，每个直条代表一类数据，直条的长度表示数据的大小，但直条的数量不宜过多。坐标轴的刻度（标值线）易于辨认，纵坐标的标目给出单位（量纲一的量除外），其标值一般从 0 开始；纵坐标轴的长度不得小于最长条的长度；文字、数字易于辨认。为了便于对比，在复式条形图内一般要用诸如横线、竖线、斜线或者小点、小格、空白等图案来对不同的对比量加以区别，并相应示出“图例”。制作要求是，直条的宽度与长度匹配匀称，线型和图案规矩、大方和美观。

3）饼图

比较对象不宜过多，以免图形复杂，难以理解；比较的数据较为接近时，应采用特别方法来突出各部分的差异，通常较好的方法是从明到暗用不同的线或点给各部分涂上阴影，最小的部分颜色较深，或用不同的颜色来区分。

4）示意图

结构图、原理图等的设计制作应符合现行国家或行业标准（见表 5-1），使用共同的图形语言，方便国内外交流。结构图达到形似，通过合理简化来突出描述重点。表 5-1 所列标准是一项基础技术标准，内容上有统一性和通用性，涵盖了机械、建筑、水利、电气等行业。

表 5-1　技术制图常用标准

标准代号	标准名称
GB / T 44572—2003	技术制图 图样画法 指引线和基准线的基本规定
GB / T 4457.4—2002	技术制图 图样画法 图线
GB / T 4458（所有部分）	机械制图
GB / T 14689—2008	技术制图 图纸幅面和格式
GB / T 14690—1993	技术制图 比例
GB / T 14691—1993	技术制图 字体
GB / T 17540—1998	技术制图 图线
GB / T 17451—1998	技术制图 图样画法 视图
GB / T 17452—1998	技术制图 图样画法 剖视图和断面图
GB / T 17453—2005	技术制图 图样画法 剖面区域的表示法
GB / T 18686—2002	技术制图 CAD 系统用图线的表示
ISO 128（所有部分）	技术制图 一般表示原则
ISO 129（所有部分）	技术制图 尺寸和公差的表示方法

功能图的设计制作要进行合理抽象，选择对表现主题起关键作用的组成部分，方框的布局规矩、匀称，其中文字、符号、算式的表达要规范，框间的箭头线按相关规定使用。

流程图的设计制作应符合国家标准 GB / T 1526—1989《信息处理 数据流程图 程序流程

图、系统流程图、程序网络图和系统资源图的文件编制符号及约定》，按图类选择使用规定的符号标记，各类流程图均有其约定的符号和画法。

5）记录谱图

除了线形符合制版要求或者确有必要利用原记录曲线直接制版（可按需添加数字、符号或文字）外，一般均应对原图重新制作，必要时进行标示和说明，如波峰、波谷或其他特征点有时应有数字及标目（量名称、符号及单位）、标值（数值和单位）和文字说明等，同时还应力求保持原记录的波形特色，达到逼真不走样。

6）照片图

照片图应清晰度高，对比明显、重点突出。组织切片图应标明比例尺和染色方法；实物照片图（含材料显微结构图）应标明比例尺或标注放大倍数，如“45 钢金相图（×500）”，其中“（×500）”指图形是原实物的 500 倍。若需要根据论文版式将照片图缩小或放大，就同时需要对原来标注的放大倍数进行换算。例如，原来标注的放大倍数是 500，若将其缩小 2 / 10 使用，则缩小后标注的放大倍数应为 500(1－2 / 10)＝400,图题应相应地改为“45 钢金相图(×400)”。

7）地图

地图应维护国家统一、主权、领土完整，维护民族尊严、团结，体现国家外交政策和立场，保障国家安全和利益。符合《中华人民共和国测绘法》《地图管理条例》《公开地图内容表示补充规定（试行）》《地图审核管理规定》等法律法规。应符合 GB / 19996—2017《公开版地图质量评定》的相关规定。出版前应报送国家测绘地理信息管理部门审核批准。

选用最新、准确的地图资料；正确反映地图中各要素的地理位置、形态、名称及相互关系；具备符合地图使用目的的有关数据和专业内容；按国家有关规定使用地图的比例尺。对绘有国界线的地图，跨省、自治区、直辖市行政区域的地图，我国台湾、香港、澳门地区地图，历史地图，时事宣传地图等更要严格和小心，不犯政治错误。

8）图形符号

图形符号是以图形或图像为主要特征的视觉符号，用来传递事物或概念对象的信息，广泛应用在社会生产和生活的各个领域。图形符号标准按其应用领域分为标志用图形符号、设备用图形符号和技术文件用图形符号等三类。表 5-2 列出了我国图形符号常用标准。

表 5-2 图形符号常用标准

标准代号	标准名称
GB / T 4728（所有部分）	电气简图用图形符号
GB / T 5465.2—2008	电气设备用图形符号 第 2 部分：图形符号
GB / T 10001（所有部分）	标志用公共信息图形符号
GB / T 15565（所有部分）	图形符号 术语
GB / T 16273（所有部分）	设备用图形符号
GB / T 16900—2008	图形符号表示规则 总则
GB / T 16901.1—2008	技术文件用图形符号表示规则 第 1 部分：基本准则
GB / T 16901.2—2000	图形符号表示规则 产品技术文件用图形符号 第 2 部分：图形符号（包括基准符号库中的图形符号）的计算机电子文件格式规范及其交换要求
GB / T 16902.1—2004	图形符号表示规则 设备用图形符号 第 1 部分：原形符号
GB / T 16902.2—2008	设备用图形符号表示规则 第 2 部分：箭头的形式和使用
GB / T 16903.1—2008	标志用图形符号表示规则 第 1 部分：公共信息图形符号的设计原则
GB / T 16903.2—2008	标志用图形符号表示规则 第 2 部分：测试程序
GB / T 20063（所有部分）	简图用图形符号
ISO 7000	设备用图形符号索引和一览表
ISO 14617（所有部分）	简图用图形符号

9）其他标准或规范

量和单位方面有国家标准 GB 3100～3102—1993《量和单位》(对国家标准没有涉及的情况，应按国家标准的精神并结合行业规范科学地处理)。数值修约和极限数值方面有 GB / T 8170—2008《数值修约规则与极限数值的表示和判定》。科技名词术语方面有 CY / T 119—2015《学术出版规范 科学技术名词》。引用他人插图应获得著作权人的书面许可并注明来源。

3. 一致性

（1）插图组成要素与论文其他相应部分在形式上应一致，涉及术语、数值、符号等。

（2）图序、图题与正文中对图序、图题的引用、说明或解释应一致。

（3）集中放置在图下的图元注中的注码与图中标注的一致。

（4）所有插图的图序、图题、图注的写法和格式应一致。

（5）同一内容（性质、变量）的表示方法（方框或圆圈大小）、同类图的画法（线型）、指引线的表示方法（线条粗细、箭头形状）等应一致。

5.5.2　艺术要求

插图的艺术性好比语言的修辞，表达规范的语言追求修辞，是为达到更为理想的表达效果，表达已经规范的插图追求艺术性，是为达到一种更高层次的美感效果。插图的艺术要求如下：

（1）图形布局、排列组合体现结构美，符合艺术造型的特性。

（2）线型选择上体现形象美，与图的大小相协调。

（3）全文图的风格、体例整体统一，体现和谐美。

（4）图的色彩形态与内容、主题紧密相扣、相配。

5.5.3　版式要求

版式要求是指有关插图在文中的位置、串文形式、排版方向和转页接排等的排版要求。

1）排版位置

插图排版的关键是合理安排插图在版面中的位置，不但美观，而且便于阅读。插图宜随文编排，图和相应正文尽量接近。插图不宜截断正文自然段或跨节编排。版面无法调整时，可根据情况灵活处理，以便于阅读作为处理的原则。

2）串文排

插图的一侧或两侧排正文文字时称为图的串文，此图即为串文图。在期刊通栏排版中，插图宽度不超过版心宽度的 1 / 2 时，宜串文排；超过版心宽度的 1 / 2 时，不宜串文。目前科技期刊的论文多为双栏排版，多数情况下无须对插图进行串文排。

3）卧式排

插图宽度超过版心宽度、高度小于版心宽度时，可卧排。左翻页期刊插图的上方朝左，右翻页期刊插图的上方朝右。

4）转页排

插图由几个分图组成而在一个版面排不下时可转页接排。可在首页排图序、图题，在转页接排的各页上重复图序（必选）、图题（可选）并加“(续)”；也可仅在图末排图序、图题。

5）跨页排（和合排）

插图幅面过大且超出一页版面尺寸时，可将整幅图分两部分在双码面和单码面上和合排；插图由几个分图组成，正好占用两个页码时，可在双码面和单码面上和合排。对竖置（竖放）跨页图，页码双跨单排，图题也双跨单排；对卧置（横放）跨页图，页码双跨单排，图题排在单页码的靠切口处。

6）插页排

插图排在插页，不与正文连续编页码，与正文相关时应在正文提及图序或标注其位置。

5.6　插图的设计制作

5.6.1　图中线型选取

线型指线条的不同形状或类别，其中一个较为重要的方面是线条的粗细。线条的形状或类别宜参照有关制图的标准、规范及目标期刊对制图的要求来选取。线条的粗细还要根据插图的幅面、使用场合和图面内线条的疏密程度来确定。线条过粗，会使图面难看，甚至导致线条密集处形成模糊一片；而线条过细，不仅会使图面美观度下降，而且制版时容易造成断线。

粗线一般用于线形图中的曲线（含直线）、工程图中的各种实线（主线）；其他地方多用细线（辅线），如坐标轴线，示意图中的线条，工程图中的点画线、虚线，以及各种插图的指引线等。还要考虑用线条的粗细和线条间的疏密程度来突出某些重要要素。例如：线形图上的曲线和条形图上的条的轮廓通常要比坐标轴的标值线（刻度）更清楚、醒目，而坐标轴的标值线又要比坐标轴更清楚、醒目。

5.6.2　图形符号使用

图形符号是将具体事物进行简化但又能保持其特点，而简明、直观、形象地表现事物特征的一种图形语言，其基本构成是符号的名称、形态、含义及画法。图形符号的使用给插图设计制作带来极大方便，也使插图的可读性大大提高。

各学科领域的图形符号在相应国家、行业标准中一般均有规定（某些即使尚未列入标准，但也有行业或系统内的习惯或约定俗成的画法），使用时应勤查资料，遵守习惯。图形符号的规定、习惯画法不是一成不变的，有的因其合理、可行和创新性可能被吸收到国家标准中而成为规定画法，而有的随时代发展不能适应新的要求，可能被取消而成为非规定画法。

5.6.3　图形布局设计

5.6.3.1　图间布局设计

图间布局设计指通过调整不同插图的某些共性部分或要素的内容、幅面及其之间的排列顺序而达到其优化组合排列和得体显示。比如对横纵坐标的标目和标值均相同的一组坐标图，可组合在一起共用一个图名；若每幅图的线条单一，也可将这组图合并成一幅图。对一个坐标轴的标目和标值相同而另一个不同的一组坐标图，可用双（多）坐标轴表示。图中曲线过多、过密而难以区分时，可将插图分解成几个分图，即设计为组合图。这样调整后的插图，既能够节约版面、扩大容量，又便于在同一变量条件下对曲线所对应的数据和形态进行对比。

例如，图5-33是由三个坐标图合并成的，共用一个横坐标轴，标目为“时间t / s”，三图分立纵坐标轴，而后两个共用一个纵坐标轴，即右侧纵坐标是两个标值相同的纵坐标轴的合并，纵坐标的标目分别为“转速n /（r · min^{-1}）”“车速v /（km · h^{-1}）”“节气门开度α / %”。

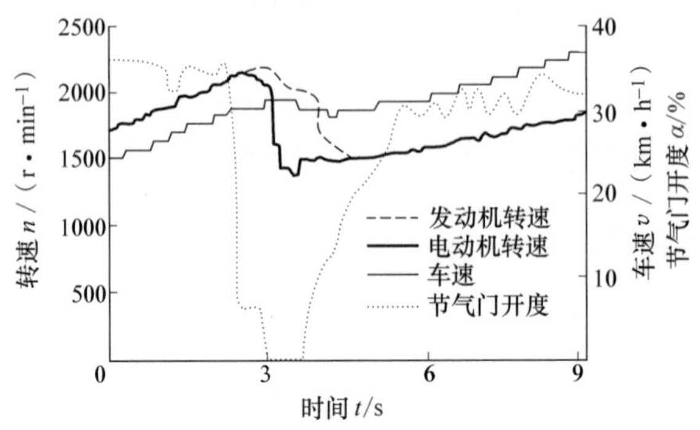

图 5-33　共用横坐标轴的双纵坐标图示例

5.6.3.2　图内布局设计

图内布局设计指通过调整插图的组成部分或要素的内容、幅面及其之间的排列顺序而达到其优化组合排列和得体显示。为达到均衡、稳定的视觉效果，应对图内各个部分合理布局，如采取并排、叠排、交叉排、三角形排等形式，综合考虑插图形态、幅面、排版、协调、版面等因素。对布局不合理的插图，在不影响其内容表达时，应对其调整，使其布局合理。

1. 实例一

布局调整前的某一原图如图5-34所示。

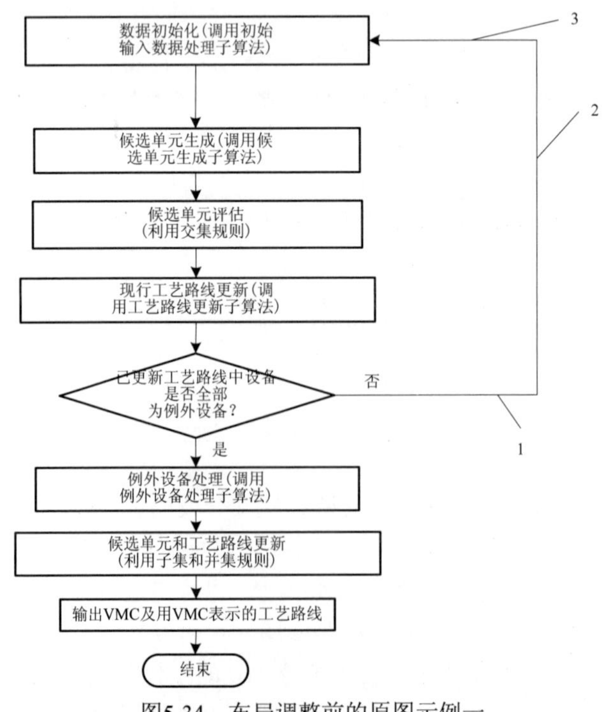

图5-34　布局调整前的原图示例一

此图在布局上明显存在以下不足：

（1）各框内文字左右两侧空白较多，文字虽多，但相对框内两侧空白来说就显得少多了；

（2）各框内文字排列、转行不规范，相对完整的词语及修饰语与中心词不宜分开转行排；

（3）连接各框的流程箭头线有长有短，而且有的明显偏长，很不协调；

（4）流程线1、2和箭头线3与其他要素所围的空白明显偏多，不美观，也浪费版面；

（5）图中文字的字号相对偏小（通常正文字号为五号，图中则为六号）；

（6）菱形框内语句末尾的问号多余，而且还有文字压线。

针对这些不足对图作布局调整：将多数框内的文字改为一行排，框的大小与其内文字幅面协调；缩短长的箭头线，所有同类箭头线的长度尽量一致；缩小流程线1、2和箭头线3与其他要素所围空白；按目标期刊的要求增大字号。调整后如图5-35所示，表达效果明显提高。

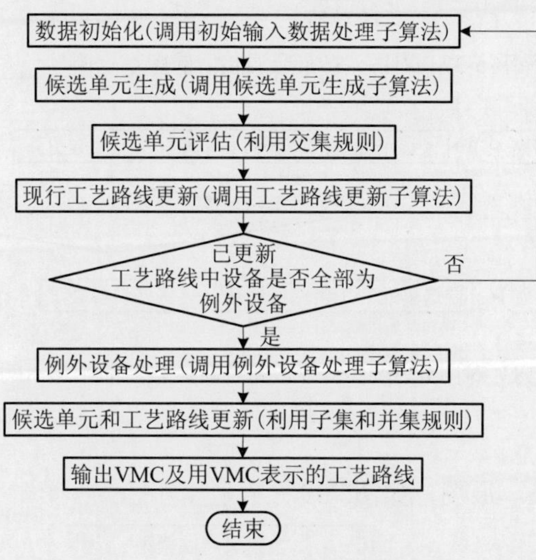

图5-35　对图5-34布局调整后的图形示例

为进一步降低整个图的高度，以缩小图的幅面，还可通过对若干矩形框的文字合并而对图5-35的布局重新调整为如图5-36所示。

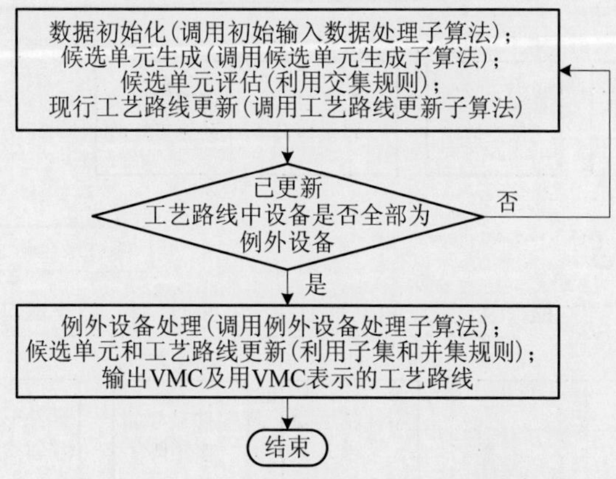

图5-36　对图5-35布局调整后的图形示例

为进一步简化图形，还可通过简化和提炼矩形框内的文字表达而对图5-36的布局重新调整为如图5-37所示。在图形布局设计中，还可通过将并（竖）式布局改为串（横）式布局而调整（必要时还可用其他调整方式），如可将图5-35或图5-37的布局重新调整为如图5-38所示。

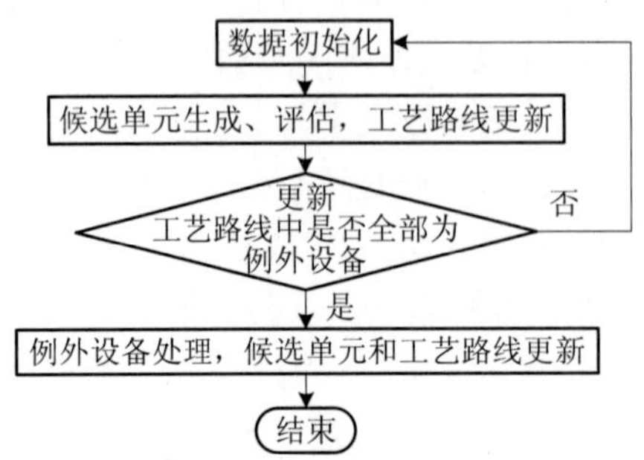

图5-37　对图5-36布局调整后的图形示例

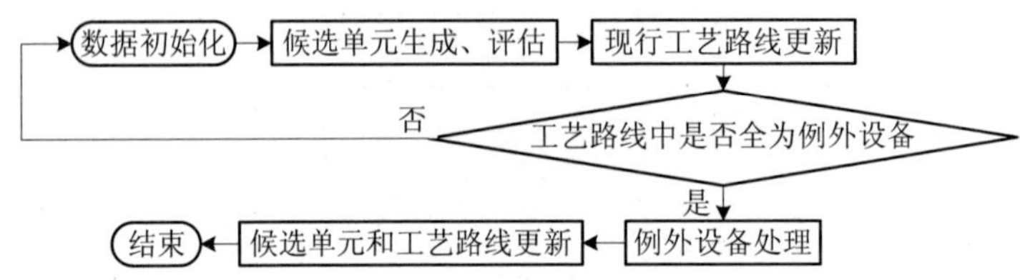

图5-38　对图5-35或图5-37布局重新调整后的图形示例

2. 实例二

此例为布局调整前的某一原图，如图5-39所示。

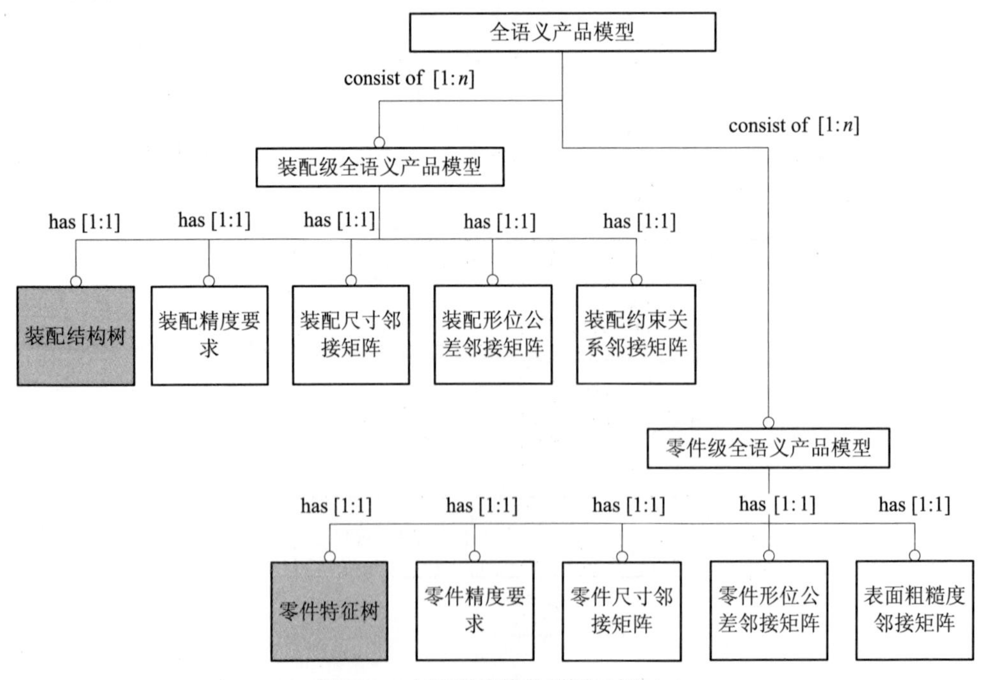

图5-39　布局调整前的原图示例二

此图在布局上明显存在以下不足：

（1）图内各要素间不必要的空白较多，使得图的幅面整体偏大（特别是偏宽），在半栏内排不下，通栏排版时会浪费版面，还与周围的文字不大协调；

（2）矩形框文字转行较为随意，出现了只有一个字转下来的情况；

（3）矩形框之间的排列较为松散，不紧凑，整齐感较差；

（4）中文插图中出现了英文术语或词语，文种不统一。

针对以上不足，对此图的布局重新调整为如图5-40所示。重新布局后的表达效果明显好于原图：框内转行规范，框间紧凑，在半栏内能排得下，达到既美观又省版面的效果。

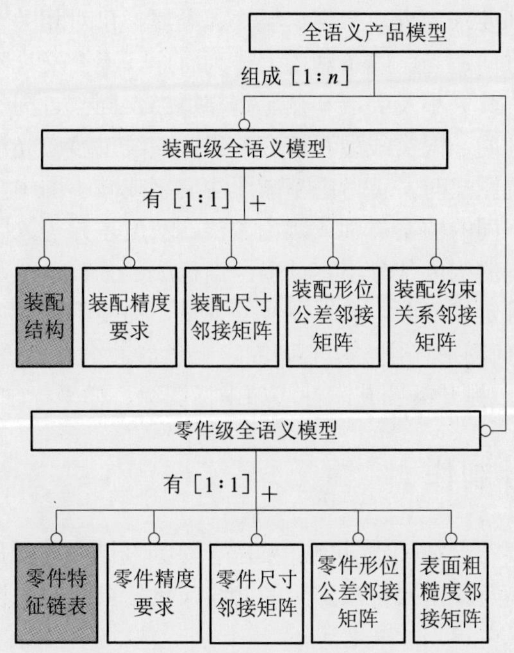

图5-40　对图5-39布局调整后的图形示例

总之，插图的设计应富于变化，版面上美观协调，达到多样的统一；幅面适中，线条密集时幅面可大些，稀疏时幅面可小些，给人以舒适感。

5.6.4　插图幅面确定

插图幅面是其左右边界所在假想垂直线与其上下边界所在假想水平线所围的区域，其大小涉及较多的因素，主要应把握以下两个方面。

1）论文版心尺寸

插图幅面不宜超过版心或栏宽。不同期刊的幅面、版心、栏宽不尽相同，即使对于相同幅面的期刊，其版心尺寸也可能会有差异，因此确定插图幅面应考虑目标期刊的具体规格。

2）插图自身情况

插图幅面确定还应考虑其复杂程度、是否由多个分图组成等自身情况。插图简单时，幅面就不宜太大，否则图形会显得空旷、不匀称，浪费版面；插图较复杂且（或）包含较多文字时，幅面就不宜太小，否则图形会显得拥挤、臃肿，不易看清。

对于单幅图，图形较简单、图线较稀疏、图内文字较少时，图面宽度可小些，排版后图旁有足够空间时，还可考虑串文排；图形较复杂、图线较密集、图内文字较多时，图面宽度应大一些，半栏排不下时改为通栏，排版后图旁空间仍充足时，也可考虑串文排。

对于组合图，可根据空间富余情况并排多个分图。图内文字太多而按正常字号制图导致文字过于密集甚至重叠难以清晰辨认时，可考虑将图内文字排小或排紧凑一些。

5.6.5 设计制作细节

（1）遵守国家、行业有关制图标准、规范，可对引自别的文献中的插图作适当处理；
（2）字号以目标期刊要求为准，为突出层次、类属，可对相关文字增大或减小字号；
（3）指引线长短和方向适当，线条利落，排列有序，不交叉，不从细微结构处穿过；
（4）箭头类型统一，其大小及尖端和燕尾宽窄适当，同一、同类图中的箭头应一致；
（5）线条粗细应该分明，同类线型粗细应一致；曲线过渡应光滑，圆弧连接应准确；
（6）无充足空间放置图注时，可考虑精减图注文字或减小图中全部或部分文字字号；
（7）善于利用各种不同的图案类别或颜色深浅、灰度差异等来区分性质不同的部分；
（8）条形图、圆形图的构成部分不宜过多，当构成部分较多时，可以考虑使用表格；
（9）以可辨性原则确定线形图内放置曲线的数量，曲线不宜太多，布置也不宜太密；
（10）尽量用简单几何图形（空、实心圆圈，三角形，正方形等）表示不同数据类型；
（11）加强美学设计，提升插图艺术性（如坐标图纵、横坐标轴比例为 2 / 3 到 3 / 4）。

5.7 线形图的设计制作

线形图的设计制作要符合插图设计制作要求，除涉及图序与图题、坐标轴、标目、标值线与标值的表达外，还涉及其重要组成部分的曲线（包括直线）的设计制作方法及技巧。

5.7.1 曲线设计制作基本方法

曲线用来表达变量关系及实验、观测结果，不仅形象直观、简洁易懂，而且将函数关系及变化趋势表达得直观、清楚，是进行理论和实验分析的强有力工具。以下介绍其设计制作基本方法。

1）选择确定实验点

根据具体情况选择坐标值，将实验点标注在坐标图中。

2）根据要求制点

若不考虑误差及数据分散度，就较为简单；若必须考虑误差或明确表示出数据分散度等因素，则可将误差或实验范围表示出来。

3）确定曲线制作方式

如果函数变化（趋势）是跳跃式的，可用折线将数值点连接起来；如果是光滑连续的，则把所要表示的结果制作成光滑曲线。

4）区分点的标注方式

图中有多类或参变量不同的曲线时，要区分点的标注方式，可使用不同的图案（如■，▲，△，▼，▽，◆，◇，○，◎，●，◢，◣，◤，◥，★，☆，*，⊙，#，×）来标记。

5.7.2　线形图设计制作技巧

1）选取合适的纵横坐标比例

在纵横坐标比例不同的情况下，同一曲线的形状肯定会不同。例如：图 5-41 表示了在三种不同纵横坐标比例下的表达效果，图（a）的比例合适，图（b）的偏大，图（c）的偏小。

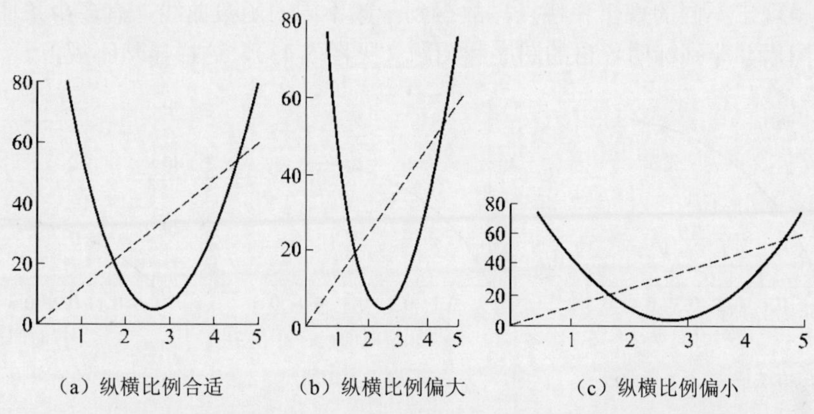

（a）纵横比例合适　　（b）纵横比例偏大　　（c）纵横比例偏小

图 5-41　同一线形图在不同纵横坐标尺寸比例下的不同效果示意图

纵横坐标比例的选取与坐标轴标值范围及间距等有关。标值范围根据图形的数据来确定，标值间距则可任选，不同的选择会使同一曲线有不同的形状，选择不当还会扭曲数据的显示。因此，应选择适当的标值范围、间距使所设计的曲线处于整个数据区域内，能恰当反映数据。

2）采用表现力强的对数坐标

当函数本身呈对数关系或自变量数值跨度很大时，应采用对数坐标使函数曲线变为直线。

在工程实验中，常遇到$y=ax+b$和$y=ax^n$的函数关系，笛卡儿坐标中前者为一条直线，后者为曲线。对$y=ax^n$两边取对数，则得$\lg y=n\lg x+\lg a$。记$Y=\lg y$，$X=\lg x$，有$Y=nX+\lg a$，相当于$y=ax+b$，将$Y=\lg y$和$X=\lg x$绘制在笛卡儿坐标上，就得到一条直线。

3）恰当安排曲线与坐标面的相对位置

把图形的曲线安排在坐标平面的合适位置，避免图面中空白较多、曲线不突出以及曲线超出了坐标轴所覆盖的范围。可通过平移坐标轴并同时改变坐标原点，以使坐标平面完全包含整个曲线来解决，必要时可延长坐标轴并增加标值线，如图 5-42 所示。

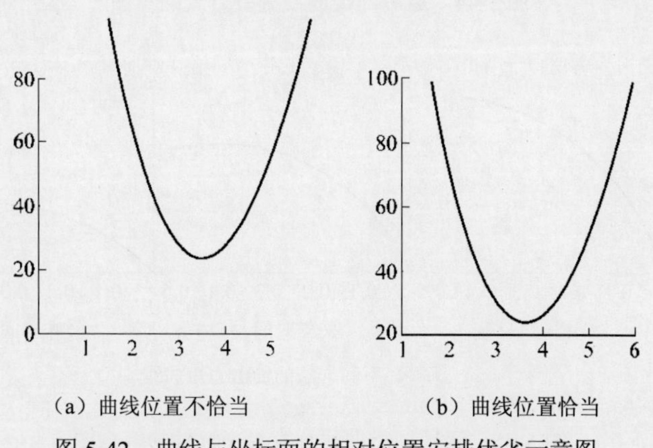

（a）曲线位置不恰当　　（b）曲线位置恰当

图 5-42　曲线与坐标面的相对位置安排优劣示意图

对图 5-42 左图，平移横纵坐标轴，使原点由（0，0）变为（1，20），再将横纵坐标轴分别延长，各增加一个标值线（6，100）[原来坐标轴末端为（5，80）]，整个坐标面就能完全包容整个曲线，见图 5-42 右图。

4）适当运用同类曲线叠置或分立坐标轴方式

在线形图设计制作中，常会遇到以下情况：某些参变量间的关系在另外一些不同的参变量或条件下呈现出不同的规律和特点，故得到一簇不同的函数曲线，有多少条曲线就设计制作多少个插图，并分别标明各自的图序和图题（见图 5-43），这样显然不规范。

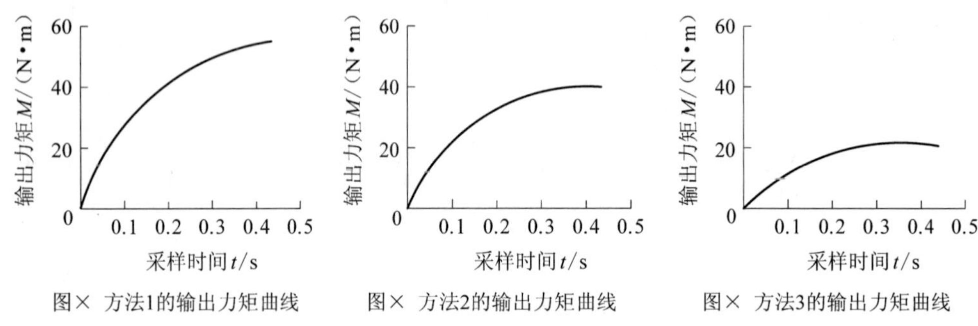

图 5-43　同类曲线未运用叠置方式示意图

运用同类曲线叠置方式可以把这些曲线设计为单图（见图 5-44）。一簇曲线的形状比较接近或曲线较多，安排在同一图上有可能会拥挤而难区分时，可运用同类曲线分立坐标轴、共用标目的方式设计为组合图（见图 5-45～图 5-47）；或设计成分图形式的组合图（见图 5-48）。这样处理后，插图就简洁和规范了，既能节省、活跃版面，还能增强对比、显示效果。

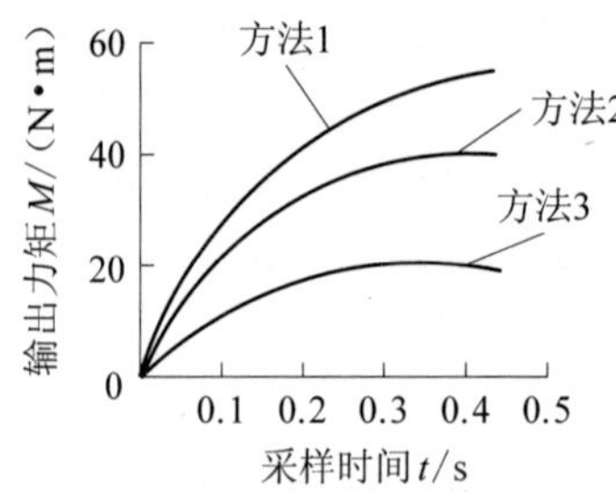

图 5-44　运用同类曲线叠置方式的单图

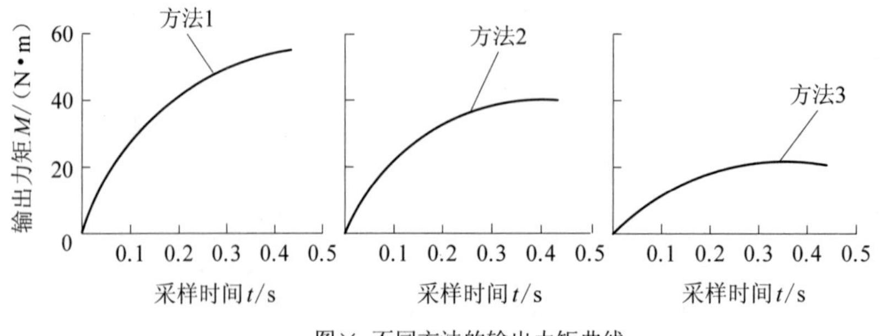

图 5-45　运用同类曲线分立纵坐标轴的组合图

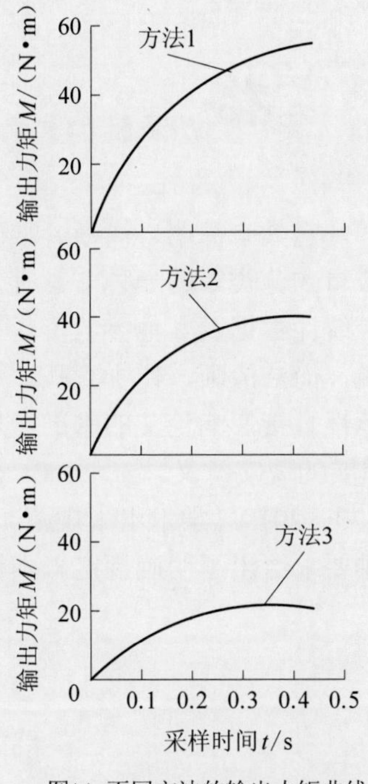

图× 不同方法的输出力矩曲线

图 5-46　运用同类曲线分立横坐标轴的组合图

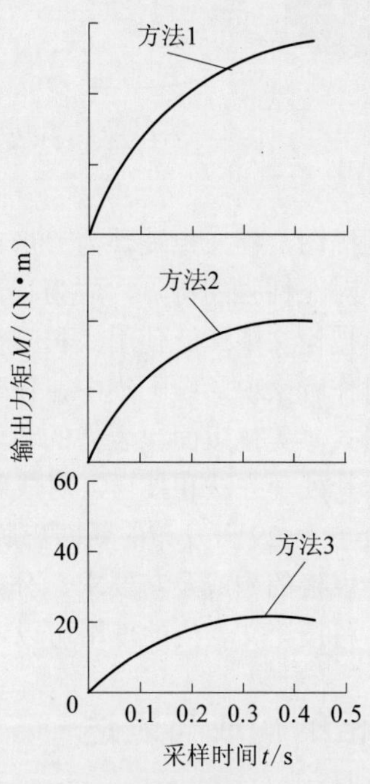

图× 不同方法的输出力矩曲线

图 5-47　运用同类曲线分立横、纵坐标轴的组合图

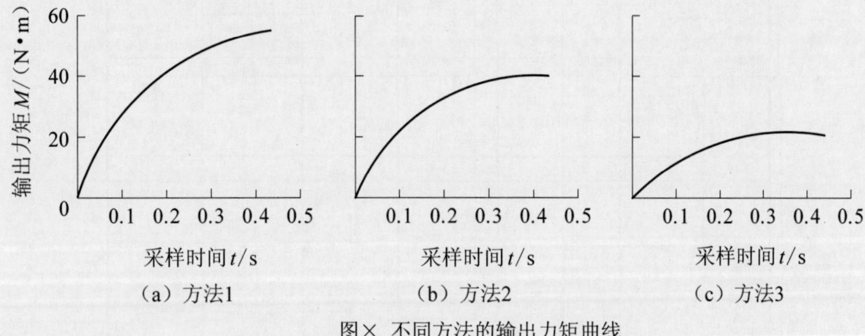

图× 不同方法的输出力矩曲线

图 5-48　将同类曲线作为分图的组合图

线形图中的线条一般不宜过多，但无论有多少条，都应以能清晰分辨为原则，如果无法分辨，也可以考虑用表格来呈现有关数据和信息。

第6章 表　格

表格同插图一样，也被誉为“形象语言”“视觉文学”。它具有简明、清晰、准确、集中及逻辑性、对比性强的特点，成为记录科技论文中数据或事物分类等的一种非常有效的表达方式，在科技论文中广泛使用。科技论文中的实验结果、统计数据及其他参考资料采用表格的形式，对作者来说，统一集中，便于表达；对读者来说，简洁清晰，便于查找；对期刊来说，活跃形式，美化版面。表格的科学性、准确性和规范性直接影响论文的水准。规范使用表格，探索其处理方法和技巧，对成就高质量论文具有重要的现实意义。

2019 年 5 月 29 日发布的新闻出版行业标准 CY / T 170—2019《学术出版规范　表格》对学术出版物表格的构成及其要求、分类、内容要求和编排要求给出了明确规定。本标准适于学术期刊，科技论文表格的使用可以遵照执行。

6.1　表格的构成与表达

表格通常由表序和表题、表头、表身、表注等构成，如图 6-1 和图 6-2 所示。

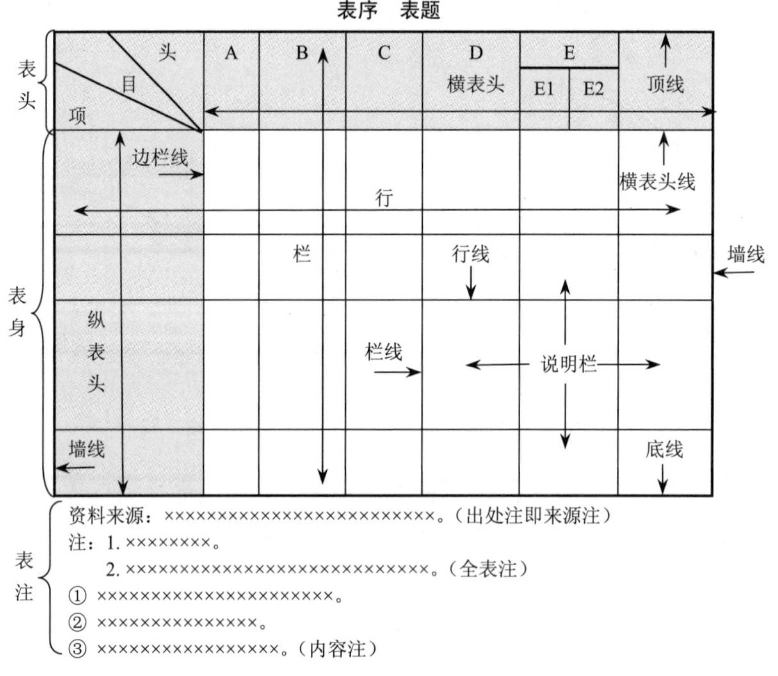

图 6-1　全线表构成示例

6.1.1　基本术语

全线表包括项目栏和说明栏，项目栏包括项目头、横表头和纵表头，说明栏为整个表文（表格中去掉项目栏的部分）。

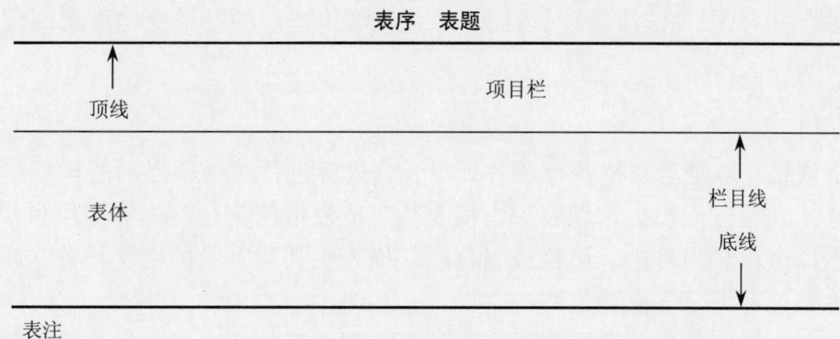

图 6-2 三线表构成示例

1）表框线

表框线指表格的四条边线，包括一条顶线、一条底线和两条墙线。顶线位于表格的顶端，即表框线中上边的那条横线；底线位于表格的底部，即表框线中下边的那条横线；墙线位于表格的左右两边，即表框线中左右两边的竖线。表框线一般用粗线条（也可用细线条），而其他线一般用细线条（也可用粗线条）。

2）行线、栏线及行、栏

表格里的横线即行与行间的线称为行线；竖线即栏与栏间的线称为栏线；行线间称为行；栏线间称为栏。边栏与第二栏的交界线称为边栏线，头行与第二行的交界线称为横表头线。

3）行头和栏头

表格中每行最左边的一格称为行头，每栏最上方的一格称为栏头。行头是纵表头的组成部分，其所在的栏即表格的第一栏为纵表头；栏头是横表头的组成部分，其所在的行即表格的第一行（头行）为横表头。

4）双正线

一个表格左、右侧（或上、下方）的栏目名称完全相同而同时都排表头时（表格折栏、叠栏），中间相隔的两条正线即为双正线（一般为双细线）。这种形式的表格能充分利用版面。

6.1.2 表序和表题

表序和表题是表格的重要组成部分，通常作为一个整体位于表格顶线的上方。

表序是表格的编号即表号。给表格编号是为了与正文呼应（表序在正文中应明确提及），做法是按表格在文中出现的顺序对其用阿拉伯数字连续编号，如“表 1”“表 2”等。一篇论文只有一个表格时，表序仍应为“表 1”，而不是“表”。表序不宜采用数字加字母的形式，如“表 5a”“表 5b”，但对附录中的表格，其表序可以采用大写字母加阿拉伯数字的形式，如附录 A 中表格 1 的表序为“表 A1”，表格 2 的为“表 A2”，附录 C 表格 2 的为“表 C2”，但仅有一个附录时，表序可不用字母，写成“附表 1”“附表 2”就可以。同一论文中不允许出现一号两表或一表两号的交叉、重叠问题，即要保证表序的唯一性。

表题是表格的名称，属于标题性文字，与论文题名类似，应当简短精练，准确得体，能确切反映表格的特定内容，通常用以名词或名词性词组为中心词语的偏正词组。表题应能体现出其专指性，避免单纯使用泛指性的公用词语作表题，如“数据表”“对比表”“计算结果”“参量变化表”之类的表题就显得过于简单，因为其中没有必要的限定语，缺乏专指性，不便于理解，而且结尾的“表”字多余，改为“调度工艺路线初始输入数据”“新方法与传统方法计算精度对比”“由有限元法所得计算结果”“设置增压器后的参量变化”就规范了。

6.1.3 表头

表头就是项目栏，是对表格各行和各列单元格内容进行概括和提示的栏目，如图 6-1 所示的阴影部分。表头有横表头和纵表头，横表头对应表格的头行，也称横项目栏，纵表头对应表格的首列，也称纵项目栏、边栏或名称栏。横表头和纵表头的交叉部分（表格左上角）有斜角线时称为项目头（俗称斜角）。

横向排列的对表格各列单元格的内容进行概括和提示的栏目就是横表头，即各列的标题（管下）。对于三线表，横表头就是表格顶线与栏目线之间的部分。纵向排列的对表格各行单元格内容进行概括和提示的栏目称为纵表头，即各行的标题（管右），对右方表文有指引性质，若它本身也属于表文内容（即表格最左边一列的单元格的内容不是行标题）就不应视为纵表头。除非必要，尤其对于简单表格，表头不要有斜线，有斜线时就有了项目头，可视为表头的一个组成部分，其内斜线和文字越少越好。

项目栏通常有多个栏目，用来确立表中数据组织的逻辑及栏目下数据栏的性质，与标题一样简单明了，通常是标识表身中该栏信息的特征或属性的词语。例如：表 6-1 的项目头中有模型、指标两个栏目，二者分别标识纵项目栏内各栏目（统计模型……）、横项目栏内各栏目（复相关系数……）的共同属性；统计模型和复相关系数都是栏目，分别标识数字“0.988 5，0.285 6，1542.85”“0.988 5，0.984 3，0.990 7”的共同属性；其他同样道理。

表 6-1　全线表示例表格 1

表×　回归方程的精度

指标 模型	复相关系数	剩余标准差	F 检验值
统计模型	0.988 5	0.285 6	1542.85
混合模型 I	0.984 3	0.305 2	1084.27
混合模型 II	0.990 7	0.307 4	1496.14

全线表的项目头通常有两个甚至更多栏目，而三线表取消斜线后就只有栏目而无项目头了，此时的栏目无法同时对横、纵项目栏及表身中的信息特征、属性加以标识，而只能标识其所指栏的信息的特征、属性。

表头可分为单层和多层，多层表头应体现层级关系。例如图 6-1 中，A、B、C、D、E（E1、E2）是栏目名称，同时也是列标题。A、B、C、D 所在的栏目为单层表头，A、B、C、D 即分别为所在列的列标题；E 与 E1、E2 所在的栏目为双层表头，E1、E2 为所在列的列标题，E 为 E1、E2 的栏标题。三线表的横表头有第二、三层级时，各层之间应加细横线分隔，细横线的长短以能够明显显示上下层的隶属关系为准。

6.1.4 表身

表身（表体）是表头之外的单元格总体，对于三线表就是底线以上、栏目线以下的部分，容纳了表格大部分信息。表身与表头构成表格主体，包括文字、数字、符号、公式、插图等。

表身中行和列的数字、文字、图形宜对齐，同一列中相同量的数值宜对齐，可以以个位、范围号、正号、负号等为准。如果只有数字，以个位数对齐。如果在数字之前有正号（＋）、负号（－）、正负号（±，∓）或其他符号（＝，×）的，宜以这些号对齐。表示数值范围的，宜以范围号对齐。各单元格中的文字为多行叙述时宜左对齐。

6.1.5 表注

表注也称表脚，是对表格或表格中某些内容加以注释或说明的文字。表格的构成较为规整，但由于对其表达简洁性、排版格式的要求较高，再加上空间有限，即使其内容比较丰富，有时也需要对整个表格进行说明，或对表格中某一具体内容用最简练的文字进行注释、补充，这种文字就是表注。使用表注能减少表身中的重复内容，使表达更加简洁、清楚和有效。表注有出处注、全表注和内容注三类。

（1）出处注也称来源注，是对表格来源的注释。这种表注宜以“资料来源：”引出。

（2）全表注也称整体表注，是对表格总体的综合性注释。这种表注宜以“注：”引出（也可用“说明”字样，可省略），注文多于一条时，各条之前加上序号，每条注文应独立排为一段，末尾用句号。

（3）内容注也称部分表注，是对表格具体内容的专指性注释，与表格内的某处文字相对应。这种表注应以注码引出，且应与表格内相对应的注码一致。按在表中出现的先后顺序，在被注文字或数字的右上角标注注码，在表下排注码和注释文字。注码优先按行标注，即第二列第一行中的注码排在第一列第二行的前面。

全表注的序号宜用阿拉伯数字后加小圆点的形式，如“1.、2.”，内容注的注码宜采用圈码如①，②……，也可用其他形式，如1、2或1)、2)，a、b或a)、b)，A、B或A)、B)，在不致引起混淆的情况下也可用星号（如*、**）。

注文有多条时，既可分项接排，也可序号（注码）齐肩排（每条注文独立排为一段），各项之间用分号或句号分隔，末尾用句号。

对既可在表身又可在表注中列出的内容，宜在表身中列出，即用备注栏，对横或纵栏目中的信息作总的解释和说明。

表格有两种或两种以上注释时，宜按出处注、全表注、内容注的顺序列出。

表注宜位于表格底线下方，但出处注、全表注有时也可排在标题下方。但不管什么表注，均不应与正文注释混同编排。

6.2 表格的类型

6.2.1 按用线分类

用线指表格线条是否完整，按用线分类是表格的基础分类，有全线表、省线表、无线表。

1）全线表

全线表是由表框线和表框线内的行线、栏线构成的表格，即一种用栏线、行线将表格分隔为格并在格内填写表文的表格，也称卡线表，如表6-2所示。

全线表中，横向栏之间用栏线隔开，竖向栏间用行线隔开，在表身中形成很多格，各种数据和事项分别填写在相应的格内。有的还有项目头，项目头中有斜线，在斜线的右上方用最简单的词语标明横表头的属性和特征，左下方标明纵表头的属性和特征。

表 6-2　全线表示例表格 2

表×　RMS 与传统制造系统总体比较

特征 \ 类型		刚性制造系统（DMS）	柔性制造系统（FMS）	可重构制造系统（RMS）
基本制造特征	生产特征	单一或少品种大批量生产	一族（组）工件批量生产	多族（组）工件变批量生产
	生产柔性	无或极低	中等	高（变化）
	过程可变性	无或极小	中等	大
	功能可变性	无	无或小	大
	可缩放性	无	中等	大
	成本效益	最高	中等	高或较高
	投资回报率	较高或中等	最高或低	中等或低或高
系统特征	可重构性	不可重构	不可重构	可重构
	设备结构	固定式（专用）	固定式（通用）	可重构
	部件结构	固定式	固定式	可重构
	加工作业	多刀为主	单刀为主	可变

全线表的优点是：数据项分隔清楚，隶属关系一一对应，读起来不易串行，功能较为齐全，应用较广。缺点是：横竖线多，项目头中还有斜线，不够简练，排版较为烦琐，占用版面较多。无论全线表有多么复杂，只要精心安排、设计，一般可转化为三线表。

2）省线表

省线表是项目头中取消斜线，省略墙线或部分行线、栏线的表格，其中只保留顶线、栏目线和底线的为三线表，只保留顶线和底线的为二线表。

三线表是一种经过简化和改造的特殊全线表，如表 6-3 所示。它并不一定只有三条线，必要时可加上一条或多条辅助线。辅助线起着和栏目线相呼应并与有关数据相分隔的作用，但一个三线表无论加了多少条辅助线都仍然属于三线表。随着人们对表格审美要求的提高以及现代科学技术复杂内容表述的需要，传统三线表的形式有所发展，呈现出现代色彩，其使用显出灵活性（参见笔者著《SCI 论文写作与投稿》）。

表 6-3　三线表示例表格

表×　设计结果与企业要求的比较

参 数	设计值或优化结果	企业要求
转速 n /($r \cdot min^{-1}$)	985	是
叶片数 n	14	是
内（半）径 r_1 / mm	475	是
外（半）径 r_2 / mm	1000	是
最大拱度 δ / %	2.4	否

三线表几乎保留了传统全线表的全部功能，又克服了全线表的缺点，还增强了表格的简洁性，减少了制表排版的困难，这是科技论文中普遍使用三线表的重要原因。但它也有缺点，就是当内容复杂时，读起来容易串行甚至串列，引起内容上的混淆。

二线表适用于较为简单、没有横表头的情况，其形式如表 6-4 所示。

表 6-4　二线表示例表格

表×　所开发的电磁体样品静态测试数据（电磁吸力与电流之间的关系）

电流 I / A	2.61	2.63	2.66	2.73	2.78	2.87	2.88	2.90	2.91	2.92
电磁吸力 F / N	736	808	839	842	845	865	870	871	872	875

3）无线表

无线表是只以空距分隔栏目的表，全表中无任何线条（框线、行线、栏线），常用于项目和数据较少、表文内容简单的场合，其形式如表 6-5 所示。

表 6-5　无线表示例表格

表×　某科技期刊 2007—2020 年的影响因子

2007	2008	2009	2010	2011	2012	2013	2014	2015	2016	2017	2018	2019	2020
2.301	2.384	2.326	2.274	2.352	2.476	2.370	3.262	3.999	4.888	4.665	5.448	6.666	8.888

6.2.2　按语言分类

科技论文的表格按表文的语言性质可分为数据表、文字表等。数据表主要用数字来表述，表的说明栏内为一组或多组实验或统计数据（如表 6-6 所示）；文字表主要用数字以外的文字来表述，表的说明栏内为数字以外的文字（如表 6-7 所示）。

表 6-6　数据表示例表格

表×　试件尺寸

试件	内径 d_i / mm	外径 d_o / mm	长度 l / mm
1	3.60	4.20	200
2	1.92	2.46	200
3	0.86	1.22	200

表 6-7　文字表示例表格

表×　顾客需求指标值

度数	脸型	鼻梁	年龄	爱好
低度	圆脸型	高鼻梁	儿童	偏好哪种
中度	方脸型	低鼻梁	青年	颜色、款式等
高度	长脸型		中年	
			老年	

6.2.3　按用途分类

科技论文的表格按用途一般可分为对比表、研究表、计算表和系统表等。

对比表为对比各种情况的优劣而将相应的事实或数据加以排列，以寻求科学、经济、合理的方案，或进行对比分析。

研究表将各类有联系的事物按一定方式和顺序加以排列，为科学研究提供资料。

计算表根据变量间的关系，将其数值按一定顺序或位置排列起来，用作计算工具。

系统表表述隶属关系的多层次事项，用横线、竖线或括号、线条把文字连接起来，如表 6-8 所示。这种表在内容上，层次分明，一目了然，形式上，左小右大或上小下大。它又称分类表，因为适用于分门别类地表示；也称挂线表，因为用挂线或大括号联系起来（有人将此表看作图）。

表 6-8　系统表示例表格

表×　制造系统重构的分类

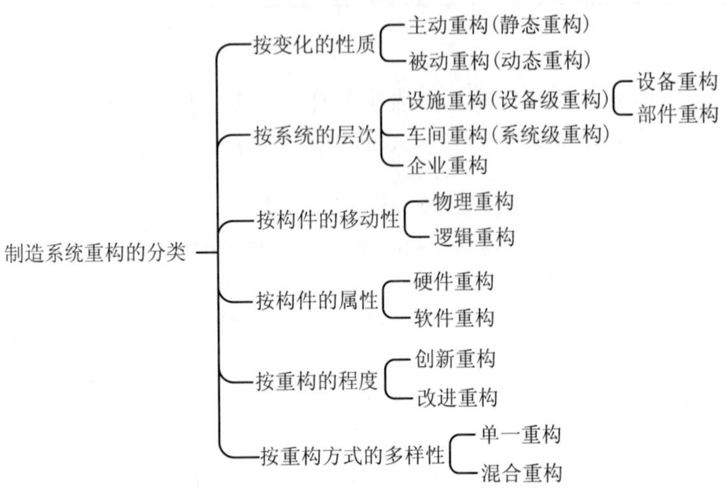

6.2.4　按串文分类

科技论文的表格按其旁边是否排正文文字分为串文表和非串文表。表格一侧或两侧排了正文文字，就是表格串文，此表就是串文表。表格两侧均未排文字，此表即为非串文表。目前科技期刊的论文多为双栏排版，多数情况下无须对表格进行串文排。

6.2.5　按版式分类

科技论文的表格按表文排版方向或表的排版形式可分为以下类别。

1）横排、竖排、横竖混排表

横排是将表内文字横向排，适于单元格宽度不受限、栏目和表文适中、没有复分表头的表格，尽量多用。竖排适于表格或单元格宽度受限、栏目和表文较多、存在复分表头且难以实现横排的表格，宜少用。二者可混合，不同单元格，有的横排，有的竖排，按需灵活使用。

2）跨页表

跨页表也称转页接排表，是一种一页排不下而连续排在两页或多页的表格。双码面跨单码面、单码面跨双码面均可，适用于高度较大的表格。

3）卧排表

卧排表即侧排表，是一种顶线、底线与版心侧边（左右）平行的表格。相当于将正常表格逆时针转 90°，适于表格宽度超过版心宽度、高度小于版心宽度而又不宜叠栏排的场合。

4）对页表

对页表也称合页表、和合表或跨页并合表，是一种同时排在双码和单码两页面而拼合成的大幅面表格。它本质上是一种跨页表，但只跨一页，且只能双码面跨单码面，适用于表宽相当于两个版心宽、需跨两页排的情况。其表序、表题、表注也需跨两页，并合处的栏线应置于单码面，双、单面的栏高一致，行线一一对齐。

5）折栏表

折栏表就是一种将窄而高的表转栏而形成的表格。表格行多栏少，竖长横窄，可将表格横向切断，转排成两栏或多栏。表格折栏排后，横表头相同，纵表头不同，各栏的行数应相等，左右两栏间以双竖（纵）细线相隔。这种表有时也称为转栏排表。

6）叠栏表

叠栏表就是一种将宽而低的表分段而形成的表格。表格栏多行少，横宽竖短，可将表格纵向切断，排成上下叠排的两段或多段。表格叠栏排后，横表头不同，纵表头相同，上下两段间以双横细线相隔。这种表有时也称为分段排表。

7）互换表

互换表就是一种将横、纵表头作互换处理而形成的表格。表格版面受限或栏目设置不合理时，可尝试进行表头互换，同时对表身中各单元格的内容作相应移动。

8）插页表

插页表也称折叠表，是一种将不适合用上述几种方式处理的超版心大表格排印在插页上、可以折叠的表格。它不与正文连续排页码，折叠后与书刊装订在一起，不受版心尺寸限制，其宽度（或高度）最好是版心宽度（或高度）的 2 至 3 倍，这样插页就可一边折叠，折叠次数可控制在两次以内。此表通常是不得已为之的，不利于阅读、排印和装订，尽量不用。

9）简易表

简易表是一种将表中部分内容省略而不影响表达效果的表格。表述的数据或结果过多并且呈现某种明显的规律或趋势时，可省略部分数据或结果而用这种表格。例如表 6-9 中，用双浪纹线（用省略号也可以）表示省略了大量内容明显相同、相似或有明显规律的部分。

表 6-9　简易表示例表格

表×　距离矩阵文件示例表

节点	1	2	3	4	5	6	7	8	9	28	29	30
1	—	∞	∞	∞	∞	∞	∞	∞	∞	∞	∞	∞
2	∞	—	∞	∞	∞	∞	∞	∞	∞	∞	∞	∞
3	∞	∞	—	∞	∞	∞	∞	∞	∞	∞	∞	∞
4	∞	∞	∞	—	∞	∞	∞	∞	∞	∞	∞	∞
5	∞	∞	∞	∞	—	∞	∞	∞	∞	∞	∞	∞
6	∞	∞	∞	∞	∞	—	∞	∞	∞	∞	∞	∞
7	∞	∞	∞	∞	∞	∞	—	∞	∞	∞	∞	∞
8	∞	∞	∞	∞	∞	∞	∞	—	∞	∞	∞	∞
9	∞	∞	∞	∞	∞	∞	∞	∞	—	∞	∞	∞
28	∞	∞	∞	∞	∞	∞	∞	∞	∞	—	a	∞
29	∞	∞	∞	∞	∞	∞	∞	∞	∞	a	—	a
30	∞	∞	∞	∞	∞	∞	∞	∞	∞	∞	a	—

6.3　表格使用一般规则

以下总结科技论文中使用表格的一般规则。

1）通盘总体规划

按表述对象和表格自身功能确定是否采用表格。下列情况宜用表格：

（1）描述的重点是对比事项的隶属关系或对比数值的准确程度；

（2）需要给出能定量反映事物运行过程和结果的系列数据；

（3）有烦琐的重复性语言文字叙述。

对同一结果，不宜共用插图和表格。有时宜用插图而不用表格；能用简短概括文字叙述清楚的，就不用大表格或对表格大删大修。内容复杂、非单一主题或又派生出子表格时，应作简化分解处理；用多个数据表说明同一现象而造成表格间重复时，应选择一个最准确、说服力强的表格，去掉重复的表格。文字叙述与插图、表格重复时，应从中选择最合适的一种。

2）精选表格类型

不同类表格表述同一事物时，效果不同甚至差别较大，应根据表述对象性质、论述目的、表达内容及排版方便性等因素精挑细选地选用合适的表格类型。例如：无线表中没有一根线，适于内容简单的场合；系统表可免去水平线（横线）和垂直线（竖线），只用很短的横线、竖线或括号就能把文字连接起来；三线表可克服全线表横、竖线较多，栏头有斜线，表达简练，排版麻烦的缺点，用少量几根线就能清楚表达，而用现代三线表还能更加丰富多彩地表述科学事物，增添现代、美观色彩。

3）规范设计制作

从内容到形式规范设计制作表格。使用原始或整理、处理的数据；可读性较好，易得出有关结论；数据精度切合实际数据。行列顺序妥当，逻辑性强；幅面合适，不超版心；布局合理，设计巧妙。一表一主题，主题多会造成内容繁多、层次叠加、幅面偏大；表头复分时，表格复杂，排版不便，可分解为主题不同的几个表格。恰当处理表中图，避免过大或复杂化。

4）表文正确配合

表格有独立性和完整性，应随文给出，先文后表，与正文配合。表文配合不合理的常见情况如下：

（1）论文未提及但出现某表格（从何而来）；

（2）论文提及但未出现某表格（哪里去了）；

（3）论文首次提及表序不连续（操之过急）；

（4）论文未按表序连续排表格（求胜心切）；

（5）小幅面一页表格转页接排（多此一举）；

（6）表格排在远离提及的位置（独在异乡）；

（7）对同样内容表述差距过大（牛头马嘴）。

5）优先用三线表

科技论文中宜优先使用三线表，但使用三线表也有一些规则需要注意：

（1）不要遗漏项目栏而使表身内容无栏目或标目，三线表没有项目栏就变成了二线表；

（2）如果项目或者层次较少，设计时应该合理安排项目栏，必要时可以采用纵项目栏；

（3）为便于对比，版面允许时，宜将同一栏目下的信息（主要指数值）作竖向上下排；

（4）注意为安排好的项目栏恰当地取名，对于有量纲的量，量名称和单位符号应齐全；

（5）对于比较复杂的三线表，要注意科学、合理地安排结构，细致地确定栏目或标目；

（6）提倡表格设计创新，基于传统三线表而设计出内容和形式完美呈现的现代三线表。

6.4 表格设计制作要求

以下总结表格设计制作的要求，是对上节规则中“规范设计制作”的稍详细展开。

6.4.1　内容要求

1. 科学性

表格内容的科学性体现在内容匹配性、表述自明性及数据完整性、准确性几个方面。

内容匹配性指表格作为论文的有机组成部分，其内容应与正文紧密配合，相得益彰，对正文的语言文字表达起着有益的补充作用。表格用来对较多分类内容或数据及其之间的相互关系进行概括表述，所述内容必须符合客观事理和思维规律，具有高度的逻辑性。

表述自明性指表格可读性好，容易理解。表格各部分清楚呈现主体意思。标题应切题、简明；表头、栏目设置应科学、规范，以突出问题的重点和实质为目标；横、纵表头应统筹安排，横表头常用来列示研究对象的有关特征或指标，纵表头列示研究对象的名称及分类；栏目排列应按时间先后、数量大小、空间位置等顺序合理安排。

数据完整性、准确性指表中数据来源于科学实验、研究或统计处理，真实有效，准确可靠，有科学分类。比如，对连续数分组，总体中任何一个数据只能归属某一个组，不能同时或可能归属几个组，即不能有重叠，还应使总体中每个数据都有“组”可归，即不能有遗漏。

2. 规范性

表格内容的规范性指表格各组成部分都要遵循其相应的设计制作标准、规范。

1）表头标目

表头标目的标准形式是量与单位之比（“量名称 量符号 / 单位符号”，量名称和量符号可以择其一），单位为复合单位时，宜用负指数、加括号的整体形式，如“加速度 /（r • min^{-2}）”。

2）共同单位

表格中涉及的单位全部或大部分相同时，可考虑在表格外的右上方统一标注这一单位。

3）量和单位

表格中量和单位的名称、符号及书写应符合 GB 3100～3102—1993《量和单位》。

4）数值修约

表身中同一标目的数值的修约位数应一致，达不到一致时，应在表注中说明。数值修约和极限数值的书写应符合 GB / T 8170—2008《数值修约规则与极限数值的表示和判定》。

5）数字用法

表格中数字的使用应符合 GB / T 15835—2011《出版物上数字用法》。数值有小数点时，小数点前面的数字 0 不能随意省略，小数点前或后每隔 3 位数都可留适当的空隙。

6）避免替代

表格中相邻单元格内的表文（如文字、数字或符号）相同时应分别写出，不得在下行或右列使用“同上”“同左”等字样来代替，也可用共用单元的方式处理，把有相同表文的若干单元格合并为一个单元格，再在该单元格写出此表文，这样就只写一次，省事、方便、有效。

7）数值独立

表身内的数值应以纯数字的形式独立出现，不宜给该数字附加带单位，但非十进制单位如平面角单位（°）、（′）、（″）和时间单位“× h × min × s”除外。

8）区分数据

表身中单元格内可使用空白或一字线来区别数据，例如用“空白”表示数据类为“不适用”，“一字线”表示数据类为“无法获得”。正文中没有明确说明这种区别时，应在表注中说明。单元格内的数值为零时不要懒得填写，而应如实填写数字 0。

9）标注数据

表身中一个单元格内包含两个数据时，应将其中一个数据用括号括起，同时需要在表题或表头中标注，或在表注中说明。

3. 一致性

表格内容的一致性指表格中任一表达都要与论文中其他地方的同指表达对应、一致。

（1）表格中术语、数值、符号等应与论文及其他表格中的一致；

（2）表格中表序、表题与论文中提及的表序、表题呼应、一致；

（3）表格中不宜出现论文中没有交代或使用过的缩略语或符号；

（4）论文中所有表格特别是同类表格的各组成的格式体例一致。

6.4.2 版式要求

版式要求涉及表格位置、串文形式、排版方向、转页接排及表格内部自身排式等方面。

1）排版位置

表格宜随文编排，排在第一次提及该表表序的段落之后，表格和相应的段落尽量靠近，不宜截断正文自然段。如果版面无法调整，可适当变通，但不宜跨节（层次标题）编排。

2）串文

表格是否串文取决于期刊版式及其幅面大小。在常规通栏排版中，表格宽度不超过版心宽度的 1 / 2 时，宜串文排；超过版心宽度的 1 / 2 时，不宜串文。目前科技期刊的论文多为双栏排版，绝大多数情况下不需要对表格进行串文排。（双栏排时，表格侧边通常不会有过多空白，一般不能串文，特小表格除外，但通栏排时，表格侧边通常有较多空白，可以串文。）

3）用字用线

同一论文中表格用字用线宜统一。表序、表题用字宜小于或轻于论文正文用字，但应大于或重于表格用字，表格用字宜小于论文正文用字（例如正文用字为五号时，表题为小五号黑体或加粗体，表格为六号）。表格用字应相同，若不相同，表身用字不宜大于或重于表头用字，表注用字不宜大于或重于表身用字。框线一般用粗线，其他一般用细线。

表序与表题间应留半字或一字空，一般不加标点。二者作为一个整体排在表格顶线上方，对整表左右居中（或居左），总体长度不宜超过表宽。表序前和表题后宜至少各留两字空。表题过长时可转行排成两行或多行，转行应力求在一个词语的末尾（语义相对完整的停顿）处进行，下行长度不宜超过上行。表题上方与正文间、下方与表格顶线间应分别加适当的空行。

尽量紧缩栏目，控制表头层数，避免栏中再分栏，这样既易于理解，又方便排版。

4）表注

表注宜简短，避免冗长，长表注应合理简化或改作正文。对既可在表身又可在表注中列出的内容，可考虑用更加清楚有效的组织方式，优先采用表身中列出的方式，例如对表格中某些横栏或竖栏的内容单独注释或说明时，可以在表身内加“备注”栏，这样就免去了表注。

5）排式处理

表格有更好的表达方式、形式或受排版空间限制时，实际中应按需巧妙灵活地变换其排式，这就需要作一定的技术处理。下面介绍几种常见的表格排式处理方法（或技术、技巧）。

（1）横竖转换。表内有较多或较长的文字或有复分的栏目，文字横排会导致左右方向超版心时，可考虑将文字竖排或横竖混排。通常，纵表头内的文字横排、竖排均可，取一种排法为好，但在特殊情况下如纵表头内的文字存在复分时，可横竖混排；横表头的栏目较多时，也可根据表文的多少确定是否用竖排或横竖混排。

（2）项目头处理。项目头能不用就最好不用，但如果必须有项目头，则应设法调整各个栏目之间的顺序，使项目头中的斜线越小越好（尽量不超过一条）。斜线不容易排，还容易文字压线，因此在不得已出现两条甚至多条的情况下，务必做到斜线的位置及不同斜线相交的标示正确。但要注意，项目头中不排斜线时，其内不宜空白，最好加上恰当的名称。

（3）双、通栏转换。对于双栏排版的论文：一个表格用单栏难以排下，或即使能排下但排后其内容要素、形式和布局过于拥挤而表达效果不佳时，可将表格改用通栏排；一个表格用通栏排版时，其周边有很充足的富余空间，且其内容、形式和布局可调整为用单栏排版也有好的表达效果时，可将表格改用单栏排。

（4）转页接排。表格在一页排不下时，可作转页接排处理而排为跨页表。未转页的表格最下端的行线应该用细线，转页接排的表格应重复表头，并在上方加标注如"表×（续）"或"续表"，顶线应该用粗线。[正文用双栏排时，表格幅面大而复杂时，宜排成顶天（本页上方）或立地（本页下方）的通栏形式，而一般不排成处于不同页面的"腰斩"形式。]

（5）卧排。表格宽度超过版心宽度、高度小于版心宽度时，可作卧排处理而排为卧排表。卧排时，左翻页期刊表格的上方朝左（顶左底右）。如果卧排表是多个页面接排续表，则从单、双码面起排均可，不在一个视面上的接排表应重复横表头，并加"表×（续）"或"续表"，在一个视面两页上的表格的栏线应对齐。

（6）跨页并合。表格的宽度相当于两个版心宽时，可作跨页并合处理而排为对页表。这是一种特殊的跨页表，即只能从双码面跨至单码面（含表序、表题、表注），而且跨页表并合处的栏线应置于单码面，排细线，双单面的栏高一致，行线需一一对齐。

（7）窄而高表转栏。表格行多栏少、竖长横窄，可作转栏处理而排成折栏表。

（8）宽而低表分段。表格栏多行少，横宽竖短，可作分段处理而排成叠栏表。

（9）表头互换。表格版面受限或栏目设置不合理时，可将表头作互换处理，表身中各单元格内容也要作相应的移动。

（10）折叠处理。表格尺寸大于页面且不适合用上述几种方式处理的，可作折叠处理而排成插页表。此表不与正文连续排页码，但应在前一页与插页表相关的正文后提及表序或标注"（后有插页表）"。

（11）幅面处理。处理基本同插图，主要是确定表宽。项目、内容少的表格，其宽度一般无须准确确定，而横向栏目多、宽度大的表格，就应较为准确地确定，以实现顺利排版。减小表宽的方法主要有：①适当删减表格中可有可无的项目；②对表格标目或栏内文字合理转行；③按实际情况对表格排式进行处理和转换；④按需巧妙使用折栏表、叠栏表；⑤按需尝试采用竖排（或横竖混排表）、卧排表；⑥必要时考虑采用对页表、插页表等不常用的表格。

不同期刊的幅面、版心、栏宽可能不相同，即使对于采用相同幅面的期刊，其版心或其他相关尺寸也可能会有差异，因此确定表格幅面最终还应考虑具体期刊的实际尺寸规格。

6.5 表格处理实例

表格有更适宜的版式、表达方式，或现有形式和幅面在有限的版心上排不下时，应作技术处理，巧妙灵活地变换版式或表达方式。下面按主题给出一些表格实例，进行点评和技术处理，并给出处理后的表格。

6.5.1 基本处理

1）表格拆分

表格中有若干中心主题，或包含没有上下关系的若干不同表头和表文时，可将其拆分为若干表格。表格拆分需重新设计，表序、表题也会发生相应变化。例如：

【实例 1】

表 6-10　拆分前的示例表格

表×　第二级车间工艺规划和生产需求

产品号	工序号	第二级车间产品单件工时 t / min	第三级车间产品单件工时 t / min	产品族
	1	9.00		
1	2	7.00	6.00	2
	3	9.00		
	1	9.00		
2	2	8.00	6.00	2
	3	9.00		
产品号		周期 T		
		1	2	3
1		18	18	17
2		13	12	12

表 6-10 包含两种表头和表文，两种表头分别为表格第 1 行和第 4 行，两种表文分别为表格第 2、3，5 行（指实线行），相当于将两个表格上下叠加在一起而成为一个表格。按一表一表头的原则，可以将表 6-10 拆分为表 6-11 和表 6-12。

表 6-11　表 6-10 拆分后的示例表格 1

表×　第二级车间工艺规划

产品号	工序号	第二级车间产品单件工时 t / min	第三级车间产品单件工时 t / min	产品族
	1	9.00		
1	2	7.00	6.00	2
	3	9.00		
	1	9.00		
2	2	8.00	6.00	2
	3	9.00		

表 6-12　表 6-10 拆分后的示例表格 2

表×　第二级车间生产需求

产品号	周期 T		
	1	2	3
1	18	18	17
2	13	12	12

2）表格合并

当主题相同或相近、结构相同、位置相邻的若干表格连续出现时，可考虑将它们合并为一个表格。合并表格需要更改其后续表格的序号。例如：

【实例 2】

表 6-13　合并前的示例表格 1

表×　18 000 r/min 时摩擦损耗功率比较

真空压力	功率测量值	功率计算值 P_i / W	
p_i / Pa	P_i / W	$A=1$	$A=1.5$
1.70	11.62	14.85	11.96
0.43	4.28	6.42	4.65
0.28	2.58	4.59	3.26

表 6-14　合并前的示例表格 2

表×　24 000 r/min 时摩擦损耗功率比较

真空压力	功率测量值	功率计算值 P_i / W	
p_i / Pa	P_i / W	$A=1$	$A=1.5$
0.61	8.86	14.58	10.90
0.37	6.14	10.14	7.35
0.33	5.64	9.28	6.68
0.32	5.45	9.05	6.50

表 6-13 和表 6-14 的主题相同，均为“摩擦损耗功率比较”，只是在不同的转速下（分别为 18 000 r/min、24 000 r/min，表达在题名中），其结构完全相同（列名相同）。可将这两个表格合并，将题名中这两个转速值提取出来，取一个新的量名“转速”，作为合并后的新表格的第 1 列，如表 6-15 所示。（后面“6.5.4 复式表头使用”一节中还会有表格合并的实例，专门讲述如何通过把单式表头处理为复式表头或对复式表头进行改造而将两表合并。）

表 6-15　表 6-13 和表 6-14 合并后的示例表格

表×　不同转速时摩擦损耗功率比较

转速	真空压力	功率测量值	功率计算值 P_i / W	
n /(r · min^{-1})	p_i / Pa	P_i / W	$A=1$	$A=1.5$
18 000	1.70	11.62	14.85	11.96
	0.43	4.28	6.42	4.65
	0.28	2.58	4.59	3.26
24 000	0.61	8.86	14.58	10.90
	0.37	6.14	10.14	7.35
	0.33	5.64	9.28	6.68
	0.32	5.45	9.05	6.50

3）表格增设

对用文字表述的内容（数据、信息），当其罗列性较强且有对比或统计意义时，可改用（增设）表格来表述，这样既直观清晰又便于比较，可获得用文字表述难以达到的效果。例如：

【实例 3】

复杂机械系统布局基因编码生成方式如下：布局参数为基本机构 1（β_1, d_1），基本机构 2（β_2, d_2），基本机构 3（β_3，d_3），…，基本机构 N（β_N，d_N）；基因生成方式为 $\beta_1=3$、$d_1=23$，$\beta_2=1$、$d_2=41$，$\beta_3=4$、$d_3=12$，…，$\beta_N=2$、$d_N=33$，编码生成方式为（3, 23, 1, 41, 4, 12, …, 2, 33）。

以上这段文字叙述较为啰唆，可读性差一些，若改成用表 6-16 表述，效果就会明显提升。

表 6-16　表格增设示例

表×　复杂机械系统布局基因编码生成方式

布局参数	基本机构								
	1		2		3		…	N	
	β_1	d_1	β_2	d_2	β_3	d_3		β_N	d_N
基因编码	3	23	1	41	4	12	…	2	33

4）表格删除

对简单表格，能用文字表述清楚或有更好的效果时，可改用文字而将表格删除。例如：

【实例 4】

表 6-17　简单表格示例

表×　不同线宽补偿条件下的实际槽宽　（单位：mm）

b_1	b_2	b_3
0.061 1	0.082 9	0.040 8

表 6-17 有两行三列，第 1 行为三个量（槽宽）的符号，第 2 行为这些量的数值，表格右上方为其共同单位，内容和结构极其简单，不如用文字表达更直截了当。即改为：

不同线宽补偿条件下的实际槽宽分别为 $b_1=0.061\ 1$ mm，$b_2=0.082\ 9$ mm，$b_3=0.040\ 8$ mm。

注意：对表格进行拆分、合并、增设和删除操作后，要注意保证表序的唯一性，即同一论文中不能出现一号两表或一表两号的交叉、重叠，以及表序不连续等问题。

6.5.2　排式转换

表格受到幅面及排版空间等因素的限制时，应对其排式作恰当、灵活的转换。例如：

【实例 5】

表 6-18　分段排前示例表格

表×　夹杂物特征参数统计结果

试样号	夹杂物数量 N / 个	夹杂物平均直径 D_{av} / μm	沾污度 λ / %	面密度 ρ_a /(个 · mm^{-2})	夹杂物尺寸分布百分率 ω / %			
					<0.6 μm	0.6～1.0 μm	1.0～2.0 μm	>2 μm
1	607	1.431 98	0.056	232.879	45.5	30.8	13.0	10.7
2	641	1.185 37	0.048	245.924	64.7	21.1	5.9	8.3

表 6-18 是一个特宽表，横表头项目较多，栏多行少，横宽竖短，占用甚至超出了整个通栏的宽度，全表呈左右宽、上下窄的状态，在一个表行可能排不下或难排得下，可以将表格作分段处理而排成叠栏表，如表 6-19 所示。新表的横表头不同，纵表头相同，上下部分表文间以双横细线相隔。

表 6-19 对表 6-18 分段排后示例表格

表× 夹杂物特征参数统计结果

试样号	夹杂物数量 N / 个	夹杂物平均直径 D_{av} / μm	沾污度 λ / %	面密度 ρ_a /(个·mm^{-2})
1	607	1.431 98	0.056	232.879
2	641	1.185 37	0.048	245.924
试样号	夹杂物尺寸分布百分率 ω / %			
	<0.6 μm	0.6～1.0 μm	1.0～2.0 μm	>2 μm
1	45.5	30.8	13.0	10.7
2	64.7	21.1	5.9	8.3

【实例 6】

表 6-20 转栏排前示例表格

表× 测点加速损伤期望速率

测点	加速损伤速率
D3-HC3	9.54×10^{-8}
D3-HCL4	7.87×10^{-8}
D3-HD1	8.11×10^{-6}
D3-HD3	1.09×10^{-6}
D3-HZ5	4.83×10^{-7}
D4-HCL3	7.26×10^{-7}
D4-HCL4	2.80×10^{-6}
D4-HD1	4.37×10^{-7}
D4-HD4	3.02×10^{-6}
D5-Y2	1.57×10^{-7}
D5-Y7	5.61×10^{-7}
D6-Y2	9.58×10^{-8}
D8-Y4	4.97×10^{-7}
DHJ-1	9.21×10^{-7}

表 6-20 是一个相对栏宽来说的“高个子”表，纵表头项目较多，行多栏少，竖长横窄，全表呈上下高、左右窄的状态，且单栏有充足的排版空间，可将其转栏而排成折栏表，如表 6-21 所示。新表的横表头相同，纵表头不同，在排式上是左右并列的形式，即一表双栏排，两并列部分中间（两栏之间）以双竖细线相隔。

表 6-21 表 6-20 转栏排后示例表格

表× 测点加速损伤期望速率

测点	加速损伤速率	测点	加速损伤速率
D3-HC3	9.54×10^{-8}	D4-HD1	4.37×10^{-7}
D3-HCL4	7.87×10^{-8}	D4-HD4	3.02×10^{-6}
D3-HD1	8.11×10^{-6}	D5-Y2	1.57×10^{-7}
D3-HD3	1.09×10^{-6}	D5-Y7	5.61×10^{-7}
D3-HZ5	4.83×10^{-7}	D6-Y2	9.58×10^{-8}
D4-HCL3	7.26×10^{-7}	D8-Y4	4.97×10^{-7}
D4-HCL4	2.80×10^{-6}	DHJ-1	9.21×10^{-7}

【实例 7】

表 6-22　简单有线表示例表格

表×　400 MPa 级超细晶粒钢筋化学成分的质量分数

C	Si	Mn	P	S	Cr，Ni	Cu
0.18	0.19	0.60	0.015	0.009	≤0.30	0.17

表 6-22 为简单有线表，表格构成项目及表文较为简单，可考虑排为无线表，如表 6-23 所示。（表格构成项目及表文较复杂且用无线表难以表述清楚时，可将无线表排为有线表。）

表 6-23　将有线表 6-22 改排为无线表示例表格

表×　400 MPa 级超细晶粒钢筋化学成分的质量分数

C	Si	Mn	P	S	Cr，Ni	Cu
0.18	0.19	0.60	0.015	0.009	≤0.30	0.17

【实例 8】

表 6-24　表头互换前示例表格

O	A	B	C	D	E	F
a						
b						
c						

表 6-24 为表头互换前的表格，若为了充分利用版面，或解决表文限制，或双、通栏转换，或视觉美观，或别的目的，在不影响内容正确表述的情况下，可考虑将横、纵表头作互换处理，如表 6-25 所示。（转换前后，表格第 1 列的名称可能发生变化。）

表 6-25　对表 6-24 的表头互换示例表格

O	a	b	c
A			
B			
C			
D			
E			
F			

6.5.3　项目头设置

项目头位于表格的左上角，其内被斜线分割为若干区域，区域内的文字用来表示表头、表文的共性名称。例如：

【实例 9】

表 6-26　项目头内有两条斜线示例表格

表×　双谱的半工频和工频切片部分频率处的幅值

频率 f / Hz　幅值 A / mm　轴心轨迹	$\omega_r / 2$	ω_r	$2\omega_r$
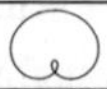	0.75	0	0
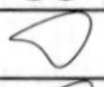	0	0.331 0	0.010 0
	0	0.500 0	0

表 6-26 项目头内有两条斜线，分为三个区域，其中“轴心轨迹”是纵表头的共性名称，“频率”是横表头的共性名称，“幅值”为表文的共性名称。项目头内斜线的数量取决于表达需要，能少则少，若能将项目头去掉而设计为三线表就更加规范。其实，表头的“幅值”在表题中已表达过了，应去掉，这样就可处理为项目头内有一斜线的表格，如表 6-27 所示。更进一步，可以将“轴心轨迹”“频率”分别作一个栏标题，再将“频率”复分为 3 个列，分别用ω_r / 2、ω_r、2ω_r作这 3 个列的标题，这样就转换为三线表了，如表 6-28 所示。

表 6-27　将表 6-26 处理为项目头内只有一条斜线示例表格

表×　双谱的半工频和工频切片部分频率处的幅值　（单位：mm）

频率 / Hz 轴心轨迹	ω_r / 2	ω_r	2ω_r
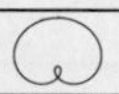	0.75	0	0
	0	0.331 0	0.010 0
	0	0.500 0	0

表 6-28　将表 6-26 处理为三线表示例表格

表×　双谱的半工频和工频切片部分频率处的幅值（单位：mm）

轴心轨迹	频率 / Hz		
	ω_r / 2	ω_r	2ω_r
	0.75	0	0
	0	0.331 0	0.010 0
	0	0.500 0	0

【实例 10】

表 6-29　项目头不规范示例表格

表×　不同应变、不同保持时间各阶段比例

温度 / ℃	565	565	565	565	565	565	565	565
应变ε_t/% 比例 / %	保持时间 10 s				保持时间 20 s			
	0.6	0.8	1.0	1.2	0.6	0.8	1.0	1.2
第一阶段	0.128	0.155	0.180	0.196	0.120	0.127	0.205	0.221
第二阶段	0.712	0.675	0.644	0.601	0.709	0.683	0.557	0.529
第三阶段	0.161	0.170	0.175	0.203	0.171	0.189	0.238	0.250

表 6-29 中有斜线的那个单元格是项目头的形式，但不是表格的左上角，不规范。第 1 行的标题“温度 / ℃”所辖的 8 个数值完全相同（都是 565），可提炼成共性文字置于表题中。再按各个量对项目头重新分割，处理后的表格如表 6-30 所示。也可将表 6-29 处理为有横表头的三线表，“保持时间”“应变”“阶段”为表头的 3 个行名，“阶段”复分为 1、2、3 三个行标题，如表 6-31 所示。

表 6-30　对表 6-29 处理后的项目头规范示例表格

表×　在 565 ℃时不同应变、不同保持时间下的各阶段比例

保持时间 t/s \ 应变ε_t/% \ 比例/% \ 阶段	10				20			
	0.6	0.8	1.0	1.2	0.6	0.8	1.0	1.2
1	0.128	0.155	0.180	0.196	0.120	0.127	0.205	0.221
2	0.712	0.675	0.644	0.601	0.709	0.683	0.557	0.529
3	0.161	0.170	0.175	0.203	0.171	0.189	0.238	0.250

表 6-31　对表 6-29 处理后的三线表示例表格

表×　在 565 ℃时不同应变、不同保持时间下的各阶段比例（%）

保持时间 t/s		10				20			
应变ε_t/%		0.6	0.8	1.0	1.2	0.6	0.8	1.0	1.2
阶段	1	0.128	0.155	0.180	0.196	0.120	0.127	0.205	0.221
	2	0.712	0.675	0.644	0.601	0.709	0.683	0.557	0.529
	3	0.161	0.170	0.175	0.203	0.171	0.189	0.238	0.250

项目头内的栏目应有文字，即不宜空白，当项目头不以斜线相隔而只有一种标识时，其内文字宜“管”下不“管”右（按照需要，“管”右也可以，即管下优于管右）。栏目文字应能准确、全面、概括地表达出所“管”内容，范围较宽、难以提炼出确指文字时，可选用具有覆盖性的泛指类文字，如“项目”“名称”“参量”等公共性词语。

6.5.4　复式表头使用

表头宜为单式表头，有时可按表达需要处理为复式表头，或对复式表头进行改造。例如：

【实例 11】

表 6-32　单式表头处理前示例表格 1

表×　玻管、铸管在水平条件下的测试参数

测试参数	玻管	铸管
速度 v/(mm·s^{-1})	40	40
牵引力 F' / N	230	400
电流 I / mA	600	900

表 6-33　单式表头处理前示例表格 2

表×　玻管、铸管在弯曲条件下的测试参数

测试参数	玻管	铸管
速度 v/(mm·s^{-1})	40	40
牵引力 F' / N	200	370
电流 I / mA	550	860

表 6-32、表 6-33 的主题和结构均相同，可以合并。两表数据产生条件（测试条件）不同，前者为“玻管、铸管水平”，后者为“玻管、铸管弯曲”，其中测试对象“玻管”“铸管”在表

头中是列名，而其状态“水平”“弯曲”反映在表题目中。若把状态放到表头中表达，就要将单式表头处理为复式表头——“测试条件”作总栏名，复分为栏名“水平”“弯曲”，各子栏名再分别复分为列“玻管”“铸管”，如表 6-34 所示。处理后的表格不算理想，因为 3 层复式表头分层多，显得庞杂烦琐，如把“测试条件”分解到“水平”“弯曲”中，变为“水平测试”“弯曲测试”，这样处理后的表头为 2 层表头，如表 6-35 所示，表达效果显著提升。

表 6-34　对表 6-32、表 6-33 单式表头处理为 3 层复式表头示例表格

表×　玻管、铸管在不同测试条件下的测试参数

测试参数	测试条件			
	水 平		弯 曲	
	玻管	铸管	玻管	铸管
速度 v /(mm · s^{-1})	40	40	40	40
牵引力 F' / N	230	400	200	370
电流 I / mA	600	900	550	860

表 6-35　对表 6-32、表 6-33 单式表头处理为 2 层复式表头示例表格

表×　玻管、铸管在不同测试条件下的测试参数

测试参数	水平测试		弯曲测试	
	玻管	铸管	玻管	铸管
速度 v /(mm · s^{-1})	40	40	40	40
牵引力 F' / N	230	400	200	370
电流 I / mA	600	900	550	860

【实例 12】

表 6-36　复式横表头处理前示例表格 1

表×　各种预测方法的分散带因子 F

温度 θ / ℃	预测方法				
	线性累计损伤法	应变范围划分法	应变能划分法	频率修正法	等效应变法
540	1.9	1.67	2.12	3.13	1.21
565	1.3	1.70	1.73	2.17	1.40

表 6-37　复式横表头处理前示例表格 2

表×　各种预测方法的标准偏差 S

温度 θ / ℃	预测方法				
	线性累计损伤法	应变范围划分法	应变能划分法	频率修正法	等效应变法
540	0.106	0.104	0.120 0	0.248	0.007 70
565	0.063	0.090	0.091 1	0.099	0.003 16

表 6-36、表 6-37 的主题和结构相同，也可合并。两表的表头已是复式表头，处理时不宜再增加表头的层次，可以考虑对表头进行改造。这样，可以将表题中的“分散带因子 F”“标准偏差 S”提取出来，取一个共性名称如“参数”，作为一个新列添加到表格左侧，如表 6-38 所示。但 1 层栏名“预测方法”下的 5 个 2 层复分列名已明显含有“方法”，这个 1 层栏名多余，可以去掉，如表 6-39 所示。

表 6-38　对表 6-36、表 6-37 复式横表头改造示例表格 1

表×　各种预测方法在不同温度下的分散带因子 F、标准偏差 S

参数	温度 θ/ ℃	预测方法				
		线性累计损伤法	应变范围划分法	应变能划分法	频率修正法	等效应变法
分散带因子	540	1.9	1.67	2.12	3.13	1.21
F	565	1.3	1.70	1.73	2.17	1.40
标准偏差	540	0.106	0.104	0.1200	0.248	0.00770
S	565	0.063	0.090	0.0911	0.099	0.00316

表 6-39　对表 6-36、表 6-37 复式横表头改造示例表格 2

表×　各种预测方法在不同温度下的分散带因子 F、标准偏差 S

参数	温度 θ/ ℃	线性累计损伤法	应变范围划分法	应变能划分法	频率修正法	等效应变法
分散带因子	540	1.9	1.67	2.12	3.13	1.21
F	565	1.3	1.70	1.73	2.17	1.40
标准偏差	540	0.106	0.104	0.1200	0.248	0.00770
S	565	0.063	0.090	0.0911	0.099	0.00316

6.5.5　栏目取名

栏名标识栏内内容的特征和属性。表述事物的名称、行为或状态时，栏名宜用名词或名词性词语；表述事物的数量时，栏名就是标目。栏目取名比较困难时，不要懒于取名而代之以空白，也不宜随意用一个不能表述特征、属性的泛指、笼统词（如项目、参数、指标等）作栏名。栏目取名大体有以下规则。

1）栏类妥当

将栏正确归类，归类不当，栏名容易出错。尽可能一栏一类，对于一栏多类，应灵活变通，巧妙处理，如表内加辅助线、调整栏位置、修改栏名等。例如：

【实例 13】

表 6-40　栏类不妥当示例表格 1

表×　叶轮计算结果和泵段测试结果比较（n = 1450 r / min）

工况点	流量 q_V/(L·s^{-1})	泵段测试		叶轮计算		
		扬程 H / m	效率 η_h / %	轴向力 F_a / N	扬程 H / m	效率 η_h / %
1	224	6.269	63.0	2309	7.233	81.0
2	294	4.830	77.3	1702	5.285	88.6
3	332	3.956	82.2	1239	4.129	88.7
4	364	3.135	83.7	769	3.054	86.1
5	380	2.650	83.0	528	2.528	83.4
6	390	2.346	81.7	328	2.104	80.2
7	415	1.586	75.0	−60.5	1.299	69.1
8	431	1.070	64.4	−350	0.717	52.6
平均值	354	3.230	76.3	808	3.294	78.7

在表 6-40 中，第 1 栏内有两类信息，一类是表“工况点”的数字 1～8，另一类是“平均值”。很明显，栏名用“工况点”不合适，它概括不了“平均值”。可以在“平均值”所在行上方加一贯穿表格左右的辅助线，问题就解决了，如表 6-41 所示。

表 6-41　对表 6-40 栏类处理（表内加辅助线）示例表格

表×　叶轮计算结果和泵段测试结果比较（$n = 1450$ r / min）

工况点	流量 q_V /(L・s^{-1})	泵段测试		叶轮计算		
		扬程 H / m	效率 η_h / %	轴向力 F_a / N	扬程 H / m	效率 η_h / %
1	224	6.269	63.0	2309	7.233	81.0
2	294	4.830	77.3	1702	5.285	88.6
3	332	3.956	82.2	1239	4.129	88.7
4	364	3.135	83.7	769	3.054	86.1
5	380	2.650	83.0	528	2.528	83.4
6	390	2.346	81.7	328	2.104	80.2
7	415	1.586	75.0	−60.5	1.299	69.1
8	431	1.070	64.4	−350	0.717	52.6
平均值	354	3.230	76.3	808	3.294	78.7

【实例 14】

表 6-42　栏类不妥当示例表格 2

表×　蛇的有关参数

编 号	种 属	质量 m / g	性别	全长 l_1 / mm	尾长 l_2 / mm	腹宽 b / mm
Snake-A	黄脊游蛇	120	雌性	870	160	15
Snake-B	黄脊游蛇	195	雄性	910	150	18

表 6-42 中，第 3 栏与第 5～7 栏的上位属性相同，应组合成一个整体，位置上应相邻连续，但其间插入的第 4 栏“性别”破坏了这种整体性。可以将“性别”一栏前移，原第 3 栏与第 5～7 栏组合为“体态参数”，如表 6-43 所示，处理后类属更加分明，表意更加清楚。

表 6-43　对表 6-42 栏类处理（相同属性栏目重组）示例表格

表×　蛇的有关参数

编 号	种 属	性别	体态参数			
			质量 m / g	全长 l_1 / mm	尾长 l_2 / mm	腹宽 b / mm
Snake-A	黄脊游蛇	雌性	120	870	160	15
Snake-B	黄脊游蛇	雄性	195	910	150	18

【实例 15】

表 6-44　栏类不妥当示例表格 3

表×　秸秆干物质消失率

秸秆类型	消化时间 / h		
	24	48	72
未氨化玉米秸 / %	38.21	48.88	63.89
氨化玉米秸 / %	53.95	66.95	71.61
秸秆干物质消失率的增长量 / %	15.74	18.07	7.72

表 6-44 中，第 1 栏的内容主题明显分为两类：两类玉米秸的干物质消失率；秸秆干物质消失率的增长量。因此，栏名用“秸秆类型”不合适，若用联合词组“秸秆干物质消失率及增长量”，就能概括这两个主题，如表 6-45 所示。当然，栏名也可以用“秸秆干物质消失率”，这样就得加辅助线，与以“干物质消失率的增长量”相分隔，如表 6-46 所示。

表 6-45　对表 6-44 栏类处理（使用联合词组）示例表格

表×　秸秆干物质消失率及增长量

秸秆干物质消失率及增长量	消化时间 / h		
	24	48	72
未氨化玉米秸 / %	38.21	48.88	63.89
氨化玉米秸 / %	53.95	66.95	71.61
干物质消失率的增长量 / %	15.74	18.07	7.72

表 6-46　对表 6-44 栏类处理（表内加辅助线）示例表格

表×　秸秆干物质消失率及增长量

秸秆干物质消失率	消化时间 / h		
	24	48	72
未氨化玉米秸 / %	38.21	48.88	63.89
氨化玉米秸 / %	53.95	66.95	71.61
干物质消失率的增长量 / %	15.74	18.07	7.72

另外，栏名归类不当还容易犯政治错误，不少作者经常将我国香港、台湾或澳门地区与国家名称并列，或没有将这些地区的有关数据纳入中国，犯了政治错误。

2）栏名准确

栏目取名实质上是通过抽取事物本质属性而对其进行逻辑上的分析、归纳，最后选用贴切、具体的词语作栏目名称。栏名要与其所辖栏的内容紧密相扣，不能过大，造成跑题、偏题或夸大，也不能过小，未能囊括所辖栏的全部内容。例如：

【实例 16】

表 6-47　栏名不准确示例表格 1

表×　精神病专科医院及综合医院药品处方年龄分布情况

药物名称	医院	平均年龄($x \pm s$)	t	P
艾丝唑仑	精神病专科医院	59.62±15.48	–301.325	$P<0.05$
	综合医院	66.79±14.88		
	合计	58.82±17.01	—	—

表 6-47 中，第 2 栏的内容为医院属性类别，而栏名为“医院”，不大对应，栏名不准确，应在栏名“医院”后加“属性”，如果将表文中的“医院”去掉，则更能突出栏的性质或特征，而且还应加辅助线将底部的“合计”行分隔。这样处理后栏名就准确了，如表 6-48 所示。

表 6-48　对表 6-47 栏名处理（栏名准确）示例表格

表×　精神病专科医院及综合医院药品处方年龄分布情况

药物名称	医院属性	平均年龄($x \pm s$)	t	P
艾丝唑仑	精神病专科	59.62±15.48	–301.325	$P<0.05$
	综合	66.79±14.88		
合 计		58.82±17.01	—	—

栏名追求简短，但太短了容易造成所属范围太大而不准确。例如：某栏有一组仿真参数“伺服阀固有频率、液压油体积模量、立辊机架刚度”，如果栏名取为“物理量”，就太笼统，不如取名为“仿真参数”合适。再如：若把栏目“运动半径”“行程容积比”“体积利用系数”取名“半径”“容积比”“系数”，就不规范，栏名中必要的限定语不宜缺少。例如：

【实例 17】

表 6-49　栏名不准确示例表格 2

表×　中国、美国平流层飞艇进展对比

名称		飞行时长 / min	平流层动力飞行时长 / min	动力试验科目
中国	KFG79	181	52	零速转向、迎风巡航、推进试验、人工驾驶
	圆梦号	—	—	持续可控、动力飞行
美国	高空哨兵 20	301（至吊舱落地）	53	螺旋桨转速试验，因氦气泄露试验提前结束
	HALE-D	163	0	在 9753.6 m 高度因异常无法持续升空，降落

表 6-49 中，栏名“名称”太泛、太笼统，没有指明是什么事物或对象的名称，应加必要的限定语重新取名。另外，因表文较多，还有层次问题，阅读容易串行，应加辅助线进行分隔。这样处理后如表 6-50 所示。

表 6-50　对表 6-49 栏名处理（栏名具体化）示例表格

表×　中国、美国平流层飞艇进展对比　（单位：min）

国家和飞艇名称		飞行时长	平流层动力飞行时长	动力试验科目
中国	KFG79	181	52	零速转向、迎风巡航、推进试验、人工驾驶
	圆梦号	—	—	持续可控、动力飞行
美国	高空哨兵 20	301（至吊舱落地）	53	螺旋桨转速试验，因氦气泄露试验提前结束
	HALE-D	163	0	在 9753.6 m 高度因异常无法持续升空，降落

3）栏名协调

给栏目取名还要考虑栏名之间的协调，去掉重复项，突出共性，使表格整体简洁有效。例如在表 6-51 中，第 1 栏的名称“直径 d / mm”未能确切表示出其下数据的属性，因这组数据表示“加工孔的直径”，故该栏应取名“加工孔径”；第 2～4 栏的名称从其下所辖数据来说是正确的，但这 3 个栏名中均有“的转速 n / (r·min^{-1})”，造成重复，有冗余和烦琐之感。可将其共性部分“转速 n / (r·min^{-1})”提取出来充当这 3 个栏名的上层栏名，如表 6-52 所示，虽然增加了表头层数，但整体上简洁、有效多了。

【实例 18】

表 6-51　栏名不协调示例表格

表×　某机械厂的生产数据

直径 d / mm	BTA 钻孔的转速 n / (r·min^{-1})	BTA 套料的转速 n / (r·min^{-1})	BTA 镗孔的转速 n / (r·min^{-1})
50	＜219	—	—
70	＜160	＜160	＜170
85	—	191	191

表 6-52　对表 6-51 栏名处理（栏名协调）示例表格

表×　某机械厂的生产数据

加工孔径 d / mm	转速 n / (r·min^{-1})		
	BTA 钻孔	BTA 套料	BTA 镗孔
50	＜219	—	—
70	＜160	＜160	＜170
85	—	191	191

4）标目规范

标目的标准形式是“量名称 量符号 / 单位符号”，量名称和量符号可以择其一，单位为复合单位时，宜用负指数、加括号的整体形式，如“压力 p / MPa”“加速度 / (r • min^{-2})”“ω /(rad •s^{-1})”。量符号后加逗号、非组合单位加括号、复合单位不加括号或一行出现多条“ / ”的标目形式均是不标准的。例如：①压力 p（MPa）；②压力 p /（MPa）；③压力 p，MPa；④角频率 ω / rad • s^{-1}；⑤角频率 ω /（rad / s）；⑥角频率 ω / rad / s 等。

标目表示百分率时，也有规范形式，如“生产效率 / %”，其中%相当于单位符号。

表格中量值的单位符号不宜表示在说明栏内，而应表示在项目栏内。例如在表 6-53 中，将单位排在了说明栏内，即错将“参数表达式”当作“值”(即“量值表达式”作为“数值”)。应保留“参数表达式”中的数字（如 195、3.7、3339），而将其中的量符号和单位符号按标目的形式放在纵项目栏中相应量名称的后面，如表 6-54 所示。

【实例 19】

表 6-53　单位排在说明栏内示例表格

参 数	值
针齿中心圆半径	$r_p = 195$ mm
输入功率	$P_i = 3.7$ kW
齿廓最大接触力	$F_{max} = 3339$ N

表 6-54　单位排在项目栏内示例表格

参 数	值
针齿中心圆半径 r_p / mm	195
输入功率 P_i / kW	3.7
齿廓最大接触力 F_{max} / N	3339

还可以将表格整体或局部相同单位（只限一个）移出排在表格外面（表格右上方）。例如在表 6-55 中，所有标目中的单位相同（4 类线宽都是 mm），则可把此共同的单位提出来置于表格右上方，且应相对表格右框线向左缩进一些，如表 6-56 所示。表 6-57 多数标目中的单位相同（断面圆度 a 和断面平面度 b 都是 mm），可把此局部较多的相同单位置于表格右上方，其余少数单位仍留在表格内，如表 6-58 所示。

【实例 20】

表 6-55　表格整体相同单位排在表中示例表格

表×　××××××××

工作台位置	线宽			
S	b_{w1} / mm	b_{w2} / mm	b_{w3} / mm	均值 b_{av} / mm
2	0.108 00	0.121 00	0.135 00	0.121 00
1	0.025 00	0.022 00	0.027 00	0.024 00
0	0.009 50	0.008 12	0.008 09	0.008 60
−1	0.032 00	0.029 00	0.028 00	0.029 60
−2	0.138 00	0.125 00	0.102 00	0.122 00

表 6-56　对表 6-55 整体共性单位处理排在表格右上方示例表格

表×　××××××××　　　　（单位：mm）

工作台位置	线宽			
S	b_{w1}	b_{w2}	b_{w3}	均值 b_{av}
2	0.108 00	0.121 00	0.135 00	0.121 00
1	0.025 00	0.022 00	0.027 00	0.024 00
0	0.009 50	0.008 12	0.008 09	0.008 60
−1	0.032 00	0.029 00	0.028 00	0.029 60
−2	0.138 00	0.125 00	0.102 00	0.122 00

【实例 21】

表 6-57 表格局部相同单位排在表中示例表格

表× 高速剪切与普通剪切实验数据对比

剪切方式	断面倾角 α / (°)		断面圆度 a / mm		断面平面度 b / mm	
	棒端	料端	棒端	料端	棒端	料端
高速剪切	0.50	1.28	1.14	1.35	0.67	0.86
普通剪切	7.83	9.17	1.33	1.42	2.60	3.10

表 6-58 对表 6-57 局部共性单位处理排在表格右上方示例表格

表× 高速剪切与普通剪切实验数据对比 （单位：mm）

剪切方式	断面倾角 α / (°)		断面圆度 a		断面平面度 b	
	棒端	料端	棒端	料端	棒端	料端
高速剪切	0.50	1.28	1.14	1.35	0.67	0.86
普通剪切	7.83	9.17	1.33	1.42	2.60	3.10

6.5.6 数值表达

数值＝量名称 / 单位符号，栏中数字就是“数值”，栏名是“量名称 / 单位符号”（量名称可用量符号代替，量纲为一时没有“ / 单位符号”）即标目。

（1）在单位符号前加词头（含换成另一词头）或者改变量符号前的因数，使数值尽可能处在 0.1～1000 之间。例如：某栏数值、标目是“800，1000，…”“压力 / Pa”，可改为“0.8，1.0，…”“压力 / kPa”; 某栏数值、标目是“0.008，0.012，…”“R”，可改为“8，12，…”“10^3R”。

（2）量纲为一时，量符号（含前面的因数）＝表身中相应栏的数值。例如上例，若将标目、数值错误表达为“$10^{-3}R$”“8，12，…”，则 R 是“8000，12 000，…”，是实际值的 10^6 倍。

（3）使用规范的标目形式，不宜用数值带单位的表达形式，对于百分数，应将百分号（%）视作单位处理写在标目中，不宜用带百分号的数值形式。例如：

【实例 22】

表 6-59 表身内数值带单位符号和百分号示例表格

表× 辨识结果比较

模态	理论建模		傅里叶变换法		GH 方法	
阶数	频率 f	阻尼率 A	频率 f	阻尼率 B	频率 f	阻尼率 C
1	2.517 Hz	0.019 3%	2.218 Hz	0.015 9%	2.504 Hz	0.018 5%
2	7.648 Hz	0.015 5%	—	—	7.539 Hz	0.014 9%
3	12.135 Hz	0.013 8%	11.874 Hz	0.012 8%	12.064 Hz	0.013 3%
4	29.749 Hz	0.016 4%	29.632 Hz	0.013 6%	29.631 Hz	0.016 1%

表 6-59 中，将单位符号 Hz 和%放在表身中不规范，应放在标目内，如表 6-60 所示。

表 6-60 对表 6-59 表身内数值处理为不带单位符号和百分号示例表格

表× 辨识结果比较

模态阶数	理论建模		傅里叶变换法		GH 方法	
	频率 f / Hz	阻尼率 A / %	频率 f / Hz	阻尼率 B / %	频率 f / Hz	阻尼率 C / %
1	2.517	0.019 3	2.218	0.015 9	2.504	0.018 5
2	7.648	0.015 5	—	—	7.539	0.014 9
3	12.135	0.013 8	11.874	0.012 8	12.064	0.013 3
4	29.749	0.016 4	29.632	0.013 6	29.631	0.016 1

（4）数值常用阿拉伯数字。同一栏数值按同一标目处理时，应以个位数、小数点或左右居中等方式对齐；小数点后保留的有效数字位数宜相同，但不按同一标目处理时除外。例如：

【实例 23】

表 6-61　数值排式、小数点后位数不一致示例表格

表×　各参量测量结果

参 量	最小值	最大值	平均值
质量 m / kg	6.104	6.50	6
长度 l / mm	117.32	118	117.983
宽度 b / mm	8	8.906	8.764
体积 V / m^3	0.092	0.12	0.1078

表 6-61 表身中，第 2～4 栏的数值分别为居中对齐、左对齐、右对齐，不一致；量“最小值”“最大值”“平均值”各列中小数点后的有效数字位数不一致，可采用末位加 0，或通过数值修约规则（或四舍五入法）减少位数。以居中对齐，以及“质量”“长度”“宽度”“体积”行数值小数点后分别保留一位、两位、两位、三位有效数字为例，处理结果如表 6-62 所示。

表 6-62　对表 6-61 数值处理示例表格

表×　各参量测量结果

参 量	最小值	最大值	平均值
质量 m / kg	6.1	6.5	6.0
长度 l / mm	117.32	118.00	117.98
宽度 b / mm	8.00	8.91	8.76
体积 V / m^3	0.092	0.120	0.108

（5）相邻栏内文字相同时，应重复写出，不宜用“同上”“同左”“〃”等代替。例如：

【实例 24】

表 6-63　表身中重复数值表达不当共用栏示例表格

表×　出口含湿峰值的大小及其迁移时间

<table>
<tr><th>变 量</th><th>数值</th><th>出口含湿峰值
Y/(kg・kg^{-1})</th><th>迁移时间
t / s</th></tr>
<tr><td rowspan="3">再生空气流速
v_{reg} /(m・s^{-1})</td><td>1.5</td><td>0.041</td><td>87.3</td></tr>
<tr><td>2.0</td><td>同上</td><td>63.3</td></tr>
<tr><td>3.0</td><td>0.039</td><td>40.4</td></tr>
<tr><td rowspan="3">再生空气进口温度
θ_{reg} / ℃</td><td>80</td><td>0.034</td><td>100.1</td></tr>
<tr><td>100</td><td>0.041</td><td>87.3</td></tr>
<tr><td>120</td><td>0.048</td><td>76.8</td></tr>
<tr><td rowspan="3">处理空气流速
v_{ads} /(m・s^{-1})</td><td>1.5</td><td>0.041</td><td>87.1</td></tr>
<tr><td>2.0</td><td>同上</td><td>87.3</td></tr>
<tr><td>3.0</td><td>〃</td><td>86.9</td></tr>
<tr><td rowspan="3">转速
n /(r・min^{-1})</td><td>0.07</td><td>〃</td><td>84.1</td></tr>
<tr><td>0.10</td><td>〃</td><td>86.3</td></tr>
<tr><td>0.13</td><td>〃</td><td>87.3</td></tr>
</table>

表 6-63 使用“同上”和“〃”来代替 0.041，不规范。正确处理方法是，不嫌麻烦，不管重复与否，都将 0.041 全部写出，如表 6-64 所示；也可采用共用栏，如表 6-65，第 3 栏内的 0.041 本应重复写 9 次，处理后只写了 3 次，0.041 在共用栏处于上下居中位置。

表 6-64　对表 6-63 中重复数值常规处理示例表格

表×　出口含湿峰值的大小及其迁移时间

<table>
<tr><th>变 量</th><th>数值</th><th>出口含湿峰值
Y/(kg·kg^{-1})</th><th>迁移时间
t/s</th></tr>
<tr><td rowspan="3">再生空气流速
v_{reg}/(m·s^{-1})</td><td>1.5</td><td>0.041</td><td>87.3</td></tr>
<tr><td>2.0</td><td>0.041</td><td>63.3</td></tr>
<tr><td>3.0</td><td>0.039</td><td>40.4</td></tr>
<tr><td rowspan="3">再生空气进口温度
θ_{reg}/℃</td><td>80</td><td>0.034</td><td>100.1</td></tr>
<tr><td>100</td><td>0.041</td><td>87.3</td></tr>
<tr><td>120</td><td>0.048</td><td>76.8</td></tr>
<tr><td rowspan="3">处理空气流速
v_{ads}/(m·s^{-1})</td><td>1.5</td><td>0.041</td><td>87.1</td></tr>
<tr><td>2.0</td><td>0.041</td><td>87.3</td></tr>
<tr><td>3.0</td><td>0.041</td><td>86.9</td></tr>
<tr><td rowspan="3">转速
n/(r·min^{-1})</td><td>0.07</td><td>0.041</td><td>84.1</td></tr>
<tr><td>0.10</td><td>0.041</td><td>86.3</td></tr>
<tr><td>0.13</td><td>0.041</td><td>87.3</td></tr>
</table>

表 6-65　对表 6-63 中重复数值以共用栏处理示例表格

表×　出口含湿峰值的大小及其迁移时间

<table>
<tr><th>变 量</th><th>数值</th><th>出口含湿峰值
Y/(kg·kg^{-1})</th><th>迁移时间
t/s</th></tr>
<tr><td rowspan="3">再生空气流速
v_{reg}/(m·s^{-1})</td><td>1.5</td><td rowspan="2">0.041</td><td>87.3</td></tr>
<tr><td>2.0</td><td>63.3</td></tr>
<tr><td>3.0</td><td>0.039</td><td>40.4</td></tr>
<tr><td rowspan="3">再生空气进口温度
θ_{reg}/℃</td><td>80</td><td>0.034</td><td>100.1</td></tr>
<tr><td>100</td><td>0.041</td><td>87.3</td></tr>
<tr><td>120</td><td>0.048</td><td>76.8</td></tr>
<tr><td rowspan="3">处理空气流速
v_{ads}/(m·s^{-1})</td><td>1.5</td><td rowspan="6">0.041</td><td>87.1</td></tr>
<tr><td>2.0</td><td>87.3</td></tr>
<tr><td>3.0</td><td>86.9</td></tr>
<tr><td rowspan="3">转速
n/(r·min^{-1})</td><td>0.07</td><td>84.1</td></tr>
<tr><td>0.10</td><td>86.3</td></tr>
<tr><td>0.13</td><td>87.3</td></tr>
</table>

6.5.7　数据区分

用空白或符号区分数据，如空白表示数据不适用或不存在，一字线表示数据无法、未获得或不便表达。表 6-66 一字线部分的数据是不存在的，用一字线不妥，宜改用空白，见表 6-67。表 6-68 空白单元格的数据是未获得或暂时没有，用空白不妥，应改用一字线，见表 6-69。

【实例 25】

表 6-66　表格中数据区分不规范示例表格 1

表×　相互独立变量之间的相关性检验结果

	Y	X_1	X_2	X_3	X_4	X_5	X_6
Y	1.000	—	—	—	—	—	—
X_1	0.840	1.000	—	—	—	—	—
X_2	0.274	0.110	1.000	—	—	—	—
X_3	0.971	0.895	0.134	1.000	—	—	—
X_4	−0.168	−0.328	0.135	−0.308	1.000	—	—
X_5	0.967	0.918	0.175	0.990	−0.310	1.000	—
X_6	−0.150	−0.202	0.372	−0.275	0.639	−0.182	1.000

表 6-67　对表 6-66 数据区分处理示例表格

表×　相互独立变量之间的相关性检验结果

	Y	X_1	X_2	X_3	X_4	X_5	X_6
Y	1.000						
X_1	0.840	1.000					
X_2	0.274	0.110	1.000				
X_3	0.971	0.895	0.134	1.000			
X_4	−0.168	−0.328	0.135	−0.308	1.000		
X_5	0.967	0.918	0.175	0.990	−0.310	1.000	
X_6	−0.150	−0.202	0.372	−0.275	0.639	−0.182	1.000

【实例 26】

表 6-68　表格中数据区分不规范示例表格 2

表×　国内外太阳能无人机进展对比

国家	型号	最大飞行高度 / km	续航	载荷 / kg
美国	太阳神	29.5	18 h	
英国 / 法国	西风 7	22.6	25 d 23 h	<5 kg
韩国	EVA-3	18.5	90 min	
中国	彩虹 T4	20	16 h	

表 6-69　对表 6-68 数据区分处理示例表格

表×　国内外太阳能无人机进展对比

国家	型号	最大飞行高度 / km	续航	载荷 / kg
美国	太阳神	29.5	18 h	—
英国 / 法国	西风 7	22.6	25 d 23 h	<5 kg
韩国	EVA-3	18.5	90 min	—
中国	彩虹 T4	20	16 h	—

6.5.8　表中图

表中图对比、列示性强，但幅面受单元格限制，过大时会撑大单元格，使表格凌乱。可用脚注形式将其移到表格外，如将表 6-70 处理为表 6-71，表中图较多时，这种处理更具优势。

【实例 27】

表 6-70　表中图示例表格

表×　对比实验结果

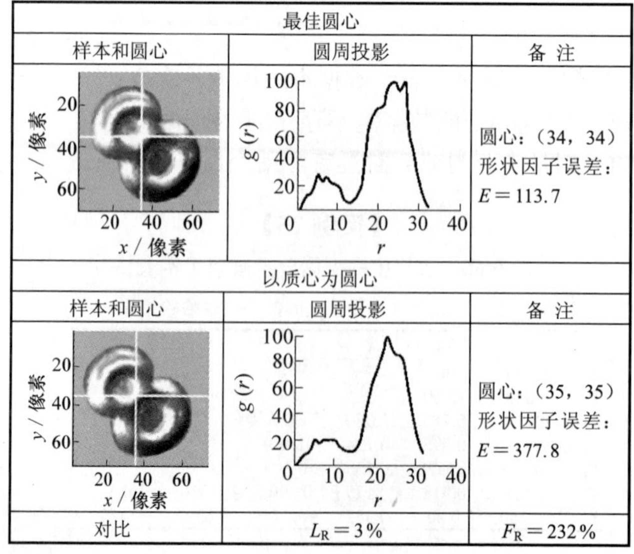

最佳圆心		
样本和圆心	圆周投影	备　注
		圆心：（34，34） 形状因子误差： $E=113.7$
以质心为圆心		
样本和圆心	圆周投影	备　注
		圆心：（35，35） 形状因子误差： $E=377.8$
对比	$L_R=3\%$	$F_R=232\%$

表 6-71 对表 6-70 中插图处理为脚注形式示例表格

表× 对比实验结果

圆心类别	圆心坐标	形状因子误差 E	样本和圆心图示	圆周投影图示
最佳圆心	（34，34）	113.7	①	②
质心	（35，35）	377.8	③	④
相对误差	$L_R=3\%$	$F_R=232\%$	—	—

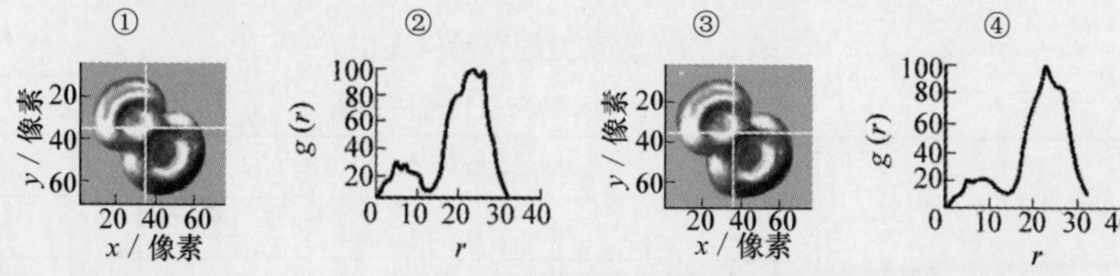

6.5.9 优先用三线表

对复杂的表格用三线表也未必合适，应按实际情况确定是否需要将其转换为三线表。全线表转换为三线表后，项目头的斜线消失了，项目头成为栏目，无法同时标识横、纵项目栏及表身信息特征、属性，因此要注意转换方式及技巧，避免出错。以下为两种转换方法。

1）栏目选优去次

选取项目头中最有保留价值的栏目，将可有可无、次要的栏目去掉。例如：

【实例 28】

表 6-72 项目头内有两条斜线的全线表示例表格

表× 型线性能对比

性能 型线类型	运动半径 r / mm	行程容积比 λ	体积利用系数 γ
$s_1(\varphi)$	8.670	5.406	0.165
$s_2(\varphi)$	8.670	4.120	0.165
$s_3(\varphi)$	3.345	4.240	0.136
Δ（s_1 相对于 s_2）		0.312	0
Δ（s_1 相对于 s_3）		0.275	0.213

在全线表 6-72 中，项目头的栏目名称“性能”不仅已蕴含在表题中，而且由其所标识的“运动半径”“行程容积比”“体积利用系数”的属性已非常明显，此栏目明显多余，但另一个栏目“型线类型”是必要的。因此可按栏目选优去次处理，如表 6-73 所示。

表 6-73 对表 6-72 按栏目选优去次转换成三线表示例表格

表× 型线性能对比

型线类型	运动半径 r / mm	行程容积比 λ	体积利用系数 γ
$s_1(\varphi)$	8.670	5.406	0.165
$s_2(\varphi)$	8.670	4.120	0.165
$s_3(\varphi)$	3.345	4.240	0.136
Δ（s_1 相对于 s_2）		0.312	0
Δ（s_1 相对于 s_3）		0.275	0.213

2）栏目选优移位

对比分析项目头的栏目，选取其中有保留价值的若干栏目，再通过变换位置的方式将合适的栏目挪到横项目栏。例如：表 6-26 项目头的“幅值”应去掉（与表题重复），“轴心轨迹”保留，“频率”应作为其所辖三类频率量的共性名称移到横项目栏，转换后的三线表如表 6-28 所示。

3）科学合理转换

复杂全线表通常可以转换为三线表，但需要精心设计和安排。例如：

【实例 29】

表 6-74　复杂全线表示例表格

表×　最大径向应力与滑转率的关系

附着力（N）	测定点	传感器号 \ 滑转率(%) \ 实测值与预测值	最大径向应力（kPa）									
			5		14		19		24		27	
			实测值	预测值	实测值	预测值	实测值	预测值	实测值	预测值	实测值	预测值
1500	1	1	…	…	…	…	…	…	…	…	…	…
	2	2	…	…	…	…	…	…	…	…	…	…
	3	4	…	…	…	…	…	…	…	…	…	…
2500	4	1	…	…	…	…	…	…	…	…	…	…
	5	2	…	…	…	…	…	…	…	…	…	…
	6	4	…	…	…	…	…	…	…	…	…	…

表 6-74 项目头的斜线太多，按栏目选优去次、移位，可转换成三线表，如表 6-75 所示。转换后，原表栏目“滑转率(%)”成为新表的横项目栏；原表栏目“附着力(N)”的位置未改变，成为新表的一个栏目；原表横项目栏的“最大径向应力(kPa)”与表题重复，可去掉，表中省略的数据属“最大径向应力”，单位 kPa 可统一标注在表格外右上方。

表 6-75　对表 6-74 通过栏目选优去次和移位转换成三线表示例表格

表×　最大径向应力 $\sigma_{r\,max}$ 与滑转率 η_t 的关系　　（单位：kPa）

附着力 F / kN	测定点	传感器号	滑转率 η_t / %									
			5		14		19		24		27	
			实测值	预测值	实测值	预测值	实测值	预测值	实测值	预测值	实测值	预测值
1.5	1	1										
	2	2										
	3	4										
2.5	4	1										
	5	2										
	6	4										

6.5.10　三线表项目栏配置

三线表中常出现项目栏配置不合理的情况，如缺少栏目、项目栏类型不妥、栏名错误等。以下为三线表项目栏配置处理方法。

1）增设栏目

三线表不能缺少栏目（项目栏），否则就不是三线表了。例如：

【实例 30】

表 6-76　缺少栏目的三线表示例表格

表×　故障发生情况

2016-5-30 16:55:26	A 侧过热器泄漏	严重	0.75
2016-5-30 16:55:28	A 侧过热器泄漏	非常严重	0.97
2016-5-30 16:55:30	A 侧过热器泄漏	非常严重	0.99

表 6-76 无栏目，是二线表，各列表意不明确，可在表格顶部增加栏目，如表 6-77 所示。

表 6-77　对表 6-76 增设栏目的三线表示例表格

表×　故障发生情况

故障时间	故障原因	故障程度	
2016-5-30 16:55:26	A 侧过热器泄漏	严重	0.75
2016-5-30 16:55:28	A 侧过热器泄漏	非常严重	0.97
2016-5-30 16:55:30	A 侧过热器泄漏	非常严重	0.99

2）确定栏类（横、纵项目栏）

栏的类型设置不当时，容易导致无栏名或标目，使表中行或列间数据关系不明确。例如：

【实例 31】

表 6-78　缺少横项目栏的三线表示例表格

表×　不同压比下指示功率实测值与计算值比较　（单位：kW）

压比 p_d / p_s	8	7	6	5	4
实测值	1.700	1.670	1.610	1.500	1.340
计算值	1.724	1.670	1.576	1.464	1.130
相对误差 e / %	1.160	0	−2.170	−2.640	−2.290

表 6-78 纵项目栏放置 4 个参数（压比、实测值、计算值、相对误差），每个参数一行，因缺少横项目栏，“实测值”“计算值”与“压比”之间的对应关系未能明确表达出来。重新配置项目栏，将“压比”从纵项目栏提取出来作为各列数据的横项目栏共性名称，如表 6-79 所示。

表 6-79　将表 6-78 处理为有横项目栏的三线表示例表格

表×　不同压比下指示功率实测值与计算值比较　（单位：kW）

对比项	压比 p_d / p_s				
	8	7	6	5	4
实测值	1.700	1.670	1.610	1.500	1.340
计算值	1.724	1.670	1.576	1.464	1.130
相对误差 e / %	1.160	0	−2.170	−2.640	−2.290

3）栏目竖排

优先使用横表头表格，量名称置于横项目栏，其下数值作竖向上下排列。例如：

【实例 32】

表 6-80　应配置为横项目栏而配置成纵项目栏的三线表示例表格

表×　最小几何中心距的相对值

偏心率 ε	0.05	0.10	0.15
最小几何中心距相对值 a_{cmin}	0.000 018 40	0.000 165 11	0.000 629 83
偏心率 ε	0.20	0.25	0.30
最小几何中心距相对值 a_{cmin}	0.001 705 40	0.003 964 81	0.008 122 97

表 6-80 未遵循“横表头常用来列示研究对象的有关特征或指标，纵表头列示研究对象的名称及分类”的一般规则，项目栏配置不合理，将本应位于横表头的两个指标放置在纵表头，还造成不必要的、效果较差的表格叠栏排。将纵表头处理为横表头，如表 6-81 所示，同一量的数值处于同一竖向栏内，表格叠栏自动消失，表达效果大大提升。

表 6-81　将表 6-80 纵项目栏改为横项目栏的三线表示例表格

表×　最小几何中心距的相对值

偏心率 ε	最小几何中心距相对值 a_{cmin}
0.05	0.000 018 40
0.10	0.000 165 11
0.15	0.000 629 83
0.20	0.001 705 40
0.25	0.003 964 81
0.30	0.008 122 97

4）栏目取名

栏目取名与栏目合理归类、配置紧密相关，应同步考虑，协同进行。例如：

【实例 33】

表 6-82　栏目取名错误的三线表示例表格

表×　刀具角度与产品表面质量关系实验

序号	刀具角度					
	前角 γ_0 / (°)	后角 α_0 / (°)	主偏角 κ_r / (°)	副主偏角 κ_r' / (°)	成形情况	表面粗糙度 Ra / μm
01	0	3	75	5	否	
02	0	3	75	15	否	
03	0	3	75	30	否	
04	0	5	90	5	否	
05	0	5	90	15	是	0.15
06	0	5	90	30	是	0.08

表 6-82 中，误将最后两个列名“成形情况”和“表面粗糙度”归属栏名“刀具角度”，其实这二者属于表面形貌或表面质量，根本不在刀具范畴。因此，需要重作归类、取名处理，处理后如表 6-83 所示，将这两个列名归于栏名“产品表面质量”，并在辅助线的相应位置处断开，以与刀具角度相区分。

表 6-83　对表 6-82 栏名处理的三线表示例表格

表×　刀具角度与产品表面质量关系实验

序号	刀具角度 / (°)				产品表面质量	
	前角 γ_0	后角 α_0	主偏角 κ_r	副主偏角 κ_r'	成形情况	表面粗糙度 Ra / μm
01	0	3	75	5	否	
02	0	3	75	15	否	
03	0	3	75	30	否	
04	0	5	90	5	否	
05	0	5	90	15	是	0.15
06	0	5	90	30	是	0.08

第7章 式子

式子包括数学式、化学式，在科技论文中普遍使用，广义上可以说科技论文离不开数学式，特别是理论性（学术性）论文更不能没有数学式。数学式用来表达量与量之间的逻辑和运算关系，往往蕴涵或涉及较多、复杂的推导过程；数学式是数字、字符（字母、符号）等的逻辑组合，通常需要使用较多的字符，字符还有字符类别以及字体、字号、大小写、正斜体、上下标之分；数学式本身还有转行、接排等情况，在排版形式上应符合有关国家标准、规范。这些均给写作、编辑和排版带来不便。规范使用式子，实现式子编排的标准化、规范化，节省和美化版面，探索其处理方法和技巧，对成就高质量论文也有重要的现实意义。

关于科技论文中式子的规范使用，目前尚没有专门的国家标准可循，但就数学符号的规范使用来说，目前可以参照国家标准GB 3102.11—1993《物理科学和技术中使用的数学符号》，该标准对常用数学符号的使用有明确的规定，对数学式的编排也有所涉及。本章将基于此标准，综合散见在有关标准、规范中的一些相关规定，并根据一些约定俗成以及编辑出版界的普遍做法，加上笔者的一些经验、看法，阐述科技论文中式子的规范使用。

7.1 式子的简单分类

式子可分为数学式和化学式两大类，数学式分为数学公式（公式）、数学函数式（函数式）、数学方程式（方程式）和不等式，化学式分为分子式、结构式、示性式（结构简式）、实验式等，如图 7-1 所示。公式是已得到证明和公认的数学式，函数式用来表示因变量随自变量变化的关系，而方程式是含有未知数的等式。方程式又分为量方程式和数值方程式。从排版形式的角度，数学式分为单行式（平排式）和叠排式，如 $A+B+C=D$ 的形式为单行式，而 $\dfrac{A}{B}=\dfrac{C}{D}=\dfrac{E}{F}$ 的形式为叠排式。

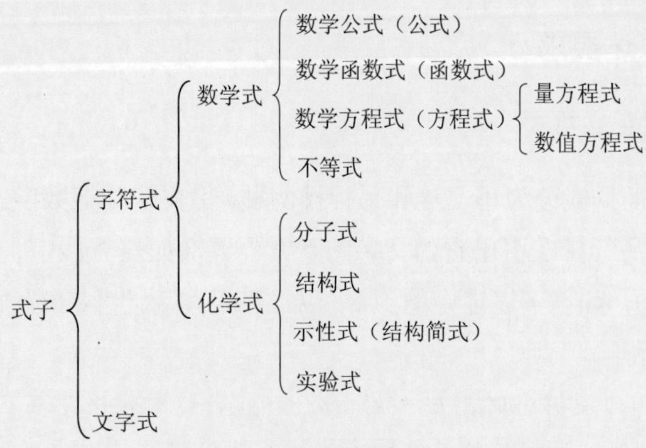

图 7-1 式子的简单分类

还有一种式子，其中的量不是用字符而是用词语表示的，称为文字式。在科技论文中使用这种式子，显得不够严谨、规范，因此除特别情况外一般不宜使用。

7.2 数学式

7.2.1 数学式的特点

科技论文的数学式具有以下特点：

（1）字符种类多。数学式中可能有多种字符，如英文字母（拉丁字母）、希腊字母等，字符还有字体、字号、大小写、正斜体、上下标之分；符号包括运算符号、关系符号、逻辑符号、函数符号等，这些符号均有各自的含义和用途。数学式中还可能包括缩写词，可以说构成数学式的字符是五花八门的。

（2）字符易混淆。很多字符在形体上相似，表意和适用场合却往往不同，式中选用的字符不合适时，容易引起误解，甚至造成错误。例如：a 与 α，r 与 γ，u 与 v，w 与 ω，B 与 β，0 与 o，o 与 O，c 与 C，P 与 p 和 ρ，s 与 S，Z 与 z 和 2，x 与 X 和 χ，X 与×，s 与 5，Δ（$\mathit{\Delta}$）与△，“《 》”与“≪ ≫”和“⩽ ⩾”，“〈 〉”与“＜ ＞”等，l（英文小写字母）与 1（阿拉伯数字）极其相似，几乎看不出有什么差别。

（3）层次重叠多。字符在数学式中的上下、左右排列位置不同，其含义往往就会不同。例如：数学式中常含有上、下标，上、下标中可能还会含有上、下标（即复式上、下标）；有的数学式中含有繁分式（叠排式）、行列式、矩阵，排版上较为复杂。

（4）变化形式多。同一数学式可能有不同的表达方式和形式。例如：分数式既可写成 $\dfrac{a}{b}$，又可写成 a/b 或 ab^{-1}。正斜体相同的同一符号在不同数学式中的含义可能不同，而正斜体不相同的同一符号在相同或不同数学式中的含义也不同。例如：Δ 可以表示有限增量，也可以表示拉普拉斯算子，而 $\mathit{\Delta}$ 可以表示某一量的符号；π，e，d 分别表示圆周率、自然对数的底、微分符号，而 π，e，d 可分别表示某一量的符号。

（5）占用版面多。重要的数学式（一般需要对其编号）应单独占一行或多行排，有的式子的前边、后边或式与式之间的连词（包括关联词语）等通常要求单独占行排；含有分式、繁分式、行列式、矩阵等的数学式必然占用更多的版面。

7.2.2 数学式表达要求

7.2.2.1 数学式对正文排式

数学式对正文的排式分为串文排和另行排两种。串文排是把数学式视作词语排在文字中，另行排是把数学式另行排在引出它的文字的下方位置（如左右居中、居左排或自左从一定宽度的空白位置起排），如以下表述中的“$k' \approx k$”“$\omega_0' \approx \omega_0$”“$\partial A_b(\omega,\ F'(z))/\partial\omega$”为串文排，而式（1）则为另行排。

当力的微分 $F'(z)$ 足够小时，$k' \approx k$，$\omega_0' \approx \omega_0$，这种情况下在 $\partial A_b(\omega,\ F'(z))/\partial\omega$ 取得最大值的频率 $\omega_m \approx \omega_1$ 处，可得最佳工作频率为 ω_1。有以下关系式：

$$\delta(A_b(\omega_1,\ F'(z))) \approx \frac{2}{3\sqrt{3}}\frac{Q}{k}A_b(\omega_0,\ 0)\delta F'(z)。 \tag{1}$$

对一个数学式，究竟采用哪种排式，往往取决于多方面因素。实际中常将“数学式另行排”作为处理数学式的重要规则，但要注意，不需另行排的数学式不宜处理成另行排的形式。一般地，对于重要、较为复杂或需要编码的数学式宜用另行排，而其他数学式则用串文排。重要的数学式另行排后，较为醒目，容易引起注意；较为复杂的数学式要么较长，要么含有积分号、连加号或连乘号等数学运算符号，要么结构与形式较为复杂（如含有繁分式），虽然不一定重要，但用串文排有可能会使同行的文字与其上下两行之间的行距加大甚至加大很多，版面效果下降，甚至还会出现需要转行排，而又难以实现或满足转行规则；对需要编码的数学式若不另行排，就无法将其编号排在规定的位置上。

7.2.2.2　数学式符号注释

数学式符号注释（简称式注）是对数学式中需要注释的量的符号及其他符号给出名称或进行解释、说明。通常按符号在式中出现的顺序，用准确、简洁的语句、术语对其逐一解释，但对前文中已作过解释的符号则不必重复解释。对于数值方程式中的量还应接着注释语给出计量或计数单位。常见的式注有以下三类。

1. 列示式

数学式列出后，另起行左顶格写出“式中”（或其他类似词，如“其中”），其后加空格（通常一字宽，不加任何标点），接着依次写出要注释的符号、破折号及注释语。同一行要注释的符号可以为单一符号，也可以为多个符号，若为多个符号，符号间用逗号分隔；一行排不下时转行排，转下来的首字符通常应与上行破折号后的第一个字对齐，行末一般加分号；每个符号的式注单独起行时应遵循以破折号对齐的规则；最后一个式注的行末加句号。例如：

从最大间隙处起，顺钻杆转向取 θ 角为周向坐标，并考虑钻杆中心位置 e,φ 的变化引起的切削液厚度的变化，参照转子动力学和润滑理论中同类型问题的处理方法，利用雷诺方程描述如下：

$$\frac{1}{R^2}\frac{\partial}{\partial\theta}\left(\frac{\delta^3}{12\mu}\frac{\partial p}{\partial\theta}\right)+\frac{\partial}{\partial z}\left(\frac{\delta^3}{12\mu}\frac{\partial p}{\partial z}\right)=\frac{1}{2}\left(\omega-2\frac{\mathrm{d}\varphi}{\mathrm{d}t}\right)\frac{\partial\delta}{\partial\theta}+\frac{\mathrm{d}e}{\mathrm{d}t}\cos\theta。\qquad(2)$$

式中　δ——钻杆与工件内孔壁间的切削液厚度，$\delta=C(1+\varepsilon\cos\theta)$；
R——钻杆半径；
ω——钻杆旋转角速度。

再如：

零部件的多元质量损失函数为

$$L(y_1,\ y_2,\cdots,\ y_n)=\sum_{i=1}^{n}\lambda_i L(y_i)。\qquad(3)$$

式中　λ_i——质量特性值 y_i 的损失权重；
$L(y_i)$——y_i 的损失函数。

量方程式中是用量符号表示量值（即数值×单位）的，量方程式与所选用的单位无关，因此无须对式（2），（3）中的量给出单位注释。但对于数值方程式，则与所选用的单位有关，需要对其中的量给出单位注释，注释时单位符号可以用括号括起，也可不用。例如：

空压机的供气流量可通过下式得到：

$$q_{m\mathrm{a}} = 1.285\lambda_{\mathrm{a}}\frac{P_{\mathrm{s}}}{U_{\mathrm{c}}}。\tag{4}$$

式中　$q_{m\mathrm{a}}$——供气流量，kg / h；
　　λ_{a}——过量空气系数；
　　U_{c}——每片电池的平均工作电压，V；
　　P_{s}——燃料电池堆输出功率，kW。

以上式注部分也可以写成以下形式：

式中　$q_{m\mathrm{a}}$——供气流量（kg / h）；
　　λ_{a}——过量空气系数；
　　U_{c}——每片电池的平均工作电压（V）；
　　P_{s}——燃料电池堆输出功率（kW）。

量符号与注释语之间的破折号（——）的意思是“是”“为”“表示”“代表”，因此注释语前不必再出现这类词语。当某破折号前的符号太多时，以破折号对齐不一定美观，此时不必一定将各注释行以破折号对齐。每一注释行中的量符号、破折号与注释语均可看作构成一个完整的单句（主谓宾句），各注释行则组成一个并列复句，其间一般用分号，最后一行的末尾用句号。式中还会出现量符号以外的其他符号，对其注释的形式同量符号。

2. 行文式

将式注看作叙述性文字处理，“式中”另行起，其后加逗号或冒号，接排要注释的符号及注释语，符号与注释语之间用“为”“是”“表示”之类的字词相连；如果仅对一个符号进行注释，则“式中”后面无须加标点，其后接排符号及注释语即可。这种注释形式的突出优点是结构较为紧凑，节省版面。例如以上式（4）的表述可按行文式注释表述如下：

空压机的供气流量可通过下式得到：

$$q_{m\mathrm{a}} = 1.285\lambda_{\mathrm{a}}\frac{P_{\mathrm{s}}}{U_{\mathrm{c}}}。\tag{5}$$

式中，$q_{m\mathrm{a}}$ 为供气流量，kg / h；λ_{a} 为过量空气系数；U_{c} 为每片电池的平均工作电压，V；P_{s} 为燃料电池堆输出功率，kW。

3. 子母式

式注中的某一（些）项派生出的新的式子为子式，原式即为母式，排式如下。

（1）子式与式注同行排，且子式排在式注后面，二者间用逗号分隔，子式末尾加分号（若处于最后一行则加句号）。例如，式（2）第一个式注中的 $\delta = C(1 + \varepsilon\cos\theta)$ 即为这种排式。

（2）子式单独起行排在式注的下方，其关系符号（包括等号和不等号）通常与式注中的破折号的左端对齐，子式中的符号及注释语与母式中的应被一视同仁地按顺序统一列出。子式一行排不下时可转行排，末尾加分号（若处于最后一行则加句号）。例如：

油膜厚度方程式如下所示：

$$\delta = \delta_0 + \Delta\delta。 \tag{6}$$

式中 δ_0——不计轴瓦表面变形的油膜厚度，

$$\delta_0 = c + e_0\cos(\theta - \psi_0) + \tan\left(y - \frac{L}{2}\right) \times \cos(\theta - \beta - \psi_0)；$$

c——轴承半径间隙；

e_0——轴承中央断面偏心距；

$\Delta\delta$——油膜压力作用在轴瓦表面时各点产生的弹性变形引起的油膜厚度变化。

（3）子式与母式并列排，且排在母式下方，必要时还要为子式编号，子式中的符号及注释语与母式中的应被一视同仁地按顺序统一列出。对式（6）的这种排式如下：

油膜厚度方程式如下所示：

$$\delta = \delta_0 + \Delta\delta， \tag{7}$$

$$\delta_0 = c + e_0\cos(\theta - \psi_0) + \tan\left(y - \frac{L}{2}\right) \times \cos(\theta - \beta - \psi_0)。$$

式中 δ_0——不计轴瓦表面变形的油膜厚度；

c——轴承半径间隙；

e_0——轴承中央断面偏心距；

$\Delta\delta$——油膜压力作用在轴瓦表面时各点产生的弹性变形引起的油膜厚度变化。

（4）若对子式编号，则最好将子式与母式并列排，再编号；或将子式视作新母式重新处理，即将子式、母式视作两个不同式子分别进行处理。对式（6）按这种排式的前一种方式处理的结果为：

油膜厚度方程式如下所示：

$$\delta = \delta_0 + \Delta\delta， \tag{8}$$

$$\delta_0 = c + e_0\cos(\theta - \psi_0) + \tan\left(y - \frac{L}{2}\right) \times \cos(\theta - \beta - \psi_0)。 \tag{9}$$

式中 δ_0——不计轴瓦表面变形的油膜厚度；

c——轴承半径间隙；

e_0——轴承中央断面偏心距；

$\Delta\delta$——油膜压力作用在轴瓦表面时各点产生的弹性变形引起的油膜厚度变化。

按后一种方式处理的结果为：

油膜厚度方程式如下所示：

$$\delta = \delta_0 + \Delta\delta。 \tag{10}$$

式中 δ_0——不计轴瓦表面变形的油膜厚度；

$\Delta\delta$——油膜压力作用在轴瓦表面时各点产生的弹性变形引起的油膜厚度变化。

$$\delta_0 = c + e_0\cos(\theta - \psi_0) + \tan\left(y - \frac{L}{2}\right) \times \cos(\theta - \beta - \psi_0)\text{。} \tag{11}$$

式中，c 为轴承半径间隙，e_0 为轴承中央断面偏心距。

7.2.2.3 数学式编号

对再（多）次被引用的数学式或重要的结论性数学式，应按其在文中出现的顺序给予编号，以便查找、检索和前后呼应。为数学式编号有以下规则：

（1）式号均用阿拉伯数字（自然数），置于圆括号内，并右顶格排。

（2）各式子的编号应连续，不能重复，不能遗漏。

（3）若式子太长，其后无空位排式号或空余较少不便排式号，或为了排版需要，则可将式号排在下一行的右顶格处。例如：

$$C_k = \left.\frac{\partial g(i_k,\ x_k)}{\partial x_k}\right|_{x_k = x_{k/k-1}} = \frac{K_1}{(x_{k/k-1})^2} - K_2 + \frac{K_3}{x_{k/k-1}} - \frac{K_4}{1 - x_{k/k-1}} - \frac{K_5}{(1 - x_{k/k-1})^2}\text{。}$$

（12）

（4）编号的式子不太多时，常用自然数表示式号，如（1），（2）等，但对性质相同的一组式子，则可以采用在同一式号后面加字母的形式，如（1a），（1b）等。例如：

$$v_1^{\mathrm{n}} = C_{\mathrm{d}}\left[F_{\min} + (F_{\max} - F_{\min})\frac{2R_{\mathrm{P}} - H}{2R_{\mathrm{P}}}\frac{f_1}{f_1 + f_2}\right] \times v_1^{\mathrm{p}}\text{；} \tag{13a}$$

$$v_2^{\mathrm{n}} = -C_{\mathrm{d}}\left[F_{\min} + (F_{\max} - F_{\min})\frac{2R_{\mathrm{P}} - H}{2R_{\mathrm{P}}}\frac{f_2}{f_1 + f_2}\right] \times v_2^{\mathrm{p}}\text{。} \tag{13b}$$

（5）对一组不太长的式子，可排在同一行，而且可以共用一个式号。例如：

$$x_C = x_D + h_3\cos\psi,\quad y_C = y_D + h_1\sin\psi,\quad z_C = z_D\text{。} \tag{14}$$

（6）同一式子分几种情况而上下几行并排时，应共用一个式号，各行的左端可加一个大括号且左端排齐，式号排在各行整体的上下居中位置，如式（15）。但是，对于一行排不下而排为几行的同一式子，式号宜排在最后一行的末端，如式（16）。

$$\sigma_z = \begin{cases} H_{\min} = \dfrac{b}{2}\tan\phi - (d + d')\text{，} \\ H_{\max} = \dfrac{b}{2}\tan(\phi + \theta) - (d + d')\text{。} \end{cases} \tag{15}$$

$$
\begin{aligned}
f(z) = \left\|\boldsymbol{\Phi}(z,\ s) - \boldsymbol{a}\right\|^2 = (s+1)^2 K(z,\ z) - \\
2(s+1)\sum_{i=1}^{n}\alpha_i(s_i+1)K(z,\ \boldsymbol{x}_i) + \\
\sum_{i=1,\,j=1}^{n}\alpha_i\alpha_j(s_i+1)(s_j+1)K(\boldsymbol{x}_i,\ \boldsymbol{x}_j)\text{。}
\end{aligned} \tag{16}
$$

几个式子上下并排组成一组且共用一个式号时，各行式子左端宜排齐，式号应该排在该组式子整体的上下居中位置，必要时可在该组式子左或右端加一个大括号，如式（17）所示。

$$
\begin{cases}
C_0 = c_{\mathrm{d}}v_{\mathrm{d}} + C_{\min}, \\
C_{\mathrm{op}}^{T_{\mathrm{le}}} = c_{\mathrm{c}}T_{\mathrm{le}}, \\
C_i = (1-\alpha_i)\,C_0(1+\sigma)^{-t_i}, \\
C_{\mathrm{op}}^{T_{\mathrm{rc}i}} = \beta_{\mathrm{rc}i}\,C_{\mathrm{op}}^{t_{\mathrm{p}i}}(1+\sigma)^{-t_i}, \\
C_{\mathrm{op}}^{t_{\mathrm{p}i}} = t_{\mathrm{p}i}^2 c_{\mathrm{p}i}v_{\mathrm{r}i}(1+\sigma)^{-t_i}, \\
R = \left(\lambda_0 C_0 + \sum_{i=1}^{n}\lambda_i C_i\right)(1+\sigma)^{-t_{n+1}}\text{。}
\end{cases} \tag{17}
$$

一组式子无须编式号但需要加大括号时，大括号通常加在这组式子的左端（加右侧也可以），尤其对于联立方程更应如此，如下式所示。

$$
\begin{cases}
x = x_{\mathrm{b}}\cos(\beta+\gamma+\theta) + r_{\mathrm{b}}\gamma\sin(\beta+\gamma+\theta), \\
y = x_{\mathrm{b}}\sin(\beta+\gamma+\theta) - r_{\mathrm{b}}\gamma\cos(\beta+\gamma+\theta), \\
z = p\theta\text{。}
\end{cases}
$$

（7）正文中应先提及式子，然后再在提及该式的段落后列出该式，即正文与式子呼应（对应），而且正文中引用的式子编号与式子后的编号宜用相同的形式。避免“上式即为……的计算式”“将上式与式（3）比较可知……”“如下式所示”之类的叙述，因为即使作者非常清楚“上式”“下式”具体是指哪个式子，但对读者来说并不一定清楚，容易造成误解，将“上式”“下式”改用含有式号的表述时（在具体语境中指代明确时，可以不改），问题就迎刃而解了。

（8）对文中未提及或不重要、无须编号的式子，即使用了另行排，也不用对其编号。

7.2.2.4　数学式前用语

数学式前的用语（也称镶字）是数学式前面另行起排的短词语，用来表示式间提示、过渡或逻辑关系。常见的镶字分为单字类、双字类、三字及以上类：单字类通常有“解、证、设、令、若、当、但、而、和、或、及、故、则、如、即、有”等；双字类通常有“式中、其中、此处、这里、假设、由于、因为、所以、故此、于是、因而、由此、为此、因之、再者、亦即、代入、使得、便得、可得、求得”等；三字及以上类通常有“由此得、因而有、其解为、其结果为、一般来说、由式（×）可得”等。例如：

又因为电磁吸力 $F = \dfrac{B^2}{2\mu}A$，摩擦面内外侧对称，故

$$\frac{F_{\mathrm{o}}}{F_{\mathrm{i}}}=\frac{B_{\mathrm{o}}^{2}}{B_{\mathrm{i}}^{2}}=\frac{\phi_{\mathrm{o}}^{2}}{\phi_{\mathrm{i}}^{2}}=\frac{R_{2}}{R_{1}}, \tag{18}$$

式中　B——磁通密度，

则

$$\frac{\phi_{\mathrm{o}}}{\phi_{\mathrm{i}}}=\sqrt{\frac{R_{2}}{R_{1}}}。$$

联立式（2）和方程组（5）可得

$$\frac{\dfrac{a}{b_{3}}+\dfrac{h}{b_{2}}+\dfrac{a}{b_{1}}}{\dfrac{a}{b_{3}}+\dfrac{h+a}{b_{1}}}=\sqrt{\frac{R_{2}}{R_{1}}},$$

即

$$b_{2}=\frac{h}{\sqrt{\dfrac{R_{2}}{R_{1}}}\left(\dfrac{a}{b_{3}}+\dfrac{h+a}{b_{1}}\right)-\left(\dfrac{a}{b_{3}}+\dfrac{a}{b_{1}}\right)}$$

或

$$\frac{h}{b_{2}}=\frac{1}{b_{1}}\left[(h+a)\sqrt{\frac{R_{2}}{R_{1}}}-a\right]+\frac{a}{b_{3}}\left(\sqrt{\frac{R_{2}}{R_{1}}}-1\right)。$$

以上示例中式子前面的“则”“即”“或”均为镶字。使用镶字有以下规则：

（1）镶字通常左顶格排（属文字自然段的开始除外）。为节省版面，只要不影响式子的另行排，可考虑将镶字与式子排在同一行。当式子超过两行时，镶字用另行排或骑缝排（骑缝排指镶字排在上下两式之间的位置，而上下两式按正常行距排）为宜。

（2）式子有编号时，式子前面的镶字应另行排或骑缝排，不宜与式子、编号排在同一行。

（3）式子为叠排式时，式子前面的镶字宜另行排或骑缝排，确有必要与叠排式排在同一行时，镶字应与式子的主体对齐。

7.2.2.5　数学式自身排式

数学式除正文中的排式外，还有其自身的排式，后者涉及较多方法和技巧。

1. 主体对齐

主体对齐指无论式子是单行式还是叠排式，无论式中是否有根号、积分号、连加号、连乘号，也无论式中各符号是否有上下标，凡属式子主体的部分都应排在同一水平位置上。属式子主体部分的符号有“$=$，$\equiv$，$\approx$，$\neq$，$\leqslant$，$\geqslant$，$<$，$>$，$\notin$，$\not\subset$”及分数线等。例如：

$a=\sqrt{\sqrt{3}}$　不能排为　$^{a=}\sqrt{\sqrt{3}}$；

$\varphi=\sum\limits_{i=1}^{n}N_{i}\varphi_{i}$　不能排为　$\varphi=\sum_{i=1}^{n}N_{i}\varphi_{i}$；

$$\lim_{x\to\infty} f(x) = 0 \quad \text{不能排为} \quad \lim\limits_{x\to\infty}\ f(x) = 0\text{；}$$

$$s = \frac{\frac{1}{2}\tan(\phi+\theta)-(d+d')}{\frac{1}{2}\tan\phi-(d+d')} \quad \text{不能排为} \quad s = \frac{\frac{1}{2}\tan(\phi+\theta)-(d+d')}{\frac{1}{2}\tan\phi-(d+d')}\text{。}$$

2. 主辅线分清

叠排式中有主、辅线之分，主线比辅线稍长，而且主线与式中的主体符号应齐平。同时，式号应排在式中主体符号或主线的水平位置上。例如式

$$\frac{\dfrac{R_b}{\sin\alpha}}{\dfrac{R_t}{\cos\beta}} = \frac{R_b\cos\beta}{R_t\sin\alpha} \tag{19}$$

不能排为

$$\frac{\dfrac{R_b}{\sin\alpha}}{\dfrac{R_t}{\cos\beta}} = \frac{R_b\cos\beta}{R_t\sin\alpha} \tag{19a}$$

或

$$\frac{\dfrac{R_b}{\sin\alpha}}{\dfrac{R_t}{\cos\beta}} = \frac{R_b\cos\beta}{R_t\sin\alpha}\text{。} \tag{19b}$$

3. 单元层次分明

数学式中的一些符号，如积分号、连加号、连乘号、缩写词等，应与其两侧的另一单元的符号、数字分开，不能将它们左右重叠、交叉混排在一起，但如果还有与其构成一体的其他字符，则不得与这些字符分开、错位排，以达到层次、关系分明。例如：

$$F = \int_{-\arccos\theta}^{\arccos\theta} f(x)\,\mathrm{d}x \quad \text{不能排成} \quad F = \int_{-\arccos\theta}^{\arccos\theta}\!\!\! f(x)\,\mathrm{d}x\text{；}$$

$$\varphi = \sum_{i=r+s+t}^{n} x_1^r x_2^s x_3^t N_i \varphi_i \quad \text{不能排成} \quad \varphi = \sum_{i=r+s+t}^{n}\!\!\! x_1^r x_2^s x_3^t N_i \varphi_i\text{；}$$

$$N = \sup_{0<\theta<2\pi} \left| f(r\mathrm{e}^{\mathrm{i}\theta}) \right| \quad \text{不能排成} \quad N = \sup\left| f(r\mathrm{e}^{\mathrm{i}\theta}) \right|_{0<\theta<2\pi}\text{。}$$

4. 与其约束条件式左对齐排列

数学式（下称主式）有约束条件式时，将约束条件式排在主式的下方，并将主式与约束条件式作为一个整体左对齐排列。约束条件式较长时，可将约束条件式看作主式（即以约束条件式为主，主式为辅）来排列；有多个约束条件式时，这些条件式应左对齐排列。例如：

系统级优化模型可表达为

$$\begin{aligned} &\min\ \ f(z)=z_1^2+z_2^2\ , \\ &\text{s. t.}\ \ J^{*}=(z_1-x_1)^2+(z_2-x_2)^2=0\ . \end{aligned} \tag{20}$$

式中，z_1，z_2为系统级设计变量；J^*为系统级一致性等式约束。

5. 函数排式严格

除指数函数外，函数的自变量通常排在函数符号的后面：有的加圆括号，函数符号与圆括号之间不留空隙，如 $f(x)$，$\cos(\omega t+\varphi)$等；有的不加圆括号，函数符号与自变量之间留空隙，如 $\exp x$，$\ln x$，$\sin x$ 等。对于特殊函数，其自变量有的排在函数符号后的圆括号中，如超几何函数 F（a，b；c；x），伽马函数$\Gamma(x)$，柱汉开尔函数（第三类柱贝塞尔函数）$\mathrm{H}_l^{(1)}(x)$，$\mathrm{H}_l^{(2)}(x)$等，有的直接排在函数符号后而不加括号，如误差函数 $\operatorname{erf} x$，指数积分 $\operatorname{Ei} x$。函数变量与函数符号间应留空隙，如 $\lg x$，$\ln x$，$\sin x$，$\tan x$ 等。如果函数符号由两个或更多的字母组成，且自变量不含“＋”“－”“×”“•”“／”等运算符号，则自变量外的圆括号可以省略，但函数符号与自变量之间必须留一空隙，如 $\operatorname{ent} 2.4$，$\sin n\pi$，$\cos 2\omega t$，$\operatorname{arcosh} 2A$，$\operatorname{Ei} x$ 等。为了避免混淆，表达函数时应注意正确使用圆括号，如不要将$\sin(x+y)$写成$\sin x+y$，后者表达$\sin(x)+y$或$(\sin x)+y$。

复式函数中的括号宜层次分明，选用正确的括号类型，如$g[f(x)]$，$h\{g[f(x)]\}$等，或都用圆括号，如$g(f(x))$，$h(g(f(x)))$等。

在表达分段函数时，函数值、函数式与函数条件式之间至少空一字宽；各函数值、函数式一般上下左对齐或上下左右居中对齐，后面可以不加标点；各函数条件式上下左对齐或自然排在函数值的后面，后面宜加标点。例如以下分段函数

$$F(x,\ y,\ z)=\begin{cases} -1 & (x\pm 1)^2+y^2<0.1\ \text{或}\ x^2+(y\pm 1)^2<0.1 \\ 0 & x^2+z^2<0.1\ \text{或}\ y^2+z^2<0.1 \\ 1 & x^2+y^2<0.1\ \text{或}\ x^2+y^2>4 \\ x^2+y^2 & \text{其他} \end{cases} \tag{21}$$

也可排为

$$F(x,\ y,\ z)=\begin{cases} -1,\ (x\pm 1)^2+y^2<0.1\ \text{或}\ x^2+(y\pm 1)^2<0.1; \\ 0,\ x^2+z^2<0.1\ \text{或}\ y^2+z^2<0.1; \\ 1,\ x^2+y^2<0.1\ \text{或}\ x^2+y^2>4\ ; \\ x^2+y^2,\ \text{其他。} \end{cases}$$

但不宜排为

$$F(x,\ y,\ z)=\begin{cases} -1, & \quad (x\pm 1)^2+y^2<0.1\ \text{或}\ x^2+(y\pm 1)^2<0.1; \\ 0, & \qquad\qquad\qquad x^2+z^2<0.1\ \text{或}\ y^2+z^2<0.1; \\ 1, & \qquad\qquad\qquad x^2+y^2<0.1\ \text{或}\ x^2+y^2>4\ ; \\ x^2+y^2, & \qquad\qquad\qquad\qquad\qquad\qquad\qquad \text{其他。} \end{cases}$$

7.2.2.6　数学式排式转换

数学式排式转换指变换式子的写法或排法，即只改变形式而不改变表达内容，从而获得节省版面、提高排版效率和便于阅读的效果。例如：繁分式占用版面较多；长的根式转行较为困难甚至无法转行；指数函数 e^x 中，如果 x 为含有分式的多项式，其中还有上、下标，不仅排版难度大，而且字号较小，给阅读带来困难。这些问题均可通过排式转换加以解决。

1. 竖排分式转换为横排分式

（1）对于简单的分式（或分数）可直接转换为平排形式，即将横分数线（叠排式）改为斜分数线（平排式）。例如：可将 $\frac{1}{8}$，$\frac{\pi}{4}$，$\frac{RT}{p}$，$\frac{\mathrm{d}x}{\mathrm{d}t}$ 改写为 $1/8$，$\pi/4$，RT/p，$\mathrm{d}x/\mathrm{d}t$。

（2）对于分子和分母均为多项式的分式也可转换为平排形式，即将横分数线改为斜分数线，但转换时分子、分母都需加括号。例如：不能将 $\frac{x+y}{x-y}$ 简单写为 $x+y/x-y$，这样转换后就变成了 x 与 y/x 相加再减去 y，改变了原意，正确的形式应是 $(x+y)/(x-y)$。对于较为复杂的分子和分母均为多项式的分式，转换时还要考虑转换后的实际效果。例如：若将

$$\frac{\frac{a_1}{a_2}+\left(\frac{a}{b}+m\frac{h}{2R}\right)}{\frac{b_1}{b_2}-\left(\frac{c}{d}+n\frac{h}{2R}\right)}$$

转换为

$$\{a_1/a_2+[a/b+mh/(2R)]\}/\{b_1/b_2-[c/d+nh/(2R)]\},$$

则转换结果很不直观，增加了阅读困难。因此，对于较为复杂的分式是否进行转换，还要看转换后的实际效果。

（3）对于分子为单项式、分母为多项式的分式，可将横分数线改为斜分数线，分母加括号。例如：可将

$$\frac{ABC}{ax+by+cz+dr+es+ft+gu+hv+iw}$$

转换为

$$ABC/(ax+by+cz+dr+es+ft+gu+hv+iw)。$$

（4）对于分母为单项式、分子为多项式的分式，可将分母变为简单分式，分子加括号置于该分式后，并与其分数线对齐。例如，可将

$$\frac{ax+by+cz+dr+es+ft+gu+hv+iw}{ABC}$$

转换为

$$\frac{1}{ABC}(ax+by+cz+dr+es+ft+gu+hv+iw)。$$

2. 根式转换为指数形式

必要时可将根式转换为指数形式。例如：可将

$$y=\sqrt[n]{(a_1x_1+a_2x_2+a_3x_3+\cdots+a_nx_n)^m}$$

转换为

$$y=(a_1x_1+a_2x_2+a_3x_3+\cdots+a_nx_n)^{m/n},$$

或

$$y=(a_1x_1+a_2x_2+a_3x_3+\cdots+a_nx_n)^{\frac{m}{n}}。$$

3. 指数函数 e^x 转换为 exp(x)形式

指数 x 较为复杂时，宜将指数函数 e^x 转换为 exp(x)的形式。例如：可将

$$\mathrm{e}^{\frac{l_1+l_2}{\arcsin\frac{x_1}{y_1}+\arccos\frac{x_2}{y_2}}}$$

转换为

$$\exp\left(\frac{l_1+l_2}{\arcsin(x_1/y_1)+\arccos(x_2/y_2)}\right),$$

或

$$\exp\left(\frac{l_1+l_2}{\arcsin\dfrac{x_1}{y_1}+\arccos\dfrac{x_2}{y_2}}\right),$$

或

$$\exp\Big((l_1+l_2)\Big/\big(\arcsin(x_1/y_1)+\arccos(x_2/y_2)\big)\Big),$$

或

$$\exp\left((l_1+l_2)\Bigg/\left(\arcsin\frac{x_1}{y_1}+\arccos\frac{x_2}{y_2}\right)\right)。$$

7.2.2.7　矩阵、行列式排式

矩阵与行列式的排式基本相同，不同的只是其元素外面的符号，矩阵用圆括号或方括号表示，而行列式用符号“| |”表示。下面以矩阵为例叙述其排式。

1. 矩阵元素行列适当留空

矩阵行、列元素间留出适当空白，各元素主体（主符号）上下左右对齐，或各单元以其左右对称轴线对齐。对角矩阵中，对角元素所在的列应明显加以区分，不能上下重叠。例如：

$$\begin{pmatrix} a_{11} & a_{12} & a_{13} \\ a_{21} & a_{22} & a_{23} \\ a_{31} & a_{32} & a_{33} \end{pmatrix} \text{不能或不宜排成} \begin{pmatrix} a_{11}a_{12}a_{13} \\ a_{21}a_{22}a_{23} \\ a_{31}a_{32}a_{33} \end{pmatrix} \text{或} \begin{pmatrix} a_{11}a_{12}a_{13} \\ \\ a_{21}a_{22}a_{23} \\ \\ a_{31}a_{32}a_{33} \end{pmatrix} \text{或} \begin{pmatrix} a_{11} & \quad a_{12} & \quad a_{13} \\ a_{21} & \quad a_{22} & \quad a_{23} \\ a_{31} & \quad a_{32} & \quad a_{33} \end{pmatrix};$$

$$\begin{pmatrix} a-b & b-c & c-a \\ r_1 & s_1 & t_1 \\ r_2 & s_2 & t_2 \end{pmatrix} \text{不宜排成} \begin{pmatrix} a-b & b-c & c-a \\ r_1 & s_1 & t_1 \\ r_2 & s_2 & t_2 \end{pmatrix} \text{或} \begin{pmatrix} a-b & b-c & c-a \\ r_1 & s_1 & t_1 \\ r_2 & s_2 & t_2 \end{pmatrix};$$

$$\begin{pmatrix} (a+b+3c)x & & \\ & (2a+3b+c)y & \\ & & (4a+b+2c)z \end{pmatrix} \text{不能排成} \begin{pmatrix} (a+b+3c)x & & \\ & (2a+3b+c)y & \\ & & (4a+b+2c)z \end{pmatrix}。$$

2. 矩阵元素位置合理排列

矩阵元素的位置尽可能合理排列，以达到美观。对于一个矩阵来说，其元素的类别、位数可能全部一致、部分一致或全部不一致。元素的类别既可以是位数可长可短的数字，也可以是简单或复杂的数学式，还可以是阶数或大或小的模块矩阵。因此，矩阵元素位置的合理排列并没有统一的规则，要按照实际情况来定。以下给出几个常用规则。

（1）矩阵元素一般应优先考虑按列左右居中位置排列。例如：

$$\begin{pmatrix} fN_x & 0 & u_0 & 0 \\ 0 & fN_y & v_0 & 0 \\ 0 & 0 & 1 & 0 \end{pmatrix}。$$

（2）矩阵元素前面有正号（+）、负号（−）时，应优先考虑以这些符号上下对齐；元素若为数字，还应考虑以数字的个位或小数点等上下对齐。例如：

$$\begin{pmatrix} 2800 & -1400 & 0 \\ -1400 & 2800 & -1400 \\ 0 & -1400 & 1400 \end{pmatrix}, \begin{pmatrix} 1.96 & -9.80 & 0 \\ -9.80 & 1.96 & -9.80 \\ 0 & -9.80 & 9.80 \end{pmatrix}。$$

（3）矩阵元素含有上下标或为式子时，应左右居中排列（有时也可居左或居右排）。例如：

$$\boldsymbol{Y}_{i,M} = \begin{pmatrix} \boldsymbol{y}_i & \boldsymbol{y}_{i+1} & \cdots & \boldsymbol{y}_{i+M-1} \\ \boldsymbol{y}_{i+1} & \boldsymbol{y}_{i+2} & \cdots & \boldsymbol{y}_{i+M} \\ \vdots & \vdots & & \vdots \\ \boldsymbol{y}_{i+N} & \boldsymbol{y}_{i+N+1} & \cdots & \boldsymbol{y}_{i+M+N-1} \end{pmatrix};$$

$$\boldsymbol{m}(t) = \begin{pmatrix} a_1 + \mu_2 l^2 + \mu_1 r_1^2 & (a_2 + \mu_2 l r_r)\cos\Delta\varphi_0 \\ (a_2 + \mu_2 l r_r)\cos\Delta\varphi_0 & a_3 + \mu_2 r_2^2 \end{pmatrix}。$$

3. 矩阵中省略号的正确使用

省略号有横、竖之分，应正确区分矩阵中省略号的形式。例如：

$$\boldsymbol{A}=\begin{pmatrix} a_{11} & a_{12} & \cdots & a_{1n} \\ a_{21} & a_{22} & \cdots & a_{2n} \\ \vdots & \vdots & & \vdots \\ a_{m1} & a_{m2} & \cdots & a_{mn} \end{pmatrix} \text{不宜排成} \ \boldsymbol{A}=\begin{pmatrix} a_{11} & a_{12} & \cdots & a_{1n} \\ a_{21} & a_{22} & \cdots & a_{2n} \\ \cdots & \cdots & & \cdots \\ a_{m1} & a_{m2} & \cdots & a_{mn} \end{pmatrix}\text{。}$$

4. 对角矩阵和单位矩阵简化编排

对角矩阵和单位矩阵有其独特的简化编排形式。例如：对角矩阵

$$\begin{pmatrix} \lambda_1 & 0 & \cdots & 0 \\ 0 & \lambda_2 & \cdots & 0 \\ \vdots & \vdots & & \vdots \\ 0 & 0 & \cdots & \lambda_n \end{pmatrix} \text{可排为} \begin{pmatrix} \lambda_1 & & 0 \\ & \lambda_2 & \\ & & \ddots & \\ 0 & & & \lambda_n \end{pmatrix} \text{或} \begin{pmatrix} \lambda_1 & & & \\ & \lambda_2 & & \\ & & \ddots & \\ & & & \lambda_n \end{pmatrix},$$

或直接简记为 $\mathrm{diag}(\lambda_1 \quad \lambda_2 \quad \cdots \quad \lambda_n)$。单位矩阵

$$\begin{pmatrix} 1 & 0 & \cdots & 0 \\ 0 & 1 & \cdots & 0 \\ \vdots & \vdots & & \vdots \\ 0 & 0 & \cdots & 1 \end{pmatrix} \text{可排为} \begin{pmatrix} 1 & & 0 \\ & 1 & \\ & & \ddots & \\ 0 & & & 1 \end{pmatrix} \text{或} \begin{pmatrix} 1 & & & \\ & 1 & & \\ & & \ddots & \\ & & & 1 \end{pmatrix},$$

也可直接记为 $\boldsymbol{E}$ 或 $\boldsymbol{I}$。

5. 零矩阵的编排

矩阵元素中的零矩阵（即元素全为数字 0 的矩阵），最好用黑（加粗）斜体数字 $\boldsymbol{0}$ 表示，以与矩阵元素中的数字 0 相区分。例如下式等号后面右侧那个矩阵中的 $\boldsymbol{0}$ 为零矩阵元素，而左侧矩阵中的 0 则全部是数字元素：

$$\boldsymbol{G}=\begin{pmatrix} fN_x & 0 & u_0 & 0 \\ 0 & fN_y & v_0 & 0 \\ 0 & 0 & 1 & 0 \end{pmatrix}\begin{pmatrix} \boldsymbol{R} & \boldsymbol{T}+\Delta\boldsymbol{T} \\ \boldsymbol{0} & \boldsymbol{I} \end{pmatrix}\text{。}$$

6. 矩阵符号字体选用

矩阵的主符号宜用单个的黑（加粗）斜体字母表示，必要时可以加上下标，上下标表示矩阵符号时也要用黑（加粗）斜体字母表示。例如：将矩阵 $\boldsymbol{A}$ 表示成 A，$[A]$，$\vec{A}$（$\bar{A}$）或字符串如 matrix，MA，matrixA 之类的形式均不规范。矩阵元素也可为矩阵或包含矩阵的表达式，只要是矩阵，其主符号就应该用单个的黑（加粗）斜体字母表示。

7.2.2.8　数学式转行

一个长的数学式若一行（通栏一行或双栏一行）排不下，或一行虽能排下但排版效果不好而又有充足的版面时，就应该转行排。转行有一定规则，不得随意转行。

1. 数学式转行基本规则

GB 3102.11—1993 对数学式转行有明确规定：“当一个表示式或方程式需断开、用两行

或多行来表示时，最好在紧靠其中记号＝，＋，－，±，∓，×，· 或 / 后断开，而在下一行开头不应重复这一记号。”例如：

$$F(x)=P_1(x)+P_2(x)+\int_a^b f_1(x)\,\mathrm{d}x+\int_b^c f_2(x)\,\mathrm{d}x+\int_c^d f_3(x)\,\mathrm{d}x-$$
$$\int_d^{\infty} f_4(x)\,\mathrm{d}x=0\text{。}\tag{22}$$

以上规定是数学式转行的基本规则（下称转行新规则），与过去约定俗成的数学式转行规则（下称转行旧规则）有较大差别。转行旧规则有两种：一种是在＝，＋，－，±，∓，×，·或 / 等符号前转行，并把这类符号放在下一行开头，例如式（23）；另一种是在上一行末尾和下一行开头同时写出这类符号，例如式（24）。

$$F(x)=P_1(x)+P_2(x)+\int_a^b f_1(x)\,\mathrm{d}x+\int_b^c f_2(x)\,\mathrm{d}x+\int_c^d f_3(x)\,\mathrm{d}x$$
$$-\int_d^{\infty} f_4(x)\,\mathrm{d}x=0\text{。}\tag{23}$$

$$F(x)=P_1(x)+P_2(x)+\int_a^b f_1(x)\,\mathrm{d}x+\int_b^c f_2(x)\,\mathrm{d}x+\int_c^d f_3(x)\,\mathrm{d}x-$$
$$-\int_d^{\infty} f_4(x)\,\mathrm{d}x=0\text{。}\tag{24}$$

对式（22），读者看到上一行末尾的“－”就知道式子没有结束，下一行是由上一行转来的，这时的“－”既是运算符，又起连字符的作用，不会产生误解；对式（23），读者看到上一行既可以理解为式子没有结束，下一行是由上一行转来的，又可以理解为上下两行是两个不同的式子，这样就会产生误解；对式（24），虽然不易产生误解，但显得啰唆。因此，转行新规则与旧规则相比明显具有不易引起歧义的优点，这是新规则的科学之处，应普遍使用。

使用转行新规则转行时应特别注意：优先在＝，≡，≈，≠，＞，＜，≥，≤等关系符号之后转行，其次在＋，－，×（或·），/（或÷）等运算符号之后转行，一般不在Σ，Π，$\int$，$\dfrac{\mathrm{d}y}{\mathrm{d}x}$等运算符号或 lim，exp，sin，cos 等缩写符号之前转行，且不得将Σ，Π，$\int$，lim，exp 等符号与其作用对象拆开转行。例如不可将式（22）转行排为

$$F(x)=P_1(x)+P_2(x)+\int_a^b f_1(x)\,\mathrm{d}x+\int_b^c f_2(x)\,\mathrm{d}x+\int_c^d$$
$$f_3(x)\,\mathrm{d}x-\int_d^{\infty} f_4(x)\,\mathrm{d}x=0\text{。}$$

又如，不可将

$$L=\sum_{i=1}^{n}\left[\alpha_i(s_i+1)^2K(\boldsymbol{x}_i,\ \boldsymbol{x}_j)\right]-\sum_{i=1}^{n}\sum_{j=1}^{n}\left[\alpha_i\alpha_j(s_i+1)(s_j+1)K(\boldsymbol{x}_i,\ \boldsymbol{x}_j)\right]\tag{25}$$

转行排为

$$L=\sum_{i=1}^{n}\left[\alpha_i(s_i+1)^2K(\boldsymbol{x}_i,\ \boldsymbol{x}_j)\right]-\sum_{i=1}^{n}$$
$$\sum_{j=1}^{n}\left[\alpha_i\alpha_j(s_i+1)\,(s_j+1)K(\boldsymbol{x}_i,\ \boldsymbol{x}_j)\right]\text{。}$$

数学式转行后不得改变其原义，不得使人费解或容易产生歧义、误解，在省略的乘号后转行时，最好在上一行末尾补写乘号（×或·）。例如：不可将

$$W = -\frac{t_1^2}{2d^2} - d^2c^2t_2^2 + 4\pi d^2c(t_1 - t_c)(t_2 - t_c)(f - f_c) = 0 \tag{26}$$

转行排为

$$W = -\frac{t_1^2}{2d^2} - d^2c^2t_2^2 + 4\pi d^2c$$

$$(t_1 - t_c)(t_2 - t_c)(f - f_c) = 0\text{。}$$

这样转行排后，容易将转行后的两行式子理解或误解为两个不同的式子，即使能判断、猜测出这两行式子为同一式子，也须一番推敲、验证，既费时又费力。这种错误在于，在省略的乘号后转行时没有在上行末补写乘号，故式（26）的正确转行排法是

$$W = -\frac{t_1^2}{2d^2} - d^2c^2t_2^2 + 4\pi d^2c \times$$

$$(t_1 - t_c)(t_2 - t_c)(f - f_c) = 0\text{。}$$

2. 数学式转行的排式

数学式转行的排式需要根据排版空间、表达效果、式间一致性等多种因素来确定，不可死搬硬套地将一篇论文甚至整本期刊所有论文的数学式的转行只按一种形式来进行。下面为数学式转行的几种常见排式。

（1）居中排式。这是式中首行及转下来的各行均以所在行（或栏）的左右边界为基准而左右居中排版。此排式中，不论首行还是其他行均为左右居中排版。例如：

$$C_{km}v_k + \int_\Gamma p_{km}^* v_k \,\mathrm{d}\Gamma = \int_\Gamma U_{km}^* \dot{p}_k \,\mathrm{d}\Gamma + \int_\Omega U_{km}^* \dot{F}_k \,\mathrm{d}\Omega +$$

$$\int_\Omega U_{km,j}^* \dot{\sigma}_{kj}^{\mathrm{p}} \,\mathrm{d}\Omega + \int_\Gamma U_{km}^* G_{kjpq}^{\mathrm{i}} v_{p,q}^{\mathrm{g}} n_j \,\mathrm{d}\Gamma\text{。}$$

再如：

$$\rho\left(\frac{\partial v}{\partial t} + u\frac{\partial v}{\partial x} + v\frac{\partial v}{\partial y} + w_2\frac{\partial v}{\partial z^*}\right) =$$

$$-\left(\frac{\partial p}{\partial y} + \frac{\partial p}{\partial z^*}\frac{\partial z^*}{\partial y}\right) + \mu\left(\frac{\partial^2 v}{\partial x^2} + \frac{\partial^2 v}{\partial y^2} + S\frac{\partial^2 v}{\partial z^{*2}}\right) + C_v + F_y\text{。}$$

（2）错开排式。这是式中首行一般居中或偏左排，转下的各行向右缩进适当距离，以首行中的主要关系符号（如等号）右侧所在位置或其他位置为准，而左端对齐排版。例如：

$$\sigma_z = -\frac{\lambda(\lambda + G)}{\lambda^* + G}\delta_{\mathrm{h}}(\varepsilon_{xn} + \varepsilon_{yn}) \times$$
$$\left(D_7\kappa_1 \cosh\kappa_1 z + D_8\kappa_2 \cosh\kappa_2 z + D_9\right) +$$
$$\lambda\varepsilon_{xn}\left(D_1 \cosh\kappa_1 z + D_2 \cosh\kappa_2 z + D_3\right) +$$
$$\lambda\varepsilon_{yn}\left(D_4 \cosh\kappa_1 z + D_5 \cosh\kappa_2 z + D_6\right) 。$$

再如：

$$\begin{cases} c_1[\sin\lambda + K_1(\cosh\lambda - \cos\lambda)/(2\lambda)] + \\ \qquad c_3[\sinh\lambda + K_1(\cosh\lambda - \cos\lambda)/(2\lambda)] = 0\,, \\ c_1\{[K_1K_2/(2\lambda) - \lambda]\sin\lambda + (K_1/2 + K_2)\cos\lambda + \\ \qquad K_1K_2\sinh\lambda/(2\lambda) + K_1\cosh\lambda/2\} + \\ \qquad c_3\{K_1K_2\sin\lambda/(2\lambda) + K_1\cos\lambda/2 + [\lambda + \\ \qquad K_1K_2/(2\lambda)]\sinh\lambda + (K_1/2 + K_2)\cosh\lambda\} = 0 。 \end{cases}$$

（3）等号对齐排式。这是以各行转行处末尾的等号右对齐排版。例如：

$$\dot{e} = \dot{x}_M - \dot{x} = A_M x_M + B_M u - (Ax + Bu) =$$
$$(A_M x_M - A_M x) + A_M x - Ax + B_M u - Bu =$$
$$A_M e + (A_M - A)x + (B_M - B)u 。$$

（4）排式的多样性。这是综合考虑排版空间、式子结构、整体统一、表达效果等多方面因素，对同一数学式，从多种转行排式中选择一种最优排式或混用几种排式。

3. 长分式的转行

分式原则上不能转行，但分子或分母过长而需要转行时，可采用以下方式转行。

（1）先把长分式的分母写成负数幂形式，再按转行新规则转行。例如：可将

$$F(x) = \frac{f_n(x)f_{n+1}(x) + f_{n+2}(x)f_{n+3}(x) + f_{n+4}(x)f_{n+5}(x) + f_{n+6}(x)f_{n+7}(x)}{\sum_i a_i + \sum_j b_j + \sum_k c_k - (a_n + b_n + c_n)} \tag{27}$$

转行排为

$$F(x) = [f_n(x)f_{n+1}(x) + f_{n+2}(x)f_{n+3}(x) + f_{n+4}(x)f_{n+5}(x) +$$
$$f_{n+6}(x)f_{n+7}(x)] \times \left[\sum_i a_i + \sum_j b_j + \sum_k c_k - (a_n + b_n + c_n)\right]^{-1} 。$$

（2）若长分式的分子、分母均由相乘的因子构成，则可在适当的相乘因子处转行，并在上一行末尾加上乘号。例如：可将

$$\frac{(a_1 + a_2 + a_3 + a_4)(b_1 + b_2 + b_3 + b_4)(c_1 + c_2 + c_3 + c_4)(d_1 + d_2 + d_3 + d_4)}{(X_1^2 + X_2^2 + X_3^2 + X_4^2)(Y_1^2 + Y_2^2 + Y_3^2 + Y_4^2)}$$

转行排为

$$\frac{(a_1+a_2+a_3+a_4)(b_1+b_2+b_3+b_4)}{X_1^2+X_2^2+X_3^2+X_4^2}\times$$
$$\frac{(c_1+c_2+c_3+c_4)(d_1+d_2+d_3+d_4)}{Y_1^2+Y_2^2+Y_3^2+Y_4^2}。$$

（3）若长分式的分子、分母均为多项式，则可在运算符号如“＋”或“－”后断开并转行，在上一行末尾和下一行开头分别加上符号“→”“←”。例如：可将式（27）排为

$$F(x)=\frac{f_n(x)f_{n+1}(x)+f_{n+2}(x)f_{n+3}(x)+}{\sum_i a_i+\sum_j b_j+\sum_k c_k-}\rightarrow$$
$$\leftarrow\frac{f_{n+4}(x)f_{n+5}(x)+f_{n+6}(x)f_{n+7}(x)}{(a_n+b_n+c_n)}。$$

（4）若长分式的分子为较长的多项式，分母（不论是否为多项式）却较短，则可以按照转行新规则在分子的适当位置转行，并将该长分式分为上下两个分式，这两个分式的分母相同（均为原长分式的分母）。例如：可将

$$\frac{\sum_{i=1}^{m}\sum_{j=1}^{n}\left[\frac{q}{2}+\frac{1}{2}\Delta x\frac{\partial f(\xi_i,\ y_{j-1})}{\partial x}+\frac{1}{2}\Delta y\frac{\partial f(x_{i-1},\ \eta_j)}{\partial y}+\frac{1}{4}\Delta x\Delta y\frac{\partial f(\xi_i,\ \zeta_j)}{\partial x\partial y}\right]}{mn}$$

转行排为

$$\frac{\sum_{i=1}^{m}\sum_{j=1}^{n}\left[\frac{q}{2}+\frac{1}{2}\Delta x\frac{\partial f(\xi_i,y_{j-1})}{\partial x}\right.}{mn}+$$
$$\frac{\left.\frac{1}{2}\Delta y\frac{\partial f(x_{i-1},\ \eta_j)}{\partial y}+\frac{1}{4}\Delta x\Delta y\frac{\partial f(\xi_i,\ \zeta_j)}{\partial x\partial y}\right]}{mn}。$$

4. 根式的转行

较长或较复杂根式转行时，可先改写成分数指数，再按转行新规则转行。例如：可将

$$\sqrt[3]{\frac{a_1}{3}\left(\frac{13\pi}{6}\right)^3+\frac{b_1}{2}\left(\frac{13\pi}{6}\right)^2+c_1\left(\frac{13\pi}{6}\right)-\frac{a_2}{3}\left(\frac{25\pi}{8}\right)^3-\frac{b_2}{2}\left(\frac{25\pi}{8}\right)^2-c_2\left(\frac{25\pi}{8}\right)}$$

转行排为

$$\left[\frac{a_1}{3}\left(\frac{13\pi}{6}\right)^3+\frac{b_1}{2}\left(\frac{13\pi}{6}\right)^2+c_1\left(\frac{13\pi}{6}\right)-\right.$$
$$\left.\frac{a_2}{3}\left(\frac{25\pi}{8}\right)^3-\frac{b_2}{2}\left(\frac{25\pi}{8}\right)^2-c_2\left(\frac{25\pi}{8}\right)\right]^{\frac{1}{3}}。$$

5. 矩阵、行列式的转行

矩阵、行列式一般不宜转行，但在一行或一栏（半栏、通栏）内排不下时，可采用灵活的变换方式将其排为一行，在不得已的情况下当然可以转行排。具体有以下几种情况。

（1）如果矩阵或行列式的元素为较长的数学式而难以在一行内排下，则可以使用字符来代替这一（些）较长的元素，同时在矩阵或行列式的下方对所用的每个字符加以解释说明，以使矩阵或行列式得以简化而将其整体宽度减小到合适的宽度。例如：

$$\boldsymbol{A}=\begin{pmatrix}0&0&1&0\\0&0&0&1\\a_1&a_2&a_3&a_4\\b_1&b_2&b_3&b_4\end{pmatrix}。$$

式中　$a_1=-[(u^2-F)c_{11}+\lambda_1^4+\bar{g}e_{11}]$；$a_2=-[(u^2-F)c_{12}+\bar{g}e_{12}]$；

$a_3=-(2M_rub_{11}+\alpha\lambda_1^4)$；$a_4=-2M_rub_{12}$；$b_1=-[(u^2-F)c_{21}+\bar{g}e_{21}]$；

$b_2=-[(u^2-F)c_{22}+\lambda_2^4+\bar{g}e_{22}]$；$b_3=-2M_rub_{21}$；$b_4=-(2M_rub_{22}+\alpha\lambda_2^4)$。

（2）如果矩阵或行列式的元素为较长式子难以在一行内排下，可考虑将这一（些）较长元素按转行新规则在适当位置转行，以使矩阵或行列式整体宽度减小而在一行内排下。例如：

$$\begin{vmatrix}\begin{matrix}\sin\lambda+K_1(\cosh\lambda-\\ \cos\lambda)/(2\lambda)\end{matrix} & \begin{matrix}\sinh\lambda+K_1(\cosh\lambda-\\ \cos\lambda)/(2\lambda)\end{matrix}\\ \begin{matrix}[K_1K_2/(2\lambda)-\lambda]\sin\lambda+\\ (K_1/2+K_2)\cos\lambda+\\ K_1K_2\sinh\lambda/(2\lambda)+\\ K_1\cosh\lambda/2\end{matrix} & \begin{matrix}K_1K_2\sin\lambda/(2\lambda)+\\ K_1\cos\lambda/2+[\lambda+\\ K_1K_2/(2\lambda)]\sinh\lambda+\\ (K_1/2+K_2)\cosh\lambda\end{matrix}\end{vmatrix}。\tag{28}$$

用这种方式转行时，应遵循转行新规则，并注意在不同列元素间留出适当空白，不同元素及同一元素内部各组成部分的层次要清晰分明。

当然，按照上述（1）的方法，也可将行列式（28）排为

$$\begin{vmatrix}A&B\\C&D\end{vmatrix}。$$

式中　$A=\sin\lambda+K_1(\cosh\lambda-\cos\lambda)/(2\lambda)$；$B=\sinh\lambda+K_1(\cosh\lambda-\cos\lambda)/(2\lambda)$；

$C=[K_1K_2/(2\lambda)-\lambda]\sin\lambda+(K_1/2+K_2)\cos\lambda+K_1K_2\sinh\lambda/(2\lambda)+K_1\cosh\lambda/2$；

$D=K_1K_2\sin\lambda/(2\lambda)+K_1\cos\lambda/2+[\lambda+K_1K_2/(2\lambda)]\sinh\lambda+(K_1/2+K_2)\cosh\lambda$。

（3）如果矩阵或行列式的元素为可在一行内排下的数学式，但整个矩阵或行列式无法在一行内排下，则可以考虑将其整体转行排，但必须保证转行后不能改变或影响原意的表达。例如：可考虑将行列式（28）排为

$$
\left|\begin{array}{c}
\sin\lambda+\dfrac{K_1(\cosh\lambda-\cos\lambda)}{2\lambda} \\
\left(\dfrac{K_1K_2}{2\lambda}-\lambda\right)\sin\lambda+\left(\dfrac{K_1}{2}+K_2\right)\cos\lambda+\dfrac{K_1K_2\sinh\lambda}{2\lambda}+\dfrac{K_1\cosh\lambda}{2}
\end{array}\right.
$$

$$
\left.\begin{array}{c}
\sinh\lambda+\dfrac{K_1(\cosh\lambda-\cos\lambda)}{2\lambda} \\
\dfrac{K_1K_2\sin\lambda}{2\lambda}+\dfrac{K_1\cos\lambda}{2}+\left(\lambda+\dfrac{K_1K_2}{2\lambda}\right)\sinh\lambda+\left(\dfrac{K_1}{2}+K_2\right)\cosh\lambda
\end{array}\right| 。
$$

（4）如果矩阵或行列式的元素为数字，但由于列数较多，整个矩阵或行列式无法在一行内排下，则可以考虑按上述方法（3）转行。例如：

$$
\boldsymbol{A}=\left(\begin{array}{rrrrrrr}
1.00 & 3.39 & 2.27 & -0.66 & 0.10 & 5.45 & 0.90 \\
-2.39 & 2.68 & 3.57 & 2.82 & -2.52 & 2.92 & -0.52 \\
8.28 & 3.57 & 5.39 & -3.65 & 6.10 & -2.05 & 0.90 \\
-0.89 & 1.63 & 4.77 & 2.82 & -0.50 & 4.04 & -2.21
\end{array}\right.
$$

$$
\left.\begin{array}{rrrrrrr}
-2.00 & 4.39 & 3.27 & 0.76 & 6.10 & 5.86 & 0.99 \\
3.39 & -3.68 & 4.57 & -2.42 & 2.52 & -2.42 & 2.05 \\
-3.28 & 6.57 & -7.39 & 3.95 & 8.50 & -2.09 & 0.99 \\
1.89 & 0.63 & 9.77 & 2.02 & -1.58 & 9.08 & -9.02
\end{array}\right) 。
$$

6. 变通方法的使用

数学式、正文中字符的字号通常宜相同，但有时将超版心的“大”数学式改为用小号字来排版，也可能会取得不错的排版效果，同时也能节省版面。另外，在双栏排版中，遇到“大”的或复杂的数学式时，可以考虑将其改为通栏排式。

7.2.2.9　数学式乘、除号表达

数学式中当两量符号间为相乘关系时，其组合可表示为下列形式之一：ab，$a\ b$，$a\cdot b$，$a\times b$（在矢量运算中，$\boldsymbol{a}\cdot\boldsymbol{b}$ 与 $\boldsymbol{a}\times\boldsymbol{b}$ 是两种不同的运算）。如果一个量被另一个量除，则可表示为下列形式之一：$\dfrac{a}{b}$，a/b，$a\cdot b^{-1}$（有时也可用 $a\div b$，$a:b$ 的形式）。

以上方法可推广于分子或分母或两者本身都是相乘或相除的情况，但在这种组合中，除加括号以避免混淆外，同一层次的行内表示相除的斜线“ / ”后面一般不宜再有乘号、除号或斜线“ / ”。例如：$\dfrac{ab}{c}$ 可写为 ab/c 或 abc^{-1}；$\dfrac{a/b}{c/d}$ 可写为 $\dfrac{ad}{bc}$；$\dfrac{a/b}{c}$ 可写为 $(a/b)/c$ 或 $ab^{-1}c^{-1}$，但不能写成 $a/b/c$；$\dfrac{a}{bc}$ 可写为 $a/(b\cdot c)$ 或 a/bc，但不能写成 $a/b\cdot c$。

在分子和分母包含相加或相减的情况下，在使用了圆括号（或方括号、花括号）的情况下，也可以用“ / ”表示除号。例如：

$$\frac{a+b}{c+d}=(a+b)/(c+d)$$

中等号右边的$(a+b)/(c+d)$不得写成 $a+b/c+d$ 。

数学式中表示数字间相乘的符号是“×”或 “·”(居中圆点)。乘号省略规则:

(1)量符号间、量符号与其前面的数字间、括号间是相乘关系时,可省略乘号直接连写;

(2)数字间、分式间是相乘关系时,不能省略乘号;

(3)量符号与其前面的数字作为一个整体再与前面的数字发生相乘关系时,此整体与其前面的数字间不能省略乘号。

7.2.2.10 数学式标点

串文排的数学式相当于正文中的一个词语,因此可以看作句子的一个成分,其后该加标点时就加,不该加就不加。但对于另行排的数学式,现在并没有统一的做法,有人认为一律加标点,或一律不加标点,只要统一即可。笔者认为,数学式虽是用特殊文字表达特定科学内容的,但与文字表述具有同样的功能,因此无论串式排还是另行排,在式子间、式子与文字间、式子内部要素间,都要按需加合适的标点。

在不致引起混淆的情况下,采用不加标点的做法也是可行的,但是如果不用标点会引起不能准确表达式子间、式子与文字间、式子内部要素间的关系,甚至会产生歧义和误解,就要正确使用标点(一般用逗号、分号和句号),而且标点与式子的主体部分宜排在同一水平位置上。例如:

$$f_1(x)=\sqrt{\frac{\sum_{i=1}^{M-1}\delta_i^{\,2}}{M}};\quad n=\frac{\sigma_{-1}}{\frac{k_\sigma}{\varepsilon\beta}\sigma_{\mathrm{da}}+\psi_\sigma\sigma_{\mathrm{dm}}};\quad \boldsymbol{M}=\begin{pmatrix}2 & -3 & 0\\ 1 & 0 & 8\\ 4 & 3 & -6\end{pmatrix}。$$

7.2.2.11 数学式字体

变量(如 x,y 等),变动的上下标(如 x_i 中的下标 i,质量定压热容符号 c_p 中的下标 p 等),函数(如 f,g,F 等),点(如 A,B 等),线段(如 AB,BC 等),弧(如 $\overset{\frown}{cd}$,$\overset{\frown}{FG}$ 等),以及在特定场合中视为常数的参数(如 a,b 等),用斜体字母表示。

有定义的已知函数(包括特殊函数在内)(如 sin,exp,ln,Γ,Ei,erf 等),其值不变的数学常数(如 $\mathrm{e}=2.718\,281\,8\cdots$,$\pi=3.141\,592\,6\cdots$,$\mathrm{i}^2=-1$ 等),已定义的算子(如 div,δx 中的变分符号 δ,$\mathrm{d}f/\mathrm{d}x$ 中的微分符号 d 等)及数字,用正体字母表示。

集合一般用斜体字母表示,但有定义的集合用黑(加粗)体或特殊的正体字母,如非负整数集(自然数集)用 **N** 或 $\mathbb{N}$,整数集用 **Z** 或 $\mathbb{Z}$,有理数集用 **Q** 或 $\mathbb{Q}$,实数集用 **R** 或 $\mathbb{R}$,复数集用 **C** 或 $\mathbb{C}$ 表示,空集用 $\varnothing$ 表示。

矩阵、矢量和张量的符号用黑(加粗)斜体字母表示。

7.2.2.12　数学式完整性

数学式是一个表达整体，其间不应插入多余的成分如字、词语或式子。例如：

$$\beta = \left\{ \mathrm{load}_j \right\} = \left\{ \begin{array}{l} 设\ n \geqslant m\text{:}\ \sum_{j=1}^{n} x(i,\ j) \geqslant 1\ 且 \sum_{i=1}^{m} x(i,\ j) = 1 \\ 设\ n < m\text{:}\ \sum_{j=1}^{n} x(i,\ j) \leqslant 1\ 且 \sum_{i=1}^{m} x(i,\ j) = 1 \end{array} \right\},$$

此式中在等号与其后相应对象间无端插入了表条件的词语（“设”）和不等式（$n \geqslant m$，$n < m$），破坏了式子的完整性，其实条件类语句（含式子）应置于式子的后面。该式可修改为

$$\begin{aligned} \beta = \left\{ \mathrm{load}_j \right\} = & \left\{ \left\{ \sum_{j=1}^{n} x(i,\ j) \geqslant 1 \cap \sum_{i=1}^{m} x(i,\ j) = 1 \ \middle|\ n \geqslant m \right\}, \right. \\ & \left. \left\{ \sum_{j=1}^{n} x(i,\ j) \leqslant 1 \cap \sum_{i=1}^{m} x(i,\ j) = 1 \ \middle|\ n < m \right\} \right\}。 \end{aligned}$$

7.2.2.13　数学式严谨性

数学式表达涉及其中各个字符，包括字符类别、字体、正斜体、是否黑（加粗）体、大小写、字号、上下标等多个方面，应根据国家标准及有关规范正确书写和编排，避免随意、任性表达，将数学符号写错、用错、改错，对数学用语表达不规范。

以下列举有关数学式表达中常见的一些细节问题，说明数学式表达的严谨性。

（1）将集合中的 $\notin$（不属于），$\neq$（不等于），$\not\subset$（不包含于）或 $\varnothing$（空集）等符号中的斜线“ / ”的方向搞反了，即写成“\”。

（2）将“a 除 b”（即 b/a）表达为“a 除以 b”或“a 被 b 除”（即 a/b），将“a 除以 b”或“a 被 b 除”表达为“b/a”。

（3）将表述充分必要条件的“当且仅当”写成表述充分条件的“当”。

（4）将正弦函数符号 sin 写成 SIN，余弦函数符号 cos 写成 COS。

（5）将标量积（数量积或内积）运算的表达式（$\boldsymbol{a}$，$\boldsymbol{b}$）写成 $\langle \boldsymbol{a},\ \boldsymbol{b} \rangle$，两矢量夹角的表达式 $\langle \boldsymbol{a},\ \boldsymbol{b} \rangle$ 写成（$\boldsymbol{a}$，$\boldsymbol{b}$）。若其中的 $\boldsymbol{a}$，$\boldsymbol{b}$ 不用黑（加粗）体，则更加错误，这是因为（a，b），$\langle a,\ b \rangle$ 是“有序偶 a，b”或“偶 a，b”的正确表达形式。

（6）将左书名号“《”写成远小于号“$\ll$”或两个连写的小于号“$<<$”，右书名号“》”写成远大于号“$\gg$”或两个连写的大于号“$>>$”。

（7）将大于等于号“$\geqslant$”写成非标准形式的“$\geq$”或“$\geqq$”，小于等于号“$\leqslant$”写成非标准形式的“$\leq$”或“$\leqq$”。

（8）将空集符号 $\varnothing$ 写成希腊字母 Φ 或 ϕ。

（9）用文字（词语）来表示量符号，文字与符号混用而形成文字式，如“$v=\frac{位移}{t}$”“$速度=\frac{s}{t}$”等。文字式在经济、管理类等社科类文章中可以使用，而在自然科学论文中不宜使用，即使使用，同一式子中也不宜混用文字和符号，宜都用符号表示，或都用文字表示。

（10）矩阵转行不规范。例如：

$$\Delta \boldsymbol{F}_{\mathrm{M}t}=\begin{pmatrix} I_{\mathrm{R}}\omega^2\left[\sum\limits_{m=1}^{\infty}\left(\dfrac{(-1)^2\times\sin(2m\omega t)\times}{\dfrac{B_{2m}\sin(\phi_{\mathrm{a}}+\phi_{\mathrm{p}})}{\cos(\theta)}}\right)\right], \\ I_{\mathrm{R}}\omega^2\left[\sum\limits_{m=1}^{\infty}\left(\dfrac{(-1)^2\times\sin(2m\omega t)\times}{\dfrac{B_{2m}\sin(\phi_{\mathrm{a}}+\phi_{\mathrm{p}})}{\cos(\theta)l_{\mathrm{c}}}}\right)\right], \\ -I_{\mathrm{R}}\omega^2\left[\sum\limits_{m=1}^{\infty}\left(\dfrac{(-1)^2\times\sin(2m\omega t)\times}{\dfrac{B_{2m}\sin(\theta_{\mathrm{a}}+\theta_{\mathrm{p}})}{\cos(\theta)}}\right)\right], \\ -I_{\mathrm{R}}\omega^2\left[\sum\limits_{m=1}^{\infty}\left(\dfrac{(-1)^2\times\sin(2m\omega t)\times}{\dfrac{B_{2m}\sin(\theta_{\mathrm{a}}+\theta_{\mathrm{p}})}{\cos(\theta)l_{\mathrm{c}}}}\right)\right], \\ 0,\ 0,\ \cdots,\ 0,\ 0 \end{pmatrix}^{\mathrm{T}}$$

等号右边的部分是一个矩阵的转置，但表达不规范。存在的问题主要有：元素间用“，”分隔；元素虽为较长的数学式，但不必转行排；前面式子部分（第 1～4 行）为列形式，后面数字部分（第 5 行即最后一行）为行形式，是表达一个只有一列的列矩阵还是只有一行的行矩阵，不易分清；三角函数如 $\cos(\theta)$和 $\sin(2m\omega t)$中的括号多余。改为以下形式就规范了：

$$\Delta \boldsymbol{F}_{\mathrm{M}t}=\begin{pmatrix} I_{\mathrm{R}}\omega^2\sum\limits_{m=1}^{\infty}\left[(-1)^2\times\sin 2m\omega t\times\dfrac{B_{2m}\sin(\phi_{\mathrm{a}}+\phi_{\mathrm{p}})}{\cos\theta}\right] \\ I_{\mathrm{R}}\omega^2\sum\limits_{m=1}^{\infty}\left[(-1)^2\times\sin 2m\omega t\times\dfrac{B_{2m}\sin(\phi_{\mathrm{a}}+\phi_{\mathrm{p}})}{l_{\mathrm{c}}\cos\theta}\right] \\ -I_{\mathrm{R}}\omega^2\sum\limits_{m=1}^{\infty}\left[(-1)^2\times\sin 2m\omega t\times\dfrac{B_{2m}\sin(\theta_{\mathrm{a}}+\theta_{\mathrm{p}})}{\cos\theta}\right] \\ -I_{\mathrm{R}}\omega^2\sum\limits_{m=1}^{\infty}\left[(-1)^2\times\sin 2m\omega t\times\dfrac{B_{2m}\sin(\theta_{\mathrm{a}}+\theta_{\mathrm{p}})}{l_{\mathrm{c}}\cos\theta}\right] \\ 0 \\ \vdots \\ 0 \end{pmatrix}。$$

（11）矩阵表达中加了不必要的省略号。例如：

$$\tilde{\boldsymbol{B}}=\tilde{\boldsymbol{W}}\cdot\tilde{\boldsymbol{R}}=(\tilde{\omega}_1,\tilde{\omega}_2,\cdots,\tilde{\omega}_k)\begin{pmatrix}\tilde{r}_{11} & \tilde{r}_{12} & \cdots & \tilde{r}_{1n}\\ \tilde{r}_{21} & \tilde{r}_{22} & \cdots & \tilde{r}_{2n}\\ \vdots & \vdots & & \vdots\\ \tilde{r}_{k1} & \tilde{r}_{k2} & \cdots & \tilde{r}_{kn}\end{pmatrix}=$$

$$\begin{pmatrix}\tilde{\omega}_1\otimes\tilde{r}_{11}\oplus\tilde{\omega}_2\otimes\tilde{r}_{21}\oplus & \cdots & \oplus\tilde{\omega}_k\otimes\tilde{r}_{k1}\\ \tilde{\omega}_1\otimes\tilde{r}_{12}\oplus\tilde{\omega}_2\otimes\tilde{r}_{22}\oplus & \cdots & \oplus\tilde{\omega}_k\otimes\tilde{r}_{k2}\\ \vdots & & \vdots\\ \tilde{\omega}_1\otimes\tilde{r}_{1n}\oplus\tilde{\omega}_2\otimes\tilde{r}_{2n}\oplus & \cdots & \oplus\tilde{\omega}_k\otimes\tilde{r}_{kn}\end{pmatrix}^{\mathrm{T}}$$

表示一个 $1\times k$ 矩阵与另一个 $k\times n$ 矩阵相乘，按矩阵相乘原理可知，其相乘结果只能为一个 $1\times n$ 矩阵，即 1 行 n 列矩阵，转置后为 n 行 1 列。而上式相乘结果的矩阵中有两个省略号，显然是错误的，应去掉一个，而且留下的省略号在括号中应左右居中排，即应该把上式下方的矩阵排为以下形式：

$$\begin{pmatrix}\tilde{\omega}_1\otimes\tilde{r}_{11}\oplus\tilde{\omega}_2\otimes\tilde{r}_{21}\oplus\cdots\oplus\tilde{\omega}_k\otimes\tilde{r}_{k1}\\ \tilde{\omega}_1\otimes\tilde{r}_{12}\oplus\tilde{\omega}_2\otimes\tilde{r}_{22}\oplus\cdots\oplus\tilde{\omega}_k\otimes\tilde{r}_{k2}\\ \vdots\\ \tilde{\omega}_1\otimes\tilde{r}_{1n}\oplus\tilde{\omega}_2\otimes\tilde{r}_{2n}\oplus\cdots\oplus\tilde{\omega}_k\otimes\tilde{r}_{kn}\end{pmatrix}^{\mathrm{T}}$$

（12）在包含“ / ，Σ，Π”以及三角函数、双曲函数符号（如 sin，arctan，coth）等的式子中缺必要的括号。例如：

$$\tilde{r}_{\mathrm{u}1}=\sum_{i=1}^{p}\tilde{r}_i-1,\quad S_{\mathrm{b}}(x,t)=\frac{1}{2}A_{\mathrm{b}}\left[1+\cos\frac{\pi}{l_{\mathrm{b}}}(x-x_0)\right],\quad n+m\times n+m$$

三个式子中，式 1 的累加对象本意是 $\tilde{r}_i-1$ 而不是 $\tilde{r}_i$，应改为 $\tilde{r}_{\mathrm{u}1}=\sum\limits_{i=1}^{p}(\tilde{r}_i-1)$；式 2 中 cos 的对象本意是 $\dfrac{\pi}{l_{\mathrm{b}}}$，即 $\cos\dfrac{\pi}{l_{\mathrm{b}}}$ 与 $x-x_0$ 相乘，而不是对 $\dfrac{\pi}{l_{\mathrm{b}}}(x-x_0)$ 取余弦运算，$\cos\dfrac{\pi}{l_{\mathrm{b}}}(x-x_0)$ 应改为 $(x-x_0)\cos\dfrac{\pi}{l_{\mathrm{b}}}$；式 3 本意是表达 $n+m$ 与 $n+m$ 两项相乘，但遗漏了括号而表达为 n，$m\times n$，m 三项相加，应改为（$n+m$）×（$n+m$），或（$n+m$）（$n+m$），或（$n+m$）^{2}。

7.3　化学式

化学式是用化学元素符号表示物质组成或化学反应的式子，分为分子式、结构式、实验式及化学方程式。杂环化合物①、高聚物和生物大分子等结构较为复杂的化学式，排版较为困难，占用版面较多，论文中是否使用化学式应斟酌确定，能用文字表达清楚的就最好不要用化学式。当然，为了形象、直观、清晰地进行表达，适当使用化学式也是必要的，但是应该精选，不宜使用太多，而且具体使用时应根据需要给出有代表性的、重要的化学式。

①根据组成有机化合物的碳架不同，可将有机化合物分为开链化合物、碳环化合物（又分为脂环族化合物、芳香族化合物）和杂环化合物三大类。

7.3.1　分子式

分子式是表示物质分子组成的化学式，能表示分子中所含元素的种类、各原子的数目以及物质的相对分子质量。例如：氧的分子式是 O_2，表示 1 个氧分子由 2 个氧原子组成，相对分子质量是 31.998 9；乙酸（醋酸）的分子式是 $C_2H_4O_2$，表示 1 个乙酸分子由 2 个碳原子、4 个氢原子和 2 个氧原子组成，相对分子质量是 60.05。

分子式一般随文排，无特殊需要不必另行排，由于化学元素符号排正体，因此分子式也排正体。分子式中的元素符号，只有一个字母的，排英文大写正体，如 H，C，N 等；有两个字母的，第一个排英文大写正体，第二个排英文小写正体而且平排，如 Mn，Cl，Cu 等。分子式中表示原子个数的数字排在原子符号的右下角，对于某一原子组合则应加括号，再将数字排在括号的右下角，如 H_2O，Al_2O_3，$Fe_2(SO_4)_3$ 等。

单质（如氢气 H_2、氧气 O_2 等）的名称宜用中文，如“氢气可燃烧，氧气能助燃”，“水是由 2 个氢原子和 1 个氧原子结合而成的最简单的氢氧化合物”，通常不宜将“钠化合物”表述为“Na 化合物”，“碘盐”表述为“I 盐”。但在插图和表格中，可以用分子式表示单质。

对于无机化合物和简单有机化合物，如 O_2，H_2，Cl_2，H_2O，Al_2O_3，CO_2，HCl，NaOH，H_2SO_4，CH_4（甲烷）等，其名称可直接用分子式而不写出学名。若需同时写出学名和分子式，则应把学名置于分子式前，如“二氧化碳”和“CO_2”同时出现时，应写成“二氧化碳（CO_2）”，不写成“CO_2（二氧化碳）”；若需要同时写出学名、俗名（商品名）和分子式，一般处理顺序是先写出学名，接着写出加括号的俗名或商品名，最后写出分子式，如“碳酸钠（小苏打、纯碱）Na_2CO_3”“硝酸钾（钾硝）KNO_3”“氢氧化钠（烧碱、火碱、苛性碱）NaOH”。

对于复杂有机化合物，其名称不宜用分子式表示时，可用学名、俗名（商品名）表示，当学名、俗名和分子式同时出现时，应区分具体情况，可采用示性式或结构式。遇到无机化合物和有机化合物同时出现、一起罗列时，应根据具体情况统筹考虑，尽可能做到表达统一。

7.3.2　结构式

有机化合物分子中的原子按一定顺序和方式相连接。分子中原子间的排列顺序和连接方式叫分子的结构（构造），表示分子结构的化学式叫结构式（构造式），此式是用化学元素符号通过价键相互连接而表示的。开链化合物的结构特征是碳原子间互相连接成链状；碳环化合物的结构特征是碳原子间互相连接成环状（其中脂环族化合物中是碳原子连接成环，芳香族化合物中含有由 6 个碳原子组成的苯环）；杂环化合物的结构特征是碳原子与其他杂原子（如 N，O，S 等）共同组成环状结构，其种类繁多，在自然界分布极广，大都具有生理活性。

7.3.2.1　结构式常用符号

键号为结构式中的常用符号，是结构式中连接各原子或官能团[①]的连线，既有单线、双线、三线、点线、粗线之分，又有横线、竖线和斜线（见表 7-1）。从形式上看，键号与一些数学符号或其他符号相类似，实际上还是有区别的，注意不要混淆（见表 7-2）。例如：不能将单键号“—”排为减号“−”、破折号（二字线）“——”、短横线“-”或半字线“–”。

①官能团是指有机化合物分子中比较活泼、容易发生化学反应的原子或基团，它决定化合物的主要性质，具有相同官能团的化合物，其性质也相似。

表 7-1　化学结构式中键号的类别

键型	单键	双键	三键	点线键	黑线键
横键	—	═	≡	┄	━
竖键	∣	∥	⦀	┆	┃
斜键	/	//	///	⁄⁄	╱

表 7-2　键号与数学符号的区别

键号		数学符号		示例	
符号	名称	符号	名称	正确	错误
—	单键	-	减号	$—NH_2$	$-NH_2$ 或 $\text{-}NH_2$
═	双键	=	等号	$H_2C═CH_2$	$CH_2=CH_2$
≡	三键	≡	恒等号	HC≡CH	CH≡CH
＞＜	分支键	＞＜	大于号，小于号	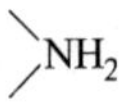 $\rangle NH_2$	＞NH
⫺⫹	单双分支键	≥≤	大于等于号，小于等于号		
//	双斜键	//	平行号	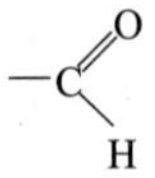 —C(O)H	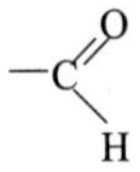 —C(O)H

7.3.2.2　结构式表示方式

结构式表示方式常用的有短线式、缩简式和键线式等。

1. 短线式

用一条短线代表一个共价键，单键以一条短线相连，双键或三键以两或三条短线相连。例如：

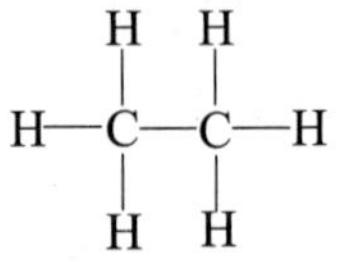

乙烷 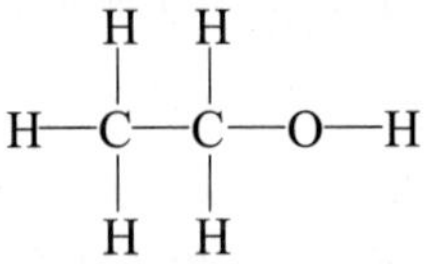　　乙醇

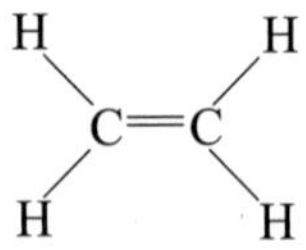

乙烯　　H—C≡C—H 乙炔　　环己烷

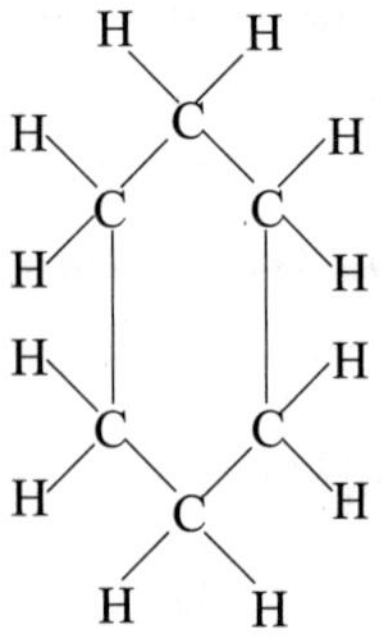

2. 缩简式

为书写方便，在不致造成错觉时，将结构式中的一些代表键号的短线省略，而把除官能团外的其他各原子都分别合在一起写，就形成缩简式，也称结构简式、示性式。例如：

CH_3COOH	$CH_3CH_2CH_2CH_3$	$CH_3CH_2CH=CH_2$	$CH_3CHCH_2CH_3$（2 位 C 上接 OH）	C_2H_5OH
乙酸	丁烷	1-丁烯	2-丁醇	乙醇

缩简式能表示出化合物分子中所含的官能团，如乙酸的缩简式是 CH_3COOH，表示分子式中含有一个甲基（CH_3—）和一个羧基（—COOH），能明确表示同分异构体。分子中具有相同碳原子数的有机化合物，可因碳原子的排列次序和方式不同而产生不同的结构式。例如：丁烷分子中有 4 个碳原子，有以下两种排列方式：

$$CH_3—CH_2—CH_2—CH_3$$

正丁烷

$$CH_3—\underset{}{CH}(—CH_3)—CH_3$$

异丁烷

正丁烷和异丁烷的分子式都是 C_4H_{10}，有相同的分子式，但结构式和性质不同，因此是不同的化合物。这种分子相同而结构式不同的化合物称为同分异构体。例如：乙醇和二甲醚的分子式都是 C_2H_6O，但缩简式分别为 CH_3CH_2OH（C_2H_5OH）和 CH_3OCH_3。同分异构现象在有机化合物中普遍存在，是有机化合物数目繁多（至今已达 1000 万种以上）的一个主要原因。

在仅仅需要定性地表示官能团而无须展示整个结构式时，运用缩简式的表示方法既能满足内容表述要求又能节省版面。

3. 键线式

不写出碳原子和氢原子，用短线表示碳碳键，短线的连接点和端点表示碳原子的简化结构式。例如：

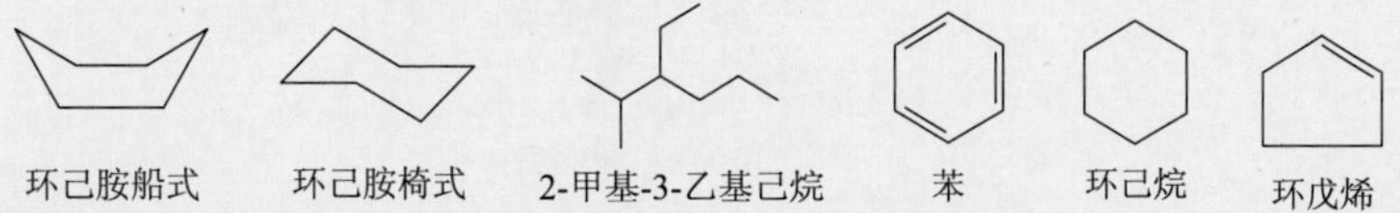

环己胺船式　　环己胺椅式　　2-甲基-3-乙基己烷　　苯　　环己烷　　环戊烯

7.3.2.3　元素和原子团排法

结构式中的元素和原子团符号应该紧密排列，而且键号必须与其对准，如果排得不恰当就容易引起混淆。

（1）镶在直链或环中的单字母元素符号，其键号均应该对准该字母，如表 7-3 所示。

（2）镶在直链或环中的多字母元素、化合物或原子团符号，其键号均应对准其成键的元素符号，或多字母元素、原子团符号的大写首字母。例如葡萄糖（$C_6H_{12}O_6$）的结构式应排为

$$\begin{array}{c} CHO \\ | \\ H—C—OH \\ | \\ H—C—OH \\ | \\ H—C—OH \\ | \\ H—C—OH \\ | \\ CH_2OH \end{array} \quad 或 \quad \begin{array}{l} CHO \\ | \\ HCOH \\ | \\ HCOH \\ | \\ HCOH \\ | \\ HCOH \\ | \\ CH_2OH \end{array} \quad 但不能排为 \quad \begin{array}{l} CHO \\ | \\ HCOH \\ | \\ HCOH \\ | \\ HCOH \\ | \\ HCOH \\ | \\ CH_2OH \end{array}$$

表 7-3　镶在直链或环中的单字母元素符号与其键号的排法

键类	排法示例							
一价键	—H	|H	H—	H|	H/	\H	H/	H/
二价键	—O—	O=	O—|	O/|	/O\	—O/		
三价键	—N=	N—(=)	—N—(|)	/N=	—N\(|)			
四价键	—C—(||)	=C=	C(=)/\	—C(/=)|	—C(|)=	C=(||)		
五价键	=P=(|)	—P—(=)|	\P/=(=)	P=(|)=	\P=(=)	—P/=(=)		

再如苯的结构式应排为

或简写为（有时也用）

但不能排为

再如 1，3，5-三氯苯的结构式应排为

但不能排为

再如硝基苯的结构式应排为

NO_2　　但不能排为　　NO_2

（3）镶在直链或环中的多元素原子团符号，为使该原子团的键号对准成键元素符号，可以调换第一个元素符号的位置，但排在键号两边的双字母元素符号的大小写顺序应保持不变。例如均苯四酸（1，2，4，5-苯四甲酸）的结构式应排为

COOH　COOH　HOOC　COOH　　但不能排为　　COOH　COOH　COOH　COOH

而 1，3，5-三溴苯的结构式应排为

Br　Br　Br　　但不能排为　　Br　rB　Br

（4）环状化合物中环上的元素符号，有嵌进和非嵌进两种不同结构（是否嵌进取决于该元素与碳原子的价键），写排时要注意不得混淆这两种不同结构。例如吡啶、呋喃、噻吩等杂环化合物的结构式分别为

N　　O　　S　　……

N，O，S 是嵌进的，其中 N 为 3 价原子，O，S 均为 2 价原子，如果将其排为非嵌进的形式

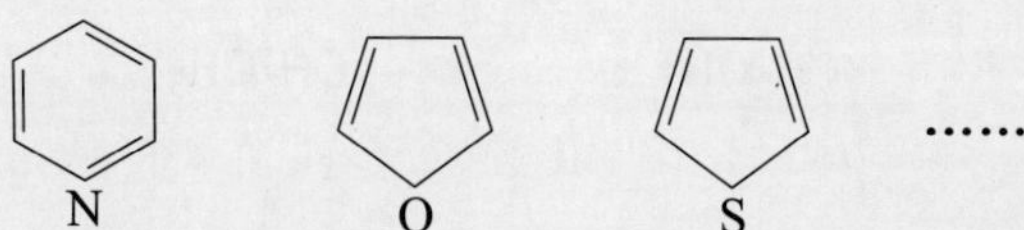

则 N，O，S 均变成了 1 价原子，不能表示出 N，O，S 的价键成键情况，因而是错误的表达形式。而苯胺、苯酚、苯磺酸等碳环化合物的结构式分别为

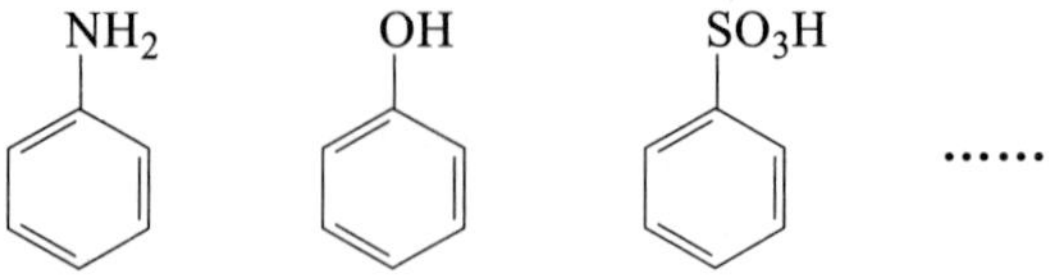

NH_2　　OH　　SO_3H　　……

其中 N，O，S 则是非嵌进的。

在杂环化合物中，杂原子（如 N，O，S 等）并不都是嵌进的，如果把不该嵌进的杂原子嵌进了就会出错。例如邻氨基偶氮甲苯的结构式应排为

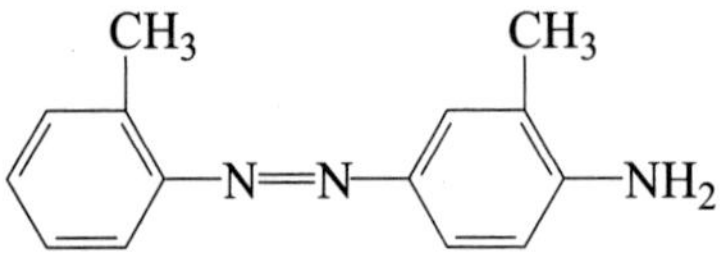

CH_3　CH_3　N=N　NH_2　但不能排为　CH_3　CH_3　N=N　NH_2

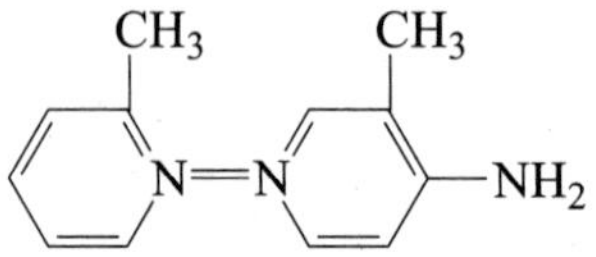

（5）遇有箭头表示连接的情况，箭头的起止点必须对准相应的元素符号。例如：

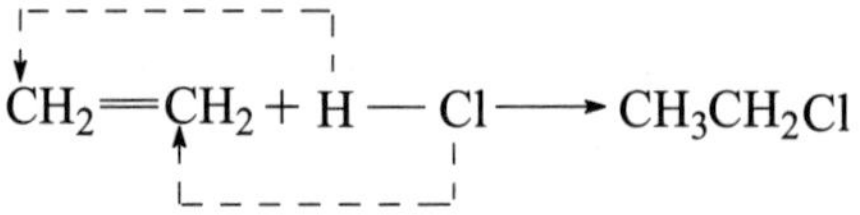

$$CH_2=CH_2 + H-Cl \longrightarrow CH_3CH_2Cl$$

7.3.2.4　位序排法

链状或环状结构式中，为方便命名和标出取代基，应为各碳原子标出位序（位次）。

（1）对于链状结构式，其位序用阿拉伯数字排于碳原子 C 的上方、下方、左上角或右上角，但不能排在 C 的右下角，若排在右下角就会与分子式中的阿拉伯数字下标相混淆。如果正文用 5 号字，则位序一般用 7 号字。例如，标有位序的 2，2，4-三甲基己烷的结构式为

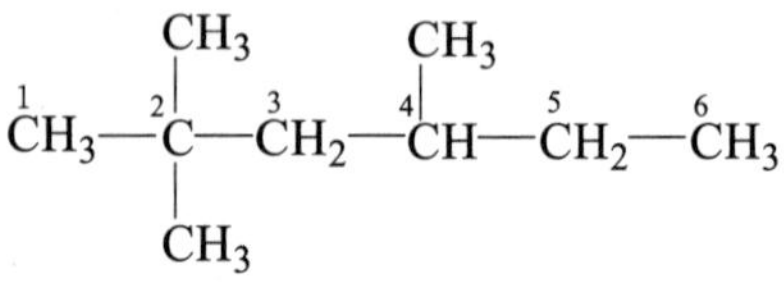

$$\overset{1}{C}H_3-\overset{2}{C}(CH_3)_2-\overset{3}{C}H_2-\overset{4}{C}H(CH_3)-\overset{5}{C}H_2-\overset{6}{C}H_3$$

（2）对于环状结构式，其位序用阿拉伯数字排在环外或环内的搭角处；有时也可把部分位序排于环外，部分位序排于环内（位序不论在环内还是环外，都应排在搭角处）；如果结构式中有星号，则可将星号置于碳原子的右上角；如果结构式中既有位序又有星号，则可把位序和星号分别置于键的两侧。例如：标有位序的 1-甲基-4-乙基环己烷的结构式为

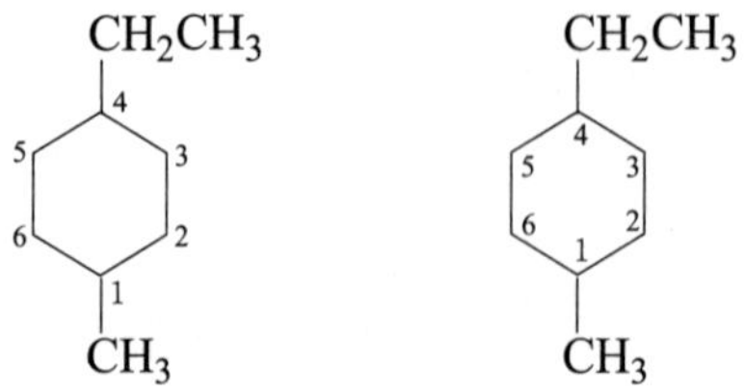

CH_2CH_3　4　5　3　6　2　1　CH_3　　CH_2CH_3　4　5　3　6　2　1　CH_3

标有位序的 9，10-蒽醌（$C_{14}H_8O_2$）的结构式为

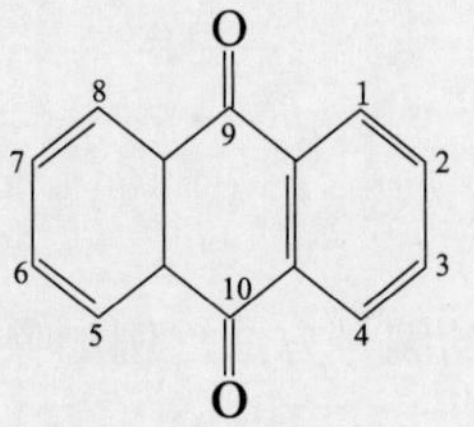

标有星号的酒石酸（$C_4H_6O_6$）的结构式为

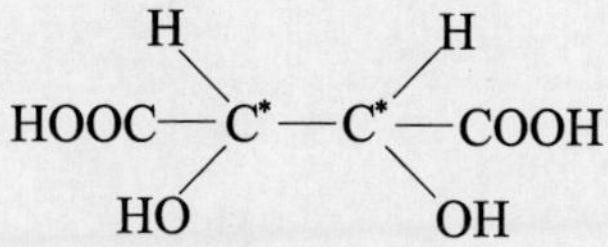

标有位序和星号的葡萄糖（$C_6H_{12}O_6$）的结构式为

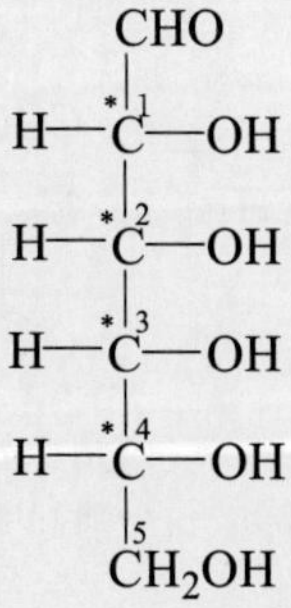

（3）对于杂环结构式，若环上有取代基，则必须按以下规则给母体环编号。

①从杂原子开始编号，杂原子位序为 1。当环上只有一个杂原子时，还可用希腊字母编号，与杂原子直接相连的碳原子为 α 位，其后依次为 β，γ 位。五元杂环只有 α，β 位，六元杂环则有 α，β，γ 位。例如：

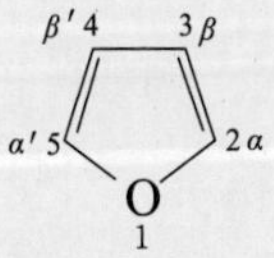

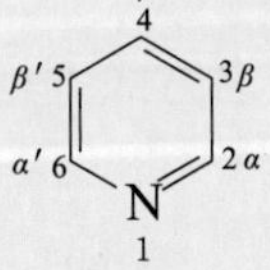

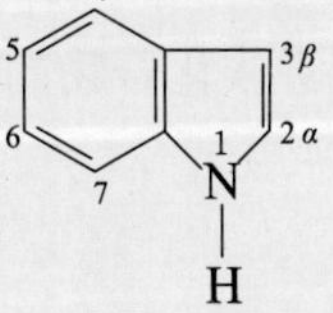

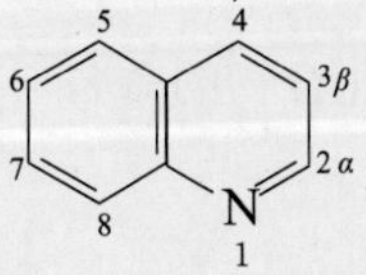

②若含有多个相同的杂原子，则从连有氢或取代基的杂原子开始编号，并使其他杂原子的位序尽可能最小。例如咪唑环的编号形式：

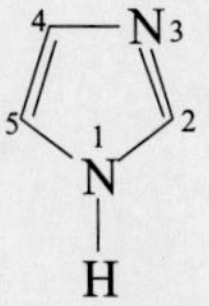

③若含有不相同的杂原子，则按 N，O，S 的顺序编号。例如噻唑环的编号形式：

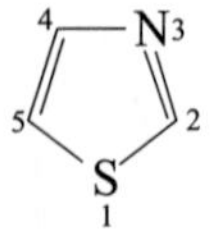

④某些特殊的稠杂环具有特定的编号方法。例如嘌呤环的编号形式：

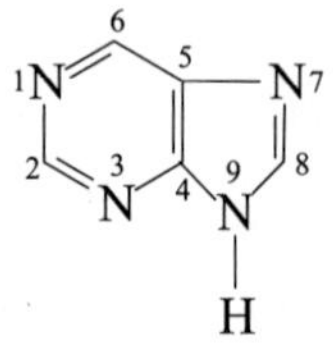

杂环母体名称及编号确定后，环上取代基可按照芳香族化合物的命名原则来处理。例如：

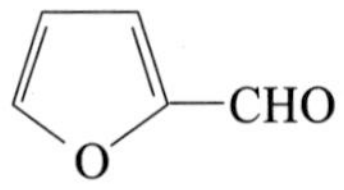

2-呋喃甲醛
（α-呋喃甲醛）

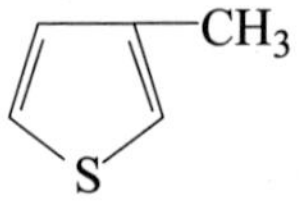

3-甲基噻吩
（β-甲基噻吩）

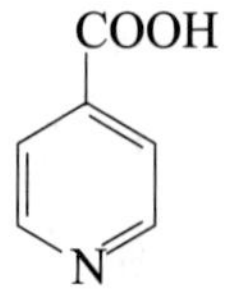

4-吡啶甲酸
（γ-吡啶甲酸）

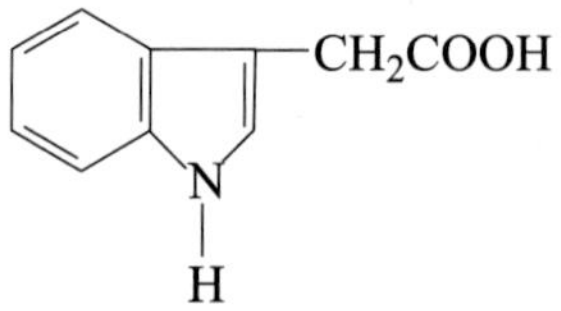

3-吲哚乙酸
（β-吲哚乙酸）

当氮原子上连有取代基时，常用 *N* 表示取代基的位序。例如：

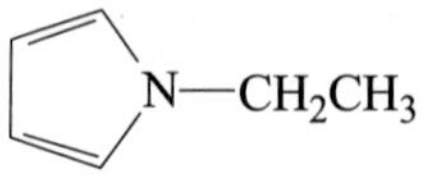

N-乙基吡咯

有些稠杂环化合物的命名与芳香族化合物的命名方式不相同。例如：

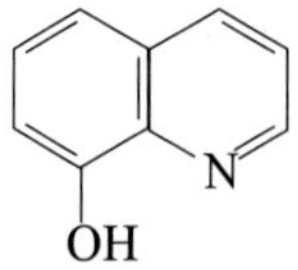

8-羟基喹啉（不叫 8-喹啉酚）

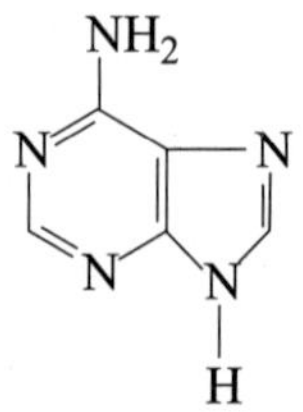

6-氨基嘌呤（不叫 6-嘌呤胺）

7.3.2.5 改排或转行

结构式横向较长或竖向较高而在有限版面内难排或排不下时，应做技术处理，如改排或转行，保持结构式原义，满足版面要求。这样做的依据是，键号在上、下、左、右等各方向上是等价的。例如：可将特屈儿（学名为 2，4，6-三硝基苯甲硝胺，分子式为 $C_7H_5N_5O_8$）的结构式

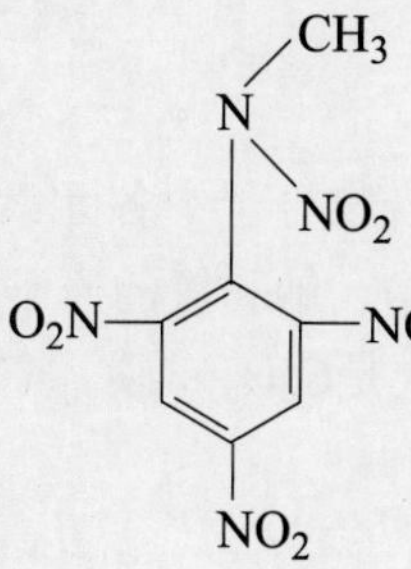

改排为

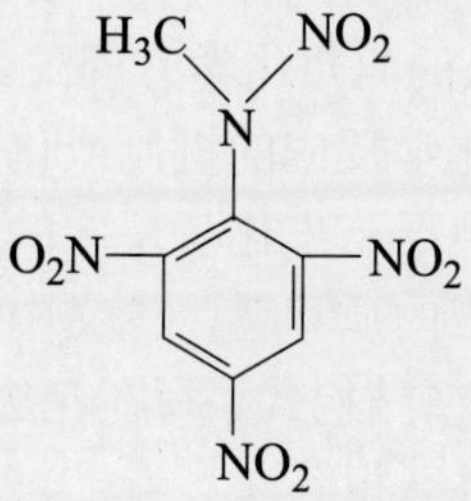

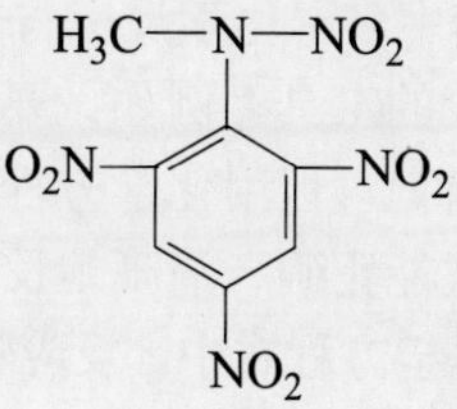

或

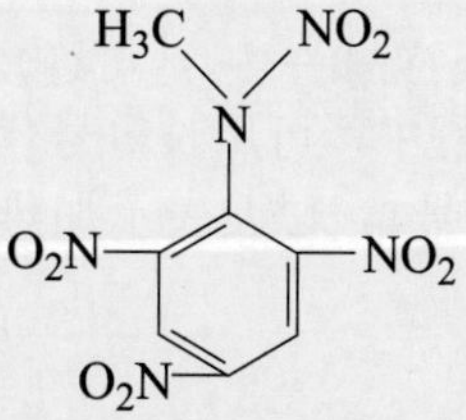

或

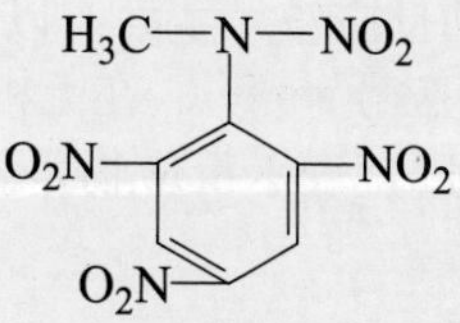

结构式转行时可参照数学式转行新规则，最好在紧靠其中键号（或箭头）后断开，而在下一行开头不应重复这一键号（或箭头）。例如：可将媒染纯黄的以下结构式

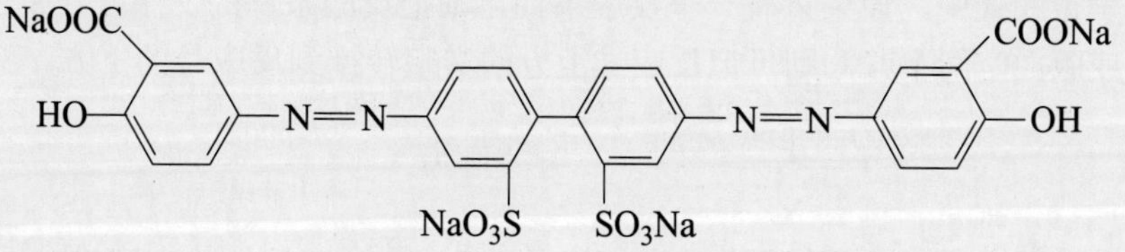

转行排为

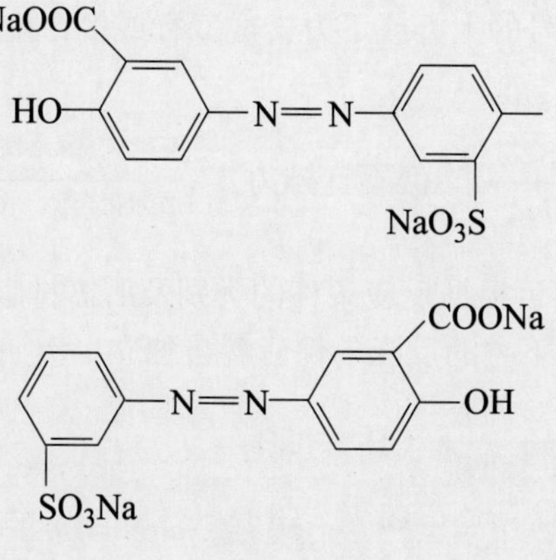

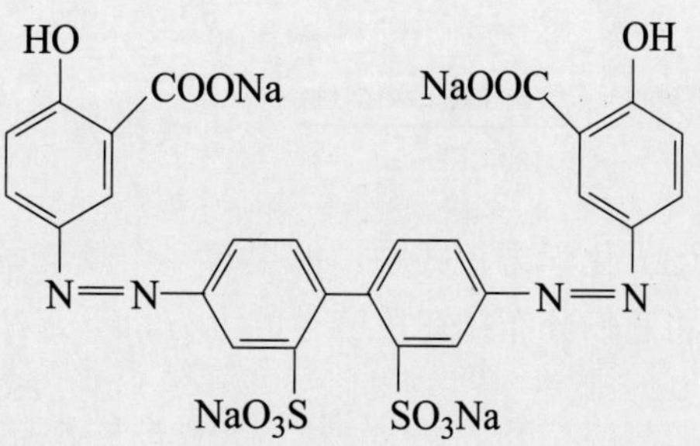

7.3.3　实验式

实验式是用化学元素符号表示化合物分子中各元素的原子数比例关系的化学式。例如：氯化钠的实验式是 NaCl（同其分子式），钠和氯的原子数比例是 1∶1；乙炔和苯的实验式是 CH（乙炔的分子式是C_2H_2，苯的分子式是C_6H_6），碳、氢的原子数比例均是1∶1。

7.3.4　化学方程式

化学方程式又称化学反应式，是用反应物和生成物的分子式（结构式）表示化学反应始态和终态的式子，其中表示化学反应与热效应关系的叫热化学方程式。它是精练的化学语言，是研究化学必不可少的工具。例如：要阐明某种化学反应的机制或化合物的合成路线，用文字叙述常难以表达清楚，但用化学方程式可清晰地展示出化学反应的进程、机制、产物和副产物等。化学方程式能正确、清晰地反映化学反应的质和量，论文中涉及定量化学计算时应写出化学方程式。化学方程式中，反应物的分子式（结构式）写在左边，生成物的分子式（结构式）写在右边，式子两边相同元素的原子数目必须相等。

1. 反应符号

化学方程式中的反应符号主要有以下几种：反应号 $\longrightarrow$；可逆反应号 $\rightleftharpoons$；不可逆反应号 $=\!=\!=$；不能反应号 $\not=$ 。在无机物反应方程中，可用长等号代替反应号。此外，还有表示气体挥发的符号↑，表示反应物是沉淀物的符号↓，以及表示加热条件的符号△（注意不应是希腊字母 Δ）。

2. 反应条件

化学方程式中的反应条件（如温度、浓度、压力、催化剂等）可用国际通用符号或中、外文字予以说明，通常排在反应号的上方或下方。反应条件文字的字号比化学方程式文字的字号要小，如果化学方程式用 5 号字，则反应条件多用 6 号或 7 号字。

（1）化学方程式中，如果只有一个反应条件，则把反应条件的文字排在反应号的上方；若字数较多或版面空间不够，则可把反应号上方的文字转排到反应号的下方。例如：

$$\xrightarrow{\text{氨基作用和氧化作用}} \quad \text{可改排为} \quad \xrightarrow[\text{氧化作用}]{\text{氨基作用和}}$$

（2）化学方程式中，如果有两个反应条件，则将一个反应条件的文字排在反应号的上方，另一个排在下方，即反应号上、下方的反应条件文字应各自独立。注意：不宜把反应号上方的文字转排到下方，但可以将文字多的一行在反应号的上方或下方转成双行或多行排。例如：

$$\xrightarrow[\text{100 ℃}]{\text{亚硝基五氰络铁酸钠二水化合物}} \quad \text{可改排为} \quad \xrightarrow[\text{100 ℃}]{\substack{\text{亚硝基五氰络铁}\\ \text{酸钠二水化合物}}} \quad \text{但不宜排为} \quad \xrightarrow[\text{二水化合物，100 ℃}]{\text{亚硝基五氰络铁酸钠}}$$

（3）化学方程式中，如果有多个反应条件，则可根据反应条件的类别及所需排版空间合理地将它们分布排在反应号的上方、下方，但上、下方的反应条件应各自独立。例如：

$$CH_2{=\!=}CH_2 + Cl_2 \xrightarrow[\text{40 ℃，0.1～0.2 MPa}]{FeCl_3\text{，1，2-二氯乙烷}} \underset{\displaystyle Cl}{\underset{|}{CH_2}}{-}\underset{\displaystyle Cl}{\underset{|}{CH_2}}$$

（4）对于可逆反应过程，由于正反应条件不一定等于逆反应条件，因此不能把可逆反应号上方的文字转排到可逆反应号的下方。

3. 一般排法

化学方程式通常另行排，排版字号一般与正文文字的字号相同。当几个化学方程式并列排时，一般应遵循各自另行排或以反应符号上下对齐的原则。例如：

$$Na^+ + CN^- \longrightarrow NaCN$$

$$2NaCN + FeSO_4 \longrightarrow Na_2SO_4 + Fe(CN)_2$$

$$Fe(CN)_2 + 4NaCN \longrightarrow Na_4Fe(CN)_6$$

$$NH_4Cl + H_2O \rightleftharpoons NH_4OH + HCl$$

离子化合价数应排在离子符号的右上角。例如：

$$Ba^{2+} + SO_4^{2-} \longrightarrow BaSO_4$$

化学反应的热效应与化学反应进行的条件（如温度、压力、恒压还是恒容等）直接有关，并与反应物和生成物的物态及数量有关，所以写排热化学方程式时，除注意一般化学方程式的排法外，还要特别注意以下原则：

（1）在反应号上、下方注明反应进行的条件；

（2）在各物质化学式的右侧括号中注明各物质的物态或浓度；

（3）在各物质化学式前面正确写出系数（化学计量数），该系数可以是整数或简单分数；

（4）将方程式排在左边或上方，右边或下方给出相应的标准焓变（或摩尔焓变），方程式与标准焓变之间用逗号、分号或空格分隔。

例如：1 mol 碳、1 mol 氧气在 25 ℃和 100 kPa 条件下生成 1 mol 二氧化碳时放出 393 kJ 的热量，其热化学方程式可表达为

$$C(s) + O_2(g) \xrightarrow[100\ \text{kPa}]{25℃} CO_2(g),\quad \Delta H = -393\ \text{kJ}$$

式中，s 表示固态；g 表示气态（如果表示液态，则用英文小写字母 l）；ΔH 表示反应热量，其值为负表示放热（如果表示吸热则用正值）。

4. 转行排法

参照 GB 3102.11—1993 规定的数学式转行新规则，笔者认为化学方程式转行时，最好在紧靠其中记号（包括反应号、加号、键号，如“ $\longrightarrow$ ”“ $\rightleftharpoons$ ”“ $=\!=\!=$ ”“＋”“—”“＝”“ $\equiv$ ”等）后断开，而在下一行开头不应重复这一记号。例如：

$$\underset{\substack{|\\ CH_3}}{CH_3CH}CH_2OH + SOCl_2 \xrightarrow[\text{加热回流}]{\text{吡啶}}$$

$$\underset{\substack{|\\ CH_3}}{CH_3CH}CH_2Cl + SO_2\uparrow + HCl\uparrow$$

参考文献

参考文献就是论文中引用前人（包括作者自己）已发表的有关文献或其他资料。引自参考文献中的成果，如原理、观点、方法、数据、图表、式子和结果等，均应对所引文献在文中引用的地方予以标注，并在文后列出、著录这些参考文献。参考文献标注和著录（合称引用）是科技论文不可缺少的重要组成部分，其引用的质量和数量是评价论文质量、水平及其起点、深度、科学依据的重要指标，也是进行引文统计分析的重要信息源之一。多数文献收录机构或索引系统通常除收录论文的题名、摘要外，还收录其参考文献。参考文献已成为通过其 DOI 实现文献全球互联的基础技术条件。

8.1　参考文献的概念

参考文献是对一个信息资源或其中一部分进行准确和详细著录的数据，位于文末或文中的信息源，分为阅读型和引文两类，前者是著者为撰写或编辑文章而阅读过的信息资源，或供读者进一步阅读的信息资源，后者是著者为撰写或编辑文章而引用的信息资源。撰写文章作者需要阅读充足的文献，阅读过的文献即为阅读型参考文献；写作的成品需要从其所阅读过的相关文献中选择出有代表性的、典型的文献，在文中合适的位置进行标注，并在文后以列表的形式按某种顺序和著录格式进行列示。这种被标注、列示的文献即为引文参考文献。对某一特定文章的参考文献来说，引文参考文献是阅读型参考文献的子集。

论文中引用参考文献的作用主要有：倡导引领学术诚信，培育伦理道德，保留完整记录；科学继承、发展，尊重知识产权，使信息资源共享；反映作者科学态度及论文科学依据，评价论文水平；区别作者与前人成果，尊重他人，避免抄袭剽窃嫌疑；索引导航，方便读者查找和了解相关文献或资料；省去无用的重复，精简语句、缩短篇幅，方便叙述；有助于情报、文献计量学研究，助推学科、科学发展；引文分析，对期刊水准做出较为客观公正的评价。

8.2　参考文献类型和标识

8.2.1　参考文献类型

参考文献类型多种多样，如图 8-1 所示，不同类参考文献的著录项目与著录格式不同。

参考文献类别
- 专著：普通图书、学位论文、会议文集、报告、标准、古籍、汇编、多卷书、丛书等
- 连续出版物：期刊、报纸等
- 析出文献：普通图书中的析出文献、期刊中的析出文献、会议文集中的析出文献、报纸中的析出文献等
- 专利文献：专利申请书、专利说明书、专利公报、专利年度索引等
- 电子资源：电子公告、电子图书、电子期刊、数据库等

图 8-1　参考文献类型

专著（monograph）是以单行本或多卷册形式出版的印刷型或非印刷型出版物（在限定的期限内出齐），包括普通图书、学位论文、会议文集、报告、标准、汇编等。（档案以出版物的形式出现时，可列为专著，如中国清朝档案汇总、政府公文汇总、法律法规文件汇总等；否则，就不属专著，如一般形式的中国清朝档案、政府公文、法律法规文件等。）

连续出版物（serial）是通常载有年卷期号或年月顺序号，并计划无限期地连续出版发行的印刷或非印刷型出版物，如期刊（杂志）、报纸、年鉴、会刊等。

析出文献（contribution）是从整个信息资源中析出的具有独立篇名的文献，如专著或连续出版物中的析出文献。

专利文献（patent）是专利申请文件经国家主管专利的机关依法受理、审查合格后，定期出版的各种官方出版物的总称。

电子资源（electronic resource）也称数字化资源或数字资源，是以数字方式将图、文、声、像等信息存储在磁、光、电介质上，通过计算机、网络或相关设备使用的记录有知识内容或艺术内容的信息资源，包括电子公告、电子图书、电子期刊、数据库等。它是随着计算机、信息及网络技术的发展而产生的一种新型文献产品，是以数字形式发布、存取、利用的信息资源，其出现和迅猛发展使原有的文献载体更加多样化。

8.2.2 参考文献类型标识

参考文献著录格式中包含文献类型标识，可依据 GB / T 7714—2015《信息与文献 参考文献著录规则》附录 B《文献类型与文献载体标识代码》著录，对于电子资源不仅要著录文献类型标识，还要著录文献载体标识。文献类型和标识代码、电子资源载体类型和标识代码分别如表 8-1、表 8-2 所示，电子资源文献、载体类型和标识代码示例如表 8-3 所示。

表 8-1 文献类型和标识代码

参考文献类型	文献类型标识代码	英 文 名
普通图书	M	monograph
会议文集（论文集、会议录）	C	conference works
汇编	G	gather
报纸	N	newspaper
期刊	J	journal
学位论文	D	dissertation
报告	R	report
标准	S	standard
专利	P	patent
数据库	DB	database
计算机程序	CP	computer program
电子公告	EB	electronic bulletin board
档案	A	archive
舆图	CM	chorographic map
数据集	DS	data set
其他	Z	

表 8-2 电子资源载体类型和标识代码

电子资源载体类型	载体类型标识代码	英 文 名
磁带	MT	magnetic tape
磁盘	DK	disk
光盘	CD	CD-ROM
联机网络	OL	online

表 8-3　电子资源文献、载体类型和标识代码示例

文献、载体类型	标识代码	英 文 名
联机网络数据库	DB / OL	database online
磁带数据库	DB / MT	database on magnetic tape
光盘数据库	DB / CD	database on CD-ROM
联机网络学位论文	D / OL	dissertation online
光盘普通图书	M / CD	monograph on CD-ROM
光盘会议文集	C / CD	conference works on CD-ROM
联机网络会议文集	C / OL	conference works online
磁盘计算机程序	CP / DK	computer program on disk
联机网络期刊	J / OL	journal online
联机网络电子公告	EB / OL	electronic bulletin board online

8.3　参考文献标注法

8.3.1　顺序编码制

顺序编码制是引文参考文献的一种标注体系——引文采用序号标注，相应地，文后参考文献表中各篇文献按照正文部分标注的序号依次列出。

用顺序编码制标注参考文献有以下原则。

（1）按正文中引用的文献出现的先后顺序连续编码，将序号置于方括号中（在正文引用处用上标或平排形式的阿拉伯数字表示序号）。顺序编码制用脚注方式时，序号可由计算机自动生成圈码。

示例 1：引用单篇文献，序号置于上标方括号中

……德国学者 N. 克罗斯研究了瑞士巴塞尔市附近侏罗山中老第三纪断裂对第三系褶皱的控制[235]；之后，他又描述了西里西亚第 3 条大型的近南北向构造带，并提出地槽是在不均一的块体的基底上发展的思想[236]。

示例 2：引用单篇文献，序号置于平排方括号中

本文提出一种对文献［18］中的方法的简便修正方法。

示例 3：引用单篇文献，序号由计算机自动生成圈码

……所谓“移情”，就是“说话人将自己认同于……他用句子所描写的事件或状态中的一个参与者”①。《汉语大词典》和张相②都认为“可”是“痊愈”，侯精一认为是“减轻”③。……另外，根据侯精一，表示病痛程度减轻的形容词“可”和表示逆转否定的副词“可”是兼类词④，这也说明二者应该存在源流关系。

（2）同一处引用多篇文献时，应将各篇文献的序号在方括号内全部列出，各序号间用“，”分隔，如遇连续序号，起讫序号间用短横线连接。此规则不适用于计算机自动编码的序号。

示例 4：引用多篇文献，连续序号间用短横线连接，并以上标的形式呈现

秦红玲等[2−5]对磁悬浮轴承系统的模糊滑模变结构控制进行了研究。

示例 5：引用多篇文献，连续序号间用短横线连接，并以平排的形式呈现

秦红玲等对磁悬浮轴承系统的模糊滑模变结构控制进行了研究，参见文献［2−5］。

示例 6：引用多篇文献，非连续序号依次单独出现，连续序号间用短横线连接，并以上标的形式呈现

用多种优化模型[3, 5, 12−15]模拟表明本文方法具有传统方法无可比拟的优越性。

示例7：引用多篇文献，非连续序号依次单独出现，连续序号间用短横线连接，并以平排的形式呈现

文献［3, 5, 12−15］用多种优化模型模拟表明本文方法具有传统方法无可比拟的优越性。

（3）多次引用同一著者的同一文献时，在正文中标注首次引用的文献序号，并在序号的“[ ]”外著录引文页码。如果用计算机自动编序号，则应重复著录参考文献，但参考文献表中的著录项目可简化为文献序号及引文页码，参见本条款的示例9（参考文献表中④）。

示例8：多次引用同一著者的同一文献的序号

……改变社会规范也可能存在类似的“二阶囚徒困境”问题：尽管改变旧的规范对所有人都好，但个人理性选择使得没有人愿意率先违反旧的规范[1]。……事实上，古希腊对轴心时代思想真正的贡献不是来自对民主的赞扬，而是来自对民主制度的批评，苏格拉底、柏拉图和亚里士多德3位贤圣都是民主制度的坚决反对者[2] 260。……柏拉图在西方世界的影响力是如此之大以至于有学者评论说，一切后世的思想都是一系列为柏拉图思想所作的脚注[3]。……据《唐会要》记载，当时拆毁的寺院有4600余所，招提、兰若等佛教建筑4万余所，没收寺产，并强迫僧尼还俗达260 500人。佛教受到极大的打击[2]326−329。……陈登原先生的考证是非常精确的，他印证了《春秋说题辞》“黍者绪也，故其立字，禾人米为黍，为酒以扶老，为酒以序尊卑，禾为柔物，亦宜养老”，指出：“以上谓等威之辨，尊卑之序，由于饮食荣辱。”[4]

参考文献：

［1］SUNSTEIN C R. Social norms and social roles［J / OL］. Columbia law review，1996，96：903［2012-01-26］. http://www.heinonline.org / HOL / Page?handle=hein.journals / clr96&id=913&collection=journals&index=journals / clr.

［2］MORRI I. Why the west rules for now：the patterns of history，and what they reveal about the future［M］. New York：Farrar，Straus and Giroux，2010.

［3］罗杰斯. 西方文明史：问题与源头［M］. 潘惠霞，魏婧，杨艳等，译. 大连：东北财经大学出版社，2011：15−16.

［4］陈登原. 国史旧闻：第1卷［M］. 北京：中华书局，2000：29.

示例9：多次引用同一著者的同一文献的脚注序号

……改变社会规范也可能存在类似的“二阶囚徒困境”问题：尽管改变旧的规范对所有人都好，但个人理性选择使得没有人愿意率先违反旧的规范①。……事实上，古希腊对轴心时代思想真正的贡献不是来自对民主的赞扬，而是来自对民主制度的批评，苏格拉底、柏拉图和亚里士多德3位贤圣都是民主制度的坚决反对者②。……柏拉图在西方世界的影响力是如此之大以至于有学者评论说，一切后世的思想都是一系列为柏拉图思想所作的脚注③。……据《唐会要》记载，当时拆毁的寺院有4600余所，招提、兰若等佛教建筑4万余所，没收寺产，并强迫僧尼还俗达260 500人。佛教受到极大的打击④。……陈登原先生的考证是非常精确的，他印证了《春秋说题辞》“黍者绪也，故其立字，禾人米为黍，为酒以扶老，为酒以序尊卑，禾为柔物，亦宜养老”，指出：“以上谓等威之辨，尊卑之序，由于饮食荣辱。”⑤

参考文献：

① SUNSTEIN C R. Social norms and social roles［J / OL］. Columbia Law Review，1996，96：903［2012-01-26］. http://www.heinonline.org / HOL / Page?handle=hein.journals / clr96&id=913&collection=journals&index=journals / clr.

② MORRI I. Why the west rules for now：the patterns of history，and what they reveal about the future［M］. New York：Farrar，Straus and Giroux，2010.

③ 罗杰斯. 西方文明史：问题与源头［M］. 潘惠霞，魏婧，杨艳，等译. 大连：东北财经大学出版社，2011：15−16.

④ 同②326−329.

⑤ 陈登原. 国史旧闻：第1卷［M］. 北京：中华书局，2000：29.

8.3.2　著者-出版年制

著者-出版年制是引文参考文献的另一种标注体系——引文采用著者-出版年标注，参考文献表按著者字顺（姓氏笔画或姓氏首字母的顺序）和出版年排序。

用著者-出版年制标注参考文献有以下原则。

（1）正文引用的文献采用著者-出版年制时，各篇文献的标注内容由著者姓氏与出版年构成，并置于“（）”内。倘若只标注著者姓氏无法识别人名时，可标注著者姓名，例如中国人、韩国人、日本人用汉字书写的姓名。集体著者著述的文献可标注机关团体名称。倘若正文中已提及著者姓名，则在其后的“（）”内只著录出版年。

示例 1：引用单篇文献

The notion of an invisible college has been explored in the sciences (Crane, 1972). Its absence among historians was noted by Stieg (1981)…

参考文献：

CRANE D, 1972. Invisible college [M]. Chicago: Univ. Chicago Press.

STIEG M F, 1981. The information needs historians [J]. College and Research Libraries, 42 (6): 549–560.

（2）正文中引用多著者文献时，对中国著者应标注第一著者的姓名，其后附“等”字；对欧美著者只需标注第一著者的姓氏，其后附“et al.”（中文论文中附“等”字更适合——笔者注）。姓名与“等”之间加逗号，姓氏与“et al.”之间留适当空隙。

（3）在参考文献表中著录同一著者在同一年出版的多篇文献时，出版年后应该用小写字母 a，b，c…区别。例如：

示例 2：引用同一著者同年出版的多篇中文文献

王临惠，等，2010a. 天津方言的源流关系刍议[J]. 山西师范大学学报（社会科学版），37(4)：147.

王临惠，2010b. 从几组声母的演变看天津方言形成的自然条件和历史条件[C]//曹志耘. 汉语方言的地理语言学研究：首届中国地理语言学国际学术研讨会论文集. 北京：北京语言大学出版社：138.

示例 3：引用同一著者同年出版的多篇英文文献

KENNEDY W J, GARRISON R E, 1975a. Morphology and genesis of nodular chalks and hardgrounds in the Upper Cretaceous of Southern England [J]. Sedimentology, 22: 311.

KENNEDY W J, GARRISON R E, 1975b. Morphology and genesis of nodular phosphates in the Cenomanian of South-east England [J]. Lethaia, 8: 339.

（4）多次引用同一著者的同一文献，在正文中标注著者与出版年，并在“（）”外以角标的形式著录引文页码。

示例 4：多次引用同一著者的同一文献

主编靠编辑思想指挥全局已是编辑界的共识（张忠智，1997），然而对编辑思想至今没有一个明确的界定，故不妨提出一个构架……参与讨论。由于“思想”的内涵是“客观存在反映在人的意识中经过思维活动而产生的结果”（中国社会科学院语言研究所词典编辑室，1996）[1194]，所以“编辑思想”的内涵就是编辑实践反映在编辑工作者的意识中，“经过思维活动而产生的结果”。……《中国青年》杂志社创办人追求的高格调——理性的成熟与热点的凝聚（刘彻东，1998），表明其读者群的文化的品位的高层次……“方针”指“引导事业前进的方向和目标”（中国社会科学院语言研究所词典编辑室，1996）[235]。……对编辑方针，1981 年中国科协副主席裴丽生曾有过科学的论断——“自然科学学术期刊应坚持以马克思列宁主义、毛泽东思想为指导，贯彻为国民经济发展服务，理论与实践相结合，普及与提高相结合，‘百花齐放，百家争鸣’的方针。”（裴丽生，1981）它完整地回答了为谁服务，怎样服务，如何服务得更好的问题。

…………

参考文献：

裴丽生，1981. 在中国科协学术期刊编辑工作经验交流会上的讲话[C]//中国科协学术协会. 中国科协学术期刊编辑工作经验交流会资料选. 北京：中国科协学术协会学会工作部：2-10.
刘彻东，1998. 中国的青年刊物：个性特色为本 [J]. 中国出版(6)：38-39.
张忠智，1997. 科技书刊的总编（主编）的角色要求 [C]//中国科学技术期刊编辑学会. 中国科学技术期刊编辑学会建会十周年学术研讨会论文汇编. 北京：中国科学技术期刊编辑学会学术委员会：33-34.
中国社会科学院语言研究所词典编辑室，1996. 现代汉语词典 [M]. 修订本. 北京：商务印书馆.

8.4　参考文献表组织

参考文献表可按顺序编码制组织，也可按著者-出版年制组织，集中著录在文后。

8.4.1　按顺序编码制组织

参考文献表按顺序编码制组织时，各篇文献应按正文部分标注的序号依次列出。例如：

示例：

[1] BAKER S K，JACKSON M E. The future of resource sharing [M]. New York：The Haworth Press，1995.
[2] CHERNIK B E. Introduction to library services for library technicians [M]. Littleton，Colo.：Libraries Unlimited，Inc.，1982.
[3] 尼葛洛庞帝. 数字化生存[M]. 胡泳，范海燕，译. 海口：海南出版社，1996.
[4] 汪冰. 电子图书馆理论与实践研究[M]. 北京：北京图书馆出版社，1997：16.
[5] 杨宗英. 电子图书馆的现实模型[J]. 中国图书馆学报，1996(2)：24-29.
[6] DOWLER L. The research university's dilemma：resource sharing and research in a transinstitutional environment [J]. Journal of Library Administration，1995，21(1/2)：5-26.

8.4.2　按著者-出版年制组织

参考文献表按著者-出版年制组织时，各篇文献首先按文种集中，可分为中文、日文、西文、俄文、其他文种五部分；然后按著者字顺和出版年排列。中文文献可以按著者汉语拼音字顺排列，也可以按著者的笔画笔顺（“一”“丨”“丿”“、”“乛”）排列；西文文献按姓名首字母的顺序排列。

示例：

尼葛洛庞帝，1996. 数字化生存[M]. 胡泳，范海燕，译. 海口：海南出版社.
汪冰，1997. 电子图书馆理论与实践研究[M]. 北京：北京图书馆出版社：16.
杨宗英，1996. 电子图书馆的现实模型[J]. 中国图书馆学报(2)：24-29.
BAKER S K，JACKSON M E，1995. The future of resource sharing [M]. New York：The Haworth Press.
CHERNIK B E，1982. Introduction to library services for library technicians [M]. Littleton，Colo.：Libraries Unlimited，Inc..
DOWLER L，1995. The research university's dilemma：resource sharing and research in a transinstitutional environment[J]. Journal of Library Administration，21(1/2)：5-26.

8.5　参考文献引用示例

采用顺序编码制的参考文献引用［标注和著录（参考文献表）］示例：

现有制造系统的共同特点是基本不具有可重构性，当市场需求发生变化时会导致大量设备闲置、报废，造成资源、能源浪费。可重构制造系统（reconfigurable manufacturing system，RMS）的实施是解决这一问题的根本途径，可重构的本质是在制造系统全生命周期内通过逻辑或物理构形变化而获得最大生产柔性[1-2]。发达国家从 20 世纪 90 年代中期开展了有关研究，但目前还没有成熟完善的 RMS 实现方法，研究 RMS 的实现方法有重要意义。

RMS 的实现可通过改变可重构机床的模块化构件，或通过移动、更换或添加可移动性设备，或以逻辑重构方式生成虚拟制造单元（virtual manufacturing cell，VMC）来进行。……例如，BABU 等[3]基于不同秩聚类（rank order clustering，ROC）提出可生成多种单元构形的单元生成算法，但没有考虑系统的单元共享，而且还需主观设置一些参数；SARKER 等[4]开发出基于工艺路线和调度而不是单元共享的 VMC 生成方法，用以在多工件和多机床调度系统中寻找最短生产路线；RATCHEV[5]提出基于“资源元”的类能力模式的制造单元生成方法，将工艺需求动态地与制造系统加工能力相匹配；KO 等[6–7]基于“机床模式”的概念给出可实现机床共享的 VMC 生成算法。目前对制造单元的研究主要集中在单元生成及计划上，很少有人将其应用到 RMS 中，本文应用相似性理论提出“设备集合模式”的概念，并给出在某些假设成立时的 VMC 生成方法，以实现 RMS 的逻辑重构[1, 6–8]。

参考文献

[1] 梁福军，宁汝新. 可重构制造系统理论研究[J]. 机械工程学报，2003，39(6)：36–43.

[2] KOREN Y，HEISEL U，JOVANE F，et al. Reconfigurable manufacturing systems[J]. Annals of the CIRP，1999，48(2)：527–540.

[3] BABU A S，NANDURKAR R N，THOMAS A. Development of virtual cellular manufacturing systems for SMEs[J]. Logistics Information Management，2000，13(4)：228–242.

[4] SARKER B R，LI Z. Job routing and operations scheduling：a network-based virtual cell formation approach[J]. Journal of the Operational Research Society，2001，52：673–681.

[5] RATCHEV S M. Concurrent process and facility prototyping for formation of virtual manufacturing cells[J]. Integrated Manufacturing System，2001，12(4)：306–315.

[6] KO K C，EGBELU P J. Virtual cell formation [J]. International Journal of Production Research，2003，41(11)：2365–2389.

[7] KO K C. Virtual production system [D]. IA，USA：Lowa State University，2000.

[8] 赵汝嘉. 先进制造系统导论[M]. 北京：机械工业出版社，2003.

以下为上述采用顺序编码制的参考文献引用改用著者-出版年制的示例：

现有制造系统的共同特点是基本不具有可重构性，当市场需求发生变化时会导致大量设备闲置、报废，造成资源、能源浪费（梁福军等，2003）。可重构制造系统（reconfigurable manufacturing system，RMS）的实施是解决这一问题的根本途径，可重构的本质是在制造系统全生命周期内通过逻辑或物理构形变化而获得最大生产柔性（KOREN et al，1999）。发达国家从 20 世纪 90 年代中期开展了有关研究，但目前还没有成熟完善的 RMS 实现方法，研究 RMS 的实现方法有重要意义。

RMS 的实现可通过改变可重构机床的模块化构件，或通过移动、更换或添加可移动性设备，或以逻辑重构方式生成虚拟制造单元（virtual manufacturing cell，VMC）来进行。……例如，BABU 等（2000）基于不同秩聚类（rank order clustering，ROC）提出可生成多种单元构形的单元生成算法，但没有考虑系统的单元共享，而且还需主观设置一些参数；SARKER 等（2001）开发出基于工艺路线和调度而不是单元共享的 VMC 生成方法，用以在多工件和多机床调度系统中寻找最短生产路线；RATCHEV（2001）提出基于“资源元”的类能力模式的制造单元生成方法，将工艺需求动态地与制造系统加工能力相匹配；KO 等（2000，2003）基于“机床模式”的概念给出可实现机床共享的 VMC 生成算法。目前对制造单元的研究主要集中在单元生成及计划上，很少有人将其应用到 RMS 中，本文应用相似性理论提出“设备集合模式”的概念，并给出在某些假设成立时的 VMC 生成方法，以实现 RMS 的逻辑重构（梁福军等，2003；赵汝嘉，2003；KO et al.，2000，2003）。

参考文献

梁福军，宁汝新，2003. 可重构制造系统理论研究[J]. 机械工程学报，39(6)：36–43.

赵汝嘉，2003. 先进制造系统导论[M]. 北京：机械工业出版社.

BABU A S，NANDURKAR R N，THOMAS A，2000. Development of virtual cellular manufacturing systems for SMEs[J]. Logistics Information Management，13(4)：228–242.

KO K C，2000. Virtual production system [D]. IA，USA：Lowa State University.

KO K C，EGBELU P J，2003. Virtual cell formation [J]. International Journal of Production Research，41(11)：2365–2389.

KOREN Y，HEISEL U，JOVANE F，et al，1999. Reconfigurable manufacturing systems [J]. Annals of the CIRP，48(2)：527–540.

RATCHEV S M，2001. Concurrent process and facility prototyping for formation of virtual manufacturing cells [J]. Integrated Manufacturing System，12(4)：306–315.

SARKER B R，LI Z，2001. Job routing and operations scheduling：a network-based virtual cell formation approach[J]. Journal of the Operational Research Society，52：673–681.

8.6　参考文献著录项目和格式

参考文献著录应规范，做到著录项目完整、格式规范、与正文引证相符、姓名书写正确、信息项（如年份、卷号 / 期号 / 页码）全面或表达正确，不规范的著录将增加退稿概率，或增加返修次数，加长修改周期，推迟论文发表，而且还会影响论文的质量、科学性及可读性。作者应认真研读征稿简则（作者须知）或浏览样刊，对目标期刊的参考文献著录格式体例有清楚的了解。当然，文献种类、著录项目的多样性，不同类型文献的著录项目、格式的差异性，以及著录形式、细节的复杂性，都给参考文献著录带来麻烦。

参考文献著录有多种体系，著录方法较多，以下按国家标准 GB / T 7714—2015《信息与文献 参考文献著录规则》，对参考文献著录项目与著录格式进行阐述，并给出著录格式示例。

8.6.1　专著

专著著录项目：主要责任者[①]、题名项、其他责任者（任选）、版本项、出版项、获取和访问路径（电子资源必备）、DOI[②]（电子资源必备），如图 8-2 所示。

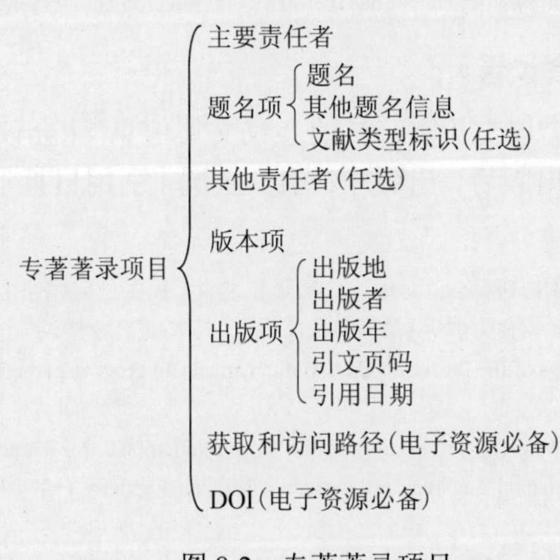

图 8-2　专著著录项目

专著著录格式：主要责任者. 题名：其他题名信息［文献类型标识/文献载体标识］. 其他责任者. 版本项. 出版地：出版者，出版年：引文页码［引用日期］. 获取和访问路径. DOI.

不同类别的专著在著录格式上会有差异，以下给出几种专著的著录格式及示例。

1. 普通图书

著录格式：主要责任者. 普通图书名：其他书名信息［普通图书标识/普通图书载体标识］. 其他责任者. 版本项. 出版地：出版者，出版年：引文页码[③]［引用日期］. 获取和访问路径. DOI. 例如：

①主要责任者主要负责创建信息资源的实体，即对信息资源的知识内容或艺术内容负主要责任的个人或团体，包括著者、编者、学位论文撰写者、专利申请者或专利权人、报告撰写者、标准提出者、析出文献的著者等。

②DOI（digital object identifier，数字对象标识符）是针对数字资源的全球唯一永久标识符，具有对资源进行永久命名标志、动态解析链接的特性，参见本书第 3 章。

③引用整本图书时无引文页码项。

[1] 梁福军. SCI 论文写作与投稿 [M]. 北京：机械工业出版社，2019.
[2] 梁福军. 科技语体语法、规范与修辞：上册[M]. 北京：清华大学出版社，2016.
[3] 汪应洛. 系统工程[M]. 3 版. 北京：机械工业出版社，2003.
[4] 中国图书馆分类法编辑委员会. 中国图书馆分类法[M]. 4 版. 北京：北京图书馆出版社，1999.
[5] 唐绪军. 报业经济与报业经营[M]. 北京：新华出版社，1999：117-121.
[6] 赵凯华，罗蔚茵. 新概念物理教程：力学[M]. 北京：高等教育出版社，1995.
[7] 康熙字典：巳集上：水部[M]. 同文书局影印本. 北京：中华书局，1962：50.
[8] 中国社会科学院语言研究所词典编辑室. 现代汉语词典[M]. 7 版. 北京：商务印书馆，2019.
[9] 亨利·基辛格. 世界秩序[M]. 胡利平，林华，曹爱菊，译. 北京：中信出版集团，2015.
[10] RICHARD O D，PETER E H，DAVID G S. 模式分类[M]. 李宏东，姚天翔等，译. 北京：机械工业出版社，中信出版社，2003.
[11] KOESTLER A. The ghost in the machine [M]. London：Hutchinson & Co (Publishers) Ltd，1967.
[12] ROOD H J. Logic and structured design for computer programmers [M]. 3rd ed. [S. l.]：Brooks /Cole-Thomson Learning，2001.
[13] 赵耀东. 新时代的工业工程师[M / OL]. 台北：天下文化出版社，1998 [1998-09-26]. http://www.ie.nthu.edu.tw/ info / ie.newie.htm (Big5).
[14] TURCOTTE D L. Fractals and chaos in geology and geophysics [M /OL] . New York：Cambridge University Press，1992 [1998-09-23]. http://www.seg.org / reviews / mccorm30.html.
[15] FAN X，SOMMERS C H. Food irradiation research and technology. 2nd ed. Ames，Iowa：Blackwell Publishing，2013：25-26 [2014-06-26]. http://onlinelibrary.wiley.com /doi /10.1002/9781118422557.ch2 /summary.

2. 会议文集（论文集、会议录）

著录格式：主要责任者. 会议文集名：其他会议文集信息① [会议文集标识/会议文集载体标识]. 其他责任者. 出版地：出版者，出版年：引文页码 [引用日期]. 获取和访问路径. DOI. 例如：

[1] 辛希孟. 信息技术与信息服务国际研讨会论文集：A 集[C]. 北京：中国社会科学出版社，1994.
[2] 中国力学学会. 第 3 届全国实验流体力学学术会议论文集[C]. 天津：[出版者不详]，1990.
[3] ROSENTHALL E M. Proceedings of the Fifth Canadian Mathematical Congress，University of Montreal，1961 [C]. Toronto：University of Toronto Press，1963.
[4] YUFIN S A. Geoecology and computers：proceedings of the Third International Conference on Advances of Computer Methods in Geotechnical and Geoenvironmental Engineering，Moscow，Russian，February 1-4，2000[C]. Rotterdam：A. A. Balkema，2000.
[5] 陈志勇. 中国财税文化价值研究：“中国财税文化国际学术研讨会”论文集 [C /OL]. 北京：经济科学出版社，2011 [2013-10-14]. http://apabi.lib.pku.edu.cn / usp / pku / pub.mvc?pid=book.detail & metaid=m.metaid=m.20110628-BPO-889-0135 & cult=CN.

3. 报告

著录格式：主要责任者. 报告名[报告标识/报告载体标识]. 报告地：报告单位，报告年②：引文页码 [引用日期]. 获取和访问路径. DOI. 例如：

[1] 宋健. 制造业与现代化[R]. 北京：人民大会堂，2002.
[2] 宁波市科学技术局. 2003 年度宁波科技进步报告[R]. 宁波：宁波出版社，2004.
[3] 康小明. 大型整体结构件加工变形问题研究：博士后出站报告[R]. 杭州：浙江大学，2002.
[4] U. S. Department of Transportation Federal Highway Administration. Guidelines for handling excavated acid-producting materials：PB 91-194001 [R]. Springfield：U. S. Department of Commerce National Information Service，1990.
[5] World Health Organization. Factors regulating the immune response：report of WHO Scientific Group[R]. Geneva：WHO，1970.
[6] CALKIN D，AGER A，THOMPSON M. A comparative risk assessment framework for wildland fire management：the 2010 cohesive strategy science report：RMRS-GTR-262 [R]. [S.l.：s.n.]，2011：8-9.

---

①其他会议文集信息可以包括有关会议的一些信息，如会议召开地点、国家和时间。
②“报告地：报告单位，报告年”也可为“出版地：出版者，出版年”。

［7］中华人民共和国国务院新闻办公室. 国防白皮书：中国武装力量的多样化运用［R /OL］. (2013-04-16)［2014-06-11］. http: //www.mod.gov.cn /affair /2013-04 /16 /content_4442839.htm.

［8］汤万金，杨跃翔，刘文，等. 人体安全重要技术标准研制最终报告：7178999X-2006BAK04A10 / 10.2013［R / OL］. (2013-09-30)［2014-06-24］. http: //www.nstrs.org.cn /xiangxiBG.aspx?id=41707.

4. 学位论文

著录格式：主要责任者. 学位论文名［学位论文标识/学位论文载体标识］. 保存地点：保存单位，年份：引文页码［引用日期］. 获取和访问路径. DOI. 例如：

［1］梁福军. 可重构制造系统（RMS）理论与方法研究［D］. 北京：北京理工大学，2005.

［2］SON S Y. Design principles and methodologies for reconfigurable machining system［D］. Michigan：University of Michigan，2000.

［3］杨保军. 新闻道德论［D /OL］. 北京：中国人民大学出版社，2010［2012-11-01］. http：//apabi.lib.pku.edu.cn /usp /pku / pub.mvc?pid=book.detail&metaid=m.20101104-BPO-889-1023&cult=CN.

［4］马欢. 人类活动影响下海河流域典型区水循环变化分析［D /OL］. 北京：清华大学，2011：27［2013-10-14］. http：//www.cnki.net / kcms / detail / detail.aspx?dbcode=CDFD&QueryID=0&CurRec=11&dbname=CDFDLAST2013& filename=1012035905.nh&uid=WEEvREcwSIJHSldTTGJhYIJRaEhGUXFQWVB6SGZXeisxdmVhV3ZyZkpoUnozeDE1b0paM0NmMjZiQ3p4TUdmcw=.

5. 标准

著录格式：主要责任者. 标准名标：标准编号（标准代号 顺序号—发布年）［标准标识/标准载体标识］. 出版地：出版者，出版年：引文页码［引用日期］. 获取和访问路径. DOI. 例如：

［1］国家技术监督局. 量和单位：GB 3100～3102—1993［S］. 北京：中国标准出版社，1994.

［2］中华人民共和国国家质量监督检验检疫总局，中国国家标准化管理委员会. 信息与文献　参考文献著录规则：GB /T 7714—2015［S］. 北京：中国标准出版社，2015：17-20.

［3］全国广播电视标准化技术委员会. 广播电视音像资料编目规范：第 2 部分　广播资料：GY /T 202.2—2007［S］. 北京：国家广播电影电视总局广播电视规划院，2007：1.

［4］国家环境保护局科技标准司. 土壤环境质量标准：GB 15616—1995［S /OL］. 北京：中国标准出版社，1996：2-3［2013-10-14］. http：//wenku.baidu.com /view /b950a34b767f5acaf1c7cd49.html.

［5］Information and documentation-the Dublin core metadata element set：ISO 15836：2009［S /OL］.［2013-03-24］. http：//www.iso.org /iso /home /store /catalogue_tc /catalogue_detail.htm?csnumber=52142.

6. 汇编

著录格式：主要责任者. 汇编名［汇编标识/汇编载体标识］. 出版地：出版者，出版年：引文页码［引用日期］. 获取和访问路径. DOI. 例如：

［1］机械工业信息研究院. 国外机械工业要览［G］. 北京：机械工业出版社，2001.

［2］中国职工教育研究会. 职工教育研究论文集［G］. 北京：人民教育出版社，1985.

［3］中共中央文献编辑委员会. 邓小平文选：第 3 卷［G］. 北京：人民出版社，2013.

［4］法律出版社法规中心. 婚姻家庭注释版法规专辑［G /OL］. 北京：法律出版社，2011［2016-03-03］. http: //baike.baidu.com /link?url=I-Pk0O0_CcPKLlUjPACIhtYMn.

［5］新闻出版总署科技发展司，新闻出版总署图书出版管理司，中国标准出版社. 作者编辑常用标准及规范［G］. 2 版. 北京：中国标准出版社，2005.

8.6.2　专著中的析出文献

专著中的析出文献著录项目：析出文献主要责任者、析出文献题名项、析出文献其他责任者（任选）、出处项、版本项、出版项、获取和访问路径（电子资源必备）、DOI（电子资源必备），如图 8-3 所示。

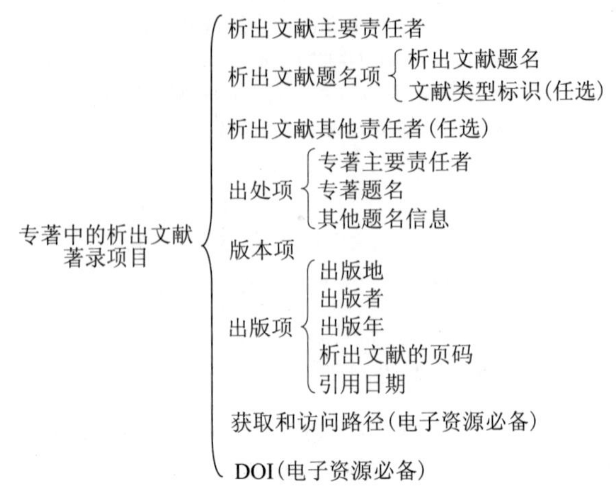

图 8-3　专著中的析出文献著录项目

专著中的析出文献著录格式：析出文献主要责任者. 析出文献题名 ［文献类型标识/文献载体标识］. 析出文献其他责任者[①]//专著主要责任者. 专著题名：其他题名信息. 版本项. 出版地：出版者，出版年：析出文献的页码 ［引用日期］. 获取和访问路径. DOI.

普通图书中的析出文献示例：

［1］黄蕴慧. 国际矿物学研究的动向［M］//程裕淇. 世界地质科技发展动向. 北京：地质出版社，1982：38-39.

［2］邓小平. 科学技术是第一生产力［M］//中共中央文献编辑委员会. 邓小平文选：第 3 卷. 北京：人民出版社，1993.

［3］WEINSTEIN L，SWARTZ M N. Pathogenic properties of invading microorganisma ［M］//SODEMAN W A，Jr，SODEMAN W A. Pathologic physiology：mechanisms of disease. Philadephia：Saunder，1974：745-772.

［4］ROBERSON J A，BURNESON E G. Drinking water standards，regulations and goals ［M / OL］//Ameriacan Water Works Association. Water quality & treatment：a handbook on drinking water. 6th ed. New York：McGraw-Hill，2011：1. 1-1. 36 ［2012-12-10］. http：//lib. myilibrary. com / Open. aspx?id=291430.

会议文集中的析出文献示例：

［1］周国玉，肖定华，张建军. 成组技术的优越性及发展［C］//鄢萍. 制造自动化技术研究与应用：全国高等学校制造自动化研究会第十届学术年会论文集，成都，2002-7. 北京：机械工业出版社，2002：20-24.

［2］裴丽生. 在中国科协学术期刊编辑工作经验交流会上的讲话［C］//中国科协学术期刊工作经验交流会资料选. 北京：中国科协学术协会工作部，1981：2-10.

［3］ZHOUGYM C.The wetting characteristics and interfacial reactions of aluminium-graphite system ［C］//LIN R Y. Interface in Metal-ceramics Composites：International Conference on Interface in Metal-ceramics Composites，California，1990. Pennsylvania：A Publication of TMS，1990：233-240.

［4］FOURNEY M E. Advances in holographic photoelsticity ［C］//American Society of Mechanical Engineers. Applied Mechanics Division. Symposium on Applications of Holography in Mechanics，August 23-25，1971，University of Southern California，Los Angeles，California. New York：ASME，c1971：17-38.

［5］METCALF S W. The Tort Hall air emission study ［C / OL］//The International Congress on Hazardous Waste，Atlanta Marriott Marquis Hotel，Atlanta，Georgia，June 5-8，1995：impact on human and ecological health ［1998-09-22］. http：//atsdrl. atsdr. cdc. gov：8080 / cong95. html.

汇编中的析出文献示例如下：

［1］韩吉人. 论职工教育的特点［G］//中国职工教育研究会. 职工教育研究论文集. 北京：人民教育出版社，1985：90-99.

［2］马克思主义新闻出版观重要文献选编编委会. 马克思主义新闻出版观重要文献选编 ［G］//《习近平总书记系列重要讲话读本》之六：创造中华文化新的辉煌（节选）. 北京：人民出版社，2014：117-128.

［3］国家标准局信息分类编码研究所. GB / T 2659—1986 世界各国和地区名称代码 ［G］//全国文献工作标准化技术委员会. 文献工作国家标准汇编：3. 北京：中国标准出版社，1988：59-92.

①若无析出文献其他责任者，则著录格式中 ［文献类型标识］ 后的“ . ”去掉。

8.6.3　连续出版物

连续出版物著录项目：主要责任者、题名项、年卷期或其他标志（任选）、出版项、获取和访问路径（电子资源必备）、DOI（电子资源必备），如图 8-4 所示。

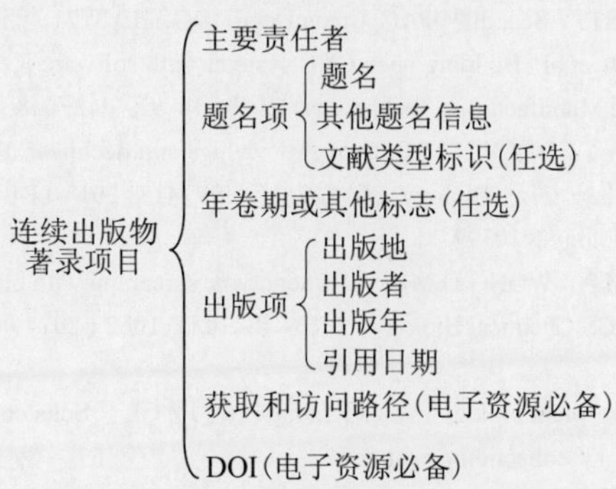

图 8-4　连续出版物著录项目

连续出版物著录格式：主要责任者. 题名：其他题名信息[文献类型标识/文献载体标识]. 年，卷(期)–年，卷(期). 出版地：出版者，出版年[引用日期]. 获取和访问路径. DOI. 例如：

[1] 中国地质学会. 地质论评[J]. 1936，1(1)–. 北京：地质出版社，1936–.

[2] 中国机械工程学会. 中国机械工程学会会讯[J]. 2018(1)–2020(12). 北京：中国机械工程学会，2018–2020.

[3] American Association for the Advancement of Science. Science[J]. 1883，1(1)–. Washington，D. C.：American Association for the Advancement of Science，1883–.

8.6.4　连续出版物中的析出文献

连续出版物中的析出文献著录项目：析出文献主要责任者、析出文献题名项、出处项、获取和访问路径（电子资源必备）、DOI（电子资源必备），如图 8-5 所示。

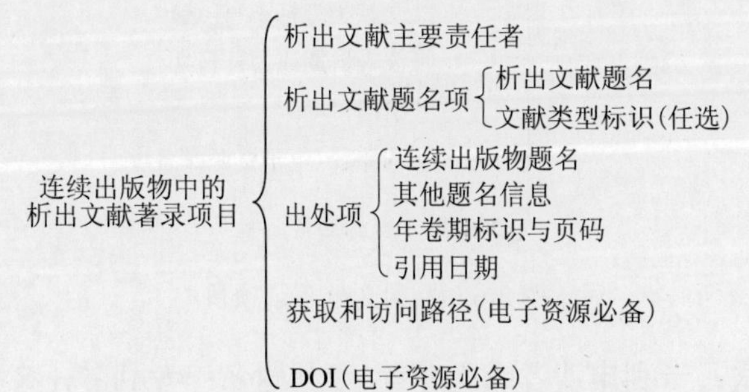

图 8-5　连续出版物中的析出文献著录项目

连续出版物中的析出文献著录格式：析出文献主要责任者. 析出文献题名[文献类型标识/文献载体标识]. 连续出版物题名：其他题名信息，年，卷（期）：页码①[引用日期]. 获取和访问路径. DOI.

①报纸的“年，卷(期)：页码”改为“出版日期(版次)”，如“2020-04-08(1)”。

期刊中的析出文献示例如下：

[1] 刘兴云，刘晓倩，向媛媛，等. 人工智能大数据之于心理学[J]. 科技导报，2019，37(21)：105–109.

[2] 莫少强. 数字式中文全文文献格式的设计与研究[J / OL]. 情报学报，1999，18(4)：1–6 [2001-07-08]. http：// periodical. wanfangdata. com. cn / periodical / qbxb / qbxb99 / qbxb9904 / 990407. htm.

[3] 武丽丽，华一新，张亚军，等. "北斗一号"监控管理网设计与实现[J / OL]. 测绘科学，2008，33(5)：8–9 [2009-10-25]. http：//vip. cails. edu. cn / CSTJ / Sear.dll?OPAC_CreateDetail. DOI：10.3771 / j.issn.1009-2307.2008.05.002.

[4] ZUO J，CHEN Y P，ZHOU Z D，et al. Building open CNC systems with software IC chips based on software reuse [J]. The International Journal of Advanced Manufacturing Technology，2000，16(9)：643–648.

[5] WALLS S C，BARICHIVICH W J，BROWN M E. Drought，deluge and declines：the impact of precipitation extreames on amphibians in a changing climate[J / OL]. Biology，2013，2(1)：399–418[2013-11-04]. http：//www.mdpi.com / 2079-7737 / 2 / 1 / 399. DOI：10.3390 / biology2010399.

[6] FRANZ A K，DANIELEWICZ M A，WONG D M，et al. Phenotypic screening with oleaginous microalgae reveals modulators of lipid productivity[J / OL]. ACS Chemical Biology，2013，8：1053–1062 [2014-06-26]. http：//pubs.acs.org / doi / ipdf / 10.1021 / cb300573r.

[7] CHRISTINE M. Plant physiology：plant biology in the Genome Era [J / OL]. Science，1998，281：331–332 [1998-09-23]. http：//www. sciencemag. org / cgi / collection / anatmorp.

报纸中的析出文献示例如下：

[1] 常志鹏. 清洁高效燃煤技术离我们还有多远[N]. 科技日报，2005-07-18(3).

[2] 傅刚，赵承，李佳路. 大风沙过后的思考[N / OL]. 北京青年报，2000-01-12 [2005-09-28]. http：//www. bjyouth. com. cn / Bqb / 20000412 / GB / 4216%5ED0412B1401. htm.

[3] 刘裕国，杨柳，张洋，等. 雾霾来袭，如何突围[N / OL]. 人民日报，2013-01-12[2013-11-06]. http：//paper. people. com. cn / rmrb / html / 2013-01 / 12 / nw. D110000renmrb_20130112_204.htm.

8.6.5 专利文献

专利文献著录项目：专利申请者或所有者、题名项、出版项、获取和访问路径（电子资源必备）、DOI（电子资源必备），如图 8-6 所示。

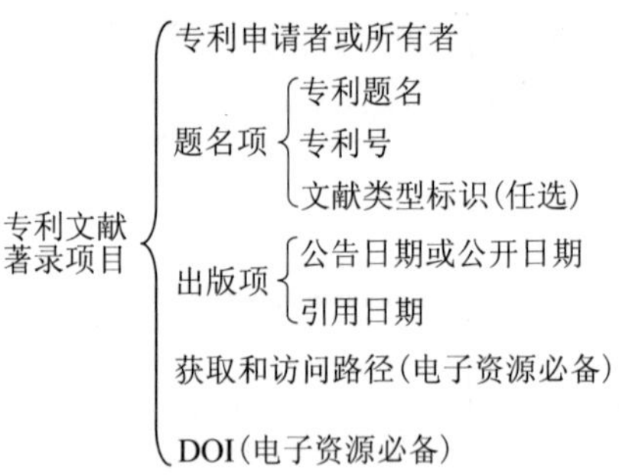

图 8-6　专利文献著录项目

专利文献著录格式：专利申请者或所有者. 专利题名：专利号 [文献类型标识/文献载体标识]. 公告日期或公开日期 [引用日期]. 获取和访问路径. DOI. 例如：

[1] 姜锡洲. 一种温热外敷药制备方案：88105607.3 [P]. 1989-07-26.

[2] MILLOR A L，KOTHLUSG J N. 机械密封装置的自适应控制系统：1007835B [P]. 1990-05-02.

[3] 西安电子科技大学. 光折变自适应光外差探测方法：01128777.2 [P / OL]. 2002-03-06 [2002-05-28]. http：// 211.152.9.47 / sipoasp / zljs / hyjs-yx-new.asp?recid=01128777.2&leixin=0.

[4] KOSEKI A，MOMOSE H，KAWAHITO M，et al. Compiler：US828402 [P / OL]. 2002-05-25 [2005-05-28]. http：// FF&p = 1&u = netahtml / PTO / search-bool. html&r = 5&f = G&1 = 50&col = AND&d = PG01&s1 = IBM. AS. &0S = AN / IBM&RS=AN / IBM.

8.6.6 电子资源

凡属电子专著、电子专著中的析出文献、电子连续出版物、电子连续出版物中的析出文献以及电子专利的著录项目与著录格式分别按 8.6.1～8.6.5 节中的有关规则处理。除此而外的电子资源根据以下著录项目与著录格式来著录。

电子资源著录项目：主要责任者、题名项、出版项、获取和访问路径、DOI，如图 8-7 所示。

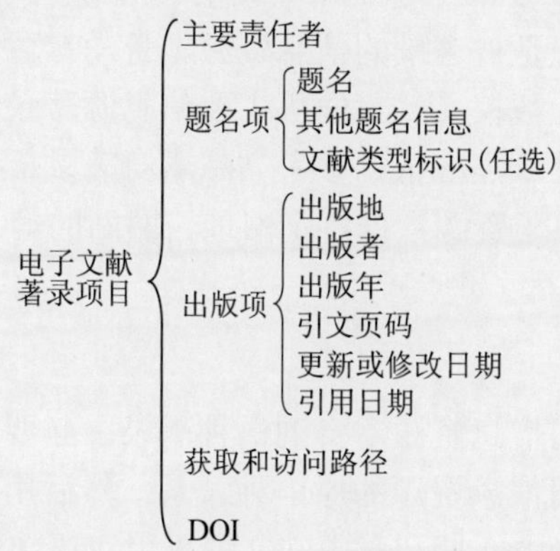

图 8-7　电子资源著录项目

电子资源著录格式：主要责任者. 题名：其他题名信息［文献类型标识/文献载体标识］. 出版地：出版者，出版年：引文页码（更新或修改日期）［引用日期］. 获取和访问路径. DOI. 例如：

［1］萧玉. 出版业信息化迈入快车道［EB / OL］.（2001-12-19）［2002-04-15］. http：//www. creader. com / news / 20011219 / 200112190019. html.

［2］北京市人民政府办公厅. 关于转发北京市企业投资项目核准暂行实施办法的通知：京政办发［2005］37 号［A / OL］.（2005-07-12）［2011-07-12］. http：//china. findlaw. cn / fagui / p_1 / 39934. html.

［3］PACS-L：the public-access computer systems forum［EB / OL］. Houston，Tex：University of Houston Libraries，1989［1995-05-17］. http：//info. lib. uh. edu / pacsl. html.

［4］HOPKINSON A. UNIMARC and metadat：Dublin Core［EB / OL］.［1999-12-08］. http：//www. ifla. org / IV / ifla64 / 138-161e. htm.

［5］Dublin core metadata element set：version 1.1［EB / OL］.（2012-06-14）［2014-06-14］. http：//dublincore. org / documents / dces / .

［6］Scitor Corporation. Project scheduler［CP / DK］. Sunnyvale，Calif.：Scitor Corporation，c1983.

8.7 参考文献引用规则

8.7.1 引用基本原则

参考文献引用通常应遵循以下基本原则：

（1）提倡引用必要和新的文献。撰写文章可能会阅读、参考较多文献，但一般不用全部引用，原创论文宜多引用那些重要、相关、合适以及年代较近的文献，综述引用的文献较为全面，一般不宜缺少年代较早的文献。

（2）提倡引用已公开发表的文献。私人通信、内部讲义以及未发表出来的文章、著作（即使已被录用）一般不宜引用，但必要时也可引用，或以用脚注或文内注方式说明引用的依据。

（3）宜采用与目标期刊一致的标注法。引文标注法不只有一种，不同标注法的标注格式体例并不相同，应按所选的标注法对引文进行标注。

（4）宜采用与目标期刊一致的著录格式。引文标注法不同，文献著录格式也就不同。文献种类多，载体形式也不少，有传统纸介文献，还有现代电子资源等，著录格式有差异。

8.7.2 著录信息源

参考文献的著录信息源是被著录的信息资源本身。专著、会议文集、学位论文、报告、专利文献等可依据题名页、版权页、封面等主要信息源著录各个著录项目；专著、会议文集等的析出篇章与报刊上的文章，应依据参考文献本身著录析出文献的信息，并依据主要信息源著录析出文献的出处；电子资源依据特定网址、网站的信息著录。

8.7.3 著录用文字

参考文献原则上要求用信息资源本身的语种著录。必要时，可采用双语著录。用双语著录参考文献时，首先应该用信息资源的原语种著录，然后用其他语种著录。为适应国际检索系统的要求，目前国内较多中文期刊对中文文献采用双语（中文+英文）著录。

示例1：用原语种著录参考文献

[1] 周鲁卫. 软物质物理导论[M]. 上海：复旦大学出版社，2011：1.

[2] 常森.《五行》学说与《荀子》[J]. 北京大学学报（哲学社会科学版），2013，51(1)：75.

[3] 김세훈, 외. 도서관및독서진흥법 개정안 연구 [M]. 서울：한국문화관광정책연구원，2003：15.

[4] 図書館用語辞典編集委員会. 最新図書館用語大辭典 [M]. 東京：柏書房株式會社，2004：154.

[5] RUDDOCK L. Economics for the modern built environment [M / OL]. London：Taylor & Francis，2009：12 [2010-06-15]. http：//lib.myilibrary.com / Open.aspx?id=179660.

[6] ZUO J，CHEN Y P，ZHOU Z D，et al. Building open CNC systems with software IC chips based on software reuse [J]. The International Journal of Advanced Manufacturing Technology，2000，16(9)：643-648.

示例2：用中韩两种语种著录参考文献

[1] 李炳穆. 图书馆法规总览：第1卷[M]. 首尔：九美贸易出版部，2005：67-68.
이병목. 도서관법규총람：제 1 권 [M]. 서울:구미무역 출판부，2005：67-68.

[2] 图书馆信息政策委员会成立仪式与图书馆信息政策规划团[J]. 图书馆文化，2007，48(7)：11-12.
도시관정보책위원회 발족식 및 도서관정보정책기획단 신설[J]. 圖書館文化，2007，48(7)：11-12.

示例3：用中英两种语种著录参考文献

[1] 熊平，吴颉. 从交易费用的角度谈如何构建药品流通的良性机制[J]. 中国物价，2005(8)：42-45.
XIONG P，WU X. Discussion on how to construct benign medicine circulation mechanism from tranaction cost perspective[J]. China Price，2005(8)：42-45.

[2] 上海市食品药品监督管理局课题组. 互联网药品经营现状和监管机制的研究[J]. 上海食品药品监管情报研究，2008(1)：8-11.
Research Group of Shanghai Food and Drug Administration.A study on online pharmaceutical operating situation and supervision mechanism [J]. Shanghai Food and Drug Administration Research，2008(1)：8-11.

著录用文字还有以下事项需要注意：

（1）著录数字时，应保持信息资源原有的形式，但卷期号、页码、出版年、版次、更新或修改日期、引用日期、顺序编码制的参考文献序号等应该用阿拉伯数字表示。外文书的版次用序数词的缩写形式表示。

（2）个人著者，其姓全部著录，字母全大写（或首字母大写），名可缩写为首字母（见“8.8 参考文献著录细则”）；如用首字母无法识别该人名时，则用全名。

（3）出版项中附在出版地之后的省名、州名、国名等（见“8.8 参考文献著录细则”）以及作为限定语的机关团体名称可按国际公认的方法缩写。

（4）西文期刊名的缩写可参照 ISO 4 的规定或按常规表达形式。

（5）著录西文文献时，大写字母的使用要符合信息资源本身文种的习惯用法。

8.7.4 著录用符号

GB / T 7714—2015 中的著录用符号为前置符。按著者-出版年制组织的参考文献表中的第一个著录项目，如主要责任者、析出文献主要责任者、专利申请者或所有者前不使用任何标识符号。按顺序编码制组织的参考文献表中的各篇文献序号用方括号，如 [1]，[2]，……。

参考文献著录使用下列规定的标识符号（不同于标点符号），如表 8-4 所示。

表 8-4 参考文献著录用符号

符号	使用场合
.	用于题名项、析出文献题名项、其他责任者、析出文献其他责任者、连续出版物的“年卷期或其他标识”项、版本项、出版项、连续出版物中析出文献的出处项、获取和访问路径以及 DOI 前。每一条参考文献的结尾可用“.”
:	用于其他题名信息、出版者、引文页码、析出文献的页码、专利号前
,	用于同一著作方式的责任者、“等”“译”字样、出版年、期刊年卷期标识中的年和卷号前
;	用于同一责任者的合订题名①以及期刊后续的年卷期标识与页码前
//	用于专著中析出文献的出处项前
()	用于期刊年卷期标识中的期号、报纸的版次、电子资源的更新或修改日期以及非公元纪年的出版年
[]	用于文献序号、文献类型标识、电子资源的引用日期以及自拟的信息
/	用于合期的期号间以及文献载体标识前
-	用于起讫序号和起讫页码间

8.8 参考文献著录细则

8.8.1 主要责任者或其他责任者

（1）个人著者采用姓在前名在后的形式。欧美著者的名可用缩写字母，缩写字母后省略缩写点即小圆点（也可不省略——笔者注）。欧美著者的中译名可只著录其姓；同姓不同名的欧美著者，其中译名不仅要著录其姓，还要著录其名的首字母。依据 GB / T 28039—2011《中国人名汉语拼音字母拼写规则》、GB / T 16159—2012《汉语拼音正词法基本规则》的有关规定，用汉语拼音书写的人名，姓全大写，其名可缩写，取每个汉字拼音的首字母。

示例 1：

李时珍　　　　原题：（明）李时珍

示例 2：

乔纳斯　　　　原题：（瑞士）伊迪斯·乔纳斯

---

①合订题名指由两种或两种以上的著作汇编而成的无总题名的文献中各部著作的题名。

示例 3：

昂温　　原题：（美）S. 昂温（Stephen Unwin）

示例 4：

昂温 G，昂温 P S　　原题：（英）G. 昂温（G. Unwin），P. S. 昂温（P. S. Unwin）

示例 5：

丸山敏秋　　原题：（日）丸山敏秋

示例 6：

凯西尔　　原题：（阿拉伯）伊本・凯西尔

示例 7：

EINSTEIN A　　原题：Albert Einstein

示例 8：

WILLIAMS-ELLIS A　　原题：Amabel Williams-Ellis

示例 9：

DE MORGAN A　　原题：Augustus De Morgan

示例 10：

LIANG Fujun　　原题：Liang Fujun

示例 11：

LIANG F J　　原题：Liang Fujun

（2）著作方式相同的责任者不超过 3 个时，全部照录；超过 3 个时，著录前 3 个责任者，其后面加“，等”或与之相应的词（英文为“，et al”——笔者注）。

示例 12：

钱学森，刘再复　　原题：钱学森　刘再复

示例 13：

李四光，华罗庚，茅以升　　原题：李四光　华罗庚　茅以升

示例 14：

印森林，吴胜和，李俊飞，等　　原题：印森林　吴胜和　李俊飞　冯文杰

示例 15：

FORDHAM E W，ALI A，TURNER D A，et al　原题：Evenst W. Fordham　Amaid Ali　David A. Turner　John R. Charters

（3）无责任者或责任者情况不明的文献，“主要责任者”项应注明“佚名”或与之相应的词（英文为 Anon）。凡采用顺序编码制组织的参考文献可省略此项，直接著录题名。

示例 16：

Anon，1981. Coffee drinking and cancer of the pancreas [J]. Br Med J，283(6292)：628.

（4）凡是对文献负责的机关团体名称，通常根据著录信息源著录。机关团体名称应由上至下分级著录（用拉丁文书写的机关团体名称应由下至上分级著录——笔者注），作为限定语

的机关团体名称可按照国际公认的方法缩写①。

示例 17：

中国科学院物理研究所

示例 18：

中央军委办公室综合局

示例 19：

American Society of Mechanical Engineering

示例 20：

Department of Civil Engineering，Stanford University

8.8.2 题名

题名包括书名、刊名、报纸名、专利题名、报告名、标准名、学位论文名、档案名、舆图名、析出的文献名等。题名按著录信息源所载的内容著录。

示例 1：

王夫之“乾坤并建”的诠释面向

示例 2：

张子正蒙注

示例 3：

化学动力学和反应器原理

示例 4：

袖珍神学，或，简明基督教词典

示例 5：

北京师范大学学报（自然科学版）

示例 6：

Gases in sea ice 1975–1979

示例 7：

J Math & Phys

（1）同一责任者的多个合订题名，著录前 3 个合订题名。对于不同责任者的多个合订题名，可只著录第一个或处于显要位置的合订题名。在参考文献中不著录并列题名②。

示例 8：

为人民服务；纪念白求恩；愚公移山　　原题：为人民服务　纪念白求恩　愚公移山　　毛泽东著

①笔者修改了标准中原有的表述。原有表述“机关团体名称应由上至下分级著录，上下级间用‘.’分隔，用汉字书写的机关团体名称除外”不符合英文机关团体名称习惯表达，英文机关团体名称习惯表达是由下至上分级著录。笔者将标准中的示例 Stanford University. Department of Civil Engineering 改为 Department of Civil Engineering，Stanford University。

②并列题名指在文献著录信息源中出现的对应于正题名的另一种语言文字的题名，包括对应于正题名的外文题名、少数民族文字题名等，但不包括汉语拼音题名。

示例 9：

大趋势　　　　　原题：大趋势　　Megatrends

（2）文献类型标识（含文献载体标识）宜依据 GB / T 7714—2015 附录 B《文献类型和文献载体标识代码》著录。电子资源既要著录文献类型标识，也要著录文献载体标识。

（3）其他题名信息根据信息资源外部特征的具体情况决定取舍。其他题名信息包括副题名，说明题名文字，多卷书的分卷书名、卷次、册次，专利号，报告号，标准号等。

示例 10：

地壳运动假说：从大陆漂移到板块构造[M]

示例 11：

邓小平理论：第 3 卷[M]

示例 12：

世界出版业：美国卷[M]

示例 13：

ECL 集成电路：原理与设计[M]

示例 14：

中国科学技术史：第 2 卷　科学思想史[M]

示例 15：

商鞅战秋菊：法治转型的一个思想实验[J]

示例 16：

中国科学：D 辑　地球科学[J]

示例 17：

信息与文献　都柏林核心元数据元素集：GB / T 25100—2010 [S]

示例 18：

中子反射数据分析技术：CNIC-01887 [R]

示例 19：

Asian Pacific Journal of Cancer Prevention：e-only

8.8.3　版本

第 1 版不著录，其他版本说明应著录。版本用阿拉伯数字、序数缩写形式或其他标识表示。古籍的版本可著录“写本”“抄本”“刻本”“活字本”等。

示例 1：

3 版　　　　　　　原题：第三版

示例 2：

新 1 版　　　　　　原题：新一版

示例 3：

明刻本

示例 4：

5th ed.　　原题：Fifth edition

示例 5：

Rev. ed.　　原题：Revised edition

示例 6：

2021 ed.　　原题：2021 edition

8.8.4　出版项

出版项应按出版地、出版者、出版年顺序著录。

示例 1：

北京：科学出版社，2020

示例 2：

New York：Academic Press，2021

8.8.4.1　出版地

（1）出版地著录出版者所在地的城市名。对同名异地或不为人们熟悉的城市名，宜在城市名后附省名、州名或国名等限定语。（省名、州名、国名可按国际公认方法缩写——笔者注。）

示例 3：

Cambridge，Eng.

示例 4：

Cambridge，Mass.

（2）文献中载有多个出版地时，只著录第一个或处于显要位置的出版地。

示例 5：

北京：科学出版社，2013　　原题：科学出版社　北京　上海，2013

示例 6：

London：Butterworths，2000

原题：Butterworths　London　Boston　Durban　Syngapore　Sydney　Toronto　Wellington　2000

（3）无出版地的中文文献著录“出版地不详”，外文文献著录“S. l.”，并置于方括号内。无出版地的电子资源可省略此项。

示例 7：

［出版地不详］：三户图书刊行社，1990

示例 8：

［S. l.］：MacMillan，1975

示例 9：

Open University Press，2011：105［2014-06-16］. http：//lib. myilibrary. com / Open. aspx?id=312377

8.8.4.2　出版者

（1）出版者可以按著录信息源所载的形式著录，也可以按国际公认的简化形式或缩写形式著录。

示例 10：

中国标准出版社

示例 11：

Elsevier Science Publishers

示例 12：

IRRI　　原题：International Rice Research Institute

示例 13：

Wiley　　原题：John Wiley and Sons Ltd.

（2）文献中载有多个出版者，只著录第一个或处于显要位置的出版者

示例 14：

Chicago：ALA，1978　原题：American Library Association / Chicago　Canadian Library Association / Ottawa 1978

（3）无出版者的中文文献著录"出版者不详"，外文文献著录"s. n."，并置于方括号内。无出版者的电子资源可以省略此项。

示例 15：

哈尔滨：［出版者不详］，2013

示例 16：

Salt Lake City：［s. n.］，1964

8.8.4.3　出版日期

（1）出版年采用公元纪年，并用阿拉伯数字著录。如有其他纪年形式，将原有的纪年形式置于"（）"内。

示例 17：

1947（民国三十六年）

示例 18：

1705（康熙四十四年）

（2）报纸的出版日期按照"YYYY-MM-DD"格式，用阿拉伯数字著录。

示例 19：

2020-10-06

（3）出版年无法确定时，可依次选用版权年、印刷年、估计的出版年。估计的出版年应置于方括号内。

示例 20：

c2016

示例 21：

1999 印刷

示例 22：

［1936］

8.8.4.4　公告日期、更新日期、引用日期

（1）依据 GB／T 7408—2005，专利文献的公告日期或公开日期按照“YYYY-MM-DD”格式，用阿拉伯数字著录。

（2）依据 GB／T 7408—2005，电子资源的更新或修改日期、引用日期按照“YYYY-MM-DD”格式，用阿拉伯数字著录。

示例 23：

（2020-03-15）［2021-10-18］

8.8.5　页码

专著或期刊中析出文献的页码或引文页码，应采用阿拉伯数字著录（参见 8.8.8（2），8.3.1（3），8.3.2（4））。引自序言或扉页题词的页码，可按实际情况著录。

示例 1：

宗守云. 现代汉语句式及相关问题研究［M］. 北京：世界图书出版公司，2015：20.

示例 2：

钱学森. 创建系统学［M］. 太原：山西科学技术出版社，2001：序 2-3.

示例 3：

冯友兰. 冯友兰自选集［M］. 2 版. 北京：北京大学出版社，2008：第 1 版自序.

示例 4：

李约瑟. 题词［M］//苏克福，管成学，邓明鲁. 苏颂与《本草图经》研究. 长春：长春出版社，1991：扉页.

示例 5：

DUNBAR K L，MITCHELL D A. Revealing nature’ s synthetic potential through the study of ribosomal nature product biosynthesis［J／OL］. ACS Chemical Biology，2013，8：473-487［2013-10-06］. http：//pubs.acs.org／doi／pdfplus／10.1021／cb3005325.

8.8.6　获取和访问路径

根据电子资源在互联网中的实际情况，著录其获取和访问路径。

示例 1：

储大同. 恶性肿瘤个体化治疗靶向药物的临床表现［J／OL］. 中华肿瘤杂志，2010，32(10)：721-724［2014-06-25］. http：//vip.calis.edu.cn／asp／Detail.asp.

示例 2：

WEINER S. Microarchaeology：beyond the visible archaeological record[M / OL]. Cambridge，Eng.：Cambridge University Press Textbooks，2010：38 [2013-10-14]. http：//lib.myilibrary.com / Open.aspx?id=253987.

8.8.7 DOI

获取和访问路径中不含 DOI 时，可依原文如实著录 DOI。否则，可省略 DOI。

示例 1：获取和访问路径中不含 DOI

刘乃安. 生物质材料热解失重动力学及其分析方法研究 [D / OL]//合肥：中国科学技术大学，2000：17–18 [2014-08-29]. http：//wenku. baidu. com / link？url=GJDJxb4lxBUXnIPmq1XoEGSIr1H8TMLbidW_Lj1Yu33tpt707u62rKliyp U_FBGUmox7-ovPNaVIVBALAMd5yfwuKUUOAGYuB7cuZ-BYEhXa. DOI：10. 7666 / d. y351065.

（该文献的 DOI：10.7666 / d.y351065）

示例 2：获取和访问路径中含 DOI

DEVERELL W，IGLER D. A companion to California history[M / OL]. New York：John Wiley & Sons，2013：21–22(2013-11-15)[2014-06-24]. http：//onlinelibrary.wiley.com / doi / 10.1002 / 9781444305036.ch2 / summary.

（该文献的 DOI：10.1002 / 9781444305036.ch2）

8.8.8 析出文献

（1）从专著中析出有独立著者、独立篇名的文献按 8.6.2 节的有关规定著录，其析出文献与源文献的关系用“//”表示。凡是从报刊中析出具有独立著者、独立篇名的文献按 8.6 4 节的有关规定著录，其析出文献与源文献的关系用“.”表示。关于引文参考文献的著录与标识参见 8.3.1（3）与 8.3.2（4）。

示例 1：

姚中秋. 作为一种制度变迁模式的“转型”[M]//罗卫东，姚中秋. 中国转型的理论分析：奥地利学派的视角. 杭州：浙江大学出版社，2009：44.

示例 2：

关立哲，韩纪富，张晨珏. 科技期刊编辑审读中要注重比较思维的科学运用[J]. 编辑学报，2014，26(2)：144–146.

示例 3：

TENOPIR C. Online databases：quality control [J]. Library Journal，1987，113(3)：124–125.

（2）凡是从期刊中析出的文献，应在刊名之后注明其年、卷、期和页码。阅读型参考文献的页码著录文献的起讫页或起始页，引文参考文献的页码著录引用信息所在页。

示例 4：

2020，40（1)：23–30
年　卷　期　页码

示例 5：

2020，30：123–130
年　卷　　页码

示例 6：

2018（1）：99
年　期　页码

示例 7：

2016，22（增刊 2）：66-75
年　卷　期　页码

（3）对从合期中析出的文献，按以上（2）的规则著录，并在圆括号内注明合期号。

示例 8：

2020（3 / 4）：23-30
年　期　页码

（4）凡是在同一期刊上连载的文献，其后续部分不必另行著录，可在原参考文献（即已著录部分——笔者注）后直接注明后续部分的年、卷、期和页码等。

示例 9：

2020，40（1）：88-96；2020，40（2）：100-106
年　卷 期　页码　年　卷 期　页码

（5）凡是从报纸中析出的文献，应在报纸名后著录其出版日期与版次。

示例 10：

2020-03-28（2）
年 月 日 版次

8.9　新版国标的不足

GB / T 7714—2015《信息与文献　参考文献著录规则》（新版国标）相对 GB / T 7714—2005《文后参考文献著录规则》有较大的改进，但也存在一些不足。例如：

（1）应指明本标准的适用范围，主要是针对中文出版物的参考文献著录，而对英文出版物的参考文献著录不是太适用。

（2）整体上是从顺序编码制和著者-出版年制两大体系来展开的，但参考文献著录的示例几乎都为顺序编码制的，著者-出版年制的示例没有体现出来。

（3）将专著定义为“印刷型或非印刷型出版物”似乎不妥。“印刷型”与“非印刷型”为互补关系，不是“印刷型”就是“非印刷型”，是“印刷型”就不是“非印刷型”，非此即彼，因此“印刷型或非印刷型”多余，可以去掉。另外，什么叫“非印刷型出版物”？大概是指电子出版物，若是，还不如将“非印刷型”改为“电子”更好理解。

（4）对文献类型的区别有时不够严格。例如：在对“专著”的定义中，列举了专著的一些类型，没有将“档案”列入，但在专著著录格式中将“档案”归入“专著”。实际上，档案以单个、原始形态存在时肯定不属于专著，但将其汇总成为一本著作就成为专著了。因此，有的档案属于专著，有的则不属于，例如政府公文属于档案，但不属于专著，而清朝档案汇总就可能属于专著。对“舆图”“报告”，也可能存在此类问题。

（5）会议文集、论文集、会议录混用，它们是相同的概念，还是不同的概念，如果相同，建议统一名称，如果不同，则应给予区分。例如，将“职工教育研究论文集”的文献类型确定为“汇编”，其标识代码是“[G]”，而“职工教育研究论文集”中的“论文集”与“会议文集”有何区别？如果没区别，那么其标识代码是否应该是“[C]”？

（6）著录项目与著录格式中经常提到“获取和访问路径（电子资源必备）”“DOI（电子资源必备）”，但实际中这两项并不一定同时存在或同时有，后者包含在前者也较为常见，因此并列说二者必备，逻辑上有时讲不通。

（7）以光盘、磁带、磁盘为载体获得的电子资源不是通过网站（网址）获得的，著录项目、格式中的“获取和访问路径（电子资源必备）”似乎没有包括这几类资源。

（8）将电子资源定义为除电子专著、电子专著中的析出文献、电子连续出版物、电子连续出版物中的析出文献、电子专利以外的电子资源，在电子资源著录项目、著录格式部分所举例子中有电子报告，而电子报告属于电子专著，作为电子资源的例子不合适。

（9）“析出的文章”和“析出的文献”术语混用，应该统一为“析出的文献”。

（10）“欧美著者的名可以用缩写字母，缩写字母后省略缩写点”，这样的表述与姓名的国际习惯写法有出入，按国际习惯写法，这个缩写点一般不用省略，至少省略与否是无所谓的。

（11）参考文献著录示例中将专著（如普通图书、学位论文、会议文集等）英文名称中各单词的首字母排为小写，与平常的专著名写法有出入。按国际惯例，专著英文名称应该按专有名词来对待，名称中除冠词、连词、介词等虚词以外，其他词的首字母通常应大写。

（12）“机关团体名称应由上至下分级著录，上下级间用‘.’分隔，用汉字书写的机关团体名称除外。”这样的表述不符合英文机关团体名称的表达习惯，英文机关团体名称的正常表达习惯是由下至上分级著录，上下级间根本不需要用“.”分隔。

（13）百度、百度文库、百度百科、有道电子词典等数字资源具体属于哪一类文献，其著录项目和格式是什么，新标准并没有涉及或较为含糊。实际中对这类资源的著录有困难，有人套用新标准，会很勉强、为难，甚至尴尬。

第9章 标点符号

标点符号是辅助文字记录语言的符号，是书面语的有机组成部分。它通过在句中的某种类别形式及所处位置，对语句进行分隔和组合，与字、词、词组、句子紧密妥当地组合在一起，赋予书面语以不同的意义和情感，达到句子结构清晰、行文准确流畅、助于阅读理解的目的。它主要用来表示语句的停顿、语气以及标示某些句法成分的特定性质和作用，与特殊领域的专门符号，如数学符号、货币符号、校勘符号、辞书符号、注音符号等，有根本的区别。目前科技论文中标点符号用错或使用不当较为普遍，这与作者和编辑对标点符号的用法缺乏系统的学习和实践有关，学好、用好标点符号对论文质量提升具有重要现实意义。

目前《标点符号用法》的最新标准是国家标准 GB / T 15834—2011《标点符号用法》。

9.1 标点符号分类及功能

常用标点符号有 17 种，分为点号和标号两类（见表 9-1）。点号的作用在于点断，主要表示语句的停顿和语气。点号分为句末点号和句内点号：前者用于句末，表示句末的停顿和句子的语气；后者用于句内，表示句内各种不同性质的停顿。标号的作用在于标明，主要标示某些成分（主要是词语）的特定性质和作用。

9.2 标点符号基本用法

9.2.1 句号

（1）用于句子末尾，表示陈述语气。使用句号主要根据语段前后有较大停顿、带有陈述语气，并不取决于句子的长短。例如：

【1】生物，即自然界中所有具有生长、发育、繁殖能力的物体，包括人、动物、植物、真菌、细菌和病毒等。

【2】（甲：咱们开车去吧？）乙：可以。

（2）有时也可表示较缓和的祈使语气和感叹语气。例如：

【3】请您稍耐心一些。

【4】我不由得感到，这些普通劳动者也同样是很值得尊敬的。

9.2.2 问号

（1）用于句子末尾，表示疑问语气（包括反问、设问等疑问类型）。使用问号主要根据语段前后有较大停顿、带有疑问语气和语调，并不取决于句子的长短。例如：

【5】许多研究都假设设计知识已经在手，但是设计师怎么能够得到最新的技术？不解决这个问题，又怎么谈得上新技术的应用？

【6】这是什么精神？这是一种高尚的、值得钦佩的爱国主义精神。

表 9-1　标点符号分类及功能

<table>
<tr><th colspan="4">类型及名称</th><th>形式</th><th colspan="2">位置</th><th>功能</th></tr>
<tr><td rowspan="7">点号</td><td rowspan="3">句末点号</td><td colspan="2">句号</td><td>。</td><td colspan="2">文字后，占一字，居左下，不出现在一行之首</td><td>主要表示句子的陈述语气</td></tr>
<tr><td colspan="2">问号</td><td>？</td><td colspan="2" rowspan="2">文字后，占一字，居左，不出现在一行之首</td><td>主要表示句子的疑问语气</td></tr>
<tr><td colspan="2">叹号</td><td>！</td><td>主要表示句子的感叹语气</td></tr>
<tr><td rowspan="4">句内点号</td><td colspan="2">逗号</td><td>，</td><td colspan="2" rowspan="4">文字后，占一字，居左下，不出现在一行之首</td><td>表示句子或语段内部的一般性停顿</td></tr>
<tr><td colspan="2">顿号</td><td>、</td><td>表示语段中并列词语间或某些序次语后的停顿</td></tr>
<tr><td colspan="2">分号</td><td>；</td><td>表示复句内部并列关系分句之间的停顿，以及非并列关系的多重复句中第一层分句之间的停顿</td></tr>
<tr><td colspan="2">冒号</td><td>：</td><td>表示语段中提示下文或总结上文的停顿</td></tr>
<tr><td colspan="2" rowspan="17">标号</td><td rowspan="2">引号</td><td>双引号</td><td>“”</td><td colspan="2" rowspan="8">两部分标在相应项目两端，各占一字，其中前一半不出现在一行之末，后一半不出现在一行之首（左引号在右上角，右引号在左上角）</td><td rowspan="2">标示语段中直接引用的内容或需特别指出的成分</td></tr>
<tr><td>单引号</td><td>‘’</td></tr>
<tr><td rowspan="4">括号</td><td>圆括号</td><td>（）</td><td rowspan="4">标示语段中的注释内容、补充说明或其他特定意义的语句</td></tr>
<tr><td>方括号</td><td>[ ]</td></tr>
<tr><td>六角括号</td><td>〔〕</td></tr>
<tr><td>方头括号</td><td>【】</td></tr>
<tr><td rowspan="2">书名号</td><td>双书名号</td><td>《》</td><td rowspan="2">标示语段中出现的各种作品的名称</td></tr>
<tr><td>单书名号</td><td>〈〉</td></tr>
<tr><td colspan="2">破折号</td><td>——</td><td colspan="2">标在项目间，占两字，上下居中</td><td>标示语段中某些成分的注释内容、补充说明或语音、语义的变化</td></tr>
<tr><td colspan="2">省略号</td><td>……</td><td colspan="2">占两字，连用占四字</td><td>标示语段中某些内容的省略及意义的断续等</td></tr>
<tr><td rowspan="3">连接号</td><td>短横线</td><td>-</td><td>比汉字一一半略短，占半字</td><td rowspan="4">上下居中，不出现在一行之首</td><td rowspan="3">标示某些相关联成分之间的连接</td></tr>
<tr><td>一字线</td><td>—</td><td>比汉字一略长，占一字</td></tr>
<tr><td>浪纹线</td><td>～</td><td>占一字</td></tr>
<tr><td colspan="2">间隔号</td><td>·</td><td>隔开的项目间，占半字</td><td>标示某些相关联成分之间的分界</td></tr>
<tr><td colspan="2">着重号</td><td>.</td><td colspan="2" rowspan="2">文字下边</td><td>标示语段中某些重要的或需要指明的文字</td></tr>
<tr><td colspan="2">专名号</td><td>____</td><td>标示古籍和文史类著作中出现的特定类专有名词</td></tr>
<tr><td colspan="2">分隔号</td><td>/</td><td colspan="2">占半字，不出现在一行之首或一行之末</td><td>标示诗行、节拍及某些相关文字的分隔</td></tr>
</table>

说明：①表中的“位置”是针对横排文稿标点符号的位置来说的。
②两个问号（或叹号）叠用时，占一字；三个问号（或叹号）叠用时，占两字；问号和叹号连用时，占一字。破折号不能中间断开分处上行之末和下行之首。省略号不能中间断开分处上行之末和下行之首。
③竖排文稿标点符号的位置：句号、问号、叹号、逗号、顿号、分号和冒号均置于相应文字之下偏右；破折号、省略号、连接号、间隔号和分隔号置于相应文字之下居中，上下方向排列；引号改用双引号“﹃”“﹄”和单引号“﹁”“﹂”，括号改用“︵”“︶”，标在相应项目的上下；书名号使用浪纹线“﹏”，标在相应文字的左侧；着重号标在相应文字的右侧，专名号标在相应文字的左侧；关于某些标点不能居行首或行末的要求，在横、竖文稿中通用。

（2）选择问句中，通常只在最后一个选项的末尾用问号，各个选项之间一般用逗号隔开。当选项较短且选项之间几乎没有停顿时，选项之间可不用逗号。当选项较多或较长，或有意突出各选项的独立性时，也可每个选项之后都用问号。例如：

【7】你怎么总是加班呢？是自己拓展工作的需要，还是领导有意的安排？

【8】这是巧合还是有意安排？

【9】要一个什么样的结尾：现实主义的？传统的？大团圆的？荒诞的？民族形式的？有象征意义的？

【10】（他看着我的作品称赞了我。）但到底是称赞我什么：是有几处画得好？还是什么都敢画？抑或只是一种对失败者的无可奈何的安慰？我不得而知。

【11】这一切都是由客观的条件造成的？还是由行为的惯性造成的？

（3）在多个问句连用或表达疑问语气加重时，可叠用问号。通常应先单用，再叠用，最多叠用三个问号。在没有异常强烈的情感表达需要时不宜叠用问号。例如：

【12】这就是你的做法吗？你这个领导是怎么当的？？你怎么竟然会安排如此不懂技术的人来开发技术？？？

（4）问号也有标号的用法，即用于句内，表示存疑或不详。例如：

【13】马致远（1250？—1321），大都人，元代戏曲家、散曲家。

【14】钟嵘（？—518），颍川长社人，南朝梁代文学批评家。

【15】出现这样的文字错误，说明作者（编辑？校者？）很不认真。

9.2.3　叹号

（1）用于句子末尾，主要表示感叹语气，有时也可表示强烈的祈使、反问语气等。使用叹号主要根据语段前后有较大停顿、带有感叹语气和语调，或带有强烈的祈使、反问语气和语调，并不取决于句子的长短。例如：

【16】不只是地球在自转和公转，太阳系、银河系、仙女星系乃至整个宇宙都不是静止的，它们都在运动！

【17】你给我停车！

【18】谁知道他今天是怎么搞的！

（2）用于拟声词后，表示声音短促或突然。例如：

【19】咔嚓！一道闪电划破了夜空。

【20】咚！咚咚！突然传来一阵急促的敲门声。

（3）表示声音巨大或不断加大时，可叠用叹号；表达强烈语气时，也可叠用叹号，最多叠用三个叹号。在没有异常强烈的情感表达需要时不宜叠用叹号。例如：

【21】轰！！在这天崩地塌的声音中，女娲猛然醒来。

【22】我要揭露！我要控诉！！我要以死抗争！！！

（4）当句子包含疑问、感叹两种语气且都比较强烈时（如带有强烈感情的反问句和带有惊愕语气的疑问句），可在问号后再加叹号（问号、叹号各一）。例如：

【23】这么点困难就能把我们吓倒吗？！

【24】他连这些最起码的常识都不懂，还敢说自己是高科技人才？！

9.2.4　逗号

（1）复句内各分句间的停顿，除了有时用分号，一般都用逗号。例如【16】，再如：

【25】学历史使人更明智，学文学使人更聪慧，学数学使人更精细，学考古使人更深沉。

（2）用于下列各种语法位置：较长的主语之后，如【26】；句首的状语之后，如【27】；较长的宾语之前，如【28】；带句内语气词的主语（或其他成分）之后，或带句内语气词的并列成分之间，如【29】、【30】；较长的主语中间、谓语中间或宾语中间，如【31】～【33】；前置的谓语之后或后置的状语、定语之前，如【34】～【36】。

【26】苏州园林建筑各种门窗的精美设计和雕镂工夫，都令人叹为观止。

【27】1965 年，中国科学院上海生物化学研究所的专家们，成功合成了具有生物活力的结晶牛胰岛素，在世界上首开人工合成蛋白质的新纪元。

【28】现在许多人已经相信，还有比霸王龙更厉害的恐龙，那就是恐爪龙。

【29】他呢，倒是很乐意地、全神贯注地干起来了。

【30】(那是个没有月亮的夜晚。) 可是整个村子——白房顶啦，白树木啦，雪堆啦，全看得见。

【31】母亲沉痛的诉说，以及亲眼见到的事实，都启发了我幼年时期追求真理的思想。

【32】那姑娘头戴一顶草帽，身穿一条绿色的裙子，腰间还系着一根橙色的腰带。

【33】必须懂得，对于文化系统，既不能不分青红皂白统统抛弃，也不能不管精华糟粕全盘继承。

【34】真壮观啊，这座巍峨挺立的中央电视塔。

【35】她吃力地站了起来，慢慢地。

【36】我只是一个人，孤孤单单的。

（3）用于下列各种停顿处：复指成分或插说成分前后，如【1】、【37】；语气缓和的感叹语、称谓语或呼唤语之后，如【38】～【40】；某些序次语（“第”字头、“其”字头及“首先”类序次语）之后，如【41】～【43】。

【37】房子，不用说，当然是每个人需要的。

【38】哎哟，这儿，快给我揉揉。

【39】大娘，您到哪儿去啊？

【40】喂，您是哪个单位的？

【41】为什么许多人都有长不大的感觉呢？原因有三：第一，父母总认为自己比孩子成熟；第二，父母总要以自己的标准来衡量孩子；第三，父母出于爱心而总不想让孩子在成长的过程中走弯路。

【42】《玄秘塔碑》所以成为书法的范本，不外乎以下几方面的因素：其一，具有楷书点画、构体的典范性；其二，承上启下，成为唐楷的极致；其三，字如其人，爱人及字，柳公权高尚的书品、人品为后人所崇仰。

【43】下面从三个方面讲讲语言的污染问题：首先，是特殊语言环境中的语言污染问题；其次，是滥用缩略语引起的语言污染问题；再次，是空话和废话引起的语言污染问题。

9.2.5　顿号

（1）用于并列词语之间。例如：

【44】这里有自由、民主、平等、开放的风气和氛围。

【45】射电天文、深空通信、航天等学科的发展，对大型天线结构提出了越来越高的要求。

（2）用于需要停顿的重复词语之间。例如：

【46】她不停地、不停地为答辩准备着。

（3）用于某些序次语（不带括号的汉字数字或“天干地支”类序次语）之后。例如：

【47】最近大力开展两项工作：一、改进工作流程制度；二、升级改造工作系统。

【48】风格的具体内容主要有以下四点：甲、题材；乙、用字；丙、表达；丁、色彩。

（4）相邻或相近两数字连用表示概数通常不用顿号。若相邻两数字连用为缩略形式，宜用顿号。例如：

【49】飞机在6000米高空水平飞行时，只能看到两侧八九公里和前方一二十公里范围内的地面。

【50】这种凶猛的动物常常三五成群地外出觅食和活动。

【51】农业是国民经济的基础，也是二、三产业的基础。

（5）标有引号或书名号的并列成分之间通常不用顿号。若有其他成分插在并列的引号或并列的书名号之间（如引语或书名号之后还有括号），宜用顿号。例如：

【52】我们一直执行“认真对待每位作者的每篇稿子”“一切工作以质量为出发点”两大工作理念。

【53】《红楼梦》《三国演义》《西游记》《水浒传》，是我国长篇小说的四大名著。

【54】李白的“白发三千丈”（《秋浦歌》）、“朝如青丝暮成雪”（《将进酒》）都是脍炙人口的诗句。

【55】《机械工程学报》（中文版）、《中国机械工程学报》（英文版）是中国机械科学领域最知名的两本学术刊物。

9.2.6 分号

（1）表示复句内部并列关系的分句（尤其当分句内部还有逗号时）之间的停顿。例如：

【56】对于不同的梁长，$h=1.5\ \mu m$ 时，$\theta=10$ ℃和$\theta=-15$ ℃两种变温下吸合电压之差在11.05 V和11.36 V之间；对于$h=2.0\ \mu m$，两种变温下吸合电压之差在9.58 V和9.73 V之间；对于$h=2.5\ \mu m$，两种变温下吸合电压之差在8.58 V和8.73 V之间……

（2）表示非并列关系的多重复句中的第一层分句（主要是选择、转折等关系）之间的停顿。例如：

【57】我国年满18周岁的公民，不分民族、种族、性别、职业、家庭出身、宗教信仰、教育程度、财产状况、居住期限，都有选举权和被选举权；但是依照法律被剥夺政治权利的人除外。

（3）用于分项列举的各项之间。例如：

【58】特聘教授的岗位职责为：一、讲授本学科的主干基础课程；二、主持本学科的重大科研项目；三、领导本学科的学术队伍建设；四、带领本学科赶超或保持世界先进水平。

9.2.7 冒号

（1）用于总说性或提示性话语（如“说”“例如”“证明”）之后，表示提示下文。例如：

【59】混合元胞自动机模型有三个要素：元胞栅格、每个元胞的状态集和与状态相关的规则集。

【60】她高兴地说：“咱们好好庆祝一下吧！”

【61】他笑着点了点头：“我是这么想的，也是这么做的！”

【62】实验证明：测试数据与模拟结果基本一致，为后期辐射场的设计提供了依据。

（2）表示总结上文。例如：

【63】培养数以亿计的高素质劳动者，培养数以千万计的具有创新精神和创新能力的专门人才：这是我们的一项重大战略任务。

（3）用在需要说明的词语之后，表示注释和说明。例如：

【64】此方法的原理是：在匹配追踪的每一次迭代中，不是去寻找与信号局部特征最匹配的基函数，而是首先递归调整模板信号……

【65】（做阅读理解有两个办法。）办法之一：先读题干，再读原文，带着问题有针对性地读课文。办法之二：直接读原文，读完再做题，减少先入为主的干扰。

（4）用于书信、讲话稿中称谓语或称呼语之后。例如：

【66】尊敬的夫人：……

【67】同志们、朋友们，女士们、先生们：大家上午好！

（5）一个句子内部一般不应套用冒号。在列举式或条文式表述中，如不得不套用冒号时，宜另起段落来显示各个层次。例如：

【68】第十条　遗产按照下列顺序继承：

第一顺序：配偶、子女、父母。

第二顺序：兄弟姐妹、祖父母、外祖父母。

9.2.8 引号

（1）标示语段中直接引用的内容。例如：

【69】爱因斯坦说过：“最不可理解的事就是这世界竟然是可以理解的。”

（2）标示需要着重论述或强调的内容。例如：

【70】我国史书中提到的蝗虫经过某地后的情形是“赤地千里，寸草不留，饿殍载道”，危害之大令人触目惊心。

【71】古人对于写文章有两个基本要求，叫作“有物有序”。“有物”就是要有内容，“有

序”就是要有条理。

（3）标示语段中具有特殊含义而需要特别指出的成分，如别称、简称、反语等。例如：

【72】1927 年在北京周口店发现几枚牙齿，定名为“中国猿人北京种”或“北京中国猿人”或简称“北京人”，1929 年 12 月 2 日又在此发现中国猿人第一个头盖骨，从此，北京周口店受到世界古人类学界的关注。

【73】有几个“慈祥”的老板把捡来的菜叶用盐浸浸就算作工友的菜肴。

（4）当引号中还需要使用引号时，外面一层用双引号，里面一层用单引号。例如：

【74】孩子问：“爸爸，为什么 1 个月有的是‘30 天’，而有的是‘31 天’，甚至还有的是‘28 天’或‘29 天’呢？”

（5）独立成段的引文如果只有一段，段首和段尾都用引号；不止一段时，每段开头仅用前引号，只在最后一段末尾用后引号。例如：

【75】我曾在报纸上看到有人这样谈幸福：

“幸福是知道自己喜欢什么和不喜欢什么。……

“幸福是知道自己擅长什么和不擅长什么。……

“幸福是在正确的时间做了正确的选择。……”

（6）在书写带月、日的事件、节日或其他特定意义的短语（含简称）时，通常只标引其中的月和日；需要突出和强调该事件或节日本身时，也可连同事件或节日一起标引。例如：

【76】“5・12”汶川大地震

【77】“五四”以来的话剧，是我国戏剧中的新形式。

【78】纪念“五四运动”100 周年。

9.2.9　括号

（1）下列各种情况，均用圆括号：标示注释内容或补充说明，如【79】～【82】；标示订正或补加的文字，如【83】、【84】；标示序次语，如【85】、【86】；标示引语的出处，如【87】；标示汉语拼音注音，如【88】。

【79】我校拥有特级教师（含已退休的）17 人。

【80】我们不但善于破坏一个旧世界，我们还将善于建设一个新世界！（热烈鼓掌）

【81】在板坯与管坯的方案中，可优先选用管坯，且应是符合国标规格的拉制纯铜管（外径为 18～20 mm，最大壁厚为 4.5 mm）。

【82】对消费者来说，遵从一个好的建议意味着选择的简单化，这会鼓励探索，重新唤起对电影和音乐的热情，有可能创造一个远远大于从前的娱乐市场。（Netflix 的用户平均每月租 7 张 DVD，3 倍于传统租赁店的顾客。）

【83】信纸上用稚嫩的字体写着“阿夷（姨），你好！”。

【84】该建筑公司负责的建设工程全部达到优良工程（的标准）。

【85】语言有诸多要素：（1）语音；（2）语义；（3）词汇；（4）语法；……

【86】思想有三个条件：（一）事理；（二）心理；（三）伦理。

【87】他说得好：“未画之前，不立一格；既画之后，不留一格。”（《板桥集•题画》）

【88】“的（de）”这个字在现代汉语中最常用。

（2）标示作者国籍或所属朝代时，可用方括号或六角括号。例如：

【89】［英］赫胥黎《进化论与伦理学》
【90】〔唐〕杜甫著

（3）报刊标示电讯、报道的开头，可用方头括号。例如：

【91】【新华社北京消息】

（4）标示公文发文字号中的发文年份时，可用六角括号。例如：

【92】国发〔2021〕3 号文件

（5）标示被注释的词语时，可用六角括号或方头括号。例如：

【93】〔科学〕反映自然、社会、思维等的客观规律的分科的知识体系。
【94】【爱因斯坦】物理学家。生于德国，1933 年因受纳粹政权迫害，移居美国。

（6）除科技书刊中的数学、逻辑公式外，所有括号（特别是同一形式的括号）应尽量避免套用。必须套用括号时，宜采用不同的括号形式配合使用。例如：

【95】〔彳亍（chìchù）〕慢步走，走走停停。

9.2.10 破折号

（1）标示注释内容或补充说明（也可以用括号）。例如：

【96】“奇瑞”和“吉利”的国际合作模式——自己先学会走路、长本事，然后自主地与跨国公司平等合作——是一种值得赞赏的好模式。
【97】我一直坚持数字出版自主开发模式，想借此引领期刊与时俱进地发展——无论条件多么困难。

（2）标示插入语（也可用逗号）。例如：

【98】这简直就是——说得不客气点——无耻的勾当。

（3）标示总结上文或提示下文（也可用冒号）。例如：

【99】坚强，纯洁，严于律己，客观公正——这一切都难得地集中在一个人身上。
【100】画家开始娓娓道来——
数年前的一个寒冬，……

（4）标示话题的转换。例如：

【101】“好香的干菜，——听到风声了吗？”赵七爷低声说道。

（5）标示声音的延长。例如：

【102】“嘎——”传过来一声水禽被惊动的鸣叫。

（6）标示话语的中断或间隔。例如：

【103】“班长他牺——”小马话没说完就大哭起来。

【104】“亲爱的妈妈，你不知道我多爱你。——还有你，我的孩子！”

（7）标示引出对话。例如：

【105】——你长大后想成为科学家吗？
——当然想了！

（8）标示事项列举分承。例如：

【106】根据研究对象的不同，环境物理学分为以下五个分支学科：
——环境声学；
——环境光学；
——环境热学；
——环境电磁学；
——环境空气动力学。

（9）用于副标题之前。例如：

【107】飞向太平洋——我国新型号运载火箭发射目击记

（10）用于引文、注文后，标示作者、出处或注释者。例如：

【108】先天下之忧而忧，后天下之乐而乐。
——范仲淹

【109】乐浪海中有倭人，分为百余国。
——《汉书》

【110】很多人写好信后把信笺折成方胜形，我看大可不必。（方胜，指古代妇女戴的方形首饰，用彩绸等制作，由两个斜方部分叠合而成。——编辑注）

9.2.11　省略号

（1）标示引文的省略。例如：

【111】大家齐声朗读起来：“……俱往矣，数风流人物，还看今朝。”

（2）标示列举或重复词语的省略。例如：

【112】最近出版的系列图书《宇宙》《地球》《生物》《人类》……，不仅能带我们回到 150 亿年之前宇宙大爆炸的那一瞬间……还能让我们深刻地认识到万事万物发生发展这一不变的运动规律。

【113】他气得连声说：“好，好……算我没说。”

（3）标示语意未尽。例如：

【114】在人迹罕至的深山老林里，假如突然看见一缕炊烟，……

（4）标示说话时断断续续。例如：

【115】他磕磕巴巴地说：“可是……太太……我不知道……你一定是认错了。”

（5）标示对话中的沉默不语。例如：

【116】“还没结婚吧？”
　　“……”他飞红了脸，更加忸怩起来。

（6）标示特定的成分虚缺。例如：

【117】只要……就……

（7）在标示诗行、段落的省略时，可连用两个省略号（相当于十二连点）。例如：

【118】从隔壁房间传来缓缓而抑扬顿挫的吟咏声——
床前明月光，疑是地上霜。
…………

【119】由初生到老死，这个路程，是谁都要走过的。不过，有的人不幸，在半道得了急症，或遇到意外，没有走完这条路，突然先被死神抓去了，那是例外。
…………

9.2.12　着重号

（1）标示语段中重要的文字[①]。例如：

【120】事业是干出来的，不是吹出来的。

（2）标示语段中需要指明的文字。例如：

【121】下边加点的字，除了在词中的读法外，还有哪些读法？
着急　子弹　强调

9.2.13　连接号

（1）标示下列各种情况，均用短横线：化合物的名称或插图、表格的编号（图序、表序），如【122】～【124】；连接号码，包括门牌号码、电话号码，以及用阿拉伯数字表示年月日等，如【125】～【127】；在复合名词中起连接作用，如【128】；某些产品的名称和型号，如【129】；汉语拼音、外来语内部的分合，如【130】～【133】。

【122】均苯四酸又称 1，2，4，5-苯四甲酸，其英文名是 benzenetetr。
【123】复方氯化钠注射液，也称任-洛二氏溶液，用于医疗和哺乳动物生理学实验。
【124】实验结果列于表 2-6，数值模拟结果如图 2-4 所示。
【125】百万庄大街 26 号院 8-2-401 室。
【126】联系电话：010-88379056
【127】2020-04-09
【128】引入弹性、温度梯度因子获得热-机械载荷下梯度材料圆筒的应力解析解。
【129】在太平洋地区，除了已建成投入使用的 HAW-4 和 TPC-3 海底光缆之外，又有 TPC-4 海底光缆投入运营。

---

①文章中有时会出现在文字下方加单线或双线的形式来标示语段中需要着重指出的文字（如字、词、词组、句子、句群，本书示例中大量使用了这种表达形式），其中加单线与着重号的功能相同，但形式上与标号中的专名号相同。笔者认为，如果把这种下画单线理解为专名号，那么国家标准 GB / T 15834—2011 对专名号的定义就不够准确、全面，需要以后进行补充、完善。

【130】shuō shuo-xiàoxiào(说说笑笑)。

【131】盎格鲁-撒克逊人。

【132】让-雅克·卢梭("让-雅克"为双名)。

【133】皮埃尔·孟戴斯-弗朗斯("孟戴斯-弗朗斯"为复姓)。

(2)标示下列各种情况,一般用一字线,有时也可用浪纹线:标示相关项目(如时间、地域等)的起止;标示数值范围(由阿拉伯数字或汉字构成)的起止。例如:

【134】沈括(1031—1095),宋朝人。

【135】2020 年 10 月 14—30 日。

【136】"北京—上海"高铁

【137】人类的发展可以分为猿—猿人—古人—新人这四个阶段。

【138】由图 10～12 可以看出,柔性机器人第二构件末端点的 x 向位移,随着时间的增加越来越小,而且在起步阶段变化很慢。

【139】身高 1.2～1.4 m 的孩子需要买半价门票。

【140】第二～八课还没有复习好。

9.2.14 间隔号

(1)标示外国人和少数民族人名内部的分界。例如:

【141】1969 年美国威斯康星州参议员盖洛德·纳尔逊提议,在美国各大学校园内举办环保问题的讲演会。不久,美国哈佛大学法学院的学生丹尼斯·海斯将纳尔逊的提议扩展为在全美举办大规模的社区环保活动,并选定 1970 年 4 月 22 日为第一个"地球日"。4 月 22 日也日渐成为全球性的"地球日"。

(2)标示书名与篇(章、卷)名之间的分界。例如:

【142】《中国大百科全书·物理学》;《三国志·蜀志·诸葛亮传》。

(3)标示词牌、曲牌、诗体名等和题名之间的分界。例如:

【143】《沁园春·雪》;《天净沙·秋思》;《七律·冬云》。

(4)用在构成标题或栏目名称的并列词语之间。例如:

【144】《天·地·人》

(5)以月、日为标志的事件或节日,用汉字数字表示时,只在一、十一和十二月后用间隔号;当直接用阿拉伯数字表示时,月、日之间均用间隔号。例如:

【145】"一·二八"事变;"一二·九"运动。

【146】"3·15"消费者权益日;"9·11"恐怖袭击事件。

9.2.15 书名号

(1)标示书名、卷名、篇名、刊物名、报纸名、文件名等。例如:

【147】《红楼梦》(书名);《史记·项羽本记》(卷名);《21 世纪的制造技术》(篇名);《科

技导报》（刊物名）；《人民日报》（报纸名）；《全国科学技术大会纪要》（文件名）。

（2）标示电影、电视、音乐、诗歌、雕塑等各类用文字、声音、图像等表现的作品的名称。例如：

【148】《地道战》（电影名）；《红楼梦》（电视剧名）；《青藏高原》（歌曲名）；《沁园春·雪》（诗词名）；《东方欲晓》（雕塑名）；《焦点访谈》（电视节目名）；《社会广角镜》（栏目名）；《庄子研究文献数据库》（光盘名）；《保护视力系列挂图》（图片名）。

（3）标示全中文或中文在名称中占主导地位的软件名。例如：

【149】科研人员正在升级《360 杀毒》软件。

（4）标示作品名的简称。例如：

【150】我读了《念青唐古拉山脉纪行》一文（以下简称《念》），收获很大。

（5）当书名号中还需要书名号时，里面一层用单书名号，外面一层用双书名号。例如：

【151】《教育部关于提请审议〈高等教育自学考试试行办法〉的报告》

9.2.16 专名号

（1）标示古籍、古籍引文和某些文史类著作中出现的特定类专有名词，主要包括人名、地名、国名、民族名、朝代名、年号、宗教名、官署名、组织名等。例如：

【152】屈原放逐，乃赋离骚；左丘失明，厥有国语。（人名）
【153】于是聚集冀、青、幽、并四州兵马七十多万准备决一死战。（地名）
【154】当时乌孙及西域各国都向汉派遣了使节。（国名、朝代名）

（2）现代汉语文本中的上述专有名词，以及古籍和现代文本中的单位名、官职名、事件名、会议名、书名等不应使用专名号。必须使用标点标示时，宜使用其他相应标号（如引号、书名号等）。

9.2.17 分隔号

（1）诗歌接排时分隔诗行（也可用逗号和分号）。例如：

【155】月落乌啼霜满天/江枫渔火对愁眠/姑苏城外寒山寺/夜半钟声到客船。

（2）标示诗文中的音节节拍。例如：

【156】横眉/冷对/千夫指，俯首/甘为/孺子牛。

（3）分隔供选择或可转换的两项，表示“或”。例如：

【157】除了上正常的课程外，还可选修钢琴和/或游泳课。

（4）分隔组成一对的两项，表示“和”。例如：

【158】K695/K696 次特别快车。

（5）分隔层级或类别。例如：

【159】我国的行政区划分为：省（直辖市、自治区）/省辖市（地级市）/县（县级市、区、自治州）/乡（镇）/村（居委会）。

9.3　标点符号用法补充规则

9.3.1　句号

图或表的短语式说明文字，中间可用逗号，但末尾不用句号。即使有时说明文字较长，前面的语段已出现句号，最后结尾处仍不用句号。例如：

【1】试验中的航空母舰

【2】经过治理，本市市容市貌焕然一新。这是某区街道一景

9.3.2　问号

使用问号应以句子表示疑问语气为依据，而并不根据句子中包含有疑问词。当含有疑问词的语段充当某种句子成分，而句子并不表示疑问语气时，句末不用问号。例如：

【3】她的行为举止、审美情趣，甚至读什么书，坐什么车，都在媒体掌握之中。

【4】大家都不知道下一步究竟能发展到什么地步。

9.3.3　逗号

用顿号表示较长、较多或较复杂的并列成分之间的停顿时，最后一个成分前可用“以及（及）”进行连接，“以及（及）”之前应用逗号。例如：

【5】压力过大、工作时间过长、作息不规律、忽视营养均衡，以及缺少体育锻炼等，均会导致健康状况下降。

9.3.4　顿号

表示含有顺序关系的并列各项间的停顿，用顿号，不用逗号。用阿拉伯数字表示年月日的简写形式时，用短横线连接号，不用顿号。例如：

【6】对于表示人、事物、行为间的相互对待关系，需要深入研究。（其中顿号不得用逗号）

【7】2020-05-01（不得表示成 2020、05、01）

9.3.5　分号

分项列举的各项有一项或多项已包含句号时，各项的末尾不能再用分号。例如：

【8】目前广泛应用且较为成熟的典型增材制造技术可总结为五大类：一是粉末/丝状材料高能束烧结或熔化成形。主要有激光选区烧结、激光选区熔化、激光近净成形等。二是丝材挤出热熔成形。主要有熔融沉积制造等。……。五是片/板/块材粘接或焊接成形。主要有分层实体制造等。（其中表达五类增材制造技术的语句之间的句号不能改用分号。）

9.3.6 冒号

冒号用在提示性话语之后引起下文，但表面上类似实际上不是提示性话语的，其后用逗号，如【9】、【10】。冒号提示范围无论大小（一句话、几句话甚至几段话），都应与提示性话语保持一致（即在该范围的末尾要用句号点断），应避免冒号涵盖范围过窄或过宽，如【11】。冒号应用在有停顿处，无停顿处不应用冒号，如【12】。例如：

【9】郦道元《水经注》记载："沼西际山枕水，有唐叔虞祠。"（提示性话语）

【10】据《苏州府志》载，苏州城内大小园林约有 150 多座，可算名副其实的园林之城。（非提示性话语）

【11】艾滋病有三个传播途径：血液传播、性传播和母婴传播。日常接触是不会传播艾滋病的。（其中冒号涵盖的范围不包括最后一句话，因此第一个句号不得用逗号。）

【12】这事你得拿主意，光说"不知道"怎么行？（其中"光说"与"不知道"间无停顿，其间不用冒号。）

9.3.7 引号

"丛刊""文库""系列""书系"等作为系列著作的选题名时，宜用引号标引。当它们为选题名的一部分时，放在引号之内，反之则放在引号之外。例如：

【13】"汉译世界学术名著丛书"

【14】"中国哲学典籍文库"

【15】"21 世纪心理学通览"丛书

9.3.8 括号

括号分为句内括号和句外括号。句内括号用于注释句子里的某些词语，即本身就是句子的一部分，应紧跟在被注释的词语之后。句外括号则用于注释句子、句群或段落，即本身结构独立，不属于前面的句子、句群或段落，应位于所注释语段的句末点号之后。例如：

【16】标点符号是辅助文字记录语言的符号，是书面语的有机组成部分，用来表示语句的停顿、语气以及标示某些成分（主要是词语）的特定性质和作用。（数学符号、货币符号、校勘符号、辞书符号、注音符号等特殊领域的专门符号不属于标点符号。）

9.3.9 省略号

不能用多于两个省略号（多于 12 点）连在一起来表示省略。省略号须与多点连续的连珠号相区别（后者主要是用于表示目录中标题和页码对应和连接的专门符号）。省略号和"等""等等""什么的"等词语不能同时使用。在需要读出来的地方用"等""等等""什么的"，不用省略号。例如：

【17】全书内容按学科共分基础科学、地理、天文、生物、动物、医学等 10 部分。（其中"等"字前不能加省略号）

9.3.10　着重号

不应使用文字下加直线或波浪线等形式表示着重。文字下加直线为专名号形式；文字下加波浪线是特殊书名号。着重号的形式统一为相应项目下加小圆点。例如：

【18】下面对“科学”的解释，不正确的项目有几个？（“不正确”不宜为“不正确”或“不正确”）

9.3.11　连接号

浪纹连接号用于表示数值范围时，在不引起歧义的情况下，前一数值附加符号或计量单位可省略。例如：

【19】100 kg～200 kg

【20】100～200 kg

9.3.12　间隔号

当并列短语构成的标题中已用间隔号隔开时，不应再用“和”类连词。例如：

【21】《天·地·人》（不要表达为《天·地和人》）

9.3.13　书名号

（1）不能视为作品的课程、课题、奖品奖状、商标、证照、组织机构、会议、活动等名称，不应该用书名号。例如：

【22】在中文网站升级的基础上，2020 年确立了“网站建设及英文系统升级”的新课题。（其中引号不能改用书名号）

（2）有的名称应按指称意义的不同确立是否用书名号。例如文艺晚会指一项活动时，不用书名号；而特指一种节目名称时，可用书名号。再如展览作为文化传播的组织形式时，不用书名号；特定情况下将某项展览作为一种创作的作品时，可用书名号。例如：

【23】2020 年重阳联欢晚会受到观众的称赞和好评。

【24】本台将重播《2020 年重阳联欢晚会》。

【25】“雪域明珠——中国西藏文化展”今天隆重开幕。

【26】《大地飞歌艺术展》是一部大型现代艺术作品。

（3）书名后面表示该作品所属类别的普通名词不标在书名号内。例如：

【27】《读者》杂志非常有名。（不要表达为：《读者杂志》非常有名。）

（4）书名有时带有括注，如果括注是书名、篇名的一部分，应放在书名号之内，反之则应放在书名号之外。例如：

【28】《中华人民共和国民事诉讼法（试行）》

【29】《城市穿行者：地铁那些事儿》（视野拓展类）

（5）书名、篇名末尾如有叹号或问号，应放在书名号之内。例如：

【30】《日记何罪！》

【31】《如何做到同工又同酬？》

（6）在古籍或某些文史类著作中，为与专名号配合，书名号也可改用浪线式“﹏”，标注在书名下方。这可以看作特殊的专名号或特殊的书名号。

9.3.14　分隔号

分隔号又称正斜线号，须与反斜线号“\”相区别（后者主要是用于编写计算机程序的专门符号）。使用分隔号时，紧贴着它的前后通常不用点号。

9.4　标点符号若干用法说明

9.4.1　易混标点符号用法比较

1）逗号、顿号表示并列词语之间停顿的区别

逗号、顿号都表示停顿，但逗号表示的停顿长，顿号表示的停顿短。并列词语之间的停顿一般用顿号，但当并列词语较长或其后有语气词时，为了表示稍长一点的停顿，也可用逗号。例如：

【1】我们需要了解全局和局部的统一，必然和偶然的统一，本质和现象的统一。

【2】看游记最难弄清位置和方向，前啊，后啊，左啊，右啊，看了半天，还是不明白。

2）逗号、顿号在表列举省略的“等”“等等”之类词语前的使用

并列成分之间用顿号，末尾的并列成分之后用“等”“等等”之类词语（“等”类词）时，“等”类词前不用顿号或其他点号；并列成分之间用逗号，末尾的并列成分之后用“等”类词时，“等”类词前应用逗号。例如：

【3】现代生物学、物理学、化学、数学等基础科学的发展，带动了医学的进步。

【4】写文章前要想好：文章主题是什么，用哪些材料，哪些详写，哪些略写，等等。

3）逗号、分号表示分句间停顿的区别

当复句的表述不复杂、层次不多，相连的分句语气比较紧凑、分句内部也没有使用逗号表示停顿时，分句间的停顿多用逗号。当用逗号不易分清多重复句内部的层次（如分句内部已有逗号），而用句号又可能割裂前后关系的地方，应用分号表示停顿。例如：

【5】纵比就是以一事物的各个阶段作比，横比则是以此事物与彼事物相比。

【6】纵比，就是以一事物的各个阶段作比；横比，则是以此事物与彼事物相比。

4）顿号、逗号、分号在标示层次关系时的区别

句内点号中，顿号表示的停顿最短、层次最低，通常只能表示并列词语之间的停顿；分号表示的停顿最长、层次最高，可用来表示复句的第一层分句之间的停顿；逗号介于两者之间，既可表示并列词语之间的停顿，也可表示复句中分句之间的停顿。若分句内部已用逗号，分句之间就应用分号。用分号隔开的几个并列分句不能由逗号统领或总结。例如：

【7】有的学会烤烟，自己做挺讲究的纸烟和雪茄；有的学会蔬菜加工，做的番茄酱能吃

到冬天；有的学会蔬菜腌渍、窖藏，使秋菜接上春菜。

【8】动物吃植物的方式多种多样：有的是把整个植物吃掉，如原生动物；有的是把植物的大部分吃掉，如鼠类；有的是吃掉植物的要害部位，如鸟类吃掉植物的嫩芽。

5）冒号、逗号用于“说”“道”之类词语后的区别

位于引文之前的“说”“道”后用冒号。位于引文之后的“说”“道”分两种情况：处于句末时，其后用句号；“说”“道”后还有其他成分时，其后用逗号。插在话语中间的“说”“道”类词语后只能用逗号表示停顿。例如：

【9】他说：“现在开始启动项目正是时候。”

【10】“现在开始启动项目正是时候。”他说。

【11】“现在开始启动项目正是时候！”他说，显得非常高兴。

【12】“现在开始启动项目正是时候，”他说，“我们要紧跟时代的步伐。”

6）不同点号表示停顿长短的排序

各种点号都表示说话时的停顿。句号、问号、叹号都表示句子完结，停顿最长。分号用于复句的分句间，停顿长度介于句末点号与逗号间，而短于冒号。逗号表示一句话中间的停顿，又短于分号。顿号用于并列词语间，停顿最短。通常情况下，各种点号表示的停顿由长到短为：句号＝问号＝叹号＞冒号（指涵盖范围为一句话的冒号）＞分号＞逗号＞顿号。

7）破折号与括号表示注释或补充说明时的区别

破折号用于表示比较重要的解释说明，这种补充是正文的一部分，可与前后文连续；而括号表示比较一般的解释说明，只是注释而非正文，可不与前后文连续。例如：

【13】在科技论文教材写作的启动时间——2020年，必须取得突破性的进展。

【14】哈雷在牛顿思想的启发下，终于认出了他所关注的彗星（该星后人称为哈雷彗星）。

8）书名号、引号在“题为……”“以……为题”格式中的使用

“题为……”“以……为题”中的“题”，如果是诗文、图书、报告或其他作品可作为篇名、书名看待时，可用书名号；如果是写作、科研、辩论、谈话的主题，非特定作品的标题，应用引号。即“题为……”“以……为题”中的“题”应根据其类别分别按书名号和引号的用法处理。例如：

【15】有篇题为《柳宗元的诗》，全文才2000字，引文不实却达11处之多。

【16】今天一个以“地球・人口・资源・环境”为题的大型宣传活动在此间举行。

【17】《我的老师》写于1956年9月，是作者应《教师报》之约而写的。

【18】“我的老师”这类题目，同学们也许都写过。

9.4.2 两个标点符号连用说明

1）行文中表示引用的引号内外的标点用法

当引文完整且独立使用，或虽不独立使用但带有问号或叹号时，引号内句末点号应保留。除此之外，引号内不用句末点号。当引文处于句子停顿处（包括句子末尾）且引号内未使用点号时，引号外应使用点号；当引文位于非停顿处或者引号内已使用句末点号时，引号外不用点号。例如：

【19】“纵浪大化中，不喜亦不惧，应尽便须尽，无复独多虑。”这首诗我很喜欢。

【20】房价上涨令大众难以接受，很多人发出“还能住得上自己的房子吗”的疑问。

【21】领导以“条件还不成熟，准备还不充分”为由，否决了大家的提议。

【22】你这样“明日复明日”地要拖到什么时候？

【23】司马迁为了完成《史记》的写作，使之“藏之名山”，忍受了人间最大的侮辱。

【24】在药品监管工作中要始终坚持“把质量当生命”。

【25】“言之无文，行而不远”这句话，说明了文采的重要性。

【26】俗话说：“墙头一根草，风吹两边倒。”用这句话来形容此辈再恰当不过。

2）行文中括号内外的标点用法

括号内行文末尾需要时可用问号、叹号和省略号。除此之外，句内括号行文末尾通常不用标点符号。句外括号行文末尾是否用句号由括号内的语段结构决定：若语段较长、内容复杂，应用句号。句内括号外是否用点号取决于括号所处位置：若句内括号处于句子停顿处，应用点号。句外括号外通常不用点号。例如：

【27】如果不采取（但应如何采取呢？）十分具体的控制措施，事态将进一步扩大。

【28】3 分钟过去了（仅仅才 3 分钟！），从眼前穿梭而过的出租车竟达 32 辆。

【29】她介绍时用了一连串比喻（有的状如树枝，有的貌似星海……），非常形象。

【30】科技协作合同（包括科研、试制、成果推广等）根据上级主管部门或有关部门的计划签订。

【31】应把夏朝看作原始公社向奴隶制国家过渡时期。（龙山文化遗址里，也有俯身葬。俯身者很可能就是奴隶。）

【32】问：你对你不喜欢的上司是什么态度？

答：感情上疏远，组织上服从。（掌声，笑声）

【33】古汉语（特别是上古汉语），对于我来说，有着常人无法想象的吸引力。

【34】由于这种推断尚未经过实践的考验，我们只能把它作为假设（或假说）提出来。

【35】人际交往过程就是使用语词传达意义的过程。（严格说，这里的“语词”应为语词指号。）

3）破折号前后的标点用法

破折号之前通常不用标点；但根据句子结构和行文需要，有时也可分别使用句内点号或句末点号。破折号之后通常不会紧跟着使用其他点号；但当破折号表示语音的停顿或延长时，根据语气表达的需要，其后可紧接问号或叹号。例如：

【36】小妹说：“我现在工作得挺好，老板对我不错，工资也挺高。——我能抽支烟吗？”（表示话题的转折）

【37】我不是自然主义者，我主张文学高于现实，能够稍稍居高临下地去看现实，因为文学的任务不仅在于反映现实。光描写现存的事物还不够，还必须记住我们所希望的和可能产生的事物。必须使现象典型化。应该把微小而有代表性的事物写成重大的和典型的事物。——这就是文学的任务。（表示对前几句的总结）

【38】“是她——？”老同学简直不敢相信自己的耳朵。

【39】“我终于考上研究生啦，我终于考上啦——！”他高兴得快要晕过去了。

4）省略号前后的标点用法

省略号之前通常不用点号。以下两种情况例外：省略号前的句子表示强烈语气、句末使用问号或叹号时；省略号前不用点号就无法标示停顿或表明结构关系时。省略号之后通常也不用点号，但当句末表达强烈的语气或感情时，可在省略号后用问号或叹号；当省略号后还有别的话、省略的文字和后面的话不连续且有停顿时，应在省略号后用点号；当表示特定格式的成分虚缺时，省略号后可用点号。例如：

【40】想起这些，我就觉得一辈子都对不起你。你对梁家的好，我感激不尽！……

【41】他进来了，……一身军装，一张朴实的脸，站在我们面前显得很高大，很年轻。

【42】“这，这是……？”

【43】动物界的规矩比人类还多，野骆驼、野猪、黄羊……，直至塔里木兔、跳鼠，都是各行其路，决不混淆。

【44】大火被渐渐扑灭，但一片片油污又旋即出现在遇难船旁……。清污船迅速赶来，并施放围栏以控制油污。

【45】如果……，那么……。

9.4.3　序次语后标点符号用法

（1）“第”“其”字头序次语，或“首先”“其次”“最后”等做序次语时，后用逗号（见“9.2.4　逗号（3）”中关于逗号在序次语后的使用有关示例）。

（2）不带括号的汉字数字或“天干地支”做序次语时，后用顿号（见“9.2.5　顿号（3）”中关于顿号在序次语后的使用有关示例）。

（3）不带括号的阿拉伯数字、拉丁字母或罗马数字做序次语时，后面用下脚点（该符号属于外文的标点符号）。例如：

【46】总之，语言的社会功能有三点：1. 传递信息，交流思想；2. 确定关系，调节关系；3. 组织生活，组织生产。

【47】做好此项目有三个要点：A. 增加人员；B 资金到位；C 技术过关。

（4）加括号的序次语后面不用任何点号。例如：

【48】总之，语言的社会功能有三点：（一）传递信息，交流思想；（二）确定关系，调节关系；（三）组织生活，组织生产。

【49】做好此项目有三个要点：（1）增加人员；（2）资金到位；（3）技术过关。

（5）阿拉伯数字与下脚点结合表示章节关系的序次语末尾不用标点符号。例如：

【50】2 国际科学界已认识到立方星在空间科学探测中的作用

2.1 已取得重要科学发现和成果的立方星任务

2.2 正在研制的月球和小行星探测立方星任务

（6）用于章节、条款的序次语后宜用空格表示停顿。示例参见本书各章的总标题。再如：

【51】第一节　假设检验的原理与方法

（7）序次简单、叙述性较强的序次语后不用标点符号。例如：

【52】语言的社会功能有三点：一是传递信息；二是确定关系；三是组织生活。

（8）同类数字形式的序次语，带括号的通常位于不带括号的下一层。通常第一层是带顿号的汉字数字；第二层是带括号的汉字数字；第三层是带下脚点的阿拉伯数字；第四层是带括号的阿拉伯数字；再往下可以是带圆圈的阿拉伯数字或小写拉丁字母。一般可根据文章特点选择从某一层序次语开始行文，选定之后顺着序次语的层次向下行文，但使用层次较低的序次语之后不宜反过来再使用层次更高的序次语。例如：

【53】一、……
（一）……
1. ……
1）……
（1）……
① / a.……

9.4.4　文章标题标点符号用法

文章标题的末尾通常不用标点符号，但有时根据需要可用问号、叹号或省略号。例如：

【54】临近空间科学技术的发展现状及应用前景
【55】严防“新冠病毒”危害广大人民群众
【56】里面是湖，还是海？
【57】人体也是污染源！
【58】和平协议签署之后……

9.5　标点符号新旧标准差异说明

《标点符号用法》新标准 B / T 15834—2011 与旧标准 GB / T 15834—1995 相比，主要变化如下：

（1）根据国家标准编写规则（GB / T 1.1—2009），对新标准的编排和表述做了全面修改。

（2）更换了大部分示例，使之更简短、通俗、规范。

（3）增加了对术语“标点符号”和“语段”的定义。

（4）对术语“复句”和“分句”的定义做了修改。

（5）对句末点号（句号、问号、叹号）的定义做了修改，更强调句末点号与句子语气之间的关系。

（6）对逗号的基本用法做了补充。

（7）增加了不同形式括号用法的示例。

（8）省略号的形式统一为六连点“……”，但在特定情况下允许连用。

（9）取消了连接号中原有的二字线、半字线（新标准中未提及“半字线”这一项，这里是笔者加的），将连接号形式规范为短横线“-”、一字线“—”和浪纹线“～”，并对三者的功能做了归并与划分。

（10）明确了书名号的使用范围。

（11）增加了分隔号“/”的用法说明。

（12）“标点符号的位置”一章的标题改为“标点符号的位置和书写形式”，并增加了使用中文输入法软件处理标点符号时的相关规范。

（13）增加了附录。附录 A 为规范性附录，主要说明标点符号不能怎样使用和对标点符号用法加以补充说明，以解决目前使用混乱或争议较大的问题。附录 B 为资料性附录，对功能有交叉的标点符号的用法做了区分，并对标点符号误用高发环境下的规范用法做了说明。

9.6　标点符号活用

每个标点符号都有一定的使用范围，有规范用法，但也有灵活性和变通用法，使用时应注意其活用问题。标点符号的用法有主要用法和次要用法，如句号和叹号、分号和逗号：

（1）句号主要表示陈述句末尾的停顿，叹号主要表示感叹句末尾的停顿，但两者又都可表示祈使句末尾的停顿，一个祈使句末尾用句号还是叹号就有灵活性，应根据语意和这两种符号的基本用法来判断（带有强烈感情时用叹号，否则就用句号）；

（2）分号常用在并列分句间，但并列分句内部没有用逗号时，其间一般就用逗号而不用分号，这是因为用逗号也能表达清楚句子结构层次，而且有时并列分句内部即使有逗号，分句间也还是可以用逗号而不用分号。

按表示停顿时间的长短，可以把点号作如下排队：句号＝问号＝叹号＞冒号（指涵盖范围为一句话的冒号）＞分号＞逗号＞顿号［见 9.4.1 节 6)］。这就是点号的“格”：句号表示的停顿时间最长，顿号表示的最短，即句号（问号、叹号）的格最高，分号（冒号）的格次之，逗号的格低，顿号的格最低。实际语句表达中，根据表达需要或为了标点符号间相互配合，可把某些点号变格（升格或降格）来使用。一个句子内部使用了不同格的点号，就可以清楚地显示出句子的结构层次，若其中某个点号的格变化了，其他相关点号的格也要随着发生变化。例如：

【1】实验系统的主要组成有：JTS—7 型超声波检测仪、中心频率 5 MHz 声束 10 mm×6 mm 的超声换能器、50 MHz 数据采集卡、TopView 数据采集软件。

此例中冒号后面的四个并列词语，其间的停顿本来用顿号是可以的，但因为这些词语较长，而且如果考虑在“中心频率 5 MHz”与“声束 10 mm×6 mm”之间加上顿号，则这四个并列词语间的顿号可改用格高其一级（或两级）的逗号（或分号），即逗号（或分号）降格作为顿号使用。此句参考修改方案：

✓实验系统的主要组成有：JTS—7 型超声波检测仪，中心频率 5 MHz、声束 10 mm×6 mm 的超声换能器，50 MHz 数据采集卡，TopView 数据采集软件。

✓实验系统的主要组成有：JTS—7 型超声波检测仪；中心频率 5 MHz、声束 10 mm×6 mm 的超声换能器；50 MHz 数据采集卡；TopView 数据采集软件。

【2】这为二维高精度、大厚件、大行程工件线切割加工提高加工效率、节省原材料、充分利用电极丝提供了有力支持。

此例中有两组并列词语，每组中并列词语间用顿号本是可以的，但都用顿号容易混淆这两组之间的区别，给阅读带来障碍。为了表示出这种区别，可将此句后一组中的顿号改用格高其一级的逗号，即逗号降格为顿号，这就是点号间配合问题。此句参考修改方案：

✓这为二维高精度、大厚件、大行程工件线切割加工提高加工效率，节省原材料，充分利用电极丝提供了有力支持。

【3】由于振动传播过程中的散射、混响、机械结构对振动的传播和滤波以及机械振动的耦合等诸效应作用，在机壳上测得的振动信号的混合模型为不同机械振动信号的卷积混合。

此例中画线部分为四个并列词语，前面两个与后面两个的结构不对称，其间都用顿号就不能有效表示出这种区别。为此可将第二个词语后边的顿号改用格高其一级的逗号，即逗号降格为顿号，并在“以及”前面加上逗号，这样表达的层次就清晰多了。此句参考修改方案：

✓由于振动传播过程中的散射、混响，机械结构对振动的传播和滤波，以及机械振动的耦合等诸效应作用，在机壳上测得的振动信号的混合模型为不同机械振动信号的卷积混合。

【4】机械系统中非线性阻尼的例子很多，包括有相对运动的零件间产生的摩擦力；用铆钉、螺栓和压力连接的结构受到载荷作用时在其接触面间产生的结构摩擦力；系统构件材料的内摩擦力；系统在气体或液体中振动而产生的介质阻力等。

此例中分号间的并列词语很长，其间用分号是可以的，但考虑到与谓语“包括”在叙述上的连贯性，可以将分号改为格低其一级的逗号，即逗号升格为分号。此句参考修改方案：

✓机械系统中非线性阻尼的例子很多，包括有相对运动的零件间产生的摩擦力，用铆钉、螺栓和压力连接的结构受到载荷作用时在其接触面间产生的结构摩擦力，系统构件材料的内摩擦力，以及系统在气体或液体中振动而产生的介质阻力等。

✓机械系统中非线性阻尼的例子很多，包括：有相对运动的零件之间产生的摩擦力；用铆钉、螺栓和压力连接的结构，当受到载荷作用时，在接触面之间产生的结构摩擦力；系统构件材料的内摩擦力；系统在气体或液体中振动而产生的介质阻力等。

【5】式中 p_1，p_2 分别为本年度工、农业生产总值。

此句中“工”和“农”为并列的一字语素，其间无须停顿，可以省略顿号而连写。当然，为了与前面“p_1，p_2”间的逗号（也可改为顿号）相配合，“工”和“农”间加上顿号停顿一下，表达效果也是不错的。这也属于点号间配合。此句参考修改方案：

✓式中 p_1，p_2 分别为本年度工农业生产总值。

9.7 英文标点符号

科技论文有不少用英文表达的部分，如英文标题（如论文题名、图题、表题），英文署名（作者姓名及工作单位），英文摘要，英文关键词，英文参考文献，英文项目名称等，会涉及到较多的英文标点的使用，其使用恰当与否直接影响语义的准确表达，甚至影响论文的质量。

英文标点符号主要有逗号、分号、冒号、破折号、连字符、括号、引号、斜线号、撇号、省略号、句号、问号、叹号等，其中分号、冒号、破折号、连字符、撇号（表所有格）主要用于连接词或承接句子各部分，成对出现的逗号、破折号、引号、括号主要用于封闭句子各部分，省略号、句号（缩写点）、撇号（表缩写）主要用于表示省略，句号、问号、叹号主要用于表示句子的结束。英文标点符号在类别和形式上基本同中文标点符号，但其间还是有差别的，必须加以区分，避免中、英文标点混用。下面总结几种常见英文标点符号的使用场合。

9.7.1　逗号

逗号（comma，“,”）用来分隔句子或句子的各种成分，表示较小的停顿。英语中逗号使用很广，规则较多，再加上与中文逗号的形式相同，写作时容易混淆二者用法的差异。逗号主要用在以下场合。

1）在由多个同等成分（如单词、短语、子句以及数字、名称、量值、符号等）组成的句子中，除最后一个成分外，其他成分的后面都要用逗号，以分隔这些成分。例如：

● Water, sodium hydroxide, and ammonia were the solvents.（分隔单词）

● Parallel mechanisms are suited to applications that require high structural rigidity and accuracy, fast dynamic response, and large load-to-weight ratios.（分隔短语）

● **Keywords:** thick-thinned contraction, basement structures, salt structures, physical modeling, Kuqa depression.（分隔关键词）

● Rolling velocity is 10, 20, 30, 40 m /s, respectively, inlet oil temperature 27, 60, 90, 125℃, maximum Hertz pressure 0.8, 1.0, 1.1, 1.2, 1.35, 1.5 GPa.（分隔数字）

● Shaolin Zheng, Lidong Zhang, Wu Zhang, and YajunYang.（分隔人名）

● Yixin Yu[1,2,*], Liangjie Tang[1,2], Wenjing Yang[3], Wenzheng Jin[1,2], Gengxin Peng[3], and Ganglin Lei[3].（文章署名中分隔作者姓名）

● The proposed SLA values are close to those expected for observations on infertile soils (*A. elatius* 35−37, *F. rubra* 13−15, *M.caerulea* 21−24; Poorter and de Jong,1999) .（分隔类名称）

● For the SRM, the rated power, rated rotate speed, and rated torque is 26.2 kW, 2500 r / min, and 100 N・m, respectively.（分隔量名称；分隔量值）

● The wavelet network has six inputs and six outputs corresponding with the link length variables (l_1, l_2, l_3, l_4, l_5, l_6) and the position and orientation variables (x, y, z, φ, θ, ψ) .（分隔量符号）

此类表达中，连词 and 前面是否加逗号所表达的含义可能是不同的。例如：

● The complex consists of three conformable, well-layered units of gabbro, diorite and granodiorite and granophyre.

此句的 units 是由“①gabbro, ②diorite, ③granodiorite and granophyre”组成，还是由“①gabbro, ②diorite and granodiorite, ③granophyre”组成，还得考虑一番。

2）在并列句中使用逗号分隔分句，如有并列连词（如 and，but，for，nor，or，so，yet 等），逗号就用在并列连词的前面，若没有并列连词，就直接用在分句间。例如：

● The theory on nucleation and growth of martensite transformation is the core part of martensite theory, but it has been incomplete until now.

● Field relations indicate divergent geomorphic histories for the two formations, yet over broad areas they are nearly coextensive.

● Water is a compound, it is made up of hydrogen and oxygen.

● Compared with the quenched martensites, the size of fresh martensitesis smaller, it is about

0.3−0.5μm.

以上四句中每个句子的两个画线部分为并列分句，前面两句中的并列连词分别为 but 和 yet，后面两句中没有并列连词。

一个句子虽然是并列句，但如果并列的分句非常简短，则各分句之间可不用逗号分隔；一个句子若有由两个并列谓语组成的复合谓语，则这两个并列谓语间也可不用逗号分隔，这种句子实际上是简单句而不是并列句。例如：

- The survey was completed and we left the lab.（并列句）
- The product distribution results were obtained in sodium hydroxide and are listed in Figs. 5-8 and Table 10.（并列谓语）
- Heat, light, electricity, and sound are different forms of energy and can be changed from one form into another.（并列谓语）

3）在分词短语做状语的句子中，用逗号分隔分词短语和句子。分词短语可放在句首、句末或句中，句子的主语和分词的逻辑主语应相同。例如：

- While burning, fuel oil gives out heat energy.
- While using these high-precision instruments, we must be very careful.
- Heating water, you can change it into steam.
- On cooling, a crystalline phase may develop in coexistence with an amorphous phase.
- The computer works very fast, handling millions of data with the speed of light.
- We consulted many dictionaries, searching for a correct answer to the question.
- Once installed, this heater operates automatically.
- Compared with other products, the price of ours is very competitive.
- Considered from this point of view, the question under discussion is of great importance.
- Complicated in design and theory, the machine is not easy to manipulate.
- Held twice a year, the Guangzhou Fair is a mirror of Chinses economy.

4）在分词独立结构做状语的句子中，用逗号分隔分词独立结构和句子。分词独立结构放在句首一般表示时间、原因或条件，放在句末一般表示附加说明或伴随、陪衬的动作。例如：

- With the experiments carried out, we started new investigations.
- The day's writing and editing being finished, I became relaxed and played a while.
- Christmas Day being a holiday, the shops were all closed.
- Time permitting, we shall do the experiment tomorrow.
- Machine tools are built in various, their general theroy and construcion being the same.
- The war was over, without a shot being fired.

5）在分词短语（主要指现在分词短语）做插入语的句子中，用逗号分隔插入语和句中其他成分。插入语表示对整个句子内容的态度或看法，通常放在句首，有时也可放在句中或句末。这种分词短语结构已成为固定短语，常见的有 all things considered，beginning with…，considering…，generally (frankly，strictly，roughly，seriously) speaking，judging from (by)…，speaking of…，talking of…，talking…into consideration 等。例如：

● Judging from the appearance, the machine must be of good quality.

● All things considered, this car is better than that one.

6）在有过渡语或插入语的句子中，用逗号分隔过渡语或插入语和句中其他成分。过渡语起桥梁的作用，插入语一般对前面一句做附加解释，通常放在句首、句中或句末。充当或引导过渡语、插入语的常见词语有：accordingly，after all，also，as a result，as a matter of fact，at the same time，basically，besides，by the way，consequently，e.g.，even so，finally，for example，fortunately，furthermore，hence，however，i.e.，in addition，in conclusion，indeed，in effect，in fact，in essence，in general，in other words，instead，in summary，in the first place，in the meantime，likewise，moreover，namely，nevertheless，of course，on the contrary，on the other hand，then，that is，therefore，thus，what is more，too 等。例如：

● These oxides are more stable in organic solvents (e.g., ketones, esters, and ethers) than previously believed.

● Many antibiotics, for example, penicillins, eephalosporins, and vancomycin, interfere with bacterial peptidogly can construction.

● However, these numerical techniques are computationally intensive.

● In addition, the wavelet network learns much faster than BP network.

● The direct displacement for parallel mechanisms is complex while the inverse displacement is, in general, simple.

● The new derivatives obtained with the simpler procedure, that is, reaction with organocuprates, were evaluated for antitumor activity.

● Basically, there are three types of locomotion mechanisms, wheeled, tracked, and legged styles, and many researchers have studied these mechanisms.（副词做过渡语或插入语时也可不用逗号分隔）

● Two steel plates, 320 mm in length and 200 mm in width of 12 mm thickness, were butt welded with chamfer in V.（画线部分为插入语）

● Several individual flows, each thicker than 25 m, have been traced for more than 160 km.（画线部分为插入语）

● Beauty, in its largest and profoundest sense, is one expression for the universe. (Ralph W. Emerson)（画线部分为插入语）

注意：插入语是句子独立成分的一种（另外两种是感叹语、呼语，一般不会在科技论文中出现），与句中其他成分没有语法关系，用逗号与其他成分隔开，但不能脱离句子而独立存在，词、短语或固定词组均可做插入语。

7）在有对比关系的一组单词、短语或独立句子的句子中，使用逗号分隔各个单词，或各个短语，或各个独立句子。例如：

● It is orange, not red.（分隔单词）

● Another approach, called systematic mapping, is more broad-brush.（分隔短语）

● The greater the risks are, the greater the probable gain from the treatment will be.（分隔句子）

● Potassium compounds such as KCl are strong electrolytes, other potassium compounds are weak electrolytes.（分隔句子）

● One part is the weir and groove ($r > R_g$), the other is the dam($r < R_g$) .（分隔句子）

● It is easy to draw a conclusion that the smaller the value of the max ΔF is, the more robust a solution is.（分隔同位语从句中的两个句子）

8）在复合句中，使用逗号分隔从句和主句。例如：

● After all ants finish their tours, the pheromone trails of the best route are updated following Eq. (8).

● Where data are inaccurate or insufficient, results deviate from what is expected.

● Although 40 different P450 enzymes have been identified, only six are responsible for the processing of carcinogens.

以上三句中，画线部分为从句。

9）在复合句中，使用逗号分隔非限制性从句和句子，或非限制性同位语和句子。例如：

● In Eq. (9), the resultant force matrix $\boldsymbol{F}_r$ comprises of the forces acting on the cylinders, which include the forces produced by the pressures in the cylinders (pA), the friction forces (F), and the equivalent loads of the specimen (including mass of the test stand) acting on each cylinder (M).（画线部分为非限制性从句）

● Isaac Newton, a British scientist, who lived over 300 years ago, said he saw further than others, because he stood on the shoulders of giants.（第一画线部分为 Isaac Newton 的非限制性同位语，第二画线部分为非限制性从句。）

注意：对限制性从句或限制性同位语，一般不用逗号分隔。例如：

● The traditional linear dynamic analysis is based on the spring-mass-damp model which is shown in Fig. 1.（画线部分为 the spring-mass-damp model 的限制性从句）

● The book *Grammar, Vocabulary and Rhetoric of English Academic Writing* will be released next month.（画线部分为 The book 的限制性同位语）

● This automobile is running at speed of 120 miles an hour.（画线部分为 speed 的限制性同位语）

10）使用逗号分隔以 such as 或 including 引导的非限制性短语。例如：

● $\eta_{ij}(g)$ is the heuristic pheromone on route (i, j) at iteration g, which is calculated by some heuristics, such as earliest due date (EDD) heuristic, and so on.

● Hydrogen-bonded complexes, including proton-bound dimers, are well-known species.

注意：对 such as 或 including 引导的限制性短语，不用逗号分隔。例如：

● Potassium compounds such as KCl are strong electrolytes, other potassium compounds are weak electrolytes.

● A virtual node including parallel nodes with different subscript represents the identical parallel machines.

11）在有几个并列形容词分别修饰同一名词的句子中，若调换这些形容词的顺序并不影响句子意思，则用逗号分隔这些形容词。例如：

- Sample preparation is a repetitious, labor-intensive task.
- A powerful, versatile and practical tool for particle sizing is quasi-elastic light scattering.

注意：若调换形容词的顺序影响句子意思，则不用逗号分隔这些形容词。例如：

- Polyethylene is an important industrial polymer.
- The rapid intra molecular reaction course leads to ring formation.

12）在介词短语做状语的句子中，使用逗号分隔介词短语和句子。例如：

- In the 1940s, the model of martensitic nucleation based on components fluctuation was presented by Fisher who thought the carbon-poor zone in steel could be the nucleation site of martensite.
- For nearly four decades, the development of semiconductor industry has been adhering to Moore's Law, which is found by Moore in 1965, and expressed as that the number of components per chip doubles every 18–24 months.
- From the late 1980s to the 1990s, numerical calculation model was adopted to research on adaptive control, by which the second generation welding quality controller for directly calculating the nugget diameter was developed.
- For the complexity of the sealing ring model, the deformation is usually calculated by finite element method (FEM).

13）在有一系列以数字或字母标识的单词或短语的句子中，通常用逗号分隔这些单词或短语。例如：

- Damage resulted from (1) vibration, (2) ground cracking, and (3) subsidence, etc..
- For each solution we calculate the following two entities: (1) domination count n_p, the number of solutions which dominate the solution p, and (2) S_p, a set of solutions that the solution p dominates.
- At the end of its run, the GA provides the optimal platform settings and product family design solutions with satisfying performance, where the results from the optimization include a) which variables should be made common (i.e., platform variables), b) the number of common values on each platform variable for multiple-platform design, c) the values that platform variables should take, d) the values that the remaining unique variables should take.

在这类表达中，有时也可用分号分隔（若标识的是句子，则多用句号分隔）。例如：

- The design of GNSGA-II for Vehicle Routing Problem in Distribution contains six steps: ①Coding; ②Initializing population; ③Fitness; ④Selection; ⑤Crossover; and ⑥Mutation.

14）在连续出现两个独立数字或符号（相邻但无关联）的句子中，用逗号分隔这两个数字或符号。例如：

- By the end of 1935, 1000 experiments had been completed.
- During 2000, $876 000 worth of sales was financed through this plan.

● By October 10, 2020, 150 universities had submitted online reports for this project.（将 150 改为数量名词 one hundred and fifty 更恰当。）

● The vibration model in the nodes is written as ${}^{i}A_j$, i on up left means the number of substructures, j means the number of nodes.

注意：当两个独立的数字做定语修饰同一个名词时，可以考虑将第一个数字用数量名词的形式表示，而第二个数仍用数字的形式表示。例如：

● Each package contains twelve 2-inch nails.

● Be sure to order twenty-five 60 W bulbs for the lamps in the hall.

15）在地名或机构名的表达中，用逗号分隔其中不同级次的组成部分。例如：

● The specimens of species newly identified were deposited in the museum in Cairo, Egypt.

● K J Chen, P Ji. A mixed integer programming model for integrating MRP and job shop scheduling. In *Proceedings of the Fourth International Conference on e-Engineering and Digital Enterprise Technology*, Leeds, UK, 2004: 145–150.（参考文献著录）

● Department of Mechanical Engineering, South China University of Technology, Guangzhou, China.

16）在含有用“et al.”（或 et al）表示人名省略的表达中，如果不是处于句末或参考文献著录，则可用逗号分隔它与其后面的部分（其前面可以加逗号，也可以不加逗号）。例如：

● In 1978, Jacobson et al., investigated mathematical models to predict man's comfort response in different automobiles and environments.（“et al.”后加逗号，此逗号也可去掉。）

● J C Bean, J R Birge, J Mittenthal, et al. Matchup scheduling with multiple resources, release dates and disruptions. *Operations Research*, 1991, 39(3): 470–483. （“et al.”后不加逗号）（参考文献著录）

17）在基于“顺序编码制”的参考文献引用的表述中，如果所引文献的序号不连续，则可用逗号分隔这些序号。例如：

● This method can be used in visual tracking of welding seam[10, 19].

● Ar + H_2 become not uniform after entering arc space and the density of [H_2] in center is higher than the density in brim of arc column[2, 13–15].

● For more detailed information, refer to Refs. [8, 11, 15].

注意：如果有连续的参考文献序号，则用短破折号来分隔［参见本小节 17）第二个例句（引文上标[2, 13–15]）和后面“破折号”一节中的有关内容］。

18）在基于“著者-出版年制”的参考文献引用的表述中，用逗号分隔括号内所引文献的作者与年份。例如：

● The mycorrhizal fungus supplies the orchid with organic nitrogen (N) (Cameron et al., 2006) and a further study has demonstrated P transfer to juvenile protocorms (Smith, 1966).

19）在以“月、日、年”为次序排列的日期表达中，可用逗号分隔表示“日”与“年”的数字，但在以“日、月、年”为次序排列的日期表达中，不使用逗号。例如：

● August 8, 2008；June 18–22, 2020；8 August 2008；18–22 June 2020 等。

9.7.2　分号

分号（semicolon，“;”）通常用来分隔没有连接词连接的、语义关系密切的分句，这些分句因语义关系密切而组成一个句子。分号还可用来替代逗号，分隔冗长、复杂或含有逗号的分句。分号主要用在以下场合。

1）在包含一系列其中含有逗号的单词、短语或数字的句子中，使用分号来分隔这些单词、短语或数字。例如：

● The compounds studied were methyl ethyl ketone; sodiumbenzoate; and acetic, benzoic, and cinnamic acids.

● The order of deposition was quartz and pyrite; massive galena, sphalerite, and pyrite; brown carbonates and quartz; and small amounts of all those named, together with fluorite, barite, calcite, and kaolin.

● Much of the unit is red, pink, or gray; medium to coarse grained; and equigranular or slightly porphyritic.

2）在包含由连接副词连接或表示列举、解释的引导词引导的独立分句（引导词之后的列举、解释语句中含有逗号或构成另外相对完整的意思）的句子中，常用分号来分隔这些独立分句。这样的连接副词或表示列举和解释的引导词语通常有：accordingly，besides，but，consequently，for example(e.g.)，for instance，furthermore，however，hence，indeed，in fact，in other words，likewise，moreover，namely(viz.)，nevertheless，notwithstanding，otherwise，on the contrary，so，still，then，therefore，thus，yet，that is (i.e.)，that is to say 等。例如：

● Numerical method solves the direct displacement using any of the available numerical techniques; however, these numerical techniques are computationally intensive.

● By adjusting the magnet field generated by adjustable magnetic poles, the adjustable function of the main flux is accomplished; therefore, the assistant control of engine for optimizing operating performance can also be achieved.

● The efficiency of the cross-coupling depends on the nature of X in RX; thus, the reaction is performed at room temperature by slow addition of the ester.

● The growth of a digital organism's wisdom is basically from bottom up; that is to say, the digital life will evolve wisdom by itself.（that is to say 引导的独立分句有相对完整的意思）

● I want to write a series of books; that is to say, I want to develop myself and improve students' writing level.（that is to say 引导的独立分句有相对完整的意思）

当引导词语之后的列举、解释语句中不含有逗号且没有构成另外相对完整的意思时，引导词语前后通常都用逗号；当列举或解释语作为插入成分时也不用分号隔开。

● I want to write a series of books, that is to say, to develop myself and improve students' writing level.

● I want to write a series of books to improve my writing level that is to say to develop myself.

3）在包含没有连接词（如 and，but，or，nor，yet，for，so 等）连接的独立分句的句子中，使用分号来分隔这些独立分句。例如：

• Computers were first developed in the 1940s; they have had a profound impact on our life today.

• A rotating feed machine is added to the spindle and the bearing becomes a complex one; its supporting rigidity and damp are also changed.

• Interface 1 between two axes is connected by a coupling; interface 2 is connected on taper faces.

• The participants in the first study were paid; those in the second were unpaid.

• In part A of Fig.3 (a), the joystick doesn't move; in part B, moving the joystick grasps the tire; in part C, the tire is grasped; and in part D, the tire is unlocked.

• The concussion frequency of induction heating equipment is 90 kHz, current density 5.8×10^{7} A/m^{2}; relative permeability of aluminum, $u_{r}=u/u_{0}=8$; electrical resistivity of Al-Si alloy, 2.1×10^{-7} Ω • m; density of ZL112Y alloy, 2740 kg/m^{3}.

4）在对数学式中的符号进行解释的语句中，使用分号来分隔这些解释语。例如：

C—Number of customers;
w_i—Demand of each customer ($i=1, 2, \cdots, C$);
W—Capacity of vehicles;
n_k—Number of customers that vehicle k served.

此例也可表述为：

C is number of customers; w_i is demand of each customer ($i=1, 2, \cdots, C$); W is capacity of vehicles; n_k is number of customers that vehicle k served.

5）在有一系列以数字或字母标识的单词或短语的句子中，有时也可用分号来分隔这些单词或短语。例如：

• Yet it has been criticized mainly for 1) $O(MN^3)$ computational complexity (where M is the number of objectives and N is the population size); 2) nonelitism approach; 3) the need for specifying a sharing parameter.

• The four basic arrangements are as follows: (a) liquid supply unit; (b) balance subsystem of storage hydraulic pressure; (c) injection structure; (d) liquid return unit.

• LARKS possess three properties that are consistent with their functioning as adhesive elements in protein gels formed from LCDs: (i) high aqueous solubility contributed by their high proportion of hydrophilic residues: serine, glutamine, and asparagine; (ii) flexibility ensured by their high glycine content; and (iii) multiple interaction motifs per chain (Fig. 3B), endowing them with multivalency, enabling them to entangle, forming networks as found in gels (Fig. 2).

9.7.3 冒号

冒号（colon，":"）属于句内标点，主要用来提示下文，或引出下文进行解释、说明、证明、定义或补充，也可用作特殊表达中的标识符。冒号主要用在以下场合。

1）引导前文所预期的解释、说明、引语、事项列举或详细信息，引导的部分可以是几个词、短语或句子（特殊情况下也可以只有一个词、短语或句子），或若干词、短语、句子的组合，其中还可嵌套简单或复杂的修饰成分（修饰成分可以是词、短语或句子）。例如：

● For the HER2 data shown, the cancers were grouped into ten cancer-type categories: biliary, bladder, breast, cervical, colorectal, endometrial, gastro-oesophageal, lung, ovarian or other (for all other cancer types).（冒号后为 9 个词和 1 个短语）

● These authors contributed equally: Ian B. Perry, Thomas F. Brewer.（冒号后为 2 个人名）

● This prevented bodies in the inner Solar System from accumulating large amounts of water ice, explaining why such bodies are mostly dry, and maintained an isotopic dichotomy between two types of meteorite: ordinary and carbonaceous chondrites.（冒号后为 1 个短语，由 2 个形容词加 1 个中心词构成，形容词做修饰语）

● Most human solid tumours exhibit one of three distinct immunological phenotypes: immune inflamed, immune excluded, or immune desert.（冒号后为 3 个短语）

● The composition of the alloy is as follows: Si 9.86%, Cu 3.44%, Fe 1.29%, and aluminum the rest.（冒号后为 4 个短语，相当于 4 个分句）

● A bleaching record in our analysis consists of three elements: the location, from 1 to 100; the year; and the binary presence or absence of bleaching.（冒号后为词、介词短语，词，联合短语）

● She first examined the "manuscript," and asked: *how the copyright of the illustrations in the book was considered*?（冒号前面为 1 个疑问词，后面为 1 个句子，用冒号引出疑问词所问的具体问题）

● Furthermore, such analyses are labour-intensive and expensive: in medical fields, systematic reviews generally take about a year to conduct and can cost between US$30,000 and $300,000 each.（冒号后是 1 个有 2 个谓语的较长的单句）

● So it must be improved in design in two ways: one is to increase the spindle diameter, the other is to add supporting on axis.（冒号后为 2 个单句）

● General psychological insights offer an explanation: people may judge risk to be low without available personal experiences, may be less careful than expected when not observed, and may falter without an injunction from authority.（冒号后为 3 个单句）

● This structure (Fig. 2) is the same as the previous one, but the values of the following variables are different: $S=35$, $d_0=15$, $\delta_p=1$, $h_f=10$.（冒号后为 4 个式子，相当于 4 个单句）

● Although our results are useful in a variety of contexts, their potential impact centres around a more unifying aim: catalysing action to narrow gaps in opportunity by improving accessibility for remote populations and/or reducing disparities between populations with differing degrees of connectivity to cities.（冒号后为 1 个有多重修饰成分的短语）

● However, these models have difficulty in explaining the diverse composition of objects in the Solar System: if all such bodies grew by accretion from the same flow of pebbles, then why do they have different compositions?（冒号后为 1 个条件状语从句）

● We assigned cellular function to these 400 proteins based on their UniProt annotations (Fig. 3C): 16% are DNA binding, 17% are RNA binding, and 4% are nucleotide binding, consistent with reports of nucleotide binding proteins in membraneless organelles.（冒号后为 3 个单句和 1 个对这

些单句的较长的补充性修饰语）

2）用于有明显引出列举事项属性的词或短语（如 as follows，including，such as，the following 等）后面，引出所列举的各个事项，列举事项较多或复杂时，各列举部分前可以加数字或字母编号。例如：

● Variation to the operational function is equal to do the same to the resource cell, including: the changing of number of production equipment and of the company.

● In systematic reviews, investigators generally pose a focused question, such as: "Is surgery an effective treatment for knee osteoarthritis?"

● Previous discoveries include the following: LCDs can "functionally aggregate" (31); proteins with LCDs typically form more protein-protein interactions (32, 33); and proteins can interact homotypically and heterotypically through LCDs (1, 5, 34).

● With this in mind, we generated all 144 possible two-cell circuit topologies according to the following interactions (Figure 3B): (1) three possibilities for cross-regulation (positive, negative, or absent); (2) two possibilities for production of growth factors: each cell type can or cannot produce a growth factor for its own growth and survival; and (3) two possibilities for internalization of growth factors: each cell type can or cannot remove its growth factor by receptor-mediated endocytosis.

● Color values represent normalized mean accessibility of peaks overlapping known enhancers (top: erythroid and erythroid progenitor, middle: lymphoid and lymphoid progenitor, bottom: myeloidand myeloid progenitor).

3）表示数字比或量比（如相除、比值、比例、比率）。例如：

● A 50:50 exchange rate in blood leukocytes was observed 1 week after surgery (fig. S2A), and lung and intestinal CD4T cells showed exchange rates of 50:50 and 30:70 to 40:60, respectively, 2 months after surgery (fig. S2B).（4 个数字比）

● Actin and tubulin antibodies came from Sigma Aldrich and were used at 1:5,000 in 5% milk.（数字比）

● In brief, ~1,000 cells were plated in 10 μL of 1:1 matrigel to culture media in 96 well angiogenesis plates and allowed to solidify for 30 min at 37 degrees before 70 μL of culture media was added.（数字比）

● In both model and experiment, CSF1 addition mainly affected macrophage number and MP:FB ratio, whereas PDGFB addition mainly affected fibroblast number, with all effects eventually returning to baseline.（量比）

还可以用数字比的形式表示时间。例如：23:20 p.m.（或 23:20 PM）；8:30 a.m.（或 8:30 AM）。

4）作为标识符用在一些特殊标注或特殊表达中。例如：

● Reference architecture for holonic manufacturing systems: PROSA.（分隔主副题名）

● Gene therapy: The power of persistence.（分隔主副题名）

● Michigan: University of Michigan, 2020.（分隔出版地和出版机构）

● Chinese Journal of Laser, 2004, 31(4): 495−498.（分隔期刊卷、期与页码范围）

● **Keywords**: laser quench, laser shock wave, microstructure, martensite transformation.（分隔 **Keywords** 与其后具体关键词）

● Tel: +86-10-88379056.（分隔电话标志词 Tel 与电话号码）

● e-mail: dmacmill@princeton.edu.（分隔邮件标志词 e-mail 与邮件地址）

● https://doi.org/10.1038/s41586-018-0366-x.（分隔网址标志词 https 与网址）

● Received: 20 April 2020; Revised: 8 May 2020; Accepted: 6 June 2020; Published online 1 August 2020.（分隔日期类别标志词 Received，Revised，Accepted 等与日期）

● Nd: YAG laser.（分隔标识、型号或编号等的各个组成部分）

● Note: all in vivo studies must report how sample size was determined and whether blinding and randomization were used.（分隔特别词与特别词所强调的内容）

5）分隔动词（如 be）或前置词（如 as）与其受词。例如：

● The device numbers and associated colors are: 1, black; 2, green; 3, purple; 4, red; and 5, blue.

● The parameters used here are: $a=0.6$ m, $b=0.2$ m, $\rho=7.80\times10^3$ kg/m^3.

● Cite as: F. Tian et al., Science 10.1126/science.aat7932 (2018).

● In systematic reviews, investigators generally pose a focused question, such as: “Is surgery an effective treatment for knee osteoarthritis?”

这类句子中的冒号完全可去掉，去掉后便形成完整的句子。这里将冒号插在动词（或前置词）与其受词之间，虽然“破坏”了句子的完整性，但能起到强调和列举作用，有一定的修辞效果。但是，如果不为达到这种修辞效果，或动词（或前置词）后面的项较为简单特别是只有一项时，则完全不必用冒号进行这种分隔。例如以下两句中的冒号冗余，去掉更妥当：

● The diameter increment, depth of angular distortion and grade of curvature are: three different concepts.

● The research on the control mathematic models is not in accordance with: the requirement of technique developments.

9.7.4　破折号

破折号（dash）分为短破折号（en dash，“–”）和长破折号（em dash，“—”）。前者的长度相当于英语字母 N 的宽度，约为连字符“-”（俗称小短横）的两倍；后者的长度相当于英语字母 M 的宽度，约为短破折号的两倍。在同一个句子中，最多只能用两个成对或一个单独的破折号。破折号在句中所表示的停顿比逗号明显。

1. 短破折号主要使用场合

1）用于组成术语的两个同等重要的词语之间（术语也可以用符号表示），与 and，to，versus 同义。例如：

temperature–time curve；cost–benefit analysis；nickel–cadmium battery；
vapor–liquid equilibrium；v–f_s characteristics；Al–Si alloy；austenite–martensite。

注意：表不同颜色的组合要用连字符连接而不用短破折号，如 blue-green，red-yellow 等。

2）用于表示由两个数字、时间或两个字母等组成的区间，与 to，through 同义。例如：

Figs.2–5；Eqs. (4)–(7)；Tables 3–6；100–150 m/s^2；2–6 h；parts B–E；
Extended Data Figs 1–3, Supplementary Information。

注意：数字由某种符号（如正号、负号，负号在形式上与短破折号没什么区别）等修饰时，表示区间应该用 to，through 或其他形式，但不宜用短破折号或浪纹线。例如：

30 to +100 K；−145 to −30℃；−500 to 800；5 to ＞400 mL；＜ 20 to 25 mg；
e_n＝［−5×0.59，+5×0.59］≈［−3，+3］V（不是 e_n=−5×0.59 –+5×0.59 ≈−3 –+3 V 或 e_n＝−5×0.59～+5×0.59 ≈ −3～+3 V）。

另外，用“from…to…”“between…and…”等连接两个词语时，不能用短破折号替代其中的 to 或 and。例如：

from 1500 to 2000 mL（不写为 from 1500–2000 mL）；
between 8 and 12 days（不写为 between 8–12 days）；
with temperatures of −15 to 35℃（不写为 with temperatures of −15–35℃）。

3）用于由两个同等重要的人名所组成的复合性修饰语中。例如：

Jalm–Teller theory；Franck–Condon factor；Fisher–Johns hypothesis；
Beer–Lambert law；Lineweaver–Burk method；Diels–Alder reaction；
Bose–Einstein statistics；Garofalo–Arrheninus model。

复合性修饰语中的一部分可同时含有连字符（-）。例如：

Columbia-Presbyteran–Brigham cases（Columbia-Presbyteran 和 Brigham 为两个医疗机构）。

4）用于表示几个连续参考文献序号的引用，或文献著录中引文页码范围的著录。例如：

- For more detailed information, refer to Refs.［8–12］.
- Although VITOR, et al.[3–5], have reported the growth of self-supported diamond tubes of different internal diameters and different external diameter to wall thickness aspect ratio, the diameter was only limited to 600 μm and uniform thickness could not be ensured.
- Tonghai Wu, Weigang Wang, Jiaoyi Wu, et al. Improvement on on-line Ferrograph image identification［J］. *Chinese Journal of Mechanical Engineering*, 2010, 23(1): 1–6.

5）用于表示不同组分的溶液或化学键。例如：

hexane–benzene solvent；CH_3–CH_2–CH_2– CH_2–CH_3。

6）用于表示编号、型号等。例如：

DAQ–2010（一种数据收集卡）；HAW–4、TPC–4（两种海底光缆）。

2. 长破折号主要使用场合

1）一对破折号用在句中非限制性修饰语（词、短语、句子或其组合）的前后，相当于替代逗号。其作用通常包括：对语句作解释、说明或总结；表示作者的态度和看法；用来强调，增强表达力；引起读者注意；转移话题，说明事由；承上启下，使语句衔接更加紧密。例如：

● Another attribute of the Mowry Shale—a diagnostic one, and an unmistakable clue to the identity of the formation—is the presence of countless well-preserved fish scales found with little effort on nearly every outcrop.

● At some point—determined by how the virus was programmed—the virus attacks.

● However, the granularity of the transcriptional assessment—factors such as sequencing quality and which kinds of RNA are analysed—is a key parameter in delineating cell types.

● Many countries have a long history of subsidizing fossil fuels, and it seems logical that removing these subsidies—as the G20 group of nations has agreed to do—would help them to achieve their Paris climate commitments.

● In addition, the three broad groups—rather than being independent compartments, as typically framed within the ecosystem services approach—explicitly overlap.

注意：在可用其他标点符号清楚表达时，尽量避免用破折号分隔非限制性修饰语。例如：

● Knauth, not Stevens, obtained good correlation of results and calculations.

Knauth—not Stevens—obtained good correlation of results and calculations.（不宜）

● The stress caused by the friction force σ_{f}, which is shown in Fig. 5, can be expressed as $\sigma_{\mathrm{f}}=\sigma_1-\sigma_2$.

The stress caused by the friction force σ_{f}—which is shown in Fig. 5—can be expressed as $\sigma_{\mathrm{f}}=\sigma_1-\sigma_2$.（不宜）

2）一对破折号用在插入语的前后，相当于替代逗号。插入语也称独立成分，是插在句中的词、短语、从句或其组合，常用逗号或破折号隔开，与句子其他部分无语法关系，除了具有非限制性修饰语所具有的那些作用外，还有举例、列示之类的作用。例如：

● These 2 participants—1 from the first group，1 from the second—were tested separately.

● In comparison, the success of the approach used in our study—notifying clinicians of a single fatal overdose—may have a number of explanations.

● However, by being apprised of studies that examine how a particular intervention has worked for an order—for birds in general, say—practitioners can better weigh up the chances of success for their intended programme.

● Two opposing—although not mutually exclusive—scenarios account for the generation of distinct kinds of neuron across the nervous system, and in the cerebral cortex in particular.

● We think that in fields in which data are sparse or patchily distributed, or where studies vary greatly in design and generalizability—as is the case in biodiversity conservation, international development and education, for example—a different approach might often be more appropriate.

● Although subdivision into internally consistent systems of categories is common in many local knowledge systems, a universally applicable classification—such as the one proposed in the generalizing perspective on NCP (table S1)—is not currently available and may be inappropriate because of cultural incommensurability and resistance to universal perspectives on human-nature relations.

3）一对破折号用在非限制性同位语的前后，相当于替代逗号或圆括号，以表示、突出或强调同位语，使句义更加清晰。非限制性同位语常由逗号隔开，必要时才用破折号。例如：

• All three experimental parameters—temperature, time，and concentration—were strictly followed.

• Aerosols—solid and liquids—also are carriers of sulfur, nitrogen, and hydrocarbons.

• The program is known as GISP2—Greenland Ice Sheet Project #2—and its significance may someday be regarded to be as great as that of the Manhattan Project of World War Ⅱ.

• Initial studies demonstrated that the maximum sensitivity of plasma DNA-based tests—liquid biopsies—was limited for localized cancers.

• In the United States, you must drive with the headlights—the large front lights of the car—on at night, whether you are driving in the city or not.

• The approach we're advocating—subject-wide evidence synthesis—combines elements of systematic reviewing and mapping, along with other techniques, to provide an industrial-scale, cost-effective way to synthesize evidence.

4）用来引导对上文陈述的总结，说明内容，解释原因，概括事项，列举示例。例如：

• Whether we locate meaning in the text，in the act of reading，or in some collaboration between reader and text—whatever our predilection，let us not generate from it a straitjacket.

• The Japanese beetle, the starling，the gypsy moth—these pests all came from abroad.

• Several UK government departments have published Areas of Research Interest (ARIs; see, for example, ref. 7)—topics on which synthesized and new evidence would be most welcome.

• Only a select set of genes is differentially expressed between the three regions—a limited level of premitotic diversity that is consistent with the postmitotic model.

• In the second study, Nowakowski et al. focused on excitatory neurons that produce the neurotransmitter glutamate, in two neocortical areas in human fetuses—the prefrontal cortex and the primary visual cortex, which are involved in behavioural planning and in vision, respectively.

• They are typically physically consumed in the process of being experienced—for example, when organisms are transformed into food, energy, or materials for ornamental purposes.

5）用来表示叙述突然停顿、转折或有意中断一下，以突出强调或引起读者注意。例如：

• The human race has survived, and the planet seems to have replenished itself— there are fish, ocean, forests—but what kind of society exists in 2195?

• A critically unanswered question remained from these studies to pave a path toward therapeutic potential—will it work in vivo?

• In a word, the spirit of the whole country may be described as—self-reliance and arduous struggle.（总之，整个国家的精神可以说是——自力更生，艰苦奋斗。）

• But regardless of the outcomes of the assessments, the consideration of different knowledge systems—and the fact that generalizing, context-specific, and mixed perspectives are considered as equally useful—matters in terms of making IPBES procedures and outcomes more equitable.

6）分隔句中的多个成分。例如：

• Dr. Fitzpatrick of the USGS will “eyeball” a section of core sample to check the alternating cloudy and clear bands that represent deposits of summer snow—cloudy—and winter snow—clear.

● Many NCP may be perceived as benefits or detriments depending on the cultural, socioeconomic, temporal, or spatial context. For example, some carnivores are recognized—even by the same people—as beneficial for control of wild ungulates but as harmful because they may attack livestock.

7）表示直接引语的来源。例如：

● Publication of this letter does not indicate that it represents a policy of the American Chemical Society. —The Editor.（编辑的声明）

8）用来分隔主副题名。例如：

● Prediction of Right-Side Curves in Forming Limit Diagram of a Sheet Metal—Part Ⅰ: Predicting Fundamentals

● Prediction of Right-Side Curves in Forming Limit Diagram of a Sheet Metal—Part Ⅱ: Prediction Method

9.7.5 连字符

连字符（hyphen，“-”）又称连接号，其长度约为半个英语字母的宽度。不同词典或语法书对它使用的规定在某些细节方面不尽相同，写作时应勤查词典，力求论文中有连字符的复合词符合专业领域及相应期刊的表达习惯、规定，以避免因用词不当而造成在词义或拼读方面的错误。连字符与破折号在功能上的区别主要在于：连字符主要起连接作用，多用于复合词中，破折号主要起分隔作用。下面列出连字符使用的通用规则。

1）连接单词与前缀，有以下方式：

● 前缀加普通词语。例如：semi-solid；super-plastic；self-configuration。

● 前缀加专有名词（或形容词，首字母大写）。例如：pre-Columbian；post-Copernican；non-Gaussian。

● 前缀的尾字母与后面所连接的词的首字母重复。例如：anti-infective；meta-analysis；co-ordination；co-operate（多见于英式英语）。

● 前缀加含有前缀的词。例如：mid-infrared；post-reorganization；bi-univalent。

● 前缀加含有连字符的词。例如：non-radiation-caused effects；non-tumor-bearing organ。

● 有前缀的化学术语。例如：non-alkane；non-hydrogen bonding；non-phenyl atoms。

● 有前缀的数字（表年代）。例如：pre-1900s；post-1800s。

2）连接单词与后缀，有以下方式：

● 后缀的首字母与其前面单词的尾字母重复。例如：gel-like；shell-like；bell-like。

● 含 like，wide 等后缀的多音节词，或含 like，wide 等后缀且含有连字符的复合词。例如：resonance-like；radical-like；university-wide；rare-earth-like；transition-metal-like。

● 有后缀的数字。例如：6-fold；35-fold；4.8-fold。

● 有后缀的专有名词。例如：Kennedy-like；Claisen-type。

3）用于区别易混淆或不同词性的单词或短语。例如：un-ionize，unionize；re-collect，recollect；

re-form，reform；shut-down，shutdown，shut down。

4）用于构成复合词，有以下方式：

● 由几个单词组成、含义上需紧密配合使用的修饰性复合词。例如：Chinese-language；real-time；high-alumina；load-to-weight；slow-moving；variable-gain；Parent-1；six-degree-of-freedom。

● 以 better，best，ever，ill，lower，little，still，well 等副词开头的复合形容词。例如：best-known；ill-informed。

● 包含名词、副词、形容词、分词的复合形容词。例如：machine-made；well-made；high-powered；state-owned；well-known；air-equilibrated；fluorescence-quenching；ion-promoted；steam-distilled。

● 有几处变换的复合性形容词。例如：sodium- and potassium-conserving drugs；high-，medium-，and low-frequency measurements；second- and third-order reactions。

● 由 east，south，west，north 中的三个词所组成的修饰语。例如：north-northeast；south-southeast。

● 某些姓名中的复姓或复名。例如：Maier-Speredelozzi V；Yip-Hoi D；Ait-kadi D；Yip-Hoi Derek M；John Edward Lennard-Jones。

5）用于由数字、字母或元素符号，与名词或形容词组成的复合性修饰语，有以下方式：

● 含有数字的修饰语。例如：21th-century development；early-thirteenth-century architecture；six-coordinate system；one-way operation；three-dimensional model；two-layer structures；five- and nine-point finite-difference grids。

● 表示年龄的修饰语。例如：a 60-year-old scientist。

● 由数值和单位共同组成的修饰语。例如：a 3-g dose；a 5- to 10-m-thick unit；the 20-km circumference；3–5-h sampling time（a 3- to 5-h sampling time）。

注意：如果数值或单位由多个部分组成，或数值带单位，或单位中含有“°”“′”“″”“%”，则不必加连字符。例如：$1.2\times10^{-6}\ \mathrm{mm}^{-1}$ peak；a 100℃ water；90° angle；35% increase。

● 由单一数字、字母或元素符号，与名词或形容词组成的修饰语。例如：4-position；^{14}C-labeling；K-Ar age；O-ring；s-orbital；*x*-axis；U-Pb ratio；X-ray diffraction；α-helix；γ-ray；π-electron。

注意：表示同位素之比不用连字符而用斜线。例如：^{207}Pb/^{206}Pb；^{40}Ar/^{39}Ar。

6）用于用全拼单词所表示的分数的分子与分母之间。例如：one-fourth；thirty-nine hundredths；one-half；five-fourths；one-third；three-tenths。

7）用于 21～99 间的十位数和个位数间。例如：twenty-one；thirty-eight；forty-one；sixty-sixth；ninety-nine。

8）用于表示原子核子数（质量数）。例如：C-12（也可表示为 ^{12}C）；iodine-127。

9）用于文字录入、排版时同一单词的拆分转行。拆分转行是指一个英语单词在上行末排不下时分拆一部分移至下行之首。这种现象在论文中经常出现，容易出错。

英语单词拆分转行的一般原则有以下几个方面：

● 尽量避免拆分单词，可以通过调整词间距（必要时也可调整同一词中的字符间距）、段落对齐方式等方法解决。

● 按英语词典所标示的音节拆分，并遵循单词的词源学规律，使得转接部分看起来像一个独立的单词。例如：information 可拆分为 infor-//mation，不是 informa-//tion；pathologic 可拆分为 path-//ologic，不是 patho-//logic。

● 多音节词（包括双音节词）一般按音节来拆分，双辅音（重叠辅音除外）或双元音不能拆开；单音节词（如 through，brought，plough 等）和较短的双音节词（如 also，into，away，oval 等）一般不拆分。

● 相邻的两个音节之间有两个辅音字母时，转行应在两个辅音字母之间进行。例如：commune 拆分为 com-//mune；English 拆分为 Eng-//lish；doctor 拆分为 doc-//tor。

● 派生词的转行要根据构词法来进行，即在词根和词缀之间转行。例如：illegal 可拆分为 il-//legal；impatient 可拆分为 im-//patient；careless 可拆分为 care-//less；selfish 可拆分为 self-//ish。

● 含有连字符的复合词应在连字符所在位置拆分，尽量避免出现更多的连字符。例如：cost-benefit analysis 拆分为 cost-//benefit analysis；well-known 拆分为 well-//known。

● 长的化学名称或术语拆分后每行的字母不应少于 4 个，而且不能在描述性前缀的连字符处拆分。例如：2-acetylaminofluorene 可拆分为 2-acetyl-//aminofluorene，而不是 2-//acetylaminofluorene。

● 尽量避免缩写人名的转行或隔页转行；转行时不得在上行末或下行首只留一个字母；转行后的连字符应放在上行之末。

9.7.6　圆括号

圆括号（brackets 或 mark of parentheses，“( )”）主要用于涵括行文中相对独立的部分（如补充或说明材料、解释语，以及事后想法、建议等）。圆括号须成对使用，与成对出现的逗号和成对出现的破折号的作用相似，但在表示强调程度的方面略有差异：圆括号较弱，逗号中性，破折号较强。圆括号主要用在以下场合。

1）表示补充信息，起解释、说明的作用，所括内容可以是单词、短语、句子（简单句、并列句、复合句），或数字、符号、式子，或几种要素的组合等。例如：

● The high transient energy is supplied by a series of accumulators (see Fig. 3).

● The dynamic rigidity declines when the ram is extending to the front (back constraint).

● The testing capacity of the shock machine is under 5000 kg (including fixture).

● The inside temperature is the average temperature of 8 inner corners, and the outside temperature is the average temperature of the center of each exterior surface of the refrigeratory (totally 5 centers, except for the ground).

● With the system，the grinding wheel (or disk milling tool) axial cross-section that corresponds to the three-arc flute cross section can be conveniently simulated.

● Some secondary martensites induced by laser shock wave are formed on the base of the martensites induced by laser quench (such as the martensites arranged in cross direction).

● The use of native functional groups (for example, carboxylic acids, alkenes and alcohols) has improved the overall efficiency of such transformations by expanding the range of potential feedstocks.

● Suppose that $\boldsymbol{y}=f(\boldsymbol{s}, \boldsymbol{z}, \boldsymbol{x})$ denotes the vector of responses for a particular set of factors, where **s**, *z* and **x** are vectors of the signal, noise (for instance, the tolerance of design parameters), and control factors (design variables), respectively.

- As the lengths of the links $L_i(i=1, 2, \cdots, 6)$ change, the movable platform will move in all 6-DOF including translation motions (x, y, z) and rotation motions (φ, θ, ψ).
- After six openings (1-1, 1-2, 1-3, 1-4, 1-5, 1-6), six sloping pilot oil pipelines (2-1, 2-2, 2-3, 2-4, 2-5, 2-6) are arranged.
- Three scenarios are considered in the simulations: off-centered load along axis r ($a=$ 50 mm), off-centered load along axis p ($b=$ 50 mm), and off-centered load along axis r and axis p ($a=b=$ 100 mm).
- Milligram morphine equivalents in prescriptions filled by patients of letter recipients versus controls decreased by 9.7% (95% confidence interval: 6.2 to 13.2%; $P<0.001$) over 3 months after intervention.

所括内容为完整的句子时，若注释句子的局部，则括号内的句子的首字母小写（量符号除外）；若注释整个句子，则括号内的句子的首字母大写（量符号除外），末尾使用标点，且连同括号放在整个所注释句子末尾的标点之后。例如：

- If the distance function $d\ (x_i, x_j) < L$ (where L is the dynamic distance function), we regard that the individual x_i is similar to x_j, then compare their fitness.
- From this result, the transfer function of the joystick was estimated as one of the first order lag systems (T_{m} is 0.125 s, K_{m} is 0.18 N^{-1}) with a time lag element (L_{m} is 0.08 s).
- From Fig. 1 it is seen that the viscosity number is 4.12×10^{-2} N/(m・ s) at 590 ℃ (the volume fraction of solid of the alloy is 20% at this temperature).
- K9 optical glass is used as confinement medium, one of whose sides connected with the sample was coated with black paint 86-1. (The thickness is about 0.025 mm.)
- The controller, servovalve, actuator, and test specimen models presented in the last three sections can now be assembled to give a simulation to verify the performance of the proposed control strategy. (Experimental verification is planned for the future.)

2）给出所用词语的缩略语或符号表达，或给出所用缩略语的全写。例如：

- Finite elements analysis (FEA) and modal synthesis analysis (MSA) are used to calculate the vibration state of 5-axis machine tool.
- The direct functionalization of carbon–hydrogen (C–H) bonds—the most abundant moiety in organic molecules—represents a more ideal approach to molecular construction.
- The world' s first remote control system was a mechanical master-slave manipulator called ANL (Argonne National Laboratory) Model M1 developed by GOERTZ.

3）表示起序号作用的数字或字母（如式号、分图号、语句或段落编号等）。例如：

- The fluid film thickness in the non-grooved area $h_1\ (r)$ and that in the grooved area $h_2\ (r)$ can be defined by Eqs. (1) and (2), respectively.
- However, we note two limitations of this method: (1) its performance is much less reliable on tissues with large class imbalance (dominated by a single-cell type, e.g., thymus) and (2) it does

not handle cases where a cell type appears in one dataset but not the other.

● The input data for this design method are as follows: (a) meridional contour；(b) angular momentum distribution；(c) flow rate and rotational speed；and (d) blade number and thickness distribution, where the angular momentum distribution is very important.

● Greedy algorithms have the following sequence of steps：

(1) Calculate the initial population (see Fig. 2 (a)).

(2) If the program can go to a further step, calculate a sub-solution of the feasible solution according to feasible strategy.

(3) Combine all the sub-solutions to make a feasible solution.

4）表示复合单位中需要用圆括号括起的部分，或标目（量名称 量符号 / 单位）中复合单位的括起部分。例如：

● W / (m^2 • K)；C / (kg • s)；m^3 / (Pa • s)；m^2 / (sr • J)。

● Rotational speed n / (r • min^{-1})；Coefficient of heat conductivity λ_m / (W • m^{-1} • K^{-1})。

5）表示数学式、化学式中需要用圆括号括起的部分。例如：

● $\frac{\sqrt{a}}{2\pi}\int_{-\infty}^{+\infty} s(\omega)\varphi^*(a\omega)\exp(\mathrm{j}\omega b)\mathrm{d}\omega$；$\theta(n) = \arctan(C_{si}(n) / C_{sr}(n))$。

● $CH_3(CH_2)_{10}CH_3$；$Fe(CN)_2 + 4NaCN \longrightarrow Na_4Fe(CN)_6$。

6）注释引文、引语的出处。例如：

● Saying and doing are two different things. (John Heywood)

● Before everything else, gettting ready is the secret of success. (Henry Ford)

● Thinking is the talking of the soul with itself. (Plato)

7）标注参考文献著录中的信息项，包括期刊年卷期标志中的年份或期号，报纸的版次，电子文献引用日期，以及非公元纪年、出版社信息等。例如：

● Crowley, P., Chalmers, I. & Keirse, M. J. *BJOG Int. J. Obstet. Gynaecol.* **97**, 11–25 (1990).

● Quinlan, A.R., and Hall, I.M. (2010). BEDTools: a flexible suite of utilities for comparing genomic features. Bioinformatics 26, 841–842.

● Tenopir, C. Online databases: quality control. *Library Journal*, **113**(3): 124−125(1987).

● Turcotte, D. L. *Fractals and Chaos in Geology and Geophysics*. (Cambridge University Press, New York, 1992) (1998-09-23). http://www.seg.org/reviews//mccorm30.html.

9.7.7　方括号

方括号（square brackets，“[ ]”）主要用来标明行文中注释性的语句。方括号主要用在以下场合。

1）用在圆括号内的插入语或解释、注释语中，或用于表示含有圆括号的附加信息（或补充信息），使附加成分的层次更容易区分。例如：

● The auction of the Last Emperor’s possessions (including jewelry, furs, furniture, movie costumes [from 1945 through 1975], china, silverware, and other memorabilia) is scheduled for July 17 and 18.

- In contrast, other clusters include cells from many tissues (e.g., cluster 4 derives from lung [44%], spleen [44%], bone marrow [5%], large intestine [2%], and others), and some tissues are distributed across many clusters (e.g., whole brain contributes to clusters 8 [34%], 5 [17%], 15 [13%], 21 [11%], and others) (Figures 2A, S2A, and S2B).
- However, primary refractoriness and acquired resistance after a period of response are major problems with checkpoint blockade therapy [reviewed in (38)].
- ΔR versus V_c for the 100-nm-wide gate on device 1 at V_{tg} = 3.5 V [white dashed line in (C)]
- Acetic anhydride [$(CH_3CO)_2O$].

2）用在直接引语或其他语句中加入的插入语或解释说明，这些插入语或解释说明可以带圆括号。例如：

- As Sir William Lawrence Bragg said, “The important thing in science is not so much to obtain new facts as to discover new ways [italics added] of thinking about them.”
- The results of an analysis by Neyman, Scott, and Smith [Science, 163: 1445–1449] of a carefully conducted experiment were released to the press.
- However, in contrast to most reports on superconductors [for example, (41)], our study describes a beneficial effect from the light-induced lattice expansion.
- To check the above criteria in monolayer WTe_2, we fabricated devices with the structure depicted in Fig. 1A [see (26) and figs. S1 and S2].

3）表示物质或材料的化学式、浓度、剂量等。例如：

$[W_{10}O_{32}]^{4-}$；$[Na^+]$；$[HCO_3^-]$；[%ID]。

4） 用于式中需要用方括号括起的部分。例如：

$\varphi[x(t)] = [x'(t)]^2 - x(t)x''(t)$；

$\theta_0 \notin [\min(\theta_{\min}, \theta_{\min} + \bar{\theta} - \psi) \pm 2k\pi, \max(\theta_{\max}, \theta_{\max} + \bar{\theta} + \psi) \pm 2k\pi]$；

$[Co(CO)_4]_2$；

$[\mu_f(\boldsymbol{x}, \boldsymbol{s}), \sigma_f^2(\boldsymbol{x}, \boldsymbol{s})]$。

5）用于参考文献标引（标注）、著录（包括文献序号、文献类型标志、电子文献的引用日期以及自拟的信息）。例如：

- According to Ref. [15], we presented a new method to solve this difficult problem.
- There is limited research in this field[9–11].
- TURCOTTE D L. Fractals and chaos in geology and geophysics[M/OL]. New York: Cambridge University Press, 1992 [1998-09-23]. http://www.seg.org/reviews/mccorm30.html.
- T. F. Watson, S. G. J. Philips, E. Kawakami, D. R. Ward, P. Scarlino, M. Veldhorst, D. E. Savage, M. G. Lagally, M. Friesen, S. N. Coppersmith, M. A. Eriksson, L. M. K. Vandersypen, arXiv:1708.04214 [cond-mat.mes-hall] (14 August 2017).

9.7.8 引号

引号（quotation marks）分为双引号（“ ”）和单引号（‘ ’），主要用于表示需要着重论述的对象以及具有特殊含义的词语（也可用斜体、黑体或加粗体、下画线等形式来表示）。引号主要用在以下场合。

1）表示正文中某部分段落篇章的总结性用语，相当于标题，起总括作用，用以引起读者的注意。例如：

- *“Our team of researchers has searched every issue of nearly 250 journals for tests of some conservation intervention.”*
- *“In 2017, the Conservation Evidence website had 15,000–25,000 page views each month.”*

2）表示直接引语。直接引语后面的标点符号若是直接引语的一部分，则放在引号的内侧，否则就放在引号的外侧。例如：

- A computer program of ray-testing approach was implemented by using the commercial CAD/CAM system “CAXA Manufacturing Engineer”.
- As for China, a batch of scientific researchers were organized to study utilizing transfer function method to calculate air conditioning load, and got a series of achievements, which were represented concentrated in “air conditioning technology” (1983).
- Ralph Waldo Emerson said, “The reward of a thing well done is to have done it.”
- “It is a chronic problem masquerading as an acute one, but chronic problems aren’t sexy,” said Finkelstein. “Computer systems fail all the time, and the world doesn’t come to end.”
- The joystick (“SideWinder Force Feedback 2”, Microsoft Co., Ltd.) can be operated to the *X*-axis and *Y*-axis directions.

注意：对于大段的直接引语，也可以采取另起段排版、两端或一端缩进的方式，或采取其他方式，具体情况视目标期刊的规定以及行文表达的实际情况而定。

3）表示出版物的各级标题。例如：

- A complete description of the oils is given in the section “Flavonoids in Citrus Peel Oils”, and other references are listed in the bibliography.
- In the article, “Product Gene Representation and Acquisition Method Based on Population of Product Cases”, Ligang Tai, et al., proposed a new methodology of product gene representation and acquisition from a population of product cases.

4）表示强调、突出或表达某种特殊的含义。例如：

- $\hat{\psi}(\boldsymbol{\omega})$ is the Fourier transformation of $\psi(\boldsymbol{x})$, $\psi(\boldsymbol{x})$ is called “mother wavelet”.
- The UNDEX environment is very complex, composed of a “kick” from the incident shock wave followed by the effects of cavitations, bubble pulse, and structural whipping.
- The GA is used to train the PID neural network for control applications according to the performance index of the received error signal and evaluate the “goodness” of the control actions.
- The other pressure change from the valve’s inlet to its outlet can be calculated by a model of “pressure and flow of valve” as below.

• The model provides a safe and easily controllable way to perform a "virtual testing" before starting potentially destructive tests on specimen and to predict performance of the system.

• To be consistent with data used in previous accessibility mapping research, we selected the 'high-density centres' variant of the GHS dataset, which is defined as "contiguous cells with a density of at least 1500 inhabitants per km^2 or a density of built-up greater than 50% and a minimum of 50 000 inhabitants".

• Now that our rations of food, particularly of meat and wheaten bread, have been so appreciably reduced the necessity of arranging our diet so as to ensure a sufficient supply of those elusive substances, the so-called "vitamines", is more important than ever.

• The natural sciences, and ecology in particular, were used to define "ecological production functions" to determine the supply of services, conceptualized as flows stemming from ecosystems (stocks of natural capital).

5）表示用于举例或解释的单词、短语、名称字符串或某种符号等。例如：

• Colbaugh, et al., discussed different resolutions for actuator redundancy and categorized them into two approaches, the "direct inversion" and "indirect inversion".

• The change of pressure of conical and converging pipelines and openings that are the key parts of this actuator can be simulated by models of "tube flow" and "converging opening".

• The term "silt" refers to unconsolidated rock particles finer than sand and coarser than clay.

• The markers "O" are the results from the measurement.

• The liquid used is usually machine oil; so we will use one word, "oil", to represent any available liquid as a medium of transition of force in the following description.

• As an advanced form of tele-operation, the concept of "tele-presence" was proposed by MINSKY.

• In Windows operation system, the function of "AfxBeginThread" can be used to create and start a thread, and the functions of "SuspendThread" and "ResumeThread" can be used to suspend and resume the thread.

• As a result of some recent work, McCollum and Davis concluded that two distinct types of vitamine exist, the "fat-soluble A" and the "water-soluble B".

按中国习惯，使用引号时应优先使用双引号，在双引号内如果还需引用，则再使用单引号。但是，按国际习惯，论文中直接使用单引号的现象较为普遍。例如：

• Generally, the prostrate leaves had a higher total photosynthesis rate than the 'erect' leaves.

• Alternatively, a practitioner asking, 'What can be done to conserve seabirds?' might want to read about all 48 interventions pertaining to the conservation of seabirds.

• In this paper, we use 'dormancy strength (weak-strong)' for a general description of a seed bath or taxa, and 'degree of dormancy (low-high)' for describing any specific moment on the continuous scale.

9.7.9 斜线号

斜线号（slash，virgule，solidus 或 shill，"/"）的主要作用是分隔供选用的词语，前后一般不留空。斜线号主要用在以下场合。

1）通常用在两个对立、两者择一个或几个并存的词语之间，而且这些词语是被当作一个词语来看待的。例如：

• It shows the feedforward/feedback control block diagram of the damping system.

• Tele-presence enables a human operator to remotely perform tasks with dexterity, making the user feel that she/he is present in the remote location.

• The Google roads data provided information critical for maintaining connectivity in areas where OSM coverage was sparse and/or fragmented owing to its piecemeal data collection approach.

• For box plots, centre mark is median, whiskers are minimum/maximum excluding outliers, and circles are outliers.

• In Eq. (7), the parameters f_e / f_c that are summation of friction, inertial force and weight of piston are called expanding/ contracting motions threshold of driving forces.

• The concept of "tool-path loop tree" (TPL-tree) providing the information on the parent/child relationships among the tool-path loops (TPLs) is presented.

• However, the experienced designer may not always be available and/or may only have experience in a small number of turbine blade types.

• The grade C/gravelroad/2.56×10^{-4} m^3 may be chosen as the test road.

2）表示除号或带有比值关系的数字、常量、量名称、量符号、单位符号及量值（含数值和单位）等。例如：

$-\pi/2$；the efficacy/toxicity ratios of PI3K inhibitors； $\partial \boldsymbol{I}/\partial \boldsymbol{P}_i=0$；$\lambda=|\sigma-\sigma_0|/\sigma_f$；
optimum mass ratio (m_2/m_1)；f_e/f_c；about 2.0 GW/cm^2 in density；Oil density ρ/ (kg • m^{-3})；
Extension coefficient δ/%；Flow of valve opened fully, m^3/s；2 kN • s/m；
maximum power of 48 kW/5500 r • min^{-1}；($[W_{10}O_{32}]^{5-}/[W_{10}O_{32}]^{6-}$) =−1.52 V。

3）表示各种编号。例如：

DOI：10.3901/CJME.2016.06.001；Paper No.97-DETC/ DAC3978；
GB/T 7714—2015；Test standard BV043/85 等。

4）用于参考文献著录，“/”主要用在合期的期号间以及文献载体标志前，“//”主要用在专著或连续出版物中的析出文献的出处项前。例如：

• A Hopkinson. UNIMARC and metadata：Dublin Core [EB/OL]. [1999-12-08]. http://www.ifla. org/IV/ifla64/138-161e.htm.

• Jinhua Xu, D W C Ho. Adaptive wavelet networks for nonlinear system identification [C]// Proceeding of the American Control Conference, San Diego, California, USA, June 2–4, 1999: 3472–3473.

9.7.10 撇号

撇号（apostrophe，“’”）主要表示单词所有格或构成缩写，表示所有格主要用在以下场合。

1）表示单数名词的所有格，在其后面加一个撇号和一个 s。例如：alloy’s temperature；

Biological Diversity's strategic plan；container's outlet；doctor's degree；Europe's railways；machine tool's static and dynamic rigidity；nature's contributions；season's greeting；the HITACHI's TEM；the world's first remote control system；valve's inlet；wave's opening；ZL112Y's liquidus。

2）表示以 s 结尾的复数名词的所有格，只在其后加一个撇号。例如：two days'paid vacation；martensites'growth；machine tools'quality；drivers'operating demands；French railways'TGV；testees'contact pressure or electromyography；bidders'private information。

3）表示不以 s 结尾的不规则复数名词的所有格，在其后加一个撇号和一个 s。例如：women's studies；children's toys；people's quality of life。

4）表示系列名词的所有格，如果它们共享所有权，只加一个撇号和一个 s；如果所有权是分开的，则在每个名词的后面加一个撇号和一个 s。例如：Palmer and Golton's book on European history（Palmer 和 Golton 合著关于欧洲历史的论著，指一部书）；Palmer's and Golton's books on European history（Palmer 和 Golton 各自著关于欧洲历史的论著，指两部书）。

5）表示单数专有名词的所有格，在其后加一个撇号和一个 s。例如：Bernoulli's theorem；Descartes's philosophy；Marx's precepts；Newton's second law；Taylor's series expansions。

6）表示复数专有名词的所有格，在其后加一个撇号。例如：the Dickenses'economic woes（Dickens 全家的经济困难）。

撇号还可以构成缩写，如 can't（can not），wouldn't（would not），it's（it is），isn't（is not），doesn't（does not）。

撇号也可以表示时间，如 1990's（1990's 与 1990s 表意相同）；也可以构成地名、会议名等，如 Xi'an，ICME'2000（第一届国际机械工程学术会议）等。

9.7.11 省略号

省略号（ellipsis，“…”）表示句中某一（些）成分或语句被有意省略，这样既可避免把一段材料中不必要的、不甚相关的、不愿写出的或按某种语境无须写出的部分写出来，又可把一段话中没有表达出来的部分在形式上以省略的形式告知或提示读者。省略号还可用在数学式中表示省去的部分。

省略号的形式为三个连续的句点，通常与句号、逗号等在同一水平线上，即处于底平齐的位置，如果用在句末，则加上句号就成了四个句点，但这个省略号后面的句点通常可以省去。数学式中的省略号与数学运算符和（或）关系符连用时，则应将省略号提至与其前、后运算符和（或）关系符的中轴线同一高度的位置（即上下居中）。例如：

● The British Home Office seems to be modifying slightly its attitude to the tests by which motorists in Britain can now be convicted of driving under the influence of alcohol. A recent paper … by Professor J. B. Payne … suggests that the methods used … are far from accurate … So far the Home Office has not been forced to act, because no motorist accused of driving under the influence of drink has quoted Professor Payne's work in his defence … Originally … police surgeons were advised to take small samples of capillary blood for use in the test, although it was also open to them to take venous blood if they preferred. The work at the Royal College of Surgeons suggests that the latter is likely to give more accurate results … The Home Office has now sent a circular to police authorities pointing out that it is within their discretion to take venous rather than capillary blood … The circular also points out that the motorist has the right to keep a sample of his own blood for independent analysis.（**From *Nature* 23 March 1968**）

● The NCP approach aims at … products that are … more likely to be incorporated into policy and practice.

● Assign to groups based on even or odd number of groups (to create even distribution): (i) Odd # of groups, in straight sequential (1, 2, 3, 4, 5, 1, 2, 3, 4, 5 … etc) and (ii) Even # of groups, in snaking-sequential (1, 2, 3, 4, 4, 3, 2, 1 … etc).

● **Authors** Darren A. Cusanovich, Andrew J. Hill, Delasa Aghamirzaie, … , Christine M. Disteche, Cole Trapnell, Jay Shendure

● 1, 2, …, *C* indicate customers and 0 indicates distribution center.（其中省略号也可排为上下居中的形式）

● According to fuzzy inference system (FIS), there are input-output relationship matrices $\boldsymbol{R}_1$, $\boldsymbol{R}_2$, …, $\boldsymbol{R}_n$ corresponding to fuzzy logic control rules….（其中第一个省略号也可排为上下居中的形式）

● $K(x_i,\ x_j) = \tan\left[k(x_i,\ x_j) - \theta\right],\ i,\ j = 1,\ 2,\ \cdots,\ N.$

● $y_k = a_1 y_{k-1} + a_2 y_{k-2} + \cdots + a_p y_{k-p} + b_1 u_{k-1} + \cdots + b_q u_{k-q}.$

● $h(j) = b_1(\alpha_1^{j-1} + \alpha_1^{j-2}\alpha_2 + \alpha_1^{j-3}\alpha_2^2 + \cdots + \alpha_2^{j-1})\ (j = 1,\ 2,\ \cdots).$

根据表达的需要，省略号有时也用竖排的形式，即“⋮”。

9.7.12　句号

句号（period 或 full stop，“.”）也称句点，是句末点号的一种，主要用来表示一个陈述性句子或短语的结束。句号主要用在以下场合。

1）用于完整的陈述性句子或短语的结束。例如：

● A wavelet network suiting to approach multi-input and multi-output system is constructed.

● Yes, for the most part. Our manufactures have increased their output since the new increased program was established.

注意：陈述句以含有缩写点的缩写符号结束时，末尾可以不加句号。例如：

● Most of these products were manufactured in the U. S. A.

● A technique for constrained B-spline curve and surface fitting was developed by ROGERS, et al.

2）用于一些非科技术语或拉丁语的缩写。例如：e. g. ; i. e. ; op. cit. ; et seq. ; s. t. ; Mr. ; Ph. D. ; No. ; Thomas A. Smith, Jr. ; GOLUB G. H. 等。

注意：大多数计量单位的缩写后不加句点，但缩写后的单位若容易与其他单词混淆，则应加句点。例如：inch(es)的缩写为“in.”; foot 的缩写为“ft. ”; cubic meter 的缩写为“cu.m.”。

3）在有一系列以数字或字母标识（或编号）的语句中，可用句号分隔这些语句。例如：

● The results show the following: (1) For rolling-sliding case, the thermal stress in the thin layer near the contact patch due to the friction temperature rise is severe. The higher rolling speed leads to the lower friction temperature rise and thermal stress in the wheel. (2) For sliding case, the friction temperature and thermal stress of the wheel rise quickly in the initial sliding stage, and then get into a steady state gradually.

4）用作小数点、提纲或层次标题（目录、标题）排序数字编号中的分隔符。例如：

- Of the customers responding to our survey, only 34.7 percent rated our service as "Excellent".
- 5.1 Profile curve from the engine cover of a car
- 2. Sealing of surfaces prevents excessive moisture absorption

9.7.13 问号

问号（question mark，"?"）是句末点号的一种。用在疑问句的末尾表示疑问语气，用在反问句的末尾表示反问语气，用于括号内则表示怀疑语气。问号主要用在以下场合。

1）用于疑问句的末尾，直接提出问题或表示疑问。例如：

- What causes the moon to rise in the east and set in the west?
- Which is the more costly assimilatory structure to make—the leaf or the pitcher?
- Are *Nepenthes* species similar in nutrient status and limitation to other carnivorous plants?
- A critically unanswered question remained from these studies to pave a path toward therapeutic potential—will it work in vivo?
- Why might this stalling occur? The authors' tomographic reconstructions revealed numerous regions of electron density located between a poly (GA) ribbon and the site where the protein RAD23 binds to the proteasome.
- For example, conservationists might ask, 'How can we reduce fulmar by-catch at sea?'
- We first examined the "ceiling," and asked: which cell type is constrained by carrying capacity?
- Alternatively, a practitioner asking, 'What can be done to conserve seabirds?' might want to read about all 48 interventions pertaining to the conservation of seabirds.
- For example, if a drug that targets a specific protein can treat a person with breast cancer who has a mutation in the gene encoding the protein, could the drug treat another patient who has a different mutation in that gene? And could it treat a person with a mutation in the same gene, but in a tumour that has developed in a different tissue?
- Several important issues were discussed at the conference last week: Which style trends will be popular during the next decade? What comfort demands will the public make on furniture manufacturers? How much will price influence consumer furniture purchases?

2）用于文章题名（标题）的末尾，表示疑问、探究或征询语气。例如：

- A death knell for relapsed leukemia?
- CDC25 phosphatases in cancer cells: key players? Good targets?

3）用于一般陈述句的末尾表示反问。例如：

- The policy was overturned. The loss of 10 species were not too much?

● The conference of bioengineering technology in the future will be launched in 2022?

4）用于疑问词带有逗号的陈述句的末尾表示强调。例如：

● The committee asked, why were so many species killed?

此句的正常表达是“The committee asked why so many species were killed.”，之所以末尾用了问号，并改变了语序，就是为了强调。

5）用于表达句中不确定或有疑问的部分。例如：

● Girolamo Fracastoro (1483?–1553) was in effect the father of the concept of infectious disease.

6）引用文献原文时，所引部分包含问号时，此问号不要省去。例如：

● Another approach, called systematic mapping, is more broad-brush. But this typically does not describe the findings of the research, and so cannot be used to answer questions about policy (see ‘Review or map?’).

9.7.14 叹号

叹号（exclamation mark，“!”）又称惊叹号，属于句末点号的一种，用在句子的末尾表示强调某种语气。叹号在科技论文中一般很少用，偶尔也会出现，主要用于陈述句、祈使句或疑问句的末尾表达强调语气的场合。例如：

● Freud’s “science” was pure metaphysics!

● By modifying the weakest component (spindle-tool part), the limit cutting depth is extended downwards 100%!

● Come, come, come! We all enjoy this beautiful music together.

● Isn’t this new robot a product of artificial intelligence!

数学式中的“!”不是叹号，而是阶乘符号。例如：$[(n+1)\times(m+1)]!$；100!等。

9.8 中英文标点混用

英文标点符号在类别和形式上基本同中文标点符号，但仍有不少差别。二者在形式上的差别主要是：英文的句号为句点，省略号为连续排列的三个句点；英文中没有顿号“、”和书名号“《》”；英文中有撇号“’”，中文中则没有。科技论文中标点符号使用的基本原则是：在中文部分用中文标点符号，英文部分用英文标点符号，并严格区分中、英文中形式上相似或相同的标点符号在使用上的差异，避免不加区分随意混用中、英文标点符号，进而带来表达上的不一致甚至混乱。科技论文中中、英文标点符号混用主要有以下方面。

（1）误以中文的顿号代替英文的逗号。例如：

● I_i (i＝1，2) is the moment of inertia of the system，K_1 is the linearity torsional rigidity of the system，K_2、K_3 is the nonliearity torsional rigidity of the system，θ_i (i＝1，2)，$\dot{\theta}_i$ (i＝1，2) are rotational angle and speed respectively.

此句的顿号使用不当，应改用逗号。英文中没有顿号，词、词组或字符间的停顿用逗号。

（2）误以中文的连接号（浪纹线）、破折号代替英文的破折号。例如：

• The age dated by fossil ice wedges shows that the ancient aeolian sand deposited during a period of 27 ka～10 ka BP.

• HOEIJMAKERS M J，FERREIRA J A. The electrical variable transmission［J］. IEEE Transactions on Industry Applications，2006，42(4)：1092～1100.（参考文献著录）

此两例中用中文的连接号"～"（浪纹线）表示数值范围不妥，应改用英文的短破折号"–"（实际中用连字符"-"表示数值范围的情况也不少）。

• Where P_e' ——Effective power flow transferred from the DRM to the SRM；η_{td}，η_{ts}——Working efficiency of the transducers on the DRM side and on the SRM side.

此例用中文的破折号"——"表示英文式注不妥，应改用英文的长破折号"—"。

（3）误以连字符代替短破折号，或以短破折号代替连字符。例如：

• BURTON A W，TRUSCOTT A J，WELLSTEAD P E. Analysis，modelling and control of an advanced automotive self-levelling suspension system［J］. Control Theory and Applications，1995，142(2)：129-139.（参考文献著录）

• This paper presents the advances obtained at State Key Laboratory of Advanced Welding Production Technology in development of ultrasonic stress measurement[7-10], where the ultrasonic stress measurement experimental installation is established.（参考文献引用）

此两例中用连字符"-"表示数值范围不妥，应改用短破折号"–"。

• In this paper we proposed an improved method which changes the definition of the 4–neighborhood model.

此句的 4 与 neighborhood 间误用了短破折号"–"，应改用连字符"-"。

（4）误用中文的书名号表示英文书刊名。例如：

• 《Science》、《Cell》and《Nature》etc. are the authoritative journals in the world.

此句中使用中文的书名号及顿号是错误的。英文中没有书名号和顿号，书刊名一般用斜体表示，有时也可通过在其名称两端加引号的方式来表示。

第10章 数字、字母和术语

科技论文是一个完整的语言文字篇章，涉及各种语言要素，除了前面讲述的以外，还有一些其他要素，如数字、字母和科学技术名词（术语）等。论文中数字使用极其频繁，了解数字使用规则进而正确使用数字，对准确、规范表达内容非常重要。字母在论文中的使用也非常普遍，涉及字母、字体类别及大小写、正斜体、是否黑体（加粗）等多个方面，其使用需遵循或符合有关规定和惯例，使用不当容易造成混乱、歧义或错误。论文中还有大量的术语及名词性词语，如概念或定义、日期和时间、人名、机构名、缩略语及其他名称（如软件、标准、项目、方法、技术、计算机语言等的名称），这类词语表达是否规范也影响论文的质量。

10.1 数字

10.1.1 数字规范使用的依据

科技论文中的数字用法主要指在涉及数字时究竟用阿拉伯数字还是汉字数字的体例问题。阿拉伯数字笔画简单、结构科学、形象清晰、组数简短、便于录入，而且国际通用，使用上比汉字数字占优势。2011 年 7 月 29 日发布的 GB / T 15835—2011《出版物上数字用法》（代替 GB / T 15835—1995《出版物上数字用法的规定》）规定了出版物上汉字数字和阿拉伯数字的用法。新标准与旧标准相比，主要变化如下：

（1）旧标准在汉字数字和阿拉伯数字中，明显倾向于使用阿拉伯数字，新标准不再强调这种倾向性。

（2）在继承旧标准中关于数字用法应遵循“得体原则”和“局部体例一致原则”的基础上，通过措辞上的适当调整，以及更为具体的规定和示例，进一步明确了具体操作规范。

（3）将旧标准的平级罗列式行文结构改为层级分类式行文结构。

（4）删除了旧标准的基本术语“物理量”与“非物理量”，增补了“计量”“编号”“概数”作为基本术语。（计量是将数字用于加、减、乘、除等数学运算；编号是将数字用于为事物命名或排序，但不用于数学运算；概数是用于模糊计量的数字。）

10.1.2 数字形式的选用

10.1.2.1 阿拉伯数字的选用

1）用于计量的数字

（1）在使用数字进行计量的场合，为达到醒目、易于辨识的效果，应采用阿拉伯数字，包括整数、小数、分数、百分比、比例等。例如：

68，-225.03，1.586×10^6，4 / 5，56%，99.99%，80%～90%，1∶2000。

（2）当数值伴随有计量单位特别是当计量单位以字母表达时，应采用阿拉伯数字。例如：

5 cm，88 m^2，2 km / s^2，24 h，10 min，100 t，0.10 A，110 V，39 ℃，

88 kg～90 kg（或 88～90 kg），400 mm × 500 mm × 300 mm。

数值与单位符号间应该留一空隙。

2）用于编号的数字

在使用数字进行编号的场合（如表示产品设备、仪器仪表、元器件等的型号、编号、代号、序号，文件的编号、部队的番号、非古籍参考文献的著录等），为达到醒目、易于辨识的效果，应采用阿拉伯数字。例如：

DF4 型内燃机车；SS8 型电力机车；T41 / T42 列车；88339056（电话号码）；

ISSN 0577-6686，CN 11-2187 / TH；GB / T 15835—2011；HP-3000 型电子计算机；

118 路公交车；5.2.1（章节编号）；京 NMX706（汽车牌号）；DOI：3901. CJME.2016.10.001；

国办发〔2021〕10 号文件；2019，36(1)：7–10（参考文献著录）。

3）已定型的含阿拉伯数字的词语

现代社会生活中出现的事物、现象、事件，其名称的书写形式中包含阿拉伯数字，已经广泛使用而稳定下来，应采用阿拉伯数字。例如：

5G 手机；92 号汽油；MP3 播放器；G8 峰会；维生素 B_{12}；“5 • 27”事件；

“12 • 5”枪击案。

10.1.2.2　汉字数字的选用

1）非公历纪年

干支纪年、农历月日、历史朝代纪年及其他传统上采用汉字形式的非公历纪年等等，应采用汉字数字。例如：

癸未年二月八日；七月初七；八月十五中秋；建武十五年（39 年）；

清道光二十年五月二十二日（1840 年 6 月 21 日）；日本庆应三年。

2）概数

数字连用表示的概数、含“几”的概数，应采用汉字数字。例如：

一两千米；二三十公顷；五六十种；四十五六岁；四百五六十万元；

十几；几百；几千；五百几十；三千几百万；几万分之一。

3）已定型的含汉字数字的词语

汉语中长期使用已经稳定下来的包含汉字数字形式的词语，应采用汉字数字。（月日简称中涉及 1 月、11 月、12 月时，应采用间隔号“ • ”将表示月的和日的数字分开。）例如：

一律；一方面；二倍体；星期五；三氧化二铝；二万五千里长征；四通八达；

五四运动；九三学社；十二指肠；“十五”计划；第一作者；一分为二；

三届四次理事会；航天五院；第三季度；第四方面军；一天忙到黑；

五一劳动节；“九一八”事变；“一二 • 九”运动；“一 • 一七”批示。

4）古籍参考文献引用标注和著录

在古籍参考文献引用标注和著录中表示年代、卷、期、版本、页码等的数字，应采用汉字数字。例如：

许慎:《说文解字》，四部丛刊本，卷六上，九页.

10.1.2.3 阿拉伯数字与汉字数字均可选用

（1）如果表达计量或编号所需用到的数字个数不多，选择汉字数字还是阿拉伯数字在书写的简洁性和辨识的清晰性两方面没有明显差异时，两种形式均可使用。例如：

20 号楼（二十号楼）；5 倍（五倍）；5 个月（五个月）；0.5（零点五）；
8 个百分点（八个百分点）；1/5（五分之一）；第 7 个工作日（第七个工作日）；
100 多元（一百多元）；10 余次（十余次）；100 多个（一百多个）；
30 天左右（三十天左右）；1000 多件（一千多件）；约 3000 名（约三千名）；
第 68 卷（第六十八卷）；第 26 届年会（第二十六届年会）；
30 个省、自治区、直辖市（三十个省、自治区、直辖市）；第 28 页（第二十八页）；
共 326 名委员（共三百二十六名委员）；52 岁（五十二岁）；130 周年（一百三十周年）；
公元前 10 世纪（公元前十世纪）；2008 年 8 月 8 日（二〇〇八年八月八日）；
20 世纪 90 年代（二十世纪九十年代）；14 时 16 分 18 秒（十四时十六分十八秒）。

（2）如果要突出简洁醒目的表达效果，应使用阿拉伯数字；如果要突出庄重典雅的表达效果，应使用汉字数字。例如：

北京时间 2008 年 8 月 8 日 14 时 16 分 18 秒；
十四届全国人大一次会议（不写为“14 届全国人大 1 次会议”）；
六方会谈（不写为“6 方会谈”）。

（3）在同一场合出现的数字，应遵循“同类别同形式”原则来选择数字的书写形式。如果两数字的表达功能类别相同（比如都是表达年月日时间的数字），或者两数字在上下文中所处的层级相同（比如文章目录中同级标题的编号），应选用相同的形式。反之，如果两数字的表达功能类别不同，或所处的层级不同，可以选用不同的形式。例如：

2008 年 8 月 8 日　二〇〇八年八月八日（不写为“二〇〇八年 8 月 8 日”）；
十四届全国人大一次会议（不写为“十四届全国人大 1 次会议”）；
第二章的下一级标题可以用阿拉伯数字编号：2.1，2.2，……；
截至 2020 年 5 月，该大学共有分校 3 个，学院 8 个，专业 26 个，专职教员 400 人，在校生 5000 人。（不写为“截至 2020 年 5 月，该大学共有分校三个，学院 8 个，专业二十六个，专职教员四百人，在校生 5000 人。”）

（4）应避免相邻的两个阿拉伯数字造成歧义的情况。两个不同类的阿拉伯数字连用或相邻时容易费解，这时可以将其中一个阿拉伯数字改为用汉字数字表达。例如：

高三 3 个班　高三三个班（不写为“高 33 个班”）；
高三 2 班　高三（2）班（不写为“高 32 班”）；
联立（9）～（12）四个方程式求解（不写为“联立（9）～（12）4 个方程式求解”）；
对以上 3～7 五种情况分析如下（不写为“对以上 3～7 5 种情况分析如下”）。

（5）有法律效力的文件、公告文件或财务文件中可同时用汉字和阿拉伯数字。例如：

2018 年 4 月保险账户结算日利率为万分之一点五七五零（0.015 750%）；

35.5 元（35 元 5 角　三十五元五角　叁拾伍圆伍角）

10.1.3　数字形式的使用

10.1.3.1　阿拉伯数字的使用

1）表示数值

（1）书写多位数时，为便于阅读，四位以上的整数或小数，可采用千分撇或千分空两种方式之一。

“千分撇”方式是指整数部分每三位一组，以“，”分节，小数部分不分节（四位以内的整数可以不分节）。例如：

5188（5,188）；688，923，000；83，245；688，339.34169265。

“千分空”方式是指从小数点起，向左和向右每三位数字一组，组间空四分之一个汉字(即二分之一个阿拉伯数字）的位置（四位以内的整数可以不加千分空）。例如：

5188（5 188）；688 923 000；83 245；688 339.341 692 65。

注意：各科学技术领域的多位数分节方式参照 GB 3101—1993 的规定执行。

（2）书写纯小数时必须写出小数点前定位的 0，小数点是齐阿拉伯数字底线的实心点“.”，尾数 0 不能随意增删。例如：

“0.380 A，0.580 A，0.490 A”（不写成“.380 A，.580 A，.490 A”“0.38 A，0.58 A，0.49 A”“0.380 A，0.58 A，0.490 A”或“0。380 A，0。580 A，0。490 A”）
（一组应有 3 位有效数字的电流值）

（3）书写尾数有多个 0 的整数和小数点后面有多个 0 的纯小数时，应该按照科学计数法改写成“$k\times10^n$”的形式，其中 k 为 10 以下的正整数或小数点前只有 1 位非 0 数字的小数(即 $1\leqslant k<10$），n 为整数。例如：

“86 600 000”可写为“8.66×10^7”（保留 3 位有效数字），或“8.7×10^7”（保留 2 位有效数字），或“8.660×10^7”（保留 4 位有效数字）；

“0.000 000 866 0”可写为“8.66×10^{-7}”（保留 3 位有效数字），或“8.7×10^{-7}”（保留 2 位有效数字），或“8.660×10^{-7}”（保留 4 位有效数字）。

（4）阿拉伯数字可与数词“万、亿”及可作为国际单位制（SI）中单位词头的“千、百”等其他数词连用。例如：

“二十三亿六千五百万”可写为“23.65 亿”，不写成“23 亿 6 千 5 百万”，这里数词“千”不是单位词头；

“4 600 000 千瓦”可写成“460 万千瓦”“460 万 kW”“4.60×10^6 kW”，不写成“4 百 60 万千瓦”，这里数词“百”不是单位词头；

“8000 米”可写成“8 千米”“8 km”，其中“千”是单位“米”的词头，但“8000 天”不能写为“8 千天”，单位“天”不允许加词头。

不得使用词头的还有平面角度单位“度（°）、分（′）、秒（″）”，时间单位“日（d)、时（h）、分（min）”，质量单位“千克（kg）”。

（5）一组量值的单位相同时，可以只在最后一个量值的后面写出单位，而其余量值后面的单位可以省略，各量值间可以用逗号或顿号分隔，整篇文章统一即可。例如：

“10.40 m / s，11.20 m / s，4.40 m / s，6.80 m / s，16.30 m / s，9.40 m / s，0.98 m / s”可写成“10.40，11.20，4.40，6.80，16.30，9.40，0.98 m / s”。

2）表示数值范围

在表示数值的范围时，可采用浪纹式连接号“～”或一字线连接号“—”。例如：

－0.148～－0.004；200～600 kg（200—600 kg）；1～8 页（1—8 页）；

10～15 万元（10 万元—15 万元）；20%～40%（20%—40%）。

为避免与数学中的负号混淆，中文表达中常用“～”而非“—”作为数值范围的连接号。

前后两个数值的附加符号或计量单位相同时，在不造成歧义时，前一个数值的附加符号或计量单位可省略。如果省略数值的附加符号或计量单位会造成歧义，则不应省略。例如：

“50 g～150 g”可写成“50～150 g”；

“100 m / s^2～180 m / s^2”可写成“100～180 m / s^2”；

“3°～10°”不可写为“3～10°”（角度单位“°”与弧度单位“rad”相混淆时，可能将 3° 错误理解成 3 rad）。

使用“～”还应注意以下具体规则。

（1）不表示数值范围就不要用浪纹号。例如：

“1996～2020 年”“2～3 次”表述不妥：前者是两个年份（不是数值），其间“～”应改为“—”；后者“2”与“3”间没有其他数值，改为“两三次”更合适。

（2）用两个百分数表示某一范围时，每个百分数中的百分号（%）都不能省略。例如：

“0.2%～80%”不能写成“0.2～80%”，后者容易理解为“0.2～0.80”。

（3）用两个有相同幂次的数值表示某一范围时，每个数值的幂次都不能省略。例如：

“1.67×10^4～2.29×10^4”不写成“1.67～2.29×10^4”，后者容易理解成“1.67～22 900”。

（4）用两个带有“万”或“亿”的数值表示某一范围时，每个数值后的“万”或“亿”都不能省略。例如：

“2 万～3 万”不写成“2～3 万”，后者容易理解为“2～30 000”。

（5）用两个单位不完全相同的数值表示某一范围时，每个数值的单位都应该写出。例如：

“6 h～8 h 30 min”不写作“6～8 h 30 min”，最好写成“6～8.5 h”；

“4′～4′30″”不写作“4～4′30″”，最好写成“4′～4.5′”。

3）表示公差及面积、体积

（1）中心值与其公差的单位相同且上下公差也相同时，单位可写一次。例如：

“22.5 mm ± 0.3 mm”可写作“（22.5 ± 0.3）mm”，但不能写成“22.5 ± 0.3 mm”。

（2）中心值的上下公差数值不相等时，公差应分别写在量值的右上角、右下角。若公差的单位与中心值相同，则在公差后面统一写出单位；若公差的单位与中心值不同，则分别写出中心值与公差的单位。例如：

可写成“$22.5\ \mathrm{mm}^{+0.20\ \mathrm{mm}}_{-0.10\ \mathrm{mm}}$”或“$22.5^{+0.20}_{-0.10}\ \mathrm{mm}$”，但不能写成“$22.5^{+0.20\ \mathrm{mm}}_{-0.10\ \mathrm{mm}}$”；
可写成“$2.25\ \mathrm{cm}^{+0.20}_{-0.10}\ \mathrm{mm}$”。

（3）中心值上下公差的有效数字不宜省略。例如：

“$22.5\ \mathrm{mm}^{+0.20\ \mathrm{mm}}_{-0.10\ \mathrm{mm}}$”不宜写成“$22.5\ \mathrm{mm}^{+0.20\ \mathrm{mm}}_{-0.1\ \mathrm{mm}}$”或“$22.5\ \mathrm{mm}^{+0.2\ \mathrm{mm}}_{-0.10\ \mathrm{mm}}$”。

（4）中心值上或下公差为 0 时，0 前的正负号可以省略。例如：

$36^{+1}_{-0}\ \mathrm{cm}$ 宜写成 $36^{+1}_{0}\ \mathrm{cm}$。

（5）用两个绝对值相等、公差相同的数值表示某一范围时，表示范围的符号不能省略。例如：

“（−22.5±0.3）～（22.5±0.3）mm”不能写成“±22.5±0.3 mm”。

（6）中心值与公差是百分数时，百分号前的中心值与公差用括号括起，百分号只写一次。例如：

“（50±5）%”在任何时候都不宜写成“50±5%”或“50%±5%”。

（7）用量值相乘表示面积或体积时，每个量值的单位都应该一一写出。例如：

“80 m×40 m”不能写成“80×40 m”或“80×40 m^2”；
“50 cm×40 cm×20 cm”不能写成“50×40×20 cm”或“50×40×20 cm^3”。

4）表示数值修约

在数据处理中，经常会遇到一些准确度不相等的数值，若按一定规则对这些数值进行修约，则既能节省计算时间，又能减少错误。所谓数的修约就是用一个比较接近的修约数代替一个已知数，使已知数的尾数简化。数的修约可参照 GB / T 8170—2008《数值修约规则与极限数值的表示和判定》及 GB 3101—1993《有关量、单位和符号的一般原则》中的附录 B《数的修约规则》（参考件）。

5）表示数值增加或减少

（1）数值的增加可以用倍数和百分数来表示，但必须注意用词的准确性，用词不同，所表示的含义也就不同。例如：

“增加了 2 倍”，表示原来为 1，现在为 3；
“增加到 2 倍”，表示原来为 1，现在为 2；
“增加了 50%”，表示原来为 1，现在为 1.5。

（2）数值的减少一般用分数或百分数来表示，但必须注意用词的准确性，用词不同，所表示的含义也就不同。例如：

“降低了 20%”，表示原来为 1，现在为 0.8；
“降低到 20%”，即原来为 1，现在为 0.2；
“降低了 1 / 4”，表示原来为 1，现在为 0.75。

6）表示约数

表示约数时，“约”“近”“大致”等与“左右”“上下”等最好不要并用（除非语义表达需要），如“电流约为 10 A 左右”“大致有 60 台上下”等表述不大好；“最大”“最小”“超过”等不要与约数或数的大致范围并用，如“超过 200～300 字”“最低气温为 0～10℃”“最小电压为 110 V 左右”之类的表述均是错误的。另外还应注意表达结构，如不能将“20∶1 到 50∶1”表示成“20～50∶1”或“20∶1～50∶1”。

7）表示年月日

（1）年月日的表达顺序应按照口语中年月日的自然顺序书写。例如：

2008 年 8 月 8 日；1997 年 7 月 1 日。

（2）“年”“月”可按照 GB / T 7408—2005《数据和交换格式 信息交换 日期和时间表示法》的 5. 2. 1. 1 中的扩展格式，用“-”替代，但年月日不完整时不能替代。例如：

2008-8-8；1997-7-1；8 月 8 日（不写为 8-8）；2008 年 8 月（不写为 2008-8）。

（3）四位数字表示的年份不应简写为两位数字。例如：

2021 年（不写为 21 年）。

（4）月和日是一位数时，可以在数字前补 0。例如：

2008-08-08；1997-07-01。

8）表示时分秒

（1）计时方式既可采用 24 小时制，也可采用 12 小时制。例如：

6 时 50 分（上午 6 时 50 分）；22 时 50 分 36 秒（晚上 10 时 50 分 36 秒）。

（2）时分秒的表达顺序应按照口语中时、分、秒的自然顺序书写。例如：

6 时 50 分；22 时 50 分 36 秒。

（3）“时”“分”也可按照 GB / T 7408—2005《数据和交换格式 信息交换 日期和时间表示法》的 5. 3. 1. 1 和 5. 3. 1. 2 中的扩展格式，用“：”替代。例如：

6: 50；22: 50: 36。

9）含有月日的专名

含有月日的专名采用阿拉伯数字表示时，应采用间隔号“•”将月、日分开，并在数字前后加引号。例如：

“3 • 15”消费者权益日。

10）书写格式

（1）字体。出版物中的阿拉伯数字，一般应使用正体二分字身，即占半个汉字位置。

（2）换行。一个用阿拉伯数字书写的数值应在同一行中，避免被断开。（多位数在同一行写不下而转行时，须将整个数字全部转入下一行，而不能将其断开转行，尤其不能将小数点后的数字或百分数中的百分号转至下一行。）

（3）竖排方向。竖排文字中的阿拉伯数字按顺时针方向转 90°，旋转后要保证同一个词语单位的文字方向相同。

10.1.3.2　汉字数字的使用

1）概数

两个数字连用表示概数时，两数字之间不用顿号“、”隔开。例如：

二三米；四五个小时；一二十个；一两个星期；五六十万元。

2）年份

年份简写后的数字可理解为概数时，一般不简写。例如：

“一九八九年”不写为“八九年”。

3）含有月日的专名

含有月日的专名采用汉字数字表示时，如果涉及一月、十一月、十二月，应用间隔号“•”将表示月和日的数字隔开，涉及其他月份时，不用间隔号。例如：

“一•二八”事变；“一二•九”运动；五一国际劳动节。

4）大写汉字数字

（1）大写汉字数字的书写形式是：零、壹、贰、叁、肆、伍、陆、柒、捌、玖、拾、佰、仟、万、亿。

（2）法律文书和财务票据上，应该采用大写汉字数字形式记数。例如：

9806 元（玖仟捌佰零陆圆）；469,731 元（肆拾陆万玖仟柒佰叁拾壹圆）。

5）“零”和“〇”

阿拉伯数字“0”有“零”和“〇”两种汉字书写形式。一个数字用作计量时，其中“0”的汉字书写形式为“零”，用作编号时，其中“0”的汉字书写形式为“〇”。例如：

“8093”（个）的汉字书写形式为“八千零九十三”（不写为“八千〇九十三”）；

“100.067”的汉字书写形式为“一百点零六七”（不写为“一百点〇六七”）；

“公元 2018（年）”的汉字书写形式为“二〇一八”（不写为“二零一八”）。

10.1.3.3　阿拉伯数字与汉字数字同时使用

（1）如果一个数值很大，数值中的“万”“亿”单位可以采用汉字数字，其余部分采用阿拉伯数字。例如：

我国 1982 年人口普查人数为 10 亿零 817 万 5288 人。

（2）除上述情况之外的一般数值，不能同时采用阿拉伯数字与汉字数字。例如：

“108”可以写作“一百零八”，但不应写作“1 百零 8”“一百 08”；

“8000”可以写作“八千”，但不应写作“8 千”。

10.1.4　罗马数字的使用

罗马数字在科技论文中有时也会出现，其基本数字只有Ⅰ（1），Ⅴ（5），Ⅹ（10），L（50），C（100），D（500），M（1000）七个。

罗马数字的记数法则有以下几条：

（1）一个罗马数字重复几次，表示该数增加到几倍。例如：Ⅱ表示 2，Ⅲ表示 3，CCC 表示 300。

（2）一个罗马数字右边附加一个数值较小的数字，表示这两个数字之和。例如：Ⅶ表示 5＋2＝7；Ⅻ表示 10＋2＝12。

（3）一个罗马数字左边附加一个数值较小的数字，表示这两个数字之差。例如：Ⅳ表示 5－1＝4；Ⅸ表示 10－1＝9。

（4）一个罗马数字上方加一横线，表示该数字扩大到 1000 倍。例如：$\overline{\mathrm{L}}$表示 50×1000＝50 000。

（5）一个罗马数字上方加两横线，表示该数字扩大到 100 万（10^6）倍。例如：DLⅪ表示 561，$\overline{\overline{\mathrm{DLXI}}}$ 表示 561×10^6＝5.61 亿。

10.2 字母

10.2.1 字母类别

常见的字母是英文字母（见表 10-1）和希腊字母（见表 10-2）。前者主要用来构成英文词，表示量和单位的符号；后者主要用作量的符号，少量也用作单位或单位词头的符号。

表 10-1　英文字母表

序号	大写		小写		读音
	正体	斜体	正体	斜体	
1	A	*A*	a	*a*	[ei]
2	B	*B*	b	*b*	[biː]
3	C	*C*	c	*c*	[siː]
4	D	*D*	d	*d*	[diː]
5	E	*E*	e	*e*	[iː]
6	F	*F*	f	*f*	[ef]
7	G	*G*	g	*g*	[ʤiː]
8	H	*H*	h	*h*	[eitʃ]
9	I	*I*	i	*i*	[ai]
10	J	*J*	j	*j*	[ʤei]
11	K	*K*	k	*k*	[kei]
12	L	*L*	l	*l*	[el]
13	M	*M*	m	*m*	[em]
14	N	*N*	n	*n*	[en]
15	O	*O*	o	*o*	[əu]
16	P	*P*	p	*p*	[piː]
17	Q	*Q*	q	*q*	[kjuː]
18	R	*R*	r	*r*	[aː]
19	S	*S*	s	*s*	[es]
20	T	*T*	t	*t*	[tiː]
21	U	*U*	u	*u*	[juː]
22	V	*V*	v	*v*	[viː]
23	W	*W*	w	*w*	[ˈdʌblju(ː)]
24	X	*X*	x	*x*	[eks]
25	Y	*Y*	y	*y*	[wai]
26	Z	*Z*	z	*z*	[zed，ziː]

表 10-2　希腊字母表

序号	大写		小写		英文注音	中文读音
	正体	斜体	正体	斜体		
1	Α	A	α	α	alpha	阿尔法
2	Β	B	β	β	beta	贝塔
3	Γ	$\mathit{\Gamma}$	γ	γ	gamma	伽马
4	Δ	$\mathit{\Delta}$	δ	δ	delta	德耳塔
5	Ε	E	ε	ε	epsilon	艾普西隆
6	Ζ	Z	ζ	ζ	zeta	截塔
7	Η	H	η	η	eta	艾塔
8	Θ	$\mathit{\Theta}$	ϑ, θ	ϑ, θ	theta	西塔
9	Ι	I	ι	ι	iota	约塔
10	Κ	K	κ	κ	kappa	卡帕
11	Λ	$\mathit{\Lambda}$	λ	λ	lambda	兰布达
12	Μ	M	μ	μ	mu	缪（米尤）
13	Ν	N	υ	υ	nu	纽
14	Ξ	$\mathit{\Xi}$	ξ	ξ	xi	克西
15	Ο	O	ο	o	omicron	奥密克戎
16	Π	$\mathit{\Pi}$	π	π	pi	派
17	Ρ	P	ϱ, ρ	ϱ, ρ	rho	柔
18	Σ	$\mathit{\Sigma}$	σ	σ	sigma	西格马
19	Τ	T	τ	τ	tau	陶
20	Υ	$\mathit{\Upsilon}$	υ	υ	upsilon	宇普西隆
21	Φ	$\mathit{\Phi}$	φ，ϕ	φ，ϕ	phi	斐
22	Χ	X	χ	χ	chi	喜
23	Ψ	$\mathit{\Psi}$	ψ	ψ	psi	普西
24	Ω	$\mathit{\Omega}$	ω	ω	omega	奥墨伽

有些字母在外形上与其他字母或符号相似，尤其是手写体，更不易分清。必须正确区分字母类别容易混淆的英文字母与希腊字母，大小写容易混淆的字母，与数字容易混淆的字母，形状容易混淆的字母。例如：

（1）英文字母 a，B，v，w 分别与希腊字母 α，β，υ，ω 易混淆；

（2）英文字母 C 与 c，U 与 u，V 与 v，O 与 o，P 与 p，K 与 k，Z 与 z，S 与 s，X 与 x，Y 与 y，W 与 w，L 与 l，希腊字母 $\mathit{\Phi}$ 与 ϕ，B 与 β，$\mathit{\Psi}$ 与 ψ，K 与 κ，O 与 o，$\mathit{\Pi}$ 与 π，在大小写上易混淆；

（3）英文字母 O，b，s，I，l 分别与数字 0，6，5，1，1 易混淆；

（4）英文字母 U 与 V，希腊字母 $\mathit{\Phi}$ 与 ϕ 的手写体极易混淆。

10.2.2　大写字母使用场合

科技论文中在以下场合应使用大写字母：

（1）化学元素符号或化学元素符号中的首字母。例如：

H（氢），O（氧），C（碳），Na（钠），Cu（铜），Co（钴），Au（金），Lr（铹），Rf（铲），Mt（鿏）。

（2）量纲符号。例如基本量纲符号：

L（长度），M（质量），T（时间），I（电流），Θ（热力学温度），N（物质的量），J（发光强度）。

（3）源于人名的计量单位符号或计量单位符号中的首字母。例如：

SI 单位 A（安［培］），C（库［仑］），S（西［门子］），Pa（帕［斯卡］），Hz（赫［兹］），Bq（贝可［勒尔］）。

我国法定计量单位中的非 SI 单位 eV（电子伏）和 dB（分贝），其中 V 和 B 分别来源于人名“伏特”“贝尔”；非 SI 单位 Ci（居里），R（伦琴）。

（4）表示的因数等于或大于 10^6 的 SI 词头符号。例如：

M（10^6），G（10^9），T（10^{12}），P（10^{15}），E（10^{18}），Z（10^{21}），Y（10^{24}）。

（5）专有名词（如国家、机关、组织、学校、书刊、项目等的名称及术语）英文名的每个实词的首字母。例如：

大不列颠及北爱尔兰联合王国（The United Kingdom of Great Britain and Northern Ireland，简称英国）；

亚太经济合作组织（Asia Pacific Economic Cooperation）；

北京大学（Peking University）；

中国机械工程学报（Chinese Journal of Mechanical Engineering）；

中国日报（China Daily）；

国家高技术研究发展计划（863 计划）［National Hi-tech Research and Development Program of China（863 Program）］；

铁血风暴（Gathering Storm）。

专有名词处于句首时，其第一个字母不论是否为实词，一般均应大写。

（6）专有名词或术语的字母缩略语。例如：

DNA（deoxyribonucleic acid，脱氧核糖核酸）；

CEO（chief executive officer，首席执行官）；

CBD（central business district，中央商务区）；

AGV（automated guided vehicle，自动导引小车）；

BMS（bionic manufacturing system，生物制造系统，也称仿生制造系统）；

STEP（Standard for the Exchange of Product Model Data，产品模型数据交换标准）。

（7）人的姓氏（即家族的字）、名字的首字母或全部字母。例如：

Valckenaers P（或 VALCKENAERS P）；McFarlane D C（或 McFARLANE D C）；

Koren Y（或 KOREN Y）；Bazargan-Lari M（或 BAZARGAN-LARI M）；

Gindy N N Z（或 GINDY N N Z）；Goetz W G Jr（或 GOETZ W G Jr）；

Qin Honglin（或 QIN Honglin）；Richard O Duda；Erich Gamma。

（8）月份和星期的首字母。例如：

February（二月）；October（十月）；Monday（星期一）；Sunday（星期日）。

（9）地质时代及地层单位的首字母。例如：

Neogene（晚第三纪）；Holocene（全新世）。

（10）机械制图中基本偏差的代号、孔偏差。

10.2.3 小写字母使用场合

科技论文中在以下场合应使用小写字母：

（1）除来源于人名的一般计量单位符号。例如：

m（米），kg（千克），mol（摩），lx（勒），s（秒），t（吨）。

注意：法定计量单位“升”，虽属一般计量单位，但它有两个单位符号，分别是大写英文字母“L”和小写英文字母“l”。

（2）表示的因数等于或小于 10^3 的 SI 词头符号。例如：

k（10^3），m（10^{-3}），μ（10^{-6}），n（10^{-9}），p（10^{-12}），f（10^{-15}），
a（10^{-18}），z（10^{-21}），y（10^{-24}）。

（3）附在中文译名后的普通词语原文（德文除外）。例如：

研制周期（lead time）；质量亏损（mass defect）；
大射电望远镜（large radio telescope）；元胞自动机（cellular automata）；
内芯切断（core shear）；深度优先搜索和回溯（depth first search and backtrack）；
粒子群优化（particle swarm optimization）；二次分配问题（quadratic assignment problem）。

这种词有的也可按专有名词来处理，即其英文实词首字母用大写。

（4）法国人、德国人等姓名中的附加词。例如：

de，les，la，du 等（法国人）；von，der，zur 等（德国人）；do，da，dos 等（巴西人）。

（5）由三个或三个以下字母组成的冠词、连词、介词（前置词）。例如：

the，a，an，and，but，for，to，by，of……

这类词除处于句首位置或因特殊需要全部字母用大写外，一般用小写。

（6）机械制图中基本偏差的代号、轴偏差。

10.2.4 正体字母使用场合

正体字母用于一切有明确定义、含义或专有所指的符号、代号、序号、词和词组等。科技论文中在以下场合应使用正体字母：

（1）计量单位、SI 词头和量纲符号。例如：

m（米），A（安），mol（摩），kg（千克），pm / ℃，J / (kg · K)，$\mathrm{J \cdot mol^{-1} \cdot K^{-1}}$；
k（千），M（兆），G（吉），da（十），μ（微），n（纳）；M（质量），N（物质的量），
Θ（热力学温度），J（发光强度）。

（2）数学符号。数学符号包括以下类别：

①运算符号，如 $\sum$（求和），d（微分），Δ（有限增量，不同于三角形符号△），lim（极限），$\overline{\lim}$（上极限），$\underline{\lim}$（下极限）。

②有特定定义的缩写符号，如 min（最小），det（行列式），sup（上确界），inf（下确界），T（转置），const（常数）。

③常数符号，如 π（圆周率），e（自然对数的底），i（虚数单位）。

④有固定定义的函数符号，如三角函数符号 sin，cos，tan，cot；指数函数符号 e，exp；对数函数符号 log，ln，lb；反三角函数符号 arcsin，arccos，arctan，arccot。

⑤特殊函数符号，如 $\Gamma(x)$（伽马函数），$\mathrm{B}(x, y)$（贝塔函数），$\mathrm{erf}\,x$（误差函数），但函数的变量仍用斜体。

⑥特殊集合符号，如 **Z**（整数集），**R**（实数集），**N**（非负整数集，自然数集）。

⑦算子符号，如 Δ（拉普拉斯算子，与“有限增量”的符号容易混淆时，可以用 ∇^2），div（散度），grad 或 **grad**（梯度），rot 或 **rot**（旋度）。

⑧复数的实部和虚部符号，如 $\mathrm{Re}\,z$（z 的实部），$\mathrm{Im}\,z$（z 的虚部）。

（3）化学元素、粒子、射线、光谱线、光谱型星群等的符号。例如：

O（氧），H（氢），Ca（钙），Ra（镭），AlMgSi 或 Al-Mg-Si（一种合金的名称）；
p（质子），n（中子），e（电子），γ（光子）；α，β，γ，X（射线）；
i，h，H，k（光谱线）；A_5，B_4，M_6（光谱型星群）。

（4）设备、仪器、元件、样品、机具等的型号或代号。例如：

NPT5 空压机，JZ-7 型制动机，iPhone 7S 手机，IBM 笔记本，PC 机，
JSEM-200 电子显微镜，F / A-18 战斗攻击机，松下 TH-42PZ80C 型等离子电视机。

（5）方位、磁极符号。例如：

E（东），W（西），N（北，北极），S（南，南极）。

（6）字母缩略语中的字母。例如：

ACV（气垫船），PRC（中华人民共和国），CAD（计算机辅助设计），
ICBC（中国工商银行）。

（7）生物学中属以上（不含属）的拉丁学名。例如：

Equidae（马科），Mammalia（哺乳动物纲），Chordata（脊索动物门），
Gramineae（禾本科），Graminales（禾本目），Angiospermae（被子植物亚门）。

（8）计算机流程图、程序语句和数字信息代码。例如：

IF GOTO END；D_0，D_1，…，D_n（数字代码）；
A_0，A_1，…，A_n（地址代码）。（其中下标也可用平排形式）

（9）表示酸碱度、硬度等的特殊符号。例如：

pH（酸碱度符号）；HR（洛氏硬度符号），HB（布氏硬度符号）。

（10）表示序号的连续字母。例如：

附录 A，附录 B；图 1（a），图 1（b）。

（11）外国人名、地名、书名和机构名；螺纹代号，如 M20×100，M30-5g6g-40；金属材料符号，如 HT200（灰口铸铁），T8A（特 8A 钢）；标准代号，如 GB，TB，NY / T；基本偏差（公差）代号，如 H8，f7。

（12）作量符号下标的英文单词（或拼音）的首字母（或缩写），或有特定含义的不作量

符号的字母。例如：

F_{n}（法向力，下标 n 是英文词 normal 的首字母，表示法向）；
l_{cor}（修正长度，下标 cor 是英文词 correction 的缩写，表示修正）；
M1，M2（机床 1，2）。

10.2.5 斜体字母使用场合

科技论文中在以下场合应使用斜体字母：

（1）物理量、特征数的符号。例如：

E（弹性模量），P（功率），q_V（体积流量），c_{sat}（质量饱和热容），A（核子数），μ（迁移率）；Re（雷诺数），Eu（欧拉数），We（韦伯数），Ma（马赫数）。

表示矩阵、矢量（向量）、张量的符号要用黑（加粗）斜体。注意：特征数符号在有乘积关系的数学式中作为相乘的因数出现时，应当在特征数符号与其他量符号之间留一空隙，或者用乘号（或括号）隔开，以避免将特征数符号中的两个连写的斜体符号误认为两个量相乘。

（2）表示变量的字母、函数符号。表示变量的字母一般包括变量符号、坐标系符号、集合符号，几何图形中代表点、线、面、体、剖面、向视图的字母，以及直径、半径数字前的代号等。例如：

①变量 i，j，x，y。

②笛卡儿坐标变量 x，y，z；圆柱坐标变量 ρ，φ，z；球坐标变量 γ，θ，φ；原点 O，o。

③A，B（点、集合）；$\overline{AB}$，AB（[直] 线段）；$\widehat{AB}$（弧）；$\triangle ABC$（三角形）；$\angle A$（[平面] 角）；ABC 或 Σ（平面）；$P\text{-}ABC$（三棱锥体）；$A—A$（剖面）；B 向（向视图）。

④ $\phi 30$（直径），$R9.5$ m（半径）。

函数符号是函数关系中表示自变量与因变量之间对应法则的符号。例如：

“$f(x)$，$f(y)$” 中的 “f”；“$F(x)$，$F(y)$” 中的 “F”。

（3）生物学中属以下（含属）的拉丁学名。例如：

Equus（马属），*E.caballus*（马），*Equus ferus*（野马）；
Oryza（稻属），*O.sativa*（水稻）；
Elephas（象属），*Elephas maximus*（亚洲象）；
Medicago（苜蓿属），*Medicago sativa*（紫花苜蓿）。

（4）作量符号下标的表示变量、变动性数字或坐标轴的字母。例如：

q_V（V 表示体积）；c_p（p 表示压力）；

u_i（$i=1, 2, \cdots, n$）（i 为变动性数字）；

$\sum\limits_n a_n\theta_n$（$n$ 为连续数）；$\sum\limits_x a_x\theta_x$（$x$ 为连续数）；
c_{ik}（i，k 为连续数）；p_x（x 表示 x 轴）；I_λ（λ 为波长）。

10.2.6　字体类别

科技论文中的字母在正常情况下不用黑体（不加粗），但表示矩阵、矢量（向量）、张量的字母用加粗斜体（黑体）字母。特殊集合符号用加粗正体字母（或空心正体字母），如 **N** 或 $\mathbb{N}$（非负整数集，自然数集），**Z** 或 $\mathbb{Z}$（整数集），**Q** 或 $\mathbb{Q}$（有理数集），**R** 或 $\mathbb{R}$（实数集），**C** 或 $\mathbb{C}$（复数集）。

10.3　术语

10.3.1　术语概论

术语是科学技术名词的简称，也称科技名词，是专业领域中科学和技术概念的语言指称，是某学科中的专门用语，是限定专业概念的约定性语言符号。人类在认识客观世界的过程中发现并建立起各门学科，在用语言表达各种科学概念的过程中产生了各类术语，建立起各门学科，促进学科之间相互交流，推动科学技术发展。科学技术迅猛发展，一些术语适时产生，一些可能被更新，另一些则可能被淘汰。术语不断丰富着一个民族的语言宝库，一旦规范化就在客观上成为科学知识在语言中的结晶；术语作为科技发展和交流的载体，反映着科学研究的成果，与科技同步产生和变化。

术语的统一和规范使用，对于科技信息的传播与交流、新学科的开拓、新理论的建立、科技成果的推广、书刊的编辑出版、文献的存储检索等都十分重要。科技论文必须重视术语，使概念清晰准确、语句流畅通顺，学术质量提升。早在 2005 年，国家新闻出版总署就明确将术语的规范使用纳入新修订的《图书质量管理规定》中，明确规定“使用科技科学技术名词不符合全国科学技术名词审定委员会公布的规范词的，每处计 1 个差错”，要求出版单位严格把关，作者应积极主动地在作品中使用规范的术语。

10.3.2　术语定名规则

作者和编辑应了解术语的定名规则，为论文撰写正确选用术语及判断术语使用是否规范提供科学依据。

1. 单义性

单义性指一术语只对应一概念（一词一义），一概念只对应一术语（一义一词）。

例如力学中：“力矩”指力对一点之矩，等于从该点到力作用线上任一点的矢径与该力的矢量积；“力偶矩”指两个大小相等，方向相反，且不在同一直线上的力的力矩之和；“转矩”是力偶矩的推广。

再如核反应和电磁辐射中：“宏观截面”指在给定的体积内，所有原子发生某种特定类型的反应或过程的截面总和除以该体积；“宏观总截面”指在给定的体积内，所有原子发生各种类型反应或过程所对应的总截面的总和除以该体积。

由于各学科使用习惯不同或词语的多义性，音形相同的词语可表示不同的意义，而音形不同的词语也可表示相同的意义。例如：“质量”属一词多义，既可指物体惯性的大小或物体中所含物质的量，也可指产品或工作的优劣程度，而“体积质量”“密度”属一义多词，均指质量除以体积。

2. 科学性

除约定俗成外，术语应尽可能准确反映事物或定义中所涉及概念的内涵或特征。例如："心肌梗塞"（myocardial infarction）命名缺乏科学性，因为从科学概念上讲，血管可以阻塞，而肌肉只能坏死而不能阻塞，故定名为"心肌梗死"更好。

跨学科术语应按其概念产生和发展的"源"与"流"，由主学科确定（副科靠拢主科），同时充分考虑副学科使用习惯（主科尊重副科），若同一概念在不同学科或领域中的名称不一致，则要协调。例如：物理学中曾使用的"几率""偶然率"（probability），应服从其在主学科数学中的名称"概率"。再如："维里方程""维里系数"在化工界曾广泛使用，但"维里"（virial）不反映科学概念，常被误作人名；《物理学名词》中按其所反映概念的内涵及发音，将"维里方程""维里系数"相结合定名为"位力"取代"维里"，《化学工程名词》中将二者分别定名为"位力方程""位力系数"。

3. 系统性

一个学科中的术语是有层次、成系统的，反映在学科概念体系、逻辑相关性和构词能力等多个方面，术语定名要体现出上位与下位（属与种）、整体与部分、部分与部分间的关系。例如：制造学科中，若将能够在需要的时间，根据生产需求以及系统内部的变化，在充分利用现有制造资源的基础上快速提供合适生产能力和功能的制造系统定名为"可重构制造系统"（reconfigurable manufacturing system，RMS），其三个组成部分就应相应定名为"可重构加工系统""可重构物流系统""可重构控制系统"；若将其定名为"可重组制造系统"，则这三个组成部分应相应定名为"可重组加工系统""可重组物流系统""可重组控制系统"。

4. 习惯性

术语相对稳定，一旦在业界被确认并已推行使用，就不会轻易改变，尤其对约定俗成的术语更不宜变更。因此可以沿用使用较久、应用较广、约定俗成的专门用语，以避免由重新定名而引起的混乱，使所用专门用语的定名可能不尽合理。例如：金属材料及力学中的"机械运动"（mechanical motion）不宜写作"力学运动"，而"力学性能"（mechanical property）不宜写作"机械性能"。

当然，习惯性与科学性之间对立时，习惯性应服从科学性。例如：有机化学中的"官能""功能"两个术语以往使用较为混乱，现按科学含义做了明确规定，"官能"指官能团，用于单体、引发剂；"功能"指性能，用于类名，如"功能高分子"。

5. 简明性

术语应该简短明了，易懂、易记、易写，便于使用，过长也不利于推广，因此更适合以省略的简明形式出现。例如："艾滋病"源于英文词语 acquired immune deficiency syndrome，直译为"获得性免疫缺陷综合征"，中、英文名称都很长，选英文词语中各单词的首字母 AIDS，音译为"艾滋病"，则简单明了，便于使用。再如：医学名词 coronary heart disease，直译为"冠状动脉粥样硬化性心脏病"，定名为"冠心病"，既名符其义，又简单明了。

6. 民族性

为汉语中引入的外来语的定名，宜用有中国特色的词语，如天文学中的金星（Venus）、木星（Jupiter）颇具中国民族特色，若用爱神、大力神命名就不大适合。定名最好意译，以语言特点和表达习惯更好地体现术语的内涵，必要时音译、音译加意译，如足球（football）、马力（horsepower）为意译，苏打（soda）、克隆（clone）、奥林匹克（Olympic）为音译，激光（laser）、因特网（internet）、维他命（vitamin）为音译加意译。涉及国外科学家人名时，应按名从主人、约定俗成、服从主科、尊重规范等原则。名从主人是以科学家本人的国家民族语言和习惯为准。对于科学界通行很久、人所共知的著名科学家人名，即使音译不准或用字不当也不宜更改，如牛顿、爱因斯坦、诺贝尔、居里夫人，对新出现的科学家人名也要规范化。

7. 国际性

术语的定名还要考虑与国际接轨，以利于国际交流。例如：大气科学中的“强台风”（violent typhoon）这一名称，国际上采用的是“severe tropical storm”（强热带风暴），因此就用“强热带风暴”取代“强台风”。

8. 准确性

术语的名称以国家科学技术名词审定机构、国家标准化主管部门及术语在线（www.termonline.cn/index.htm）公布的为准，准确书写。例如以下括号内为不推荐或不宜使用的名称：胡克定律（虎克定律），力偶矩（偶矩），引力常量（万有引力常数），电流（电流强度），肋板（筋板），图样（图纸），剖视图（剖面图），驾驶人（司机），辐角（幅角），通信（通讯），砂土（沙土），荧光灯（日光灯），B / s（Bps），bit / s（bps），注销（注消），钢丝（铁丝），坐便器（马桶），不通孔（盲孔），缩颈（颈缩），抽芯（抽心），螺钉（螺丝）。

术语构词应符合语言学基本原理、词汇法、构词法及语法规则，不与国家有关语言标准、规范相抵触，通常不要使用未经国家颁布的简化字，更不能随意创造新字。

9. 学术性

术语用词应体现学术性，不宜用普通生活用词。例如：石油工程中的 wild cat well 和 watchdog 曾分别称为“野猫井”“看门狗”，现分别定名为“预探井”“把关定时器”。

10. 统一性

不少术语涉及多个学科，指称同一概念的术语，无论在一个专业内部使用，还是在专业之间、部门之间、行业之间交叉使用，都应统一；有的术语在不同学科中确实不宜或难以统一命名时，可分别定名，暂时并存。例如：“电动机”与“马达”，“阴、阳”与“正、负”，“耦合”与“偶合”等，在不同学科或对同一学科不同内容使用习惯不同，很难求得一致。

11. 差异性

由于历史的原因，中国大陆与台湾、香港、澳门地区在术语的使用上存在差异，虽然都使用汉语，但有时不统一。例如：台湾地区计算机界把计算机上用的“鼠标”叫作“滑鼠”，出版的计算机图书中将“鼠标指针”称为“滑鼠指标”；sustainable development 这个英文术语，中国大陆学者译为“可持续发展”，台湾地区多译为“永续发展”。

10.3.3　术语使用要求

2015 年 1 月 29 日发布的新闻出版行业标准 CY / T 119—2015《学术出版规范　科学技术名词》规定了中文学术出版物中科学技术名词（术语）使用的一般要求、特殊要求和异名使用要求（如下所述）。本标准适于学术期刊，科技论文中术语的使用可以遵照执行。

1）使用的一般要求

（1）应首选规范名词即由国务院授权的机构审定公布、推荐使用的术语，简称规范词。

（2）不同机构审定公布的规范名词不一致时，可选择使用。例如：对“截面积很小、长度很长且以盘卷供货的钢材产品”的概念，国家科学技术名词审定机构审定公布的《材料科学技术名词》中称“线材”，而在国家标准化主管部门发布的GB / T 3429—2002《焊接用钢盘条》等标准中称“盘条”。

（3）同一机构对同一概念的定名在不同的学科或专业领域不一致时，宜依据出版物所属学科或专业领域选择规范名词。例如：国家科学技术名词审定机构审定公布的规范名词中，对“既有大小又有方向的量”的概念，在《计算机科学技术名词》中称“向量”（数学中也称“向量”），而在《物理学名词》中称“矢量”。

（4）尚未审定公布的术语，宜使用单义性强、切近科学内涵或行业惯用的名词。

（5）同一出版物使用的科学技术名词应一致。

2）使用的特殊要求

（1）基于科技史或其他研究需要，可用曾称或俗称。曾称是曾经使用、现已淘汰的术语。俗称是通俗而非正式的术语。例如：研究化学史，使用“舍密”，研究物理史，使用“格致”。

（2）规范名词含有符号“[ ]”的，“[ ]”内的内容可省略。例如：《物理学名词》中有“偏[振]光镜”，“偏振光镜”和“偏光镜”均可使用。

（3）应控制使用字母词。字母词是全部由字母组成或由字母与汉字、符号、数字等组合而成的术语。

（4）未经国家有关机构审定公布的字母词在文中首次出现时，应以括注方式注明中译名。

（5）工具书中的实条标题宜使用规范名词，异名可设为参见条。异名是与规范名词指称同一概念的其他术语，包括全称、简称、又称、俗称、曾称等。全称是与规范名词指称同一概念且表述完全的术语；简称是与规范名词指称同一概念且表述简略的术语；又称是与规范名词并存但不推荐使用的术语。

3）异名使用的要求

（1）全称和简称可使用。例如：规范名词“艾滋病”，全称“获得性免疫缺陷综合征”；规范名词“原子核物理学”，简称“核物理”。

（2）又称应减少使用。例如：规范名词“北京猿人”，又称“北京人”，曾称“中国猿人”。

（3）俗称和曾称不宜使用。例如：规范名词“施工步道”，俗称“猫道”。

10.4 名词性词语

10.4.1 日期和时间

日期指发生某一事情的确定的年、月、日或时期。例如：

【1】2005年10月9日中国宣布珠穆朗玛峰高度为8844.43米。

【2】2008年8月8日至24日在北京召开了第29届奥林匹克运动会。

时间指物质运动中的一种存在方式，由过去、现在、将来构成的连绵不断的系统，是物质的运动、变化的持续性、顺序性的表现；指有起点和终点的一段时间；指时间里的某一点

（时刻）。例如：

【3】地球自转一周的时间是 24 h。

【4】1977 年 10 月，当第一具质量达 40 t 的恐龙骨架化石展现在人们面前时，人们惊讶无比。

【5】在距今 1.5 亿年前的三叠纪，喜马拉雅山地区还是烟波浩渺的古地中海的一部分，直到距今 5000 万年的第三纪，由于印度板块与亚欧板块相撞，使古地中海东部的海底受到强烈的挤压，从而形成今天的喜马拉雅山和珠穆朗玛峰。

【6】据美国约翰·霍普金斯大学实时数据显示，截至北京时间 2020 年 4 月 11 日上午 9 时 25 分，全球新冠肺炎确诊病例超 169 万例。其中，美国确诊病例已突破 50 万例，达 500 399 例。

年份不能简写，如“2008 年”在任何地方都不应写成“08 年”“〇八年”或“零八年”。“时刻”可用标准化的格式表示，如“14 时 28 分 04.1 秒”可写为“14：28：04.1”。日期与日的时刻组合的形式是“年-月-日 T 时：分：秒”，其中 T 为时间标志符，“时”“分”“秒”之间的分隔符是冒号（：）而不是比例号（∶），如“2008 年 8 月 8 日 20 时 0 分 0 秒”，可表示为“2008-08-08T20：0：0”。这种表示方式多用在图表中。

以下列举日期和时间使用不当的几个例句：

【7】08 年 9 月 25 日 21 时 10 分，载着翟志刚、刘伯明、景海鹏三位航天员的神舟七号飞船在中国酒泉卫星发射中心发射升空。

此句中的日期“08 年 9 月 25 日”表达不完整，应将“08”改为“2008”。

【8】从公元前 1450—1400 年前开始……

此句中“从”与“开始”之间的时间应该是时间里的某一点，而“公元前 1450—1400 年”是表示有起点和终点的一段时间，在其后面又加了个“前”字，表意混乱；而且，对“1400 年”既可理解为公元前的年份，也可理解为公元后的年份。此句应根据表意来修改，例如可改为“从公元前 1450 年至公元前 1400 年……”，或“公元前 1450 年—公元前 1400 年……”，或“从公元前 1450 年开始……”，或“在公元前 1450 年至公元前 1400 年的这段时间里……”，不同的修改，表意有差别。

还要注意区分时间和时刻的不同。例如：不能把时刻“14 时 16 分 30 秒”写成时间“14 h 16 min 30 s”，也不能把时间“3 小时 20 分 50 秒”写成时刻“03：20：50”。

10.4.2　人名

人名在科技论文中出现的频度是较高的，如作者署名、参考文献著录、文献引用或回顾、作者简介，以及其他涉及人名的地方都会有人名的使用。对于作者署名及参考文献著录中的人名的使用，参见本书前面章节有关内容。下面总结论文中人名使用的一般规则：

（1）对外国人名特别是不为大众熟悉的外国人名，宜先写出其中文译名，并在中文译名后以括注的形式写出原人名，若难以或没必要写出中文译名，则可以直接引用原人名。

（2）对中国人名应直接写出其中文全名，即使与其对应的文后参考文献著录是用非中文语言书写的，正文中也不宜使用由中文以外的其他语言书写的该人名。

（3）中国人名的英文译名有汉语拼音和韦氏拼音两种书写方式，使用时应确认采用的是何种拼音书写方式，对用韦氏拼音书写的人名不得强行改用汉语拼音方式来书写。

（4）尽可能用统一的格式、形式来书写一组英文人名，若有与文后参考文献著录中相对应的人名，还应注意与参考文献著录中的人名一致。

（5）尽量采用相对固定的英文人名表达形式，以减少在文献检索和论文引用中被漏检、误检，漏引、误引，或误读、错解的可能性。

【人名使用不当实例】

【1】HUGHES 等[4]和 OÑATE 等[5]发展了各自的稳定化方案。值得注意的是，LI 等[6]在有限增量微积分的理论框架下，通过引入一个附加变量，发展了……

［4］HUGHES T J R，FRANCA L P，BALESTRA M. A new finite element formulation for computational fluid dynamics：V. circumventing the Babuska-Brezzi condition：A stable Petrov-Galerkin formulation of the stokes problem accommodating equal-order interpolations［J］. Comput. Methods in Appl. Mech. Engrg.，1986，59(1)：85–99.

［5］OÑATE E. A stabilized finite element method for incompressible viscous flows using a finite increment calculus formulation［J］. Comput. Methods in Appl. Mech. Engrg.，2000，182(3-4)：355–370.

［6］LI Xikui，DUAN Qinglin. Meshfree iterative stabilizaed Taylor-Galerkin and characteristic-based split(CBS) algorithms for incompressible N-S equations［J］. Comput. Methods in Appl. Mech. Engrg.，2006，195(44-47)：6125–6145.

本例中，姓氏 OÑATE 后有“等”字，与文献［5］中只有一位著者矛盾，而且“HUGHES 等[4] 和 OÑATE 等[5]”表述啰唆，可去掉一个“等”字而改为“HUGHES 和 OÑATE 等[4, 5]”；文献［6］的著者为中国人，引用时用中文名更合适（笔者查证其中文名应为“李锡夔”）。

【2】BAIR[1]，DANIEL 等[2]基于对液体应力张量的分析指出，高剪切速率会导致流体内部的应力状态由压应力变成拉应力……

［1］BAIR，WINER. Influence of ambient pressure on the apparent shear thinning of liquid lubricants—an overlooked phenomena［C］//Institution of Mechanical Engineers Conference Publications，London，1987，1：153–160.

［2］DANIEL D J. Cavitation and the state of stress in a lowing liquid［J］. Journal of Fluid Mechanics，1998，366(3)：367–378.

本例中，姓氏 BAIR 之后无“等”字，与文献［1］中有两位著者矛盾；DANIEL 之后有“等”字，与文献［2］中只有一位著者矛盾。可改为“BAIR 和 DANIEL 等[1, 2]……”。

【3】ZHUANG 等[4]利用电子经纬仪测量了 Stewart 平台的位姿误差全集，并提出可避免求解正解的参数识别方法，但所用设备极其昂贵。鉴于直接测量末端执行器六维位姿的困难，HUANG 等[5]提出一种……进而推广到少自由度并联机构[6]。

［4］ZHUANG Hanqi，YAN Jiahua，MASORY O. Calibration of stewart platforms and other parallel manipulators by minimizing inverse kinematic residuals［J］. Journal of Robotic Systems，1998，17(7)：395–405.

［5］HUANG Tian，CHETWYND D G，WHITEHOUSE D J，et al. A general and novel approach for parameter identification of 6-DOF parallel kinematic machines［J］. Mechanism and Machine Theory，2005，40(2)：219–239.

［6］黄田，唐国宝，李思维，等. 一类少自由度并联构型装备运动学标定方法研究［J］. 中国科学(E 辑)，2003，33(9)：829–838.

本例中，文献［5］和［6］的第一著者是同一中国人，应将“HUANG 等”改为“黄田等”或“黄田等人”或“黄田，等”，并将引文号［5］和［6］合并为［5，6］或［5-6］。注意：也可考虑将引自文献［4］的姓氏“ZHUANG”改成中文，但其中文姓名是什么，需要查证，不得随意猜想、翻译，有一定难度，弄不好会出错。在互联网如“Google 学术版”“百度”上可以非常方便地查到该文献第一、二作者的工作单位是“Robotics Center and Department of Electrical Engineering，Florida Atlantic University，Boca Raton，Florida 33431”，属于国外机构名，但 ZHUANG Hanqi 的中文姓名是什么，需要进一步查证。

【4】FIRBY[5]在所提出的混合式结构 RAPS 中研究了一种反应规划算法……做出决策。文献［6］中提出的体系结构利用一个规划执行器……机器人的自主行驶。

［5］FIRBY R J. An investigation into reactive planning in complex domains［C］//Proceedings of Sixth National Conference on Artificial Intelligence，1988.

［6］PARK J M，SONG I，CHO Y J，et al. A hybrid control architecture using a reactive sequencing strategy for mobile robot navigation［C］//Proceedings of the 1999 IEE / RSJ International Conference on Intelligent Robots and Systems，1999.

本例中，文献［5］和［6］的引用前后相邻，引用形式应该一致，不要一个用人名，另一个用文献号。可将“FIRBY[5]”改为“文献［5］中”，并将“RAPS 中研究”改为“RAPS 的基础上，研究”；或将“文献［6］中”改为“PARK 等[6]在”，并将“体系结构利用”改为“体系结构的基础上，利用”。

【5】文献［6］概括了用实心坯料一道工序能复合挤压的 7 种典型零件的形式，如图 1 所示。工藤英明等列出了包括有空心坯料复合挤压的 8 种典型形式。吴诗惇介绍了 8 种复合挤压原理的最新研究成果……

［6］日本塑性加工学会. プレス加工便覧［M］. 東京：丸善株式会社，1975.

［7］［日］工藤英明，太和久重雄，竹内煌. 冷锻手册［M］. 北京：第一机械工业部机械研究院机电研究所，1977.

［8］吴诗惇. 挤压理论［M］. 北京：国防工业出版社，1994.

本例中，文献［6］的著者是机构名，直接引用文献号本是可以的，但考虑到不同文献在引用形式上的一致性，可在“文献［6］”后加“中”字，将“工藤英明等”改为“文献［7］中”，“吴诗惇”改为“文献［8］中”。这样，原来的主语“文献［6］”“工藤英明等”“吴诗惇”就变成状语“文献［6］中”“文献［7］中”“文献［8］中”，有主语句变成省略主语句。

10.4.3 机构名

机构（组织或单位）名在科技论文中出现的频度也是较高的，如作者署名、参考文献著录、引言、正文、作者简介等都会出现机构名。下面总结论文中机构名使用的一般规则：

（1）对外国机构特别是不为大众熟悉的外国机构，应先写出中文译名（可加所属国家名称），并在中文译名后以括注的形式写出原机构名（可附上缩写名），不宜直接使用原机构名。

（2）对中国机构，应直接使用中文全名，不宜使用由中文以外的其他语言书写的机构名。

（3）不论外国还是中国机构，其名称在文中任何地方（含参考文献著录）出现均宜一致。

（4）宜用机构全名，但为了表述的需要和方便，可将机构名写成缩写的形式。

（5）以机构官方公布或公认的机构名为准，不宜自行翻译机构名。

（6）按层级由大至小（英文为由小至大）书写，不同机构名同时出现宜写到相同层级。

【机构名使用不当实例】

【1】KYPRIANOU 等基于 Freudenberg 公司提供的数学模型进行参数识别，该模型为一系列高度非线性、分段连续的微分方程。

本例“Freudenberg 公司”属外国机构，应先写出中文译名。它是德国一家专业从事密封件和减震技术的跨国公司，全球最大的密封件和减震器制造商之一，中文译名为“德国麦克-弗罗伊登贝克公司”。画线部分可改为“德国麦克-弗罗伊登贝克（Merkel Freudenberg）公司”。

【2】并联机床的腿长变化可以用激光干涉法来精确测量。但成本很高，难以推广应用，如美国 Giddings and Lewis 公司的 Variax 机床，其每条腿的造价达 3 万美元。

本例“Giddings and Lewis 公司”属外国机构，应先写出中文译名，且英文连词 and 有可能让不熟悉的人将 Giddings 和 Lewis 理解为两家公司。该机构是美国一家制作用于发电设备、航空零件生产的大型镗铣设备的制造商，中文译名为“吉丁斯-列维斯公司”。画线部分可改为“美国吉丁斯-列维斯（Giddings & Lewis）公司”，其中 Giddings & Lewis 后可加 Co。

【3】美国 Honeywell 技术中心将 Ring-Laser-Gyro 类型的惯性传感器用于机床的标定，使机床在正常加工操作中的系统误差得以确定和补偿。

本例画线部分可改为“美国霍尼韦尔（Honeywell）公司技术中心”，它是一家从事高科技产品研发、生产制造及服务的多元化跨国公司，其总部设在美国新泽西州莫里斯镇。

【4】北京航空航天大学的赵玮等于 2001 年向公众介绍了一套完整的微操作机器人实验系统……建立起来的。华中科技大学的余顺年等将串并联机构应用于一种高强度聚焦超声治疗床，北京工业大学机电学院的岳素平等构思了基于虚拟轴运动原理的 7 自由度串并联专用机床结构，湖南大学的周兵等提出一种由 3 自由度平动并联机构和放大机构组成的新型并串联复合机器人。2002 年，美国加利福尼亚大学的机器人与机械设计实验室的 TSAI 等向世人展示了一种新型的 3 自由度万能直角坐标串并联机器人 UCR。

本例中，三个机构名（画单线部分）写到一级机构，另外两个（画双线部分）写到二级机构，机构层级不一致。改法一：将画双线机构名改为一级机构名“北京工业大学”“美国加利福尼亚大学”；改法二：在画单线机构名后面补上相应的二级机构名（如“北京航空航天大学机械工程及自动化学院”“湖南大学机械与汽车工程学院”）。

【5】学术与专业出版商协会（ALPSP）、欧洲科学编辑学会、威立-布莱克威尔出版公司（Wiley-Blackwell）、泰勒弗朗西斯出版集团（Taylor & Francis）、《自然》杂志等机构，都是世界上有重要影响的期刊研究组织和出版企业。

本例中有很多外国机构名，有的有缩写名，有的没有，不统一。外国机构名首次出现时，应先写中文译名，后写原机构名、缩写名，或用纯中文的简洁形式。此句参考修改方案：

✓英国学术与专业出版商协会（The Association of Learned and Professional Society Publishers，ALPSP），欧洲科学编辑协会（European Association of Science Editors，EASE），威立-布莱克威尔出版公司（Wiley-Blackwell），泰勒弗朗西斯出版集团（Taylor & Francis Group，T & F 或 Taylor & Francis），《自然》（Nature）杂志社等，都是世界上有重要影响的期刊研究组织和出版企业。

✓英国学术与专业出版商协会、欧洲科学编辑协会、威立-布莱克威尔出版公司、泰勒弗朗西斯出版集团和《自然》杂志社等，都是世界上有重要影响的期刊研究组织和出版企业。

10.4.4　缩略语

缩略语（缩语、缩写、简写、简称）是用音节较短的语言形式代替音节较长的语言形式，即把一个长的词语缩略为短的词语，达到简化效果。缩略语分普通缩略语和字母缩略语两类：

前者是汉语词语的缩略形式，主要由汉字组成；后者也称字母词，主要是外语词语的缩略形式。通常，缩略语所表示的原词语应是大众所熟知和常用的，有使用范围或非公知公用时，应小心使用，必要时应注明。缩略语等同于一个词，有些最终演化为词而不再是缩略语。

1. 普通缩略语使用

普通缩略语按缩略方式分为简称、数字缩略语和特殊缩略语三类。

简称是把长的词语减缩（截取原词语的部分）或紧缩（抽出原词语中有代表性的语素）成短的词语。例如：

清华（清华大学），南开（南开大学），计算机（电子计算机），
科技（科学技术），外长（外交部长），理化（物理化学），
机能学院（机械与能源工程学院），中促会（中国对外应用技术交流促进会），
企事业（企业、事业），中美俄（中国、美国、俄罗斯）。

数字缩略语是用数字概括几种具有共同性质的事物。例如：

四化（农业现代化、工业现代化、国防现代化、科学技术现代化），
五谷（稻、黍、稷、麦、豆）。

特殊缩略语的字面意义与原词语没有关联，但有特殊的含义。例如：

973 计划（国家重点基础研究发展计划）、攀登计划（国家基础性研究重大关键项目）。

普通缩略语来源于原词语的全称，是语言运用中一种经济、简洁、方便的表达形式，运用时必须语义明确，符合语言习惯，让人看了容易明白其全称，必要时再注明全称。

【缩略语使用不当实例】

【1】中国科协学会学术部和中国科学技术协会对外应用技术交流促进会（简称中促会）领导在培训团启程前专门对学员们进行了出国教育，提出了具体的学习要求和希望。培训具体由中促会和盛联承办，准备工作很充分。

“中国科协”是“中国科学技术协会”的简称，此例中先出现简称后出现全称不妥当，且不必混用简称和全称，应择其一，或干脆将第二画线部分去掉。“盛联”是一个外国机构的简称，但不为国人所熟悉，应在其后注明全称，或先写出全称再注明简称。“盛联”可改为“盛联（英国盛联科技发展有限公司）”，或“英国盛联科技发展有限公司（盛联）”。

【2】生产需求可描述为生产能力需求集与设计集（需求能力集和设计能力集）间的关系。

此例“需求能力集”“设计能力集”应是前面词语的简称，但指代欠明。参考修改方案：

✓生产需求可描述为生产能力需求集（需求能力集）与生产能力设计集（设计能力集）间的关系。

【3】每个系统均存在不同于其他系统的具体属性和特征（特性），但在不同类型、层次的系统间可能存在某些共有特性，这些特性的特征值可能会有差异。

此例的“特性”是指前面哪个词语，是“属性和特征”还是“特征”？参考修改方案：

✓每个系统均存在不同于其他系统的具体属性和特征（“属性和特征”下称“特性”），但在不同类型、层次的系统间可能存在某些共有特性，这些特性的特征值可能会有差异。

【4】基于图论把多工艺路线转换为加权有向图（简称多工艺路线图），用节点表示设备，弧表示设备间的先后加工关系，弧上权值表示设备对间的加工量，直接表现形式是“设备从到表”和“入出度差表”等。

此例的“多工艺路线图”比“加权有向图”的字数还多，将字数多的词语作为字数少的词语的简称不合适。可将“简称”去掉或改为“即”。

2. 字母词使用

字母词是外语词语的缩略形式，多是全部由字母组成，有的由字母与汉字、符号、数字等组合而成。例如：

NBA，GDP，IT，MP3，WTO，APEC，ATM，BBC，B2B，BBS，TV，CCTV，CD，DNA，E-MAIL，FAX，OK，TOEFL，UFO，VCD，DVD，VIP，WWW，ZIP；AA 制，BP 机，A 股，B 超，e 时代，GB 码，卡拉 OK，PC 机，SOHO 族，T 恤衫，X 光，.com。

字母词的优势：①使用方便、实用，比如“脱氧核糖核酸”不仅难写而且难记，远不如用 DNA 简单方便；②造词简单、形象，比如“T 型台”；③可做造词手段，有的字母词已经或即将进入汉语词汇系统而成为其中一员。

为表达方便，科技论文中可以使用自定义字母词。它首次出现时，应先写中文名称，后面以括注写出原文全写及缩写（即自定义字母词），再次使用时就可直接使用。

【字母词使用不当实例】

【1】由 CAD 技术开发的非 H 封闭式周转轮系计算机辅助设计（CAD）系统有几何建模、工程分析、总装图效果模拟、图形处理及工程数据库的管理与共享等功能。

此例的字母词 CAD 首次出现时，没有给出其中文名称，再次出现时却给出中文名称，不妥当。CAD 是计算机等领域的一个常用术语，可直接使用。第二画线部分可改为“CAD”。

【2】借助扫描电子显微镜（scanning electron microscope，SEM）和能谱分析仪（energy dispersive spectrometer，EDS）进行分析，揭示金刚石与结合剂界面之间的作用机制。

此例的字母词 SEM 和 EDS 在后面的行文中若没有再次用到，就没有必要在这里出现（包括其英文全写）。这样，画线部分可统统去掉。

【3】早在 1967 年，美国宇航局倡导成立了机械故障预防小组（MFPG），20 世纪 70 年代英国机械保健中心成立，并用于核发电、钢铁、电力等诊断。1971 年日本开始发展自己的 TPM（全员生产维修），并应用于钢铁、石油、化工和铁路等领域。之后，欧美许多国家都在重视发展，如瑞典 SPM 轴承监测、挪威船舶诊断、丹麦 B&K 的振动与声发射诊断等。

此例的字母词 MFPG 和 TPM 在后面若不再引用，就没有必要出现，若后面有引用，则其首次出现时，其英文缩写和全写最好都给出；另外，前者“先中文全写，后英文缩写”，后者“先英文缩写，后中文全写”，表达形式不一致。SPM、B&K 均为公司的名称，可直接使用。（SPM 是瑞典一家为设备状况监测技术和工具提供全方位技术服务支持和培训的公司，B&K 是丹麦一家提供声学及振动测量产品的公司。）以下给出两种参考修改方案：

✓早在 1967 年，美国宇航局倡导成立了机械故障预防小组，20 世纪 70 年代英国机械保健中心成立，进行核发电、钢铁、电力等的诊断。1971 年，日本开始发展全员生产维修，并将全员生产维修机制应用于钢铁、石油、化工和铁路等领域。之后，欧美许多国家都在重视发展，如瑞典 SPM 的轴承监测、挪威的船舶诊断、丹麦 B&K 的振动与声发射诊断等。

✓早在 1967 年，美国宇航局倡导成立了机械故障预防小组（mechanical fault prevention group，MFPG）……1971 年，日本开始发展全员生产维修（total productive maintenance，TPM），并将 TPM 机制应用于钢铁、石油、化工和铁路等领域。之后，欧美许多国家都在重视发展，如瑞典 SPM 的轴承监测、挪威的船舶诊断、丹麦 B&K 的振动与声发射诊断等。

【4】最近启动的研究计划包括，2001 年美国的 NNI（National nanotechnology initiative）计划、英国的多学科纳米研究合作计划 IRC（Interdisciplinary research collaboration in nanotechnology），2002 年日本的纳米技术支撑计划。

此例字母词混乱，存在缺中文名称（第一画线部分），字母词位置不对（第一、二画线部分），缺英文全写（第三画线部分），英文名称实词首字母未大写等问题。以下给出两种参考修改方案：

✓最近启动的研究计划包括，2001 年美国的国家纳米技术计划（National Nanotechnology Initiative，NNI），英国的多学科纳米研究合作计划（Interdisciplinary Research Collaboration in Nanotechnology，IRC），2002 年日本的纳米技术支撑计划（Nanotechnology Support Project，NSP）。

✓最近启动的研究计划包括，2001 年美国的国家纳米技术计划，英国的多学科纳米研究合作计划，以及 2002 年日本的纳米技术支撑计划。

【5】产品微型化已成为工业界不可阻挡的趋势，特别表现在通信、电子、微系统技术（MST）、微机电系统（MEMS）等领域。

此例按是否使用字母词（MST、MEMS）有两种修改方案：

✓产品微型化已成为工业界不可阻挡的趋势，特别在通信、电子、微系统技术、微机电系统等领域。

✓产品微型化已成为工业界不可阻挡的趋势，特别在通信、电子、MST（微系统技术，Micro System Technology）、MEMS（微机电系统，Micro Electro-Mechanical Systems）等领域。

【6】在充分利用光纤 Bragg 光栅既是敏感元件又是传光元件这一特点的基础上，提出一种在曲面空间间隙小于 1 mm 的窄间隙条件下，测量两曲面间相对位移的方法。

此例中，可在“光纤 Bragg 光栅”的后面补出其英文全写及缩写“（fiber Bragg grating，FBG）”，以便后面的行文中再次引用它时直接用这一缩写。

【7】双离合器式自动变速器（DCT）综合了液力机械式自动变速器（AT）和电控机械式自动变速器（AMT）的优点，是一种新型的自动变速器。

此例为某论文引言的开头，若在字母词 DCT、AT、AMT 之前补上其英文全写，表意会更清晰，效果会更好。以下给出参考修改方案：

✓双离合器式自动变速器（dual clutch transmission，DCT）综合了液力机械式自动变速器（hydraulic automatic transmission，AT）和电控机械式自动变速器（automated mechanical transmission，AMT）的优点，是一种新型的自动变速器。

汉字是方块字，字母是蚯蚓体，蚯蚓文字掺入方块字，有人会觉得不协调，不赞成汉语书面语混用字母词，也有人担心使用字母词会对汉语产生污染。但是，字母词是汉语和外语在语言接触、交流中自然产生的，直接使用外文词语在其他语言中也有，比如英语中有不少法语词，日语中也有很多直接用罗马字母书写的外文词，可以说所有语言都曾从或正在从外语中吸取营养来丰富自己。汉语作为一种有生命的语言，应该有广阔的胸襟来接纳字母词。我国科技、出版界应该用对、用好，科学地使用字母词。

10.4.5　型号编号

科技论文中有时还会出现有关型号、编号等的表达，如产品设备、仪器仪表、元器件、试剂等的型号、编号、代号、序号，以及文件的编号、部队的番号等。编号的书写必须真实、完整、清晰，严格区分字母的类别、大小写、正斜体，对数字不用分节，对连接号的类别（如短横线、一字线、破折号）以及字母与数字间是否留有空宜区分。例如：

（1）“GB / T 7714—2015”中的“2015”不写成“15”，“—”不宜写成“-”或“–”；

（2）“UJ-33 型电位差计”中的“UJ-33”不写成“UJ—33”；

（3）“瑞典 SPM 轴承检测仪 T30 / A30”中的“T30 / A30”不写成“t30 / a30”；

（4）“6061 大型铝型材”中的“6061”不写成“6 061”；

（5）“编号为 JY0100696 的防静电无尘布”中的“JY0100696”不写成“JY0 100 696”；

（6）“DF4 型内燃机车”中的“DF4”不写成“DF 4”。

10.5　中英文混用

中英文混用是指在中文语境中直接用英文词语，即把英文词语当中文词语用。这种混用通常是不规范的，不提倡，除非必要，科技论文中最好不出现或少出现这种现象。例如：

【1】国外学者如 RAO 等提出 Principal axis 方法，PI 等提出 Grind-free 方法，LIN 等发展出误差自适应生成算法。

此句画线部分为三个并列词语，前两个均为中英文混用，与最后一个中文词语并列显得不协调。前两个中的英文词语译为中文也较容易，没有必要混用，可先给出中文词语，再以括注的形式给出其英文词语。以下给出两种参考修改方案：

✓国外学者如 RAO 等提出主轴（principal axis）法，PI 等提出免磨（grind-free）法，LIN 等发展出误差自适应生成算法。

✓国外学者如 RAO 等提出主轴法，PI 等提出免磨法，LIN 等发展出误差自适应生成算法。

【2】1996 年，美国密执安（Michigan）大学工程研究中心（ERC）在 National Science Foundation（NSF）和 25 家公司资助下开展了有关 RMS 的研究。

此句中多处混用中英文词语，表达混乱，容易造成阅读障碍。实际上，对有些词语如“工程研究中心”，没有必要给出英文缩写。以下给出两种参考修改方案：

✓1996 年，美国密执安大学工程研究中心在美国国家科学基金会和 25 家公司资助下开展了有关 RMS 的研究。

✓1996 年，美国密执安大学工程研究中心（Engineering Research Centers of University of Michigan），在美国国家科学基金会（National Science Foundation，NSF）和 25 家公司……

【3】零件任务 Agent 的结构如图 8 所示，除了产品数据库和知识库外，还有四个构成部分，即 Agent 控制器、Agent 通信接口、Agent 执行器和 Agent 评价器。

此句中多次使用英文词 Agent，但并没有给出中文名称，不规范。可考虑将第一个 Agent 改为"代理（Agent）"，随后再直接使用 Agent。

【4】它的内核是建立在遗传算法基础上的多目标搜索引擎，该引擎采用基于 SPEA (strength pareto evolutionary algorithm)[11]的多目标分解算法，如图 6 所示。

此句英文与中文混用不妥，可先给出 SPEA 的中文名称，再用括注给出英文全写及缩写。画线部分可改为"强度 Pareto 进化算法（strength pareto evolutionary algorithm，SPEA）"。

【5】CAI 等提出了 NeighBlock 块阈值去噪的方法(DWT_NeighBlock)，分块对小波系数进行阈值操作，能充分利用邻域小波系数的信息，提高了估计的精度以及收敛的速度。但是 DWT_NeighBlock 采用的是常规的离散正交小波变换(DWT)，而基于 DWT 的降噪会产生伪 Gibbs 现象，使降噪后的信号在急剧变化部分产生振荡现象，从而对具有奇异点或不连续点的信号的降噪效果影响比较大，这对于在强噪声背景下提取出弱信号影响尤其明显。

由此提出一种基于对偶树复小波变换(dual-tree complex wavelet transform，DT-CWT)的 Neigh-Block 降噪方法(DT-CWT_NeighBlock)，并将其成功应用于机械故障诊断中。理论和实验均可以说明，这种方法能获得比 DWT_NeighBlock 降噪法更好的效果，不仅能有效抑制高斯白噪声，还能够去除脉冲噪声，可以更好地凸现故障信息，因而可以为机械故障诊断提供一种新的方法。

这两段的问题主要有：①NeighBlock 多次出现，但首次出现时未交代其意思；②NeighBlock 的英文名称应一致，不应混用另一种形式 Neigh-Block；③DWT 的意思不明确，首次出现时未给出英文全写，不好理解；④DWT_NeighBlock 是中心词语，但表意不明确，且与中文有几处混用，阅读困难；⑤"离散正交小波变换"首次出现时，未给出英文全写，对其后括注的 DWT 是否为其缩写以及与前面的 DWT 是否为同一概念均未交代。此句参考修改方案：

✓CAI 等提出邻域子块法（NeighBlock）与离散小波变换法（discrete wavelet transform，DWT）相结合的块阈值降噪法（DWT_NeighBlock）。该方法通过分块对小波系数进行阈值操作，能充分利用邻域小波系数的信息，提高估计精度和收敛速度。但是，它采用的是常规的正交 DWT 法，而基于 DWT 的降噪会产生伪 Gibbs 现象，使降噪后的信号在急剧变化部分产生振荡现象，从而对具有奇异点或不连续点的信号的降噪效果影响较大，这对在强噪声背景下提取出弱信号的影响尤其明显。

由此提出一种基于对偶树复小波变换（dual-tree complex wavelet transform，DT-CWT）的 NeighBlock 降噪方法（DT-CWT_NeighBlock），并将其成功应用于机械故障诊断中。理论和实验表明，该方法能获得比 DWT_NeighBlock 法更好的降噪效果，不仅能有效抑制高斯白噪声，去除脉冲噪声，还可以更好地凸现故障信息，因而可以为机械故障诊断提供一种新的方法。

论文中合理混用一些字母词及不必翻译的外文词语（如软件名称，难译或不为人熟知的人名、地名、机构名等）是必要的，但若为省事而懒得翻译、解释和说明，随意直接将外文词语放到中文中，甚至还放到错误的位置上，或将不完整的外文词语当作完整的中文词语来使用，甚至大量混用，使得行文零乱，表意难懂，这样就不可取了。

参考文献

［1］梁福军. 科技论文规范写作与编辑［M］. 3 版. 北京：清华大学出版社，2017.

［2］梁福军. 科技论文规范写作与编辑［M］. 2 版. 北京：清华大学出版社，2016.

［3］梁福军. 科技论文规范写作与编辑［M］. 北京：清华大学出版社，2013.

［4］梁福军. SCI 论文写作与投稿［M］. 北京：机械工业出版社，2019.

［5］梁福军. 英语科技论文语法、词汇与修辞：SCI 论文实例解析和语病润色 248 例［M］. 北京：机械工业出版社，2021.

［6］梁福军. 英文科技论文规范写作与编辑［M］. 北京：清华大学出版社，2014.

［7］梁福军. 科技语体语法与修辞［M］. 北京：清华大学出版社，2018.

［8］梁福军. 科技语体标准与规范［M］. 北京：清华大学出版社，2018.

［9］梁福军. 科技语体语法、规范与修辞（上、下册）［M］. 北京：清华大学出版社，2016.

［10］金坤林. 如何撰写和发表 SCI 期刊论文［M］. 2 版. 北京：科学出版社，2019.

［11］中国社会科学院语言研究所词典编辑室. 现代汉语词典［M］. 7 版. 北京：商务印书馆，2019.

［12］复旦教授谈日本诺奖“井喷”现象［OL］.（2015-02-16）［2018-11-14］. http://www.kepu.dicp.ac.cn/doshow6.php?id=111.

［13］WANG Renzhi, RU Jilai. Overall evaluation of the effect of residual stress induced by shot peening in the improvement of fatigue fracture resistance for metallic materials [J]. *CJME*, 2015, 28 (2): 416−421.

［14］KONG Xianwen. Standing on the shoulders of giants: A brief note from the perspective of kinematics [J]. *CJME*, 2017, 30 (1): 1−2.

［15］梁福军，宁汝新. RMS 中工件路径网络生成方法［J］. 工业工程与管理，2004(6): 8−14.

［16］梁福军. 可重构制造系统（RMS）理论与方法研究［D］. 北京：北京理工大学，2005.

［17］ZHU Na, ZHANG Dingyu, WANG Wenling, et al. A novel coronavirus from patients with pneumonia in China, 2019［J］. *N Engl J Med*, 2020, 382(February 20): 727–733.［2020-02-03］. https://www.nejm.org/doi/full/10.1056/NEJMoa2001017?query=featured_home.

［18］WU Zhaoxuan, CURTIN W A. The origins of high hardening and low ductility in magnesium［J］. *Nature*, 2015, 526(September 21): 62–67.［2020-03-20］. https://doi.org/10.1038/nature15364.

［19］李兰娟. 人感染 H7N9 禽流感［M］. 北京：科学出版社，2016.

［20］赵立青，张金红. 生物科学综合实验指导［M］. 北京：科学出版社，2017.

［21］欧田苗，毕惠嫦，金晶. 生物化学与基础分子生物学实验［M］. 北京：高等教育出版社，2019.

［22］叶子弘，陈春. 生物统计学［M］. 北京：化学工业出版社，2019.

［23］童本德，马莉，蔡东联，等. 红景天苷对不同状态下小鼠能量代谢的影响［J］. 中国临床营养杂志，2008, 16(6): 357−360.

［24］李铁群，梁桓熙，刘长振，等. 大黄素-8-O-β-D-葡萄糖苷抑制肿瘤细胞迁移和转移的体内外实验研究［J］. 中国药物警戒，2019, 16(12): 705−710.

［25］梁莉，杨晓丹，王成鑫，等. 修正的布龙-戴维斯森林火险气象指数模型在中国的适用性［J］. 科技导报，2019, 37(20): 65−75.

［26］班巧英，刘琦，余敏，等. 氧化还原介体催化强化污染物厌氧降解研究进展［J］. 科技导报，2019, 37(21): 88−96.

[27] 张蕾，赵艳红，姜胜利，等. CL-20 及其共晶炸药热力学稳定性与爆轰性能的理论研究［J］. 含能材料，2018, 26(6): 464−470.

[28] 郑澎，方维，徐权，等. 面向 JAUMIN 的并行 AFT 四面体网格生成［J］. 计算机科学与探索，2018, 12(4): 567−574.

[29] 秦红玲，郭文涛，李雪飞，等. 闸门底枢摩擦副 QT600-3/40Cr 摩擦学性能及磨损表面功率谱密度表征［J］. 机械工程学报，2019, 55(17): 102−109.

[30] 谢倩倩. 制造企业成本管理研究［J］. 管理观察，2017(2): 19−20, 23.

[31] 国家药品监督管理局药品评价中心（国家药品不良反应监测中心）. 中国药物警戒［J］. 2019，16(10) −(12). 北京：中国药物警戒编辑部，2019.

[32] 中国科学技术协会. 科技导报［J］. 2019，37(19) −(22). 北京：科技导报社，2019.

[33] 中国医学科学院. 中国临床营养杂志［J］. 2008，16(6). 北京：中国临床营养杂志编辑部，2008.

[34] 中国航空学会，北京航空航天大学. 航空学报［J］. 2019，40(1). 北京：航空学报杂志社，2019.

[35] 中国作物学会，中国农业科学院. 作物学报［J］. 2008，34(4). 北京：科学出版社，2008.

[36] 中国兵器工业集团第 201 研究所. 计算机集成制造系统［J］. 2019，25(11). 北京：计算机集成制造编辑部，2016.

[37] 中国抗癌协会. 中国肿瘤临床［J］. 2016，43(14) −(15). 天津：中国肿瘤临床编辑部，2016.

[38] 中国抗癌协会，陕西省抗癌协会，陕西省肿瘤防治研究所. 现代肿瘤医学［J］. 2016，24(17) −(18). 西安：现代肿瘤医学编辑部，2016.

[39] 中国标准出版社总编室. 科技图书中量和单位的规范用法（试行）［G］. 北京：中国标准出版社，2003.

[40] 梁福军，梅仲勤. 科技期刊中“量和单位”的标准化［G］//苏永能. 编辑理论与编辑实践. 北京：中国人口出版社，2000：429−442.

[41] 国家技术监督局. GB 3100～3102—1993 量和单位［S］. 北京：中国标准出版社，1994.

[42] 国家新闻出版署. 中华人民共和国新闻出版行业标准 CY / T 171—2019 学术出版规范 插图［S］. 2019-05-29.

[43] 国家新闻出版署. 中华人民共和国新闻出版行业标准 CY / T 170—2019 学术出版规范 表格［S］. 2019-05-29.

[44] 国家新闻出版广电总局. 中华人民共和国新闻出版行业标准 CY / T 119—2015 学术出版规范 科学技术名词［S］. 2015-01-29.

[45] 中华人民共和国国家质量监督检验检疫总局，中国国家标准化管理委员会. GB / T 15834—2011 标点符号用法［S］. 北京：中国标准出版社，2012.

[46] 中华人民共和国国家质量监督检验检疫总局，中国国家标准化管理委员会. GB / T 15835—2011 出版物上数字用法［S］. 北京：中国标准出版社，2012.

[47] 中华人民共和国国家质量监督检验检疫总局，中国国家标准化管理委员会. GB / T 8170—2008 数值修约规则与极限数值的表示和判定［S］. 北京：中国标准出版社，2012.

[48] 中华人民共和国国家质量监督检验检疫总局，中国国家标准化管理委员会. GB / T 16159—2012 汉语拼音正词法基本规则［S］. 北京：中国标准出版社，2013.

[49] 中华人民共和国国家质量监督检验检疫总局，中国国家标准化管理委员会. GB / T 7714—2015 信息与文献 参考文献著录规则［S］. 北京：中国标准出版社，2015.

[50] 中华人民共和国科学技术部，国家保密局. 科学技术部、国家保密局令第 16 号《科学技术保密规定》［A / OL］. (2015-11-26)［2016-05-21］. http://www.most.gov.cn/fggw/bmgz/201511/t20151126_122507.html.

读者来信

尊敬的梁博士:

您好！第一次看见您的名号是在微信公众号“梁博士讲堂”上。那个时候我正在给研究生上科技论文写作课程。虽然我自己也是一名科研工作者，在写稿、投稿的过程中积累了很多心得，也经常浏览小木虫、丁香园等网站的写作板块，吸取别人的经验教训，但所拥有的写作知识多是主观的、零碎的。自己写论文投稿的时候，虽可以依托这些知识碎片跟着感觉走，但在给学生讲课、修改论文的时候深感力不从心，因为每个人的研究对象及逻辑架构不一样，素材组织及表达方式也不尽相同。没有办法跟学生说，我觉得你这样不行，我觉得你应该那样……。正在思索如何去梳理这些知识碎片，使之系统化、规范化，以给学生一个概念准确、脉络清晰、逻辑完整的知识架构时，就遇见了您的“梁博士讲堂”。

读完您讲堂上的几篇小文，顿有醍醐灌顶之感。顺藤摸瓜，发现您还有系列著作。从阐述中、英论文写作方法的《科技论文规范写作与编辑》《英文科技论文规范写作与编辑》姊妹篇，到《科技语体语法、规范与修辞》上、下册，再到2018年的《科技语体语法与修辞》《科技语体标准与规范》，2019年的《SCI论文写作与投稿》，科技论文写作所涉及的问题应有尽有。一路读来，甘之如饴，如同享用一场与科技论文写作有关的饕餮盛宴。资深编辑的历练和长期的积淀外加独特的视角，使您的著作非常适合理工科类科研工作者参考。为了让更多的人受益，我们先后购买了您的系列著作放在工作室作为课题组研究生读物，并将《科技论文规范写作与编辑》推荐为学院研究生写作课参考教材。后来还请您来我校讲座，在听完您的讲座后，仍意犹未尽，于是又专门购买了您的在线课程。

作为一名科研工作者，将研究成果提炼为科技论文或报告，通过公开发表以获得同行认可，并使自己的研究成果广为传播、造福大众是其努力目标之一。很多人认为只要多读文献就能写出规范的科技论文，其实不是这样的。实际中非常用心写的论文即便研究结论非常有价值，也往往要经过三番五次的修改才能勉强被期刊接受。以我所指导的研究生为例，大部分同学的第一篇论文都要经过10次左右的修改才能达到投稿要求。被要求修改的部分除了数据挖掘不到位、机理解释不清等问题外，主要是图表表达不规范、文辞表达不准确、逻辑表达不流畅。10多次的论文修改不但需要指导教师投入大量的时间和精力，还需要同学的积极配合。部分不理解的同学常常怨声载道：感谢我的指导老师，要不是她，我的论文早就写好了。课题组每年都会有新来的研究生，这个工作则以陷入死循环般的模式重复着：不胜其烦，不胜其累。

您的著作大到科技论文的结构布局，小到遣词造句的推敲斟酌，皆无一遗漏；无论是公式、图表的规范表达，还是标点、时态的准确运用，都娓娓道来。而且辅以大量的论文实例分析与点评，不但给刚开始科技写作的科技工作者指明了方向，也让我们这些历经沙场的论文写作者及指导教师有了准绳，让我们知道了图有图规，文有文范。在引入您的系列专著作为研究生课外必读书目后，课题组教师和研究生的科技论文整体写作水平有了很大的提高，论文的命中率及投稿期刊的档次也有了很大提升。您的实力助力了整个科研团队学术影响力及科研服务社会能力的提升，在此对您表示最真诚的谢意！

作为一名有切身体会和切身受益的普通读者，期待您的下一部佳作尽早问世，以飨读者。

三峡大学机械与动力学院

教授、博士生导师 秦红玲

2020 年 4 月 16 日

个人介绍

秦红玲，女，博士，教授。2012 年获武汉理工大学载运工具运用工程专业博士学位。2014 年 7 月、2018 年 7 月、2019 年 7 月分别赴英国南安普顿大学（University of Southampton）、中国科学院兰州化学物理研究所固体润滑国家重点实验室、美国奥克兰大学（Oakland University）做访问学者。研究方向主要是能源装备关键零部件的摩擦磨损、节能延寿问题，致力于其表面界面行为、性能设计与控制研究。公开发表学术论文 90 余篇，专利 40 余项。

读者感言

广大科技工作者和编辑同行的一部实用宝典

——评《科技论文规范写作与编辑》(第4版)

欣闻《机械工程学报》编辑部梁福军老师编写的《科技论文规范写作与编辑》(第4版)即将问世，作为同行，在表示祝贺之时，也为梁老师的敬业精神所感动。这本书凝结了他多年的心血，是他多年经验的积累，经过一次又一次的修订，一版又一版的更新，变得更加成熟和完美。

众所周知，科技论文是科技人员在科学实验(试验)的基础上，对自然科学、工程技术科学以及人文社会科学研究领域的现象或问题进行科学分析和综合研究，提出解决问题的新方法，进而总结和阐述新的结果和结论，最后按照出版要求完成的电子和书面表达文本，在情报学中也称为原始论文或一次文献。论文的质量不仅取决于科研成果本身的质量，也取决于对成果的表述质量，即写作的质量。目前，我国学术界开始逐渐重视中文论文的学术地位，引导科技人员将优秀科研成果在国内首发，中文科技论文无疑成为学者学术水平的重要体现。能否清晰、准确、完整、严谨、规范地表述创新性的科研成果，在很大程度上决定着知识传播和利用的效果，是判断学者学术贡献的重要标准。

在这样一个信息爆炸的时代，知识快速更新，科技交流日益频繁，科技书刊承载的知识传播功能越来越重要。科技语言作为科技交流的工具和媒介，发挥着关键作用。《科技论文规范写作与编辑》不仅仅是编辑同行的一部参考书和工具书，更是广大科技工作者的一部实用宝典。有很多高校将其作为教材，使之走进课堂，走进实验室……为广大科技工作者和研究生规范论文撰写发挥了重要的作用，为促进科技成果的高质量表达有着积极意义。

图书的再版，不仅仅是局部内容的修订，更是知识和体系的更新。这反映出福军老师多年的思考和认识境界的不断提升，对很多问题的看法和理解也越来越深刻。他在做好本职工作的同时，经常被各类学术会议、高校邀请去做有关科技论文写作的专题讲座、报告、演讲或授课，增加了很多与读者、专家、同行及师生当面的交流机会，这些交流促使他对一些问题进行了更加深入的思考，也使得很多疑惑通过交流和碰撞豁然开朗。多年的工作经验加之大量的思考和交流，化为著书立作的动力，《英文科技论文规范写作与编辑》《科技语体语法与修辞》《科技语体标准与规范》《SCI 论文写作与投稿》等一部又一部新作诞生，一部又一部原作再版更新！纵观梁老师的这些著作，内容丰富，脉络清晰，有血有肉，成体系，有创新，有见地，与时俱进！这些著作的出版，凝结了他多年的心血，是对学术界的一大贡献！

科技书刊的质量取决于两个重要因素，一是作者的创造性成果及其语言表达，二是书刊编辑人员的专业素养和敬业精神，二者的共同之处就是语言文字。本人从事科技书刊编辑工作已有10余年，作为一名编辑人员深感责任重大，也深知自身业务能力的不足，在文稿编校工作中经常遇到各类棘手问题，而梁老师的这些著作就像及时雨，总能在其中找到答案，使我豁然开朗！在业务方面，我也经常向梁老师咨询与请教，他的很多观点、判断、建议让我受益匪浅。

在《科技论文规范写作与编辑》（第4版）出版前，我详细阅读了书稿，并和第3版、第2版进行了对比，更新的内容不仅包括根据国家最新新闻出版行业标准进行的规范修订，还有部分权威科技期刊发表的典型论文案例，较完整地总结了科技论文各组成部分的写作要求、规则，同时加强了对案例的分析、评价，并给出较为规范的参考修改方案，构建了集价值、结构、语言于一体的科技论文质量体系。新版本对于广大读者更好地进行论文规范写作和图书编校有很大的帮助。

“科学研究既要追求知识和真理，也要服务于经济社会发展和广大人民群众。广大科技工作者要把论文写在祖国的大地上，把科技成果应用在实现现代化的伟大事业中。”我国科技事业的兴旺需要一代又一代科技工作者的不懈努力。作为期刊编辑工作者，要与学者们一道，为培育和打造中国高质量科技期刊努力，早日实现世界一流的中国科技期刊目标，推动我国科学技术高质量发展，服务科技强国建设。

就此搁笔，期待新版早日问世！

天津市设计学学会副理事长

《机械设计》杂志副主编 张 磊

2020年3月31日

个人介绍

张磊，汉族，1981年出生，民进会员，天津市科协九大代表。天津市设计学学会副理事长，《机械设计》杂志第五届编委会委员、副主编，天津理工大学副教授，天津市机械科技信息中心副主任，天津市机电工业科技信息研究所所长助理，北京理工大学、江南大学等高校兼职硕士生导师，京津冀经济区创新设计产业联盟副秘书长，中国机械工程学会工业设计分会理事，广东省人工智能协会顾问，中国好设计专家委员会委员。主要研究方向：现代设计方法、人机工程、计算机辅助设计、科技书刊编辑与写作等。从事相关领域科技文献分析研究与期刊编校工作10余年。

近年来，主持完成科技型中小企业技术创新资金项目1项，国家社会科学研究项目1项，天津市科技计划项目3项，天津市科技团体咨询决策项目1项，区县科技型中小企业发展专项资金项目4项，各类企业委托项目多项；参与完成教育部人文社会科学研究项目2项。在核心期刊发表论文10余篇，授权各类专利20余项、软件著作权2项。2016年荣获天津市先进学会工作者称号；2017年入选光华龙腾奖中国设计业青年百人榜。

后　　记

拙作《科技论文规范写作与编辑》在历经3次再版、12次重印后，销量达到1.96万册，还荣获中国机械工业科学技术奖二等奖。现在，第4版又问世了！这是一种积累，一种前行，一种传承，一种责任，一种使命。

第4版的撰写正好经历了2020春节假期和新型冠状病毒肺炎疫情时期。这是一个极不平凡的时期，笔者与大家一样，响应党和政府的号召，做好疫情防控，“宅”在家里，做点事，写写文，看看稿，联络一下朋友。我的朋友大多是高校老师，他们差不多也是这种状态：写本子、论文、著作，或备课、上网课，或视频辅导学生，推进毕业论文撰写和学位答辩；或准备报奖材料；或准备优青、杰青、长江学者、院士申报材料。大家都很忙，不负韶华，虽然不能与奋战在前线的广大医务人员相比，但也用自己的行动，默默工作，各尽其职，为祖国做一点实事。

笔者完成新书的初稿时，深感欣慰，连夜联系冯编辑向出版社提交了选题申请。疫情期间的收获还有不少，例如完成了科普著作《城市穿行者：地铁那些事儿》《能工巧匠：古代机械漫谈》的正常出版流程，还向多位专家、学者约请了新的科普著作的开题与撰写，如范教授的《漫谈仿真》、张教授的《工业智能》、刘研究员的《航天器机构》等。最令人欣喜的是，疫情在中国已得到很好的控制，态势向好，单位已逐渐复工，不过还没有复学，孩子继续宅家，网课、线上作业似乎也忙得不亦乐乎，当然也会偷着玩玩动漫和网游。不过，也有不好的消息，疫情正在世界范围内蔓延，中国的境外输入病例也在增多，疫情防控形势还不容乐观。要想恢复正常，还有待时日。

在提交第4版选题申请的一刹那，又一个灵感涌出：为何不早点顺应高校师生的需要而撰写教材或参考书，让自己的写作思想进一步走进课堂呢？写什么，怎么写，一会儿清晰，一会儿模糊，似乎有问题，似乎又没有问题。昨日是周日，我行走在大街上（疫情期间除了去超市、稻香村以及取快递、到办公室之外的第一次外出），漫步在久别的公园内。春光无限好，三月正当时，巧遇好朋友，畅谈数小时，灵感再次来，酝酿出系列，暂定主书名《科技论文写作》，副书名《撰写与投稿》《原创与综述》《语法与修辞》《标准与规范》《语病与提升》。但能否如愿呢？！

感谢张品纯总编辑、编审作序，感谢秦红玲教授来信鼓励，感谢张磊副主编撰写书评支持！再次感谢石治平教授级高工、钟群鹏院士、周守为院士为前几版作序，感谢恩师杜文亮教授和名编辑王应宽博士为第3版撰写书评！最后，感谢家人孟晓丽教授级高工给予的默默支持！

每当细小的笔尖完成所有细节，恰如每一朵花由花苞到盛开一路走来的旅程！

梁福军

2020年3月23日